Thomas Ax
Patrick von Amsberg
Matthias Schneider

(Bau)Leistungen

VOB-gerecht beschreiben

Ausschreibungstexte, Nebenangebote
und Nachträge rechtssicher gestalten

Bibliografische Information Der Deutschen Bibliothek
Die Deutsche Bibliothek verzeichnet diese Publikation in der Deutschen Nationalbibliografie;
detaillierte bibliografische Daten sind im Internet über <http://dnb.ddb.de> abrufbar.

1. Auflage August 2003

Alle Rechte vorbehalten
© Friedr. Vieweg & Sohn Verlag/GWV Fachverlage GmbH, Wiesbaden 2003

Der Vieweg Verlag ist ein Unternehmen der Fachverlagsgruppe BertelsmannSpringer.
www.vieweg.de

Das Werk einschließlich aller seiner Teile ist urheberrechtlich geschützt. Jede Verwertung außerhalb der engen Grenzen des Urheberrechtsgesetzes ist ohne Zustimmung des Verlags unzulässig und strafbar. Das gilt insbesondere für Vervielfältigungen, Übersetzungen, Mikroverfilmungen und die Einspeicherung und Verarbeitung in elektronischen Systemen.

Umschlaggestaltung: Ulrike Weigel, www.CorporateDesignGroup.de
Druck und buchbinderische Verarbeitung: Lengericher Handelsdruckerei, Lengerich
Gedruckt auf säurefreiem und chlorfrei gebleichtem Papier.
Printed in Germany

ISBN 3-528-01751-1

Thomas Ax
Patrick von Amsberg
Matthias Schneider

**(Bau) Leistungen
VOB-gerecht beschreiben**

Aus dem Programm Bauwesen

Handkommentar zur VOB
von W. Heiermann, R. Riedl und M. Rusam

VOB-Musterbriefe für Auftragnehmer
von W. Heiermann und L. Linke

VOB-Musterbriefe für Auftraggeber
von W. Heiermann und L. Linke

(Bau)Leistungen VOB-gerecht beschreiben
von T. Ax, P. v. Amsberg und M. Schneider

VOB Gesamtkommentar
von P. J. Fröhlich

Hochbaukosten – Flächen – Rauminhalte
von P. J. Fröhlich

Wirksame und unwirksame Klauseln im VOB-Vertrag
von U. Diehr (Hrsg.) und M. Knipper (Hrsg.)

Baukalkulation und Projektcontrolling
von E. Leimböck, U.-R. Klaus und O. Hölkermann

Praktisches Baustellen Controlling
von G. Seyfferth

vieweg

Vorwort

Die Ausschreibung und Vergabe von Aufträgen über Bauleistungen ist heute mehr denn je ein äußerst komplexes Tätigkeitsfeld. Auftraggeber von Bauleistungen müssen zunehmend erkennen, dass neben technischem und wirtschaftlichem Sachverstand insbesondere ein versierter Umgang mit vergabe- und vertragsrechtlichen Sachverhalten für die problemlose und zügige Abwicklung eines Vergabeverfahrens gefordert ist. Für den erfolgreichen Ablauf eines Vergabeverfahrens und der sich anschließenden Baumaßnahme reicht es für die verantwortlichen Entscheidungsträger nicht mehr aus, den ungefähren Wortlaut der VOB oder die Grundzüge des Werkvertragsrechts zu kennen. Kleine „formale Fehler", die oft aus Unwissenheit passieren, wirken sich in vielen Fällen irreversibel zu Lasten des Auftraggebers aus. Die Anforderungen an den öffentlichen Auftraggeber, welcher an eine Vielzahl von Vorschriften gebunden ist, sind hierbei besonders hoch, da Unkorrektheiten bei der Ausschreibung zu kosten- und zeitintensiven Problemen im Vergabeverfahren führen können. Im Tagesgeschäft stellt sich für den (öffentlichen) Auftraggeber von Werkleistungen bei jedem neuen Projekt (von der Planung bis zur Fertigstellung eines Bauwerkes) die Frage, welche Vorraussetzungen für die erfolgreiche Abwicklung des Vergabeverfahrens und der anschließenden Baumaßnahme erfüllt sein müssen. Hierbei ergeben sich für die Verantwortlichen schwerpunktmäßig folgende Problemstellungen:

– Wie muss die geforderte Leistung richtig beschrieben sein?
– Wie müssen Nebenangebote und Änderungsvorschläge richtig behandelt und gewertet werden?
– Wie können schon während der Vergabephase Mehrvergütungs- und Schadensersatzforderungen effektiv vermieden werden?

Bezugnehmend auf solche „vergaberechtlichen Masterfragen" und in Anbetracht, dass Planung und Durchführung einer Baumaßnahme keinen routinemäßigen Wiederholungsprozess darstellen, sondern jedes Projekt individuelle Konzepte und Entscheidungen fordert, bieten wir mit diesem Fachbuch eine einmalig praxisorientierte Ergänzung zu der kommentierenden Literatur an. Dem Verwender werden zusammenhängend die wesentlichen Vorraussetzungen für die erfolgreiche Gestaltung eines Vergabeverfahrens sowie dessen Einfluss auf die Abwicklung der späteren Baumaßnahme vermittelt. Beispielhaft ist hierzu anzuführen, dass der (öffentliche) Auftraggeber etwaige Mehrvergütungsforderungen nach § 2 VOB/B nur dann erfolgreich abwehren kann, wenn seine Leistungsbeschreibung unter technischen und juristischen Aspekten den Anforderungen des § 9 VOB/A genügt. Das heißt, vertragsrechtliche Konsequenzen während der Bauausführung, wie z. B. Mehrkosten durch unternehmerseitige Nachforderungen finden ihren Ursprung vielfach in vergaberechtlichen Bestimmungen.

Neckargemünd, im Juli 2003   Die Autoren

Inhaltsverzeichnis

Abschnitt I: Die neue VOB 2002 – Neuerungen und Änderungen 1

1 Einleitung 3
2 VOB Teil A 2002 4
    2.1 Vorbemerkung zu den Änderungen der VOB/A 4
    2.2 Die Änderungen der VOB/A 2002 im Einzelnen 4
        2.2.1 Abschnitt 1 – Basisparagraphen 4
            2.2.1.1 § 4 Nr. 1 VOB/A (Einheitliche Vergabe) 4
            2.2.1.2 § 10 Nr. 4 Abs. 2 S. 1 VOB/A (Vergabeunterlagen) 4
            2.2.1.3 § 10 Nr. 6 VOB/A (Redaktionelle Korrektur) 4
            2.2.1.4 § 13 VOB/A (Verjährung der Mängelansprüche) und Neufassung der Überschrift 5
            2.2.1.5 § 14 Nr. 2 VOB/A (Sicherheitsleistung) 5
            2.2.1.6 § 25 Nr. 3 Abs. 3 Satz 1 VOB/A (Wertung der Angebote) 5
        2.2.2 Abschnitt 2 – Basisparagraphen mit zusätzlichen Bestimmungen nach der EG-Baukoordinierungsrichtlinie 6
            2.2.2.1 § 17a Nr. 1 Abs. 1 Satz 2 VOB/A (Verweisung auf § 1a Nr. 1 Abs. 1 Buchst. b): Streichung 6
            2.2.2.2 § 17a Nr. 1 Abs. 2 VOB/A (Verweisung auf Formular zur Vorinformation) 6
            2.2.2.3 § 17a Nr. 3 Abs. 2 VOB/A (Verweisung auf Formulare zur Bekanntmachung) 6
            2.2.2.4 § 17a Nr. 4 Abs. 1 VOB/A (Verweisung auf Formulare zur Bekanntmachung) 7
            2.2.2.5 § 18a Nr. 1 Abs. 2 und Nr. 2 Abs. 2 VOB/A (Verweisung auf Formulare zur Bekanntmachung und sprachliche Korrektur) 7
            2.2.2.6 § 28a Nr. 1 Abs. 2 VOB/A (Verweisung auf Formulare zur Bekanntmachung) 8
            2.2.2.7 § 32a Nr. 1 Abs. 2 und Nr. 2 Abs. 1 VOB/A (Verweisung auf die Anhänge) 8
        2.2.3 Abschnitt 3 – Basisparagraphen mit zusätzlichen Bestimmungen nach der EG-Sektorenrichtlinie 8
            2.2.3.1 § 8b Nr. 11 Abs. 2 VOB/A (Verweisung auf Formulare zur Bekanntmachung) 8
            2.2.3.2 § 17b Nr. 1 Abs. 1 und Nr. 2 Abs. 1 und 2 VOB/A (Verweisung auf Formulare zur Bekanntmachung) 8
            2.2.3.3 § 18b Nr. 1 Abs. 2 VOB/A (Verweisung auf Formulare zur Bekanntmachung und sprachliche Korrektur) 9
            2.2.3.4 § 28b VOB/A (Verweisung auf Formulare zur Bekanntmachung) ... 9
        2.2.4 Abschnitt 4 – Vergabebestimmungen nach der EG-Sektorenrichtlinie(VOB/A-SKR) 10
            2.2.4.1 § 5 SKR Nr. 11 Abs. 2 VOB/A (Verweisung auf Formulare zur Bekanntmachung) 10
            2.2.4.2 § 8 SKR Nr. 1 Abs. 1 und Nr. 2 Abs. 1 und 2 VOB/A (Verweisung auf Formulare zur Bekanntmachung) 10

                    2.2.4.3 § 9 SKR Nr. 1 Abs. 2 VOB/A (Verweisung auf Formulare
                             zur Bekanntmachung) 10
                    2.2.4.4 § 12 SKR VOB/A (Verweisung auf Formulare zur
                             Bekanntmachung) 11

3 VOB Teil B 2002 12
   3.1 Vorbemerkung zu den Änderungen der VOB/B 12
   3.2 Die Änderungen der VOB/B 2002 im Einzelnen 12
        3.2.1 § 10 Nr. 2 Abs. 2 VOB/B (Haftung und genehmigte
               Allgemeine Versicherungsbedingungen) 12
        3.2.2 § 12 Nr. 5 Abs. 2 VOB/B (Abnahmefiktion) 12
        3.2.3 § 13 VOB/B 14
               3.2.3.1 § 13 Nr. 1 Sätze 1 bis 3 VOB/B (Gewährleistungsrecht
                        – Mangelbegriff) 14
               3.2.3.2 § 13 Nr. 2 VOB/B (Zugesicherte Eigenschaften bei
                        Leistungen nach Probe) 14
               3.2.3.3 § 13 Nr. 3 VOB/B 15
               3.2.3.4 § 13 Nr. 4 VOB/B (Verjährungsfrist für Mängelansprüche) 15
               3.2.3.5 § 13 Nr. 5 VOB/B (Neubeginn der Verjährung) 16
               3.2.3.6 § 13 Nr. 6 VOB/B (Minderung) 17
               3.2.3.7 § 13 Nr. 7 VOB/B (Haftung) 17
        3.2.4 § 16 VOB/B 18
               3.2.4.1 § 16 Nr. 1 Abs. 3 VOB/B (Fälligkeit) 18
               3.2.4.2 § 16 Nr. 1 Abs. 4 VOB/B 18
               3.2.4.3 § 16 Nr. 2 Abs. 1 Satz 2 (Zinssatz Vorauszahlungen) 19
               3.2.4.4 § 16 Nr. 3 Abs. 1 Satz 1 VOB/B (Zahlungsverzug) 19
               3.2.4.5 § 16 Nr. 5 Abs. 3 VOB/B 19
               3.2.4.6 § 16 Nr. 5 Abs. 3 bis 5 VOB/B 20
               3.2.4.7 § 16 Nr. 6 VOB/B 20
        3.2.5 § 17 VOB/B 21
               3.2.5.1 § 17 Nr. 1 VOB/B 21
               3.2.5.2 § 17 Nr. 4 VOB/B (Ausschluss der Bürgschaft
                        auf erstes Anfordern) 21
               3.2.5.3 § 17 Nr. 8 VOB/B (Rückgabe der Sicherheiten) 22
        3.2.6 § 18 Nr. 2 VOB/B 22

Abschnitt II: Rechtssichere Gestaltung von Ausschreibungstexten 25

1 Vergabe und Beschreibung der Leistung 27
   1.1 Einführung – Der rechtliche Rahmen einer Leistungsbeschreibung in
        einem Vergabeverfahren 28
   1.2 § 9 Nr. 2 VOB/A – Generalklausel im Bauvertragsrecht 30
        1.2.1 Ungewöhnliches Wagnis 30
        1.2.2 Konkretisierung des § 9 Nr. 2 VOB/A 31
        1.2.3 Umfangreiche Vorarbeiten 32
   1.3 Zur Zulässigkeit von produkt- und herstellerbezogenen Ausschreibungstexten ... 36
        1.3.1 Vergaberechtliche Zulässigkeit der Nachfrage eines bestimmten
               Erzeugnisses oder Verfahrens bei der Aufstellung eines
               Leistungsverzeichnisses im Sinne des § 9 Nr. 5 Abs. 1 VOB/A 36
               1.3.1.1 Regelungsgehalt des § 9 Nr. 5 Abs. 1 VOB/A 37
               1.3.1.2 Auslegung des Ausnahmetatbestands 38

Inhaltsverzeichnis

- 1.3.2 Vergaberechtliche Zulässigkeit der Verwendung von Bezeichnungen, insbesondere in Form von Markennamen, Warenzeichen oder Patenten für bestimmte Erzeugnisse oder Verfahren bei der Aufstellung eines Leistungsverzeichnisses im Sinne des § 9 Nr. 5 Abs. 2 VOB/A 41
  - 1.3.2.1 Grundsätzliche Erwägungen bezüglich europäischer technischer Spezifikationen 48
  - 1.3.2.2 Folgerungen für den Wertungsspielraum einer Vergabestelle bei der Aufstellung eines Leistungsverzeichnisses 49
- 1.3.3 Zusammenfassung 50
- 1.4 Ausschreibung von Sonderpositionen 51
  - 1.4.1 Zuschlagspositionen 51
  - 1.4.2 Bedarfspositionen 51
  - 1.4.3 Alternativpositionen 53
- 1.5 Die Leistungsbeschreibung mit Leistungsverzeichnis 53
- 1.6 Die Leistungsbeschreibung mit Leistungsprogramm 57
  - 1.6.1 Einführung 58
  - 1.6.2 Rechtliche Vorgaben für die „Funktionale Leistungsbeschreibung" 62
    - 1.6.2.1 § 9 Nr.10 ff. VOB/A 62
    - 1.6.2.2 „Richtiges" Vergabeverfahren 63
    - 1.6.2.3 Sonderfall: Die Funktionale Leistungsbeschreibung im Vergabeverfahren nach Abschnitt 4 der VOB/A 65
    - 1.6.2.4 Vertragstypen 66
    - 1.6.2.5 Planungsaufwendungen des Unternehmers 69
    - 1.6.2.6 Besonderheiten der Angebotswertung nach Funktionaler Leistungsbeschreibung 70
  - 1.6.3 Praxisprobleme im Zusammenhang mit der Funktionalen Leistungsbeschreibung 71
    - 1.6.3.1 Notwendiger Inhalt, notwendige Planungstiefe, Zusammenhang zwischen Planungstiefe und Nachtragsrisiko sowie Abgeltung von Risiken durch Zuschläge 71
    - 1.6.3.2 Funktionale Leistungsbeschreibung im Vergabeverfahren eines Nachfragemonopolisten 90

2 Rechtssichere Handhabung von Nebenangeboten und Änderungsvorschlägen 92
- 2.1 Einführung 92
- 2.2 Angebote mit abweichenden technischen Spezifikationen 93
- 2.3 Nebenangebot und Änderungsvorschlag 94
  - 2.3.1 Definition von Nebenangeboten und Änderungsvorschlägen 94
  - 2.3.2 Risiken bei Nebenangeboten/Änderungsvorschlägen 96
  - 2.3.3 Pauschalierung von Nebenangeboten und Änderungsvorschlägen 97
  - 2.3.4 Wertung von Nebenangeboten und Änderungsvorschlägen 98
    - 2.3.4.1 Form und Inhalt 98
    - 2.3.4.2 Gleichwertigkeit 99
  - 2.3.5 Erkennen von Lösungsansätzen im Änderungsvorschlag und Nebenangebot 102
    - 2.3.5.1 Berücksichtigung von Qualitätsunterschieden durch Punktwertung 102
    - 2.3.5.2 Preiswertungsmöglichkeiten 104
  - 2.3.6 Entscheidungen zur Prüfung und Wertung von Nebenangeboten und Änderungsvorschlägen 106
    - 2.3.6.1 Bezeichnung eines Nebenangebotes als Nebenangebot 106

2.3.6.2 Formerfordernisse für die Wertung von Nebenangeboten 106
2.3.6.3 Notwendiger Inhalt von Nebenangeboten und Änderungsvorschlägen 106
2.3.6.4 Notwendiger Inhalt von Nebenangeboten 107
2.3.6.5 Nachweis der Gleichwertigkeit von Nebenangeboten 107
2.3.6.6 Nachweis der Gleichwertigkeit eines Nebenangebotes 107
2.3.6.7 Zeitpunkt des Nachweises der Gleichwertigkeit eines Nebenangebotes 107
2.3.6.8 Voraussetzungen für die Wertung eines Nebenangebotes mit dem Inhalt eines Pauschalvertrages 108
2.3.6.9 Prüfung und Wertung eines Nebenangebotes in Form einer Preisgleitklausel 108

3 Verlagerung des Beschreibungsrisikos durch die Art der Vertragsgestaltung 109
   3.1 Risikoverteilung beim Werkvertrag unter besonderer Berücksichtigung des Bauvertrages 109
      3.1.1 Vertragsrisiko und Geschäftsgrundlage 109
         3.1.1.1 Die Risikoverteilung auf die Parteien 109
         3.1.1.2 Die Geschäftsgrundlage des Vertrages 110
         3.1.1.3 Die dreifache Bedeutung des Vertragsrisikos 112
      3.1.2 Die Risikosphäre des Bestellers und des Unternehmers 113
         3.1.2.1 Die Gefahrtragung als Grundsatz der werkvertraglichen Risikoverteilung 113
         3.1.2.2 Der vertragliche Risikorahmen des Bestellers 114
         3.1.2.3 Das vertragliche Risikorahmen des Bauunternehmers 120
      3.1.3 Verteilung von Vertragsrisiken bei Inanspruchnahme von Dritten 125
         3.1.3.1 Risikozuordnung bei Verschulden des Erfüllungsgehilfen 125
         3.1.3.2 Entscheidungen zur Inanspruchnahme von Dritten 128
   3.2 Die Verlagerung typischer Bauvertragsrisiken durch die Systemwahl Pauschalvertrag – Funktionale Leistungsbeschreibung 129
      3.2.1 Die vorrangige Form der Risikoverteilung durch den Einheitspreisvertrag 129
      3.2.2 Die grundsätzliche Risikoverteilung im Bauvertrag 130
      3.2.3 Das Genehmigungsrisiko 133
      3.2.4 Das Planungsrisiko 136
      3.2.5 Das Mengenermittlungsrisiko 140
      3.2.6 Das Baugrundrisiko 144
         3.2.6.1 Einleitung 144
         3.2.6.2 Die Bedeutung des Begriffs „Baugrundrisiko" 145
         3.2.6.3 Die gesetzliche und vertragliche Zuweisung des Baugrundrisikos 150
         3.2.6.4 Verlagerung des Baugrundrisikos auf den Unternehmer 153
      3.2.7 Das Kalkulationsrisiko des Unternehmers 158
         3.2.7.1 Der Umfang des Kalkulationsrisikos 158
         3.2.7.2 Das Kalkulationsrisiko des Unternehmers in der Baupraxis ... 161
      3.2.8 Rechtzeitige Fertigstellung der Leistung (Behinderungsrisiko) 164
      3.2.9 Das Systemrisiko 166
         3.2.9.1 Begriffsbedeutung und Abgrenzung 166
      3.2.10 Rechtsfolgen der Verwirklichung des Systemrisikos 166
   3.3 Verlagerung von Risiken im Pauschalvertrag 169
      3.3.1 Struktur des Pauschalvertrages 169
         3.3.1.1 Die vertraglich geschuldete Gegenleistung (Vergütungssoll) 169

		3.3.1.2 Die vertraglich geschuldete Leistung (Leistungssoll) 170

- 3.3.2 Risikozuweisung im Detail-Pauschalvertrag... 172
  - 3.3.2.1 Verlagerung des Beschreibungsrisikos durch die Systemwahl Detail-Pauschalvertrag? 172
  - 3.3.2.2 Das Mengenermittlungsrisiko beim (Detail-)Pauschalvertrag 175
- 3.3.3 Risikozuweisung im Global-Pauschalvertrag.. 178
  - 3.3.3.1 Das „globale" Leistungssoll als typisches Kennzeichen des Global-Pauschalvertrages 178
  - 3.3.3.2 Der Einfache Global-Pauschalvertrag 179
  - 3.3.3.3 Verlagerung des Planungsrisikos auf den Auftragnehmer als Kennzeichen des Komplexen Global-Pauschalvertrages 180

3.4 Auftragnehmeransprüche bei riskanter Ausschreibung.. 182
- 3.4.1 Die riskante Leistungsbeschreibung.. 182
  - 3.4.1.1 Die unvollständige Leistungsbeschreibung..................................... 182
  - 3.4.1.2 Die fehlerhafte Leistungsbeschreibung.. 183
  - 3.4.1.3 Die unklare Leistungsbeschreibung 184
- 3.4.2 Rechtsfolgen aus riskanter Leistungsbeschreibung................................... 184
  - 3.4.2.1 Leistungsbeschreibung des Auftraggebers...................................... 185
  - 3.4.2.2 Einordnung des Beschreibungsmangels... 185
  - 3.4.2.3 Mehrvergütungsanspruch wegen unvollständiger oder fehlerhafter Leistungsbeschreibung 185
  - 3.4.2.4 Vergütungsanspruch wegen unklarer Leistungsbeschreibung....... 186
  - 3.4.2.5 Gegenmaßnahmen des Bieters bei unklarer Leistungsbeschreibung.. 187

3.5 Verlagerung des Risikos durch Allgemeine Geschäftsbedingungen 189
- 3.5.1 Einleitung 189
- 3.5.2 Anwendungsvoraussetzungen der §§ 305 ff. BGB 189
  - 3.5.2.1 Der AGB-Begriff 189
  - 3.5.2.2 Die VOB als Allgemeine Geschäftsbedingungen 190
  - 3.5.2.3 Ergänzende Vertragsbedingungen als Allgemeine Geschäftsbedingungen 193
- 3.5.3 Risikoverlagerung auf den Auftragnehmer durch Allgemeine Geschäftsbedingungen des Auftraggebers............................ 206
  - 3.5.3.1 Ausschluss der Ansprüche des Auftragnehmers aus mangelhaft definierter Leistungsbeschreibung 206
  - 3.5.3.2 Ausschluss der Preisanpassungsmöglichkeit des Auftragnehmers 207
  - 3.5.3.3 Ausschluss der Ansprüche des Auftragnehmers auf Schadensersatz gem. § 6 Nr. 6 VOB/B 209
  - 3.5.3.4 Abwälzung des Beschreibungsrisikos auf den Auftragnehmer durch eine Komplettheitsklausel beim Detail-Pauschalvertrag..... 209
  - 3.5.3.5 Schriftformvereinbarungen 210
- 3.5.4 Zusammenstellung von Bauvertragsklauseln 211
  - 3.5.4.1 Wirksame Klauseln 211
  - 3.5.4.2 Unwirksame Klauseln 214
- 3.5.5 Rechtsfolgen bei Nichteinbeziehung und Unwirksamkeit von Allgemeinen Geschäftsbedingungen 220
  - 3.5.5.1 Nichteinbeziehung von Allgemeinen Geschäftsbedingungen 220
  - 3.5.5.2 Unwirksame Bauvertragsklauseln 220
  - 3.5.5.3 Inhalt des Vertrages bei Vertragslücken... 221
  - 3.5.5.4 Gesamtnichtigkeit des Vertrages 221

3.5.6 Abgrenzung von Allgemeinen Geschäftsbedingungen
und Individualvereinbarungen.. 222

Abschnitt III: Mehrvergütungsansprüche des Auftragnehmers 225

1 Die Preisänderungsmöglichkeiten der VOB 227
    1.1 Einleitung 227
        1.1.1 Mengenabweichungen nach § 2 Nr. 3 VOB/B 229
            1.1.1.1 Einheitspreisvertrag 229
            1.1.1.2 Die Bedeutung der Mengenabgabe 230
            1.1.1.3 Mengenabweichungen bis 10 % (§ 2 Nr. 3 Abs. 1 VOB/B).......... 231
            1.1.1.4 Mengenmehrungen um mehr als 10 % (§ 2 Nr. 3 Abs. 2 VOB/B) 231
            1.1.1.5 Mengenminderungen um mehr als 10 %
                    (§ 2 Nr. 3 Abs. 3 VOB/B) 233
            1.1.1.6 Neuberechnung des Preises 235
            1.1.1.7 Hinweis- und Prüfungspflichten des Auftragnehmers bei
                    Mengenänderungen 237
            1.1.1.8 Abhängige Pauschalpreisleistungen (§ 2 Nr. 3 Abs. 4 VOB/B).... 237
            1.1.1.9 Folgen des vertraglichen Ausschlusses des Anspruchs aus
                    § 2 Nr. 3 VOB/B 238
        1.1.2 § 2 Nr. 4 VOB/B 241
        1.1.3 § 2 Nr. 5 VOB/B 241
            1.1.3.1 Überblick 241
            1.1.3.2 Einzelheiten 241
        1.1.4 § 2 Nr. 6 VOB/B 243
            1.1.4.1 Abgrenzung von Vertragsleistungen, Nebenleistungen
                    und Zusatzleistungen 243
            1.1.4.2 Grenzen des einseitigen Anspruchs des Auftraggebers auf
                    Ausführung von Zusatzleistungen gemäß § 1 Nr. 4,
                    § 2 Nr. 6 VOB/B 244
            1.1.4.3 Die Ankündigung des zusätzlichen Vergütungsanspruchs
                    gemäß § 2 Nr. 6 VOB/B 244
            1.1.4.4 Grundzüge der Preisberechnung von Zusatzleistungen 245
            1.1.4.5 Der Anspruch auf Abschlagszahlungen für Zusatzleistungen 245
        1.1.5 Der Vergütungsanspruch bei ausgeführten Zusatzleistungen
            ohne Anordnung des Auftraggebers gem. § 2 Nr. 8 VOB/B 245
        1.1.6 Planänderung und Anordnung des Auftraggebers (§ 2 Nr. 5 VOB/B)
            sowie der zusätzliche Vergütungsanspruch nach § 2 Nr. 6 und
            § 2 Nr. 8 VOB/B 246
            1.1.6.1 Einführung 246
            1.1.6.2 Abgrenzung zu Vertragsänderungen 247
            1.1.6.3 Leistungsänderungen durch den Auftraggeber 250
            1.1.6.4 Zusätzliche Leistungen aufgrund eines Auftrags 251
            1.1.6.5 Leistungsänderungen oder zusätzliche Leistungen ohne
                    Veranlassung des Auftraggebers 252
    1.2 Verzögerungen im Bauablauf 253
        1.2.1 Behinderungen/Unterbrechungen 255
            1.2.1.1 Überblick 255
            1.2.1.2 Behinderung 255
            1.2.1.3 Unterbrechung 255
            1.2.1.4 Rechtsfolgen 255

Inhaltsverzeichnis XIII

		1.2.2	Anzeigepflichten	256
			1.2.2.1 Überblick	256
			1.2.2.2 Die Anzeigepflicht des § 6 Nr. 1 VOB/B	256
			1.2.2.3 Reaktion des Auftraggebers auf unberechtigte Behinderungsanzeige	259
		1.2.3	Folgen	259
			1.2.3.1 Anspruch auf Verlängerung vereinbarter Ausführungsfristen	259
			1.2.3.2 Die Pflichten des Auftragnehmers während und nach der Behinderung	263
			1.2.3.3 Anspruch auf Abrechnung	265
			1.2.3.4 Der Anspruch auf Ersatz von Behinderungsschäden gemäß § 6 Nr. 6 VOB/B	265
			1.2.3.5 Der Schadensersatzanspruch nach § 6 Nr. 6 VOB/B	265
			1.2.3.6 Vorläufige Abrechnung während der Unterbrechung und vorzeitige Vertragskündigung	272
			1.2.3.7 Vertragsgestaltung	273

Abschnitt IV: Anhang 275

1 VOB-gerechte Formulierungsvorschläge 277

    1.1 Vergabe von Bauleistungen 277
        1.1.1 Aufforderung zur Abgabe eines Angebots 277
        1.1.2 Bewerbungsbedingungen für die Vergabe von Bauleistungen 279
        1.1.3 Angebot gemäß § 21 VOB/A 282
    1.2 Zuschlagserteilung von Bauleistungen 284
        1.2.1 Auftragsverhandlung 284
        1.2.2 Vergabevermerk gemäß § 30 VOB/A 288
        1.2.3 Auftragserteilung 289
    1.3 Bauvertrag 291
        1.3.1 Bauvertrag 291
    1.4 Nachtragsvereinbarungen 296
        1.4.1 Mengenüberschreitung gemäß § 2 Nr. 3 Abs. 1 und 2 VOB/B 296
        1.4.2 Mengenunterschreitung gemäß § 2 Nr. 3 Abs. 3 VOB/B 297
        1.4.3 Änderung des Pauschalpreises gemäß § 2 Nr. 3 Abs. 4 VOB/B 298
        1.4.4 Geänderte Ausführung gemäß § 2 Nr. 5 VOB/B 299
        1.4.5 Zusätzliche Leistungen gemäß § 2 Nr. 6 VOB/B 300
        1.4.6 Beseitigung vertragswidriger Leistungen gemäß § 2 Nr. 8 Abs. 1 VOB/B 301
        1.4.7 Anerkennung vertragswidriger Leistungen gemäß § 2 Nr. 8 Abs. 2 VOB/B 302
        1.4.8 Anerkennung vertragswidriger Leistungen gemäß § 2 Nr. 8 Abs. 2 VOB/B 303
        1.4.9 Vergütung für Unterlagen gemäß § 2 Nr. 9 VOB/B 304
    1.5 Behinderung des Bauablaufes 305
        1.5.1 Behinderungsanzeige gemäß § 6 Nr. 2 Abs. 2 VOB/B 305
        1.5.2 Verlängerung der Ausführungszeit gemäß § 6 Nr. 1, 3, 4 VOB/B 306
        1.5.3 Verlängerung der Ausführungszeit gemäß § 6 Nr. 1, 3, 4VOB/B 307
        1.5.4 Schadensersatzanspruch gemäß § 6 Nr. 6 VOB/B 308
        1.5.5 Kündigung wegen anhaltender Unterbrechung der Ausführung gemäß § 6 Nr. 7 VOB/B 309

2 Arbeitshilfen zur Behandlung von Nachträgen ... 310
   2.1 Änderung des Bauvertrages und der Kalkulationsgrundlagen ... 310
      2.1.1 Grundsätzliche Regelungen in § 2 Nr. 1 VOB/B ... 310
          2.1.1.1 Das Bausoll ... 310
      2.1.2 Abrechnung gemäß § 2 Nr. 2 VOB/B ... 311
      2.1.3 Anwendung des § 2 Nr. 3 VOB/B ... 312
          2.1.3.1 Angeordnete Mengenmehrungen oder -minderungen ... 313
          2.1.3.2 Grundlagen für eine Anpassung des Preises nach § 2 Nr. 3 VOB/B ... 313
          2.1.3.3 Die über 10% hinausgehende Mengenmehrung ... 314
          2.1.3.4 Die über 10% hinausgehende Mengenminderung ... 317
          2.1.3.5 Der Preisausgleich nach § 2 Nr. 3 Abs. 3 VOB/B ... 319
      2.1.4 Vergütungsänderungen infolge von geänderten oder zusätzlichen Leistungen ... 319
          2.1.4.1 Einseitiges Anordnungsrecht des AG – Einseitiger Vergütungsanspruch des AN ... 320
          2.1.4.2 § 2 Nr. 5 VOB/B – Geänderte Leistungen auf Anordnung des AG ... 321
          2.1.4.3 § 2 Nr. 6 VOB/B – Zusätzliche Leistungen auf Anordnung des AG ... 323
          2.1.4.4 Abgrenzung zwischen § 2 Nr. 5 und Nr. 6 VOB/B ... 325
          2.1.4.5 Wegfall von Leistungen und Nullleistungen nach § 2 Nr. 4 VOB/B ... 326

Sachwortverzeichnis ... 329

Abschnitt I:

Die neue VOB 2002 - Neuerungen und Änderungen

1 Einleitung

Der Vorstand des Deutschen Vergabe- und Vertragsausschusses (DVA) hat in seiner Sitzung am 2. Mai 2002 der zuvor vom Hauptausschuss Allgemeines (HAA) – der Hauptausschuss Allgemeines ist ein paritätisch aus jeweils 11 Mitgliedern der Auftraggeber– und Auftragnehmerseite sowie 4 außerordentlichen Mitgliedern besetztes Beschlussorgan – beschlossene Neuherausgabe der Teile A und B der VOB – künftig: „Vergabe- und Vertragsordnung für Bauleistungen" – zugestimmt.

Die neue VOB (Teile A und B) wurde am 28.10.2002 in der Ausgabe 2002 des Bundesanzeigers, S. 24057 (Beilage 202 a) veröffentlicht und wird die VOB 2000 vom 30.05.2000 (Bundesanzeiger Nr. 120 a vom 30.06.2000) ersetzen. Die Gesamtausgabe der VOB wird aber – wie bereits im Zusammenhang mit der VOB 2000 geschehen – zur Wahrung der einheitlichen Geltung erst mit dem Inkrafttreten der noch zu ändernde Vergabeverordnung (VgV) in Kraft treten: Dort müssen in §§ 4 bis 6 VgV die statischen Verweisungen auf die anzuwendenden Vorschriften der VOB/A 2002 (§ 6 VgV) angepasst werden.

Durch Rechtsprechung und erfolgte Gesetzesänderungen (Gesetz zur Beschleunigung fälliger Zahlungen und Schuldrechtsmodernisierungsgesetz) bedingt war die VOB/B – Allgemeine Vertragsbedingungen für die Ausführung von Bauleistungen – anzupassen. Die vom Hauptausschuss Allgemeines des DVA eingesetzte Arbeitsgruppe hat den insoweit erforderlichen Änderungsbedarf erarbeitet.

Dabei ist insbesondere auf die in § 13 Nr. 4 Abs. 1 VOB/B geänderten – erweiterten – Verjährungsfristen hinzuweisen, die allerdings im Hinblick auf die – nach der VOB möglichen – Verjährungsunterbrechung zeitlichen Einschränkungen unterliegt (§ 13 Nr. 5 Abs. 2 VOB/B).

§ 16 Nr. 5 Abs. 3 VOB/B enthält im Gegensatz zur jetzigen Regelung eine differenzierte Ausgestaltung der Nachfristsetzungserfordernisse als Voraussetzung für den Verzugszinssatz: In Höhe des unbestrittenen Schlussrechnungsbetrages gerät der Auftraggeber insoweit bereits nach Ablauf von 2 Monaten nach Zugang der Schlussrechnung in Verzug.

§ 17 Nr. 4 VOB/B untersagt dem Auftraggeber, eine Bürgschaft „auf erstes Anfordern" zu verlangen.

§ 17 Nr. 8 VOB/B enthält im Hinblick auf die Gewährleistungssicherheit eine Einschränkung insoweit, als diese – sofern kein anderer Rückgabezeitpunkt vereinbart worden ist – nach Ablauf von 2 Jahren zurückzugeben ist, sofern geltend gemachte Ansprüche des Auftraggebers zu diesem Zeitpunkt erfüllt sind: Seitens des Auftraggebers wird also darauf zu achten sein, im Bedarfsfall abweichende Rückgabezeitpunkten – bereits in den Verdingungsunterlagen – festzulegen und mit dem Auftragnehmer zu vereinbaren.

2 VOB Teil A 2002

2.1 Vorbemerkung zu den Änderungen der VOB/A

Die kursiv dargestellten und durch Fettdruck im Vergleich zur VOB/A 2000 hervorgehobenen Änderungen des Teils A der VOB 2002 (es werden nachfolgend lediglich die unmittelbar betroffenen und in der jeweiligen Überschrift benannten – geänderten – Textstellen wiedergegeben, im Übrigen verbleibt es bei der jeweils bestehenden Textfassung) beschränken sich – neben einigen wenigen redaktionellen Änderungen – auf die Umsetzung der Richtlinie 2001/78/EG und der daraus resultierenden Neufassung der Standardformulare in den Anhängen zu den Abschnitten 2–4.

2.2 Die Änderungen der VOB/A 2002 im Einzelnen

2.2.1 Abschnitt 1 – Basisparagraphen

2.2.1.1 § 4 Nr. 1 VOB/A (Einheitliche Vergabe)

*"Bauleistungen sollen so vergeben werden, dass eine einheitliche Ausführung und zweifelsfreie umfassende **Haftung für Mängelansprüche** erreicht wird; sie sollen daher in der Regel mit den zur Leistung gehörigen Lieferungen vergeben werden."*

Mit Einführung des Schuldrechtsmodernisierungsgesetzes ist der Begriff der Gewährleistung im BGB entfallen. Zur Anpassung der VOB/A an die Diktion des BGB und der VOB/B wird der Begriff „Gewährleistung" durch den Begriff der Mängelansprüche ersetzt (vgl. Änderungen zu § 13 Nr. 1 VOB/B).

2.2.1.2 § 10 Nr. 4 Abs. 2 S. 1 VOB/A (Vergabeunterlagen)

*"Im Einzelfall erforderliche besondere Vereinbarungen über die **Mängelansprüche sowie deren Verjährung** (§ 13, § 13 Nr. 1, 4 und 7 VOB/B) und über die Verteilung der Gefahr bei Schäden, die durch Hochwasser, Sturmfluten, Grundwasser, Wind, Schnee, Eis und dergleichen entstehen können (§ 7 VOB/B), sind in den Besonderen Vertragsbedingungen zu treffen."*

Zur Anpassung der VOB/A an die Diktion des BGB und der VOB/B wird der Begriff „Gewährleistung" durch den Begriff der Mängelansprüche ersetzt (vgl. Ziffer 1).

2.2.1.3 § 10 Nr. 6 VOB/A (Redaktionelle Korrektur)

*"Sollen Streitigkeiten aus dem Vertrag unter Ausschluss des ordentlichen Rechtswegs im schiedsrichterlichen Verfahren ausgetragen werden, so ist es in besonderer, nur das Schiedsverfahren betreffender Urkunde zu vereinbaren, soweit nicht § **1031** Abs. 2 Zivilprozessordnung auch eine andere Form der Vereinbarung zulässt."*

§ 1027 ZPO wurde als § 1031 ZPO neu gefasst. § 1031 Abs. 1 u. 2 ZPO lauten:

„(1) Die Schiedsvereinbarung muss entweder in einem von den Parteien unterzeichneten Schriftstück oder in zwischen ihnen gewechselten Schreiben, Fernkopien, Telegrammen oder anderen Formen der Nachrichtenübermittlung, die einen Nachweis der Vereinbarung sicherstellen, enthalten sein.

(2) Die Form des Absatzes 1 gilt auch dann als erfüllt, wenn die Schiedsvereinbarung in einem von der einen Partei der anderen Partei oder von einem Dritten beiden Parteien übermittelten Schriftstück enthalten ist und der Inhalt des Schriftstücks im Fall eines nicht rechtzeitig erfolgten Widerspruchs nach der Verkehrssitte als Vertragsinhalt angesehen wird."

2.2.1.4 § 13 VOB/A (Verjährung der Mängelansprüche) und Neufassung der Überschrift

*„Andere Verjährungsfristen als nach § 13 Nr. 4 VOB/B der Allgemeinen Vertragsbedingungen sollen nur vorgesehen werden, wenn dies wegen der Eigenart der Leistung erforderlich ist. In solchen Fällen sind alle Umstände gegeneinander abzuwägen, insbesondere, wenn etwaige Mängel wahrscheinlich erkennbar werden und wieweit die Mängelursachen noch nachgewiesen werden können, aber auch die Wirkung auf die Preise und die Notwendigkeit einer billigen Bemessung der Verjährungsfristen für **Mängelansprüche**."*

Zur Anpassung der VOB/A an die Diktion des BGB und der VOB/B werden in der Überschrift und in Satz 2 der Begriff „Gewährleistung" durch den Begriff der Mängelansprüche ersetzt (vgl. Ziffer 1).

2.2.1.5 § 14 Nr. 2 VOB/A (Sicherheitsleistung)

*„Die Sicherheit soll nicht höher bemessen und ihre Rückgabe nicht für einen späteren Zeitpunkt vorgesehen werden, als nötig ist, um den Auftraggeber vor Schaden zu bewahren. Die Sicherheit für die Erfüllung sämtlicher Verpflichtungen aus dem Vertrag soll 5 v. H. der Auftragssumme nicht überschreiten. Die Sicherheit für **Mängelansprüche** soll 3 v. H. der Abrechnungssumme nicht überschreiten."*

Zur Anpassung der VOB/A an die Diktion des BGB und der VOB/B wird der Begriff „Gewährleistung" durch den Begriff der Mängelansprüche ersetzt (vgl. Ziffer 1).

2.2.1.6 § 25 Nr. 3 Abs. 3 Satz 1 VOB/A (Wertung der Angebote)

*„In die engere Wahl kommen nur solche Angebote, die unter Berücksichtigung rationellen Baubetriebs und sparsamer Wirtschaftsführung eine einwandfreie Ausführung einschließlich **Haftung für Mängelansprüche** erwarten lassen."*

Zur Anpassung der VOB/A an die Diktion des BGB und der VOB/B wird der Begriff „Gewährleistung" durch den Begriff der Mängelansprüche ersetzt (vgl. Ziffer 1).

2.2.2 Abschnitt 2 – Basisparagraphen mit zusätzlichen Bestimmungen nach der EG-Baukoordinierungsrichtlinie

2.2.2.1 § 17a Nr. 1 Abs. 1 Satz 2 VOB/A (Verweisung auf § 1a Nr. 1 Abs. 1 Buchst. b): Streichung

„Die wesentlichen Merkmale für
- *eine beabsichtigte bauliche Anlage mit einem geschätzten Gesamtauftragswert von mindestens 5 Millionen Euro,*
- *einen beabsichtigten Bauauftrag, bei dem der Wert der zu liefernden Stoffe und Bauteile weit überwiegt, mit einem geschätzten Auftragswert von mindestens 750.000 Euro,*

sind als Vorinformation bekannt zu machen."

Bei Bauaufträgen im Sinne von § 1a Nr. 1 Abs. 1 Buchstabe b ist Satz 1 entsprechend anzuwenden.

Begründung:

Die in Satz 2 genannte Verweisung beruht auf ein Redaktionsversehen in der VOB 2000. Da die genannte Vorschrift nicht besteht (sie war in einem der Entwürfe enthalten), kann die Verweisung gestrichen werden.

2.2.2.2 § 17a Nr. 1 Abs. 2 VOB/A (Verweisung auf Formular zur Vorinformation)

„Diese Bekanntmachungen sind nach dem in Anhang I enthaltenen Muster zu erstellen."

Der Anhang für die Vorinformation (bisheriger Anhang A) wurde nach den Vorgaben des Anhangs II der Richtlinie 2001/78 EG neu gefasst. Da innerhalb der neu einzuführenden Anhänge auf Anhänge mit einer Untergliederer in „A" und „B" verwiesen wird, werden die Anhänge der VOB/A in römische Ziffern untergliedert, um Missverständnisse zu vermeiden. Die Verweisung auf den Anhang A ist daher durch eine Verweisung auf den dann neuen Anhang I zu ersetzen.

2.2.2.3 § 17a Nr. 3 Abs. 2 VOB/A (Verweisung auf Formulare zur Bekanntmachung)

*„Die Bekanntmachung eines Verhandlungsverfahrens muss die **in Anhang II** geforderten Angaben enthalten."*

Der Anhang B muss entsprechend der Bekanntmachung des Anhangs III der Richtlinie 2001/78 EG geändert werden, der auch die Bekanntmachung eines Verhandlungsverfahrens enthält. Gleichzeitig erfolgt eine Umbenennung in „Anhang II" um Missverständnisse zu vermeiden (vgl. Ziffer 3). Damit ist auch eine Änderung der Verweisung in § 17 a Nr. 3 Abs. 2 erforderlich.

2.2.2.4 § 17a Nr. 4 Abs. 1 VOB/A (Verweisung auf Formulare zur Bekanntmachung)

„*Die Bekanntmachung ist **beim Offenen Verfahren, Nichtoffenen Verfahren und Verhandlungsverfahren nach dem im Anhang II** enthaltenen Muster zu erstellen.*"

Für alle drei Vergabeverfahren wird in der Richtlinie 2001/78/EG die Bekanntmachung durch ein Bekanntmachungsmuster vorgegeben. Dieses ist im neuen Anhang II enthalten.

2.2.2.5 § 18a Nr. 1 Abs. 2 und Nr. 2 Abs. 2 VOB/A (Verweisung auf Formulare zur Bekanntmachung und sprachliche Korrektur)

Nr. 1 Abs. 2:

„*Die Frist für den Eingang der Angebote kann verkürzt werden, wenn eine Vorinformation gemäß § 17a Nr. 1 nach dem vorgeschriebenen Muster (Anhang **I**) mindestens 52 Kalendertage, höchstens aber 12 Monate vor dem Zeitpunkt der Absendung der Bekanntmachung des Auftrags im Offenen Verfahren nach § 17a Nr. 2 an das Amtsblatt der Europäischen Gemeinschaften abgesandt wurde. Diese Vorinformation **muss mindestens** die im Muster einer Bekanntmachung für das Offene Verfahren (Anhang **II**) geforderten Angaben **enthalten, soweit** diese Informationen zum Zeitpunkt der Absendung der **Vorinformation vorlagen**.*

Die verkürzte Frist muss für die Interessenten ausreichen, um ordnungsgemäße Angebote einreichen zu können. Sie sollte generell mindestens 36 Kalendertage vom Zeitpunkt der Absendung der Bekanntmachung des Auftrags an betragen; sie darf 22 Kalendertage nicht unterschreiten."

Nr. 2 Abs. 2:

„*Beim Nichtoffenen Verfahren beträgt die Angebotsfrist mindestens 40 Kalendertage, gerechnet vom Tag nach Absendung der Aufforderung zur Angebotsabgabe. Die Frist für den Eingang der Angebote kann auf 26 Kalendertage verkürzt werden, wenn eine Vorinformation gemäß § 17a Nr. 1 nach dem vorgeschriebenen Muster (Anhang **I**) mindestens 52 Kalendertage, höchstens aber 12 Monate vor dem Zeitpunkt der Absendung der Bekanntmachung des Auftrags im Nichtoffenen Verfahren nach § 17a Nr. 2 an das Amtsblatt der Europäischen Gemeinschaften abgesandt **wurde**. Diese Vorinformation muss mindestens **die im Muster einer Bekanntmachung** (Anhang **II**) für das Nichtoffene Verfahren oder gegebenenfalls **die im Muster einer Bekanntmachung** (Anhang **II**) für das Verhandlungsverfahren geforderten Angaben enthalten, soweit diese Informationen zum Zeitpunkt der Absendung der Vorinformation vorlagen.*

Aus Gründen der Dringlichkeit kann die Angebotsfrist von 40 bzw. 26 Kalendertagen bis auf 10 Kalendertage verkürzt werden."

Mit der Vereinheitlichung der Bekanntmachungsmuster für alle drei Vergabearten war eine Änderung der Verweisungen erforderlich. In Nummer 1 Abs. 2 wurde nach dem 2. Tiret das Wort „und" durch das Wort „soweit" ersetzt. Aus Art. 12 Abs. 2 BKR ergibt sich, dass es ausreicht, wenn die Informationen in der Vorinformation enthalten sind, die vorlagen. Daher war in der geltenden VOB/A mit dem Wort „und" ein ungenauer Begriff gewählt worden. Im letzten Halbsatz wurde das Wort „Bekanntmachung" durch das Wort „Vorinformation" ersetzt, um herauszustellen, dass es auf den Zeitpunkt der Absendung der Vorinformation (nicht der Bekanntmachung) ankommt.

§ 18a Nr. 1 Abs. 2 und Nr. 2 Abs. 2 wurden (wie auch § 18b Nr. 1 Abs. 2 und § 9 SKR Nr. 1 Abs. 2) ohne inhaltliche Änderung sprachlich aneinander angeglichen, um den gleichen Regelungsgehalt sprachlich gleich zu regeln.

2.2.2.6 § 28a Nr. 1 Abs. 2 VOB/A (Verweisung auf Formulare zur Bekanntmachung)

*„Die Bekanntmachung ist nach dem in Anhang **III** enthaltenen Muster zu erstellen."*

Das Muster für die Bekanntmachung über vergebene Aufträge ist unter Anhang III neu gefasst.

2.2.2.7 § 32a Nr. 1 Abs. 2 und Nr. 2 Abs. 1 VOB/A (Verweisung auf die Anhänge)

a) § 32a Nr. 1 Abs. 2 VOB/A

*„Die Absicht eines öffentlichen Auftraggebers, eine Baukonzession zu vergeben, ist bekanntzumachen. Die Bekanntmachung hat nach Anhang **IV** zu erfolgen. Sie ist im Amtsblatt für amtliche Veröffentlichungen der Europäischen Gemeinschaften unverzüglich zu veröffentlichen."*

b) § 32a Nr. 2 Abs. 1 VOB/A

*„Die Absicht eines Baukonzessionärs, Bauaufträge an Dritte zu vergeben, ist bekannt zu machen. Die Bekanntmachung hat nach Anhang **V** zu erfolgen. Sie ist im Amtsblatt der EG unverzüglich zu veröffentlichen."*

Mit der neuen Untergliederung der Anhänge des 2. Abschnitts war eine redaktionelle Überarbeitung der Vorschrift erforderlich.

2.2.3 Abschnitt 3 – Basisparagraphen mit zusätzlichen Bestimmungen nach der EG-Sektorenrichtlinie

2.2.3.1 § 8b Nr. 11 Abs. 2 VOB/A (Verweisung auf Formulare zur Bekanntmachung)

*„Die Bekanntmachung ist nach dem in Anhang **II/SKR** enthaltenen Muster zu erstellen. Wenn das System mehr als drei Jahre gilt, ist die Bekanntmachung jährlich zu veröffentlichen. Bei kürzerer Dauer genügt eine Bekanntmachung zu Beginn des Verfahrens."*

Das neue Formular zur Bekanntmachung eines Prüfsystems ist in Anhang II/SKR enthalten. Die Änderung der Untergliederung durch Buchstaben in römische Ziffern erfolgte zur Vermeidung von Missverständnissen (vgl. Ziffer 8).

2.2.3.2 § 17b Nr. 1 Abs. 1 und Nr. 2 Abs. 1 und 2 VOB/A (Verweisung auf Formulare zur Bekanntmachung)

a) § 17b Nr. 1 Abs. 1 VOB/A

„Ein Aufruf zum Wettbewerb kann erfolgen

*a) durch Veröffentlichung einer Bekanntmachung nach Anhang **I/SKR**,*

b durch Veröffentlichung einer regelmäßigen Bekanntmachung nach Nummer 2,

c) durch Veröffentlichung einer Bekanntmachung über das Bestehen eines Prüfsystems nach § 8b Nr. 5."

Das neue Formular zur Bekanntmachung eines Vergabeverfahrens ist in Anhang I/SKR enthalten. Daher ist eine redaktionelle Anpassung in § 17 b Nr. 1 Abs. 1 Buchst. a VOB/B erforderlich.

b) § 17b Nr. 2 Abs. 1 VOB/A

„*(1) Die wesentlichen Merkmale für eine beabsichtigte bauliche Anlage mit einem geschätzten Gesamtauftragswert nach § 1b Nr. 1 Abs. 1 sind als regelmäßige Bekanntmachung mindestens einmal jährlich nach Anhang III/SKR zu veröffentlichen, wenn die regelmäßige Bekanntmachung nicht als Aufruf zum Wettbewerb verwendet wird.*

(2) Die Bekanntmachungen als Aufruf zum Wettbewerb sind nach dem in Anhang IV/SKR enthaltenen Muster zu erstellen und dem Amt für amtliche Veröffentlichung der Europäischen Gemeinschaften zu übermitteln."

Die regelmäßige Bekanntmachung als Aufruf zum Wettbewerb ist im Anhang IV/SKR enthalten. Die regelmäßige Bekanntmachung die nicht als Aufruf zum Wettbewerb verwendet werden soll, ist im Anhang III/SKR enthalten. Anders als nach dem geltenden 3. Abschnitt erfolgt die regelmäßige Bekanntmachung – je nach ihrem Zweck – durch unterschiedliche Muster.

2.2.3.3 § 18b Nr. 1 Abs. 2 VOB/A (Verweisung auf Formulare zur Bekanntmachung und sprachliche Korrektur)

„*Die Frist für den Eingang der Angebote kann verkürzt werden, wenn eine regelmäßige Bekanntmachung gemäß § 17b Nr. 2 Abs. 2 nach dem vorgeschriebenen Muster (Anhang IV SKR) mindestens 52 Kalendertage, höchstens aber 12 Monate vor dem Zeitpunkt der Absendung der Bekanntmachung des Auftrags nach § 17b Nr. 1 Abs. 1a an das Amtsblatt der Europäischen Gemeinschaften abgesandt wurde. Diese regelmäßige Bekanntmachung muss mindestens die im Muster Anhang IV /SKR, geforderten Angaben enthalten, soweit diese Informationen zum Zeitpunkt der Absendung der regelmäßigen Bekanntmachung nach § 17b Nr. 2 Abs. 2 vorlagen.*

Die verkürzte Frist muss für die Interessenten ausreichen, um ordnungsgemäße Angebote einreichen zu können. Sie sollte in der Regel nicht weniger als 36 Kalendertage vom Zeitpunkt der Absendung der Bekanntmachung des Auftrags an betragen; sie darf 22 Kalendertage nicht unterschreiten."

Die regelmäßige Bekanntmachung als Aufruf zum Wettbewerb ist im Anhang IV/SKR enthalten, daher ist in § 18 b Nr. 1 Abs. 2 VOB/A im 2. Tiret auf die Angaben in diesem Anhang zu verweisen. Im übrigen erfolgte im Abs. 2 eine redaktionelle Korrektur (vgl. Ziffer 11).

2.2.3.4 § 28b VOB/A (Verweisung auf Formulare zur Bekanntmachung)

„*1. Der EG-Kommission sind für jeden vergebenen Auftrag binnen zwei Monaten nach der Vergabe dieses Auftrags die Ergebnisse des Vergabeverfahrens durch eine nach Anhang V/SKR abgefasste Bekanntmachung mitzuteilen.*

2. Die Angaben in Anhang V/SKR werden im Amtsblatt der Europäischen Gemeinschaften veröffentlicht. Dabei trägt die EG-Kommission der Tatsache Rechnung, dass es sich bei den Angaben im Falle von Anhang V/SKR Nr. V 4.1, V 1.1 und V 2, V 4.2.4. V 4.2.1. um in geschäftlicher Hinsicht empfindliche Angaben handelt, wenn der Auftraggeber dies bei der Übermittlung dieser Angaben geltend macht.

3. Die Angaben in Anhang V/SKR Nr. V. 4 werden nicht oder nur in vereinfachter Form zu statistischen Zwecken veröffentlicht."

Das neue Formular zur Bekanntmachung der Auftragserteilung ist in Anhang V/SKR enthalten.

2.2.4 Abschnitt 4 – Vergabebestimmungen nach der EG-Sektorenrichtlinie (VOB/A-SKR)

2.2.4.1 § 5 SKR Nr. 11 Abs. 2 VOB/A (Verweisung auf Formulare zur Bekanntmachung)

„Die Bekanntmachung ist nach dem in Anhang II/SKR enthaltenen Muster zu erstellen. Wenn das System mehr als drei Jahre gilt, ist die Bekanntmachung jährlich zu veröffentlichen. Bei kürzerer Dauer genügt eine Bekanntmachung zu Beginn des Verfahrens."

Die Bekanntmachung für die Anwendung eines Prüfsystems ist im neuen Anhang II/SKR geregelt.

2.2.4.2 § 8 SKR Nr. 1 Abs. 1 und Nr. 2 Abs. 1 und 2 VOB/A (Verweisung auf Formulare zur Bekanntmachung)

a) § 8 SKR Nr. 1 Abs. 1 VOB/A

„Ein Aufruf zum Wettbewerb kann erfolgen

a) durch Veröffentlichung einer Bekanntmachung nach Anhang I/SKR,

b) durch Veröffentlichung einer regelmäßigen Bekanntmachung nach Nummer 2,

c) durch Veröffentlichung einer Bekanntmachung über das Bestehen eines Prüfsystems nach § 5 SKR Nr. 5."

Das neue Formular zur Bekanntmachung eines Vergabeverfahrens ist in Anhang I/SKR enthalten. Daher ist eine redaktionelle Anpassung in § 8 Nr. 1 Abs. 1 Buchst. a SKR erforderlich.

b) Nr. 2 Abs. 1 und 2: § 8 SKR Nr. 2 Abs. 1 und 2 VOB/A

*„(1) Die wesentlichen Merkmale für eine beabsichtigte bauliche Anlage mit einem geschätzten Gesamtauftragswert nach § 1 SKR Nr. 2 sind als regelmäßige Bekanntmachung mindestens einmal jährlich **nach Anhang III/SKR** bekannt zu machen, **wenn sie nicht als Aufruf zum Wettbewerb verwendet wird**.*

*(2) Die Bekanntmachungen **als Aufruf zum Wettbewerb** sind nach dem in **Anhang IV/SKR** enthaltenen Muster zu erstellen und dem Amt für amtliche Veröffentlichungen der Europäischen Gemeinschaften zu übermitteln."*

Die regelmäßige Bekanntmachung als Aufruf zum Wettbewerb ist im Anhang IV/SKR enthalten. Die regelmäßige Bekanntmachung die nicht als Aufruf zum Wettbewerb verwendet werden soll, ist im Anhang III/SKR enthalten. Anders als nach dem geltenden 4. Abschnitt erfolgt die regelmäßige Bekanntmachung – je nach ihrem Zweck – durch unterschiedliche Muster.

2.2.4.3 § 9 SKR Nr. 1 Abs. 2 VOB/A (Verweisung auf Formulare zur Bekanntmachung)

*„Die Frist für den Eingang der Angebote kann verkürzt werden, wenn eine regelmäßige Bekanntmachung gemäß § 8 SKR Nr. 2 nach dem vorgeschriebenen Muster **(Anhang IV/SKR)** mindestens 52 Kalendertage, höchstens aber 12 Monate vor dem Zeitpunkt der Absendung der Bekanntmachung des Auftrags nach **§ 8 SKR Nr. 1 Abs. 1 a** an das Amtsblatt der Europäischen Gemeinschaften abgesandt wurde. **Diese** regelmäßige Bekanntmachung **muss mindestens** die im Muster **Anhang IV/SKR**, geforderten Angaben **enthalten**, soweit diese **Informationen** zum Zeitpunkt der Absendung der **regelmäßigen** Bekanntmachung nach § 8 SKR Nr. 2 **vorlagen**.*

Die verkürzte Frist muss für die Interessenten ausreichen, um ordnungsgemäße Angebote einreichen zu können. Sie sollte in der Regel nicht weniger als 36 Kalendertage vom Zeitpunkt der Absendung der Bekanntmachung des Auftrags an betragen; sie darf 22 Kalendertage nicht unterschreiten."

Die Bekanntmachung einer regelmäßigen Bekanntmachung ist im Anhang IV enthalten. Zur Nutzung der regelmäßigen Bekanntmachung zur Fristverkürzung müssen die im Anhang IV geforderten Angaben gemacht werden, soweit diese vorliegen. Die Auftragsbekanntmachung ist in Anhang I/SKR geregelt.

Im Übrigen erfolgte im Abs. 2 eine redaktionelle Korrektur (vgl. Ziffer 11).

2.2.4.4 § 12 SKR VOB/A (Verweisung auf Formulare zur Bekanntmachung)

*„1. Der EG-Kommission sind für jeden vergebenen Auftrag binnen zwei Monaten nach der Vergabe dieses Auftrags die Ergebnisse des Vergabeverfahrens durch eine gemäß **Anhang V/SKR** abgefasste Bekanntmachung mitzuteilen.*

*2. Die Angaben in **Anhang V/SKR** werden im Amtsblatt der Europäischen Gemeinschaften veröffentlicht. Dabei trägt die EG-Kommission der Tatsache Rechnung, dass es sich bei den Angaben im Falle von **Anhang V/SKR** Nr. V 4.1, V 1.1 und V 2, V 4.2.4, V 4.2.1 um in geschäftlicher Hinsicht empfindliche Angaben handelt, wenn der Auftraggeber dies bei der Übermittlung dieser Angaben geltend macht.*

*3. Die Angaben in **Anhang V/SKR** Nr. V 4 werden nicht oder nur in vereinfachter Form zu statistischen Zwecken veröffentlicht."*

Die Bekanntmachung der Auftragserteilung ist im neuen Anhang V/SKR enthalten.

3 VOB Teil B 2002

3.1 Vorbemerkung zu den Änderungen der VOB/B

Die VOB/B war im Zusammenhang mit zwei erfolgten Gesetzesänderungen (Gesetz zur Beschleunigung fälliger Zahlungen vom 30.03.2000, BGBl. I, S. 330 und Gesetz zur Modernisierung des Schuldrechts vom 29.11.2001, BGBl. I, S. 3138) anzupassen. Eine Überprüfung sämtlicher Vorschriften der VOB/B auf etwaige erforderliche Änderungen durch den DVA führte zu den nachstehenden, im Vergleich zur VOB/B Fassung 2000 erläuterten Änderungen. Diese sind kursiv dargestellt und durch Fettdruck im Vergleich zur VOB/B 2000 hervorgehoben (es werden nachfolgend lediglich die unmittelbar betroffenen und in der jeweiligen Überschrift benannten – geänderten – Textstellen wiedergegeben, im Übrigen verbleibt es bei der jeweils bestehenden Textfassung).

Die Bedeutung der VOB/B als privilegiertes Regelwerk bleibt auch nach In-Kraft-Treten des Gesetzes zur Modernisierung des Schuldrechts unberührt.

3.2 Die Änderungen der VOB/B 2002 im Einzelnen

3.2.1 § 10 Nr. 2 Abs. 2 VOB/B (Haftung und genehmigte Allgemeine Versicherungsbedingungen)

*„(2) Der Auftragnehmer trägt den Schaden allein, soweit er ihn durch Versicherung seiner gesetzlichen Haftpflicht gedeckt hat oder **durch eine solche** zu tarifmäßigen, nicht auf außer-gewöhn-liche Verhältnisse abgestellten Prämien und Prämienzuschlägen bei einem im Inland zum Geschäftsbetrieb zugelassenen Versicherer hätte decken können."*

Nach § 5 Abs. 3 Nr. 2 Versicherungsaufsichtsgesetz (VAG) alter Fassung waren die Allgemeinen Versicherungsbedingungen im Rahmen der Betriebserlaubnis für das Versicherungsunternehmen durch die Aufsichtsbehörden zu genehmigen. Mit dem 3. Gesetz zur Durchführung der versicherungsrechtlichen Richtlinien des Rates der EG vom 21.07.1994[1] wurde diese Vorschrift des VAG neu gefasst. Die Versicherungsbedingungen sind nach dieser Neufassung nicht mehr vorzulegen und damit auch nicht mehr zu genehmigen. Daher wurde die Bezugnahme auf von den Versicherungsaufsichtsbehörden genehmigte Allgemeine Versicherungsbedingungen gestrichen.

3.2.2 § 12 Nr. 5 Abs. 2 VOB/B (Abnahmefiktion)

*„(2) **Wird keine Abnahme verlangt und** hat der Auftraggeber die Leistung oder einen Teil der Leistung in Benutzung genommen, so gilt die Abnahme nach Ablauf von 6 Werktagen nach Beginn der Benutzung als erfolgt, wenn nichts anderes vereinbart ist. Die Benutzung von Teilen einer baulichen Anlage zur Weiterführung der Arbeiten gilt nicht als Abnahme."*

---

[1] BGBl. I S. 1630.

Die Änderung dient der Klarstellung, dass Abs. 2 wie Abs. 1 nur eingreift, wenn keine Abnahme verlangt wird. Damit wird klargestellt, dass der neue § 640 Abs. 1 Satz 3 BGB eingreift, wenn eine Abnahme verlangt wird.

Mit dem Gesetz zur Beschleunigung fälliger Zahlungen wurde § 640 Abs. 1 BGB um einen Satz 3 ergänzt. Danach steht es der Abnahme gleich, wenn der Besteller das Werk nicht innerhalb einer vom Unternehmer bestimmten angemessenen Frist abnimmt, obwohl er dazu verpflichtet ist. Diese Abnahmefiktion des § 640 Abs. 1 Satz 3 BGB hat in erster Linie eine prozessuale Funktion. Die Schlüssigkeitsvoraussetzungen für eine Werklohnklage sollten klargestellt werden.[2] Die Werklohnklage ist nach dem neuen Gesetz schlüssig, wenn der Auftragnehmer die Abnahmereife und den Ablauf der Abnahmefrist vorträgt. Materiellrechtlich treten nach § 640 Abs. 1 Satz 3 BGB die Abnahmewirkungen ein. Jedoch gilt das nur, wenn das Werk abnahmereif war.

§ 12 VOB/B regelt einen hiervon verschiedenen Sachverhalt.
- § 12 Nr. 5 Abs. 1 VOB/B regelt die Fiktion der Abnahme nach Ablauf einer Frist von 12 Werktagen nach schriftlicher Fertigstellungsmitteilung.
- § 12 Nr. 5 Abs. 2 VOB/B regelt die Fiktion der Abnahme, wenn das Werk in Benutzung genommen wurde und 6 Werktage nach Beginn der Benutzung vergangen sind.

In beiden Fällen ist anders als nach § 640 Abs. 1 Satz 3 BGB Voraussetzung, dass von beiden Parteien keine Abnahme verlangt wird. § 640 Abs. 1 Satz 3 BGB setzt zudem voraus, dass das Werk abnahmereif ist und die vom Unternehmer unter Fristsetzung verlangte Abnahme nicht stattfindet, während es in den Fällen des § 12 Nr. 5 Abs. 1 VOB/B auf die Abnahmereife nicht ankommt. Sie wird aufgrund der Fertigstellung bzw. Benutzung unterstellt.

Nach dem Wortlaut des § 12 VOB/B a. F. war die Anwendung des § 640 Abs. 1 Satz 3 BGB nicht ausgeschlossen. Es wäre aber möglich, im Wege der Auslegung in § 12 VOB/B a. F. eine abschließende, den § 640 Abs. 1 Satz 3 BGB ausschließende Regelung zu sehen. Der Ausschluss des § 640 Abs. 1 Satz 3 BGB im VOB-Vertrag hätte dann folgende Konsequenz: Verlangt der Auftragnehmer im VOB-Vertrag die Abnahme, so scheidet die Fiktion jedenfalls nach § 12 Nr. 5 Abs. 1 VOB/B aus. Gleiches gilt, wenn eine förmliche Abnahme vereinbart ist. Dann kommt überhaupt keine Fiktion in Betracht. Die Abnahmewirkungen könnten dann auch bei ordnungsgemäßer Leistung nicht eintreten, es sei denn, sie träten über den Annahme-/Schuldnerverzug oder nach Treu und Glauben ein. Der Auftraggeber könnte also durch eine unberechtigte Abnahmeverweigerung oder auch nur durch Untätigkeit den Eintritt der Abnahmewirkungen verhindern; gerade dieses Ergebnis soll mit § 640 Abs. 1 Satz 3 BGB gesetzlich verhindert werden, bzw. es sollte Rechtsklarheit geschaffen werden. Dies wird mit der Einfügung von „Wird keine Abnahme verlangt" erreicht. Durch diese Worte wird klargestellt, dass dann, wenn eine Abnahme verlangt wird, § 640 Abs. 1 Satz 3 BGB gelten soll, § 640 Abs. 1 Satz 3 BGB also neben § 12 VOB/B anzuwenden ist.

Der Regelungsgehalt des § 12 Nr. 5 VOB/B wird durch § 640 Abs. 1 Satz 3 BGB nicht eingeschränkt. Die Regelung des § 640 Abs. 1 Satz 3 BGB bleibt hinter der VOB-Regelung insoweit zurück, als sie Abnahmereife voraussetzt. Das fordert die VOB-Regelung nicht.

Die Regelung des § 12 Nr. 5 VOB/B hat auch nach Einführung des § 640 Abs. 1 Satz 3 BGB einen Sinn. So dürfte eine Abnahmefiktion nach § 12 Nr. 5 VOB/B jedenfalls dann greifen, wenn das Werk im Wesentlichen fertiggestellt ist und keine erkennbaren Mängel hat. Tauchen

---

[2] BT-Drucks. 14/1246, S. 6 f.

Mängel erst später auf, bleibt es bei der Fiktion. § 640 Abs. 1 Satz 3 BGB regelt dies anders und lässt im Falle eines Mangels die Abnahmewirkung nicht eintreten.

Um sich diesen Vorteil zu erhalten, kann der Auftragnehmer den Weg des § 12 Nr. 5 VOB/B wählen und in den Fällen, in denen keine förmliche Abnahme vereinbart ist, die Schlussrechnung stellen oder warten bis das Werk genutzt wird. Dann hat er eine weitergehende Wirkung als in § 640 Abs. 1 Satz 3 BGB.

3.2.3 § 13 VOB/B

3.2.3.1 § 13 Nr. 1 Sätze 1 bis 3 VOB/B (Gewährleistungsrecht – Mangelbegriff)

„1. Der Auftragnehmer hat dem Auftraggeber seine Leistung zum Zeitpunkt der Abnahme frei von Sachmängeln zu verschaffen. Die Leistung ist zur Zeit der Abnahme frei von Sachmängeln, wenn sie die vereinbarte Beschaffenheit hat und den anerkannten Regeln der Technik entspricht. Ist die Beschaffenheit nicht vereinbart, so ist die Leistung zur Zeit der Abnahme frei von Sachmängeln,

a) wenn sie sich für die nach dem Vertrag vorausgesetzte,

sonst

b) für die gewöhnliche Verwendung eignet und eine Beschaffenheit aufweist, die bei Werken der gleichen Art üblich ist und die der Auftraggeber nach der Art der Leistung erwarten kann."

Weitgehend wörtliche Übernahme des neuen Mängelbegriffs des § 633 BGB. Inhaltliche Änderungen ergeben sich keine, da die neue Mangeldefinition dem subjektiv– (vereinbarte Beschaffenheit) objektiven (wenn nichts vereinbart ist dann übliche Beschaffenheit) Fehlerbegriff der bereits zum alten Recht herrschenden Meinung entspricht.

Der bisherige Mangelbegriff in § 13 Nr. 1 VOB/B a. F. deckte sich in seinem Tatbestand mit der gesetzlichen Regelung des Mangelbegriffes in § 633 Abs. 1 BGB. Diese Übereinstimmung wird durch die in § 13 Nr. 1 VOB/B zusätzlich geschriebenen Tatbestandsmerkmale „zur Zeit der Abnahme" und „anerkannte Regeln der Technik" nicht gestört, da beide Tatbestandsmerkmale ungeschriebene Tatbestandsmerkmale des § 633 Abs. 1 BGB sind. Aus Gründen der Parallelität und der daraus abzuleitenden Legitimation ist der Mangelbegriff des § 13 Nr. 1 VOB/B an den Mangelbegriff des § 633 BGB anzupassen.

3.2.3.2 § 13 Nr. 2 VOB/B (Zugesicherte Eigenschaften bei Leistungen nach Probe)

*2. Bei Leistungen nach Probe gelten die Eigenschaften der Probe **als vereinbarte Beschaffenheit**, soweit nicht Abweichungen nach der Verkehrssitte als bedeutungslos anzusehen sind. Dies gilt auch für Proben, die erst nach Vertragsabschluss als solche anerkannt sind.*

Eigenschaften der Probe gelten nicht mehr als „zugesichert" sondern als „vereinbarte Beschaffenheit".

Im Werkvertragsrecht gab und gibt es keine dem § 13 Nr. 2 VOB/B entsprechende Regelung. In der Grundstruktur entsprach § 13 Nr. 2 VOB/B a. F. dem § 494 BGB a. F. (Kauf auf Probe). Aus diesem und § 13 Nr. 2 VOB/B (Leistungen nach Probe) ergaben sich grundsätzlich dieselben Folgen – die Eigenschaften der Probe galten als zugesichert. Wegen Wegfalls des Tatbestandsmerkmals „zugesicherte Eigenschaften" in § 633 BGB und in der Folge auch in § 13 Nr.

1 VOB/B n. F., sah sich der DVA gezwungen, auch § 13 Nr. 2 VOB/B anzupassen. Eine Anlehnung an § 494 BGB a. F. kam nicht mehr in Betracht, da die Vorschrift durch die Schuldrechtsreform ersatzlos entfiel. Die Beibehaltung des Begriffes „zugesichert" hätte nach neuem Recht zudem als Garantieübernahme im Sinne des § 276 Abs. 1 S. 1 BGB verstanden werden können. Da die Zusicherung anders als nach altem Kaufrecht nach Werkvertragsrecht nicht die Folge hatte, dass der Unternehmer verschuldensunabhängig auf Schadensersatz haftete, die Zusicherung also keine andere Folge als eine schlichte Eigenschaftsvereinbarung hatte und der Begriff der Zusicherung somit „weicher" als im Kaufrecht zu verstehen war, wäre damit eine gravierende inhaltliche Änderung verbunden gewesen. Mit der Änderung der Begriffe wurden diese Änderungen vermieden.

3.2.3.3 § 13 Nr. 3 VOB/B

3. Ist ein Mangel zurückzuführen auf die Leistungsbeschreibung oder auf Anordnungen des Auftraggebers, auf die von diesem gelieferten oder vorgeschriebenen Stoffe oder Bauteile oder die Beschaffenheit der Vorleistung eines anderen Unternehmers, **haftet der Auftragnehmer, es sei denn er hat die ihm nach § 4 Nr. 3 obliegende Mitteilung gemacht."**

Anpassung des Begriffs Gewährleistung an den geänderten Wortlaut der §§ 633, 634 BGB, vgl. oben zur Überschrift. Sprachliche Umstellung, die die Beweislastverteilung verdeutlichen soll. Der Auftragnehmer trägt nun eindeutig die Beweislast dafür, dass er die Mitteilung nach § 4 Nr. 3 gemacht hat. Kann er dies nicht beweisen, haftet er.

3.2.3.4 § 13 Nr. 4 VOB/B (Verjährungsfrist für Mängelansprüche)

4. (1) Ist für **Mängelansprüche** *keine Verjährungsfrist im Vertrag vereinbart, so beträgt sie für Bauwerke* **4 Jahre,** *für Arbeiten an einem Grundstück und für die vom Feuer berührten Teile von Feuerungsanlagen* **2 Jahre.** *Abweichend von Satz 1 beträgt die Verjährungsfrist für feuerberührte und abgasdämmende Teile von industriellen Feuerungsanlagen* **1 Jahr.**

(2) Bei maschinellen und elektrotechnischen/elektronischen Anlagen oder Teilen davon, bei denen die Wartung Einfluss auf die Sicherheit und Funktionsfähigkeit hat, beträgt die Verjährungsfrist für **Mängelansprüche** *abweichend von Abs. 1* **2 Jahre,** *wenn der Auftraggeber sich dafür entschieden hat, dem Auftragnehmer die Wartung für die Dauer der Verjährungsfrist nicht zu übertragen.*

(3) Die Frist beginnt mit der Abnahme der gesamten Leistung; nur für in sich abgeschlossene Teile der Leistung beginnt sie mit der Teilabnahme (§ 12 Nr. 2)."

Das Wort „Gewährleistung" wurde durch „Mängelansprüche" ersetzt, da § 13 Nr. 1 VOB/B mit der Anpassung an den Wortlaut des § 633, 634 BGB eine Neufassung erhalten hat.

Die Worte „und Holzerkrankungen" sind ersatzlos gestrichen worden. Sind Bauwerke oder Teile davon aus Holz gefertigt und weist dieses Holz Erkrankungen auf, wird stets auch eine Abweichung von der vertraglich vereinbarten Beschaffenheit des Bauwerkes vorliegen. Damit bedürfen Holzerkrankungen keiner besonderen Erwähnung. Auch in der Kommentarliteratur sind keine herausragenden Fälle der Rechtsprechung genannt, die eine gesonderte Erwähnung der Holzerkrankungen rechtfertigen würde.

Die **Verjährungsfristen** des § 13 Nr. 4 VOB/B sind verlängert worden, um eine ausgewogene Regelung zu erreichen. Manche Baumängel treten häufig erst nach mehreren Jahren auf. Dies hatte den Gesetzgeber veranlasst, in § 638 BGB a. F. für Mängel an Bauwerken eine fünfjährige Gewährleistungsfrist vorzusehen.[3] Die Diskrepanz zwischen der gesetzlichen Regelung und der zwei- bzw. einjährigen Gewährleistungsfristen des § 13 Nr. 4 VOB/B und der dadurch in der Vergangenheit häufig formulierten Kritik an der VOB/B[4] veranlassen den DVA die Verjährungsfristen deutlich zu erhöhen. Außerdem ist zu berücksichtigen, dass ein Grund der kurzen Verjährungsfristen des § 13 Nr. 4 VOB/B darin lag, dass in den Fällen, in denen der Mangel am Bau-werk auf einem Mangel am Baustoff zurückzuführen ist, der Werkunternehmer wegen § 477 Abs. 1 BGB a. F. (kaufrechtliche Verjährungsfrist von 6 Monaten) nur innerhalb von sechs Monaten Regress beim Baustoffhändler nehmen konnte.[5] Dieser Gesichtspunkt hat angesichts der Regelung des § 438 Abs. 2 Buchst. b BGB (der eine fünfjährige Gewährleistungs-frist für Baustoffe, die für ein Bauwerk verwendet werden, regelt) nicht mehr die entschei-dende Bedeutung. Aus Sicht des DVA dürfte eine Verkürzung dieser Gewährleistungsfrist – auch zwi-schen Kaufleuten – einer AGB-Kontrolle nach § 307 BGB nicht standhalten. Hierfür spricht insbesondere der Wortlaut des § 309 Nr. 8 Buchst b ff BGB sowie die Rechtsprechung des BGH, die auch zwischen Kauf-leuten eine Verkürzung der Gewährleistungsfrist des § 638 BGB a. F. bei Bauwerkverträgen nicht zulässt.[6]

Eine Sonderstellung nehmen die vom Feuer berührten und abgasdämmenden Teile von industriellen Feuerungsanlagen, wie z. B. Hochöfen ein. Dort werden z. B. Schamottsteine ein-gesetzt, die ständig sehr hohen Temperaturen ausgesetzt sind und daher eine natürliche Lebensdauer von nicht mehr als einem Jahr aufweisen. Dies rechtfertigt die Sonderregelung des letzten Halbsatzes in § 13 Nr. 4 Abs. 1 VOB/B.

3.2.3.5 § 13 Nr. 5 VOB/B (Neubeginn der Verjährung)

*5. (1) Der Auftragnehmer ist verpflichtet, alle während der Verjährungsfrist hervortretenden Mängel, die auf vertragswidrige Leistung zurückzuführen sind, auf seine Kosten zu beseitigen, wenn es der Auftraggeber vor Ablauf der Frist schriftlich verlangt. Der Anspruch auf Beseitigung der gerügten Mängel verjährt **in 2 Jahren, gerechnet vom Zugang des schriftlichen Verlangens an, jedoch nicht vor Ablauf der Regelfristen nach Nummer 4 oder der an ihrer Stelle vereinbarten Frist**. Nach Abnahme der Mängelbeseitigungsleistung **beginnt für diese Leistung eine Verjährungsfrist von 2 Jahren neu, die jedoch nicht vor Ablauf der Regelfristen nach Nummer 4 oder der an ihrer Stelle vereinbarten Frist endet.***

(2) Kommt der Auftragnehmer der Aufforderung zur Mängelbeseitigung in einer vom Auftraggeber gesetzten angemessenen Frist nicht nach, so kann der Auftraggeber die Mängel auf Kosten des Auftragnehmers beseitigen lassen."

Die Länge der Verjährungsfrist nach der Unterbrechung der Verjährung durch schrift-liches Mangelbeseitigungsverlangen bzw. Mangelbeseitigung wurde auf 2 Jahre begrenzt, wenn nicht die Regelfrist des § 13 Nr. 4 VOB/B oder die vereinbarte Verjährungsfrist die Verjährung später enden lässt. Die Begrenzung auf zwei Jahre erfolgte, um einen Ausgleich zur verlängerten Verjährungsfrist in § 13 Nr. 4 VOB/B zu schaffen. Hierbei wurde berücksichtigt, dass auch nach der bestehenden Rechtsprechung des BGH[7] z. B. bei einer von § 13 Nr. 4 Abs. 1 VOB/B abweichend vereinbarten 5-jährigen Verjährungsfrist, die Verjährungsunterbrechung nach § 13 Nr. 5 VOB/B nur zu einer Verjährungsverlängerung um 2 Jahre führen kann. Der vom BGH

---

[3] Vgl. BGH NJW 1984, 1750, 1751 m. w. N.
[4] Vgl. Institut für Baurecht Freiburg e.V. BauR 1999, 699, 704, Siegburg BauR 1993, 9, 19.
[5] Heiermann, 50 Jahre VOB S. 60.
[6] BGH NJW 1984, 1750.
[7] BGHZ 66, 142 ff.

entwickelte Rechtsgedanke, dass eine darüber hinausgehende Verlängerung der Verjährungsfrist zu einer Härte für den Auftragnehmer führen kann, wurde auch bei der Ausgestaltung des § 13 Nr. 5 VOB/B berücksichtigt.

3.2.3.6 § 13 Nr. 6 VOB/B (Minderung)

*6. Ist die Beseitigung des Mangels **für den Auftraggeber unzumutbar** oder ist sie unmöglich oder würde sie einen unverhältnismäßig hohen Aufwand erfordern und wird sie deshalb vom Auftragnehmer verweigert, so kann der Auftraggeber **durch Erklärung gegenüber dem Auftragnehmer die Vergütung mindern (§ 638 BGB).*"

Mit der Änderung wird sprachlich herausgestellt, dass die Minderung ein Gestaltungsrecht ist. Gegenüber den Bestimmungen des Werkvertragsrechts, die eine Min-derung im weiteren Umfang zulassen, ist die Einschränkung aus den Besonderheiten des Bauvertrags zu erklären. Zur Berechnung der Minderung wurde bisher auf § 634 Abs. 4 BGB a. F., § 472 BGB a. F. verwiesen. In der Neufassung muss auf § 638 BGB verwiesen werden.

3.2.3.7 § 13 Nr. 7 VOB/B (Haftung)

7. (1) Der Auftragnehmer haftet bei schuldhaft verursachten Mängeln für Schäden aus der Verletzung des Lebens, des Körpers oder der Gesundheit.

(2) Bei vorsätzlich oder grob fahrlässig verursachten Mängeln haftet er für alle Schäden.

(3) Im Übrigen ist dem Auftraggeber der Schaden an der baulichen Anlage zu ersetzen, zu deren Herstellung, Instandhaltung oder Änderung die Leistung dient, wenn ein wesentlicher Mangel vorliegt, der die Gebrauchsfähigkeit erheblich beeinträchtigt und auf ein Verschulden des Auftragnehmers zurückzuführen ist. Einen darüber hinausgehenden Schaden hat der Auftragnehmer nur dann zu ersetzen,

a) wenn der Mangel auf einem Verstoß gegen die anerkannten Regeln der Technik beruht,

*b) wenn der Mangel in dem Fehlen einer vertraglich **vereinbarten Beschaffenheit** besteht oder*

*c) soweit der Auftragnehmer den Schaden durch Versicherung seiner gesetzlichen Haftpflicht gedeckt hat oder **durch eine solche** zu tarifmäßigen, nicht auf außergewöhnliche Verhält-nisse abgestellten Prämien und Prämienzuschlägen bei einem im Inland zum Geschäftsbetrieb zugelassenen Versicherer hätte decken können.*

(4) Abweichend von Nummer 4 gelten die gesetzlichen Verjährungsfristen, soweit sich der Auftragnehmer nach Absatz 3 durch Versicherung geschützt hat oder hätte schützen können oder soweit ein besonderer Versicherungsschutz vereinbart ist.

(5) Eine Einschränkung oder Erweiterung der Haftung kann in begründeten Sonderfällen vereinbart werden."

Die Haftungsbegrenzung in § 13 Nr. 7 VOB/B wurde an die Neufassung des Rechts der AGB in § 309 Nr. 7 BGB angepasst. Hierauf beruht auch die Neugliederung der Regelung. Der Begriff der zugesicherten Eigenschaft in § 633 BGB ist entfallen, § 13 Nr. 7 (3) b) VOB/B. Entsprechend der Diktion des neuen § 13 Nr. 1 VOB/B wurde auf die „vereinbarte Beschaffenheit" abgestellt. Zum Grund hierfür vergleiche oben zu 13 Nr. 2.

Die Bezugnahme auf von den Ver-sicherungsaufsichtsbehörden genehmigte Allgemeine Versicherungsbedingungen in § 13 Nr. 7 (3) c) VOB/B war zu streichen. Nach § 5 Abs. 3 Nr. 2 Versicherungsaufsichtsgesetz (VAG) alter Fassung waren die Allgemeinen Versicherungsbedingungen im Rahmen der Betriebserlaubnis für das Versicherungsunternehmen durch die

Aufsichtsbehörden zu genehmigen. Mit dem 3. Gesetz zur Durchführung der versicherungsrechtlichen Richtlinien des Rates der EG vom 21.07.1994[8] wurde diese Vorschrift des VAG neu gefasst. Die Versicherungsbedingungen sind nach dieser Neufassung nicht mehr vorzulegen und damit auch nicht mehr zu genehmigen.

3.2.4 § 16 VOB/B

3.2.4.1 § 16 Nr. 1 Abs. 3 VOB/B (Fälligkeit)

*„(3) Ansprüche auf **Abschlagszahlungen werden** binnen 18 Werktagen nach Zugang der Aufstellung **fällig**."*

Klarstellung, dass Zugang der Aufstellung bzw. Schlussrechnung sowie der Ablauf der Prüffrist Fälligkeitsvoraussetzung ist.

§ 286 BGB stellt in Abs. 3 Satz 1 darauf ab, dass der Schuldner einer Geldforderung spätestens in Verzug gerät, wenn er nicht innerhalb von 30 Tagen nach Fälligkeit und Zugang einer Rechnung oder einer gleichwertigen Forderungsaufstellung leistet. Bei Unsicherheiten über den Eingang der Rechnung/Zahlungsaufstellung kommt es statt auf den Zugang auf den Empfang der Leistung an, wie sich aus § 286 Abs. 3 Satz 2 BGB ergibt. Dieser Satz wurde eingefügt, um der EU-Zahlungsverzugsricht-linie gerecht zu werden.[9] Der Empfang der Gegenleistung tritt nach dieser Bestimmung an die Stelle des Zu-gangs der Rechnung als Beginn der Frist von 30 Tagen, nicht aber an die Stelle der Fälligkeit. Ist die Erteilung einer Rechnung aufgrund einer vertraglichen Vereinbarung oder einer Rechtsnorm gleichzeitig Fälligkeitsvoraussetzung, so ändert § 286 Abs. 3 Satz 2 BGB hieran nichts.[10] Die Bestimmung betrifft nämlich den Eintritt des Verzugs, der seinerseits die Fälligkeit voraussetzt, deren Voraussetzungen wiederum aber an anderer Stelle geregelt sind (s. etwa § 271 BGB). Im Hinblick auf diese Vorschrift ist es sinnvoll herauszustellen, dass der Zugang der Aufstellung bzw. Schlussrechnung sowie der Ablauf der Prüffrist Fälligkeitsvoraussetzung ist. Daher sollten die Worte „zu leisten" durch das Wort „fällig" ersetzt werden. Dadurch wird auch deutlich, dass § 286 Abs. 3 Satz 2 BGB im VOB/B – Vertrag praktisch keine Anwendung finden kann. Dies ist auch gerechtfertigt, da im Regelfall des Einheitspreisvertrages der Auftraggeber erst nach Zugang und Prüfung der Aufstellung bzw. Rechnung (die die ausgeführten Massen und Mengen enthält) Kenntnis vom geschuldeten Betrag hat. Die o. g. Vorschriften sind nach allgemeiner Auffassung Fälligkeitsregeln. Daher tritt auch keine inhaltliche Änderung ein, wenn in diesen Regelungen auch im Wortlaut ausdrücklich auf die Fälligkeit abgestellt wird.

3.2.4.2 § 16 Nr. 1 Abs. 4 VOB/B

*„(4) Die Abschlagszahlungen sind ohne Einfluss auf die **Haftung des Auftragnehmers**; sie gelten nicht als Abnahme von Teilen der Leistung."*

Streichung des Begriffs Gewährleistung. Der Begriff der Gewährleistung wird in BGB und VOB/B nicht mehr verwendet. Daher kann er auch in § 16 Nr. 1 Abs. 4 VOB/B gestrichen

---

[8] BGBl I, 1630.
[9] Beschluss und Bericht des Rechtsausschusses des Deutschen Bundestages, BT-Drs. 14/7052, S. 186.
[10] Vgl. Gegenäußerung der Bundesregierung zur Stellungnahme des Bundesrates (BR-Drs. 338/01), BT-Drs. 14/6857, S. 51.

werden. Das Wort Haftung ist ausreichend, da damit sowohl die Sachmängelhaftung, wie auch die Haftung aus sonstigen Rechtsgründen umfasst ist.

3.2.4.3 § 16 Nr. 2 Abs. 1 Satz 2 (Zinssatz Vorauszahlungen)

*„2. (1) Vorauszahlungen können auch nach Vertragsabschluß vereinbart werden; hierfür ist auf Verlangen des Auftraggebers ausreichende Sicherheit zu leisten. Diese Vorauszahlungen sind, sofern nichts anderes vereinbart wird, mit 3 v. H. über dem **Basiszinssatz des § 247 BGB** zu verzinsen."*

Abstellen auf den Basiszinssatz nach § 247 BGB. Der gesetzliche Zinssatz im BGB stellt auf den Basiszinssatz der Deutschen Bundesbank ab, während die Regelungen der VOB/B auf den Spitzenrefinanzierungssatz der Europäischen Zentralbank (als Nachfolger des Lombardsatzes) abstellen. Um ein Arbeiten mit unterschiedlichen Bezugsgrößen zu vermeiden, soll auf einen einheitlichen Zinssatz abgestellt werden. Zu berücksichtigen ist aber, dass Basiszinssatz und Spitzenrefinanzierungssatz in der Höhe unterschiedlich sind und in unterschiedlichen Rhythmen angepasst werden. Wenn im BGB auf den Basiszinssatz der Deutschen Bundesbank und in der VOB/B auf den Spitzenrefinanzierungssatz abgestellt wird, kann es in der Praxis zu unnö-tigen Umrechnungsschwierigkeiten führen. Diese können vermieden werden, wenn auch in der VOB/B auf den Basiszinssatz abgestellt wird. Angesichts des bislang stets niedrigeren Basiszinssatzes (z. Zt. 2,57 % gegenüber 4,25 %) ist in § 16 Nr. 2 Abs. 1 VOB/B die Höhe des Zuschlags zum Zinssatz des Basiszinssatzes zu erhöhen. Im statistischen Mittel liegt die Abweichung bei 2,59 % (vgl. Anlage). Der Zinszuschlag wird daher zur Vereinfachung aufgerundet und beträgt damit 3 % über dem Basiszinssatz.

3.2.4.4 § 16 Nr. 3 Abs. 1 Satz 1 VOB/B (Zahlungsverzug)

*„3. (1) **Der Anspruch auf die Schlusszahlung wird** alsbald nach Prüfung und Feststellung der vom Auftragnehmer vorgelegten Schlussrechnung **fällig**, spätestens innerhalb von 2 Monaten nach Zugang. Die Prüfung der Schlussrechnung ist nach Möglichkeit zu beschleunigen. Verzögert sie sich, so ist das unbestrittene Guthaben als Abschlagszahlung sofort zu zahlen."*

Ersetzung der Worte „zu leisten" durch das Wort „fällig" zur Klarstellung, dass der Zugang der Aufstellung bzw. Schlussrechnung sowie der Ablauf der Prüffrist Fälligkeitsvoraussetzung ist.

§ 286 BGB stellt in Abs. 3 Satz 1 darauf ab, dass der Schuldner einer Geldforderung spätestens in Verzug gerät, wenn er nicht innerhalb von 30 Tagen nach Fälligkeit und Zugang einer Rechnung oder einer gleichwertigen Forderungsaufstellung leistet. Im Hinblick auf diese Vorschrift ist es sinnvoll herauszustellen, dass der Zugang der Schlussrechnung sowie der Ablauf der Prüffrist Fälligkeitsvoraussetzung ist, vgl. oben zu Nr. 1 Abs. 3.

3.2.4.5 § 16 Nr. 5 Abs. 3 VOB/B

*„(3) Zahlt der Auftraggeber bei Fälligkeit nicht, so kann ihm der Auftragnehmer eine angemessene Nachfrist setzen. Zahlt er auch innerhalb der Nachfrist nicht, so hat der Auftragnehmer vom Ende der Nachfrist an Anspruch auf Zinsen in Höhe **der in § 288 BGB angegebenen Zinssätze**, wenn er nicht einen höheren Verzugsschaden nachweist."*

Abstellen auf den Basiszinssatz nach § 247 BGB. Nach § 288 Abs. 2 BGB beträgt bei Rechtsgeschäften, an denen ein Verbraucher nicht beteiligt ist, der gesetzliche Zinssatz 8 Prozentpunkte über dem Basiszinssatz, also 10,57 % (2,57 % + 8 %), bezogen auf das erste Halbjahr 2002. Wenn man diesen gesetzlichen Zinssatz der Höhe nach in das Regelungswerk der

VOB/B übernehmen will, so reicht der bislang in § 16 Nr. 5 Abs. 3 Satz 2 VOB/B geregelte Zinssatz in Höhe von 5 % über dem Spitzenrefinanzierungssatz (4,25 % + 5 %= 9,25%) nicht aus. Im Interesse einer wirksamen Bekämpfung des Zahlungsverzuges als Leitgedanken ist es angemessen und notwendig, auf die Höhe des gesetzlichen Zinssatz des § 288 Abs. 2 BGB abzustellen. Es wäre also ein Zinszuschlag von mindestens 6,32% (4,25 + 6,32 = 10,57%) aufzunehmen, wenn weiterhin auf den Spitzenrefinanzierungssatz abgestellt wird. Da aber Basiszinssatz und Spitzenrefinanzierungssatz in der Höhe unterschiedlich sind und in unterschiedlichen Rhythmen angepasst werden, hätte ein Abstellen auf den Spitzenrefinanzierungssatz gewisse Risiken. Beispielsweise hatten die Vorgänger dieser Zinssätze, nämlich Diskontsatz und Lombardsatz, in den Jahren 1967 und 1977 Zinsdifferenzen von nur 0,5 %. Würde sich eine ähnliche Zinsentwicklung wiederholen, wäre der Zinszuschlag von 6,32 % nicht ausreichend. Es bestünde die Gefahr, dass wegen einer Unterschreitung des gesetzlichen Zinssatzes § 16 Nr. 5 Abs. 3 VOB/B AGB-widrig wäre. Insoweit müsste der Zinszuschlag mit einem „Sicherheitszuschlag" versehen werden. Um die beschriebene Problematik zu vermeiden, ist es sinnvoll den Zinssatz an den im BGB genannten Basiszinssatz zu koppeln.

3.2.4.6 § 16 Nr. 5 Abs. 3 bis 5 VOB/B

*„(3) Zahlt der Auftraggeber bei Fälligkeit nicht, so kann ihm der Auftragnehmer eine angemessene Nachfrist setzen. Zahlt er auch innerhalb der Nachfrist nicht, so hat der Auftragnehmer vom Ende der Nachfrist an Anspruch auf Zinsen in Höhe **der in § 288 BGB angegebenen Zinssätze**, wenn er nicht einen höheren Verzugsschaden nachweist.*

(4) Zahlt der Auftraggeber das fällige unbestrittene Guthaben nicht innerhalb von 2 Monaten nach Zugang der Schlussrechnung, so hat der Auftragnehmer für dieses Guthaben abweichend von Absatz 3 (ohne Nachfristsetzung) ab diesem Zeitpunkt Anspruch auf Zinsen in Höhe der in § 288 BGB angegebenen Zinssätze, wenn er nicht einen höheren Verzugsschaden nachweist.

(5) Der Auftragnehmer darf in den Fällen der Absätze 3 und 4 die Arbeiten bis zur Zahlung einstellen, sofern eine dem Auftraggeber zuvor gesetzte angemessene Nachfrist erfolglos verstrichen ist."

Die Neuformulierung der Absätze 3 bis 5 bedeutet, dass im Regelfall für einen Zahlungsverzug des Auftraggebers das Setzen einer angemessenen Nachfrist erforderlich ist. Nach erfolglosem Ablauf der Nachfrist können Verzugszinsen in der in § 288 BGB angegebenen Höhe verlangt werden. In den Fällen, in denen der Auftraggeber unbestrittene Guthaben aus Schlussrechnungen nicht innerhalb der 2 Monatsfrist auszahlt, kann der Auftragnehmer nach Abs. 4 auch ohne Nachfristsetzung Verzugszinsen verlangen. Unbestritten sind Guthaben, soweit der Auftraggeber die vorgelegte Schlussrechnung geprüft und festgestellt hat (vgl. § 16 Nr. 3 Abs. 1 VOB/B). Die Regelung zum Recht der Arbeitseinstellung wurde im Anschluss an die Absätze 3 und 4 in Abs. 5 aufgenommen, weil sie nicht nur für Abschlagszahlungen (Fälle des Abs. 3) sondern auch für Teilschlusszahlungen (Fälle des Abs. 4) gilt.

3.2.4.7 § 16 Nr. 6 VOB/B

*„6. Der Auftraggeber ist berechtigt, zur Erfüllung seiner Verpflichtungen aus den Nummern 1 bis 5 Zahlungen an Gläubiger des Auftragnehmers zu leisten, soweit sie an der Ausführung der vertraglichen Leistung des Auftragnehmers aufgrund eines mit diesem abgeschlossenen Dienst- oder Werkvertrags beteiligt sind, **wegen Zahlungsverzugs des Auftragnehmers die Fortsetzung ihrer Leistung zu Recht verweigern und die Direktzahlung die Forstsetzung der***

Leistung sicherstellen soll. Der Auftragnehmer ist verpflichtet, sich auf Verlangen des Auftraggebers innerhalb einer von diesem gesetzten Frist darüber zu erklären, ob und inwieweit er die Forderungen seiner Gläubiger anerkennt; wird diese Erklärung nicht rechtzeitig abgegeben, so gelten die Voraussetzungen für die Direktzahlung als anerkannt. „

Nach BGH, NJW 1990, 2384 hält § 16 Nr. 6 S. 1 VOB/B der AGB-rechtlichen Inhaltskontrolle nicht stand. Nach dem gesetzlichen Leitbild befreit eine Zahlung an einen Dritten nur dann von der eigenen Schuld, wenn der Dritte vom Gläubiger zur Entgegennahme der Leistung ermächtigt ist, §§ 362 Abs. 2, 185 BGB. Auch der Zahlungsverzug des Auftragnehmers gegenüber Subunternehmern oder Arbeitnehmern ändert hieran nichts. Der BGH hat aber offengelassen, ob ein erhebliches Interesse des Auftraggebers den Eingriff in das Recht des Auftragnehmers zur Bestimmung der Empfangszuständigkeit rechtfertigen kann. Ein solches Interesse könnte im nun geregelten Fall der berechtigten Leistungsverweigerung vorliegen. Auf diesen Fall wurde die Regelung daher beschränkt.

3.2.5 § 17 VOB/B

3.2.5.1 § 17 Nr. 1 VOB/B

„*(2) Die Sicherheit dient dazu, die vertragsgemäße Ausführung der Leistung und die **Mängelansprüche** sicherzustellen."*

Da der Wortlaut des § 13 Nr. 1 VOB/B umgestellt wurde und dort in Anpassung an das BGB der Begriff Mängelansprüche verwendet wird, wurde § 17 Nr. 1 Abs. 2 VOB/B angepasst.

3.2.5.2 § 17 Nr. 4 VOB/B (Ausschluss der Bürgschaft auf erstes Anfordern)

„*4. Bei Sicherheitsleistung durch Bürgschaft ist Voraussetzung, dass der Auftraggeber den Bürgen als tauglich anerkannt hat. Die Bürgschaftserklärung ist schriftlich unter Verzicht auf die Einrede der Vorausklage abzugeben (§ 771 BGB); sie darf nicht auf bestimmte Zeit begrenzt und muss nach Vorschrift des Auftraggebers ausgestellt sein. **Der Auftraggeber kann als Sicherheit keine Bürgschaft fordern, die den Bürgen zur Zahlung auf erstes Anfordern verpflichtet.**"*

Ausschluss der Möglichkeit eine Bürgschaft auf erstes Anfordern zu Verlangen. Eine Bürgschaft auf erstes Anfordern ist gesetzlich nicht geregelt. Inhalt einer solchen Bürgschaft ist es, dass der Bürge bereits auf eine (meist formalisierte) Zahlungsaufforderung zu zahlen hat. Anders als nach den gesetzlich geregeltem Bürgschaftsrecht können Einwendungen gegen die Hauptschuld (z. B. Mangel wird bestritten) nicht geltend gemacht werden. Erst in einem Rückforderungsprozess können solche Einwendungen vorgetragen werden. Die Vereinbarung des Erfordernisses einer Gewährleistungsbürgschaft auf erstes Anfordern in AGB wird von der Rechtsprechung in einigen Fallgestaltungen als unzulässig angesehen.[11] Bürgschaften auf erstes Anfordern schränken den Kreditrahmen der Auftragnehmer ein. Daher wurde in § 17 Nr. 4 VOB/B ein neuer Satz 3 aufgenommen werden, dass eine Bürgschaft auf erstes Anfordern nicht verlangt werden kann.

---

[11] BGHZ 136, 27; Thode ZfBR 2002, 4 ff.

3.2.5.3 § 17 Nr. 8 VOB/B (Rückgabe der Sicherheiten)

*„8 (1) Der Auftraggeber hat eine nicht verwertete Sicherheit für die Vertragserfüllung zum vereinbarten Zeitpunkt, spätestens nach **Abnahme und Stellung der Sicherheit für Mängelansprüche** zurückzugeben, es sei denn, dass Ansprüche des Auftraggebers, die nicht von der gestellten Sicherheit für Mängelansprüche umfasst sind, noch nicht erfüllt sind. Dann darf er für diese **Vertragserfüllungsansprüche** einen entsprechenden Teil der Sicherheit zurückhalten.*

(2) Der Auftraggeber hat eine nicht verwertete Sicherheit für Mängelan-sprüche nach Ablauf von 2 Jahren zurückzugeben, sofern kein anderer Rückgabezeitpunkt vereinbart worden ist. Soweit jedoch zu diesem Zeitpunkt seine geltend gemachten Ansprüche noch nicht erfüllt sind, darf er einen entsprechenden Teil der Sicherheit zurückhalten."

Zu § 17 Nr. 8:

In Zusammenhang mit der Änderung der Fristen in § 13 Nr. 4 VOB/B erfolgte auch eine Anpassung des § 17 Nr. 8 VOB/B. Mit Abs. 1 wurde die Verpflichtung zur Rückgabe der nicht verwerteten Vertragserfüllungssicherheit geregelt. Abs. 1 S. 1 letzter Halbsatz dient der Klarstellung, dass die Sicherheit trotz Abnahme und Stellung der Sicherheit für Mängelansprüche nicht zurückgegeben werden muss, wenn noch Ansprüche des Auftraggebers, etwa aus Verzug bestehen. Mit Abs. 1 S. 2 wird deutlich gemacht, dass der Auftraggeber dann einen entsprechenden Teil der Sicherheit zurückhalten darf.

Abs. 2 enthält eine gesonderte Regelung zur Rückgabe der nicht verwerteten Sicherheit für Mängelansprüche. Demnach ist die Sicherheit in der Regel nach Ablauf von 2 Jahren zurückzugeben. Bei dieser Regelung steht die Erwägung im Hintergrund, dass es meist eine starke Belastung für den Auftragnehmer darstellt, wenn dieser für die gesamte 4-jährige Verjährungsfrist für Mängelansprüche die Sicherheit vorhalten muss.

3.2.6 § 18 Nr. 2 VOB/B

„2. (1) Entstehen bei Verträgen mit Behörden Meinungsverschiedenheiten, so soll der Auftragnehmer zunächst die der auftraggebenden Stelle unmittelbar vorgesetzte Stelle anrufen. Diese soll dem Auftragnehmer Gelegenheit zur mündlichen Aussprache geben und ihn möglichst innerhalb von 2 Monaten nach der Anrufung schriftlich bescheiden und dabei auf die Rechtsfolgen des Satzes 3 hinweisen. Die Entscheidung gilt als anerkannt, wenn der Auftragnehmer nicht innerhalb von 3 Monaten nach Eingang des Bescheides schriftlich Einspruch beim Auftraggeber erhebt und dieser ihn auf die Ausschlussfrist hingewiesen hat.

(2) Mit dem Eingang des schriftlichen Antrages auf Durchführung eines Verfahrens nach Abs. 1 wird die Verjährung des in diesem Antrag geltend gemachten Anspruchs gehemmt. Wollen Auftraggeber oder Auftragnehmer das Verfahren nicht weiter betreiben, teilen sie dies dem jeweils anderen Teil schriftlich mit. Die Hemmung endet 3 Monate nach Zugang des schriftlichen Bescheides oder der Mitteilung nach Satz 2."

Das Verfahren nach § 18 Nr. 2 VOB/B ist kein schiedsrichterliches Verfahren. Dennoch ist es angebracht, wegen der mit der Regelung des § 203 BGB (Hemmung bei Verhandlungen) verbundenen Rechtsunsicherheiten den Beginn einer Hemmung der Verjährung zu regeln. Der Beginn der Hemmung knüpft an den Eingang des schriftlichen Antrages auf Durchführung des Verfahrens bei der vorgesetzten Dienststelle an. Die Sätze 2 und 3 berücksichtigen die Hemmung bei laufenden Verhandlungen gemäß § 203 BGB, bringen aber andererseits aufgrund der geforderten Schriftform mehr Rechtssicherheit. Die Frist für das Ende der Hemmung beträgt entsprechend der gesetzlichen Regelung 3 Monate. Bei der in der VOB/B angeordneten Hemmung handelt es sich dabei anders als bei der Ablaufhemmung in § 203 BGB um eine „echte" Hemmung.

Abschnitt II:

Rechtssichere Gestaltung von Ausschreibungstexten

1 Vergabe und Beschreibung der Leistung

§ 9 VOB/A
Beschreibung der Leistung
Allgemeines

1. Die Leistung ist eindeutig und so erschöpfend zu beschreiben, dass alle Bewerber die Beschreibung im gleichen Sinne verstehen müssen und ihre Preise sicher und ohne umfangreiche Vorarbeiten berechnen können. Bedarfspositionen (Eventualpositionen) dürfen nur ausnahmsweise in die Leistungsbeschreibung aufgenommen werden. Angehängte Stundenlohnarbeiten dürfen nur in dem unbedingt erforderlichen Umfang in die Leistungsbeschreibung aufgenommen werden.

2. Dem Auftragnehmer darf kein ungewöhnliches Wagnis aufgebürdet werden für Umstände und Ereignisse, auf die er keinen Einfluss hat und deren Einwirkung auf die Preise und Fristen er nicht im Voraus schätzen kann.

3. (1) Um eine einwandfreie Preisermittlung zu ermöglichen, sind alle sie beeinflussenden Umstände festzustellen und in den Verdingungsunterlagen anzugeben.

    (2) Erforderlichenfalls sind auch der Zweck und die vorgesehene Beanspruchung der fertigen Leistung anzugeben.

    (3) Die für die Ausführung der Leistung wesentlichen Verhältnisse der Baustelle, z. B. Boden- und Wasserverhältnisse, sind so zu beschreiben, dass der Bewerber ihre Auswirkungen auf die bauliche Anlage und die Bauausführung hinreichend beurteilen kann.

    (4) Die „Hinweise für das Aufstellen der Leistungsbeschreibung" in Abschnitt 0 der Allgemeinen Technischen Vertragsbedingungen für Bauleistungen DIN 18 299 ff. sind zu beachten.

4. (1) Bei der Beschreibung der Leistung sind die verkehrsüblichen Bezeichnungen zu beachten.

    (2) Die technischen Anforderungen (siehe Anhang 15 Nr. 1) sind in den Verdingungsunterlagen unter Bezugnahme auf gemeinschaftsrechtliche technische Spezifikationen festzulegen; das sind

    – in innerstaatliche Normen übernommene europäische Normen
      (siehe Anhang TS Nr. 1.3),
    – europäische technische Zulassungen (siehe Anhang 18 Nr. 1.4),
    – gemeinsame technische Spezifikationen (siehe Anhang TS Nr. 1.5).

    (3) Von der Bezugnahme auf eine gemeinschaftsrechtliche technische Spezifikation kann abgesehen werden, wenn

    – die gemeinschaftsrechtliche technische Spezifikation keine Regelungen zur Feststellung der Übereinstimmung der technischen Anforderungen an die Bauleistung, das Material oder das Bauteil enthält, z. B. weil keine geeignete Prüfnorm vorliegt oder der Nachweis nicht mit angemessenen Mitteln auf andere Weise erbracht werden kann,
    – der Auftraggeber zur Verwendung von Stoffen und Bauteilen gezwungen würde, die mit von ihm bereits benutzten Anlagen inkompatibel sind oder wenn die Anwendung der technischen Spezifikationen unverhältnismäßig hohe Kosten oder technische

Schwierigkeiten verursachen würde. Diese Abweichungsmöglichkeit darf nur im Rahmen einer klar definierten und schriftlich festgelegten Strategie mit der Verpflichtung zur Übernahme gemeinschaftsrechtlicher Spezifikationen innerhalb einer bestimmten Frist in Anspruch genommen werden,

– das betreffende Vorhaben von wirklich innovativer Art ist und die Anwendung der gemeinschaftsrechtlichen technischen Spezifikationen nicht angemessen wäre.

(4) Falls keine gemeinschaftsrechtliche Spezifikation vorliegt, gilt Anhang 15 Nr. 2.

5. (1) Bestimmte Erzeugnisse oder Verfahren sowie bestimmte Ursprungsorte und Bezugsquellen dürfen nur dann ausdrücklich vorgeschrieben werden, wenn dies durch die Art der geforderten Leistung gerechtfertigt ist.

(2) Bezeichnungen für bestimmte Erzeugnisse oder Verfahren (z. B. Markennamen, Warenzeichen, Patente) dürfen ausnahmsweise, jedoch nur mit dem Zusatz „oder gleichwertiger Art", verwendet werden, wenn eine Beschreibung durch hinreichend genaue, allgemein verständliche Bezeichnungen nicht möglich ist.

1.1 Der rechtliche Rahmen einer Leistungsbeschreibung in einem Vergabeverfahren

Eine Leistungsbeschreibung bildet das Kernstück der Vergabeunterlagen. Hier bezeichnet der Auftraggeber die Art und den Umfang der zu vergebenden Leistungen, auf ihrer Grundlage berechnen die Bieter ihre Angebote. Mit Erteilung des Zuschlags wird die Leistungsbeschreibung Vertragsbestandteil und damit entscheidende Grundlage für die Abwicklung der Leistungsbeziehung zwischen den Vertragsparteien.

Ein öffentlicher Auftraggeber hat einer Ausschreibung eine Leistungsbeschreibung als Bestandteil der Vergabeunterlagen zugrunde zu legen (§ 10 Nr. 1 Abs. 1b VOB/A). Dabei gelten als allgemeine vergaberechtliche Anforderungen an die Darstellung und Ausgestaltung einer Leistungsbeschreibung bestimmte Grundsätze. Die vergaberechtlichen Bestimmungen stellen hier die allgemeine Regel für die Ausgestaltung einer Leistungsbeschreibung auf, nämlich dass die Leistung eindeutig und so erschöpfend zu beschreiben ist, dass alle Bewerber die Beschreibung im gleichen Sinne verstehen müssen und ihre Preise sicher und ohne umfangreiche Vorarbeiten berechnen können (§ 9 Nr. 1 VOB/A). Erforderlich ist daher, eine Leistungsbeschreibung zum einen klar und unmissverständlich, zum anderen gründlich und vollständig abzufassen. Diese grundlegenden Anforderungen an eine Leistungsbeschreibung in einem Vergabeverfahren sollen allen Bewerbern um einen öffentlichen Auftrag die gleichen Chancen und Möglichkeiten einräumen und dienen daher in besonderer Weise dem Gleichbehandlungsgebot der Bieter (§§ 2 Nr. 2, 8 Nr. 1 VOB/A).[1]

Die Erstellung der Angebote durch die Bewerber auf Grundlage einer eindeutig verständlichen Leistungsbeschreibung bewirkt erst die Vergleichbarkeit der Angebote, die eine notwendige Bedingung für ein wettbewerbsmäßiges und nicht diskriminierendes Vergabeverfahren darstellt.[2] So hat auch schon die Ausgestaltung einer Leistungsbeschreibung als eine der Grundlagen eines Vergabeverfahrens in besonderer Weise den Anforderungen des Wettbewerbs und der Vergleichbarkeit der Angebote gerecht zu werden.

---

[1] Vergabeüberwachungsausschuss des Bundes, 1 VÜ 8/94, WuW 1995, 1051, 1055 = WuW/E VergAB 21, 25 „Wärmebildgeräte"; Heiermann in: Heiermann/Riedl/Rusam, VOB, A § 9 Rdn. 1.
[2] Zdieblo in: Daub/Eberstein, VOL/A, § 8 Rdn. 32.

In diesem Sinne schreiben die Verdingungsordnungen den öffentlichen Auftraggebern u. a. die Feststellung und Angabe aller eine einwandfreie Preisermittlung beeinflussenden Umstände vor (§ 9 Nr. 3 Abs. 1 VOB/A). Erforderlichenfalls sind auch der Zweck und die vorgesehene Beanspruchung der fertigen Leistung anzugeben (§ 9 Nr. 3 Abs. 2 VOB/A). Schließlich sind die für die Ausführung der Leistung wesentlichen Verhältnisse der Baustelle so zu beschreiben, dass der Bewerber ihre Auswirkungen auf die bauliche Anlage und die Bauausführung hinreichend beurteilen kann (§ 9 Nr. 3 Abs. 3 VOB/A).

Durch die Verpflichtung zur Verwendung verkehrsüblicher Bezeichnungen bei der Beschreibung der Leistung (§ 9 Nr. 4 Abs. 1 VOB/A) und das grundsätzliche Verbot, bestimmte Erzeugnisse oder Verfahren sowie bestimmte Ursprungsorte und Bezugsquellen ausdrücklich vorzuschreiben (§ 9 Nr. 5 Abs. 1 VOB/A) bzw. Bezeichnungen für bestimmte Erzeugnisse oder Verfahren zu verwenden (§ 9 Nr. 5 Abs. 2 VOB/A) soll sichergestellt werden, dass öffentliche Auftraggeber die Leistungsbeschreibungen so gestalten, dass Wettbewerb möglich ist und bleibt und qua Leistungsbeschreibung nicht nur ein Anbieter für die Erbringung der betreffenden Leistung in Betracht kommt.

Beispiel: (Bestimmbarkeit der Leistung – das erforderliche Maß)
Aussagen zum erforderlichen Maß der hinreichenden Bestimmbarkeit der Leistung treffen z. B. der VÜA Bund:[3]

Die Vergabestelle schrieb im Juni 1996 die Vergabe diverser Versorgungsleistungen für den Umbau eines Gebäudes im Offenen Verfahren aus. Die Antragstellerin gab ein Einheitspreis- und ein Pauschalpreisangebot ab. Auf den Einheitspreis räumte sie einen Nachlass von 4 % ein. Erst nachdem zwischen ihr und der Vergabestelle ein Aufklärungsgespräch über technische Fragen stattgefunden hatte, teilte die Antragstellerin der Vergabestelle schriftlich mit, dass sich der Nachlass von 4 % sowohl auf das Einheitspreisangebot als auch auf das Pauschalpreisangebot beziehen sollte. Der Zuschlag wurde einer Bietergemeinschaft auf deren Pauschalangebot erteilt.

Dagegen wandte sich die Antragstellerin mit dem Argument, die Forderung der Vergabestelle, neben dem Gesamtpreisangebot auch ein Pauschalpreisangebot abzugeben, sei rechtswidrig gewesen. Die Voraussetzungen zur Abgabe eines Pauschalpreisangebotes gemäß § 5 Nr. 1b VOB/A hätten nicht vorgelegen. Denn es habe an einer Bestimmbarkeit der Leistung nach Ausführungsart und -umfang gefehlt.

Die Vergabeprüfstelle wies diesen Einspruch als unbegründet zurück. Denn die Leistungsbestimmung durch die Vergabestelle sei aufgrund der ausführlichen Beschreibungen in den Leistungsverzeichnissen gewährleistet gewesen.

Die Antragstellerin wandte sich an den Vergabeüberwachungsausschuss unter anderem gegen die Aufforderung der Vergabestelle, ein Pauschalpreisangebot abzugeben.

Dazu der VÜA Bund:

Eine Ausschreibung auf Erhalt eines Pauschalpreisangebots sei vorliegend nicht zulässig gewesen, weil es an einer genauen Bestimmbarkeit der Leistung gefehlt hat (§§ 5 Nr. 1b VOB/A, 9 Nr. 1 VOB/A). Denn den Auftragnehmern seien bei der Zusendung der Ausschreibungsunterlagen nicht die vollständigen Ausführungspläne zugesandt worden. Nur diese hätten es den Bietern ermöglicht, die Mengenermittlung des Leistungsverzeichnisses nachzuvollziehen.

---

[3] VÜA Bund, Beschluss vom 01.07.1997, Az.: 1 VÜ 6/97.

Nach § 5 Nr. 1b VOB/A könne die Vergütung in geeigneten Fällen nur eine Pauschalsumme nach Leistung bemessen werden, wenn die Leistung nach Ausführungsart und Umfang genau bestimmt und mit einer Änderung bei der Ausführung nicht zu rechnen sei.

Die Leistungsbeschreibung müsse deshalb den Anforderungen des § 9 VOB/A gerecht werden. Die Bauleistungen müssten eindeutig beschrieben und die Preise einwandfrei zu ermitteln sein.

Zwar habe die Vergabestelle umfangreiches Informationsmaterial zu technischen Fragen sowie eine Vorkalkulation durch Dritte zur Verfügung gestellt. Dadurch könne aber eine eigene Kalkulation der Auftragnehmer nicht ersetzt werden. Den Auftragnehmern sei aber aufgrund fehlender Architektenpläne das Nachvollziehen der Mengenermittlung nicht möglich gewesen. Und bei Abgabe eines Pauschalangebots auf Grundlage einer fehlenden Vorkalkulation würden sich die Bieter der Gefahr der Haftung aussetzen.

Diese Unbestimmbarkeit solle § 9 VOB/A nach Sinn und Zweck gerade ausschließen, der insoweit eine enge Auslegung erfordere.

1.2 § 9 Nr. 2 VOB/A – Generalklausel im Bauvertragsrecht

1.2.1 Ungewöhnliches Wagnis

§ 9 Nr. 2 VOB/A stellt eine Generalklausel dar, auf die sich alle später folgenden konkreten Bestimmungen zurückführen lassen. Diese beschränkt sich nicht ausschließlich auf die Beschreibung der Leistung, sondern besitzt Allgemeingültigkeit, und zwar sowohl für die Gesamtheit der Vertragsverhandlungen, als auch für den Vertragsabschluss selbst und die darin enthaltenen Vertragsbedingungen. Nach dieser Bestimmung darf dem Auftragnehmer *„kein ungewöhnliches Wagnis aufgebürdet werden für Umstände und Ereignisse, auf die er keinen Einfluss hat und deren Einwirkung auf die Preise und Fristen er nicht im voraus schätzen kann."*

Gewöhnliche Wagnisse enthält jeder Bauvertrag. Diese bestimmen die Zumutbarkeitsgrenze des Risikos, das die Parteien bei Vertragsschluss übernehmen. Den Unternehmer treffen dabei beispielsweise solche Risiken, die sich aus dem allgemeinen Preisrisiko, einer unsicheren Witterung, der Belieferung mit Baumaterialien oder einem möglichen Streik der Arbeitnehmer und der Vergütungsgefahr nach § 7 VOB/B ergeben. Technische Schwierigkeiten bei der Ausführung, Steigerungen von Stoff- oder so genannten Sozialkosten, Tariferhöhungen im Frachtbereich und Prämiensteigerungen aus Versicherungsverträgen fallen ebenfalls in die Risikosphäre des Unternehmers.[4] Ferner hat der Unternehmer alle mit seinem Vertragsrisiko verbundenen Pflichten zu erfüllen, die von Einzelregelungen der VOB sowie des BGB erfasst werden. Dazu gehören vor allem die Gewährleistungspflichten, die Ausführungsfristen und etwaige Vertragsstrafen.[5]

Werden diese gewöhnlichen Wagnisse überschritten, dann bedeutet das eine ungerechtfertigte Verlagerung der Risikotragung, da das zumutbare Risiko des Auftragnehmers bereits vollständig ausgeschöpft ist. Dabei handelt es sich um Umstände, die einmal hinsichtlich ihres Eintritts ungewiss sind und zum anderen dem Einfluss des Auftragnehmers, insbesondere im Hinblick auf ihre Abwendung, entzogen sind. Ferner muss hinzukommen, dass der Auftragnehmer nicht

---

[4] Heiermann in Heiermann/Riedl/Rusam, Teil A, § 9 Rdn. 4.
[5] Kratzenberg in Ingenstau/Korbion, Teil A, § 9 Rdn. 30.

in der Lage ist, ihre Einwirkung – und diese muss einschneidend und erheblich sein – auf die ihm gesetzten Fristen und die für ihn maßgebenden Preise im Voraus zu schätzen. Ein Verstoß gegen die Regelung des § 9 Nr. 2 VOB/A liegt aber auch vor, wenn der Auftraggeber Wagnisse aus seiner Risikosphäre auf den Auftragnehmer abwälzt, indem er bestimmte Verpflichtungen unterlässt oder durch Vertragsklauseln ausschließt; z. B. die Bereitstellung von Plänen und Unterlagen nach § 3 VOB/B, die Anpassung der Vergütung nach § 2 VOB/B, die termingerechte Zahlung der geschuldeten Vergütung nach § 16 VOB/B, die vorgesehene Gefahrenverteilung nach § 7 VOB/B, das Kündigungsrecht des Auftragnehmers nach § 9 VOB/B sowie die Abnahme des Werkes nach § 12 VOB/B.

Ungewöhnliche Wagnisse im Sinne von § 9 Nr. 2 VOB/A sind z. B.:
– die Übernahme der Haftung für Zufall und höhere Gewalt,
– Verzicht auf Verjährungseinreden hinsichtlich der Gewährleistung oder die unzumutbare überlange Ausdehnung der Verjährungsfristen,
– die Übernahme einer außergewöhnlichen Gewährleistung oder die Verpflichtung zur Verwendung nicht erprobter Baustoffe,
– die Überwälzung des Baugrundrisikos,
– der Ausschluss von Lohn- bzw. Materialpreisgleitklauseln,
– Wagnisse aus der technischen Ausführung, die dem Auftraggeber obliegenden Planung und Leistungsbeschreibung ergeben,
– Ausschluss einer Preisanpassung bei Erhöhung des Mehrwertsteuersatzes oder
– Haftungsübernahmen des Auftragnehmers für das Handeln oder Unterlassen Dritter, die seinem Einfluss entzogen sind.

Die Regelung des § 9 Nr. 2 VOB/A muss der Auftraggeber beachten, will er nicht einer etwaigen Haftung, wie z. B. aus culpa in contrahendo unterliegen. Die aufgezeigten Grenzen aus dem Gesichtspunkt einer Störung der Geschäftsgrundlage nach § 313 BGB dürfen nicht überschritten werden. Dem Bieter können daher keinesfalls Wagnisse überbürdet werden, die hiernach zu bewerten sind.

1.2.2 Konkretisierung des § 9 Nr. 2 VOB/A

Auf die Generalklausel des § 9 Nr. 2 VOB/A lassen alle später folgenden Bestimmung für das Aufstellen der Leistungsbeschreibung zurückführen. So hat beispielsweise der Auftraggeber nach § 9 Nr. 3 VOB/A,
– alle preisbeeinflussenden Umstände festzustellen und in den Verdingungsunterlagen anzugeben,
– den Zweck und die vorgegebene Beanspruchung der fertigen Leistung anzugeben,
– die für die Ausführung der Leistung wesentlichen Verhältnisse der Baustelle, z. B. Boden- und Wasserverhältnisse, so zu beschreiben, dass der Bewerber ihre Auswirkungen auf die bauliche Anlage und die Bauausführung hinreichend beurteilen kann,
– die Hinweise für das Aufstellen der Leistungsbeschreibung in Abschnitt 0 der Allgemeinen Technischen Vertragsbedingungen für Bauleistungen DIN 18 299 ff. zu beachten.

Insbesondere der zuletzt genannte Punkt erweitert diese Bestimmung erheblich, da in diesen 0-Abschnitten Hinweise gegeben sind, wie die Leistungsbeschreibung unter Umständen zu konkretisieren ist. Diese Hinweise werden in ihrer allgemeinen Aussage ausdrücklich nicht Vertragsbestandteil, sondern sie müssen vielmehr, auf den Spezialfall bezogen, konkret umgesetzt werden. Unterlässt – insbesondere der öffentliche Auftraggeber – diese Spezifizierung, führt das nach Zuschlagserteilung i. d. R. zu einer Nachtragssituation, da der Unternehmer mangels dieser Angaben alle preisbeeinflussenden Umstände nicht berücksichtigen konnte.[6]

Gleichermaßen problematisch ist es, wenn der Auftraggeber Abschnitt 4 der ATV DIN-VOB/C nicht beachtet. Dieser Abschnitt behandelt Nebenleistungen und Besondere Leistungen. Nebenleistungen gehören auch ohne besondere Erwähnung zu den vertraglich geschuldeten Leistungen, die der Unternehmer zu erbringen hat. Besondere Leistungen sind dagegen nur von der Leistungspflicht des Auftragnehmers erfasst, wenn diese ausdrücklich in der Leistungsbeschreibung erwähnt werden. Erweisen sich vertraglich nicht vorgesehene Besondere Leistungen nachträglich als erforderlich, so führt dies zu einem berechtigten Mehrvergütungsanspruch des Auftragnehmers nach § 2 Nr. 6 VOB/B.

1.2.3 Umfangreiche Vorarbeiten

Jeder Bewerber soll seine Preise sicher und ohne umfangreiche Vorarbeiten berechnen können. Nur dann, wenn die Verdingungsunterlagen dies ermöglichen, beruht der Wettbewerb im Vergabeverfahren auf sicheren Grundlagen. Voraussetzung für eine sichere Berechnung ist ein lückenloses Leistungsverzeichnis, in dem auch die Massen möglichst genau angegeben sind. Bei Abweichungen in den Massen sind zwar nach § 2 Nr. 3 VOB/B neue Preise zu vereinbaren. Wenn jedoch alle oder fast alle Positionen eines Leistungsverzeichnisses in den Massen unrichtige Angaben enthalten, ist eine Urkalkulation fast nicht möglich. Ein übermäßiger Anteil von Bedarfspositionen erschwert ebenfalls eine sichere Preisberechnung. Dasselbe trifft für einen übermäßigen Anteil an Wahlpositionen zu. Weiter sind aus demselben Grunde Klauseln unzulässig, mit denen sich der Auftraggeber vorbehält, Teilleistungen aus dem Vertrag herauszunehmen, insbesondere dann, wenn die Vergütungspflicht insoweit entfallen sollte.

Der Ausschluss von umfangreichen Vorarbeiten dient zunächst dazu sicherzustellen, dass für die Kalkulation notwendige Vorarbeiten nur einmal gemacht werden und nicht von jedem einzelnen Bieter mit vielfachem Kostenaufwand. Wenn ausnahmsweise doch umfangreiche Vorarbeiten mit besonderem Aufwand verlangt werden, ist die Beschränkte Ausschreibung bzw. das Nichtoffene Verfahren in Betracht zu ziehen.

Umfangreiche Vorarbeiten werden etwa unzulässigerweise verlangt, wenn dem Bewerber aufgegeben wird, selbst die Massenberechnungen vorzunehmen, Pläne zu erstellen oder Ausführungsunterlagen an einem entfernten Ort einzusehen. Dem Bewerber darf auch nicht zugewiesen werden, den Baugrund, seine Tragfähigkeit, die Grundwasserverhältnisse und die Bodenbelastung selbst zu beurteilen. Nur wenn ausnahmsweise die Voraussetzungen dafür gegeben sind, dass die Leistung durch ein Leistungsprogramm dargestellt wird, können Planungsleistungen auf den Bieter überbürdet werden.

Wenn aus den Vergabeunterlagen ohne weitere Planungsleistungen eine Leistung nicht kalkulierbar ist und der Auftragnehmer dennoch die vertragliche Verpflichtung eingeht, so berührt dies die Wirksamkeit des Vertragsschlusses nicht.[7] Der Auftragnehmer kann sich dann nicht darauf berufen, dass beispielsweise die Erstellung einer Tragwerksplanung in der Angebotsphase für ihn zu aufwendig gewesen wäre. Ob und wie sich ein Vertragspartner der Risiken eines Vertragsschlusses vergewissert, ist ausschließlich seine Sache.[8] Etwas anderes mag dann gelten, wenn der Auftragnehmer die fehlende Planung nicht erkannt hat.

---

[6] Vgl. Dähne BauR 1999, 289 (291).
[7] BGH ZfBR 1997, 29.
[8] BGH a. a. O.

§ 9 Nr. 2 VOB/A – Generalklausel im Bauvertragsrecht

Im Sinne der Überbürdung eines unangemessenen Risikos sind beispielsweise die nachfolgenden Klauseln unwirksam:

– *„Der Anbieter ist verpflichtet, die Unterlagen der Vergabeberechtigten in eigener Verantwortung auf Vollständigkeit, Richtigkeit, Übereinstimmung untereinander und Übertragbarkeit auf die tatsächlichen örtlichen Verhältnisse zu überprüfen und daraus seine Kalkulation und Preise zu entwickeln. Der Auftraggeber erklärt, dass von ihm und von der Vergabeberechtigten eine solche Prüfung nicht vorgenommen wurde."*

Da der Auftragnehmer nur dann konkrete Vorstellungen hinsichtlich Preis und Kalkulation entwickeln kann, wenn er tatsächlich sämtliche erforderlichen Informationen vollständig und inhaltlich richtig zur Verfügung hatte, ist der Versuch des Verwenders, jegliche Mithaftung für eigenes Verschulden bei der Herstellung der genannten Unterlagen auszuschließen, als unangemessen anzusehen.[9]

– *„Mit den vereinbarten Preisen sind in jedem Fall sämtliche Teilleistungen abgegolten, die zur Erbringung der dem Auftragnehmer übertragenen, vollständigen und gebrauchsfähigen Leistung erforderlich sind, unabhängig davon, ob und inwieweit diese erforderlichen Teilleistungen in den Ausschreibungs- und Vertragsunterlagen ausdrücklich erwähnt sind. Dies gilt insbesondere für Nebenleistungen und zusätzliche Leistungen, ohne die die ausgeschriebenen und von dem Auftragnehmer übernommene Leistung nicht für den vertragsmäßigen Gebrauch voll tauglich ist."*

Hier wird das Risiko mangelhafter Planungsunterlagen in pauschaler Weise dem AN überbürdet.[10]

– *„In der Leistung inbegriffen sind außerdem: Das Anlegen sämtlicher erforderlichen Aussparungen, Schlitze, Durchbrüche und das Verschließen derselben, auch wenn sie von anderen Handwerkern herrühren. Auch zusätzliche, planlich nicht festgelegte Aussparungen und Schlitze sind bei Bedarf auf Anweisung der Bauleitung zu erstellen. Hierfür erfolgt keine Vergütung, wenn diese rechtzeitig angegeben wurden."*

Nach diesen Klauseln ist der Umfang der Leistungspflicht des Auftragnehmers unbestimmt und nicht mehr kalkulierbar, so dass die Klausel gegen das Prinzip der Berechenbarkeit von Leistung und Gegenleistung verstößt.[11]

– *„Der Auftragnehmer bestätigt hiermit, dass er das Leistungsverzeichnis, sämtliche erforderlichen Werk- und Detailpläne sowie folgende Unterlagen/Gutachten bereits vor Abschluss dieser Vereinbarung erhalten hat und dass er ausreichend Zeit hatte, die Pläne und die sonstigen Unterlagen zu prüfen."*

Die Klausel führt zu einer unzulässigen Beweislastumkehr und zu einer Haftungsfreizeichnung, weil dem Auftragnehmer verwehrt wird, sich darauf zu berufen, dass die Pläne nicht oder nur lückenhaft vorgelegen hätten.[12]

– *„Der Bieter erkennt mit Abgabe des Angebots an, dass er sich an der Baustelle über alle die Preisermittlung beeinflussenden Umstände informiert hat. Vor Abgabe des Angebots hat sich der Bieter mit den örtlichen Gegebenheiten vertraut zu machen. Nachforderungen aufgrund vorhersehbarer Schwierigkeiten werden nicht anerkannt."*

---

[9] LG München I Urt vom 10. 8. 89 - 7 O 7763/89.
[10] LG München I a. a. O.
[11] LG München I a. a. O.
[12] LG München I 1978/88.

Im eigenen Interesse eines jeden Auftragnehmers liegt es, sich über die Baustelle zu informieren. Eine Pflicht gegenüber dem Auftraggeber zu derartiger Information besteht jedoch nicht. Sinn dieser Klauseln ist damit lediglich, dem Auftragnehmer bei Ausführungshindernissen mit Einwänden auszuschließen oder darauf gestützte Ansprüche zu erschweren.[13]

- *„Der Unternehmer hat sich vor Angebotsabgabe überzeugt, dass alle Leistungen und alle Nebenleistungen erfasst und technisch sowie baurechtlich durchführbar sind. Nachträgliche Einwände können nicht geltend gemacht werden."*[14]
- *„Der Handwerker erkennt an, dass er vor Abgabe des Angebots alle Maße in eigener Verantwortung am Bau bzw. nach den Bauzeichnungen kontrolliert und bei An- und Erweiterungsbauten alle Höhen und Einzelheiten der bestimmten Teile genau aufgenommen hat, so dass eine Berufung auf Planfehler oder falsche Angaben in der Leistungsbeschreibung oder in anderen Unterlagen ausgeschlossen ist. Im Übrigen gehen bei nicht eingehaltenen Zeichnungsmaßen Nacharbeiten auf Kosten des Handwerkers."*

Durch diese Regel wird das Planungsrisiko, das Risiko einer unvollständigen oder fehlerhaften Ausschreibung und sonstiger unrichtiger Unterlagen ohne Rücksicht auf ein Verschulden der dafür verantwortlichen Fachleute und deren Erfüllungsgehilfen auf den Handwerker einerseits abgewälzt und andererseits ihm die Kosten auferlegt, die durch Nacharbeiten entstehen, weil er Zeichnungsmaße nicht eingehalten hat. Der Handwerker muss sich darauf verlassen können, dass die vom Auftraggeber oder von dessen Fachleuten (wie z. B. Architekten) entworfenen Pläne und Ausschreibungsunterlagen vollständig, fachlich und rechnerisch richtig sind.[15]

- *„Der Handwerker erkennt an, dass er vor Abgabe des Angebots sich über alle Einzelheiten der Leistung und Lieferungen, soweit sie nach seiner Auffassung in der Leistungsbeschreibung nicht eindeutig beschrieben sind, durch Rückfrage restlose Klarheit verschafft hat."*

Die Klausel ist unwirksam, da sie eine unzulässige formelhafte Tatsachenbestätigung enthält und schließt zum anderen jegliche Haftung des Auftraggebers aus dem rechtlichen Gesichtspunkt des Verschuldens bei Vertragsschluss aus.[16]

- *„Der AN ist verpflichtet, vor Auftragsannahme die Massen des Leistungsverzeichnisses zu prüfen; mit Auftragsannahme erkennt er sie als verbindlich an. Rechenfehler oder sonstige Irrtümer in der Preisermittlung bedingen keinerlei Änderung des Pauschalbetrages."*

Diese Klausel ist ebenfalls unwirksam.

- *„Mit den vereinbarten Preisen sind in jedem Fall sämtliche Teilleistungen abgegolten, die zur Erbringung der dem AN übertragenen, vollständigen und gebrauchsfähigen (Gesamt-)Leistung erforderlich sind, unabhängig davon, ob und inwieweit diese erforderlichen Teilleistungen in den Ausschreibungs- und Vertragsunterlagen ausdrücklich erwähnt sind. Dies gilt insbesondere für Nebenleistungen und zusätzliche Leistungen, ohne die die ausgeschriebene und von dem AN übernommene (Gesamt-)Leistung nicht für den vertragsmäßigen Gebrauch voll tauglich ist."*
- *„Der AG hat sich über die Boden- und Wasserverhältnisse zu informieren und daraus entstehende Risiken zu übernehmen. Er kann sich später nicht damit entlasten, dass er die Eigenart und Mängel der Bodenverhältnisse nicht gekannt hat."*

---

[13] OLG München 9 U 6108/89.
[14] LG Düsseldorf 12 O 56/91.
[15] OLG München a. a. O.
[16] OLG München a. a. O.

Die in den Ausschreibungsunterlagen enthaltenen Klauseln sind nur dann unwirksam, wenn das Bauwerk ordnungsgemäß nur mit einer (von einem Architekten zu fertigenden) Planung erstellt werden kann. Bei Bauleistungen einfacherer Art ist es nicht unangemessen, das Planungsrisiko auf den Handwerker als Fachmann zu übertragen.

Eine Klausel kann trotz Abweichungen von § 9 VOB/A wirksam sein, weil die Klausel beispielsweise den technischen Gegebenheiten Rechnung trägt und deswegen nicht unangemessen ist. So kann es dem Auftragnehmer bei Kanalbauarbeiten übertragen werden, die erforderlichen Genehmigungen zum Durchstoßen von Straßen oder Baudämmen zu erholen. Der Auftraggeber weiß hier nicht, mit welchem Gerät oder in welcher Arbeitsweise und zu welcher Zeit der Auftragnehmer die Durchstoßungen vornehmen wird; es ist zweckmäßig, dass der Bieter selbst mit den Genehmigungsbehörden die notwendigen Abklärungen vornimmt.

Eine einwandfreie Preisermittlung für den Bieter ist nur dann möglich, wenn er nicht nur die geschuldete Leistung, sondern auch alle eine einwandfreie Preisermittlung beeinflussenden Umstände kennt. Auch diese Umstände sind deshalb festzustellen und in den Verdingungsunterlagen anzugeben.

§ 9 Nr. 3 VOB/A bestimmt, dass alle die Preisermittlung beeinflussenden Umstände in den Verdingungsunterlagen anzugeben sind. Daraus folgt, dass der Auftraggeber beispielsweise nicht berechtigt ist, entsprechende Angaben bei einem Dritten, z. B. den von ihm beauftragten Architekten zur Einsicht zu hinterlegen. Die Formulierung in der VOB ist hier wörtlich zu nehmen. Ganz abgesehen davon würde es für die Bieter je nach Lage des Einzelfalles auch einen nicht zu vertretenden Aufwand bedeuten, wenn sie erst andere Stellen, womöglich außerhalb des Vergabeortes, aufsuchen müssten, um sich über Umstände zu informieren, die die Preisermittlung beeinflussen können.

In der Leistungsbeschreibung sind im Wesentlichen die Art und der Umfang der geschuldeten Leistung beschrieben (§ 1 VOB/B), die durch den vereinbarten Preis abgegolten wird (§ 2 VOB/B). Die Leistungsbeschreibung ist als Teil eines Vertrages gemäß §§ 133, 157 BGB so auszulegen, wie Treu und Glauben mit Rücksicht auf die Verkehrssitte es erfordern.[17]

Bei Ausschreibungen nach der VOB/A ist für die Auslegung der Leistungsbeschreibung die Sicht der möglichen Bieter als Empfängerkreis maßgebend. Das mögliche Verständnis nur einzelner Empfänger kann nicht berücksichtigt werden.[18] Nicht ausgesprochene Einschränkungen des Wortlauts können nur zum Tragen kommen, wenn sie von allen gedachten Empfängern so verstanden werden mussten. Daneben können Umstände des ausgeschriebenen Vorhabens wie technischer und qualitativer Zuschnitt, architektonischer Anspruch und Zweckbestimmung des Gebäudes für die Auslegung bedeutsam sein.[19] Keinesfalls darf der Bieter etwa bestehende Zweifel hinsichtlich der technischen Schwierigkeit oder hinsichtlich des qualitativen Anspruchs im Sinne der für ihn wirtschaftlich günstigsten Lösung interpretieren. Vielmehr hat er alle für ihn erkennbaren Umstände und Schwierigkeiten zu berücksichtigen.[20]

Bei der Auslegung ist als „Wortlaut" das allgemeinsprachliche Verständnis der Aussagen jedenfalls dann nicht von Bedeutung, wenn die verwendete Formulierung von den angesprochenen Fachleuten in einem spezifischen technischen Sinn verstanden wird oder wenn für bestimmte Aussagen Bezeichnungen verwendet werden, die in den maßgebenden Fachkreisen

---

[17] BGH BauR 93, 595, 596; BGH BauR 94, 625, 626.
[18] BGH BauR 93, 595.
[19] BGH BauR a. a. O.
[20] BGH a. a. O.; BGH BauR 87, 683.

verkehrsüblich sind oder für deren Verständnis und Verwendung es gebräuchliche technische Regeln gibt.[21]

Zur Auslegung von einem Leistungsverzeichnis und zum Beurteilungsspielraum bei der Angebotswertung hat das OLG Düsseldorf mit Beschluss vom Beschluss vom 15.05.2002 – Verg 4/01 festgestellt, dass Leistungsverzeichnisses einer Auslegung nach allgemeinen Grundsätzen zugänglich sind. Den Maßstab hierfür bildet ein unbefangener und verständiger Leser, der mit der geforderten Leistung in technischer Hinsicht vertraut ist. Die Entscheidung zeigt, dass der Auftraggeber in der Frage, welche Leistung er fordert, einen weiten Spielraum genießt. Keinen Spielraum hat er jedoch in der Frage, mit welchen Worten er sie fordert. Der Text der Leistungsbeschreibung wird von den Gerichten eigenständig überprüft und ausgelegt.

Die Vergabekammer Sachsen[22] hat im Hinblick auf die Auslegung eines Angebotes jedoch festgestellt, dass der Angebotspreis nicht auslegungsfähig ist und der Bieter bei Unklarheiten im Leistungsverzeichnis eine Nachfragepflicht gegenüber dem Auftraggeber hat. Die Angebote sind so zu bewerten, wie sie abgegeben worden sind. Einzig zulässige Korrekturen, welche der Auftraggeber bei der rechnerischen Bewertung der Angebote vornehmen darf, sind Additionsfehler und Multiplikationsfehler (VOB/A § 23 Nr. 3 Abs. 1). Die Vergabekammer lehnt auch eine Verpflichtung zur Aufklärung des als falsch erkannten Preises ab, da eine Berücksichtigung des richtigen Preises eine unzulässige Nachverhandlung im Sinne des § 24 Nr. 3 VOB/A wäre. Der (falsch) eingetragene Einheitspreis ist – mit Ausnahme von Additions- und Multiplikationsfehlern – keinerlei Veränderungen zugänglich. Das gilt selbst dann, wenn der Fehler durch eine fehlerhafte Positionsbeschreibung des Auftraggebers verursacht wird. Nach § 17 Nr. 7 VOB/A sind die Bieter verpflichtet, die Vergabeunterlagen auf mögliche Unstimmigkeiten zu kontrollieren und gegebenenfalls beim Auftraggeber nachzufragen, wie die fragliche Position zu verstehen sei. Eine unterbliebene Sachverhaltsaufklärung muss der Bieter gegen sich gelten lassen. Es wäre ein Verstoß gegen den Gleichbehandlungsgrundsatz, wenn die missverständliche Position bei der Wertung der Angebote mittels einer Korrektur gleich welcher Art „bereinigt" würde.

1.3 Zur Zulässigkeit von produkt- und herstellerbezogenen Ausschreibungstexten

Daneben bestehen besondere Anforderungen an die Formulierung von Leistungsverzeichnissen. So sind bei der Ausgestaltung einer Leistungsbeschreibung die verkehrsüblichen Bezeichnungen zu beachten (Vgl. § 9 Nr. 4 Abs. 1 VOB/A). Bezüglich der technischen Anforderungen ist auf gemeinschaftsrechtliche technische Spezifikationen zurückzugreifen (§ 9 Nr. 4 Abs. 2 VOB/A), soweit diese schon in eine nationale Norm übernommen worden sind.[23]

1.3.1 Vergaberechtliche Zulässigkeit der Nachfrage eines bestimmten Erzeugnisses oder Verfahrens bei der Aufstellung eines Leistungsverzeichnisses im Sinne des § 9 Nr. 5 Abs. 1 VOB/A

Nach den vergaberechtlichen Vorgaben (§ 9 Nr. 5 Abs.1 VOB/A) sind Leistungsbeschreibungen, in denen ein Auftraggeber bestimmte Erzeugnisse oder Verfahren sowie bestimmte Ur-

---

[21] BGH BauR 94, 625, 626.
[22] Beschluss vom 29.07.2002 – 1/SVK/069-02.
[23] Kratzenberg in: Ingenstau/Korbion, VOB, A § 9 Rdn. 72.

sprungsorte und Bezugsquellen ausdrücklich vorschreibt, grundsätzlich unzulässig. Derartige Leistungsbeschreibungen sind zulässig, wenn etwa eine solche Leistungsbeschreibung durch die Art der geforderten Leistung gerechtfertigt ist.

Daher ist eine Vergabestelle grundsätzlich nicht berechtigt, ein Leitprodukt in einem Leistungsverzeichnis vorzugeben und dieses dadurch zu einem zwingenden Bestandteil des Angebots eines Bieters zu erheben. Entscheidend ist daher eine Auslegung des Begriffs der „*Art der geforderten Leistung*", der den Ausnahmebereich festlegt.

1.3.1.1 Regelungsgehalt des § 9 Nr. 5 Abs. 1 VOB/A

Der genannte Grundsatz der Unzulässigkeit einer erzeugnis- und verfahrensbezogenen Leistungsbeschreibung beruht auf zwei gegensätzlichen Erwägungen. Zum einen dient diese Vorgabe den Interessen der Anbieter. Soweit ein Zuschlag in einem Vergabeverfahren erfolgt ist, hat der Auftragnehmer die Leistung nach Maßgabe der vertraglichen Abreden in eigener Verantwortung auszuführen (§ 4 Nr. 2 VOB/B), das Herbeiführen des geschuldeten Erfolgs bzw. das Erbringen der geschuldeten Leistung hängt regelmäßig allein von den eigenen Fachkenntnissen und Fähigkeiten des Auftragnehmers ab.[24] Daher ist es eine eigene Angelegenheit des Bieters, der zwar das unternehmerische Risiko trägt, dem aber auch die unternehmerischen Chancen nicht abgeschnitten werden dürfen, diejenigen Erzeugnisse und Verfahren auszuwählen, die er für die Erstellung seines Angebots und dann auch für die Ausführung der Leistung für notwendig und erforderlich hält.[25]

Das grundsätzliche Verbot des Vorschreibens von bestimmten Erzeugnissen und Verfahren schützt hier das Interesse der Bieter, im Wettbewerb um einen öffentlichen Auftrag ihre Sach- und Fachkunde in die Ausgestaltung ihres Angebots einfließen zu lassen. Dieser letztere Gesichtspunkt leitet zugleich zu die weitere Erwägung über, nämlich dass diesem Grundsatz auch eine besondere wettbewerbsschützende Dimension innewohnt.

Grundlage ist das Gebot, bei der Vergabe von öffentlichen Aufträgen die Maximen des Wettbewerbs und der Nichtdiskriminierung (§ 2 Nr. 1 VOB/A) unbedingt einzuhalten.[26]

Die Vergabe von öffentlichen Aufträgen in einem in besonderer Weise regulierten Verfahren dient neben dem Schutz der Bietergemeinschaft vor einer Diskriminierung[27] insbesondere den übergeordneten Allgemeininteressen an einer sparsamen Haushaltsführung der öffentlichen Auftraggeber und einem wirtschaftlichen und effektiven Einsatz von öffentlichen Finanzmitteln.[28] Das Regelverbot des Vorschreibens von bestimmten Erzeugnissen und Verfahren soll den Wettbewerb vor Verfälschungen und Beschränkungen schützen, die dadurch entstehen können, dass Leistungsbeschreibungen auf bestimmte Produkte oder Bieter zugeschnitten werden. Es wird angestrebt, eine Verengung oder gar Ausschaltung des Wettbewerbs durch eine einseitige Orientierung der Vergabestelle zu verhindern und dabei auch den Grundsatz der

---

[24] Riedl in: Heiermann/Riedl/Rusam, VOB, B § 4 Rdn. 32.
[25] Vergabeüberwachungsausschuss Bayern VÜA 12/97, WuW 1998, 640, 641 = WuW/E Verg 66, 67 „Fassadenprofilsystem"; Heiermann in: Heiermann/Riedl/Rusam, VOB, A § 9 Rdn. 16.
[26] Kratzenberg in: Ingenstau/ Korbion, VOB, A §9 Rdn. 83.
[27] EuGH, Rs. C 243/89, Slg. 1993, 1-3353, 3393 Tz. 33, 39 „Kommission/Dänemark", Rs. C 87/94, Slg. 1996, I 2043, 2084 Tz. 51 „Kommission/Belgien".
[28] Vergabeüberwachungsausschuss des Bundes, 1 VÜ 6/96, WuW 1995, 1057, 1062 = WuW/E VergAB 27, 32 „Kraftwerkkomponenten"; vgl. auch den Beschluss des Bundeskartellamts, WuW 1998, 207, 211 = WuW/E Verg 7, 11 „Tariftreueerklärung".

Chancengleichheit der Bieter zu wahren, indem eine Bevorzugung bestimmter Unternehmen, Erzeugnisse oder Verfahren ausgeschlossen wird.[29]

Im Übrigen beruht die Vorschrift des § 9 Nr. 5 Abs. 1 VOB/A auf den Vorgaben des Europäischen Vergaberechts (Art. 10 Abs. 6 Baukoordinierungsrichtlinie (93/37/EWG vom 14.06.1993, ABl. Nr. L 199 vom 09.08.1993, S. 54 ff.) und Art. 8 Abs. 6 Lieferkoordinierungsrichtlinie (93/36/EWG vom 14.06.1993, ABl. Nr. L 199 vom 09.08.1993, S. 1 ff.), so dass bei der Auslegung dieser Tatbestände auch zu berücksichtigen ist, dass die Ausgestaltung von Vergabepraktiken auch an den Grundfreiheiten der Freiheit des Waren- und Dienstleistungsverkehrs zu messen ist.[30]

Im Einklang mit diesen Zielsetzungen sind demnach alle Vorgaben in Leistungsverzeichnissen zu unterlassen, die eine wettbewerbsmäßige Vergabe unterbinden.[31] Durch das Vorschreiben von bestimmten Erzeugnissen und Verfahren schließt der öffentliche Auftraggeber einen Wettbewerb der Bieter um einen Auftrag nahezu aus, so dass die genannten, im Allgemeininteresse liegenden Zielsetzungen nicht mehr erreicht werden können.[32]

Dabei lässt der Wortlaut der Vorschrift des § 9 Nr. 5 Abs. 1 VOB/A für den öffentlichen Auftraggeber keinen Ermessensspielraum zu, es handelt sich um zwingende Vorschriften.[33] Eine Vergabestelle kann sich daher bei der Aufstellung und Ausgestaltung eines Leistungsverzeichnisses nicht auf einen Wertungsspielraum berufen, der es ihr erlaubt, von diesen zwingenden Vorgaben des Vergaberechts abzuweichen und bestimmte Erzeugnisse und Produkte in einem Leistungsverzeichnis nachzufragen.

1.3.1.2 Auslegung des Ausnahmetatbestands

Etwas anderes gilt für die Fälle, in denen die Art der geforderten Leistung im Sinne des § 9 Nr. 5 Abs. 1 VOB/A eine Leistungsbeschreibung, die sich an bestimmten Erzeugnissen oder Verfahren orientiert, ausdrücklich zulässt.

Bei dem Begriff der „Art der geforderten Leistung" handelt es sich um einen unbestimmten Rechtsbegriff, der in vergaberechtlichen Vorschriften nicht näher geregelt ist, so dass er durch die Umstände des Einzelfalls konkretisiert werden kann und muss.[34]

Das Vergaberecht kennt keine ausdrücklichen Regelungen, die das Recht eines Auftraggebers, sich für ein bestimmtes Produkt oder eine bestimmte Ausführung zu entscheiden, beschränken.

Die Vergabe eines Auftrags durch einen öffentlichen Auftraggeber wird nach den Vorschriften und Vorgaben des Privatrechts durchgeführt und vollzogen, hier begegnen sich ein Auftraggeber und ein Auftragnehmer auf den Ebenen der Gleichordnung.[35]

---

[29] Vergabeüberwachungsausschuss des Bundes, 1 VÜ 1/95, WuW 1997, 277, 281 = WuW/E VergAB 91, 95 „Regale im Lesesaal I"; 1 VÜ 9/97, WuW 1998, 637, 638 = WuW/E Verg 63, 64 = ZVgR 1998, 353, 354 „Regale im Lesesaal II"; Vergabeüberwachungsausschuss Bayern VÜA 12/97, WuW 1998, 640, 641 = WuW/E Verg 66/67 „Fassadenprofilsystem".
[30] Zum Einfluss der Art. 30, 59 EG-Vertrag siehe EuGH, Rs. 45/87, Slg. 1988, 4929, 4962 Tz. 10, 12 „Kommission/Irland", Rs. C 243/89, Slg. 1993, 1-3353, 3393 Tz. 45 „Kommission/Dänemark"; Rs. C 359/93, Slg. 1995,1-157, 175 Tz. 21,27 „Kommission/ Niederlande".
[31] Zdieblo in: Daub/Eberstein, VOL/A, § 8 Rdn. 32.
[32] Heiermann in: Heiermann/Riedl/Rusam, VOB, A § 9 Rdn. 16.
[33] Kratzenberg in: Ingenstau/Korbion, VOB, A § 9 Rdn. 81; Zdieblo in: Daub/Eberstein, VOL/A, § 8 Rdn. 66.
[34] Heiermann in: Heiermann/Riedl/Rusam, VOB, A § 9 Rdn. 16.

Daran ändern auch die bereits genannten Vorgaben des europäischen Vergaberechts nichts, denn dieses bezweckt allein eine Koordinierung der nationalen Vergabepraktiken, so dass den Mitgliedstaaten auch noch ein Raum für die Anwendung von eigenständigen nationalen Vergaberegeln verbleibt, solange diese an die Vorgaben des gemeinschaftlichen Vergaberechts angepasst sind und mit den Beschränkungsverboten der Grundfreiheiten des Vertrags vereinbart sind.[36]

Demnach gelten für diese fiskalische Tätigkeit des öffentlichen Auftraggebers ebenfalls die allgemeinen Grundsätze der Vertragsfreiheit und der Gleichheit der Vertragspartner; eine öffentliche Vergabestelle hat in rechtlicher Hinsicht die nämliche Bewegungsfreiheit gegenüber den potenziellen Vertragspartnern wie private Nachfrager, die am Markt auftreten.[37]

Somit verbleibt regelmäßig eine eigene Entscheidungskompetenz des öffentlichen Auftraggebers, welche Erzeugnisse und Verfahren er nachfragt; auch hier muss der Vergabestelle ein eigenständiger Beurteilungsspielraum zustehen.[38]

Ein solcher Wertungsspielraum, der nur eine eingeschränkte rechtliche Überprüfung erlaubt, steht den Vergabestellen auch in anderen Durchgangsstadien eines Vergabeverfahrens zu, so etwa bezüglich der Überprüfung der Eignung eines Bieters,[39] der Berücksichtigung von Neben- und Alternativangeboten,[40] Vergabe eines Auftrags und die Auswahl eines Anbieters selbst.[41]

Wenn demnach einer Vergabestelle schon bei der letztlich maßgeblichen Entscheidung über eine Auftragsvergabe ein solcher Wertungsspielraum zukommt, muss dies erst recht für interne Weichenstellungen, die einem Vergabeverfahren vorangehen und den Verfahrensablauf beeinflussen, gelten.

Die Einkleidung einer Vergabeentscheidung in ein förmliches, die Auftragsvergabe regulierendes Verfahren ändert an dieser Grundposition zunächst nichts. Solange und soweit die Vorgaben eines solchen regulierten Vergabeverfahrens eingehalten werden, muss grundsätzlich auch die vorrangige Wahlentscheidung des öffentlichen Auftraggebers, überhaupt nur ein bestimmtes Erzeugnis oder Verfahren nachzufragen, in gewissen Grenzen frei sein.

Wesentlich ist, dass auch nach einer solchen vergabeinternen Auswahlentscheidung bezüglich eines bestimmten Produkts oder Erzeugnisses noch ein Vergabeverfahren durchgeführt werden kann, das sich an den genannten Erwägungen des Bieterschutzes und des Allgemeininteresses an einem wirksamen Wettbewerb messen lassen und diesen fundamentalen Grundsätzen gerecht werden kann. Eine Vergabestelle ist grundsätzlich weder nach den Vorgaben des europäischen noch des nationalen Vergaberechts daran gehindert, sich bereits vor der Durchführung

---

[35] Riedl in: Heiermann/Riedl/Rusam, VOB, Einleitung Rdn. 3; Eberstein in: Daub/Eberstein, VOL/A, Einführung Rdn. 50.
[36] EuGH verb Rs. 27 bis 29/86, Slg. 1987, 3347, 3373 Tz. 14 f. „CEI SA/Societe des autoroutes des Ardennes"; Rs. 31/87, Slg. 1988, 4635, 4657 Tz. 20 „Gebroeders Beentjes SA/Niederlande".
[37] Eberstein in: Daub/ Eberstein, VOL/A, Einführung Rdn. 51.
[38] Heiermann in: Heiermann/Riedl/Rusam, VOB, A §9 Rdn. 16.
[39] Vergabeüberwachungsausschuss des Bundes, 1 VÜ 7/96, WuW 1997, 282, 285 = WuW/E VergAB 96, 99 „Wohnbaukomplex Moskau".
[40] Vergabeüberwachungsausschuss des Bundes, 1 VÜ 2/96, WuW 1997, 265, 270 = WuW/E VergAB 79, 84 „Kanalbrücken".
[41] BGH BauR 1985, 75; BGH BauR 1990, 349; OLG Düsseldorf BauR 1990, 596; OLG Celle BauR 1994, 627; OLG Düsseldorf BauR 1996,98; BGH BauR 1997, 636 = ZVgR 1997, 301; OLG Düsseldorf BauR 1998, 540; OLG München NJW-RR 1997, 1514; Vergabeüberwachungsausschuss Bayern, VÜA 14/95, WuW 1997, 373, 376 = WuW/E VergAL 75, 78 „Erdarbeiten"; VÜA 1/95, WuW 1996, 153, (160) = WuW/E VergAL 1, 8 „Erweiterung der Kläranlage".

eines Vergabeverfahrens dafür zu entscheiden, in dem Vergabeverfahren ausschließlich ein bestimmtes Erzeugnis oder Verfahren nachzufragen, solange eine solche interne Entscheidung die Durchführung eines Vergabeverfahrens, das die Interessen des Wettbewerbs, der wirtschaftlichen Haushaltsführung der öffentlichen Auftraggeber und den Schutz der Bieter gewährleistet, nicht verhindert.

Diesen zwingenden Erfordernissen des Bieterschutzes und des Allgemeininteresses an einem wirksamen Wettbewerb bei der Ausgestaltung einer Leistungsbeschreibung kann aber nur eine Auslegung des Ausnahmetatbestandes des § 9 Nr. 5 Abs. 1 VOB/A dienen, die das Merkmal der „Art der geforderten Leistung" objektiv auslegt; es ist gerade auf die konkreten Gegebenheiten einer geforderten Leistung abzustellen.[42]

Maßstäbe für die Anwendung des Ausnahmetatbestands im Einzelfall dürfen dabei nur objektivierte Erwägungen des öffentlichen Auftraggebers sein, nämlich die Eigenart und Beschaffenheit der zu vergebenden Leistungen; nur in einem solchen Fall kann einer Vergabestelle ein eigenständiger Wertungsspielraum zustehen.[43]

Subjektive Erwägungen und Überlegungen des Auftraggebers können bei der internen Auswahlentscheidung, nur ein bestimmtes Erzeugnis oder Verfahren nachzufragen, nicht berücksichtigt werden,[44] ein Vergabeverfahren, das auf einem solchen Ausgangspunkt beruht, kann den grundlegenden Anforderungen an ein wettbewerbsmäßiges und nicht diskriminierendes Vergabeverfahren nicht genügen.

Letztlich kommt es im Lichte der Zielsetzungen der Anforderungen an eine Leistungsbeschreibung entscheidend darauf an, ob die Annahme einer solchen Ausnahmeregelung durch den öffentlichen Auftraggeber durch sachliche Gründe belegbar und nachweisbar ist.[45]

Als solche sachlichen Erwägungen kommen alle objektiven Umstände in Betracht, die auf die Gegebenheiten der geforderten Leistung abstellen. Dabei kann es sich insbesondere um technische oder gestalterische Anforderungen handeln, die sich sowohl auf die tatsächliche Erbringung als auch auf die spätere Nutzung der Leistung erstrecken können.[46]

Als weitere Anforderung an eine interne Auswahlentscheidung einer Vergabestelle, ausschließlich ein bestimmtes Erzeugnis oder Verfahren nachzufragen, tritt demnach neben der Verwirklichung des Wettbewerbs und des Bieterschutzes das Erfordernis, dass eine solche Auswahlentscheidung auf sachlichen Erwägungen beruhen muss.

Eine vorherige interne Auswahl eines bestimmten Erzeugnisses oder Verfahrens durch den Auftraggeber kann nicht beanstandet werden, soweit der vorhandene Wertungsspielraum einer Vergabestelle auf objektive Kriterien und sachliche Gründe bezogen ist. Das zulässige Vorschreiben eines Produkts in einem Leistungsverzeichnis kann einem Auftraggeber so lange nicht verwehrt werden, wie noch ein Vergabeverfahren möglich ist, das den grundlegenden Erfordernissen des Wettbewerbs und der Nichtdiskriminierung entspricht.

Wenn eine Vergabestelle sich bei der Vorauswahl eines Erzeugnisses auf objektive Kriterien stützt, besteht aus vergaberechtlicher Sicht kein Anlass, den gegebenen Wertungsspielraum eines öffentlichen Auftraggebers einzuschränken. Hier besteht sogar, unter dem Gesichtspunkt

---

[42] Kratzenberg in: Ingenstau/Korbion, VOB, A § 9 Rdn. 86.
[43] Kratzenberg in: Ingenstau/Korbion, VOB, A § 9 Rdn. 83.
[44] Zdieblo in: Daub/Eberstein, VOL/A, A § 9 Rdn. 83.
[45] Kratzenberg in: Ingenstau/Korbion, VOB, A § 9 Rdn. 83.
[46] Heiermann in: Heiermann/ Riedl/Rusam, VOB, A § 9 Rdn. 16; Kratzenberg in: Ingenstau/Korbion, VOB, A § 9 Rdn. 83.

einer sparsamen und effektiven Verwendung öffentlicher Finanzmittel, eine Verpflichtung des öffentlichen Auftraggebers, von diesem Wertungsspielraum Gebrauch zu machen. Dieser ist durchaus dazu aufgerufen, sich vor Erstellung eines Leistungsverzeichnisses in sachlicher und fachlicher Hinsicht mit den sich auf dem Markt befindlichen Produkten zu befassen, um auf diese Art und Weise eine wirtschaftliche Vergabe zu ermöglichen. Dies gilt umso mehr in Fällen, in denen ein bestimmtes Produkt bereits in Gebrauch ist; objektive Gründe können nämlich nicht nur bezüglich der tatsächlichen Beschaffung, sondern auch bei einer späteren Nutzung eines Erzeugnisses geltend gemacht werden. Ein sachlicher Grund, ausschließlich ein bestimmtes Produkt nachzufragen, besteht insbesondere dann, wenn das nämliche Produkt bereits erfolgreich genutzt worden ist.

Dieser Wertungsspielraum einer Vergabestelle endet aber dann, wenn mit einer solchen Vorgabe kein wettbewerbsmäßiges und nicht diskriminierendes Vergabeverfahren mehr möglich ist.

1.3.2 Vergaberechtliche Zulässigkeit der Verwendung von Bezeichnungen, insbesondere in Form von Markennamen, Warenzeichen oder Patenten für bestimmte Erzeugnisse oder Verfahren bei der Aufstellung eines Leistungsverzeichnisses im Sinne des § 9 Nr. 5 Abs. 2 VOB/A

Als weitere Vorgabe an die Ausgestaltung einer Leistungsbeschreibung behandeln die Verdingungsordnungen das Nennen eines Leitprodukts oder -verfahrens mit Bezeichnungen, insbesondere in Form von Markennamen, Warenzeichen oder Patenten. Eine solche Leistungsbeschreibung ist grundsätzlich nur ausnahmsweise möglich (§ 9 Nr. 5 Abs. 2 VOB/A). Ein Ausnahmefall liegt nur dann vor, wenn der Zusatz „oder gleichwertige Art" verwendet wird, und eine Beschreibung durch eine hinreichend genaue, allgemein verständliche Bezeichnung nicht möglich ist.

Eine Auslegung dieses Ausnahmetatbestands kann auch hier nur dann erfolgen, wenn man sich den Regelungsgehalt und den Sinn und Zweck dieser Vorgabe vor Augen führt.

Diese allgemeine Anforderung an die Ausgestaltung und Formulierung eines Leistungsverzeichnisses soll dem Auftraggeber eine Hilfestellung an die Hand geben, nach welchen Grundsätzen er eine nachgefragte Leistung zu beschreiben hat; es handelt sich bei diesen Vorschriften um Hilfsmittel für die Leistungsbeschreibung.[47]

Dabei ist als grundlegende Voraussetzung für die Benennung eines bestimmten Erzeugnisses oder Verfahrens mit einem Markennamen in einer Leistungsbeschreibung festzuhalten, dass die Vergabestelle überhaupt berechtigt ist, in dem Leistungsverzeichnis bestimmte Erzeugnisse und Verfahren nachzufragen.[48]

Erforderlich ist demnach, dass die genannten Grundsätze zum Vorschreiben von bestimmten Erzeugnissen und Verfahren erfüllt sind, so wie sie oben dargelegt worden sind. Erst dann kann sich ein öffentlicher Auftraggeber mit der Frage beschäftigen, wie er ein in zulässiger Weise verlangtes Produkt in einem Leistungsverzeichnis beschreibt. Hier zeigt sich, dass diese allgemeinen Anforderungen an die Ausgestaltung eines Leistungsverzeichnisses aneinander an-

---

[47] Kratzenberg in: Ingenstau/Korbion, VOB, A § 9 Rdn. 85.
[48] Siehe hierzu oben die Ausführungen zu §§ 9 Nr. 5 Abs. 1 VOB/A.

knüpfen und ineinander übergehen. Mithin können diesen Vorschriften auch weitgehend identische Begründungs- und Auslegungserwägungen zugrunde gelegt werden.

Auch diese Anforderungen an ein Leistungsverzeichnis dienen den Interessen des Wettbewerbs und der Nichtdiskriminierung. Zweck dieser Bestimmung ist es, den Marktzugang für die Bieter offen zu halten und vor Beschränkungen und Verfälschungen des Wettbewerbs durch zu enge, auf bestimmte Produkte oder Bieter zugeschnittene Leistungsbeschreibungen zu schützen.[49] Insbesondere soll vermieden werden, dass ein öffentlicher Auftraggeber, der sich im Rahmen seines vorhandenen Wertungsspielraums für ein bestimmtes Produkt entschieden hat, sich von vornherein an einen bestimmten Hersteller bindet und einen solchen bevorzugt, so dass der Wettbewerb beschränkt wird.[50]

Daher darf eine Leistungsbeschreibung nicht in einer Art und Weise ausgestaltet sein, dass sie eine faktische Bindungswirkung zugunsten eines Bieters herbeiführt. Ansonsten wäre nämlich eine wettbewerbsmäßige Vergabe nahezu ausgeschlossen.

Demnach verstößt eine Leistungsbeschreibung, die derart stark auf ein bestimmtes Produkt abgestellt ist, dass sie wirtschaftlich weitgehend einer bindenden Vorgabe dieses Produkts gleichkommt oder zumindest den Bieterkreis zu stark einschränkt, gegen die Grundsätze des Wettbewerbs und der Nichtdiskriminierung.[51]

Diese Zielsetzungen ergeben sich auch aus den Vorgaben des europäischen Vergaberechts, wonach alle diejenigen Vergabepraktiken zu untersagen sind, die dazu führen, dass bestimmte Unternehmen oder bestimmte Erzeugnisse bevorzugt oder ausgeschlossen werden.[52]

Die grundsätzliche Unzulässigkeit der Vorgabe eines Leitherstellers in einem Leistungsverzeichnis hat eine besondere wettbewerbsschützende Funktion, die in der vergaberechtlichen Praxis einen hohen Stellenwert einzunehmen hat.

Dabei soll einem Bieter aber auch die Möglichkeit erhalten bleiben, autonom eine Entscheidung für ein bestimmtes Produkt zu treffen,[53] von dem er glaubt, er könne auf diese Weise ein wirtschaftliches Angebot vorlegen, das die Vergabestelle im Rahmen der Wertung nach § 25 Nr. 3 VOB/A vorrangig vor den anderen Wettbewerbern berücksichtigen wird.

Ein wirksamer Wettbewerb muss jedem Anbieter offen stehen, der in der Lage ist, für den öffentlichen Auftraggeber die gewünschte Leistung zu erbringen und so den Markt und den Wettbewerb mit seinem Angebot bereichern und vertiefen kann. Mithin sind bindende Vorgaben eines Produkts durch die Vergabestelle auf das unbedingt notwendige Maß zu begrenzen, es ist grundsätzlich die Angelegenheit des Bieters, ein bestimmtes Erzeugnis oder Verfahren

---

[49] Vergabeüberwachungsausschuss des Bundes, 1 VÜ 6/96, WuW 1997, 277, 281 = WuW/E VergAB 91, 95 „Regalsysteme I"; 1 VÜ 9/97, WuW 1998, 637, 638 = WuW/E Verg 63, 64 = ZVgR 1998, 353, 354 „Regale im Lesesaal II"; Vergabeüberwachungsausschuss Bayern VÜA 12/97, WuW 1998, 640, 641 = WuW/E Verg 66, 67 „Fassadenprofilsystem".
[50] Heiermann in: Heiermann/Riedl/Rusam, VOB, A § 9 Rdn. 17; Zdieblo in: Daub/Eberstein, VOL/A, § 8 Rdn. 73.
[51] Vergabeüberwachungsausschuss des Bundes, 1 VÜ 6/96, WuW 1997, 277, 281 = WuW/E VergAB 91, 95 „Regalsysteme I"; 1 VÜ 9/97, WuW 1998, 637, 638 = WuW/E Verg 63, 64 = ZVgR 1998, 353, 354 „Regale im Lesesaal II"; Vergabeüberwachungsausschuss Bayern VÜA 12/97, WuW 1998, 640, 641 = WuW/E Verg 66, 67 „Fassadenprofilsystem".
[52] Vgl. Art. 10 Abs. 6 Baukoordinierungsrichtlinie 93/37/EWG vom 14.06.1993, ABl. Nr. L 199 vom 09.08.1993, S. 54 ff. und Art. 8 Abs. 6 Lieferkoordinierungsrichtlinie 93/36/EWG vom 14.06.1993, ABl. Nr. L 199 vom 09.08.1993, S. 1 ff.
[53] Heiermann in: Heiermann/Riedl/Rusam, VOB, A § 9 Rdn. 17.

auszuwählen.[54] Als weiterer Stützpfeiler für den Ausgangspunkt der Unzulässigkeit einer Leitherstellervorgabe ergeben sich demnach hier die keinesfalls zu vernachlässigenden Anforderungen des Bieterschutzes.

Demnach hat auch diese weitere Anforderung an ein Leistungsverzeichnis eine zweidimensionale Funktion. Zum einen sollen Wettbewerbsbeschränkungen verhindert werden, zum anderen soll die Wirtschaftlichkeit der Bauvergabe gesichert werden. Nur das Angebot, das auf den wirtschaftlich günstigsten Erzeugnissen und Verfahren aufbaut, soll den Zuschlag erhalten.

Dabei darf die Verwendung von Bezeichnungen für bestimmte Erzeugnisse und Verfahren lediglich ein Hilfsmittel sein, ohne dabei aber den Wettbewerb einzuschränken und diskriminierend zu wirken.[55]

Eine Leistungsbeschreibung hat dabei unterschiedlichen Anforderungen Rechnung zu tragen, einerseits muss die Leistung eindeutig beschrieben sein,[56] andererseits muss die Beschreibung einer Leistung in der Lage sein, einen ordnungsgemäßen und fairen Wettbewerb um einen öffentlichen Auftrag zu ermöglichen.[57]

Wie bereits gesehen, kennen auch diese Regelungen einen Ausnahmetatbestand, der eine Bezeichnung eines bestimmten Erzeugnisses oder Verfahrens dann zulässt, soweit der Zusatz „oder gleichwertiger Art" hinzugefügt wird und eine Beschreibung mit hinreichend genauen und allgemein verständlichen Bezeichnungen nicht möglich ist.

Auch hier ist die Frage aufzuwerfen, nach welchen Kriterien dieser Ausnahmetatbestand auszulegen ist, so dass einer Vergabestelle auch eine Bezeichnung eines bestimmten Produkts mit einem bekannten und bewährten Markennamen ermöglicht werden kann.

Als Ausgangspunkt ist festzuhalten, dass einem öffentlichen Auftraggeber bei der internen Entscheidung, welches Erzeugnis oder Verfahren er nachzufragen gedenkt, ein objektiver Wertungsspielraum zusteht. Dieser spiegelt sich dann auch in der Ausgestaltung und Formulierung eines Leistungsverzeichnisses wider.

Entscheidend ist dabei, dass dieser Wertungsspielraum von objektiven Kriterien abhängt und nur solange und soweit besteht, wie noch ein wettbewerbsmäßiges und diskriminierungsfreies Vergabeverfahren möglich ist. Ansonsten muss der Wertungsspielraum des Auftraggebers hinter die dann vorrangigen Interessen der Bieter und des Wettbewerbs zurücktreten.

Daher ist der Ausnahmetatbestand der Regelungen, welche die Bezeichnung eines Erzeugnisses oder Verfahrens mit einem Markennamen zulassen, im Lichte dieser oben genannten Zielsetzungen auszulegen.

Es kommt entscheidend darauf an, ob eine Beschreibung von bestimmten Erzeugnissen und Verfahren mit hinreichend genauen und allgemein verständlichen Bezeichnungen, die vorrangig gegenüber der Bezeichnung mit Produktnamen sind, geeignet ist, eine Systemoffenheit von Leistungsverzeichnissen im Sinne des Wettbewerbs und der Nichtdiskriminierung zu ermöglichen. Die Vorgabe einer bestimmten Produktbezeichnung als Leithersteller ist dann vorrangig, wenn eine solche Beschreibung des vom Auftraggeber gewünschten und nachgefragten Produkts eher dem Wettbewerb und dem Bieterschutz diente als eine Beschreibung des Produkts mittels allgemeiner Bezeichnungen.

---

[54] Kratzenberg in: Ingenstau/Korbion, VOB, A § 9 Rdn. 85.
[55] Kratzenberg in: Ingenstau/Korbion, VOB, A § 9 Rdn. 85.
[56] Vgl. bereits § 9 Nr. 1 VOB/A.
[57] Kratzenberg in: Ingenstau/Korbion, VOB, A § 9 Rdn. 85.

Eine Leistungsbeschreibung ist als Bestandteil des mit dem Zuschlag zustande kommenden Vertrages nach den Grundsätzen der §§ 133, 157 BGB so auszulegen, wie Treu und Glauben mit Rücksicht auf die Verkehrssitte es erfordern.[58]

Maßgeblich für die Auslegung einer Leistungsbeschreibung ist demnach der Empfängerkreis in Form der möglichen Bieter, es kommt darauf an, wie die Bieter eine solche Beschreibung verstehen können.[59] Diese werden in der Regel über spezifische Fachkenntnisse bezüglich einzelner marktgängiger Erzeugnisse und Verfahren verfügen, so dass letztlich die Empfängersicht des Fachmanns nach §§ 133, 157 BGB entscheidend ist.[60]

Daher können neutrale Beschreibungen durch die Verwendung von allgemein verständlichen Bezeichnungen gleichsam das Anforderungsprofil eines branchenbekannten Produkts nachzeichnen und daher für den Fachmann einer bindenden Vorgabe eines Produkts gleichkommen, so dass eine Leistungsbeschreibung den Anforderungen an eine wettbewerbsmäßige und nicht diskriminierende Vergabe nicht mehr genügen kann.[61]

So kann eine „neutrale" Beschreibung durch allgemeine Bezeichnungen eine noch stärkere Behinderung der Systemoffenheit einer Leistungsbeschreibung im Interesse des Wettbewerbs und der Nichtdiskriminierung herbeiführen als die Nennung eines bestimmten Produkts,[62] da bei einer Produktbezeichnung, die aus Bietersicht ein bestimmtes Erzeugnis gleichsam vorgibt, dann die Möglichkeit des Bieters fehlt, auf ein gleichwertiges Produkt auszuweichen.

Dies ergibt sich daraus, dass die Zulassung eines Produkts gleichwertiger Art nur dann möglich ist, wenn ein Erzeugnis oder Verfahren mit einem Markennamen bezeichnet wird.[63] Eine unmittelbar den Wettbewerb einschränkende Vorgabe eines bestimmten Erzeugnisses durch eine scheinbar neutrale Bezeichnung kommt insbesondere dann in Betracht, wenn für eine bestimmte Leistung aufgrund ihrer Natur, vor allem wegen besonderer technischer und wirtschaftlicher Umstände, nur ein Produkt mit bestimmten Eigenschaften in Betracht kommt, das aufgrund eines engen Marktes eben nur von einem Hersteller produziert wird.

In einem solchen Fall muss es dem Bieter freistehen, von diesem Hersteller ein Erzeugnis zu beziehen und selbst autonom mit diesem Hersteller die entsprechenden Konditionen auszuhandeln.

Selbst wenn für ein bestimmtes Produkt nur ein enger Angebotsmarkt vorhanden ist, kann dieser Umstand nicht zulasten des öffentlichen Auftraggebers gehen. Vielmehr sind dann die Bieter, von denen entsprechende Marktkenntnisse erwartet werden können,[64] im Rahmen eines echten, freien Wettbewerbs dazu aufgerufen, europaweit gleichwertige Produkte zu suchen und auszuwählen.

Festzuhalten ist, dass Leistungsbeschreibungen mittels allgemeiner Wendungen unter Verzicht auf die Nennung eines Leitherstellers aus Bietersicht oftmals einer bindenden Vorgabe eines bestimmten Produkts gleichkommen. Durch ein solches Vorgehen werden der Wettbewerb und

---

[58] BGH BauR 1993, 595, 596; BauR 1994, 625, 626.
[59] Heiermann in: Heiermann/Riedl/Rusam, VOB, A § 9 Rdn. 13a.
[60] Vergabeüberwachungsausschuss Bayern, VÜA 8/97, WuW 1998, 643, 644 = WuW/E Verg 69, 70 = ZVgR 1998, 346, 348 „Grund- und Hauptschule mit Sporthalle Holzbauarbeiten I".
[61] Vergabeüberwachungsausschuss Bayern, VÜA 8/97, WuW 1998, 643, 644 = WuW/E Verg 69, 70 = ZVgR 1998, 346, 348 „Grund- und Hauptschule mit Sporthalle Holzbauarbeiten I"; VÜA 12/97, WuW 19898, 640, 641 = WuW/E Verg 66,67 „Fassadenprofilsystem".
[62] Heiermann in: Heiermann/Riedl/Rusam, VOB, A § 9 Rdn. 18.
[63] Vgl. erneut § 9 Nr. 5 Abs. 2 VOB/A.
[64] Heiermann in: Heiermann/Riedl/Rusam, VOB, A § 9 Rdn. 18.

die Interessen der Bieter stärker und intensiver eingeschränkt als durch das Benennen eines Leitherstellers mit einem Markennamen. Die angestrebte Systemoffenheit der Beschreibungen eines Leistungsverzeichnisses kann nur dann erreicht werden, wenn der Ausnahmetatbestand der vergaberechtlichen Anforderungen so ausgelegt wird, dass er die genannten besonderen Fallkonstellationen auch noch zu erfassen vermag.

Im Interesse eines ordnungsgemäßen Bauwettbewerbs ist demnach der Begriff „ausnahmsweise" i. S. d. § 9 Nr. 5 Abs. 2 VOB/A weit auszulegen,[65] so dass die Vorgabe eines Leitprodukts, verbunden mit der Möglichkeit der Bieter, auf ein anderes Produkt auszuweichen, regelmäßig als vorrangig gegenüber allgemeinen Bezeichnungen anzusehen ist.[66]

Zu beachten ist aber, dass es auch Fallkonstellationen gibt, in denen eine Benennung eines Produkts mit einem Markennamen als Leitprodukt ausscheiden muss.

Diese eben genannten Erwägungen zur Auslegung des Ausnahmetatbestandes können nämlich dann nicht gelten, wenn ein Vergabeverfahren aufgrund besonderer Umstände von vornherein auf ein bestimmtes Erzeugnis und letztlich auf einen bestimmten Bieter zugeschnitten ist, dann ist der genannte Ausnahmetatbestand eng auszulegen.[67] Dies ergibt sich aus dem grundlegenden Erfordernis, dass der Marktzugang eines Bieters vor Beschränkungen und Verfälschungen durch zu enge, auf bestimmte Produkte und Bieter zugeschnittene Leistungsbeschreibungen auch dann noch zu schützen ist, wenn die Vergabestelle in zulässiger Weise Marken- oder Herstellernamen verwendet.[68] Eine Benennung eines bestimmten Produkts mit einem Markennamen muss ausscheiden, wenn ein Vergabeverfahren durch eine solche Leistungsbeschreibung allein auf einen bestimmten Bieter ausgerichtet ist.

Es sind also Fälle denkbar, in denen der Auftraggeber zwar nach der genannten regelmäßigen weiten Auslegung des Ausnahmetatbestands des § 9 Nr. 5 Abs. 2 VOB/A gehalten ist, Erzeugnisse und Verfahren mit Markennamen zu bezeichnen, da eine Beschreibung mit allgemeinen Wendungen ausscheidet. Hier können aber weitere Umstände hinzutreten, die wiederum im Interesse des Bieterschutzes und des Wettbewerbs zwingend verlangen, die Nennung eines Markennamens zu unterlassen.

Die Verwendung von Markenbezeichnungen muss im Interesse des Wettbewerbs auch dann ausscheiden, wenn es vor der eigentlichen Durchführung eines Vergabeverfahrens zu Absprachen oder ähnlichen Verhaltensweisen zwischen dem öffentlichen Auftraggeber und einem Hersteller bzw. künftigen Bieter kommt. Dies gilt etwa, wenn eine Vergabestelle ein Unternehmen zur Prüfung der Marktgegebenheiten einsetzt, gemeinsam ein Anforderungsprofil erarbeitet und dann das Leistungsverzeichnis so gestaltet, dass von vornherein nur ein bestimmtes Angebot Aussicht auf Berücksichtigung hat.[69]

---

[65] Vergabeüberwachungsausschuss Bayern, VÜA 8/97, WuW 1998, 643, 644 = WuW/E Verg 69, 70 = ZVgR 1998, 346, 348 „Grund- und Hauptschule mit Sporthalle Holzbauarten I"; VÜA 1.2/97, WuW 1998, 640, 641 = WuW/E Verg 66, 67 „Fassadenprofilsystem".
[66] Heiermann in: Heiermann/Riedl/Rusam, VOB, A § 9 Rdn. .18.
[67] Vergabeüberwachungsausschuss des Bundes, 1 VÜ 9/97 WuW 1998, 637, 638 = WuW/E Verg 63, 64 = ZVgR 1998, 353, 354 „Regale im Lesesaal II"; Vergabeüberwachungsausschuss Bayern VÜA 12/ 97, WuW 1998, 640, 641 = WuW/E Verg 66, 67 „Fassadenprofilsystem".
[68] Vergabeüberwachungsausschuss des Bundes, 1 VÜ9/97 WuW 1998, 637, 638 = WuW/E Verg 63, 64 = ZVgR 1998, 353, 354 „Regale im Lesesaal II"; Vergabeüberwachungsausschuss Bayern VÜA 12/97, WuW 1998, 640, 641 = WuW/E Verg 66, 67 „Fassadenprofilsystem".
[69] Vgl. Vergabeüberwachungsausschuss des Bundes, 1 VÜ 9/97 WuW 1998, 637, 638 = WuW/E Verg 63,64 = ZVgR 1998, 353, 354 „Regale im Lesesaal II"; Vergabeüberwachungsausschuss Bayern VÜA 12/97, WuW 1998, 640, 641 = WuW/E Verg 66, 67 „Fassadenprofilsystem".

Dann sind die tatbestandlichen Voraussetzungen für die ausnahmsweise Zulässigkeit der Einführung von Bezeichnungen für Erzeugnisse oder Verfahren in einem Leistungsverzeichnis im Einzelfall genau zu prüfen; es reicht keinesfalls aus, dass der Auftraggeber ein solches Vorgehen als üblich darstellt.[70] Daraus folgt, dass die zulässige Bezeichnung von Erzeugnissen mit Marken- oder Herstellernamen in einem Leistungsverzeichnis nicht so weit gehen kann, dass einem Bieter der Nachweis, sein Angebot und das gewünschte Produkt seien gleichwertig, von vornherein abgeschnitten und unmöglich gemacht wird. Vor dem Hintergrund der Gewährleistung eines wirksamen Wettbewerbs um einen öffentlichen Auftrag ist es zwingend erforderlich, ein Leistungsverzeichnis für Konkurrenzprodukte insoweit offen zu halten.

Dies erfordert aber nicht, auf die Nennung von bestimmten Hersteller- oder Produktnamen gänzlich zu verzichten, denn eine solche Leistungsbeschreibung allein mit allgemeinen Wendungen kann noch eher dazu führen, dass nur ein bestimmtes Produkt überhaupt als mit dem Leistungsverzeichnis übereinstimmend gewertet werden kann.

Somit ist auch hier der Gedanke, dass die Zulassung der Bezeichnung eines Erzeugnisses mit einem bestimmten Waren- oder Produktnamen eine größere Systemoffenheit als eine Leistungsbeschreibung mit allgemeinen Wendungen gewährleisten kann, heranzuziehen.

Zu beachten ist aber stets, dass die Nennung eines Waren- oder Produktnamens in einem Leistungsverzeichnis nicht aus einer wettbewerbsbeschränkenden Absprache oder einem sonstigen gleichgerichteten Verhalten zwischen dem Auftraggeber und einem Hersteller hervorgehen darf.

Der Wettbewerbsgrundsatz und das Diskriminierungsverbot gewährleisten nämlich, dass die Wertung eines Angebots und die Entscheidung über den Zuschlag in einem förmlichen und ergebnisoffenen Vergabeverfahren getroffen werden (§§ 25, 28 VOB/A); daher widersprechen Verhaltensweisen, die ein solches förmliches Verfahren unterlaufen, den insoweit zwingenden Vorgaben des Vergaberechts.

Dies bedeutet, dass durch die Gestaltung einer Leistungsbeschreibung nicht ein Bieter in einer Weise bevorzugt werden darf, die von den anderen Bietern nicht mehr ausgeglichen werden kann, insbesondere in einem Fall, in dem die Leistungsbeschreibung inhaltlich das Produkt eines bestimmten Herstellers bezeichnet. Dazu kann es, wie gesehen, gerade dann kommen, wenn in einem Leistungsverzeichnis mit allgemein verständlichen Bezeichnungen genau ein bestimmtes Produkt bezeichnet wird und somit gleichsam auf ein bestimmtes Produkt zugesteuert wird. Eine solche Diskriminierung lässt sich eben dann vermeiden, wenn man in dem Leistungsverzeichnis die Bezeichnung eines bestimmten Produktnamens zulässt, wobei dann dem Bieter wiederum offen steht, ein Produkt gleichwertiger Art zu liefern.

Festzuhalten ist, dass auch bei der Auslegung dieses genannten Ausnahmetatbestands nur objektive Erwägungen und Motive des öffentlichen Auftraggebers Berücksichtigung finden können. Maßgeblich ist stets, ob die Ausgestaltung eines Leistungsverzeichnisses in der Lage ist, einen fairen und ordnungsgemäßen Wettbewerb zu gewährleisten. Dies wird, wie gesehen, im Regelfall nur dann möglich sein, wenn die Vergabestelle bestimmte Leitprodukte vorgeben kann, die von den Bietern durch gleichwertige Produkte ersetzt werden können.

Etwas anderes muss aber dann gelten, wenn besondere Umstände hinzutreten, die einem Bieter jede realistische Möglichkeit nehmen, ein gleichwertiges Erzeugnis oder Verfahren zu benennen. Ein derart wettbewerbsfeindlich angelegtes Vergabeverfahren, in dem allein die Erzeug-

---

[70] Vergabeüberwachungsausschuss des Bundes, 1 VÜ 9/97 WuW 1998, 637, 639 = WuW/E Verg 63,65 = ZVgR 1998,353, 355 „Regale im Lesesaal II".

nisse eines bestimmten Anbieters als mit dem Leistungsverzeichnis übereinstimmend gewertet werden können, kann keinen Bestand haben.

Eine solche Auslegung des genannten Ausnahmetatbestands gewährleistet auch die weitere Anforderung an ein Leistungsverzeichnis, das nicht nur im Interesse des Wettbewerbs systemoffen gestaltet sein muss, sondern auch im Interesse der Gleichbehandlung der Bieter eine eindeutige und erschöpfende Beschreibung der geforderten Leistung (§ 9 Nr. 1 VOB/A) zu ermöglichen hat.

Es gibt Fallkonstellationen, gerade wenn eine Leistungsbeschreibung umfangreiche Darlegungen im technischen Bereich enthält, in denen Anforderungen, die an ein Erzeugnis gestellt werden sollen, eindeutiger und präziser durch die Nennung eines Leitfabrikats beschrieben werden können, als dass dies durch allgemein verständliche Bezeichnungen möglich wäre.[71] Dies gilt insbesondere dann, wenn die Vorgaben eines Leitfabrikats bei einem einzelnen Stoff oder Bauteil für die Bieter in der Leistungsbeschreibung als Synonym für ein bestimmtes Produkt mit branchenspezifisch bekannten Eigenschaften verstanden werden.[72] Eine Beschreibung mit allgemeinen Wendungen, die dann notwendigerweise einen ausführlichen und unübersichtlichen Beschreibungstext nach sich zieht, kann die Anforderungen an eine eindeutige Beschreibung der Leistung, die im Interesse der Gleichbehandlung der Bieter zwingend erforderlich ist, nicht erfüllen und gewährleisten.[73] Die Vorgabe eines Leitfabrikats ermöglicht daher nicht nur eine klare Leistungsbeschreibung, sondern vermeidet auch eine Wettbewerbsbeschränkung, die dadurch entstehen kann, dass, wie gesehen, eine solche Leistungsbeschreibung für den Fachkundigen die Auswahl eines bestimmten Produkts nahe legt, wobei dann einem Bieter sogar der Verweis auf ein gleichwertiges Produkt verwehrt ist.

Daher kann das Nennen eines Markennamens als Leithersteller nicht nur den Interessen des Wettbewerbs und des Bieterschutzes dienen, sondern darüber hinaus in besonderer Weise für Klarheit und Bestimmtheit eines Leistungsverzeichnisses erforderlich sein.

Zu berücksichtigen ist aber, dass die Vorgabe eines Leitfabrikats in einem Leistungsverzeichnis nach dem Wortlaut der vergaberechtlichen Vorschriften nur dann zulässig ist, wenn der Zusatz „oder gleichwertiger Art" verwendet wird.

Eine solche Vorgabe ermöglicht einen ordnungsgemäßen und diskriminierungsfreien Wettbewerb um einen öffentlichen Auftrag und stellt so einen angemessenen Ausgleich zwischen den Interessen der Bieter und dem öffentlichen Auftraggeber dar.

Somit ergeben sich aus dem Gemeinschaftsrecht Anhaltspunkte dafür, dass eine Leistungsbeschreibung, in welcher ein bestimmter Produktname verwendet wird, durchaus für den Auftraggeber und den Wettbewerb im Sinne der Chancengleichheit der Bieter von Vorteil sein kann. Letztlich ist eine Leistungsbeschreibung an den Anforderungen des europäischen Rechts in der Art und Weise zu messen, ob die Bestimmungen in der Leistungsbeschreibung mit dem

---

[71] Heiermann in: Heiermann/Riedl/Rusam, VOB, A § 9 Rdn. 18; Lampe-Helbig/Wörmann, Handbuch der Bauvergabe, 2. Auflage München 1995, Rdn. 96.
[72] Vergabeüberwachungsausschuss Bayern, VÜA 8/97, WuW 1998, 643, 644 = WuW/E Verg 69, 70 = ZVgR 1998, 346, 348 „Grund- und Hauptschule mit Sporthalle Holzbauarbeiten I"; VÜA 12/97, WuW 1998, 640, 641 = WuW/E Verg 66,67 „Fassadenprofilsystem"; Lampe-Helbig/Wörmann, Handbuch der Bauvergabe, Rdn. 96.
[73] Vergabeüberwachungsausschuss Bayern, VÜA 8/97, WuW 1998, 643, 644 = WuW/E Verg 69, 70 = ZVgR 1998, 346, 348 „Grund- und Hauptschule mit Sporthalle Holzbauarbeiten I"; VÜA 12/97, WuW 1998, 640, 641 = WuW/E Verg 66, 67 „Fassadenprofllsystem".

allgemeinen Diskriminierungsverbot, das im Vergaberecht umfassend gilt und sich in dem Grundsatz manifestiert, alle Anbieter gleich zu behandeln, zu vereinbaren ist.[74]

Aus dem europäischen wie auch dem nationalen Vergaberecht ergibt sich die Anforderung, dass die Nennung eines Herstellers mit einem Markennamen dann zulässig ist, wenn einem Bieter durch die Beifügung des Zusatzes „oder gleichwertiger Art" die Möglichkeit eröffnet wird, der Vergabestelle ein „gleichwertiges" Konkurrenzprodukt anzubieten. Eine solche Ausgestaltung eines Leistungsverzeichnisses ist auch deshalb zu begrüßen, weil auf diese Art und Weise ein direkter, europaweiter Vergleich der Konkurrenzprodukte ermöglicht wird. Dies dient sowohl den Interessen der öffentlichen Auftraggeber als auch denjenigen der europäischen und deutschen Industrie an einer Qualitätssteigerung durch einen unmittelbaren Wettbewerb.

Weitere Anforderungen an ein Leistungsverzeichnis beim Vorhandensein von besonderen technischen Spezifikationen für eine Leistung.

Eine besondere Marktposition eines Erzeugnisses oder eines Verfahrens besteht dann, wenn für ein solches Produkt eine technische Norm besteht, welche die technischen Anforderungen und Verfahren an dieses festschreibt. Hier stellt sich dann die Frage, ob die genannten Erwägungen für die Zulässigkeit einer herstellerbezogenen Ausschreibung und der Vorgabe eines Leitherstellers auch in einem solchen Fall noch gelten. Bedenken ergeben sich daraus, dass die Vorgaben einer technischen Norm auf erste Sicht für die Ausgestaltung eines Leistungsverzeichnisses ausreichend erscheinen. Darüber hinaus wäre das Nennen eines Leitprodukts möglicherweise weder zulässig noch erforderlich.

1.3.2.1 Grundsätzliche Erwägungen bezüglich europäischer technischer Spezifikationen

Bei der Aufstellung eines Leistungsverzeichnisses sind nach den Vorgaben des § 9 Nr. 4 Abs. 1 VOB/A bei der Beschreibung einer Leistung die verkehrsüblichen Bezeichnungen zu beachten. Als solche Bezeichnungen sind insbesondere bei der Beschreibung von technischen Anforderungen an eine Leistung die gemeinschaftsrechtlichen technischen Spezifikationen den Vergabeunterlagen zugrunde zu legen (vgl. für den Bausektor § 9 Nr. 4 Abs. 2 VOB/A). Soweit solche technischen Normen als verkehrsübliche Bezeichnungen für eine bestimmte Leistung vorgegeben sind, ist die Bezeichnung einer Leistung mit dem Zusatz „oder gleichwertiger Art" nicht zulässig,[75] es besteht keine Wahlmöglichkeit des Bieters, das geforderte Erzeugnis anzubieten oder ein solches gleichwertiger Art. Maßgeblich ist vielmehr allein die Leistung, so wie sie durch den Bezug auf eine technische Spezifikation beschrieben ist. Es gilt dann der Grundsatz, dass eine Leistung allein durch den Verweis auf die jeweilige technische Norm zu beschreiben ist. Darüber hinaus wird im Regelfall kein Raum für die Benennung eines Herstellers mit einem Markennamen sein.

Die vergaberechtlichen Vorgaben über die Verwendung von technischen Normen beruhen auf den Vorgaben des Gemeinschaftsrechts.[76] Zur Verwirklichung des gemeinsamen Marktes und zur Schaffung eines Binnenmarktes für öffentliche Aufträge ist die Aufhebung von nationalen Vergabebeschränkungen, insbesondere auch solcher mittelbarer Art durch technische Vor-

---

[74] Vgl. EuGH, Rs. 243/89, Slg. 1993, 3353, 3393 Tz. 33, 39 „Kommission/Dänemark".
[75] Vergabeüberwachungsausschuss Bayern, VÜA 8/97, ZVgR 1998, 346, 348 „Grund- und Hauptschule mit Sporthalle Holzbauarbeiten I".
[76] Für den praktisch wichtigen Baubereich vgl. Art. 10 Baukoordinierungsrichtlinie 93/37/EWG vom 14.06.1993, ABl. Nr. L 199 vom 09.08.1993, S. 54 ff.

schriften, unerlässlich.⁷⁷ So widerspricht das Verlangen eines öffentlichen Auftraggebers, nur solche Bewerber in einem Vergabeverfahren zuzulassen, die Produkte anbieten, die mit nationalen technischen Vorschriften übereinstimmen, den Beschränkungsverboten des Vertrags, insbesondere der Warenverkehrsfreiheit nach Art.30 EG- Vertrag.⁷⁸

In diesem Zusammenhang ist auch zu beachten, dass das Aufrechterhalten von eigenständigen technischen Vorgaben durch eine Vergabestelle nicht möglich ist, wenn solche Vorschriften nicht in dem entsprechenden Verfahren durch die Kommission notifiziert worden sind. Solche Vorschriften darf ein öffentlicher Auftraggeber allein deshalb, unabhängig von einer möglichen Diskriminierung, einem Bieter nicht entgegenhalten.⁷⁹ Technische Angaben einer Vergabestelle in einem Leistungsverzeichnis können dabei wohl nur dann als eigenständige technische Anforderungen in dem oben genannten Sinn gewertet werden, wenn diese dauerhaft eingesetzt werden, so dass nicht jede technische Spezifikation einer Vergabestelle in den Anwendungsbereich des europäischen Rechts fallen wird.

1.3.2.2 Folgerungen für den Wertungsspielraum einer Vergabestelle bei der Aufstellung eines Leistungsverzeichnisses

Durch die Verpflichtung eines öffentlichen Auftraggebers, im Interesse eines europaweiten und diskriminierungsfreien Wettbewerbs ausschließlich die gemeinschaftsrechtlichen technischen Spezifikationen einem Leistungsverzeichnis zugrunde zu legen, werden die erörterten Grundsätze zu den Möglichkeiten einer Vergabestelle, in einem Leistungsverzeichnis bestimmte Erzeugnisse und Verfahrensweisen vorzugeben und diese namentlich zu bezeichnen, weiter eingeschränkt. Ein solches Vorgehen ist zunächst nur dann möglich, wenn in der Leistungsbeschreibung auf die Vorgaben der technischen Spezifikationen hingewiesen wird. Weiterhin müssen sich diese Vorgaben der Vergabestelle auch in dem durch die technischen Normen vorgegebenen Rahmen halten und dürfen keine darüber hinaus gehenden technischen Bedingungen enthalten.

In Fällen, in denen für ein bestimmtes Erzeugnis oder Verfahren eine technische Norm besteht, ist der Wertungsspielraum einer Vergabestelle bei der Aufstellung eines Leistungsverzeichnisses weiter eingeschränkt. In einem Vergabeverfahren, in dem Produkte ausgeschlossen werden, ist in der Leistungsbeschreibung auf die Vorgaben der technischen Norm zu verweisen. Es dürfen insbesondere keine darüber hinaus gehenden technischen Anforderungen an die Leistung gestellt werden.

Aber auch nach diesen Vorgaben wird letztlich nur noch ein geringer Anwendungsbereich verbleiben, in dem in einer Leistungsbeschreibung Raum für die Verwendung von Hersteller- und Produktnamen verbleibt. Bei den Vorschriften über technische Spezifikationen handelt es sich um hinreichend genaue, allgemein verständliche Bezeichnungen i. S. d. § 9 Nr. 5 Abs. 2 VOB/A, so dass eine Verwendung von Hersteller- und Produktbezeichnungen zur Verwirklichung eines interessenausgewogenen, dem Wettbewerb und dem Bieterschutz dienenden Vergabeverfahrens regelmäßig nicht erforderlich sein wird. Demnach kann die Benennung von Leitfabrikaten in einer Leistungsbeschreibung nur dann gerechtfertigt sein, wenn aufgrund von objektiven, der Gleichbehandlung der Bieter und dem Wettbewerb dienenden Erwägungen

---

⁷⁷ Vgl. Erwägungsgründe Nr. 2, 9 der Baukoordinierungsrichtlinie 93/37/ EWG vom 14.06.1993, ABl. Nr. L 199 vom 09.08.1993, S. 54 ff.
⁷⁸ EuGH Rs. 45/87, Slg. 1988; 4929, 4962 Tz. 10, 12 ff. „Kommission/Irland".
⁷⁹ EuGH Rs. C 194/94, EuZW 1996, 379, 383 Tz. 54 „CIA Security International SNSignalson SA u. Securitel SPRL".

Vorgaben an eine Leistung zu stellen sind, die über die Bestimmungen der technischen Spezifikationen hinausgehen.

1.3.3 Zusammenfassung

Leistungsbeschreibungen, in denen ein öffentlicher Auftraggeber bestimmte Erzeugnisse oder Verfahren ausdrücklich vorschreibt, sind grundsätzlich unzulässig, wenn sie nicht durch die Art der geforderten Leistung gerechtfertigt sind. Hierfür streitet nicht nur der ausdrückliche Wortlaut dieser vergaberechtlichen Vorgaben, sondern auch der Sinn und Zweck dieser Bestimmungen. Diese dienen nämlich sowohl den Interessen der Anbieter, deren eigene Angelegenheit es ist, ein bestimmtes Erzeugnis auszuwählen, als auch den Interessen der Vergabestellen selbst, einen möglichst breiten Wettbewerb einzuleiten.

Dabei steht einer Vergabestelle zwar ein eigenständiger Wertungsspielraum zu, von vornherein bestimmte Erzeugnisse oder Verfahren nachzufragen. Dieser wird aber durch das Erfordernis begrenzt, dass trotz einer solchen Orientierung einer Vergabestelle noch ein effektiver und diskriminierungsfreier Wettbewerb stattfinden können muss. Daher kommt eine Nachfrage von bestimmten Erzeugnissen und Leistungen nur dann in Betracht, wenn ein solches Vorgehen auf objektiven und nachvollziehbaren Erwägungen der Vergabestelle beruht.

Ebenso ist bei der Ausgestaltung von Leistungsverzeichnissen darauf zu achten, dass keine Bezeichnungen in Form von Markennamen für bestimmte Erzeugnisse oder Verfahren verwendet werden. Die Vorgabe eines solchen Leitherstellers ist aber dann zulässig, wenn der Zusatz „oder gleichwertiger Art" hinzugefügt wird und eine Beschreibung durch hinreichend genaue, allgemein verständliche Bezeichnungen nicht möglich ist.

Auch hier steht einer Vergabestelle bei der Aufstellung eines Leistungsverzeichnisses ein Wertungsspielraum zu, der von objektiven Kriterien abhängig ist und der in der Lage sein muss, ein wettbewerbsmäßiges und diskriminierungsfreies Vergabeverfahren zu ermöglichen.

Dieser Wertungsspielraum ist regelmäßig weit auszulegen, im Allgemeinen ist das Nennen eines Leitherstellers zulässig. Dies ergibt sich einerseits daraus, dass eine Beschreibung einer Leistung durch allgemeine Wendungen nicht in der Lage sein kann, eine hinreichend klare und eindeutige Leistungsbeschreibung zu gewährleisten. Andererseits wird durch eine solche Leistungsbeschreibung im Regelfall eine wettbewerbsmäßige Vergabe erst recht verhindert, da eine solche Beschreibung für den Fachmann einer bindenden Vorgabe eines Erzeugnisses gleichkommt, ohne dass die Möglichkeit besteht, auf ein gleichwertiges Produkt auszuweichen. Das Benennen eines Leitherstellers ist nur dann nicht möglich, wenn ein Vergabeverfahren auf Grund vorhergehender Absprachen zwischen einer Vergabestelle und einem Hersteller von vornherein auf einen bestimmten Bieter zugeschnitten ist.

Diese Erwägungen sind aber zu modifizieren, wenn für die technischen Spezifikationen eines bestimmten Erzeugnisses oder Verfahrens eine besondere gemeinschaftsrechtliche technische Vorschrift besteht. Das Bestehen einer solchen technischen Norm führt dazu, dass eine Vergabestelle im Regelfall keine Leithersteller in einem Leistungsverzeichnis durch die Benennung mit einem Markennamen vorgeben darf. Hier ist eine Vergabestelle in einem solchen Fall verpflichtet, die geforderte Leistung allein durch eine Bezugnahme auf die technische Norm zu beschreiben. Dann ist aber eine Leistungsbeschreibung durch allgemeine Wendungen möglich, die den Erfordernissen der Klarheit und Deutlichkeit gerecht wird und die keine bindende Produktvorgabe bewirkt, denn der Anbieter ist im Rahmen der technischen Norm frei, ein entsprechendes Erzeugnis eines beliebigen Herstellers zu wählen, die Einleitung eines wirksamen Wettbewerbs wird gerade nicht verhindert. Einen Ausnahmefall kann es nur dann geben, wenn nämlich das Anführen eines Leitherstellers eine Leistungsbeschreibung für ein bestimmtes Produkt ermöglicht, die eher als eine Leistungsbeschreibung unter Bezugnahme auf eine technische Norm geeignet ist, die angeforderte Leistung möglichst genau und wettbewerbsneutral zu beschreiben.

1.4 Ausschreibung von Sonderpositionen

Häufig begnügt sich der Auftraggeber nicht mit der bloßen Ausschreibung von Grund- oder Normalpositionen, in denen die zu erbringende Leistung ohne jeden Vorbehalt endgültig beschrieben ist, und für die der Bieter seine Preise abschließend und verbindlich kalkulieren muss, vielmehr enthält diese zusätzlich Zuschlagspositionen (Zulagepositionen) sowie Bedarfspositionen (Eventualpositionen) und Alternativpositionen (Wahlpositionen).[80]

1.4.1 Zuschlagspositionen

In ihnen werden üblicherweise Erschwernisse oder höhere Qualitätsanforderungen zu den Grundpositionen ausgeschrieben (z. B. feuerhemmende Türen statt Türen, schwer lösbarer Fels, Bodenklasse 7, statt leicht lösbarer Fels, Bodenklasse 6). Zweckmäßig und sachgerecht ist es, diese Leistungen als Eventual- oder Alternativpositionen auszuschreiben, da die Abgrenzung häufig sehr schwierig ist.[81]

1.4.2 Bedarfspositionen

In ihnen werden Leistungen ausgeschrieben, deren Ausführung bei der Erstellung der Ausschreibungsunterlagen noch nicht feststeht, die also bei Bedarf ausgeführt werden sollen.[82] Ihre Ausführung hängt, anders als die von Alternativpositionen, meist von technischen Gegebenheiten ab, die häufig erst während der Bauausführung erkennbar werden oder auftreten.

Wegen der dadurch bedingten Abweichung vom Grundsatz, dass der Auftraggeber gem. § 9 Nr. 1 Satz 1 VOB/A die Leistung eindeutig und erschöpfend sowie frei von einem ungewöhnlichen Wagnis gem. § 9 Nr. 2 VOB/A für den Bieter beschreiben muss, und des damit verbundenen Kalkulationsrisikos, besagt § 9 Nr. 1 Satz 2 VOB/A, dass Bedarfspositionen nur ausnahmsweise in die Leistungsbeschreibung aufgenommen werden dürfen. Das VHB schreibt hierzu in 4.2 zu § 9 VOB/A zusätzlich vor, dass auch in diesen Ausnahmefällen der Umfang der Bedarfspositionen i. d. R. 10 v. H. des geschätzten Auftragwertes nicht überschreiten darf.

Die Ausschreibung von Bedarfspositionen im Leistungsverzeichnis kann für beide Parteien mit einem beachtlichen Risiko verbunden sein.[83] Der Bieter bleibt an die von ihm angebotenen Preise über die Auftragserteilung hinaus bis zum Auftreten des Bedarfs und der erfolgten Anordnung des Bestellers gebunden. Trifft der Auftraggeber seine Anordnung zur Ausführung von Leistungen aus einer Bedarfsposition zu spät und erfüllt er dadurch seine Mitwirkungspflicht nicht oder nicht ordnungsgemäß, so kann dies zu Ansprüchen des Unternehmers aus § 2 Nr. 5 VOB/B oder bei Verschulden aus § 6 Nr. 6 VOB/B führen. Davon abgesehen kann schon die bloße vertragsgerechte Anordnung von Leistungen aus Bedarfspositionen Auswirkungen auf die Bauzeit haben und den Auftragnehmer berechtigen, eine Verlängerung der vereinbarten

---

[80] Riedl in Heiermann/Riedl/Rusam, Teil B, § 2 Rdn. 58.
[81] Vygen BauR 1992, 135, (136).
[82] Vygen a. a. O. S. 136.
[83] Vgl. OLG Hamm BauR 1991, 352.

Ausführungsfrist gem. § 6 Nr. 2a VOB/B zu verlangen, wenn er den Erfordernissen des § 6 Nr. 1 VOB/B genügt hat.[84]

Treten bei der Ausführung von Bedarfspositionen Mengenminderungen oder Mengenmehrungen i. S. des § 2 Nr. 3 Abs. 2 bis 3 VOB/B auf, kann grundsätzlich – von beiden Parteien – eine Anpassung des Preises verlangt werden. Werden Leistungen aus Bedarfspositionen nicht erforderlich, so kann der Auftragnehmer hierfür auch keine Vergütung verlangen.[85] Da in die Preise für die Bedarfspositionen allerdings keine Gemeinkosten einzukalkulieren sind, können dem Unternehmer hierdurch keine Nachteile entstehen.

Entscheidungen zur Aufnahme von Bedarfspositionen in die Leistungsbeschreibung

Bedarfspositionen (Eventualpositionen) dürfen gem. § 9 Nr. 1 Satz 2 VOB/A nur ausnahmsweise in die Leistungsbeschreibung aufgenommen werden. Damit wurde der Tatsache Rechnung getragen, dass sich in der Baupraxis herausgestellt hatte, dass insbesondere die Aufnahme von Bedarfspositionen und angehängten Stundenlohnarbeiten in Leistungsverzeichnisse häufig dazu führt, dass die Leistungsbeschreibung nicht mehr eindeutig und erschöpfend ist.

Diese Erwägungen müssen erst recht für die Aufnahme von Wahl- oder Alternativpositionen in das Leistungsverzeichnis gelten. Die Aufnahme derartiger Optionen kann die Vorwirkung des Gebots, den Zuschlag auf das wirtschaftlichste Angebot zu erteilen, und das Gebot einer eindeutigen und erschöpfenden Leistungsbeschreibung dann verletzen, wenn diese Bestandteile der Ausschreibung ein solches Gewicht in der Wertung erhalten sollen, dass sie der Bedeutung der Haupt- und Grundpositionen für die Zuschlagserteilungen gleichkommen.

Alternativpositionen in Leistungsbeschreibungen sind darum nicht zulässig, um Mängel einer unzureichenden Planung auszugleichen. Ebenso sind sie unzulässig, wenn sie von der Zahl oder ihrem Gewicht her keine sichere Beurteilung mehr erlauben, welches Angebot das wirtschaftlichste ist.[86]

Eine Position wird jedoch nicht allein dadurch zu einer Bedarfsposition, dass der Auftragnehmer sich über den wahren Bedarf nicht im Klaren ist. Eine Aufnahme von Bedarfspositionen in die Leistungsbeschreibung ist nur dann zulässig, wenn dafür eine zwingende Notwendigkeit besteht. Grundlegendes Erfordernis ist dass trotz Ausschöpfung aller örtlichen und technischen Möglichkeiten im Zeitpunkt der Ausschreibung objektiv nicht festzustellen ist ob und in welchem Umfang die Leistung in dieser oder jener Weise ausgeführt werden muss.[87]

---

[84] Riedl in Heiermann/Riedl/Rusam, Teil B, § 2 Rdn. 60.
[85] Vgl. OLG Hamm BauR 1990, 744.
[86] VK Lüneburg, Beschluss vom 17.09.2001 -Az.: 203-VgK-l8/2001.
[87] 2. VK Mecklenburg-Vorpommern, Beschluss vom 27.11.2001 -Az.: 2 VK 15/01.

1.4.3 Alternativpositionen

Alternativpositionen sind im Leistungsverzeichnis als solche gekennzeichnet und treten alternativ nach Wahl durch den Auftraggeber an die Stelle der in den Grund- oder Normalpositionen vorgesehenen Leistungen. Diese dürfen niemals dazu dienen, den Grundsatz der eindeutigen und erschöpfenden Leistungsbeschreibung gem. § 9 Nr. 1 Satz 1 VOB/A auszuhöhlen, und um Mängel der unzureichenden Planung auszugleichen.[88] Handelt der Auftraggeber dem zuwider, kann er dem Auftragnehmer wegen Verschuldens beim Vertragsabschluss (culpa in contrahendo) zum Schadensersatz verpflichtet sein.

Maßgebend für den Vertragsumfang ist der Mengenansatz in den Alternativpositionen, der möglichst genau sein muss, um dem Bieter eine sachgerechte Kalkulation zu ermöglichen. Enthalten diese ausnahmsweise die Menge „1", so ist von der bei der zu ersetzenden Hauptposition angegebenen Menge auszugehen, die somit den vom Vertrag vorgesehenen Umfang der Alternativposition i. S. des § 2 Nr. 3 VOB/B beschreibt. Die Möglichkeit einer Anpassung der Vergütung wegen Abweichungen von dieser Menge von über 10 v. H. kann durch AGB (ZVB, BVB) nicht ausgeschlossen werden.

Der Auftraggeber hat die Wahl, ob Alternativpositionen anstelle der entsprechenden Grundpositionen Gegenstand des Bauvertrages werde sollen, grundsätzlich bei Auftragserteilung zu treffen. Ist eine Entscheidung des Auftraggebers ausnahmsweise bei der Auftragserteilung noch nicht möglich, so muss der Auftraggeber bei der Auftragserteilung sich individuell das Recht vorbehalten, die Entscheidung für die eine oder andere Alternative hinauszuschieben. Aufgrund der ihn treffenden Mitwirkungspflicht ist er aber gehalten, seine Entscheidung bis spätestens zum Beginn der auszuführenden Teilleistung zu treffen. Verletzt der Auftraggeber diese Mitwirkungspflicht oder erfüllt er sie verspätet, hat der Unternehmer bei Beachtung der Voraussetzungen des § 6 Nr. 1 VOB/B Anspruch gem. § 6 Nr. 2 a VOB/B auf Bauzeitverlängerung. Bei Verschulden hat der Auftraggeber Schadensersatz nach § 6 Nr. 6 VOB/B zu leisten.[89]

1.5 Die Leistungsbeschreibung mit Leistungsverzeichnis

§ 9 VOB/A
Beschreibung der Leistung
Leistungsbeschreibung mit Leistungsverzeichnis

6. Die Leistung soll in der Regel durch eine allgemeine Darstellung der Bauaufgabe (Baubeschreibung) und ein in Teilleistungen gegliedertes Leistungsverzeichnis beschrieben werden.

7. Erforderlichenfalls ist die Leistung auch zeichnerisch oder durch Probestücke darzustellen oder anders zu erklären, z. B. durch Hinweise auf ähnliche Leistungen, durch Mengen- oder statische Berechnungen. Zeichnungen und Proben die für die Ausführung maßgebend sein sollen, sind eindeutig zu bezeichnen.

8. Leistungen, die nach den Vertragsbedingungen, den Technischen Vertragsbedingungen oder der gewerblichen Verkehrssitte zu der geforderten Leistung gehören (B § 2 Nr. 1), brauchen nicht besonders aufgeführt werden.

9. Im Leistungsverzeichnis ist die Leistung derart aufzugliedern, dass unter einer Ordnungs-

---

[88] Vygen a. a. O. S. 136.
[89] Riedl in Heiermann/Riedl/Rusam, Teil B, § 2 Rdn. 61.

zahl (Position) nur solche Leistungen aufgenommen werden, die nach ihrer technischen Beschaffenheit und für die Preisbildung als in sich gleichartig anzusehen sind. Ungleichartige Leistungen sollen unter einer Ordnungszahl (Sammelposition) nur zusammengefasst werden, wenn eine Teilleistung gegenüber einer anderen für die Bildung eines Durchschnittspreises ohne nennenswerten Einfluss ist.

Die Leistungsbeschreibung mit Leistungsverzeichnis ist bei der Vergabe nach der VOB/A die Regel.

Im VHB heißt es zu § 9:

„In der Baubeschreibung sind die allgemeinen Angaben zu machen, die zum Verständnis der Bauaufgabe und zur Preisermittlung erforderlich sind und die sich nicht aus der Beschreibung der einzelnen Teilleistungen unmittelbar ergeben.

Hierzu gehören – abhängig von den Erfordernissen des Einzelfalles – z. B. Angaben über
- Zweck, Art und Nutzung des Bauwerks bzw. der technischen Anlage
- ausgeführte Vorarbeiten und Leistungen
- gleichzeitig laufende Arbeiten
- Lage und örtliche Gegebenheiten, Verkehrsverhältnisse
- Konstruktion des Bauwerks bzw. Konzept der technischen Anlage."

Das LV besteht in der Praxis meist aus einer kurzen Vorbemerkung und aus einer Aufstellung oder Liste der einzelnen zu erbringenden Leistungspositionen. Das LV wird im Allgemeinen so abgefasst, dass in der ersten Spalte die Nummer der Position, in der zweiten Spalte die Menge der Teilleistung, in der dritten Spalte die Beschreibung der Teilleistung, in der vierten Spalte der Einheitspreis und in der fünften Spalte der Gesamtpreis genannt werden.

Die in der VOB verankerte Einführung der Baubeschreibung macht es an sich nicht mehr notwendig, Vorbemerkungen zum Leistungsverzeichnis zu geben, da diese bereits in der Baubeschreibung selbst enthalten sein können.

Über den Inhalt des Leistungsverzeichnisses bestimmt das VHB in Ziffer 2.2.2:

„Im Leistungsverzeichnis sind ausschließlich Art und Umfang der zu erbringenden Leistungen sowie alle die Ausführung der Leistung beeinflussenden Umstände zu beschreiben.

Allgemeine, für die Ausführung wichtige Angaben, z. B. Ausführungsfristen, Preisform, Zahlungsweise, Sicherheitsleistung, etwaige Gleitklauseln, Gewährleistung sind in den Besonderen Vertragsbedingungen zu machen.

In die Vorbemerkungen zum Leistungsverzeichnis dürfen nur Regelungen technischen Inhalts aufgenommen werden, die einheitlich für alle beschriebenen Leistungen gelten. Wiederholungen oder Abweichungen von Allgemeinen und Zusätzlichen Technischen Vertragsbedingungen sind zu vermeiden.

Die technischen Anforderungen gemäß Anhang TS (§ 9 Nr. 4 Abs. 2 VOB/A) werden in den Verdingungsunterlagen zutreffend festgelegt, wenn die Texte für die Leistungsbeschreibung dem Standardleistungsbuch entnommen werden. Die Ausführung der Leistung beeinflussende Umstände, beispielsweise technische Vorschriften, Angaben zur Baustelle, zur Ausführung oder zu Arbeitserschwernissen, sind grundsätzlich bei der Ordnungszahl (Position) anzugeben. Nur wenn sie einheitlich für einen Abschnitt gelten oder für alle Leistungen, sind sie dem Abschnitt bzw. dem Leistungsverzeichnis in den Vorbemerkungen voranzustellen.

Bei der Aufgliederung der Leistung in Teilleistungen dürfen unter einer Ordnungszahl nur Leistungen erfasst werden, die technisch gleichartig sind und unter den gleichen Umständen ausgeführt werden, damit deren Preis auf einheitlicher Grundlage ermittelt werden kann.

Bei der Ordnungszahl sind insbesondere anzugeben:
– die Mengen aufgrund genauer Mengenberechnungen,
– die Art der Leistungen mit den erforderlichen Erläuterungen über Konstruktion und Baustoffe,
– die einzuhaltenden Maße mit den gegebenenfalls zulässigen Abweichungen (Festmaße, Mindestmaße, Höchstmaße),
– besondere technische und bauphysikalische Forderungen wie Lastannahmen, Mindestwerte der Wärmedämmung und des Schallschutzes, Mindestinnentemperaturen bei bestimmter Außentemperatur, andere wesentliche, durch den Zweck der baulichen Anlage (Gebäude, Bauwerk) bestimmte Daten,
– besondere örtliche Gegebenheiten, z. B. Baugrund, Wasserverhältnisse, Altlasten,
– andere als die in den Allgemeinen Technischen Vertragsbedingungen vorgesehenen Anforderungen an die Leistung,
– besondere Anforderungen an die Qualitätssicherung,
– die zutreffende Abrechnungseinheit entsprechend den Vorgaben im Abschnitt 05 der jeweiligen Technischen Vertragsbedingungen (ATV),
– besondere Abrechnungsbestimmungen, soweit in VOB/C keine Regelung vorhanden ist."

Diese Form der Leistungsbeschreibung ist jedoch nicht zwingend. Sie muss vielmehr nur § 9 Nr. 3 VOB/A entsprechen und ein in Teilleistungen gegliedertes Leistungsverzeichnis darstellen. Diese Form der Leistungsbeschreibung durch Leistungsverzeichnis ist allerdings als die zweckmäßigste Form der Leistungsbeschreibung anzusehen. Sie hat sich in der Praxis bewährt und wird deshalb auch weiterhin beibehalten werden.

Widersprüche und Unklarheiten in einem vom Auftraggeber oder einem von ihm beauftragten Fachingenieurbüro erstellten Leistungsverzeichnis gehen zu Lasten des Auftraggebers. Dem Auftragnehmer obliegt in solchen Fällen jedoch eine Prüfungs- und Hinweispflicht.[90]

Wenn die Mengen nicht richtig geschätzt werden, kann dies zu Nachforderungen nach § 2 Nr. 3 VOB/B führen. Dasselbe gilt für von im Leistungsverzeichnis nicht angegebenen, aber notwendigen Leistungen. Nebenleistungen sind (im Gegensatz zu Besonderen Leistungen) auch ohne Erwähnung geschuldet. Das VHB grenzt die Nebenleistungen von den Besonderen Leistungen zutreffend wie folgt ab:

3.1 Nebenleistungen

3.1.1 Nebenleistungen im Sinn des Abschn. 4.1 der ATV DIN 18299 und 18300 ff. sind Teile der Leistung, die auch ohne Erwähnung im Vertrag zur vertraglichen Leistung gehören (§ 2 Nr. 1 VOB/B). Sie werden deshalb von der Leistungspflicht des Auftragnehmers erfasst und mit der für die Leistung vereinbarten Vergütung abgegolten, auch wenn sie in der Leistungsbeschreibung nicht erwähnt sind.

Nebenleistungen sind grundsätzlich nicht in die Leistungsbeschreibung aufzunehmen. Sie sind jedoch ausnahmsweise unter einer besonderen Ordnungszahl im Leistungsverzeichnis zu erfassen, wenn ihre Kosten von erheblicher Bedeutung für die Preisbildung sind und deshalb eine selbständige Vergütung – anstelle der Abgeltung mit den Einheitspreisen – zur Erleichterung einer ordnungsgemäßen Preisermittlung und Ab-

---

[90] OLG Düsseldorf BauR 94, 764.

rechnung geboten ist (vgl. Abschnitt 0.4.1 der ATV DIN 18299 und Nr. 2.2.1 der Erläuterungen zu ATV DIN 18299). Hierzu gehören z. B. das Einrichten und Räumen der Baustelle (vgl. Nr. 6.5) sowie die Entsorgung von Sonderabfall, soweit sie erhebliche Kosten erwarten lassen.

3.1.2 Die Aufzählung in Nr. 4.1 der ATV DIN 18299 und 18300ff. umfasst die wesentlichen Nebenleistungen. Sie ist nicht abschließend, weil der Umfang der gewerblichen Verkehrssitte nicht für alle Teilleistungen umfassend und verbindlich bestimmt werden kann.

3.2 Besondere Leistungen

Besondere Leistungen im Sinne des Abschnitts 4.2 der ATV DIN 18299 und 18300ff. hat der Auftragnehmer nur zu erbringen, soweit sie in der Leistungsbeschreibung ausdrücklich erwähnt sind. Er hat hierfür Anspruch auf Vergütung. Sie müssen deshalb in die Beschreibung aufgenommen werden (vgl. Abschnitt 0.4.2 ATV DIN 18299). Die Aufzählung in Abschnitt 4.2 der ATV ist nicht vollständig, sie enthält nur Beispiele für solche Leistungen, bei denen in der Praxis Zweifel an der Vergütungspflicht auftreten.

Werden besondere Leistungen, die in der Leistungsbeschreibung nicht enthalten sind, nachträglich erforderlich, sind sie zusätzliche Leistungen; für die Leistungspflicht und die Vereinbarung der Vergütung gelten § 1 Nr. 4 Satz 1 und § 2 Nr. 6 VOB/B.

Mit der Vereinbarung der VOB/B als Vertragsbestandteil ist nach § 1 Nr. 1 VOB/B auch die VOB/C Vertragsinhalt geworden und damit die einschlägigen Allgemeinen Technischen Vertragsbedingungen. Bei Änderung der ATV während der Ausführung der Bauleistung ist bezüglich des den Preis betreffenden Vertragsinhalts auf die Fassung im Zeitpunkt des Vertragsschlusses abzustellen, weil nicht vorgesehen ist, dass eine Änderung der ATV bezüglich des Preises schon abgeschlossene Verträge erfassen soll.

Im Leistungsverzeichnis ist die Leistung derart aufzugliedern, dass unter je einer Ordnungszahl (Position) nur solche Leistungen aufgenommen werden, die nach ihrer technischen Beschaffenheit und für die Preisbildung als in sich gleichartig anzusehen sind. So wird nicht nur für die Bieter die Prüfung und Kalkulation der anzubietenden Leistung am besten vorbereitet, sondern der Auftraggeber kann so auch Angemessenheit überprüfen. Es verstößt deshalb grundsätzlich gegen das Gebot der Klarheit nach § 9 VOB/A, wenn in einer Position ungleichartige Leistungen zusammengefasst werden. Die einzelnen Positionen können weiter unterteilt werden in Grundpositionen, Wahlpositionen, Bedarfspositionen

Bei Grundpositionen handelt es sich um die Positionen, die im Leistungsverzeichnis aufgeführt und auszuführen sind und für die die Vergütung abschließend als Festpreis vom Bieter im Leistungsverzeichnis anzugeben ist. Von Grundpositionen ist auszugehen, wenn zu den Positionen keine weiteren Angaben gemacht wurden.

Bei Wahlpositionen (Alternativpositionen) handelt es sich um Positionen, die im Leistungsverzeichnis als solche bezeichnet werden. Sie kommen grundsätzlich nur an Stelle der alternativ im Leistungsverzeichnis aufgeführten Hauptpositionen (Grundpositionen) zur Ausführung. Werden Wahlpositionen angeführt, verdrängen sie somit die entsprechende Hauptposition. Die Entscheidung hierüber trifft der Auftraggeber grundsätzlich bei der Auftragserteilung.

Bei Bedarfspositionen (Eventualpositionen) handelt es sich um Leistungen, bei welchen bei Fertigstellung der Ausschreibungsunterlagen noch nicht feststeht, ob und gegebenenfalls in welchem Umfang sie tatsächlich zur Ausführung kommen. Diese Entscheidung trifft der Auftraggeber in der Regel erst bei Auftragserteilung oder während der Ausführung. Daraus folgt, dass Bedarfspositionen nicht den Grundsätzen des § 9 Nr. 1 VOB/A entsprechen, weil der Bieter keine sichere Preisberechnung vornehmen kann, wenn er nicht weiß, ob und in welchem Umfang diese Positionen tatsächlich zur Ausführung kommen.

Zu Eventualpositionen hat die Vergabekammer Bund[91] beschlossen, dass Eventualpositionen nicht in ein Leistungsverzeichnis (LV) aufgenommen werden dürfen, um Mängel einer unzureichenden Planung auszugleichen. Die Aufnahme zahlreicher Eventualpositionen ist mit dem Grundgedanken des § 9 Nr. 1 VOB/A nicht vereinbar. Sie verstößt gegen das Gebot der eindeutigen und erschöpfenden Leistungsbeschreibung. Die Aufnahme zahlreicher Eventualpositionen ersetzt nicht die umfassende Aufklärung der Bodenverhältnisse, wie sie für eine den Anforderungen des § 9 VOB/A genügende Leistungsbeschreibung notwendig gewesen wäre.

Nach Auffassung des Oberlandesgerichts Zweibrücken[92] kann der Auftragnehmer für zusätzliche – von der Straßenverkehrsbehörde geforderte – Handwinker eine Extravergütung beanspruchen, wenn er gemäß Leistungsverzeichnis für die Sicherung des Baustellenbereiches eine Lichtsignalanlage schuldet. Das OLG Zweibrücken spricht dem Unternehmer seinen Vergütungsanspruch zu. Was zu den im Vertrag vorgesehenen Leistungen gehöre, sei durch Auslegung der Leistungsbeschreibung aus der Sicht der möglichen Bieter zu ermitteln. Danach habe zum Leistungsumfang das Aufstellen und Umsetzen der erforderlichen Verkehrssignalanlagen gehört. Die Regelung des öffentlichen Verkehrs sei hiervon nicht umfasst. Die ungewöhnliche und aufwendige Art der Verkehrsregelung mittels Handwinkern könne auch keinen Eingang in die vertragliche Vereinbarung gefunden haben, weil beide Vertragsparteien bei Vertragsschluss von einer entsprechenden nachträglichen Anordnung der Straßenverkehrsbehörde keine Kenntnis gehabt hätten. Da behördliche Auflagen und Anordnungen in den Verantwortungs- und Risikobereich des Auftraggebers fielen (VOB/B § 4 Nr. 1 Abs. 1), sei die verkehrspolizeiliche Anordnung der Straßenverkehrsbehörde der Beklagten zuzurechnen, sie gelte als deren Anordnung.

Der BGH hat in einem anderen Fall entschieden,[93] dass das Traggerüst auch ohne besondere Erwähnung im Leistungsverzeichnis zu dem mit der vereinbarten Vergütung abgegoltenen Leistungsumfang gehört, wenn das Leistungsverzeichnis ein überhängendes Betonteil enthält, es aber an einer nach den DIN-Regelungen gebotene Leistungsposition für das erforderliche Traggerüst fehlt. Anders als das Land- und das Oberlandesgericht (Saarland) ist der BGH der Auffassung, für die Abgrenzung zwischen vertraglichen und zusätzlichen Leistungen komme es auf den Inhalt der Leistungsbeschreibung und nicht auf die Unterscheidung in den DIN-Vorschriften zwischen Nebenleistungen und Besonderen Leistungen an. Die Auslegung – vom Empfängerhorizont der potenziellen Bieter ausgehend – ergebe, dass die in der Ausschreibung bezeichnete Bauleistung auch die für ihre Herstellung notwendige Abstützung durch Gerüste umfasse.

---

[91] Beschluss vom 30.01.2002, Az. Vk A-1/99.
[92] Urteil vom 15.02.2002 – 2 U 30/01.
[93] Urteil vom 28.02.2002 – VII ZR 376/00; BauR 2002, 935; BauR 2002, 1247; MDR 2002, 941; NJW 2002, 1954; NZBau 2002, 324; ZfBR 2002, 481.

1.6 Die Leistungsbeschreibung mit Leistungsprogramm

§ 9 VOB/A
Beschreibung der Leistung
Leistungsbeschreibung mit Leistungsprogramm

10. Wenn es nach Abwägen aller Umstände zweckmäßig ist, abweichend von Nr. 6 zusammen mit der Bauausführung auch den Entwurf für die Leistung dem Wettbewerb zu unterstellen, um die technisch, wirtschaftlich und gestalterisch beste sowie funktionsgerechte Lösung der Bauaufgabe zu ermitteln, kann die Leistung durch ein Leistungsprogramm dargestellt werden.

11. (1) Das Leistungsprogramm umfasst eine Beschreibung der Bauaufgabe, aus der die Bewerber alle für die Entwurfsbearbeitung und ihr Angebot maßgebenden Bedingungen und Umstände erkennen können und in der sowohl der Zweck der fertigen Leistung als auch die an sie gestellten technischen, wirtschaftlichen, gestalterischen und funktionsbedingten Anforderungen angegeben sind, sowie gegebenenfalls ein Musterleistungsverzeichnis, in dem die Mengenangaben ganz oder teilweise offengelassen sind.

    (2) Die Nummern 7 bis 9 gelten sinngemäß.

12. Von dem Bieter ist ein Angebot zu verlangen, dass außer der Ausführung der Leistung den Entwurf nebst eingehender Erläuterung und eine Darstellung der Bauausführung sowie eine eingehende und zweckmäßig gegliederte Beschreibung der Leistung – gegebenenfalls mit Mengen- und Preisangaben für Teile der Leistung – umfasst. Bei Beschreibung der Leistung mit Mengen- und Preisangaben ist vom Bieter zu verlangen, dass er

    a) die Vollständigkeit seiner Angaben, insbesondere die von ihm selbst ermittelten Mengen, entweder ohne Einschränkung oder im Rahmen einer in den Verdingungsunterlagen anzugebenden Mengentoleranz vertritt und dass er

    b) etwaige Annahmen, zu denen er in besonderen Fällen gezwungen ist, weil zum Zeitpunkt der Angebotsabgabe einzelne Teilleistungen nach Art und Menge noch nicht bestimmt werden können (z. B. Aushub-, Abbruch- oder Wasserhaltungsarbeiten), – erforderlichenfalls anhand von Plänen und Mengenermittlungen – begründet.

1.6.1 Einführung

Die Leistungsbeschreibung mit Leistungsprogramm (Funktionale Ausschreibung) bietet dem Auftraggeber verschiedene Vorteile:

Zunächst lässt sich der eigene Planungsaufwand und damit auch der Preis hierfür verringern. Weiter entstehen keine Kosten für die Objektüberwachung. Die in aller Regel mit der Funktionalen Leistungsbeschreibung einhergehende Pauschalierung des Preises (Pauschalvertrag) führt frühzeitig zu Kostensicherheit für den Bauherrn. Die Übertragung der Koordination des Vorhabens auf den Unternehmer bewirkt eine schnelle und terminsichere Realisierung.

Im Rahmen einer Funktionalen Ausschreibung werden Auftraggeberrisiken wie das Planungs- oder das Mengenermittlungsrisiko weitgehend auf den Auftragnehmer verlagert.

Im Hinblick auf die funktionale Ausrichtung der Funktionalen Leistungsbeschreibung gehen Auftraggeber häufig davon aus, dass die Leistung nach Art und Umfang nicht so eindeutig und erschöpfend beschrieben werden kann, dass eine einwandfreie Preisermittlung zwecks Vereinbarung einer festen Vergütung möglich ist. Funktionale Ausschreibung und Verhandlungsverfahren bzw. Freihändige Vergabe werden unter dieser Prämisse ebenso als Synonyme gebraucht wie Funktionale Ausschreibung und Pauschalvertrag oder Funktionale Ausschreibung und Generalunternehmervergabe (GU). Nun sind diese Begrifflichkeiten was – in vielen Fällen gerne übersehen wird – eben nicht sinnverwandt. Im Gegenteil: Die Voraussetzungen für das Gebrauchmachen von der Funktionalen Ausschreibung, des Verhandlungsverfahrens / der Freihändigen Vergabe, der Generalunternehmer-Vergabe etc. sind in unterschiedlichen vergaberechtlichen Vorschriften geregelt. Ergo: Die Zulässigkeit des Gebrauchmachens von der Funktionalen Ausschreibung führt nicht im Sinne eines Automatismus zur Zulässigkeit des Gebrauchmachens von der Vergabeverfahrensart Verhandlungsverfahren / Freihändige Vergabe oder von der Unternehmer-Einsatzform Generalunternehmervergabe. Die einzelnen Aspekte sind getrennt zu behandeln. Gesonderte Voraussetzungen müssen gesondert geprüft werden.

Das Vorliegen der Voraussetzungen ist – was gerne unterschlagen wird und im Nachprüfungsfall zu Nachfragen der angerufenen Nachprüfungseinrichtung und unnötiger Begründungsnot des Auftraggebers führt – sorgfältig und substanziiert zu dokumentieren. Gerne wird auch übersehen, dass von der Funktionalen Ausschreibung nur unter bestimmten Voraussetzungen Gebrauch gemacht werden darf, wenn es nämlich zweckmäßig ist, zusammen mit der Bauausführung auch den Entwurf für die Leistung dem Wettbewerb zu unterstellen, um die technisch, wirtschaftlich und gestalterisch beste sowie funktionsgerechte Lösung der Bauaufgabe zu ermitteln. Nicht selten machen öffentliche Auftraggeber von der Funktionalen Leistungsbeschreibung jedoch vorrangig Gebrauch, um den Planungsaufwand nicht selbst betreiben zu müssen. Das soll so zwar nicht sein (!), ist jedoch häufig der Fall und wird auch in Zukunft häufig der Fall sein, weil die Richtigkeit der dem Gebrauchmachen von der Funktionalen Ausschreibung zugrunde liegenden Motivation (*„wenn es nach Abwägen aller Umstände zweckmäßig ist"*, *„um die ... funktionsgerechte Lösung der Bauaufgabe zu ermitteln"*, *„kann die Leistung durch ein Leistungsprogramm dargestellt werden"*) von Nachprüfungseinrichtungen nahezu überhaupt nicht nachgeprüft werden kann. Nachgeprüft (weil besser nachprüfbar) wird die Richtigkeit der Vergabeverfahrensart, der Unternehmer-Einsatzform etc.

Dieser Befund lässt die (teilweise: angeblichen und lediglich scheinbaren) Vorteile aus der Funktionalen Ausschreibung für den Unternehmer kaum noch ernsthaft vertreten. Immerhin: Der Unternehmer erhält frühzeitig Gelegenheit, auf das Gesamtkonzept Einfluss zu nehmen. Er muss das Vorhaben nur noch intern koordinieren. Er kann seine Subunternehmerleistungen nach Belieben einkaufen. Mit dem Angebot eines Gesamtkonzepts – bestehend aus Planung und Ausführung – kann er Wettbewerbsvorteile erzielen.

Die folgende Übersicht zeigt die Vorteile einer Funktionalen Leistungsbeschreibung für die Beteiligten:

Vorteile der Funktionalen Leistungsbeschreibung für die Beteiligten	
Auftraggeber	Auftragnehmer
– Verlagerung vieler ihn sonst treffender Risiken bei entsprechender Gestaltung des Leistungsprogramms (z. B. Risiken der Preisänderung wegen Mengenfehlern in der Planung; Baugrundrisiko häufig nicht)	– Möglichkeit zur frühzeitigen Beeinflussung des Gesamtobjekts in seinem Sinne
– Preisreduzierung bei Minimierung eigener Leistungen	– Besserer Einsatz der unternehmerischen Erfahrung für spezielle und rationelle Arbeitsmethoden durch Anwendung eigener Standards
– Geringere Aufwendungen für Planung- und Objektüberwachungshonorare	– Koordinierungsvorteile durch Verringerung der Schnittstellen
– Kostensicherheit	– Konzentration auf Koordination eigener Leistungen und die seiner Nachunternehmer
– Schnellere Realisierung	– Freiheit bei Einkauf von Nachunternehmerleistungen und dadurch günstigere Preise
– Geringere Baukosten	– Wettbewerbs- und dadurch Marktvorteile

Tabelle 1: Vorteile der Funktionalen Leistungsbeschreibung für die Beteiligten

Auftraggeber müssen sich darüber im Klaren sein, dass die Funktionale Ausschreibung fernab der formalen Voraussetzungen nicht für jedwedes Vorhaben in Betracht kommt:

Sie eignet sich für alle Vorhaben, bei denen für den Auftraggeber das Erzielen eines Nutzens im Vordergrund steht. Dieser Nutzen kann in der Produktion, Lagerung oder der Verteilung von Gütern und Dienstleistungen, in der Beförderung von Personen und Gütern oder in der Erwirtschaftung von Erträgen wie Miete o. ä. liegen.

Problematisch ist die – sich insoweit vorrangig an einem Nutzungszweck orientierende – Funktionale Ausschreibung, wenn nicht der Nutzen, sondern eine ästhetische Gestaltung des Bauvorhabens im Vordergrund steht. Dies trifft auf Museen oder staatliche Repräsentationsbauten zu. Hier wird das Vorhaben nicht insgesamt, sondern nur teilweise (unter Auslassung der ästhetisch/gestalterischen Elemente) funktional beschrieben werden können. Der Ausnahmefall tritt deshalb häufig bei einzelnen Gewerken oder Teilleistungen von Bauvorhaben auf, die im Übrigen durchaus funktional ausgeschrieben werden können.

Beispiel:
Eine Fassade, die nach den einschlägigen DIN-Normen regen- und winddicht ist, wäre bei einer Funktionalen Ausschreibung dieses Gewerks „in Ordnung". Der Auftraggeber wird jedoch dem Auftragnehmer für diese das Gesicht des Bauwerks prägende und die Vermarktungschance stark beeinflussende Leistung kaum eine schrankenlose Freiheit hinsichtlich der Konzeption und Gestaltung der Fassade einräumen. Gleiches gilt für die Gestaltung repräsentativer Bereiche im Gebäude (Vorstandsetage, Foyer, Eingangsbereich) oder Außenanlagen (Bepflanzung, landschaftsgärtnerische Arbeiten) bei anspruchsvoll gestalteten Bürogebäuden.

Eine vernünftige Ausschreibungspraxis wird diese Gewerke (Fassade, Außenanlagen) oder die erwähnten Repräsentationszonen im Bauwerk durch Detailpläne, Leistungsverzeichnisse oder wenigstens – soweit vergaberechtlich zulässig – durch die Beschreibung mit Fabrikaten, Typen, Qualitätsgruppen o. ä. festlegen und damit aus der Funktionalen Ausschreibung herausnehmen.

Auch bei technischen Anlagen der Gebäudetechnik ist das Gebrauchmachen von der Funktionalen Leistungsbeschreibung weitgehend unzweckmäßig.

Beispiel:
Eine Heizung, Lüftung oder Klimatisierung kann auch funktional, d. h. über die Angabe zu erzielender Höchst- und Mindesttemperaturen, umzuwälzende Luftmengen o. ä. beschrieben werden. Für den Energieverbrauch, die Verschleißfestigkeit dieser Anlagen und damit für die langfristigen Betriebskosten des Gebäudes sind aber die Art der Heizung, die eingesetzten Heizmedien, die Konstruktion der Lüftung, die Gerätetypen und -hersteller von entscheidender Bedeutung.

Die Steuerung dieser Einzelheiten beispielsweise durch ein Leistungsverzeichnis gibt der Auftraggeber selten aus der Hand.

Wirtschaftlich unzweckmäßig ist die funktionale Beschreibung von Bodenverhältnissen.

Beispiel:
„Es ist mit Bodenklassen 1 bis 7 zu rechnen."

Das in einer derartigen Beschreibung liegende Risikopotenzial muss zwangsläufig zu hohen Sicherheitszuschlägen in der Angebotspreisbildung des Unternehmers führen. Diese Sicherheitszuschläge führen jedoch dazu, dass das geplante Bauvorhaben nicht mehr finanzierbar bzw. dessen wirtschaftlicher Nutzen gefährdet ist.

Beispiel:
Dies zeigt sich besonders deutlich am Beispiel des Tunnelbaus. Tunnelbauwerke unterliegen mehr als sonstige Baumaßnahmen, z. B. Hochbauten, einer besonders großen Risikointensität. Dies deshalb, weil ein Großteil der Arbeiten, insbesondere der Tunnelausbruch direkt im Baugrund stattfindet. Würde man Tunnelbauwerke funktional beschreiben und dabei auch noch zusätzlich versuchen, das juristische Baugrundrisiko, also den technisch nicht vorhersehbaren Schadensfall, auf den Auftragnehmer überzuwälzen, wären enorme Sicherheitszuschläge in der Angebotspreisbildung des Auftragnehmers die Folge. Der Unternehmer müsste, um nicht „frivol" zu kalkulieren, einen enormen Wagniszuschlag bilden, um Mehrkosten z. B. aus Wassereinbrüchen, Schlammeinbrüchen aus Hohlräumen etc. abzufangen. Einen solchen Angebotspreis kann und will niemand mehr bezahlen. Unabhängig davon bestünde bei einer gleichzeitig vom Auftraggeber vorgenommenen Überwälzung des juristischen Baugrundrisikos des Weiteren die Gefahr, dass eine solche vertragliche Abrede letztlich doch als unwirksame Allgemeine Geschäftsbedingung angesehen werden könnte mit allen hieraus resultierenden Risiken für den Auftraggeber.

Deswegen müssen Grundlage und wesentlicher Bestandteil einer Leistungsbeschreibung von Tunnelbauwerken ingenieurgeologische/hydrogeologische/felsmechanischtunnelbautechnische Gutachten sein: Während sich die ingenieurgeologischen und hydrogeologischen Gutachten mit den zu erwartenden geologischen Verhältnissen beschäftigen, werden in den felsmechanischtunnelbautechnischen Gutachten die Eigenschaften und das Tragverhalten des Gebirges in Form von Gebirgskennwerten beschrieben und Angaben zu Ausbruch und Sicherung gemacht.

Diese Gutachten müssen auftraggeberseitig gestellt werden. Dem Unternehmer fehlt im Zuge seiner Angebotsbearbeitung die Zeit für solche Untersuchungen.

Dass bereits durch die Vorlage solcher Gutachten das juristische Baugrundrisiko wieder beim Auftraggeber liegt und aufgrund der detaillierten Angaben in diesem Gutachten nicht mehr von einer Funktionalen Leistungsbeschreibung im Bereich des Baugrunds und insbesondere des Tunnelbaus gesprochen werden kann, sei nur am Rande erwähnt.

Allerdings sind die Beschaffenheit und das Verhalten des Baugrunds vor Ausführungsbeginn auch bei umfangreichen und sorgfältigen Baugrunduntersuchungen beim Tunnelbau in der Regel doch unzulänglich. Eine zutreffende Beurteilung kann letztlich erst während der Bauausführung unmittelbar vor Ort erfolgen. Werden vor Ort Änderungen gegenüber den in den vorgenannten Gutachten festgelegten Randbedingungen angetroffen, sollte vermieden werden, dass hieraus sowohl für Auftraggeber als auch Auftragnehmer ein unkalkulierbares Wagnis entsteht. Daher müssen in die Vertragsunterlagen Regularien eingearbeitet werden, die geänderte Gebirgsverhältnisse berücksichtigen und berechenbare Abrechnungsgrundlagen für beide Seiten schaffen.

Dies kann so aussehen, dass der gesamte Tunnel zunächst in einzelne Abschnitte aufgeteilt wird, wobei sich die Grenzen dieser Abschnitte an bestimmten geologischen Kriterien orientieren. Jeder dieser Abschnitte wird sodann separat beschrieben und vom Bieter mit einer Teilpauschale angeboten. Dabei gibt der Bieter den Teilpauschalpreis unter Berücksichtigung der Vorgaben aus den geotechnischen Gutachten aufgrund seiner eigenen Einschätzung ab. Zusätzlich nennt er bezogen auf jede Ausbruchsklasse einen Preis für die Vortriebsleistung je laufenden Meter.

Ändern sich die Ausbruchsklassen aufgrund einer unerwartet vorgefundenen Geologie, kann auf den Preis der anderen angegebenen Ausbruchsklasse zurückgegriffen werden.

Zur Frage, welche Ausbruchsklasse konkret vorliegt, sollte ein vertraglicher Mechanismus dahingehend integriert werden, dass ein Schiedsgutachter bei unterschiedlichen Auffassungen über die Ausbruchsklassen zwischen Auftraggeber und Auftragnehmer verbindlich entscheidet. Bezüglich der Bauzeit könnte geregelt werden, dass eine bestimmte Pufferzeit im Bauzeitenplan des Auftragnehmers bereits einkalkuliert ist und erst bei Überschreitung dieser Pufferzeit aufgrund ungünstigerer Ausbruchsklassen als erwartet ein Anspruch auf Bauzeitverlängerung entsteht.

Festzuhalten ist allerdings, dass der Einsatz einer Funktionalen Leistungsbeschreibung in Bezug auf den Baugrund grundsätzlich nicht zweckmäßig und insbesondere in Bezug auf den Tunnelbau überhaupt nicht zweckmäßig ist.

1.6.2 Rechtliche Vorgaben für die „Funktionale Leistungsbeschreibung"

1.6.2.1 § 9 Nr.10 ff. VOB/A

§ 9 Nr. 10 VOB/A bestimmt, dass *„die Leistung durch ein Leistungsprogramm dargestellt werden kann"*, wenn es *„nach Abwägen aller Umstände zweckmäßig ist, ... zusammen mit der Bauausführung auch den Entwurf für die Leistung dem Wettbewerb zu unterstellen, um die technisch, wirtschaftlich und gestalterisch beste sowie funktionsgerechte Lösung der Bauaufgabe zu ermitteln"*.

Leistungsbeschreibung mit Leistungsverzeichnis einerseits und Leistungsbeschreibung mit Leistungsprogramm (Funktionale Leistungsbeschreibung) andererseits unterscheiden sich vor allen Dingen in inhaltlicher Hinsicht:

Leistungsbeschreibung mit Leistungsverzeichnis	Leistungsbeschreibung mit Leistungsprogramm
– Geregelt in § 9 Nr. 6-9 VOB/A	– Geregelt in § 9 Nr. 10-12 VOB/A
– Inhalt: (§ 9 Nr. 6 VOB/A): allgemeine Darstellung der Bauaufgabe (Baubeschreibung) sowie in Teilleistungen gegliedertes Leistungsverzeichnis	– Inhalt (§ 9 Nr. 11 Abs. 1 VOB/A): Beschreibung der Bauaufgabe, aus der die Bewerber alle für die Entwurfsbearbeitung maßgebenden Umstände erkennen können und in der sowohl der Zweck der fertigen Leistung als auch die an sie gestellten technischen, wirtschaftlichen, gestalterischen und funktionsbedingten Anforderungen angegeben sind, sowie ggf. ein Musterleistungsverzeichnis, in dem die Mengenangaben ganz oder teilweise offen gelassen sind.

Tabelle 2: Leistungsbeschreibung mit Leistungsverzeichnis – Leistungsbeschreibung mit Leistungsprogramm

Lampe-Helbig/Wörmann[94] weisen zu Recht darauf hin, dass „*die VOB/A bis zur Ausgabe 1973 eine Leistungsbeschreibung, bei der die vom Auftragnehmer zu erbringende Leistung anders als mittels eines Leistungsverzeichnisses beschrieben wird, nicht behandelt hatte*". Die Tatsache, dass die Praxis zunehmend Leistungsbeschreibungen nach Art und Leistungsprogrammen aufstellte, gaben für den DVA den Anstoß, dieser Beschreibungsform in § 9 VOB/A Ausgabe 1973 möglichst feste Regeln zu geben. Es ging dabei also nicht darum, zur vermehrten Anwendung dieser Beschreibungsform anzuregen, sondern die an eine einwandfreie programmatische Beschreibung zu stellenden Anforderungen zu formulieren und so Fehler und Missgriffe möglichst zu vermeiden.

Der Bauherr muss daher zunächst seine Bedürfnisse genau ermitteln. Hierzu zählen beispielsweise der Bedarf, die Ziele und die für die Durchführung des Vorhabens zur Verfügung stehenden Mittel. Hierbei sollte sich der Bauherr der DIN 18 205, die die Bedarfsplanung im Bauwesen zum Gegenstand hat, bedienen.

Weiter ist im Rahmen der Frage der Zweckmäßigkeit einer Leistungsbeschreibung mit Leistungsprogramm zu prüfen, ob die durch die Übertragung von Planungsaufgaben auf die Bieter entstehenden Kosten in angemessenem Verhältnis zum Nutzen stehen und ob für die Ausarbeitung der Pläne und Angebote leistungsfähige Unternehmer in so großer Zahl vorhanden sind, dass ein wirksamer Wettbewerb gewährleistet ist.

1.6.2.2 „Richtiges" Vergabeverfahren

Mit der Leistungsbeschreibung mit Leistungsprogramm (Funktionale Ausschreibung) wird oftmals auch die Beschränkte Ausschreibung (das Nichtoffene Verfahren) in Verbindung gebracht. Zur Begründung wird angeführt, dass die Bewerber in diesen Fällen Vorarbeiten zu leisten haben, die je nach Größe und Kompliziertheit des beabsichtigten Bauvorhabens beträchtliche Angebotskosten verursachen können.[95]

Als weiterer – die Funktionale Leistungsbeschreibung betreffender – Normenkomplex ist damit § 3 Nr.3 VOB/A angesprochen, insbesondere § 3 Nr. 3 Abs. 2 b VOB/A, wonach die „Be-

---

[94] Lampe-Helbig/Wörmann, Handbuch der Bauvergabe, S. 51.
[95] Schelle/Erkelenz, a. a. O.

schränkte Ausschreibung nach öffentlichem Teilnahmewettbewerb zulässig ist, wenn die Bearbeitung des Angebots wegen der Eigenart der Leistung einen außergewöhnlich hohen Aufwand erfordert".

Die Anwendung dieses Verfahrens soll nämlich bewirken, dass nicht einer Vielzahl von Bewerbern hohe Kalkulationskosten entstehen, während letztlich nur einer von ihnen den Auftrag bekommen kann. Denkbare Fälle sind hier z. B. der Bau von Großbrücken oder die Erstellung langer Tunnelbauwerke.[96]

Aus der „Verbindung" zwischen Leistungsbeschreibung mit Leistungsprogramm und Beschränkter Ausschreibung ergibt sich, dass gem. § 8 Nr. 2 Abs. 2 VOB/A *„im Allgemeinen nur drei bis acht geeignete Bewerber aufgefordert werden sollen"* (Satz 1) und dass *„die Zahl der Bewerber möglichst eingeschränkt werden soll, (wenn) von den Bewerbern umfangreiche Vorarbeiten verlangt werden, die einen besonderen Aufwand erfordern"* (Satz 2).

Die Sollvorschrift ist dahingehend zu konkretisieren, dass bei Beschränkter Ausschreibung keinesfalls mehr als die acht von der VOB maximal vorgesehenen Bieter aufgefordert werden.[97]

Diese Einschränkung ist vernünftig: Wenn von den Bewerbern Vorarbeiten in einem Umfang gefordert werden, die „einen besonderen Aufwand erfordern", wäre es schon aus Gründen der Wirtschaftlichkeit nicht sachgerecht, diese besonderen Leistungen im Wettbewerb von einer größeren Zahl von Unternehmen anbieten zu lassen, da dann der einzelne Bieter trotz umfangreicher Vorarbeiten und besonderen Zeit- und Kostenaufwands doch nur eine verhältnismäßig geringe Auftragschance hätte.[98]

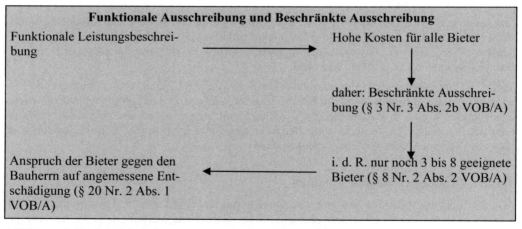

Abbildung 1: Funktionale Leistungsbeschreibung und Vergabeverfahren

---

[96] Rusam in: Heiermann/Riedl/Rusam, VOB, A § 3 Rdn. 34.
[97] Schelle/Erkelenz, a. a. O.
[98] Rusam in: Heiermann/Riedl/Rusam, VOB, A § 8 Rdnr. 26.

1.6.2.3 Sonderfall: Die Funktionale Leistungsbeschreibung im Vergabeverfahren nach Abschnitt 4 der VOB/A

Im 4. Abschnitt der VOB/A (VOB/A-SKR) sind § 9 Nr. 10 f. VOB/A entsprechende Vorschriften nicht enthalten.

Es stellt sich demgemäß die Frage, ob der § 9 auf den 4. Abschnitt analog angewendet werden kann. Für eine analoge Anwendung muss eine planwidrige Regelungslücke gegeben sein.

Die VOB/A-SKR enthält nur einige wenige mit einzelnen Nummern des § 9 VOB/A korrespondierende Vorschriften. Parallel geregelt sind z. B. § 9 Nr. 5 VOB/A und § 6 Nr. 5 VOB/A-SKR. Insoweit besteht schon keine Regelungslücke.

Eine Regelungslücke besteht indessen z. B. hinsichtlich des Themas „Leistungsbeschreibung mit Leistungsprogramm" (§ 9 Nr. 10 f. VOB/A) und bezüglich der Themen „Eindeutige und erschöpfende Leistungsbeschreibung" (§ 9 Nr. 1 VOB/A), „Ungewöhnliches Wagnis" (§ 9 Nr. 2 VOB/A) und „Ermöglichung einer einwandfreien Preisermittlung" (§ 9 Nr. 3 VOB/A).

Diese Regelungslücken wären planwidrig, wenn der Verdingungsordnungsgeber es nicht bewusst unterlassen hätte, mit den vorgenannten Vorschriften der VOB/A korrespondierende Vorschriften in die VOB/A-SKR aufzunehmen.

Davon ist jedoch auszugehen: Die VOB/A-SKR dient der Umsetzung der Richtlinie 93/38/EWG des Rates vom 14. Juni 1993 (zur Koordinierung der Auftragsvergabe durch Auftraggeber im Bereich der Wasser-, Energie- und Verkehrsversorgung sowie im Telekommunikationssektor): Die vorgenannten Themen aus § 9 Nr. 1-3, Nr. 10 f. sind bereits dort nicht geregelt worden.

Es ist davon auszugehen, dass der Verdingungsordnungsgeber hier bewusst lediglich die Vorschriften der Sektorenrichtlinie hat umsetzen wollen. Hier galt augenscheinlich das Motto: „Nicht mehr als nötig umsetzen".

Eine analoge Anwendung scheidet damit aus. In diesem Sinne äußert sich auch die Kommentierung.[99]

Damit ist jedoch eine Leistungsbeschreibung mit Leistungsprogramm im Bereich der VOB/A-SKR nicht unzulässig. Denn: Die angesprochenen Auftraggeber sind relativ frei darin, die „fehlenden" Verfahrensvorschriften (Leistungsbeschreibung, Leistungsbeschreibung mit Leistungsprogramm etc.) freiwillig anzuwenden.

Hierbei müssen sie sich jedoch an dem äußeren Rahmen der Sektorenrichtlinie orientieren. Insbesondere darf hierdurch kein Diskriminierungstatbestand entstehen. Die Auftraggeber sind frei darin zu signalisieren, dass sie sich an den „entsprechenden" Vorschriften der VOB/A (Basisparagraphen) „orientiert" haben.

Um eine „Analogie" handelt es sich jedoch in diesem Fall nicht.

Eine wesentliche Einschränkung ist jedoch zu berücksichtigen: Die „freiwillige" Einhaltung dieser Vorschriften ist nicht überprüfbar: Die Vergabekammer überprüft die Einhaltung der gemäß der Vergabeverordnung (VgV) anzuwendenden Vergabebestimmungen, soweit Unternehmen auf deren Einhaltung einen Anspruch haben. Die VgV bestimmt, dass die in § 98 Nr. 4 GWB genannten Auftraggeber (früher § 57a Abs. 1 Nr. 4 und 5 HGrG), die eine Tätigkeit im

---

[99] Vgl. Heiermann/Müller/Franke, Kommentar zur VOB/A-SKR, § 5 SKR Rdn. 74, dort heißt es: „Selbst wenn das Fehlen einer derartigen Klausel als Lücke angesehen würde, wäre sie keinesfalls unbeabsichtigt und damit einer Ausfüllung im Wege der Analogie nicht zugänglich".

Sektorenbereich ausüben, bei der Vergabe von Bauaufträgen die Bestimmungen für die Vergabe von Bauleistungen des Abschnitts 4 der VOB/A ab Erreichen des maßgeblichen Auftragswerts anzuwenden haben. Daraus ergibt sich auch der Prüfungsumfang: Nachgeprüft werden kann die „richtige" Handhabung der Vergabevorschriften, bezüglich derer auch eine Anwendungsverpflichtung aus der VgV besteht. Es sind dies für die Auftraggeber nach § 98 Nr. 4 GWB allein die Vorschriften aus Abschnitt 4 der VOB/A (VOB/A-SKR), nicht die (zusätzlich und ohne rechtliche Verpflichtung aus der VgV zur Anwendung gebrachten) Vorschriften aus den anderen Abschnitten der VOB/A.

1.6.2.4 Vertragstypen

Die VOB/A regelt eine Reihe von Vertragstypen (Vgl. § 5 VOB/A), die im Falle der Funktionalen Leistungsbeschreibung zum Teil nur unter Einschränkungen als geeignete Vertragstypen infrage kommen.

In Betracht kommt der Leistungsvertrag, in dem die Vergütung in unmittelbarer Abhängigkeit von der Leistung bemessen wird.

Dieser kann nach § 5 Nr. 1a VOB/A in Gestalt eines Einheitspreisvertrags oder nach § 5 Nr.1b VOB/A in Gestalt eines Pauschalvertrags geschlossen werden. Ein Einheitspreisvertrag ist zweckmäßig, wenn klar differenzierbare Teilleistungen (z. B. nach Menge, Maß, Gewicht oder Stückzahl) in den Verdingungsunterlagen angegeben werden können. Der Pauschalvertrag ist in geeigneten Fällen zu wählen, wenn die Leistung nach Ausführungsart und Umfang genau bestimmt ist und mit einer Änderung bei der Ausführung nicht zu rechnen ist. Die Vergütung erfolgt in diesen Fällen durch eine Pauschalzahlung.

Ingenstau/Korbion[100] erkennen in den Regelungen in § 5 Nr.1 b VOB/A lediglich einen Anwendungsfall des Detail-Pauschalvertrags. Der Global-Pauschalvertrag[101] hingegen sei von § 5 Nr. 1b VOB/A nicht erfasst. Zur Begründung verweisen *Ingenstau/Korbion* lediglich darauf, der Detail-Pauschalvertrag sei die *„klassische und nach wie vor sauberste"* Art des Pauschalvertrags.

Im Ergebnis ist Ingenstau/Korbion zuzustimmen. Zur Begründung ist jedoch auf § 9 Nr. 2 VOB/A abzustellen. Hiernach darf dem Auftraggeber kein ungewöhnliches Wagnis für Umstände und Ereignisse aufgebürdet werden, auf die er keinen Einfluss hat und deren Einwirkung auf die Preise und Fristen er nicht im Voraus schätzen kann.

Eben dies dürfte beim Global-Pauschalvertrag nach der Systematik von Kappellmann/Schiffers[102] der Fall sein, denn es handelt sich mit dem Global-Pauschalvertrag um einen Vertrag, bei dem auf der Leistungsseite die Leistung vom Auftraggeber nicht detaillierter definiert ist, bei der somit der Auftragnehmer den Leistungsinhalt ergänzen muss, woraus folgt, dass die Leistungsbeschreibung als solche „globalisiert" ist, während auf der Vergütungsseite auch die Vergütung „pauschaliert" ist.

Mit dem in § 5 Nr. 2 VOB/A geregelten Stundenlohnvertrag handelt es sich um eine Vertragsart, die dann Anwendung findet, wenn die Leistung vor der Vergabe nicht eindeutig und so erschöpfend beschrieben werden kann, dass eine einwandfreie Preisermittlung möglich ist. Diese Vertragsart steht allerdings in einem Spannungsfeld zwischen § 9 Nr. 1 und § 16 Nr. 1 VOB/A. Nach § 9 Nr.1 VOB/A ist die Leistung grundsätzlich eindeutig und erschöpfend zu

---

[100] Keldungs in: Ingenstau/Korbion, VOB, A § 5 Rdn. 12.
[101] Vgl. Kappellmann/Schiffers, Band 2, a. a. O. Rdn. 6.
[102] Kappellmann/Schiffers, Band 2, a. a. O. Rdn. 13.

beschreiben; nach § 16 Nr. 1 VOB/A soll erst dann ausgeschrieben werden, wenn alle Verdingungsunterlagen fertig gestellt sind, wozu namentlich die Leistungsbeschreibung zählt.

a) Vorgaben des Vergabehandbuchs (VHB)

Nach dem Vergabehandbuch für die Durchführung von Bauaufgaben des Bundes im Zuständigkeitsbereich der Finanzbauverwaltungen, herausgegeben vom Bundesministerium für Raumordnung, Bauwesen und Städtebau (VHB) ist der Leistungsvertrag im Regelfall als Einheitspreisvertrag auszugestalten (Nr. 1.1 zu § 5 VOB/A).

Beabsichtigt der Auftraggeber, die Leistung in Gestalt einer Funktionalen Leistungsbeschreibung näher zu definieren und den Vertrag als Pauschalvertrag zu schließen, ist nach den Vorgaben des VHB zuvor sorgfältig zu prüfen, ob die Leistungen nach Ausführungsart und Umfang genau bestimmt und ob Änderungen bei der Ausführung nicht zu erwarten sind (a. a. O., Nr. 1.2.1). In jedem Fall sind diejenigen Teile der Leistungen, deren Art oder Umfang sich im Zeitpunkt der Vergabe noch nicht genau bestimmen lassen, z. B. Erd- oder Gründungsarbeiten, zu Einheitspreisen zu vergeben (a. a. O., Nr. 1.2.2).

Einen zwingenden Zusammenhang zwischen Funktionaler Leistungsbeschreibung und Abschluss eines Pauschalvertrags erkennt das VHB nicht. Weder die Vergabe aufgrund eines Leistungsprogramms noch die zusammengefasste Vergabe sämtlicher Leistungen an einen Auftraggeber zwingt zur Vereinbarung eines Pauschalpreises (a. a. O., Nr. 1.2.3). Bei den durch den Bieter im Rahmen der Funktionalen Leistungsbeschreibung mit dem Angebot abzugebenden Unterlagen, insbesondere den Planungsunterlagen, müssen die Leistungen nach Art und Umfang eindeutig und vollständig bestimmt sein (a. a. O., Nr. 1.2.4).

b) Zweckmäßigkeit des Pauschalvertrags

Zusammenfassend lässt sich den Angaben des VHB entnehmen, dass die Vergütung grundsätzlich nach Einheitspreisen zu bemessen ist, was auch im Fall funktionaler Leistungsbeschreibung gilt.

Eine zwingende Notwendigkeit zum Abschluss eines Pauschalpreisvertrags (Detail-Pauschalvertrag) folgt aus der Funktionalen Leistungsbeschreibung nicht. Die Verpflichtung zur eindeutigen und vollständigen Bestimmung der Leistungen nach Art und Umfang trifft im Falle der Funktionalen Leistungsbeschreibung den Bieter.

Zweckmäßige Vertragsform im Falle der Funktionalen Leistungsbeschreibung ist jedoch in der Regel der Pauschalvertrag. Es handelt sich mit dem in § 5 Nr. 1b VOB/A geregelten Pauschalvertrag um einen Vertrag, bei dem die Art der Leistung eindeutig beschrieben ist und die auszuführende Menge sowie der Umfang der Leistung mindestens bestimmbar ist. Der pauschale Charakter des Vertrages kommt in der Vergütungsregelung zum Ausdruck diese ist im Gegensatz zum Einheitspreisvertrag durch eine klar bestimmbare Pauschale gekennzeichnet. Diese wird unabhängig von Massenänderungen vereinbart.

aa) Geeigneter Fall

Nach §5 Nr. 1b VOB/A ist nur in geeigneten Fällen ein Pauschalvertrag abzuschließen. Um derartige Fälle handelt es sich dann, wenn die zu vergebende Bauleistung funktional beschrieben wird. Denn nur dann, wenn es nach Abwägen aller Umstände zweckmäßig ist, anders als im Wege der Leistungsbeschreibung mit Leistungsverzeichnis die zu vergebende Leistung zu beschreiben und insbesondere zusammen mit der Bauausführung auch den Entwurf für die Leistung dem Wettbewerb zu unterstellen, kommt die Wahl der Funktionalen Leistungsbeschreibung für den Auftraggeber infrage (§ 9 Nr. 10 Satz 1 VOB/A). Die Funktionale Leistungsbeschreibung ist somit ein klassischer Anwendungsfall des Pauschalvertrags, denn sie soll gerade in den Fällen gewählt werden, in denen ein Einheitspreisvertrag, der auf der Grundlage einer Leistungsbeschreibung mit Leistungsverzeichnis geschlossen werden kann, unzweckmäßig ist.

bb) Nach Ausführungsart und -umfang genau bestimmte Leistung

Der Pauschalvertrag ist auch deshalb die zweckmäßigste Vertragsform in den Fällen Funktionaler Leistungsbeschreibung, weil auch die Funktionale Leistungsbeschreibung die Ausführungsart und den Umfang der Ausführung genau bestimmt.

Wie aus § 9 Nr. 12 VOB/A folgt, ist der Auftraggeber bei der Funktionalen Leistungsbeschreibung verpflichtet, von dem Bieter ein Angebot zu verlangen, das außer der Ausführung der Leistung auch den Entwurf nebst eingehender Erläuterung und eine Darstellung der Bauausführung sowie eine eingehende und zweckmäßig gegliederte Beschreibung der Leistung – ggf. mit Mengen und Preisangaben für Teile der Leistung – umfasst. Hieraus folgt, dass die Funktionale Leistungsbeschreibung keineswegs grundsätzlich der Risikoverlagerung dienen soll. Auch bei Funktionaler Leistungsbeschreibung soll die vorgesehene Bauausführung eingehend erläutert werden, um jegliche mit der Leistungsbeschreibung verbundene Risiken zu minimieren.

Insoweit konsequent regelt § 9 Nr. 12 Satz 2 VOB/A, dass bei der Beschreibung der Leistung mit Mengen- und Preisangaben, die grundsätzlich auch bei der funktionalen Leistungsbeschreibung erfolgen soll, soweit diese möglich ist, vom Bieter verlangt werden muss, dass dieser die Vollständigkeit seiner Angaben, insbesondere die von ihm selbst ermittelten Mengen, entweder ohne Einschränkung oder im Rahmen einer in den Verdingungsunterlagen anzugebenden Mengentoleranz vertritt.

Nach § 9 Nr.12 Satz 2b VOB/A soll außerdem vom Bieter verlangt werden, dass etwaige Annahmen, zu denen er in besonderen Fällen gezwungen ist, weil zum Zeitpunkt der Angebotsabgabe einzelne Teilleistungen nach Art und Menge noch nicht bestimmt werden können, erforderlichenfalls anhand von Plänen und Mengenermittlungen begründet werden. Dies betrifft, worauf § 9 Nr.12 Satz 2b VOB/A beispielhaft hinweist, z. B. Aushub-, Abbruch- oder Wasserhaltungsarbeiten.

cc) Keine absehbare Änderung der Ausführung

Nur dann, wenn mit einer Änderung bei der Ausführung nicht zu rechnen ist, ist nach § 5 Nr. 1b VOB/A von einer Zweckmäßigkeit des Pauschalvertrags auszugehen.

Eben dies ist in der Regel auch bei der Funktionalen Leistungsbeschreibung der Fall. Wie aus § 9 Nr. 11 Abs. 1 VOB/A folgt, umfasst das Leistungsprogramm eine Beschreibung der Bauaufgabe, aus der die Bewerber alle für die Entwurfsbearbeitung und ihr Angebot maßgebenden Bedingungen und Umstände erkennen können und in der sowohl der Zweck der fertigen Leistung als auch die an sie gestellten technischen, wirtschaftlichen, gestalterischen und funktionsbedingten Anforderungen angegeben sind. Ausdrücklich eröffnet § 9 Nr. 11 Abs. 1 VOB/A dem Auftraggeber die Möglichkeit, ggf. ein Musterleistungsverzeichnis, in dem die Mengenangaben ganz oder teilweise offen gelassen sind, dem Bieter zur Verfügung zu stellen.

Hieraus folgt jedoch nicht, dass die Funktionale Leistungsbeschreibung in den Fällen Anwendung finden soll, in denen der Verlauf der Bauarbeiten im Zeitpunkt der Vergabe nicht mit Sicherheit vorhergesagt werden kann. Diese Vorgehensweise würde bereits aufgrund der Regelung des § 16 Nr. 1 VOB/A erheblichen Bedenken begegnen. Danach soll der Auftraggeber erst dann ausschreiben, wenn alle Verdingungsunterlagen fertig gestellt sind und wenn innerhalb der angegebenen Fristen mit der Ausführung begonnen werden kann. Hieraus folgt keineswegs, dass lediglich der Zeitpunkt, in dem beispielsweise mit der Baustelleneinrichtung begonnen werden kann, im Zeitpunkt der Vergabe, mithin des Vertragsschlusses, klar definiert sein muss. Voraussetzung der Vergabe nach § 16 Nr. 1 VOB/A ist es vielmehr, dass der Bauverlauf im Zeitpunkt der Vergabe hinreichend genau geplant werden kann.[103]

1.6.2.5 Planungsaufwendungen des Unternehmers

Nach § 20 Nr. 2 Abs.1 VOB/A wird für die Bearbeitung des Angebots grundsätzlich keine Entschädigung gewährt. Etwas anderes gilt jedoch, wenn der Auftraggeber verlangt, dass der Bewerber Entwürfe, Pläne, Zeichnungen, statische Berechnungen, Mengenberechnungen oder andere Unterlagen ausarbeitet, insbesondere in den Fällen des § 9 Nr. 10-12 VOB/A: Hier ist einheitlich für alle Bieter in der Ausschreibung eine angemessene Entschädigung festzusetzen. Ist eine Entschädigung festgesetzt, so steht sie jedem Bieter zu, der ein der Ausschreibung entsprechendes Angebot mit den geforderten Unterlagen rechtzeitig eingereicht hat (§ 20 Nr. 2 Abs. 1 Satz 2 VOB/A). Entschädigung ist nicht Vergütung. Gegenüber der Vergütung ist die Entschädigung ein „Weniger". Die Entschädigung muss jedoch „entschädigen". Die Angemessenheit der Entschädigung orientiert sich an der mehr oder weniger großen Wahrscheinlichkeit, den Auftrag zu erhalten. Ist die Auftragserteilung wahrscheinlicher (kleiner Bieterkreis), kann die Entschädigung geringer ausfallen. Ist die Auftragserteilung unwahrscheinlicher (großer Bieterkreis), muss die Entschädigung höher ausfallen: Je größer die Wahrscheinlichkeit der Auftragserteilung ist, desto größer ist auch die Wahrscheinlichkeit, dass der einzelne Unternehmer den von ihm infolge der Funktionalen Ausschreibung betriebenen Mehraufwand „in Sachen Planung" über einen qua Auftragserteilung generierten Gewinn wieder ausgleichen kann.

Eine mit § 20 Nr. 2 VOB/A korrespondierende Vorschrift besteht im Bereich der VOB/A-SKR nicht. Eine solche Vorschrift wäre auch nicht erforderlich, da auch eine § 9 Nr. 10 f. VOB/A entsprechende Vorschrift in der VOB/A-SKR nicht enthalten ist. Gleichwohl ist eine Leistungsbeschreibung mit Leistungsprogramm im Bereich der VOB/A-SKR ebenso wenig unzulässig wie die Gewährung einer Entschädigung für die Bearbeitung des Angebots durch den Auftraggeber.[104] Ebenso bleibt es dem Auftraggeber unbenommen, einheitlich für alle Bieter einer Ausschreibung eine angemessene Entschädigung festzusetzen.

Es liegt nahe, dass der Auftraggeber im Bereich der VOB/A-SKR zwar von der Leistungsbeschreibung mit Leistungsprogramm Gebrauch machen will, er jedoch keine damit korrespondierende Entschädigung festsetzen möchte. Es ist in der Wirtschaft allgemein üblich, Angebote unentgeltlich abzugeben. Im Übrigen entspricht es auch den Grundsätzen des gesetzlichen Werkvertragsrechts, dass der Bieter nicht die Kosten ersetzt verlangen kann, die er aufwendet, um einen Werkvertrag abzuschließen. Die zur Abgabe eines spezifizierten Angebots erforderlichen Vorarbeiten und Planungsleistungen sind in aller Regel selbst dann nicht Gegenstand eines selbstständigen, vergütungspflichtigen Werkvertrags, wenn der Besteller den Unternehmer zur Vorlage des Angebots aufgefordert hat.[105] Der Werkunternehmer wertet Arbeiten wie die Fertigung von Zeichnungen, Kostenvoranschlägen, Leistungsbeschreibungen, Entwürfen, Modellen oder Massenberechnungen regelmäßig dahin, dass der Unternehmer dabei im eige-

---

[103] Ingenstau/Korbion entnehmen der Vorschrift des § 16 Nr. 1 VOB/A, dass mindestens Ausführungsfristen angegeben werden müssen, vgl. a. a. O., A § 16 Rdn. 7.
[104] Vgl a. a. O.
[105] Heiermann/Riedl/Rusam, VOB, A § 20 Nr. 4.

nen Interesse tätig wird, weil er hofft, anschließend mit weitergehenden Leistungen beauftragt zu werden, die die planerischen Vorgaben umsetzen. Das schließt nach dem allgemeinen Verständnis die Annahme eines Vertragsverhältnisses bereits in diesem Stadium aus. Anders verhält es sich jedoch, wenn die Vorarbeiten so aufwendig sind, dass sie nicht mehr in einem angemessenen Verhältnis zum Umfang des erhofften Auftrags stehen.[106] In diesem Fall kann der Werkunternehmer damit rechnen, dass er für seine Bemühungen honoriert wird, wenn ein anderer den Zuschlag erhält. In diesem Fall erhält er eine „angemessene Entschädigung".

Ein „Anspruch auf eine angemessene Entschädigung" besteht jedoch auch nach Inkrafttreten des neuen Vergaberechts nicht. Zwar bestimmt § 97 Abs. 7 GWB,[107] das die Unternehmen einen Anspruch darauf haben, dass der Auftraggeber die Bestimmungen über das Vergabeverfahren einhält. Derartige „Bestimmungen" ergeben sich aus der aufgrund der Ermächtigung in § 97 Abs. 6 GWB zu erlassenden Rechtsverordnung.[108] In der Vergabeverordnung[109] werden jedoch – wie schon nach der haushaltsrechtlichen Lösung – die zur Anwendung der VOB/A–SKR verpflichteten Auftraggeber nach § 57a Abs. 1 Nr. 4 und 5 HGrG auch weiterhin zur Anwendung der VOB/A-SKR (und nicht § 20 Nr. 2 VOB/A) verpflichtet.

Ansprüche auf Festsetzung einer angemessenen Entschädigung entstehen damit – wie bisher – nicht.

1.6.2.6 Besonderheiten der Angebotswertung nach Funktionaler Leistungsbeschreibung

Der Ausnahmecharakter der Leistungsbeschreibung mit Leistungsprogramm wird verschiedentlich über das nötige Maß hinaus hervorgehoben:

In Bezug auf die Bauaufgabe sei eine erschöpfende Beschreibung der Anforderungen viel schwieriger als eine konstruktive Darstellung der Bauleistungen mit einem Leistungsverzeichnis und den Ausführungsplänen. Angebote können deshalb nicht miteinander verglichen werden. Neben dem Preis müsse eine Vielzahl unterschiedlicher technischer Details bewertet werden. Im Gegensatz dazu könnten bei „konventionellen" Ausschreibungen (§ 9 Nr. 3-9 VOB/A) die ebenfalls technisch unterschiedlichen Nebenangebote relativ gut mit den Hauptangeboten verglichen werden.[110]

Die Vergleichbarkeit der Angebote kann auch im Rahmen der Leistungsbeschreibung mit Leistungsprogramm herbeigeführt werden.

Beispiel:
Im Tunnelbau werden detaillierte Rahmenbedingungen u. a. zu folgenden Leistungen vorgegeben: Richtlinien für die Aufstellung der Angebote durch die Bieter mit Angaben über den Aufbau und die Detaillierung der Leistungsverzeichnisse; Erläuterung der Bauaufgabe mit Beschreibung der Funktionen und Qualität des Bauwerks sowie des Zeitrahmens, Angaben zu Nebenangeboten, Baugrundbericht mit Aussage über Hydrologie, Grundwasserqualität und Bodenqualität, Lastannahmen und Angaben zu Lastfällen mit variablen Sicherheitsbeiwerten,

---

[106] OLG Koblenz, NJW-RR 1998, S. 813 (814) m. Verw. auf: OLG Nürnberg, NJW-RR 1993, S.760 (761).
[107] Vgl. hierzu: Heiermann/Ax, Neues deutsches Vergaberecht, 2. Aufl. 1999, S. 44 f.
[108] Die Bundesregierung wird ermächtigt, durch Rechtsverordnung mit Zustimmung des Bundesrats nähere Bestimmungen über das bei der Vergabe einzuhaltende Verfahren zu treffen, insbesondere über die Bekanntmachung, den Ablauf und die Artder Vergabe, über die Auswahl und Prüfung der Unternehmen und Angebote, über den Abschluss des Vertrags und sonstige Fragen des Vergabeverfahrens.
[109] Entwurf in: Heiermann/Ax, a. a. O., S. 279 f.
[110] Schelle/Erkelenz, a. a. O., S. 121.

Die Leistungsbeschreibung mit Leistungsprogramm

Angaben zu Schutzmaßnahmen z. B. der Arbeit und der Gesundheit, erforderliche Maßnahmen zum Schutz der Umwelt (Boden, Wasser, Vegetation, Lärmschutz usw.), sonstige bauwerks- oder ortsspezifische Angaben, Qualitätssicherung, Beweissicherung, höhere Gewalt, Störfallanalyse, Risikobewertung und -verteilung der Störfälle, Mengengarantie, Versicherungen und Schadensregulierungen, Vermessungen und Abstückung, Bauablauf und Baudurchführung.[111]

Trotz dieser detaillierten Rahmenbedingungen stehen zwangsläufig mehrere Lösungen zur Verfügung, die Anforderungen zu erfüllen. Dies kann dazu führen, dass es bei den einzelnen Angeboten im Leistungsinhalt zu erheblichen Unterschieden kommt. Zur Lösung der sich hieraus ergebenden Schwierigkeiten bei der Angebotswertung kommt insbesondere eine Aufklärung über die angebotene Leistung gemäß § 24 VOB/A in Betracht.

Der VÜA Bayern[112] hat einen Verstoß gegen den Grundsatz der Gleichbehandlung (§ 8 Nr. 1 Satz 1 VOB/A) nicht allein deshalb angenommen, weil die Vergabestelle an die Bieter im Rahmen der Angebotswertung einen Fragenkatalog versandt hat, der jeweils speziell auf das Angebot des entsprechenden Bieters abgestimmt war. Hier hat ein Unternehmen in dem während des laufenden Vergabeverfahrens gestellten Antrag auf Vergabenachprüfung gerügt, dass der Fragenkatalog aufgrund seiner spezifischen Ausrichtung auf das jeweilige Angebot für alle Anbieter unterschiedliche Fragen beinhaltete. Eine Vergleichbarkeit der Angebote lässt sich jedoch selbst auf dieser Basis schwerlich erreichen.[113]

1.6.3 Praxisprobleme im Zusammenhang mit der Funktionalen Leistungsbeschreibung

1.6.3.1 Notwendiger Inhalt, notwendige Planungstiefe, Zusammenhang zwischen Planungstiefe und Nachtragsrisiko sowie Abgeltung von Risiken durch Zuschläge

a) Wirkung auf die Funktionale Leistungsbeschreibung

Die klassische Aufgabenverteilung, wonach der Bauherr dem Unternehmer ein Leistungsverzeichnis zur Verfügung stellt, das die Bestandteile des gesamten Bauwerks und sogar die benötigten Mengen an Stoffen, zu bewegendem Erdreich etc. richtig angibt, ist als „allgemeiner Rechtsgrundsatz"[114] bezeichnet worden.

Rechtlich geboten ist dieser traditionelle Ablauf, der dem Unternehmer die Planung und das Aufstellen eines detaillierten Leistungsverzeichnisses erspart, nicht. Die rechtliche Konzeption des Werkvertragsrechts geht nicht dahin, dass der Unternehmer die vom Auftraggeber (Besteller) beschriebenen Leistungsdetails nur kombiniert und eine fremde Planung umsetzt. Entscheidend ist, dass der Unternehmer ein generell oder für den speziellen Zweck taugliches Werk abliefert (§ 633 BGB). Erst nach Eintritt des Erfolgs, ist der Vergütungsanspruch ent-

---

[111] DAUB-Empfehlung, a. a. O., S. 3 und 4.
[112] VÜA Bayern, Beschluss vom 25.04.1997, Az.: VÜA 2/97.
[113] Horn, IBR 1997, Seite 489, zieht daraus die Schlussfolgerung, dass es nicht im freien Ermessen des Auftraggebers liege, ob er funktional ausschreibe oder nicht. Seien die Voraussetzungen des § 9 Nr. 10-12 VOB/A gegeben und werde funktional ausgeschrieben, träten regelmäßig Probleme bei der Angebotswertung auf. Gerade dann sei jedoch eine individuelle Angebotsaufklärung - ihre Sachgerechtigkeit unterstellt nicht nur gerechtfertigt, sondern sogar geboten.
[114] Ingenstau/Korbion, VOB, A § 9 Rdn. 134.

standen. Wegen dieser Erfolgsbezogenheit heißt es in § 631 Abs. 2 BGB, dass Gegenstand des Vertrags „sowohl die Herstellung einer Sache als auch ein *anderer* durch Arbeit oder Dienstleistung herbeizuführender *Erfolg* sein" kann.

Sicher setzt die Sicherstellung des Erfolgs eine Planung voraus. Diese muss allerdings nicht vom Auftraggeber stammen. Auch aus der Natur der Sache ergibt sich nicht, dass der Besteller eines Bauwerks sich die Planungskompetenz auf dem Markt selbst beschafft oder ständig eine eigene Administration zur Planung vorhält und deren Arbeitsergebnisse dem Unternehmer unentgeltlich in Form von Zeichnungen oder eines Leistungsverzeichnisses zur Verfügung stellt. Bei der traditionellen Ausschreibung berechnet der Unternehmer seinen Preis aufgrund einer Planung, die ihn zwar nichts kostet, aber vom Auftraggeber veranlasst ist.

Aus dieser Konstellation erklären sich einige der Probleme, die Auftragnehmer mit unvollständiger und falscher Leistungsbeschreibung haben.

Da die Planung beim Auftraggeber einen Kostenfaktor darstellt, wird er sich, um die Rentabilität zu erhöhen, bemühen, die Planung möglichst billig und wie die Erfahrung lehrt – deshalb fehlerhaft und lückenhaft hereinzuholen. Hinzu kommt die Möglichkeit des Auftraggebers, eine widersprüchliche und unklare Planung strategisch so zu nutzen, dass der Unternehmer falsch, d. h. zu niedrig kalkulieren muss.[115]

Der insoweit mögliche Ausschluss von Nachtragsforderungen im Zusammenhang mit Planungsfehlern ist die aus Sicht des Auftraggebers positive Wirkung der Vertragsgestaltung im Zusammenhang mit der Funktionalen Ausschreibung.

Bei der Leistungsbeschreibung mit Leistungsverzeichnis teilt der Auftraggeber das Projekt in die zur Herstellung erforderlichen Teilleistungen, einzubauenden Stoffe, Bestandteile etc. auf. Der vom Unternehmer anzubietende Preis bezieht sich also auf ein vom Auftraggeber vollständig definiertes und determiniertes Produkt. Auf der Basis der festgelegten Leistungsdetails hat das Auswahlkriterium Preis für den Auftraggeber das entscheidende Gewicht. Er wird denjenigen Bieter beauftragen, der die ausgeschriebenen Leistungsdetails zum geringsten Preis kombinieren kann. Konsequenz dieser einseitigen Entwicklung ist der von den Unternehmern der Bauwirtschaft beklagte „Preiskampf".

Die bei diesem System einzige Möglichkeit, eigene Innovationen einzubringen, ist für den Unternehmer der (zugelassene) Sondervorschlag, mit dem er den Leistungsinhalt ganz oder teilweise technisch anders als im Vergabeverfahren ausgeschrieben anbietet.

Die Funktionale Ausschreibung lässt demgegenüber dem Unternehmer Raum zur Kreativität. Wirtschaftliches Arbeiten und unternehmerische Wertschöpfung sowie auch technische Innovationen werden durch Ausnutzung unternehmerischer Kreativität, insbesondere Optimierungsmöglichkeiten in der Planung, erreicht. Die Bieter konkurrieren bei einer derartigen ganzheitlichen Planung nicht nur über den Preis, sondern über ihre Kreativität hinsichtlich der Innovation anderer, wirtschaftlich günstigerer Leistungsdetails und Lösungen, mit denen der Erfolg realisiert werden kann.

Dabei hängt die Frage, wie man sich das hierfür notwendige Know-how beschafft, sicherlich nicht von der Größe des Unternehmens ab. Man muss als Bieter nicht ständig eigene Planungsabteilungen wie z. B. tiefbautechnische Abteilungen vorhalten und bezahlen; wie die Erfahrung beweist, ist es durchaus auch mittelständischen Unternehmen möglich, entsprechende Planungskompetenz auf dem freien Markt zuzukaufen und sich erfolgreich an einer Funktionalen Leistungsbeschreibung zu beteiligen. Dies wird z. B. durch die Vergabepraxis der Deutschen

---

[115] Beispiele: BGH, NJW 1978, S. 41 f.; OLG Stuttgart, BauR 1992, S. 639.

Bahn AG beim Bau der Neubaustrecke Köln-Rhein/Main belegt. Mit dem Bau des rund 130 km langen Mittelabschnitts dieser Strecke wurden drei Bietergemeinschaften beauftragt, darunter eine ausschließlich aus mittelständischen Unternehmen bestehende Bietergemeinschaft.

b) Notwendiger Inhalt der Funktionalen Leistungsbeschreibung

Ein Leistungsprogramm kann wie folgt gegliedert sein:

- 0.00 Allgemeine Anforderungen/ Ziele
- 0.10 Allgemeine Darstellung der Bauaufgabe
  - Gesamtzweck der Bauleistung
  - Nutzungsabsicht des Bauwerks
  - Wirtschaftlich-technische Anforderungen
  - Ökologische Anforderungen
- 0.20 Öffentlich-rechtliche Anforderungen
  - Stand der Verfahren
  - Bedingungen und Auflagen
  - Grundflächenzahl
  - Geschossflächenzahl
  - Baumassenzahl
  - Baulinien
  - Baugrenzen
  - Festgelegte Geländeoberfläche
  - Regelung, wer die nach öffentlichem Recht erforderlichen Abnahmen, Zustandsbesichtigungen, Zustimmungen, etc. zu beantragen und wer die Gebühren/Kosten (auch für Sachverständige) zu tragen hat.
- 0.30 Privatrechtliche Vereinbarungen
  - Materielle Auswirkungen
- 0.40 Gestaltung und Konstruktion
  - Anforderungen an die Gestaltung (Fassade, Dachform, Material, Farbgebung, Formgebung)
  - Grundsätzliche Forderungen zur Konstruktion
- 0.50 Flächen- und Raumprogramm
  - Größenangaben
  - Nutz- und Nebenflächen
  - Funktionsbedingte Anforderungen
  - Betriebsabläufe
  - Planungsdaten (BGF, BRI, HNF, BGF)
- 0.60 Beigefügte Pläne, sonstige Unterlagen
  - Lageplan
  - Grundrisse (falls solche vorgegeben werden sollen)
  - Schnitte (falls solche vorgegeben werden sollen)
  - Ansichten (falls solche vorgegeben werden sollen)
  - Prinzipschaltbilder, Funktionsschemata für technische Anlagen (i. d. R.)
  - Brandschutzgutachten (Tragfähigkeit, Belastbarkeit)
- 0.70 Geforderte Pläne und Berechnungen
  - Liste aller Pläne und Berechnungen, die im Auftragsfalle zu erarbeiten und vorzulegen sind (Anzahl, Art)
- 0.80 Lager- und Arbeitsplätze, Verkehrwege, Wasser- und Energieanschlüsse
  - Zur Verfügung stehende Lager- und Arbeitsplätze

	– Zustand und Nutzung vorhandener Verkehrswege
	– Vorhandene Wasser- und Energieanschlüsse
0.90	Baunutzungskosten und technische Datenblätter für
	– Wasseranlagen
	– Wärmeversorgungsanlagen
	– Lufttechnische Anlagen
	– Küchentechnische Anlagen
1.00	Angaben zum Grundstück
	– Grundbuch und Katasterbezeichnungen
	– Rechte und Belastungen
	– Lage im und zum Ort
	– Lage zur Umgebung
	– Topographie
	– Grundwasserverhältnisse

Als Gliederungsschema für das Leistungsprogramm bietet sich die Struktur der Kostengruppen nach DIN 276 an. Soweit es die Umstände des Einzelfalls erfordern, kann das Gliederungsschema weiter unterteilt werden.

Zu jedem der nachstehend aufgeführten Begriffe der DIN 276 sollten Ziele und Standards vorgegeben werden. Über diesen Rahmen hinaus können (nicht müssen) Teilleistungen entsprechend den Vorgaben der Leistungsbeschreibung mit Leistungsverzeichnis beschrieben werden. Die Darstellungen hierzu können in einem Musterleistungsverzeichnis zusammengefasst werden, in dem die Mengenangaben ganz oder teilweise offen gelassen werden. Dem Ausschreibenden steht es auch frei, auf Festlegungen zu verzichten und es ausschließlich dem Bieter zu überlassen, in einer von ihm gewählten Tiefe Angaben zu den aufgeführten Begriffen der DIN 276 zu machen.

Kostengruppen		Ziele/Standards/ Teilleistungen
100	Grundstück	keine Leistungen durch den Auftragnehmer
210	Herrichten – Sicherungsmaßnahmen – Abbruchmaßnahmen (Bauwerke, Verkehrswege, Ver- und Entsorgungsanlagen) – Beseitigung von Kontaminationen – Entmunitionierung – Oberbodensicherung – Bodenbewegungen – Roden von Bewuchs	
220	Öffentliche Erschließungen	keine Leistungen durch den Auftragnehmer
230	Nicht öffentliche Erschließungen – Abwasserentsorgung – Wasserversorgung – Gasversorgung – Fernwärmeversorgung	

Kostengruppen		Ziele/Standards/ Teilleistungen
	– Stromversorgung – Telekommunikation – Verkehrserschließung – Sonstiges	
240	Ausgleichsabgaben	keine Leistungen durch den Auftragnehmer
300	Bauwerk-Baukonstruktion	
310	Baugrube – Baugrubenherstellung – Baugrubenumschließung – Wasserhaltung – Baugrube, sonstiges	
320	Gründung – Baugrundverbesserung – Flächengründungen – Tiefgründungen – Unterböden und Bodenplatten – Bodenbeläge – Bauwerksabdichtungen – Dränagen – Gründungen, sonstiges	
330	Außenwände – Tragende Außenwände – Nicht tragende Außenwände – Außenstützen – Außentüren und -fenster – Außenwandbekleidungen außen – Außenwandbekleidungen innen – Elementierte Außenwände – Sonnenschutz – Außenwände. sonstiges	
340	Innenwände – Tragende Innenwände – Nicht tragende Innenwände – Innenstützen – Innentüren und -fenster – Innenwandbekleidungen – Elementierte Innenwände – Sonnenschutz – Innenwände. sonstiges	keine Leistungen durch den Auftragnehmer
350	Decken – Deckenkonstruktion – Deckenbeläge – Deckenbekleidungen – Decken, sonstiges	
360	Dächer – Dachkonstruktionen	

Kostengruppen		Ziele/Standards/ Teilleistungen
	– Dachfenster, Dachöffnungen – Dachbeläge – Dachbekleidungen – Dächer, sonstiges	
370	Baukonstruktive Einbauten – Allgemeine Einbauten – Besondere Einbauten – Baukonstruktive Einbauten, sonstiges	
390	Sonstige Maßnahmen für Baukonstruktionen – Baustelleneinrichtung – Gerüste – Sicherungsmaßnahmen – Abbruchmaßnahmen – Instandsetzungen – Recycling, Zwischendeponierung und Entsorgung – Schlechtwetterbau – Zusätzliche Maßnahmen – Sonstige Maßnahmen für Baukonstruktionen, sonstiges	
400	Bauwerk - Technische Anlagen	
410	Abwasser-, Wasser-, Gasanlagen – Abwasseranlagen – Wasseranlagen – Gasanlagen – Feuerlöschanlagen – Abwasser-, Wasser-, Gasanlagen – Sonstiges	
420	Wärmeversorgungsanlagen – Wärmeerzeugungsanlagen – Wärmeverteilnetze – Raumheizflächen – Wärmeversorgungsanlagen, sonstiges	
430	Lufttechnische Anlagen – Lüftungsanlagen – Teilklimaanlagen – Klimaanlagen – Prozesslufttechnische Anlagen – Kälteanlagen – Lufttechnische Anlagen, sonstiges	
440	Starkstromanlagen – Hoch- und Mittelspannungsanlagen – Eigenstromversorgungsanlagen – Niederspannungsschaltanlagen – Niederspannungsinstallationsanlagen – Beleuchtungsanlagen – Blitzschutz- und Erdungsanlagen	

Die Leistungsbeschreibung mit Leistungsprogramm 77

Kostengruppen		Ziele/Standards/ Teilleistungen
	– Starkstromanlagen, sonstiges	
450	Fernmelde- und informationstechnische Anlagen	
	– Such- und Signalanlagen	
	– Zeitdienstanlagen	
	– Elektroakustische Anlagen	
	– Fernseh- und Antennenanlagen	
	– Gefahrenmelde- und Alarmanlagen	
	– Übertragungsnetze	
	– Fernmelde- und informationstechnische Anlagen, sonstiges	
460	Förderanlagen	
	– Aufzugsanlagen	
	– Fahrtreppen, Fahrsteige	
	– Befahranlagen	
	– Transportanlagen	
	– Krananlagen	
	– Förderanlagen, sonstiges	
470	Nutzungsspezifische Anlagen	
	– Küchentechnische Anlagen	
	– Wäscherei- und Reinigungsanlagen	
	– Medienversorgungsunternehmen	
	– Medizintechnische Anlagen	
	– Labortechnische Anlagen	
	– Badetechnische Anlagen	
	– Kälteanlagen	
	– Entsorgungsanlagen	
	– Nutzungsspezifische Anlagen, sonstiges	
480	Gebäudeautomation	
	– Automationssysteme	
	– Leistungsteile	
	– Zentrale Einrichtungen	
	– Gebäudeautomation, sonstiges	
490	Sonstige Maßnahmen für Technische Anlagen	
	– Baustelleneinrichtung	
	– Gerüste	
	– Sicherungsmaßnahmen	
	– Abbruchmaßnahmen	
	– Instandsetzungen	
	– Recycling, Zwischendeponierung und Entsorgung	
	– Schlechtwetterbau	
	– Zusätzliche Maßnahmen	
	– Sonstige Maßnahmen für Technische Anlagen, sonstiges	
500	Außenanlagen	
510	Geländeflächen	

Kostengruppen		Ziele/Standards/ Teilleistungen
	– Geländebearbeitung – Vegetationstechnische Bodenbearbeitung – Sicherungsbauweisen – Pflanzen – Rasen – Begrünung unterbauter Flächen – Wasserflächen – Geländeflächen, sonstiges	
520	Befestigte Flächen – Wege – Straßen – Plätze, Höfe – Stellplätze – Sportplatzflächen – Spielplatzflächen – Gleisanlagen – Befestigte Flächen, sonstiges	
530	Baukonstruktionen in Außenanlagen – Einfriedungen – Schutzkonstruktionen – Mauern, Wände – Rampen, Treppen, Tribünen – Überdachungen – Brücken, Stege – Kanal- und Schachtbauanlagen – Wasserbauliche Anlagen – Baukonstruktionen in Außenanlagen, sonstiges	
540	Technische Anlagen und Außenanlagen – Abwasseranlagen – Wasseranlagen – Gasanlagen – Wärmeversorgungsanlagen – Lufttechnische Anlagen – Starkstromanlagen – Fernmelde- und informationstechnische Anlagen – Nutzungsspezifische Anlagen – Technische Anlagen in Außenanlagen, sonstiges	
550	Einbauten in Außenanlagen – Allgemeine Einbauten – Besondere Einbauten – Einbauten in Außenanlagen, sonstiges	
590	Sonstige Maßnahmen in Außenanlagen – Baustelleneinrichtung – Gerüste – Abbruchmaßnahmen	

Die Leistungsbeschreibung mit Leistungsprogramm 79

Kostengruppen		Ziele/Standards/ Teilleistungen
	– Instandsetzungen – Recycling, Zwischendeponierung und Entsorgung – Schlechtwetterbau – Zusätzliche Maßnahmen – Sonstige Maßnahmen für Außenanlagen, sonstiges	
600	Ausstattung und Kunstwerke	
610	Ausstattung – Allgemeine Ausstattung – Besondere Ausstattung – Ausstattung, sonstiges	
620	Kunstwerke – Kunstobjekte – Künstlerisch gestaltete Teile des Bauwerks – Künstlerisch gestaltete Teile der Außenanlagen – Kunstwerke, sonstiges	keine Leistung durch den Auftragnehmer
700	Baunebenkosten Bauherrenaufgaben – Projektleitung – Betriebs- und Organisationsberatung – Bauherrenaufgaben, sonstiges	keine Leistung durch den Auftragnehmer keine Leistung durch den Auftragnehmer
720	Vorbereitung der Objektplanung – Untersuchungen – Wertermittlung – Städtebauliche Leistungen – Landschaftsplanerische Leistungen – Wettbewerbe – Vorbereitung der Objektplanung, sonstiges	keine Leistung durch den Auftragnehmer keine Leistung durch den Auftragnehmer keine Leistung durch den Auftragnehmer
730	Architekten- und Ingenieurleistungen – Gebäude – Freianlagen – Raumbildende Ausbauten – Ingenieurbauwerke und Verkehrsanlagen – Tragwerksplanung – Technische Ausrüstung – Architekten- und Ingenieurleistungen, sonstiges	keine Leistung durch den Auftragnehmer
740	Gutachten und Beratung – Thermische Bauphysik – Schallschutz und Raumakustik – Bodenmechanik, Erd- und Grundbau – Vermessung – Lichttechnik, Tageslichttechnik – Gutachten und Beratung, sonstiges	
750	Kunst – Kunstwettbewerbe	

Kostengruppen		Ziele/Standards/ Teilleistungen
760	– Honorare – Kunst, sonstiges Finanzierung – Finanzierungskosten – Zinsen vor Nutzungsbeginn – Finanzierung, sonstiges	
770	Allgemeine Baunebenkosten – Prüfungen, Genehmigungen, Abnahmen – Bewirtschaftungskosten – Bemusterungskosten – Betriebskosten während der Bauzeit – Allgemeine Baunebenkosten, sonstiges	
790	Sonstige Baunebenkosten	

Tabelle 3: DIN 276

Dieses Gliederungsschema ist ein Vorschlag. Andere Schemata, z. B. eine freie Baubeschreibung, ein Raumbuch, eine ausführungsorientierte Baubeschreibung nach Gewerken etc., sind möglich.

c) Notwendige Planungstiefe bei der Funktionalen Leistungsbeschreibung

Soweit der Auftraggeber nur dem Privatrecht untersteht, also auch keine Aufgaben der Daseinsvorsorge wahrnimmt oder im Eigentum der öffentlichen Hand steht, gibt es kein rechtliches Gebot zu bestimmter Planungstiefe. Es genügt durchaus z. B. ein betriebsfertiges Hotel lediglich insoweit zu beschreiben, als dass der Qualitätsstandard des neuen Hotels demjenigen eines anderen Hotels, das als Referenzobjekt vorgegeben war, zu entsprechen habe. Mit Ausnahme des juristischen Baugrundrisikos, das nach wie vor beim Auftraggeber liegt, findet durch eine derartig pauschale Leistungsbeschreibung eine Verlagerung des Mengen- und Planungsrisikos auf den Auftragnehmer statt. Allenfalls muss der Bauherr dem Unternehmer noch gewisse Angaben zur Nutzung und Kapazität des Bauvorhabens zur Verfügung stellen.

Dass ein notwendiger Inhalt im Sinne der „Einhaltung von Mindeststandards" und eine damit einhergehende notwendige Planungstiefe von einem privaten Auftraggeber dem Auftragnehmer nicht zur Verfügung gestellt werden muss, zeigt insbesondere auch die Entscheidung „Karrengefängnis" des Bundesgerichtshofs.[116]

---

[116] BGH BauR 1997, S. 464.

Übersicht:

BGH, Urteil vom 23.01.1997, Az.: VII ZR 65/96
- Änderung der Technik einer Leistungsbeschreibung mit Leistungsverzeichnis führt zum Vorliegen einer Funktionalen Leistungsbeschreibung.
- Risikoverlagerung ist für den Unternehmer als Fachmann erkennbar.
- Mangelhafte Kalkulierbarkeit der Leistungen des Unternehmers führt nicht zu Nachträgen.
- Grundsätze gelten ebenfalls für private Bauherrn.

Der Auftragnehmer hatte im Zuge des Um- und Ausbaus des alten Karrengefängnisses zu einem Hotel die Herstellung und Montage von Fenster- und Türelementen für Alt- und Neubau angeboten. Dabei hatte der Auftraggeber ihm keinerlei Leistungsbeschreibung zur Verfügung gestellt. Vielmehr musste der Auftragnehmer selbst eine Leistungsbeschreibung zusammenstellen, die in sein Angebot mündete. Daran anschließend kam es zu Vertragsverhandlungen zwischen den Parteien und zum Abschluss eines Pauschalfestpreisvertrags, wobei der Vertrag gegenüber dem ursprünglichen Angebot folgende abweichende Klausel enthielt:

„Alle Öffnungen in dem Bauwerk außer drei Außentüren inklusive Endbehandlung und Verglasung mit Iso norm 1..."

Diese Vertragsklausel wurde zwischen den Parteien individuell vereinbart.

Im Zuge der Bauabwicklung stellte der Auftragnehmer diverse Nachträge, die die Arbeiten am Neubautrakt betrafen, da er die hiermit verbundenen Entscheidungen weder habe einkalkulieren können noch müssen.

Während das Oberlandesgericht der Klage im Wesentlichen stattgab, lehnte der BGH Mehrvergütungsansprüche des Auftragnehmers vollumfänglich ab. Zur Begründung führte der BGH aus, dass die Vertragsparteien mit vorgenannter Klausel die Technik der Leistungsbeschreibung geändert hätten und von einer Leistungsbeschreibung mit Leistungsverzeichnis zu einer funktionalen Beschreibung übergegangen seien mit der Konsequenz, dass das Risiko der Vollständigkeit der Beschreibung auf den Auftragnehmer verlagert worden sei. Diese Risikoverlagerung könne dem Kläger auch nicht verborgen geblieben sein. Jedenfalls könne er sich als Fachmann nicht darauf berufen, dass er die Risiken, die mit funktionaler Beschreibung der Leistung verbunden seien, nicht erkannt habe. Im Übrigen stellt der BGH fest, dass Wirksamkeit und Inhalt des Vertragsschlusses nicht davon abhängen, dass mit dem Übergang zur funktionalen Beschreibung ein erhebliches und unter Umständen auch schlecht kalkulierbares Risiko eingegangen wird.

Hinsichtlich des notwendigen Inhalts und der damit einhergehenden notwendigen Planungstiefe auf Auftraggeberseite führt der BGH explizit aus, dass den Auftraggebern nicht vorgeworfen werden könne, nicht ihrerseits ein Leistungsverzeichnis aufgestellt zu haben, da es keiner privaten Vertragspartei verwehrt sei, vom Vertragsschlussverfahren nach der VOB/A in mehr oder minder großem Umfang abzuweichen. Deshalb sei es der Auftraggeberseite auch unbenommen, das Leistungsziel lediglich funktional vorzugeben und die Unsicherheiten über den Arbeitsumfang auf den Auftragnehmer zu verlagern, wobei der Auftraggeber auch nicht dafür verantwortlich sei, ob der Auftragnehmer bei der Übernahme des funktional beschriebenen Leistungserfolges zweckmäßig vorgegangen sei und ob er die damit übernommenen Risiken habe kalkulieren können.

Aus dieser Entscheidung wird somit deutlich, dass der BGH dem privaten Auftraggeber keinen Mindeststandard, insbesondere keine „Mindestplanungstiefe" bei der Ausschreibung von Bauvorhaben vorschreibt. Allerdings ist zu beachten, dass es sich bei der hier in Rede stehenden Klausel, die zur Risikoverlagerung auf den Auftragnehmer geführt hatte, um eine individuelle Vereinbarung handelte, die vom BGH zutreffend ausgelegt wurde. Hierbei handelte es sich allerdings um allgemeine Vertragsauslegungen.

Ein Rückgriff auf die Funktionale Ausschreibung als solche war nicht erforderlich, wie z. B. die Entscheidung „Wasserhaltung II" des BGH[117] zeigt. Im dort entschiedenen Fall wurde das klagende Unternehmen mit der Herstellung einer Kanalisation beauftragt. Für die Wasserhaltung hatte das Unternehmen Filterlanzen einkalkuliert. Es stellte sich heraus, dass diese keinesfalls ausreichten. Es mussten, um die Grube trocken zu halten, aufwendigere Brunnen gebohrt werden. Der Unternehmer meinte, die ausschreibende Stelle hätte auf die besondere Durchlässigkeit des Sandbodens hinweisen müssen. Vor allem deshalb, weil die wechselnden Wasserstände der Weser kombiniert mit der Wasserdurchlässigkeit des Bodens entscheidenden Einfluss auf den Grundwasserstand der Baustelle hatten.

Der BGH befasste sich nicht mit der Frage, ob diese Angaben gefehlt hatten. Für den BGH war entscheidend, dass es im Leistungsverzeichnis zusätzlich hieß:

„Wasserhaltung der Kanalbaugrube nach Wahl des Auftragnehmers".

Auf dieser Grundlage – so der BGH – sei das Leistungsverzeichnis vollständig gewesen. Es komme nicht auf die Feststellungen zur Wasserdurchlässigkeit des Sandbodens oder wechselnde Wasserstände der Weser an. Laut BGH reicht es aus, wenn der Auftraggeber den Erfolg der Arbeiten beschrieben hat, nämlich dasjenige, „was" der Auftragnehmer als End- oder Zwischenprodukt schuldet. Aussagen dazu, wie dies bewerkstelligt werden soll, also zum „Wie" der Leistung müssen nicht enthalten sein. Es reicht also aus, wenn der zu erzielende Erfolg beschrieben ist, wie dies auch in der Entscheidung „Karrengefängnis" der Fall war. Die sich hieraus ergebende Risikoerhöhung für den Auftragnehmer ist offensichtlich, ergab sich im Fall „Karrengefängnis" aber bereits aus der vorzitierten Individualklausel.

Demgemäß ist die Entscheidung „Karrengefängnis" nur insoweit verallgemeinerungsfähig, als eine gebotene Mindestplanungstiefe für den privaten Auftraggeber nicht besteht.

Es ist auch nicht erforderlich, dass der private Auftraggeber dem Auftragnehmer eine Baugenehmigung vorlegt. Die aus der Nichtvorlage einer Baugenehmigung resultierenden rechtlichen und praktischen Probleme lassen sich dahingehend lösen, dass der Auftragnehmer zunächst ausschließlich mit der Erstellung einer genehmigungsfähigen Planung und erst nach hierdurch erlangter Baugenehmigung mit der weiteren Ausführung des Bauvorhabens in baulicher und planerischer Hinsicht beauftragt wird.

Der Auftraggeber wird bei der Funktionalen Ausschreibung dem Auftragnehmer allerdings eine gewisse Planungstiefe bieten. Im Regelfall hat er eine konkrete Nutzungsabsicht oder Investoren als Abnehmer, die ihrerseits eingehende Vorstellungen von dem Objekt, das sie erwerben wollen, haben. Dass dieser Nutzen gewährleistet und bestimmte Qualitätsanforderungen eingehalten werden, kann und wird der Auftraggeber durch die Beschreibung der Leistung steuern.

Der öffentliche Auftraggeber kann wegen § 9 VOB/A eine Ausschreibung ohne Planung, also in der nur eine pauschale Angabe zur Nutzung, Fläche u. a. geboten wird, nicht vornehmen.

Gemäß § 9 Nr. 11 VOB/A muss der Auftraggeber zwar nicht die Planung selbst, aber die Planungsgrundlagen dem Auftragnehmer vollständig zur Verfügung stellen.

---

[117] BGH NJW 1994, S. 850.

Nur bei technisch einfachen Bauvorhaben wird dafür eine verbale Beschreibung ausreichen. So kann es für eine Schule genügen, die im Rahmen des Raumprogramms wesentlichen Ausbildungsziele und Belegungszahlen anzugeben. Der Auftragnehmer muss dann die entsprechenden Raumgrößen und die Anzahl von Übungs- und Laborräumen selbst ermitteln und planen.

Bei anspruchsvollen Bauvorhaben kann der an die VOB/A gebundene Auftraggeber die Anforderung nur erfüllen, wenn er eine Entwurfsplanung vorlegt. Nach herrschender Meinung muss bereits in dieser Planungsphase eine genehmigungsreife Planung entstehen.[118]

Erst mit der genehmigungsreifen Planung ist gesichert, dass das Planungskonzept unter Berücksichtigung aller Anforderungen, also auch des Umweltschutzes aufgrund von Verhandlungen mit der Genehmigungsbehörde verwirklichbar ist.

Auf dieser Grundlage trägt der Auftragnehmer bei der funktionalen Ausschreibung nur ein gemindertes Planungsrisiko. Sind bereits die Grundlagen in für den Auftragnehmer nicht erkennbarer Weise unzutreffend, haftet dafür der Auftraggeber.

Wenn der Auftraggeber bereits eine Entwurfsplanung vorlegt, ist es nicht mehr von wesentlicher Bedeutung, ob er die Erteilung der Baugenehmigung abwartet, bevor er die Ausschreibung fertigt. Die Entwurfsplanung muss ja bereits alles für die Genehmigung Erforderliche enthalten.

Planerische Vorleistungen für die Einleitung des Vergabeverfahrens auf der Grundlage einer Leistungsbeschreibung mit Leistungsprogramm

Modell 1: EG-weite Bekanntmachung der Ausschreibung an Generalunternehmer, Finanzierer und Investoren auf der Grundlage der Genehmigungsplanung (Leistungsbeschreibung mit Leistungsprogramm)

Modell 2: EG-weite Bekanntmachung der Ausschreibung für Generalunternehmer, Finanzierer und Investoren auf der Grundlage einer abgestimmten Vorplanung (Leistungsbeschreibung mit Leistungsprogramm)

Modell 3: EG-weite Bekanntmachung der Ausschreibung für Generalunternehmer, Finanzierer und Investoren auf der Grundlage des Bedarfsprogramms (Leistungsbeschreibung mit Leistungsprogramm)

Alle diese Modelle haben unterschiedliche Vor- und Nachteile. Ein Vergleich der Varianten muss sich insbesondere auf folgende Kriterien beziehen: städtebauliche Einbindung, funktionale Lösung (Zuordnung), bautechnische Lösung (Konstruktion, Anlagen, Materialien), Architektur (gestalterische Lösung), Kosten (Baukosten, Finanzierungskosten, Folgekosten).

Zu Modell 1:
Um die o. g. Prüfkriterien auf einen reinen Kostenvergleich zu reduzieren, sind von der Verwaltung folgende Leistungen zu erbringen:
– Klärung aller grundstücksspezifischen Fragen (z. B. Restitutionsbefangenheit)
– Erstellen eines möglichst detaillierten Bedarfsprogramms (z. B. mit Raumbuch) mit Beschreibung der Funktionsabläufe (Programmsicherheit)
– Klärung des Einsatzes Freischaffender (EG-Wettbewerb bzw. EG-weites Verhandlungsverfahren sind bei großen Baumaßnahmen ab dem EG-Schwellenwert
– Beauftragung Freischaffender (Architekten und Ingenieure)
– Erstellen der Planung (Vor-, Entwurfs- und Genehmigungsplanung und Teile der Ausführungsplanung) mit freischaffenden Erfüllungsgehilfen (Planungssicherheit)

---
[118] Hesse/Korbion/Mantscheff/Vygen, § 15 Rdnr. 78; OLG Celle, BauR 1983, S. 483.

- Prüfung der Bauplanungsunterlagen bzw. Haushaltsunterlage Bau (Kostensicherheit)
- Prüfkriterien gemäß AV § 24 LHO (Städtebauliche Einbindung, Gestaltung, Funktion, Standards, Höhe der Kosten)
- Erstellen der Leistungsbeschreibung (ggf. teilweise oder vollständig mit Leistungsprogramm oder insgesamt gegliedert in Einzellose)
- EG-weite Bekanntmachung der Ausschreibung, ggf. mit Leistungsbeschreibung in Form eines Leistungsprogramms für Generalunternehmen, Finanzierer, Investoren
- Angebotsprüfung ist im wesentlichen ein Kostenvergleich

Es ist insbesondere darauf zu achten, dass von den Investoren Angebote mit Pauschalfestpreisen abgegeben werden. Nachforderungen des Investors wegen ungenauer Planung sind auszuschließen. Im Falle der Beauftragung eines Investors sind seine Leistungen am Bau stichprobenweise zu überprüfen. Die weitere Einbindung der Freischaffenden ist im Vertrag sicherzustellen. Die Gesamtleistung ist von der Verwaltung abzunehmen. Kontrollen und Abnahme sind unverzichtbare Leistungen der Bauverwaltung, insbesondere im Hinblick auf die in der Regel vom Unternehmer zu übernehmende Bauunterhaltung.

Vorteile	Nachteile
- Bauvorhaben entspricht den o. g. Kriterien - keine Risiken hinsichtlich unterschiedlicher Standardauslegung bautechnischer Art, da alle Planungs- und Kostenfakten vor Vertragsabschluß bekannt sind - hieraus resultiert Vertragssicherheit - Aussagen über die Höhe der Baukosten sind vorab – vor der Ausschreibung – am leichtesten zu treffen	- lange Vorlaufzeit - es fallen sowohl erhebliche Bauherrenleistungen als auch Planungskosten an - ggf. Entschädigungskosten für das Erarbeiten der Planungen durch die Bieter gemäß § 20 VOB/A auf der Basis der HOAI

Tabelle 4 : Vor- und Nachteile der Leistungsbeschreibung mit Leistungsprogramm auf Grundlage der Genehmigungsplanung

Zu Modell 2:
Von der Verwaltung sind insbesondere folgende Leistungen zu erbringen:
- Klärung aller grundstücksspezifischen Fragen
- Erstellen eines möglichst detaillierten Bedarfsprogramms (z. B. mit Raumbuch) mit Beschreibung der Funktionsabläufe (Programmsicherheit)
- Durchführung eines Realisierungswettbewerbes; Erarbeiten eines abgestimmten Vorentwurfs
- Kostenschätzung auf Grundlage des Wettbewerbsergebnisses und der Vorplanung
- EG- weite Bekanntmachung einer (Leistungsbeschreibung mit Leistungsprogramm) „funktionalen Ausschreibung" für Generalunternehmer, Finanzierer und Investoren. Zulassen von Nebenangeboten.

Die Leistungsbeschreibung mit Leistungsprogramm

– Wertung der Angebote in Bezug auf Vollständigkeit und Schlüssigkeit der Planungsunterlagen sowie auf die Zweckmäßigkeit der angebotenen Ausführungen in technischer und wirtschaftlicher Hinsicht, ferner hinsichtlich Höhe und Angemessenheit der Kosten
– Kostenvergleich

Es ist insbesondere darauf zu achten, dass von den Investoren Angebote mit Pauschalfestpreisen abgegeben werden. Nachforderungen des Investors wegen ungenauer Planung sind auszuschließen. Im Falle der Beauftragung eines Investors sind seine Leistungen am Bau stichprobenweise zu überprüfen. Die Gesamtleistung ist von der Verwaltung abzunehmen. Kontrollen und Abnahme sind unverzichtbare Leistungen der Bauverwaltung insbesondere im Hinblick auf die in der Regel vom Unternehmer zu übernehmende Bauunterhaltung. Es ist dafür Sorge zu tragen, dass Freischaffende im Fall, dass die öffentliche Hand nicht Bauherr bleibt, die Planung fortführen.

Vorteile	Nachteile
– kurze Vorlaufzeit, dabei jedoch Absicherung der städtebaulichen, funktionalen und gestalterischen Kriterien durch einen von in der Bauverwaltung durchgeführten Realisierungswettbewerb und daraus entwickelten abgestimmten Vorentwurf	– lange Bearbeitungszeit und hoher Aufwand für die Bieter, da auf der Grundlage des Wettbewerbsergebnisses sowohl die weitere Planung als auch die Mengenermittlung und Kostenberechnung von diesen zu erbringen sind (insbeson-dere auch für die gesamte technische Ausrüstung) – urheberrechtliche Probleme. Mit der Erstellung und Honorierung der Vorplanung ist das Urheberrecht des Architekten nicht abgegolten. – Entschädigungskosten für das Erarbeiten der Planungen durch die Bieter gemäß § 20 VOB/A auf der Basis der HOAI – die von den Bietern erbrachten unterschiedlichen Planungen sind in der Regel bauaufsichtlich nicht geprüft, keine Planungssicherheit – hoher Zeit- und Personal- Aufwand bei der Verwaltung zur Ermittlung des optimalen Angebots gemäß den Prüfkriterien in AV § 24 LHO, dennoch keine Gewähr für ungeänderte Realisierung wegen fehlender Baugenehmigung – hoher Zeitaufwand für Abstimmungen und Vertragsverhandlungen mit den Bietern bzw. dem Leasinggeber gemäß § 25 VOB/A – Gefahr von Nachforderungen des, Leasinggebers, z. B. infolge gravierender bauaufsichtsicher Auflagen bei der weiteren Durchplanung nach Vertragsabschluss keine Kostensicherheit

Tabelle 5: Vor- und Nachteile der Leistungsbeschreibung mit Leistungsprogramm auf Grundlage einer abgestimmten Vorplanung

Zu Modell 3:
Alle Prüfkriterien werden in die Angebotsprüfung der von den Generalunternehmern angebotenen Objekte verlagert.

Von der Verwaltung sind folgende Leistungen zu erbringen:
- Klärung aller grundstücksspezifischen Fragen
- Erstellen eines möglichst detaillierten Bedarfsprogramms (z. B. mit Raumbuch) mit Beschreibung der Funktionsabläufe Programmsicherheit

Weitere Planungsleistungen werden von der Verwaltung nicht erbracht!
- Kostenschätzung anhand von Vergleichswerten
- EG-weite Bekanntmachung einer (Leistungsbeschreibung mit Leistungsprogramm) „Funktionalen Ausschreibung" für Generalunternehmer, Finanzierer und Investoren
- Wertung der Angebote in Bezug auf Vollständigkeit und Schlüssigkeit der Planungsunterlagen sowie auf die Zweckmäßigkeit der angebotenen Lösung in städtebaulicher, technischer, funktioneller und wirtschaftlicher Hinsicht, ferner hinsichtlich der Höhe und Angemessenheit der Kosten

Ebenso wie im Modell 1 ist auch hier die Gesamtleistung von der Bauverwaltung abzunehmen. Daher sind auch hier Kontrollen am Bau und die Abnahme unverzichtbare Leistungen der Bauverwaltung insbesondere im Hinblick auf die in der Regel vom Unternehmer zu übernehmende Bauunterhaltung.

Vorteile	Nachteile
– Kurze Vorlaufzeit für die Verwaltung mit einem Minimum an Bauherrenleistungen und geringen Planungskosten (z. B. nur Erstellen eines Raumbuches)	– etwas längere Bearbeitungszeit durch die Bieter, da sowohl Planung als auch Mengenermittlung und Kostenberechnung von diesen erbracht werden müssen – Entschädigungskosten für das Erarbeiten der Planungen durch die Bieter gemäß § 20 VOB/A auf der Basis der HOAI – Die von den Bietern erbrachten unterschiedlichen Planungen sind in der Regelbauaufsicht nicht geprüft. Inso-weit keine Planungssicherheit – etwas höherer Zeit- und Personalaufwand bei der Verwaltung zur Ermittlung des optimalen Angebots gemäß den Prüfkriterien in AV § 24 LHO, dennoch keine Gewähr für ungeänderte Realisierung wegen fehlender Baugenehmigung – etwas höherer Zeitaufwand für Abstimmungen und Vertragsverhandlungen mit den Bietern gemäß § 25 VOB/A – ggf. Gefahr von Nachforderungen des Generalunternehmers z. B. infolge gravierender bauaufsichtsicher Auflagen bei der weiteren Durchplanung nach Vertragsabschluss, insoweit keine Kostensicherheit

Tabelle 6: Vor- und Nachteile der Leistungsbeschreibung mit Leistungsprogramm auf Grundlage des Bedarfsprogramms

Anmerkungen zu Modell 1-3:

Bei allen unterschiedlichen Modellen sind von den Bietern prüffähige Angebote zu fordern, die außer der Ausführung der Leistungen je nach Vorgabe des Auftraggebers eingehende Erläuterungen und eine Darstellung der Bauausführung sowie eine zweckmäßig gegliederte Beschreibung der Leistung mit Qualitäts-, Mengen- und Preisangaben umfassen.

Bei der Beschreibung der Leistungen mit Mengen- und Preisangaben ist vom Bieter zu verlangen, dass er die Vollständigkeit seiner Angaben ggf. im Rahmen einer Mengentoleranz vertritt und etwaige Annahmen – erforderlichenfalls anhand von Plänen und Mengenermittlungen – begründet.

Beim Modell 3, bei welchem nur ein Bedarfsprogramm vorgegeben wird, ist es zweckmäßig, vom Bieter in all den Fällen ein Raumbuch zu fordern, in denen es nicht vom Auftraggeber vorgegeben wird. Letztere Variante ist, wie die Erfahrung gezeigt hat, die bessere Lösung.

In allen Fällen, insbesondere jedoch bei den Modellen 2 und 3, ist mit einem etwas längeren Zeitraum für das Prüfen der Angebote zu rechnen, als er für das Prüfen von Angeboten mit eindeutigen Leistungsverzeichnissen notwendig wäre. Hinzu kommt, dass die Prüfung und Wertung der Angebote dadurch etwas erschwert werden, dass den Angeboten bei dieser Form der Leistungsbeschreibung unterschiedliche Planungen zugrunde liegen.

Wie schon erläutert, sind bei einer Ausschreibung mit einem Leistungsprogramm etwas längere Angebotsprüfzeiten erforderlich. Insbesondere die Vollständigkeit der Leistung und die angebotene Qualität müssen geprüft werden. Gegebenenfalls muss über Änderungen und daraus sich ergebende Änderungen der Preise verhandelt werden.

Maßgebend für die Vergabeentscheidung, insbesondere bei den Modellen 2 und 3, sind nicht nur die Finanzierungskosten, sondern das Angebot für die Bauleistung. Hier unterliegen die städtebauliche Einbindung, die funktionale Lösung, die bautechnische Lösung und die Architektur der Wertung. Meist ergibt sich, dass aus baulicher Sicht nur ein Angebot in Frage kommt. Seltener schon sind einige Angebote so gleichwertig, dass die angebotene Finanzierung den Ausschlag gibt.

d) Sondersituation: Baumaßnahme mit PFB

Eine Sondersituation ist bei Baumaßnahmen gegeben, bei denen ein Planfeststellungsbeschluss notwendig ist.

Die Besonderheit dieses Verfahrens besteht darin, dass der genaue Inhalt des Planfeststellungsbeschlusses erst nach der Beteiligung anderer, die durch das Vorhaben betroffen werden, feststeht. Aus der Übernahme von Anregungen und Bedenken des Partizipantenkreises können natürlich Kosten resultieren. Eine vertragliche Regelung, die dem Auftragnehmer das Risiko dieser Auflagen und Änderungen und damit erhebliche Kosten aufbürdet, ist mit der VOB/A nicht vereinbar. Grund dafür ist, dass der Auftragnehmer die Kosten nicht beeinflussen, erst recht nicht kalkulieren kann. Wegen dieser rechtlich nicht zulässigen Abwälzung auf den Vertragspartner bleibt das Risiko der Kostenerhöhung im Zusammenhang mit Auflagen im Planfeststellungsverfahren beim Auftraggeber.

Deshalb ist es für seine Budgetsicherheit von erheblicher Bedeutung, den Abschluss des Planfeststellungsverfahrens abzuwarten.

Dass die Erlangung des Baurechts eine erhebliche Planungstiefe voraussetzt, nämlich eine Genehmigungsplanung, die dem Auftragnehmer sodann vorgegeben wird und dessen planerische Gestaltungs- und Optimierungsmöglichkeiten auch bei einer Funktionalen Leistungsbeschreibung stark einschränkt, ist aus Gründen der anderen – unkalkulierbar hohen – Zusatzkosten, die beim Auftraggeber verbleiben würden, hinzunehmen. Die Bereitstellung von Grundstücken für den Auftragnehmer ist hingegen im Zuge der Ausschreibung und Vergabe nicht unbedingt erforderlich, da bei Vorliegen des Planfeststellungsbeschlusses eine vorzeitige Besitzeinweisung für planfestgestellte Grundstücke möglich ist. Für darüber hinausgehende, nicht planfestgestellte Grundstücke, die der Auftragnehmer gegebenenfalls zur Ausführung seiner aufgrund einer Funktionalen Leistungsbeschreibung zu erbringenden Leistungen benötigt, liegt das Risiko ohnehin beim Auftragnehmer.

1.6.3.2 Funktionale Leistungsbeschreibung im Vergabeverfahren eines Nachfragemonopolisten

a) Einführung

Die mit der funktionalen Leistungsbeschreibung verfolgten Ziele des Auftraggebers werfen aus kartellrechtlicher Sicht stets dann Probleme auf, wenn es sich mit dem Auftraggeber um einen Nachfragemonopolisten handelt. In seinem Urteil vom 27.06.1996 verwies der BGH darauf, der Kläger, ein privates Bauunternehmen, könnte möglicherweise einen Schadensersatzanspruch, gestützt auf § 823 Abs. 2 BGB i. V. m. § 26 Abs. 2 GWB a. F. (n. F.: § 20 Abs. 1 GWB) gegen die Beklagte, eine Körperschaft des öffentlichen Rechts, haben.[119] Mit der Beklagten handelte es sich in dem Streitfall um eine Nachfragerin auf dem Markt für Schleusenbauwerke.

Ein auf § 823 Abs. 2 BGB i. V. m. § 26 Abs. 2 GWB a. F. (n. F.: § 20 Abs. 1 GWB) gestützter Anspruch eines Anbieters gegen den Auftraggeber wird stets dann Erfolg versprechend sein, wenn der Auftraggeber durch die Verwendung der Leistungsbeschreibung in sachlich nicht gerechtfertigter Weise den Auftragnehmer behindert. Tritt die Ausnutzung einer marktbeherrschenden Stellung durch den Auftraggeber hinzu, um dem Auftragnehmer eine Leistungsbeschreibung aufzuzwingen, die ihm ein unkalkulierbares Risiko aufbürdet, ist überdies die kausale Verursachung eines Schadens denkbar.

In dem Streitfall, der dem Kammerschleusenurteil des BGH zugrunde gelegen hatte, oblag es dem Auftragnehmer, statische Berechnungen und Bewehrungspläne erst nach Zuschlagserteilung, mithin nach Vertragsschluss, zu erstellen. Aufgrund der durch die Beklagte verwendeten Leistungsbeschreibung war es nicht möglich, den Stahlverbrauch bereits bei der Angebotserstellung korrekt zu ermitteln und zu kalkulieren.

Notwendige Voraussetzung zur Ermittlung eines auf § 26 Abs. 2 GWB a. F. (n. F.: § 20 Abs. 1 GWB) i. V. m. der Vorschrift des § 823 Abs. 2 BGB oder auch auf § 35 GWB a. F. (n. F.: § 33 GWB) gestützten Schadensersatzanspruch ist zunächst die Ermittlung des sachlich relevanten Markts.

In dem Kammerschleusenfall bestand dieser in dem Markt der Bauaufträge für Schleusenbauwerke. Maßgeblich ist für die Bestimmung des Nachfragemarkts die Sicht der Anbieter.[120] Die zur Feststellung der Marktbeherrschung erforderliche Ermittlung des sachlich und räumlich relevanten Markts ist begrenzt durch die Ausweichmöglichkeiten der Bieter. Handelt es sich beispielsweise mit dem Auftraggeber um eine öffentlich-rechtliche Körperschaft, deren Nachfrage das gesamte Gebiet der Bundesrepublik Deutschland erfasst und die auf diesem Gebiet Nachfragemonopolist ist, bestehen aus Sicht der Anbieter in diesem räumlich abgrenzbaren Markt keine Ausweichmöglichkeiten. Die kartellrechtliche Missbrauchskontrolle nach § 26 Abs. 2 GWB a. F. (n. F.: § 20 Abs. 1 GWB) greift somit in vollem Umfang.

Eine tatsächliche Behinderung der Unternehmer durch Verwendung einer Funktionalen Leistungsbeschreibung durch einen Nachfragemonopolisten kann dann vorliegen, wenn die Funktionale Leistungsbeschreibung ersichtlich zu einer Risikoverlagerung führen soll, auf die sich die Marktteilnehmer auf der Anbieterseite nur deshalb einlassen, weil sie nicht die Möglichkeit haben, auf andere Nachfrager auszuweichen. Die kartellrechtliche Kernfrage lautet demgemäß, ob die Art und Weise der Ausgestaltung der Leistungsbeschreibung im freien Wettbewerb durchsetzbar wäre.

---

[119] Vgl. BGH, ZVgR 1997, S. 124 ff. m. Anm. Höfler.
[120] Vgl. KG, EuZW 1995, S. 645 ff (647) m. w. N.

Bleibt den Bietern lediglich die Möglichkeit, den Inhalt einer Leistungsbeschreibung in Kauf zu nehmen oder sich aus dem relevanten Markt zurückzuziehen, kann grundsätzlich schon die Art und Weise der Leistungsbeschreibung eine missbräuchliche Ausnutzung einer marktbeherrschenden Stellung darstellen.

b) Lösungsmöglichkeiten

Zu berücksichtigen ist im Rahmen der kartellrechtlichen Beurteilung jedoch auch die Bedeutung der Vorschrift des § 9 VOB/A. Aus § 9 VOB/A folgen Richtlinien über den Inhalt und den Umfang der von dem Nachfragemonopolisten zu erstellenden Leistungsbeschreibung mit Leistungsverzeichnis. So ist die Leistungsbeschreibung insbesondere eindeutig und erschöpfend zu erstellen. Liegt ein gerechtfertigter Grund für die Abweichung von der üblichen Ausschreibungsform der Leistungsbeschreibung mit Leistungsverzeichnis vor, kann eine funktionale Leistungsbeschreibung gerechtfertigt sein.[121]

Eine missbräuchliche Ausnutzung einer marktbeherrschenden Stellung durch die Verwendung einer Funktionalen Leistungsbeschreibung wird dann nicht vorliegen, wenn die Leistungsbeschreibung die Mindestanforderungen des § 9 VOB/A beachtet. Dies wird regelmäßig dann nicht der Fall sein, wenn der Auftraggeber mit der Gestaltung der Leistungsbeschreibung gegen zwingende Vorschriften des § 9 VOB/A (z. B. das Gebot eindeutiger und erschöpfender Leistungsbeschreibung) verstößt. Nur dann, wenn die Art und Weise der Leistungsbeschreibung zu einer unzumutbaren Belastung des Unternehmers führt und hierdurch den einzelnen in Betracht kommenden Bewerbern am Vergabeverfahren die Teilnahme am Wettbewerb in nicht hinnehmbarer Weise erschwert wird,[122] wird der Missbrauchstatbestand des § 26 Abs. 2 GWB a. F. (n. F.: § 20 Abs. 1 GWB) erfüllt sein.

Eben diese Fallgestaltung hatte dem Kammerschleusenurteil des BGH zugrunde gelegen. Das OLG Karlsruhe hatte in der Berufungsinstanz die Art und Weise der Leistungsbeschreibung als nicht mit § 9 Ziffer 1 und 2 VOB/A vereinbar beurteilt. Der BGH hat in seiner Kammerschleusenentscheidung dieser Einschätzung der Berufungsinstanz nicht widersprochen.[123]

Demnach ist im Ergebnis festzuhalten, dass eine Funktionale Leistungsbeschreibung eines Nachfragemonopolisten jedenfalls in den Fällen keine missbräuchliche Ausnutzung eine, marktbeherrschenden Stellung darstellen dürfte, in denen die Leistungsbeschreibung nicht gegen die in § 9 VOB/A geregelten Grundsätze der Leistungsbeschreibung verstößt.

---

[121] LG Berlin, BauR 1985, S. 600 (601).
[122] Vgl. Höfler, ZVgR 1997, S. 128.
[123] Berufungsurteil des OLG Karlsruhe, Az.: 17 U 128/94.

2 Rechtssichere Handhabung von Nebenangeboten und Änderungsvorschlägen

2.1 Einführung

Nach § 21 Nr. 1 Abs. 1 Satz 1 VOB/A sollen die Angebote nur die Preise und die geforderten Erklärungen enthalten. Diese Bestimmung liegt im Sinne eines echten Wettbewerbs, indem sie speziell der leichteren Vergleichbarkeit der Angebote durch den Auftraggeber dienen soll.

Wenn das Angebot nur die geforderten Erklärungen enthalten soll, so bedeutet dies, dass zwar diese Erklärungen obligatorisch abzugeben sind, nicht aber, dass etwa nicht geforderte, also zusätzliche Erklärungen zwangsläufig zu einem Ausschluss von der Wertung i. S. von § 25 Nr. 1 Buchst. b VOB/A führen. So kann es ein Bieter in Einzelfällen für zweckmäßig halten, sein Angebot in Ergänzung der geforderten Erklärungen zum Verständnis und zur Beurteilung der angebotenen Leistung zu erläutern. Solche Erläuterungen dürfen allerdings nur kommentierende Angaben zum Angebot sein. Keinesfalls dürfen sie einen Änderungsvorschlag oder ein Nebenangebot darstellen.

§ 25 Nr. 1 Abs. 1b VOB/A ist eine zwingende Vorschrift, die dem Schutz des korrekten Wettbewerbs dient, vor allem der redlichen Mitbieter, die Angebote entsprechend der Ausschreibung abgegeben haben. Angebote, die gegen § 21 Nr. 1 Abs. 2 VOB/A verstoßen, müssen deshalb von der Wertung ausgeschlossen werden.[124]

Will der Bieter hingegen Änderungen oder Ergänzungen vorschlagen, so muss er einen Änderungsvorschlag oder ein Nebenangebot mit entsprechender Kennzeichnung einreichen, es sei denn, dass solche ausgeschlossen sind. Etwaige Erläuterungen sollten im Übrigen stets auf einer besonderen Anlage gemacht werden, damit sie nicht als unzulässige Änderungen an den Verdingungsunterlagen im Sinne von § 21 Nr. 1 Abs. 2 VOB/A angesehen werden. Zu bedenken ist jedoch, dass auch ein Anschreiben zu einem Angebot auf den Angebotsinhalt einwirken kann.

Aus der Formulierung des § 21 Nr. 1 Abs. 1 Satz 1 VOB/A, wonach Angebote nur die Preise und die geforderten Erklärungen enthalten sollen folgt im Umkehrschluss, dass die Angebote die Preise und die geforderten Erklärungen enthalten müssen. Angebote, die dieser Anforderung nicht genügen, sind unvollständig und werden deshalb bei der Wertung nach § 25 Nr. 1 Abs. 1 Buchst. b VOB/A ausgeschlossen.[125]

Die geforderten Erklärungen können sowohl den technischen Inhalt als auch die rechtlichen und sonstigen Rahmenbedingungen der zu erbringenden Leistung betreffen.

Beispielhaft zu nennen ist das Formblatt „Angebot" im VHB, das regelmäßig folgende Erklärungen bzw. Angaben der Bieter vorsieht:

i) Erklärung, die beschriebenen Leistungen zu den eingesetzten Preisen auszuführen.

ii) Erklärung, sich bis zum Ablauf der Zuschlagsfrist an das Angebot gebunden zu halten.

iii) Anerkennung folgender Vertragsgrundlagen:

---

[124] BGH, Urteil vom 08.09.1998 – X ZR 85/97; BauR 98, 1249; NJW 98, 3634; WuW 98, 1245; ZfBR 98, 271; ZfBR 99, 17.
[125] So auch VÜA Bayern, Beschluss vom 01. 06. 1995 - VÜA 4/95, WuW 1996, 163.

iv) Besondere Vertragsbedingungen (BVB),
v) Zusätzliche Vertragsbedingungen für die Ausführung von Bauleistungen (ZVB),
vi) in der Leistungsbeschreibung angegebene Zusätzliche Technische Vertragsbedingungen,
vii) Allgemeine Vertragsbedingungen für die Ausführung von Bauleistungen (VOB/B).
viii) Erklärung über die Mitgliedschaft in einer Berufsgenossenschaft.
ix) Erklärung, den gesetzlichen Verpflichtungen zur Zahlung der Steuern und Sozialabgaben nachgekommen zu sein, nicht mit einer größeren Strafe wegen illegaler Beschäftigung belegt worden zu sein und die gewerberechtlichen Voraussetzungen für die Ausführung der angebotenen Leistung zu erfüllen.
x) Angaben zum Berufszweig (z. B. Handwerk, Industrie, Handel).
xi) (Ggf.) Hinweis auf Zugehörigkeit zu einer Gruppe bevorzugter Bewerber.
xii) Angabe, ob der Bieter ein ausländisches Unternehmen ist.
xiii) Angabe, ob und ggf. welche Leistungen an Nachunternehmer übertragen werden sollen.
xiv) Erklärung, dass bekannt ist, dass wissentlich falsche Erklärungen zum Ausschluss von weiteren Auftragserteilungen führen können.

2.2 Angebote mit abweichenden technischen Spezifikationen

Nach § 21 Nr. 2 VOB/A ist es dem Bieter gestattet, eine Leistung anzubieten, die von den in der Leistungsbeschreibung vorgesehenen technischen Spezifikationen abweicht.

Voraussetzung dafür ist, dass diese Leistung „mit dem geforderten Schutzniveau in Bezug auf Sicherheit, Gesundheit und Gebrauchstauglichkeit gleichwertig ist".

Der entsprechende Nachweis muss mit dem Angebot vorgelegt werden. Außerdem muss im Angebot genau bezeichnet sein, in welcher Weise von den vorgesehenen technischen Spezifikationen abgewichen wird. Die eindeutige Bezeichnung der Abweichung und ein zweifelsfreier Nachweis der Gleichwertigkeit hinsichtlich der genannten Kriterien sind Grundbedingungen für die Prüfung des abweichenden Angebots durch den Auftraggeber. Fehlt eines von beiden, so kann der Auftraggeber das Angebot außer Betracht lassen.

Der DIN 18 299 ist unter Abschnitt 2.3.4 zu entnehmen: „Stoffe und Bauteile, für die bestimmte technische Spezifikationen in der Leistungsbeschreibung nicht genannt sind, dürfen auch verwendet werden, wenn sie Normen, technischen Vorschriften oder sonstigen Bestimmungen anderer Staaten entsprechen, sofern das geforderte Schutzniveau in Bezug auf Sicherheit, Gesundheit und Gebrauchstauglichkeit gleichermaßen dauerhaft erreicht wird. Sofern für Stoffe und Bauteile eine Überwachungs-, Prüfzeichenpflicht oder der Nachweis der Brauchbarkeit, z. B. durch allgemeine bauaufsichtliche Zulassung, allgemein vorgesehen ist, kann von einer Gleichwertigkeit nur ausgegangen werden, wenn die Stoffe und Bauteile ein Überwachungs- und Prüfzeichen tragen oder für sie der genannte Brauchbarkeitsnachweis erbracht ist."

Von Bedeutung ist jedoch, dass ein Angebot mit einer Leistung, die von den vorgesehenen technischen Spezifikationen abweicht, nicht als Änderungsvorschlag oder Nebenangebot anzusehen ist. Ein solches Angebot kann daher in der Bekanntmachung oder in der Aufforderung zur Angebotsabgabe nicht ausgeschlossen werden. Es muss gewertet werden, wenn die genannten Voraussetzungen erfüllt sind.

2.3 Nebenangebot und Änderungsvorschlag

Gemäß § 21 Nr. 3 VOB/A müssen etwaige Änderungsvorschläge oder Nebenangebote auf besonderer Anlage gemacht und als solche deutlich gekennzeichnet werden. Zwar besagt § 21 Nr. 1 Abs. 2 VOB/A, dass Änderungen an den vom Auftraggeber erstellten und den Bietern übergebenen Verdingungsunterlagen schlechthin unzulässig sind. Jedoch kann der Bieter – soweit diese Möglichkeit vom Auftraggeber grundsätzlich zugelassen ist – Änderungsvorschläge und Nebenangebote einreichen, sofern diese dem Auftragnehmer als zweckdienlich erscheinen. Nebenangebote und Änderungsvorschläge müssen sich als solche deutlich vom Hauptangebot unterscheiden und auf besonderer Anlage gemacht und eigens gekennzeichnet eingereicht werden.

Diese Bestimmung dient in erster Linie dem Schutz des Auftraggebers, der bei der Eröffnung der Angebote nach § 22 Nr. 3 Abs. 2 Satz 2 VOB/A bekanntzugeben hat, ob und vom wem Änderungsvorschläge und Nebenangebote eingereicht sind, und diese deshalb ohne Unterstellung führen, ein bestimmter Änderungsvorschlag oder ein bestimmtes Nebenangebot habe bei der Angebotseröffnung nicht vorgelegen und sei erst nachträglich beim Auftraggeber eingegangen. Dies soll vermieden werden. Eine deutliche Kennzeichnung liegt aber auch im Interesse der Bieter, denen daran gelegen ist, dass ihre Änderungsvorschläge und Nebenangebote nicht versehentlich bei der Angebotswertung unbeachtet bleiben.

2.3.1 Definition von Nebenangeboten und Änderungsvorschlägen

In der VOB ist nicht geregelt, wann ein Änderungsvorschlag bzw. ein Nebenangebot vorliegt. Aus dem Wortsinn ist jedoch zu entnehmen, dass unter einem Nebenangebot ein Angebot zu verstehen ist, das von einem Bieter neben dem geforderten Angebot eingereicht wird.

Als Änderungsvorschlag kann man dagegen den Vorschlag eines Bieters zur Ausführung der Leistung in einer anderen als der vom Auftraggeber vorgesehenen Art bezeichnen.

Gemeinsam ist den Begriffen des Änderungsvorschlages und des Nebenangebotes, dass es sich stets um von der geforderten Leistung abweichende Bietervorschläge handelt.

Von nichttechnischen Nebenangeboten wird auszugehen sein, wenn die Leistung als solche unverändert angeboten wird, ihre Ausführung hingegen von anderen als in den Verdingungsunterlagen vorgesehenen vertraglichen Bedingungen abhängig gemacht wird, z. B. hinsichtlich der Ausführungsfristen, der Gewährleistung oder der Einbeziehung einer Lohn- oder Stoffpreisgleitklausel in den Vertrag. Auch der Vorschlag, die Bauleistung nicht – wie vom AG vorgesehen – nach Einheitspreisen, sondern ganz oder teilweise pauschal abzurechnen, ist als Nebenangebot anzusehen. Nicht um ein Nebenangebot handelt es sich, wenn ein Bieter einen globalen Preisnachlass anbietet.

Eine exakte Abgrenzung des Änderungsvorschlags vom Nebenangebot ist nicht möglich. Welcher der beiden Begriffe für einen Bietervorschlag bei Zweifeln über die zutreffendere Bezeichnung verwendet werden sollte, ist nach den Verhältnissen des Einzelfalles zu beurteilen.

Die Rechtsfolgen sind bei beiden Begriffen die gleichen.[126] Werden Nebenangebote ohne gleichzeitige Abgabe eines Hauptangebots im Ausnahmefall ausgeschlossen, so empfiehlt sich zur Vermeidung von Zweifeln eine Orientierung an den vorgenannten Begriffsdefinitionen.

---

[126] Vgl. VÜA Bayern, Beschluss vom 17. 02. 1995 - VÜA 1/95, WuW 1996, 153 = IBR 1995, 242.

In den Vergabeunterlagen – zumeist in der Aufforderung zur Abgabe eines Angebotes – ist stets darauf hinzuweisen, ob Änderungsvorschläge und Nebenangebote zugelassen sind und wenn ja, in welcher Form.

Beispielsweise hat der Auftraggeber die Möglichkeit anzugeben, dass „Nebenangebote ohne gleichzeitige Abgabe eines Hauptangebotes ausnahmsweise ausgeschlossen" werden. Gemeint sind hierbei nicht etwaige Bietervorschläge, die sich auf eine technische Änderung eines Teils der ausgeschriebenen Leistung beziehen, sondern Nebenangebote, die die nach den Vorstellungen des Auftraggebers ausgeschriebene Leistung insgesamt technisch ersetzen oder eine andere vertragliche Abwicklung als die ausgeschriebene vorsehen.

Der Ausschluss von Nebenangeboten ohne gleichzeitige Abgabe eines Hauptangebots schränkt in der Regel den Wettbewerb ein und soll deshalb nach § 10 Nr. 5 Abs. 4 VOB/A nur „ausnahmsweise" erfolgen. Werden sie ausgeschlossen, so wird der Bieter gezwungen, auch ein Hauptangebot abzugeben, wozu er möglicherweise nicht oder nur unzureichend in der Lage ist.

Der Auftraggeber hat jedoch auch die Möglichkeit, lediglich technische Nebenangebote zuzulassen, nichttechnische Nebenangebote hingegen auszuschließen.

Sind Änderungsvorschläge und Nebenangebote vom Auftraggeber zugelassen worden, so ist in den Verdingungsunterlagen zu bestimmen, dass der Bieter – wenn er eine Leistung anbietet, deren Ausführung nicht in Allgemeinen Technischen Vertragsbedingungen oder in den Verdingungsunterlagen geregelt ist – entsprechende Angaben über Ausführung und Beschaffenheit dieser Leistung im Angebot zu machen hat.

Den Bewerbungsbedingungen des VHB ist insoweit zu entnehmen:

5. Änderungsvorschläge oder Nebenangebote

5.1 Änderungsvorschläge oder Nebenangebote müssen auf besonderer Anlage gemacht und als solche deutlich gekennzeichnet werden.

5.2 Der Bieter hat die in Änderungsvorschlägen oder Nebenangeboten enthaltenen Leistungen eindeutig und erschöpfend zu beschreiben; die Gliederung des Leistungsverzeichnisses ist, soweit möglich, beizubehalten.

Änderungsvorschläge und Nebenangebote müssen alle Leistungen umfassen, die zu einer einwandfreien Ausführung der Bauleistung erforderlich sind.

Soweit der Bieter eine Leistung anbietet, deren Ausführung nicht in Allgemeinen Technischen Vertragsbedingungen oder in den Verdingungsunterlagen geregelt ist, hat er im Angebot entsprechende Angaben über Ausführung und Beschaffenheit dieser Leistung zu machen.

5.3 Nebenangebote, die in technischer Hinsicht von der Leistungsbeschreibung abweichen, sind auch ohne Abgabe eines Hauptangebotes zugelassen. Andere Änderungsvorschläge oder Nebenangebote (z. b: abweichende Zahlungsbedingungen, Preisvorbehalte) sind nur in Verbindung mit einem Hauptangebot zugelassen.

5.4 Änderungsvorschläge oder Nebenangebote sind, soweit sie Teilleistungen (Positionen) des Leistungsverzeichnisses beeinflussen (ändern, ersetzen, entfallen lassen, zusätzlich erfordern), nach Mengenansätzen und Einzelpreisen aufzugliedern (auch bei Vergütung durch Pauschalsumme).

5.5 Der Auftraggeber behält sich vor, Änderungsvorschläge oder Nebenangebote, die den Nrn. 5.1 bis 5.4 nicht entsprechen, von der Wertung auszuschließen.

Mit dem durch die Formvorschrift des § 21 Nr. 2 VOB/A verfolgten Zweck der klaren Trennung der Änderungsvorschläge und Nebenangebote vom Hauptangebot ist verbunden, dass der Bieter die Änderungsvorschläge und Nebenangebote auch mit seiner Unterschrift zu versehen hat.

2.3.2 Risiken bei Nebenangeboten/Änderungsvorschlägen

Nach § 25 Nr. 4 VOB/A ist ein Angebot nach § 21 Nr. 2 wie ein Hauptangebot zu werten. Ein Angebot nach § 21 Nr. 2 VOB/A ist ein Angebot für eine Leistung, die von den in der Leistungsbeschreibung vorgegebenen, technischen Spezifikationen abweicht.

Die eindeutige Bezeichnung der Abweichung und ein zweifelsfreier Nachweis der Gleichwertigkeit hinsichtlich der genannten Kriterien sind Grundbedingungen für die Prüfung des abweichenden Angebots durch den Auftraggeber.

Änderungsvorschläge und Nebenangebote können mit erheblichen Risiken behaftet sein, und zwar sowohl für Auftragnehmer als auch für Auftraggeber.

Ein erhebliches Risiko kann für einen Bieter, der einen Änderungsvorschlag oder ein Nebenangebot abgegeben hat, darin bestehen, dass er für dessen Inhalt, insbesondere was die technische Gestaltung und die praktische Ausführung anbelangt, voll verantwortlich ist.

Dies gilt sowohl hinsichtlich der Planung als auch der Ausführung nach dem Änderungsvorschlag oder dem Nebenangebot. Zu beachten ist nämlich, dass der Auftraggeber beispielsweise die Voraussetzungen des § 9 Nr. 1 und 2 VOB/A nicht erfüllen kann und der Auftragnehmer daher selbst so planen und kalkulieren muss, dass der Änderungsvorschlag bzw. das Nebenangebot keine unwägbaren Risiken enthält. Dementsprechend ist z. B. § 4 Nr. 3 VOB/B – Bedenken gegen die Art der Ausführung – nicht anwendbar.

Auch das Mengen- und Preisrisiko kann nicht dem Auftraggeber obliegen, weil er insbesondere bei wesentlichen Änderungen der Ausführungsart nicht abschätzen kann, ob die angebotenen Mengen und die daraufhin kalkulierten Preise ausreichend sind. Sind für die Ausführung des Änderungsvorschlags bzw. des Nebenangebots andere Bodenerkundungen erforderlich als für die Ausführung der vom Auftraggeber ausgeschriebenen Bauleistung, liegt insoweit keine den Anforderungen des § 9 Nr. 4 Abs. 4 VOB/A entsprechende Bodenbeschreibung vor, die es dem Bieter und späteren Auftragnehmer ermöglichte, die Boden- und Wasserverhältnisse ausreichend zu beurteilen, so dass der Auftragnehmer grundsätzlich auch das darüber hinausgehende, änderungsbedingte Bodenrisiko zu tragen hat.

Ähnlich wie der Auftraggeber ist der Bieter bei der Abgabe von Änderungsvorschlägen oder Nebenangeboten für die von ihm gemachten Angaben im Rahmen der Leistungsbeschreibung verantwortlich. Die Bieter, die Änderungsvorschläge oder Nebenangebote abgeben, müssen deshalb im Rahmen ihrer Erfahrung und Sach- und Fachkunde prüfen, ob und inwieweit deren Realisierung möglich ist.

Dies gilt nicht nur hinsichtlich der Kalkulation der Vergütung, sondern auch hinsichtlich der Einhaltung der technischen Erfordernisse und Vorschriften.

Nimmt ein Auftraggeber einen Änderungsvorschlag oder ein Nebenangebot an, dann hat er zwar auch dieses im Rahmen der Wertung zu prüfen, jedoch übernimmt der Auftraggeber die Verantwortung für den Änderungsvorschlag oder das Nebenangebot übernimmt. Je nach Lage des Einzelfalles kann in gewissen Ausnahmefällen seitens des Auftraggebers ein Mitverschulden vorliegen, wenn er trotz vorhandener Erfahrung und Sachkunde beispielsweise ein Nebenangebot annimmt, welches aufgrund des derzeitigen Standes der Technik nicht realisierbar ist.

Das Risiko für den Auftraggeber ist zunächst darin zu sehen, dass Änderungsvorschläge und Nebenangebote von Bietern vor allem in dem Bestreben unterbreitet werden, die Auftragschance durch preislich günstige Vorschläge zu verbessern. Die Folge davon kann sein, dass Änderungsvorschläge oder Nebenangebote mit der ausgeschriebenen Leistung nicht gleichwertig sind und der Auftraggeber nicht das erhält, was er in qualitativer oder quantitativer Hinsicht eigentlich haben wollte.

Auch bei Gleichwertigkeit des Änderungsvorschlags oder Nebenangebots kann eine qualitative Einbuße sich infolge eines schwierigen Herstellungsprozesses ergeben.

Ein erhebliches Risiko kann es für den Auftraggeber bedeuten, wenn neue oder ungenügend erprobte Bauweisen oder Baustoffe zur Anwendung kommen sollen. Das Ausführungsrisiko trägt zwar der Auftragnehmer, jedoch wirken sich eine etwaige Unausführbarkeit oder schon bei der Ausführung hervortretende Mängel stets auch für den Auftraggeber nachteilig aus.

2.3.3 Pauschalierung von Nebenangeboten und Änderungsvorschlägen

Oftmals wird bei Nebenangeboten, die auf Einheitspreisen basieren, von der Möglichkeit einer Pauschalpreisvereinbarung Gebrauch gemacht. Insbesondere in Fällen, in denen der Auftraggeber nicht beurteilen kann, ob die vom Bieter angegebenen Mengen angemessen sind, kann eine Pauschalpreisvereinbarung für den Auftraggeber von großem Interesse sein. Zusätzlich zu den sowieso mit Nebenangeboten und Änderungsvorschlägen verbundenen Risiken, verlagert sich dann auch das Mengenermittlungsrisiko vollständig auf den Unternehmer, da die Vergütung von den tatsächlich ausgeführten Mengen losgelöst ist. Voraussetzung für eine Pauschalpreisvereinbarung ist dabei, dass der Unternehmer die volle Verantwortung für die von ihm erstellten Unterlagen übernimmt und vertraglich festgelegt wird, dass eine Preisanpassung i. S. von § 2 Nr. 7 Abs. 1 VOB/B ausgeschlossen ist, sofern der Auftraggeber nicht eine Änderung der von ihm vorgegebenen Leistungsziele vornimmt.

Nebenangebote werden zudem häufig von vornherein als Pauschalpreisangebote unterbreitet. Dies kann insbesondere für den Auftraggeber mit einem erheblichen Risiko verbunden sein, da bei der Ausarbeitung der Leistungsverzeichnisse oftmals die Mengenansätze reichlich oder sogar bewusst überhöht gewählt werden, um bei unvorhergesehenen Zusatzleistungen einen Preispuffer zu haben. Die auf solchen Mengenansätzen basierenden Hauptangebote sind daher preislich überhöht und für einen unmittelbaren preislichen Vergleich mit Pauschalpreisnebenangeboten nicht geeignet. Dies muss bei der Wertung des Nebenangebots berücksichtigt werden, um die Gefahr auszuschalten, dass der Zuschlag auf ein nur vermeintlich wirtschaftlich günstiges Nebenangebot erteilt wird.[127]

Des Weiteren kann bei Nebenangeboten und Änderungsvorschlägen auch die Vereinbarung einer „limitierten Vergütungssumme" in Betracht kommen, welche sowohl Elemente eines Einheitspreisvertrages als auch eines Pauschalvertrages hat. Grundlage ist hierbei das Leistungsverzeichnis des Bieters für sein Nebenangebot mit Mengenansätzen und Einheitspreisen. Vergütet werden die tatsächlich ausgeführten, höchstens jedoch die angebotenen Mengen. Liegen die tatsächlich ausgeführten Mengen unter den angebotenen Vordersätzen, so wird nach Einheitspreisen x Menge abgerechnet; sind sie gleich hoch oder höher, so wird die Auftragssumme als Pauschalsumme vergütet.

---

[127] Rusam in Heiermann/Riedl/Rusam, Teil A, § 25 Rdn. 99.

Gegen eine Limitierung können jedoch folgende Aspekte sprechen:[128]

i) Die ausgeführten Mengen müssen im Einzelnen nachgewiesen werden, was bei einer Pauschalvereinbarung nicht erforderlich ist. Dies verursacht Arbeitsaufwand und Kosten.

ii) In Nebenangeboten werden die Mengen erfahrungsgemäß zumeist knapp angesetzt, um die Angebotspreise möglichst günstig zu halten. Bei der Feststellung der ausgeführten Mengen ist deshalb nicht ohne weiteres mit einem Unterschreiten der Limitierung zu rechnen.

Der mit einer Limitierung der Vergütungssumme bei Nebenangeboten verbundene Ausschluss der Mehrmengenklausel gem. § 2 Nr. 3 VOB/B ist im übrigen sowohl mit der VOB als auch mit dem AGB-Gesetz vereinbar, weil es im allgemeinen Sache des Auftragnehmers und ihm daher zumutbar ist, die Vordersätze für sein Nebenangebot jedenfalls annähernd zutreffend zu ermitteln, daher die Risikoverlagerung auf ihn durchaus noch zu rechtfertigen ist.[129]

2.3.4 Wertung von Nebenangeboten und Änderungsvorschlägen

2.3.4.1 Form und Inhalt

Die inhaltliche Wertung von Änderungsvorschlägen und Nebenangeboten ist häufig schwieriger als die der Hauptangebote. Sie erfordert zumeist mehr technischen Sachverstand, weil neben den preislichen Unterschieden auch solche technischer Art zu berücksichtigen sind. Die Bieter sind deshalb verpflichtet, Änderungsvorschläge oder Nebenangebote so zu gestalten, dass der Auftraggeber in der Lage ist, diese zu prüfen und zu werten. Nur dann kann der Auftraggeber auch feststellen, ob diese seinen Vorstellungen über die auszuführende Leistung entsprechen und die Erteilung des Zuschlags auf ein Nebenangebot oder einen Änderungsvorschlag für ihn zweckdienlich ist.

Hieraus folgt, dass die gleichen Verpflichtungen an die Bieter bei Änderungsvorschlägen oder Nebenangeboten zu stellen sind, wie sie entsprechend § 9 VOB/A bei der Abfassung von Verdingungsunterlagen an den Auftraggeber gestellt werden.

Wenn von der geforderten Leistung erheblich abweichende Änderungsvorschläge oder Nebenangebote vorliegen, ist bei der Ermittlung des annehmbarsten Angebots eine besonders eingehende, alle Vergabekriterien gewichtende und zueinander ins Verhältnis setzende, vergleichend abwägende Wertung erforderlich.[130]

Nebenangebote und Änderungsvorschläge müssen so eindeutig und erschöpfend beschrieben sein, dass sich der Auftraggeber ein klares Bild über die im Rahmen des Änderungsvorschlags oder Nebenangebots vorgesehene Ausführung der Leistung machen kann und insbesondere auch die Angemessenheit des Preises prüfen kann.

Auch muss aus dem Änderungsvorschlag oder Nebenangebot eindeutig hervorgehen, welche in den Verdingungsunterlagen vorgesehene Leistungen oder vertragliche Regelungen ersetzt werden. Bezieht sich ein Nebenangebot auf die gesamte ausgeschriebene Leistung, so muss es vor allem auch auf seine Vollständigkeit untersucht werden. Zu erstrecken hat sich die Prüfung

---

[128] Rusam in Heiermann/Riedl/Rusam, Teil A, § 5 Rdn. 19.
[129] Keldungs in Ingenstau/Korbion, Teil B § 2 Rdn. 206.
[130] Vgl. VÜA des Bundes, Beschluss vom 03. 06. 1996 - 1 VÜ 6/96.

auch darauf, ob infolge des Änderungsvorschlags bzw. Nebenangebots andere in den Verdingungsunterlagen vorgesehene Leistungen geändert werden müssen oder zusätzliche, in den Verdingungsunterlagen nicht enthaltene Leistungen erforderlich werden. Bei der preislichen Beurteilung ist dies ggf. zu berücksichtigen.

Bei der Abfassung bzw. bei der Wertung von Nebenangeboten ist insbesondere darauf zu achten, dass

– die Leistungsbeschreibung des Auftraggebers nicht für alle denkbaren Nebenangebote Daten zu enthalten braucht,
– Nebenangebote, die zwingende Vorgaben in der Leistungsbeschreibung missachten, unzulässig sind,
– ein nur auf das Hauptangebot gewährter Preisnachlass bei der Wertung eines Nebenangebots nicht bei denjenigen Positionen des Hauptangebots berücksichtigt werden darf, die das Nebenangebot unberührt lässt,
– Nachverhandlungen zur Änderung eines Nebenangebots nur zulässig sind, wenn dieses ohne technische Änderung sachgerecht nicht realisierbar ist, die Änderung nur wenige der im Nebenangebot vorgeschlagenen Änderungen betrifft und keine deutlichen Verschiebungen im Preisgefüge entstehen.[131]

Unzulässig sind Nebenangebote, die von verbindlichen Festlegungen in der Leistungsbeschreibung abweichen. Obwohl sich also technische Nebenangebote an der Leistungsbeschreibung des Auftraggebers orientieren müssen, braucht diese nicht alle Daten zu enthalten, damit die Bieter alle denkbaren Nebenangebote unterbreiten können. Bei einem nur für das Hauptangebot gewährten Preisnachlass verbietet sich eine Auslegung dahin, dass er auch auf Einzelpositionen des Hauptangebots bezogen werden kann, die bei Annahme eines Nebenangebots dennoch zur Ausführung gelangen. Vertretbar ist jedoch bei gemeinsamer Vergabe von Losen, den Preisnachlass bei denjenigen Losen abzuziehen, die auf der Grundlage eines Hauptangebots vergeben werden sollen. Nachverhandlungen über ein Nebenangebot sind unzulässig, wenn die beabsichtigten Änderungen nicht technisch unumgänglich sind, sondern nur der Optimierung der Leistung dienen, acht von 16 im Nebenangebot vorgeschlagene Änderungen ändern sollen und der Angebotspreis sich durch neu hinzukommende Leistungen um mehr als 16 % des ursprünglichen Preises erhöht. Unter solchen Umständen kann nicht mehr von Änderungen geringen Umfangs die Rede sein.

2.3.4.2 Gleichwertigkeit

Von besonderer Bedeutung ist die Gleichwertigkeit des Änderungsvorschlags bzw. Nebenangebots mit der ausgeschriebenen Leistung. In der Regel ist davon auszugehen, dass ein Bietervorschlag nur dann zum Zug kommen kann, wenn er unter Abwägung aller technischen und wirtschaftlichen, ggf. auch gestalterischen und funktionsbedingten Gesichtspunkte annehmbarer ist als der Auftraggebervorschlag, wobei es hinsichtlich der Wirtschaftlichkeit nicht nur auf die Baukosten, sondern auch auf die Folgekosten ankommt.

Annehmbarer heißt, dass der Bietervorschlag entweder eine bessere Lösung darstellt und nicht teurer ist oder eine gleichwertige Lösung darstellt und preislich günstiger ist.

Keinesfalls darf ein nicht gleichwertiger Änderungsvorschlag oder ein nicht gleichwertiges Nebenangebot durch unzulässige Nachverhandlungen gleichwertig gemacht werden. Ände-

---

[131] VK Baden-Württemberg, Beschluss vom 21.05.2001 – 1 VK 7/01.

rungsvorschläge und Nebenangebote sind vielmehr grundsätzlich so zu werten, wie sie abgegeben wurden.

Zu unterscheiden ist hierbei die qualitativ und die qualitative Gleichwertigkeit.

Ein Nebenangebot kann nicht als gleichwertig gewertet werden, wenn es von ausgeschriebenen Mindestbedingungen abweicht.[132]

In dem dieser Entscheidung konkret zu Grunde liegenden europaweiten Ausschreibung über die Gebäudeautomation einer Kfz-Halle ist die gesonderte Installation einer Notbedienebene verlangt. Eine Bieterin unterbreitet ein Nebenangebot, wonach diese bereits über die DDC-Module funktioniert. Der Auftraggeber hält die integrierte Lösung für nicht gleichwertig und berücksichtigt das Angebot nicht. Die Bieterin widerspricht, da nach ihrer Auffassung auch bei Ausfall der Regelmodule die Handbedienung möglich bleibt, allerdings in elektronischer Form. Der Austausch erfolge durch Herausziehen des alten und Wiedereinstecken des neuen Moduls. Dies sei in wenigen Sekunden auch im laufenden Betrieb möglich. Dagegen seien die Beeinträchtigungen bei dem ausgeschriebenen 19-Zoll-Modul sogar größer, weil Schraubverbindungen gelöst werden müssten.

Die Vergabekammer Leipzig ist der Auffassung, dass der Auftraggeber das Nebenangebot von der Wertung ausschließen darf. Er hat die separate Notbedienebene ausgeschrieben und damit eine wesentliche Festlegung getroffen. Er hat diese Vorgehensweise gewählt, weil nach seiner Erfahrung elektronische Geräte störungsanfälliger sind als elektromechanische. Aufgrund der hohen Anforderungen an die Gebäudeautomation (Langzeitversuche an Motoren) hat er größtmögliche Sicherheit bei einem etwaigen Ausfall der Elektronik gewünscht und deshalb eine elektromechanische Notbedienung mit Relais, Schützen und Hebeln konzipiert. Die angebotene elektronische Lösung ist weder gleichwertig noch erwünscht. Einwendungen gegen diese zwingende Leistungsverzeichnisvorgabe hätten spätestens mit Angebotsabgabe erhoben werden müssen. Dies ist nicht geschehen. Nachdem der Auftraggeber im Leistungsverzeichnis sein Ermessen in sachgerechter Weise eingeschränkt hat, darf er Angebote ohne separate Notbedienebene nicht werten. Sonst würden diejenigen Bieter, welche die teureren Mindestvoraussetzungen der Ausschreibung eingehalten haben, gegenüber den preiswerteren Anbietern einer integrierten Lösung benachteiligt.

Das Bayerische Oberste Landgericht war mit Beschluss vom 29.04.2002 – Az. Verg 10/02 der Auffassung, dass – sofern in der Leistungsbeschreibung ein bestimmtes Fabrikat „oder gleichwertig" ausgeschrieben wird – die Gleichwertigkeitskriterien, soweit sie nicht ausdrücklich bezeichnet sind, in erster Linie an dem in der Leistungsbeschreibung zum Ausdruck gekommenen Auftraggeberwillen zu messen sind.

In dem vom Bayerischen Obersten Landgericht entschiedenen Fall hat ein öffentlicher Auftraggeber bei einem Bauvorhaben die Küchentechnik im Offenen Verfahren ausgeschrieben. Für den Gasheißluftdämpfer ist ein bestimmtes Fabrikat bezeichnet mit dem Zusatz „o.glw.". Nähere Angaben zur Gleichwertigkeit des angebotenen Fabrikats gegenüber dem in der Leistungsbeschreibung bezeichneten Fabrikat werden vom Bieter nicht gemacht. Erst nach der Mitteilung (VgV § 13), dass der Zuschlag an einen anderen Bieter, der das in der Leistungsbeschreibung bezeichnete Fabrikat angeboten hat, vergeben werden soll, reicht der Bieter umfangreiche Nachweise zur Gleichwertigkeit ein. Er soll nach Prüfung nunmehr den Zuschlag erhalten. Der durch die nachgereichten Gleichwertigkeitsangaben auf den zweiten Platz gedrängte Bieter stellt Nachprüfungsantrag und macht zahlreiche Unterschiede der einzelnen

---

[132] VK Sachsen, Beschluss vom 30.07.2002 – 1/SVK/071-02.

Fabrikate geltend. Allein die Zahl der Unterschiede ergebe, dass eine Gleichwertigkeit nicht vorliege. Bei der Brotschneidemaschine sei schließlich sogar anstelle einer Gatterschneidemaschine eine Sichelschneidemaschine angeboten worden. Bereits deshalb müsse das Angebot ausgeschlossen werden, da es nicht der Ausschreibung entspreche.

Das Gericht teilt die Auffassung der Vergabestelle, dass der Gleichwertigkeitsnachweis geführt sei. Es kommt nicht auf die zahlreichen Teilunterschiede an, die der ursprünglich erste Bieter aufgelistet hat. Bei der Prüfung der Gleichwertigkeit ist in erster Linie auf die Leistungsbeschreibung abzustellen, mit der der Auftraggeber für den Bieter erkennbar die für ihn wesentlichen Leistungsmerkmale bezeichne. Durch das als gleichwertig angebotene Fabrikat sind diese Kriterien erfüllt. Die Gebrauchstauglichkeit und die Schutzfunktion sind uneingeschränkt gegeben. Auch das Angebot einer Sichelschneidemaschine führt nicht zum Ausschluss, sondern sei von der Vergabestelle zu Recht als (zulässiges) Nebenangebot gewertet worden.

Bei der Wertung des Angebots dürfen nur die Kriterien berücksichtigt werden, die in der Bekanntmachung oder in den Vergabeunterlagen genannt sind. Die geforderte Leistung ist in den Vergabeunterlagen genau zu beschreiben. Dies gilt auch für die Wertungskriterien, die die Gleichwertigkeit maßgeblich bestimmen. Es ist konsequent, auch im Rahmen der Gleichwertigkeit auf die Kriterien abzustellen, die in den Vergabeunterlagen selbst für die Leistung angeführt sind und danach die Gleichwertigkeit zu beurteilen. Diese Kriterien sind jedem Bieter bei Abgabe des Angebots bekannt. Ihre Heranziehung stellt daher für keinen Bieter eine Unwägbarkeit dar. Wer ein gleichwertiges Angebot abgibt, muss bereits mit seinem Angebot die entsprechenden Nachweise für die Gleichwertigkeit vorlegen, andernfalls kann sein Angebot ausgeschlossen werden. Die Vergabestelle kann im Nachhinein nach § 24 VOB/A Nachweise für die Gleichwertigkeit verlangen, muss das nicht. Sie ist nicht verpflichtet, die nachgereichten Unterlagen zu prüfen und zu werten. Gegen eine Nichtberücksichtigung hätte der Bieter nicht erfolgreich vorgehen können.

Auch die Vergabekammer Sachsen kam mit Beschluss vom 14.05.2001, Az. 1/SVK/30-01 zu dem Ergebnis, dass ein alternativ angebotenes Erzeugnis nicht gleichwertig ist, wenn es in einer wichtigen Eigenschaft von dem in der Leistungsbeschreibung als Leitfabrikat vorgegebenen Produkt abweicht. Eine Eigenschaft ist wichtig, wenn sie in der Leistungsbeschreibung ausdrücklich angesprochen ist. Verlangen die Bewerbungsbedingungen, dass die Gleichwertigkeit mit dem Angebot nachgewiesen wird, berechtigt ein verspäteter Nachweis zum Ausschluss des Angebots von der Wertung, verpflichtet aber nicht dazu. Lässt sich der Auftraggeber zwecks nachträglichen Nachweises der Gleichwertigkeit auf Verhandlungen ein, verwirkt er sein Recht auf Ausschluss des Angebots wegen des nicht rechtzeitigen Nachweises.

Im Hinblick auf die Frage der Gleichwertigkeit von Nebenangeboten war die VOB-Stelle Niedersachsen (Stellungnahme vom 28.11.2000 – Fall 1239) der Auffassung, dass bei Widersprüchen in der Leistungsbeschreibung das Ergebnis von deren Auslegung maßgebend ist.

Ein öffentlicher Auftraggeber schreibt nach der VOB/A die schlüsselfertige Erstellung eines Verwaltungsgebäudes funktional aus. Die Leistungsbeschreibung, bestehend aus Vorbemerkungen, Checkliste, Raumbuch, Zeichnungen, "ZTV" und Leistungstexten eines Leistungsverzeichnisses, enthält viele Widersprüche und Ungenauigkeiten, insbesondere zur Ausführung der Geschossdecken und der Vordachkonstruktion. Die „ZTV" sagen unter anderem: "Soweit in den Leistungstexten im Einzelnen weitergehende oder anders lautende Angaben und Forderungen gestellt werden, haben diese Vorrang. Die Vorgaben der Leistungstexte sind unbedingt einzuhalten." Ein Bieter ist Mindestfordernder mit einem Nebenangebot, in dem die Ausführung der Geschossdecken und der Vordachkonstruktion eindeutig und genau beschrieben ist. Der Auftraggeber will das Nebenangebot übergehen, da die darin enthaltene Leistung der ausgeschriebenen nicht gleichwertig sei. Der Bieter besteht auf der Annahme seines Nebenangebots, da nur dieses dem Gebot einer eindeutigen und erschöpfenden Leistungsbeschreibung entspreche.

Nach Auffassung der VOB-Stelle ist der Auftraggeber berechtigt, bei nicht gleichwertiger Leistung ein Nebenangebot abzulehnen. Maßgebend für die Frage der Gleichwertigkeit ist die Leistungsbeschreibung des Auftraggebers. Im Falle von Widersprüchen und Unklarheiten muss diese Leistungsbeschreibung entsprechend ausgelegt werden. Im vorliegenden Fall ist dabei vor allem die angesprochene Regelung in den „ZTV" zu berücksichtigen. Eine Gesamtbetrachtung der Leistungsbeschreibung ergibt, dass das Nebenangebot im Vergleich zur ausgeschriebenen Leistung nicht gleichwertig ist. Mithin ist die Ablehnung des Nebenangebots nicht zu beanstanden.

2.3.5 Erkennen von Lösungsansätzen im Änderungsvorschlag und Nebenangebot

Strebt ein Auftraggeber an, Planungsrisiken möglichst zu vermeiden, empfiehlt sich für ihn eine Leistungsbeschreibung mit Leistungsprogramm. Aber auch bei einem Änderungsvorschlag und einem Nebenangebot liegt das Planungsrisiko beim Auftragnehmer. Nachtragsforderungen, die zumeist aus einer unvollständigen Planung des Auftraggebers herrühren und sich in einem unvollständigen und technisch verbesserungsbedürftigen Leistungsverzeichnis niederschlagen, werden dadurch ausgeglichen. Änderungsvorschläge sowie Nebenangebote sind im wesentlichen Geistwerk des Bieters. Er übernimmt das Risiko der Machbarkeit. Gleiches gilt für eine Leistungsbeschreibung mit Leistungsprogramm. Der Auftraggeber gibt nämlich nur den Rahmen vor, auf den der Bieter mit seiner Planung aufbaut.

Anders als bei einer Leistungsbeschreibung mit Leistungsverzeichnis ist der Auftragnehmer deshalb dafür verantwortlich, dass in seiner Leistung alles enthalten ist, was eine funktionsgerechte Erstellung des Bauwerkes erfordert. Siehe hierzu die Urteile des BGH vom 23.01.1997 – VII ZR 95/96 –und vom 27.06.1996 – VII ZR 59/95 – (BauR 97 5. 464 und 5. 126).

Ganz zwangsläufig ergeben sich aus Änderungsvorschlägen, Nebenangeboten insbesondere aber aus Angeboten aufgrund einer Leistungsbeschreibung mit Leistungsprogramm ganz unterschiedliche Lösungsansätze über Art und Weise der Planung und Ausführung einer Bauaufgabe. Die unterschiedlichsten Verfahren ergeben sich aus der Verschiedenartigkeit der Fertigungsmethoden oder Systeme oder einfach daraus, dass mehrere technische Lösungen möglich sind, die miteinander im Wettbewerb konkurrieren. Änderungsvorschläge und Nebenangebote sollten daher grundsätzlich erbeten werden.

Ein wesentlicher Bestandteil der Wertung ist es deshalb, Lösungsansätze in solchen Sondervorschlägen zu erkennen, wenn der Auftraggeber seine Entscheidung über die technisch, wirtschaftlich und gestalterisch beste sowie funktionsgerechte Lösung der Bauaufgabe erst aufgrund der eingegangenen Angebote treffen will.

Als Hilfsmittel für die zu treffende Entscheidung empfiehlt sich bei Angeboten auf der Grundlage einer Leistungsbeschreibung mit Leistungsprogramm eine Bewertung von Unterschieden in der Leistungsqualität mit Punkten.

2.3.5.1 Berücksichtigung von Qualitätsunterschieden durch Punktwertung

Eine Bewertung von Unterschieden in der Leistungsqualität mit Punkten kann für die Angebotswertung vor allem im Falle einer Leistungsbeschreibung mit Leistungsprogramm in Betracht kommen, wenn sich die angebotenen Leistungen von Angebot zu Angebot durch eine Vielzahl von Qualitätsmerkmalen unterscheiden. Dies trifft bei technisch komplexen Anlagen zu, z. B. bei Müllverbrennungs- und Kläranlagen, Krankenhäusern u. a.. Bei den meisten Bauanlagen, z. B. bei Gebäuden und Brücken, lassen sich dagegen unterschiedliche Leistungsqualitäten i. d. R. weitgehend dahin analysieren, welche unterschiedlichen Folgekosten sie nach sich ziehen, wobei z. B. eine schlechtere Qualität eine kürzere Nutzungsdauer und höhere Unterhaltungskosten, vielleicht auch höhere Betriebskosten bewirkt, also Umstände, die sich verhältnismäßig leicht in Geldbeträgen ausdrücken lassen.

Selbstverständlich kann man z. B. auch die Architektur, Nutzungsdauer, die Unterhaltungskosten und Betriebskosten wie auch den Grad der Kostensicherheit mit Punkten bewerten. Ein Problem ergibt sich aber schon bei der Gewichtung der Merkmale eines Angebots, nachdem man die maximale Gesamtpunktzahl (z. B. 1000) auf die einzelnen Merkmale (einschließlich Preis) verteilen muss. Es besteht dabei vor allem die Gefahr, dass man die verschiedenen Merkmale nicht ihrer tatsächlichen Bedeutung gemäß gewichtet. Es liegt nahe, dass ein Angebot, das bezüglich eines Merkmals relativ am besten abschneidet, die für dieses Merkmal vorgesehene Höchstpunktzahl erhält. Problematisch wird dann aber schon der jeweilige Grad der Verminderung der Höchstpunktzahl bei den anderen Angeboten.

Beispiel:
Die längste Nutzungsdauer der ausgeschriebenen Leistungen beträgt 50 Jahre. Wie sind dann Angebote diesbezüglich zu bewerten, wenn eine Nutzungsdauer von 40, 30 oder 20 Jahren zu erwarten ist? Ist es sachgerecht, auf diese 80 %, 60 % bzw. 40 % der Gesamtpunkte für die Nutzungsdauer zu verteilen? Es besteht die erhebliche Gefahr, dass bei der Bewertung eines Merkmals mit Punkten die Unterschiede zwischen Angeboten sich in zu großen oder zu kleinen Punktzahlunterschieden auswirken, so dass manipuliert, d. h. der genehme Bieter beauftragt werden kann. Jedenfalls müssen die Punktzahlunterschiede eines Merkmals umso geringer ausfallen, je weniger Bedeutung das betreffende Merkmal hat, da sich sonst aufgrund des Merkmals zu leicht eine Änderung der Reihenfolge der Angebote ergeben kann.

Soweit zusätzliche Untermerkmale bewertet werden sollen, sind die auf die zugehörigen Merkmale entfallenden möglichen Maximalpunkte auf die Untermerkmale nach deren Bedeutung aufzuteilen. Wie viele Punkte dann tatsächlich auf die Untermerkmale vergeben werden, ist davon abhängig zu machen, wieweit das jeweilige Optimum erreicht wird.

Ist eine Punktewertung vorgesehen, muss dies den Bewerbern bei der Aufforderung zur Angebotsabgabe mitgeteilt werden. Anzugeben sind dabei die Merkmale und ggf. auch Untermerkmale der anzubietenden Leistung, die mit Punkten bewertet werden (ggf. einschließlich Preis), als ausschließliche oder zusätzliche Wertungskriterien (vgl. § 10 a Spiegelstrich 1 und § 10 SKR Nr. 1 Abs. 1 VOB/A), die Gesamtpunktzahl, die maximal vergeben werden kann sowie die jeweils möglichen Maximalpunkte der Merkmale und ggf. Untermerkmale, die mit Punkten bewertet werden (ggf. einschließlich Preis), was eine Gewichtung und Reihenfolge dieser Merkmale und ggf. Untermerkmale (gemäß der ihnen zuerkannten Bedeutung) ergibt.

Diese Angaben sind einmal nötig, damit die Bewerber erfahren, worauf es dem Auftraggeber bei der anzubietenden Leistung ankommt, und sie sich darauf einrichten können bzw. bei der Angebotsbearbeitung nicht „im dunkeln tappen". Zum anderen soll dadurch Manipulationen entgegengewirkt werden. Andernfalls könnte man zu leicht die zu bewertenden Merkmale nachträglich so wählen und gewichten, wie man es braucht, um den genehmen Bieter beauftragen zu können. Bei der Angebotswertung ist dasjenige Angebot das annehmbarste, das die meisten Punkte erhält bzw. das niedrigste Preis-/Leistungsverhältnis bzw. den niedrigsten Quotienten aus Wertungssumme und Punktezahl aufweist. Mit Punkten zu bewerten sind nur die Angebote der engeren Wahl.

In die engere Wahl kommen nur Angebote, die die Mindestanforderungen erfüllen. Eine Punktewertung ist als Ausnahme im Vergabevermerk zu rechtfertigen. Die Einzelheiten sind dort zu dokumentieren (§ 30 Nrn. 1 und 2 VOB/A). Vor allem ist die Punkteverteilung auf die betrachteten Angebotsmerkmale für jedes Angebot der engeren Wahl zu begründen. Zu begründen ist ggf. auch, warum Angebote nicht in die engere Wahl gekommen sind.

Die Vertragserfüllung ist u. a. gemäß § 4 VOB/B zu überprüfen. Der Auftragnehmer hat mangelhafte Leistungen auf seine Kosten durch mangelfreie zu ersetzen (§ 4 Nr. 7 VOB/B). Erfolgt dies nicht, ist ihm ggf. der Auftrag gem. § 8 Nr. 3 VOB/B zu entziehen.

Die Abnahme ist gem. § 12 VOB/B durchzuführen.

2.3.5.2 Preiswertungsmöglichkeiten

Bezüglich des Preises gibt es zwei grundsätzliche Möglichkeiten:
- Man betrachtet auch den Preis, der angemessen sein muss, als Angebotsmerkmal und gewichtet ihn wie die übrigen Merkmale des Angebots mit Punkten.
- Man gewichtet nur die übrigen oder nur die nicht monetär bewertbaren Merkmale des Angebots mit Punkten und ermittelt ein Preis-/Leistungsverhältnis bzw. einen Quotienten aus Wertungssumme und Punktzahl, indem der Preis bzw. die Wertungssumme durch die Gesamtzahl der auf das Angebot entfallenden Punkte dividiert wird.

a) Möglichkeit 1: Gewichtung des Preises mit Punkten

Die jeweilige Punktzahl Z für den Preis wird mit folgender Formel berechnet:

$$Z = M - \frac{M(P-N)}{N}$$

$M =$ maximale Punktzahl für den Preis

$N =$ niedrigster Preis der annehmbaren Angebote (Unterangebote, d. h. Angebote mit einem unangemessen hohen oder niedrigen Preis, zählen nicht)

$P =$ Preis des betrachteten (annehmbaren) Angebots

Beispiel 1:

$$Z = 500 - \frac{500(2\,Mio. - 2\,Mio.)}{2\,Mio.}$$

$Z = \quad 500$

Beispiel 2:

$$Z = 500 - \frac{500(4\,Mio. - 2\,Mio.)}{2\,Mio.}$$

$$Z = \quad 0$$

Möglicherweise erhält jedoch der Preis vergleichsweise ein zu geringes Gewicht M, mit der möglichen Folge, dass ein Bieter mit verhältnismäßig vielen positiven Leistungsmerkmalen einen ungewöhnlich hohen Preis verlangen kann, ohne damit seine Auftragschance zu verringern. Der Preis darf daher nicht zu gering gewichtet werden.

b) Möglichkeit 2a und 2b

aa) Möglichkeit 2a: Ermittlung eines Preis-/Leistungsverhältnisses

Das unter „Möglichkeit 1" angesprochene Problem lässt sich vermeiden, wenn nicht der Preis, sondern nur die übrigen Angebotsmerkmale mit Punkten gewichtet werden. Die Qualität der Leistung bzw. die übrigen Vor- und Nachteile eines Angebotes werden dadurch bei der Wertung berücksichtigt, dass das Preis-/Leistungsverhältnis als maßgebendes Kriterium errechnet wird. Hierzu ist der Preis durch die Gesamtpunktzahl des betreffenden Angebots zu dividieren.

Beispiel 3:
Preis: = € 10.350.400,-

Gesamtpunktzahl: = 830

$$\frac{10.350.400,00,-}{830} = 12.470,36,-$$

Beispiel 4:
Preis: = € 12.870.300,-

Gesamtpunktzahl: = 970

$$\frac{12.870.300,00,-}{970} = 13.268,35,-$$

bb) Möglichkeit 2b: Quotient Wertungssumme/Punktzahl

An die Stelle des reinen Preises (bei Möglichkeit 2a) tritt die Wertungssumme. Dabei werden die aufgrund einer Lohngleitklausel zu erwartenden Mehrkosten des Auftraggebers in die Wertungssumme einbezogen. Zusätzlich kann die Wertungssumme die errechneten Barwerte der angebotenen oder ermittelten Unterhaltungs- und Betriebskosten einschließen. Der Quotient wird dann, wie unter „Möglichkeit 2a" beschrieben, ermittelt. Dieses Verfahren vermindert die mit der vorgenannten Punktwertung (Möglichkeit 2a) verbundenen Probleme und Nachteile weiter (beseitigt sie aber nicht).

Bei der Angebotswertung ist dasjenige Angebot das annehmbarste, das die meisten Punkte erhält bzw. das niedrigste Preis/Leistungsverhältnis bzw. den niedrigsten Quotienten aus Wertungssumme und Punktzahl aufweist.

Nur die Angebote der engeren Wahl sind mit Punkten zu bewerten.

Zur Punktwertung gibt es im Baubereich kaum Erfahrungen und damit nur wenig gesicherte Erkenntnisse. Gleichwohl erscheint die Anwendung in einigen Bereichen sinnvoll.

2.3.6 Entscheidungen zur Prüfung und Wertung von Nebenangeboten und Änderungsvorschlägen

2.3.6.1 Bezeichnung eines Nebenangebotes als Nebenangebot

Nach § 21 Nr. 3 VOB/A ist die Anzahl von Nebenangeboten an einer vom Auftraggeber in den Verdingungsunterlagen bezeichneten Stelle aufzuführen. Nebenangebote müssen auf besonderer Anlage gemacht und als solche deutlich gekennzeichnet werden. Eine mangelhafte – oder gar fehlende – Bezeichnung kann nach § 25 Nr. 1 Abs. 2 VOB/A zum Ausschluss führen. Der Auftraggeber ist nicht verpflichtet, derartige Nebenangebote in die Wertung einzubeziehen.

Ziel dieser Vorschrift ist, Nebenangebote leicht zu erkennen und dadurch ihre Bekanntgabe im Submissionstermin sicherzustellen. Dies trägt wesentlich zur Gewährleistung transparenter Vergabeverfahren i. S. d. § 97 Abs. 1 GWB bei und bewahrt den Auftraggeber vor ungerechtfertigten Manipulationsvorwürfen von Seiten der Bieter.[133]

2.3.6.2 Formerfordernisse für die Wertung von Nebenangeboten

Die VOB/A enthält in § 21 Nr. 3 die Formerfordernisse für Nebenangebote. Diese müssen auf einer besonderen Anlage gemacht und als solche deutlich gekennzeichnet sein. Gemäß § 21 Nr. 3 VOB/A ist weiterhin erforderlich, dass die Anzahl von Nebenangeboten und Änderungsvorschlägen an einer vom Auftraggeber bezeichneten Stelle aufzuführen ist.

Die Antragstellerin hat in ihrem Anschreiben darauf hingewiesen, dass sie sich an die Bedingungen des Leistungsverzeichnisses gehalten und in der Anlage technische Abweichungen und Mengenänderungen beschrieben habe. Diese Anlage ist mit „Beschreibung der technischen Alternativen Ausführung" bezeichnet. Dies ist keine deutliche Kennzeichnung als Nebenangebot im Sinne von § 21 Nr. 3 Satz 2 VOB/A. Das Angebotsschreiben der Antragstellerin (EVM (B) Ang) enthält in der Zeile „Nebenangebot" keinen Eintrag. Damit ist das Formerfordernis als Voraussetzung für die Wertung als Nebenangebot nicht erfüllt.[134]

2.3.6.3 Notwendiger Inhalt von Nebenangeboten und Änderungsvorschlägen

Es kommt darauf an, ob der Auftraggeber in der Lage ist, die (mögliche) Annehmbarkeit beim ersten Vergleich der Angebote und Nebenvorschläge abschätzen zu können, ohne direkt in Aufklärungsgespräche einsteigen zu müssen. Insoweit gelten die Vorgaben für technische Spezifikationen aus § 21 Nr. 2 VOB/A sinngemäß auch für Nebenangebote und Änderungsvorschläge. Die Art und Weise der Anordnung der Regelungen in §§ 21, 24 Nr. 3 VOB/A indiziert nicht wie die Antragstellerin geltend macht, dass Nebenangebote und Änderungsvorschläge gleichsam nur zusammen mit dem Hauptangebot beziffert angekündigt zu werden brauchen und der Auftraggeber dann verpflichtet wäre, die beabsichtigte Ausführungsart etc. aufzuklä-

---

[133] VK Nordbayern, Beschluss vom 26.10.2001 -Az.: 320.VK-3194-37/01.
[134] VK Magdeburg, Beschluss vom 20.07.2001 -VK-OFD LSA- 05/01.

ren. Ein solches Ergebnis würde den Bietern nachlassen, unmittelbar wertungserhebliche Angaben nachzureichen, nachdem ihnen die Submissionsergebnisse bekannt sind.[135]

2.3.6.4 Notwendiger Inhalt von Nebenangeboten

Bei Nebenangeboten hat der Auftraggeber eine besonders eingehende und alle Vergabekriterien gewichtende und zueinander ins Verhältnis setzende, vergleichend abwägende Wertung durchzuführen, insbesondere wenn erhebliche Abweichungen von der ausgeschriebenen Bauleistung vorliegen. Stets ist der Zusammenhang zu den Hauptangeboten herzustellen, so dass die Vergabestelle eine eindeutige und nachprüfbare Zuschlagsentscheidung treffen kann. Dazu ist eine klare und in sich geschlossene übersichtliche und erschöpfende Beschreibung des Nebenangebots zwingend erforderlich. Insbesondere müssen die Leistungsangaben des Bieters den Anforderungen entsprechen, wie sie für das umgekehrte Verhältnis in Teil A § 9 VOB/A festgelegt sind.[136]

2.3.6.5 Nachweis der Gleichwertigkeit von Nebenangeboten

Nach § 21 Nr. 2 VOB/A ist es dem Bieter gestattet, eine Leistung anzubieten, die von den in der Leistungsbeschreibung vorgegebenen technischen Spezifikationen abweicht Voraussetzung dafür ist, dass diese Leistung mit dem geforderten Schutzniveau in Bezug auf Sicherheit Gesundheit und Gebrauchstauglichkeit gleichwertig ist. Der entsprechende Nachweis muss vom Bieter zusammen mit dem Angebot dem Auftraggeber vorgelegt werden. Außerdem muss im Nebenangebot genau bezeichnet sein, inwieweit von den vorgesehenen Spezifikationen abgewichen wird. Die eindeutige Bezeichnung der Abweichung und ein zweifelsfreier Nachweis der Gleichwertigkeit hinsichtlich der genannten Kriterien sind Grundbedingungen für die weitere Prüfung des Angebotes.[137]

2.3.6.6 Nachweis der Gleichwertigkeit eines Nebenangebotes

Wer ein Angebot mit abweichenden technischen Spezifikationen oder ein Nebenangebot bzw. einen Änderungsvorschlag macht, hat ferner dessen Gleichwertigkeit mit der ausgeschriebenen Leistung bei Angebotsabgabe nachzuweisen. Die Antragstellerin ist entscheidende Informationen schuldig geblieben, die für die Beurteilung der Gleichwertigkeit unerlässlich sind.

Fehlt der Nachweis der Gleichwertigkeit, so kann der Auftraggeber das Angebot außer Betracht lassen. Zwar können fehlende Gleichwertigkeitsnachweise grundsätzlich im Wege von Verhandlungen nach § 24 VOB/A nachträglich erbracht werden. Zu solchen Verhandlungen ist der öffentliche Auftraggeber aber nicht verpflichtet.[138]

2.3.6.7 Zeitpunkt des Nachweises der Gleichwertigkeit eines Nebenangebotes

Zwar ist gemäß § 21 Nr. 2 Satz 3 VOB/A die Gleichwertigkeit mit dem Angebot nachzuweisen, d. h. der entsprechende Nachweis der Gleichwertigkeit zusammen mit dem Angebot vorzulegen. Jedoch steht dem Auftraggeber bei der Entscheidung, ob er das Angebot der Beigeladenen trotz verspäteter Nachweisführung in die Wertung einbeziehen möchte, ein Ermessens-

---

[135] VK Düsseldorf, Beschluss vom 07.06.2001 Az.: VK- 13/2001-.
[136] VK Nordbayern, Beschluss vom 18.10.2001 - Az.: 320.VK-3194-34/01.
[137] VK Halle, Beschluss vom 27.08.2001 - Az.: VK Hal 13/01
[138] 2 VK Mecklenburg-Vorpommern, Beschluss vom 27.11.2001-Az.: 2 VK 15/01.

spielraum zu. Er kann das Angebot außer Betracht lassen. Insbesondere sieht § 25 Nr. 1 Abs. 1 VOB/A keinen zwingenden Ausschluss wegen verspäteter Nahweisführung der Gleichwertigkeit vor.[139]

2.3.6.8 Voraussetzungen für die Wertung eines Nebenangebotes mit dem Inhalt eines Pauschalvertrages

Die Antragsgegnerin hat hier gegen § 5 Nr. 1 lit. b VOB/A verstoßen, indem sie das Nebenangebot Nr. 8 der Beigeladenen berücksichtigte. Ein Pauschalvertrag darf nach dieser Vorschrift u. a. nur dann geschlossen werden, wenn die Leistung nach ihrem Umfang genau bestimmt ist und mit einer Änderung bei der Ausführung nicht zu rechnen ist. Diese Voraussetzungen sind hinsichtlich der Positionen 30.1.59 und 30.1.60 nicht erfüllt.[140]

Leistung: Baumaßnahmen

2.3.6.9 Prüfung und Wertung eines Nebenangebotes in Form einer Preisgleitklausel

Der Nebenvorschlag durfte hier nicht berücksichtigt werden, da er eine in den Verdingungsunterlagen nicht vorgesehene Preisgleitklausel beinhaltet. Die Preisgleitklausel würde eine unterschiedliche Art und Weise der Bewertung des Preises der Antragstellerin und der übrigen Bieter bedingen und damit die Preise untereinander nicht vergleichbar erscheinen lassen. Preisgleitklauseln können nur einheitlich durch entsprechende Vorgaben in den Verdingungsunterlagen von allen Bietern angeboten werden, um Vergleichbarkeit herzustellen.[141]

---

[139] 1. VK Sachsen, Beschluss vom 09.05.2001 - Az.: 1/SVK/30-01.
[140] 2. VK Mecklenburg-Vorpommern, Beschluss vom 27.11.2001 -Az.: 2 VK 15/01.
[141] VK Düsseldorf, Beschluss vom 07.06.2001 - Az.: VK - 13/2001-B.

3 Verlagerung des Beschreibungsrisikos durch die Art der Vertragsgestaltung

3.1 Risikoverteilung beim Werkvertrag unter besonderer Berücksichtigung des Bauvertrages

3.1.1 Vertragsrisiko und Geschäftsgrundlage

3.1.1.1 Die Risikoverteilung auf die Parteien

Der Sinn eines Vertrages liegt darin begründet, für jede Partei individuelle Risiken zu definieren und sie daran festzuhalten. Risiken sind in diesem Zusammenhang als „aleatorische", vom Zufall abhängige Abweichungen von einer bei Vertragsschluss vorgestellten Wirklichkeit zu verstehen. Diese Entfernung ist also gleichbedeutend mit dem individuellen Vertragsrisiko einer Partei und gibt an, bis zu welcher Belastungsgrenze eine Partei gehen will, um ihren Geschäftszweck zu verfolgen. Gleichermaßen wird durch die zusammengenommenen Vertragsrisiken der beiden Parteien der Vertragsinhalt definiert. Halten sich solche Abweichungen innerhalb der vertraglich festgelegten Risikoverteilung und stehen sie nicht im Widerspruch zum Gesetzesrecht, gilt (i. d. R.) der Vertrag. Dabei ist unbedingt eine strikte Trennung zwischen dem Geschäftszweck und dem daraus folgenden Geschäftsrisiko vorzunehmen, da die Gestaltung des Vertrages nicht dem „gemeinsamen Zweck" (z. B. Erstellen eines Parkhauses), sondern der „Verteilung" der individuellen Risiken (Auftraggeber übernimmt das Risiko für die Beschaffenheit des Baugrundes; Auftragnehmer übernimmt das Risiko für eine ausreichende Preisermittlung) dient.[142] Für die Verteilung der Risiken ist in erster Linie der Parteiwille maßgebend. In Fällen, in denen kein ausdrücklicher Parteiwille formuliert ist, gilt Gesetzestypik oder von der Lebenserfahrung entwickelte Verkehrstypik.[143]

In der Baupraxis tritt der Wille häufig hinter die Bestimmung des Vertragsinhaltes durch das Verkehrsübliche zurück, da die Zuordnung der Vertragsrisiken zum großen Teil vom Gesetz selbst vorgenommen ist. Bei verkehrstypischen Verträgen (z. B. Kauf- Miet- und Werkvertrag) geschieht die Risikoverteilung durch die Verkehrssitte, die in Allgemeinen Geschäftsbedingungen, Handelsbräuchen oder einfach in der täglichen Praxis ihren Niederschlag finden kann. Im Bauvertrag, der eine Unterform des Werkvertrages darstellt, findet z. B. als Allgemeine Geschäftsbedingung die VOB/B Anwendung.[144] Für die Feststellung, welches individuelle Vertragsrisiko die jeweilige Partei zu tragen hat, sind also Vertrag, Verkehrssitte und Gesetz zu befragen. Hierbei ist immer nach dem Grundsatz zu verfahren, dass die speziellere Regelung vor der allgemeinen gilt, wobei der Vertrag die speziellere Regelung darstellt. Erst wenn er schweigt, sind die weiterreichenden allgemeinen Bestimmungen heranzuziehen.[145]

---

[142] Nur wenn eine Abweichung von der Wirklichkeit vorliegt, also Risiken für die Parteien aufkommen, ist eine geregelte Risikoverteilung notwendig. Die Bestätigung dessen, was ist, bedarf keines Vertrages.
[143] Fikentscher, Die Geschäftsgrundlage als Frage des Vertragsrisikos, S. 32.
[144] § 1 VOB/B führt diese allgemeinen Bedingungen in den Bauvertrag ein und beschreibt Art und Umfang der auszuführenden Leistung. Die §§ 6, 7 und 10 VOB/B verteilen neben anderen Bestimmungen die Risiken zwischen Auftraggeber und Auftragnehmer bei der Ausführung.
[145] Vgl. dazu die Aufzählung der Geltungskriterien in § 1 VOB/B.

3.1.1.2 Die Geschäftsgrundlage des Vertrages

a) Die Geschäftsgrundlage im Überblick

Geschäftsgrundlage sind nach ständiger Rechtsprechung die bei Vertragsschluss bestehenden gemeinsamen Vorstellungen beider Parteien oder die dem Geschäftsgegner erkennbaren und von ihm nicht beanstandeten Vorstellungen der einen Vertragsseite vom Vorhandensein oder dem zukünftigen Eintritt gewisser Umstände, sofern der Geschäftswille der Parteien auf dieser Vorstellung aufbaut.[146] Demnach haften der Geschäftsgrundlage nur solche Umstände an, die nicht zum Vertragsinhalt gehören, also nicht den individuellen Geschäftswillen ausdrücken, sondern vielmehr den Grundstock dafür bilden. Diese Umstände können als „Vertrauensumstände" bezeichnet werden, welche in bestimmten besonderen Fällen rechtserheblich werden können. Die Geschäftsgrundlage baut nicht nur auf solche Vorstellungen, auf die beide Parteien ihr Geschäft aufbauen wollen; vielmehr genügt es, wenn eine Partei von solchen Vorstellungen ausgegangen ist und die andere Partei dies erkannt und nicht beanstandet hat.[147] Handelt es sich nur um die Vorstellungen einer Partei, die von der anderen nicht erkannt werden konnten, so dass diese vielmehr von anderen Vorstellungen ausgehen musste, so ist dies unbeachtlich, und eine Störung der Geschäftsgrundlage kommt nicht in Betracht.

b) Die Störung der Geschäftsgrundlage

Vertragliche Regelungen können sich als unwirksam erweisen, wenn die Entfernung von der Wirklichkeit zu groß wird und sich die Geltungsfrage stellt, da eine erhebliche Störung der Geschäftsgrundlage vorliegt. Das Risiko einer Partei wäre in dem Fall, dass man am Vertrag festhalten würde, dermaßen überspannt, dass ein nicht vertretbares Missverhältnis zwischen Leistung und Gegenleistung bestehen würde. Da das Recht – im Sinn eines gerechten Rechts – der Willenserklärung aber nicht unter allen Umständen die Macht verleiht, sich durchzusetzen, muss es Fälle geben, in denen ausnahmsweise der Geschäftszweck – also die Vertrauensgrundlage – vertragserheblich werden kann.[148] Dabei befindet man sich außerhalb des Vertrages und innerhalb der an sich vertragsunerheblichen Geschäftszwecke der betreffenden Partei. Da das deutsche Recht allerdings vom Grundsatz der Vertragstreue und der Erkenntnis ausgeht, dass jede Partei mit dem Abschluss eines Vertrages ein sich aus ihm ergebendes Vertragsrisiko übernimmt, dass Veränderungen, die während der Ausführung des Vertrages auftreten können, unberücksichtigt lässt, sind an die Störung oder an den Wegfall der Geschäftsgrundlage strenge Anforderungen zu stellen.[149] Nach § 313 Abs. 1 BGB[150] kann eine Anpassung des Vertrages verlangt werden, wenn die Umstände, die zur Grundlage des Vertrages geworden sind, sich nach Vertragsschluss schwerwiegend verändert haben und die Parteien den Vertrag nicht oder mit anderen Inhalt geschlossen hätten, wenn sie diese Änderung vorausgesehen hätten. § 313 Abs. 2 BGB ergänzt diese Regelung und stellt wesentliche Vorstellungen, die zur Grundlage des Vertrages geworden sind, sich allerdings als falsch herausstellen, einer Veränderung der Umstände gleich. Für den Fall, dass eine Anpassung des Vertrages nicht möglich oder für einen Vertragsteil unzumutbar ist, besteht nach § 313 Abs. 3 BGB ein Rücktritts- bzw. ein Kündigungsrecht.

---

[146] BGH ZfBR 1995, 302 = NJW-RR 1995, 1360 m. w. N.
[147] BGH NJW 1953, 1598; Döring in Ingenstau/Korbion, Teil B § 2 Rdn. 132.
[148] Fikentscher, a. a. O., S. 35.
[149] Riedl in Heiermann/Riedl/Rusam, Teil B § 2 Rdn. 27.
[150] Die Vorschrift des § 313 BGB spiegelt einen Hauptzweck des Schuldrechtsmodernisierungsgesetzes wieder: Anerkannte Rechtsinstitute (hier der "Wegfall der Geschäftsgrundlage") sollen aus Gründen der Rechtssicherheit in das BGB integriert werden.

Hierbei ist deutlich darauf hinzuweisen, dass auf die Grundsätze über die Störung oder den Wegfall der Geschäftsgrundlage nicht zurückgegriffen werden kann, soweit andere Rechtsbefehle gegeben sind. Dies gilt insbesondere, wenn für den Fall des Fehlens, der Änderung oder des Wegfalls bestimmter Umstände eine vertragliche Regelung getroffen wurde.[151] Die Sonderregelungen in § 2 VOB/B, welche die Preisvereinbarung beeinflussen, sind beispielsweise vorrangig. Der Betroffene braucht sich aber nicht in solchen Fällen auf andere Rechtsbefehle und Anspruchsgrundlagen verweisen lassen, wenn er durch diese wesentlich schlechter gestellt wird, als wenn er sich auf eine Störung der Geschäftsgrundlage nach § 313 BGB beruft.[152]

Ansprüche aus den §§ 812 ff. BGB kommen neben den sich aus der Störung der Geschäftsgrundlage ergebenen Rechtsfolgen nicht in Betracht.[153] Wer sich im Rechtsstreit auf eine Störung der Geschäftsgrundlage beruft, hat ihre Voraussetzungen darzutun und zu beweisen. In diesem Zusammenhang muss bei der Lösung der Frage, welcher Partei solche Risiken zuzuordnen sind, die außerhalb des vertraglichen Risikorahmens liegen, verständlicherweise auf die vertragliche Risikoverteilung vergleichend zurückgegriffen werden.[154]

c) Beispiele für eine Störung der Geschäftsgrundlage

Die Entscheidung, ob eine Störung der Geschäftsgrundlage vorliegt, kann nur nach den jeweiligen Umständen des Einzelfalls beurteilt werden. Im Bauvertragsrecht kommen vor allem diese Fälle in der Praxis vor:[155]

iii) Kostenerhöhungen auf Grund von Maßnahmen der „hohen Hand", z. B. bedingt durch Gesetze, die keine Übergangsregelung vorsehen wie das Lohnfortzahlungsgesetz.

iv) Kostenerhöhungen, die durch Vereinbarungen zwischen Tarifgruppen bedingt sind. Wenn auch Tariferhöhungen im Allgemeinen für kurz- und mittelfristige Bauvorhaben voraussehbar sind, kann es vorkommen, dass die Erhöhungen das vorgesehene Maß weit überschreiten.

v) Kostenerhöhungen aus Bereichen außerhalb der wirtschaftlichen Reichweite der Parteien (z. B. die Stahlpreiserhöhungen im Frühjahr und Sommer 1969; Mineralölpreiserhöhungen 1973, 1974, 1979, 1980).

vi) Kostenerhöhungen, die durch extreme Witterungsverhältnisse verursacht werden.[156]

vii) Die endgültige Versagung der Baugenehmigung führt nach h. M.[157] nicht zum Wegfall der Geschäftsgrundlage. Ist die Genehmigungsfähigkeit aber mit geringen Änderungen zu erreichen und ist dies den Parteien zumutbar, ist eine Vertragsanpassung geboten.[158]

---

[151] Riedl in Heiermann/Riedl/Rusam, Teil B § 2 Rdn. 27; OLG Köln Sch-F-H Nr. 1 zu § 649 BGB
[152] BGH NJW 66, 105.
[153] BGH WM 72, 888.
[154] BGH NJW 76, 566.; vgl. Riedl in Heiermann/Riedl/Rusam, Teil B § 2 Rdn. 27.
[155] Riedl in Heiermann/Riedl/Rusam, Teil B § 2 Rdn. 32.
[156] Vgl. BGH Sch-F Z 2.311 Bl. 27.
[157] BGHZ 37, 233, 240 = NJW 62, 1715, 1717; BGH MDR 78, 301.
[158] Nicklisch in Nicklisch/Weick, § 6 Rdn. 16

3.1.1.3 Die dreifache Bedeutung des Vertragsrisikos

a) Die Bestimmung des Vertragsinhaltes durch das Vertragsrisiko

Das Vertragsrisiko bestimmt zum einem, bis zu welcher Grenze jede Partei Nachteile in Kauf zu nehmen hat, um den von ihr angestrebten geschäftlichen Erfolg zu erreichen.[159] Das Vertragsrisiko ist i. d. S. parteispezifisch zu betrachten und bestimmt in seiner Addition den Vertragsinhalt. Dieser Risikorahmen bildet sich aus dem ausdrücklichen oder stillschweigenden Willen der Vertragsparteien sowie durch Gesetzes- oder Verkehrstypik. Die vertraglich geschuldete Leistung und Gegenleistung wird also durch die individuell übernommenen Vertragsrisiken bestimmt.[160]

b) Die Bestimmung der Unzumutbarkeitsgrenze durch das Vertragsrisiko

In Analogie zu 1. gibt das Vertragsrisiko somit zugleich die Unzumutbarkeitsgrenze an; d. h. jenseits der äußeren Zumutbarkeit beginnt die Unzumutbarkeit. Ergibt eine Überprüfung der von jeder Partei übernommenen rechtsgeschäftlichen Risiken, dass ein vertraglich nicht berücksichtigter Umstand den Risikobereich in unzumutbarer Weise überschreitet, gilt die rechtsgeschäftliche Bindung nicht; jedenfalls nicht in der vertraglich vorgesehenen Form. Da in diesem Fall keine vertraglichen Rechtsbefehle zur Verfügung stehen (man befindet sich außerhalb des Vertrages), muss die Bindung angepasst oder aufgelöst werden.

c) Die Verteilung von Risiken außerhalb des Vertrages

Wenn durch das Vertragsrisiko der Vertragsinhalt – also die äußere Zumutbarkeitsgrenze – und in Analogie dazu die Unzumutbarkeit bestimmt werden, muss das Vertragsrisiko auch Aussagen darüber treffen, inwiefern bei einer unzumutbaren Bindung die Risiken „außerhalb des Vertrages" zu bewerten sind. Zwei Wege sind dabei denkbar:[161]

Der erste Lösungsansatz bezieht sich auf Rechtsgeschäfte, in denen die vertraglichen Risiken ungefähr gleichwertig gegeneinander abgewogen und zumindest teilweise im Gesetz verwirklicht sind. Die Lösung der Frage, welche Vertragspartei in Fällen einer unzumutbaren Bindung das Geschäftsgrundlagenrisiko zu tragen hat, kann dann in Analogie zum Vertragsrisiko und seiner gesetzestypischen, verkehrstypischen uns einzelvertraglichen Verteilung gesucht werden. Hierbei wird die Risikoverteilung durch eine Art Extrapolation der vertraglichen Risiken in die eigenen Grundlagenbereich ermittelt.[162]

Beispielsweise trägt der Bauherr von Gesetzes wegen nach § 645 BGB das Risiko für die Beschaffung des Baugrundes. Treten Störungen bei der von ihm beherrschten Grundstückszufahrt auf, trägt er auch billig dieses Risiko, auch wenn dieses nicht mehr durch die Auslegung des Vertragsinhaltes gedeckt ist.

Der zweite Ansatz bezieht sich auf Rechtsgeschäfte, in denen das Vertragsrisiko im Gesetz nach dem Grundsatz verteilt ist, dass zunächst eine Partei das alleinige Risiko trägt, oder zu-

---

[159] Fikentscher, a. a. O., S. 43.
[160] Hierbei ist zu berücksichtigen, dass das Vertragsrisiko nicht nur den normalen zu erwartenden Risikorahmen angibt, sondern auch den äußeren „Unzumutbarkeitsrahmen". Eine gewisse Zumutbarkeitsspanne ist also jedem Vertragsrisiko zuzurechnen. Was innerhalb dieser Spanne liegt, gehört noch zum Vertragsinhalt und bestimmt die vertraglich geschuldete Leistung und Gegenleistung.
[161] Fikentscher, a. a. O., S. 44.
[162] Im Prinzip findet einer Verlängerung der vertraglich fixierten Risikoverteilung über die Zumutbarkeitsgrenze hinaus in den Bereich der Unzumutbarkeit statt („Prinzip der Verlängerung").

mindest das Hauptrisiko, wovon aber zu Lasten der anderen Partei nur geringe Ausnahmen gemacht werden. Wird die Zumutbarkeitsgrenze des Risikos, das einer Partei aufgebürdet wurde, überschritten, dann bedeutet das eine Verlagerung der Risikotragung,[163] da das zumutbare Risiko dieser Partei bereits voll ausgeschöpft ist. Ein Beispiel bietet die Zurechnung des Risikos gem. §§ 631, 644 Abs. 1 Satz 1 BGB an den Unternehmer, nur bei vollständiger Werkleistung bezahlt zu werden. Da allerdings durch die volle Ausschöpfung des Unternehmerrisikos in § 644 Abs. 1 Satz 1 BGB die „Opfergrenze" bei der Preisgefahr praktisch mit der Zumutbarkeitsgrenze erreicht ist, muss im Zweifel jedes Mehr an unvorhergesehenen Risiken zu Lasten des Bestellers gehen.

Die Ermittlung des Vertragsrisikos leistet i. d. S. also nicht ausschließlich die Bestimmung des Vertragsinhaltes, sondern steckt vielmehr die Grenzen seiner Zumutbarkeit ab und regelt die Verteilung des Risikos im Geschäftsgrundlagenbereich. Insbesondere aus der Art und Weise wie Risiken im Vertrag gesetzestypisch, verkehrstypisch oder einzelvertraglich angeordnet und verteilt sind – gleichmäßig abgewogen oder bis ins Extrem getrieben – lässt sich auf die Verteilung im Grundlagenbereich schließen.

3.1.2 Die Risikosphäre des Bestellers und des Unternehmers

3.1.2.1 Die Gefahrtragung als Grundsatz der werkvertraglichen Risikoverteilung

a) Leistungsgefahr und Vergütungsgefahr

Der Begriff Gefahr bezeichnet das Risiko einer Vertragspartei, während der Vertragserfüllung die wirtschaftlichen Folgen der zufälligen Verschlechterung, Zerstörung oder Unausführbarkeit des Werkes zu tragen. Diese Gefahr trägt derjenige, der das vertraglich beschriebene Risiko zu tragen hat. In einem Werkvertrag wird zwischen der Leistungsgefahr und der Vergütungsgefahr unterschieden.[164]

Die Leistungsgefahr bestimmt, ob der Unternehmer die beschädigte oder zerstörte Werkleistung nochmals erbringen muss. Wird er durch das zufällige Ereignis von seiner Verpflichtung zur Erfüllung der vertraglich geschuldeten Leistung nicht frei, so trägt er die Leistungsgefahr. In Fällen, in den der Unternehmer von seiner Leistungsverpflichtung frei wird, muss der Besteller die Leistungsgefahr übernehmen, weil er seinen Erfüllungsanspruch verloren hat. Der Unternehmer hat i. d. R. die Leistungsgefahr bis zum Zeitpunkt des Annahmeverzugs des Auftraggebers zu tragen. Von diesem Grundsatz gibt es allerdings Ausnahmen.

Die Vergütungsgefahr regelt die Folgen, die eine zufällige Beeinträchtigung der vertraglich geschuldeten Leistung auf die vertraglich geschuldete Gegenleistung (Vergütung) hat. Verliert der Unternehmer seinen Vergütungsanspruch für die durch zufällige Ereignisse beeinträchtigte Werkleistung, so trägt er die Vergütungsgefahr. Schuldet der Besteller des Werkes, obwohl die Leistung nicht oder nicht vertragsgemäß durch den Unternehmer erbracht wurde, weiterhin die vereinbarte Vergütung, so geht die Vergütungsgefahr auf ihn über.

---

[163] Statt einer „Verlängerung" des Vertragsrisikos in den eigenen Grundlagenbereich gilt der „Umschlag" des Vertragsrisikos in den Grundlagenbereich des anderen.
[164] Kleine-Möller in Kleine-Möller/Merl/Oelmaier, Handbuch des privaten Baurechts, § 10 Rdn. 292.

b) Die Grundsatzregelung des § 644 Abs. 1 Satz 1 BGB

Nach § 631 BGB wird der Unternehmer durch den Werkvertrag zur Herstellung des versprochenen Werkes, der Auftraggeber zur Entrichtung der vereinbarten Vergütung verpflichtet. Die vertraglich geschuldete Leistung des Unternehmers besteht demnach in der Herstellung des Bauwerkes. Nur wenn er das Werk vollständig und ordnungsgemäß erstellt hat, hat er einen Anspruch auf die vertraglich geschuldete Gegenleistung durch den Besteller; nämlich die Bezahlung.

Dieser an mehreren Stellen des Gesetzes zu findender Grundsatz wird besonders deutlich in § 644 Abs. 1 Satz 1 BGB.[165] Hiernach trägt der Unternehmer die Gefahr bis zur Abnahme des Werkes. Der Auftragnehmer erhält seine Vergütung also erst, wenn das fertige Werk gem. § 640 BGB abgenommen ist. Bis zu diesem Zeitpunkt trägt der Unternehmer die Preisgefahr, infolge zufälliger Umstände für die zur Herstellung des Werkes aufgewandten Arbeiten und Aufwendungen nicht die vertragsmäßig geschuldete Vergütung beanspruchen zu können.[166] Hierzu zählen z. B. die Risiken, die sich aus der Dauer der Herstellung, den verwendeten Materialien, eventuellen Unglücksfällen etc. ergeben. Ist nach der Beschaffenheit des Werkes die Abnahme ausgeschlossen, so trägt der Unternehmer die Vergütungsgefahr bis zu der Vollendung des Werkes.

Diese Regelung entspricht im Wesentlichen dem Grundsatz der §§ 275 Abs. 1 und 326 Abs. 1 BGB, verbessert jedoch erheblich die Rechtstellung des Unternehmers für den Fall, das der Besteller das Werk bereits vor der Vollendung abnimmt. Obwohl die Leistungspflicht des Unternehmers noch nicht durch Erfüllung erloschen ist, trägt für das bereits abgenommene Werk nicht mehr der Unternehmer, sondern der Auftraggeber das Vergütungsrisiko. Eine zufällige Verschlechterung oder Zerstörung des abgenommenen, aber noch nicht vollständig oder mangelfrei hergestellten Werkes berührt daher den Vergütungsanspruch des Unternehmers nicht mehr; ihm steht die volle Gegenleistung zu.[167] Der Auftraggeber kann dann auch keine Mängelansprüche wegen einer zufälligen Verschlechterung gegenüber dem Unternehmer geltend machen.

3.1.2.2 Der vertragliche Risikorahmen des Bestellers

a) Ausnahmen von § 644 Abs. 1 Satz 1

Von der Regelung des § 644 Abs. 1 Satz 1 bestehen Ausnahmen, welche bei Vertragsschluss im Allgemeinen nicht vorhersehbare Umstände berücksichtigen, die in die Risikosphäre des Bestellers fallen.[168]

aa) § 326 Abs. 2 BGB

Macht der Besteller die Errichtung des Werkes unmöglich und hat er dies gem. § 275 Abs. 1 bis 3 BGB allein oder weit überwiegend verantwortlich zu vertreten, so schuldet er dem Auftragnehmer gem. § 326 Abs. 2 Satz 1 BGB die vertraglich geschuldete Gegenleistung. Hierbei muss sich der Auftragnehmer allerdings gem. § 326 Abs. 2 Satz 2 BGB anrechnen lassen, was

---

[165] Ebenso § 641 Abs. 1 Satz 1 BGB: *„Die Vergütung ist bei der Abnahme des Werkes zu entrichten."*
[166] Fikentscher, a. a. O., S. 58; vgl. Palandt/Sprau, a. a. O., §§ 644, 645 Rdn. 5.
[167] Kleine-Möller in Kleine-Möller/Merl/Oelmaier, a. a. O., § 10 Rdn. 297.
[168] Vgl. Fikentscher, a. a. O., S. 58, 59.

er infolge der Leistung erspart oder durch anderweitige Verwendung seiner Arbeitskraft erwirbt oder zu erwerben böswillig unterlässt.

bb) §§ 326 Abs. 2 Satz 1 und 644 Abs. 1 Satz 2 BGB

Kommt der Besteller in Annahmeverzug, so geht die Vergütungsgefahr gem. § 644 Abs. 1 Satz 2 auf ihn über. Das gleiche besagt § 326 Abs. 2 Satz 1 i. V. m. § 275 Abs. 1 bis 3 BGB. Die Vergütungsgefahr geht aber nicht nur dann auf den Besteller über, wenn er sich in Verzug mit der Abnahme des vollendeten Werkes befindet, sondern auch, wenn – während der Bauausführung – Annahmeverzug wegen unterlassener Auftraggebermitwirkung gem. § 642 BGB eintritt.[169] Diese Regelung kann allerdings zu einem Konflikt mit berechtigten wirtschaftlichen Interessen der Vertragsparteien führen. Ist nämlich die von dem Unternehmer geschuldete Sachleistung nachholbar, so bleibt der Auftragnehmer gem. § 631 BGB auch nach Untergang oder Verschlechterung des erbrachten und gem. § 644 Abs. 1 Satz 2 BGB zu vergütenden Werkes weiterhin zur Leistung verpflichtet. Dieser Leistungspflicht entspricht – vorbehaltlich des Kündigungsrechts des Auftraggebers gem. § 649 BGB – grundsätzlich auch ein Leistungsrecht. Das bedeutet, dass der Unternehmer die vereinbarte Werkleistung wiederholen muss und wiederholen darf. Dadurch können sowohl Auftraggeber als auch Auftragnehmer überfordert werden; der Auftraggeber aus finanziellen Gründen, weil er denselben einzigen Leistungserfolg mehrmals bezahlen muss, der Auftragnehmer aus wirtschaftlichen und betriebsorganisatorischen Gründen, wenn die vereinbarten Konditionen für ihn ungünstig sind oder wenn die betrieblichen Kapazitäten nicht zeitgerecht zur Verfügung stehen.[170]

cc) §§ 447 und 644 Abs. 2 BGB

Da Bauwerke bzw. Teile davon auch beweglich sein können (konstruktive Fertigteile), ist auch § 644 Abs. 2 zu beachten, wonach die für den Kauf geltenden Vorschriften des § 447 BGB entsprechende Anwendung finden. Danach geht die Preisgefahr auf den Besteller über, sobald der Unternehmer das Werk dem Spediteur, dem Frachtführer oder der sonst zur Ausführung der Versendung bestimmten Person oder Anstalt ausgeliefert hat.

dd) § 645 Abs. 1 BGB

Die entscheidendsten Ausnahmen zu § 644 Abs. 1 Satz 1 BGB sind in § 645 Abs. 1 BGB formuliert. Hiernach kann der Unternehmer in Fällen, in denen das Werk vor der Abnahme infolge eines Mangels des von dem Besteller gelieferten Stoffes oder infolge einer von dem Besteller für die Ausführung erteilten Anweisung untergegangen, verschlechtert oder unausführbar geworden ist, ohne dass ein Umstand mitgewirkt hat, den der Unternehmer zu vertreten hat, einen der geleisteten Arbeit entsprechenden Teil der Vergütung und Ersatz der in der Vergütung nicht inbegriffenen Auslagen verlangen. Der Begriff des Stoffes ist dabei weit auszulegen. Er umfasst alle Gegenstände, aus denen, an denen oder mit deren Hilfe das Werk hergestellt wird. Zum Stoff zählt also auch der Baugrund auf dem das Gebäude hergestellt wird. Ebenso führen nach § 645 Abs. 1 Satz 2 BGB unterlassene Mitwirkungspflichten des Bestellers, wenn in Gemäßheit des § 643 BGB der Werkvertrag aufgehoben wird, zu einem Vergütungsanspruch nach § 645 Abs. 1 Satz 1 BGB.

Die sog. Sphärentheorie stellt eine Ausweitung des dem § 645 Abs. 1 Satz 1 BGB zugrunde gelegten Rechtsgedanken dar, wonach dem Besteller vor der Abnahme alle Leistungshindernisse und Gefahren aus seinem Gefahrenbereich zur Last fallen. Dies sind alle Gefahren, die

---

[169] Kleine-Möller in Kleine-Möller/Merl/Oelmaier, a. a. O., § 10 Rdn. 298.
[170] Kleine-Möller in Kleine-Möller/Merl/Oelmaier, a. a. O., § 10 Rdn. 299.

mit der Beschaffung der dem Unternehmer obliegenden Leistung nicht in Zusammenhang stehen und mit denen er nicht rechnen muss. Dieser Theorie ist allerdings nicht zu folgen, da eine so weitgehende Risikoverlagerung auf den Besteller mit der grundsätzlichen Risikoverteilung des Werkvertrages unvereinbar ist.[171] Bei sachgerechter Auslegung der Begriffe „Stoffe" und „Anweisung" bietet der § 645 BGB eine ausreichende Regelung, die auch nicht etwa der Korrektur mit Hilfe des § 313 BGB bedarf.[172] Der § 645 BGB kann bei entsprechender Auslegung immer Anwendung finden, wenn eine Handlung des Auftraggebers die Leistung in einen Zustand oder eine Lage versetzt hat, die eine Gefährdung der Leistung mit sich gebracht hat und ursächlich für ihre anschließende Beschädigung oder ihren Untergang gewesen ist, die also den „Keim der Gefährdung" mit sich gebracht hat.[173] Das trifft in den folgenden Beispielen zu:

i) Der Besteller dringt in eine vom Unternehmer noch nicht fertig gestellte Scheune ein. Das Heu entzündet sich und vernichtet dadurch das Bauwerk.[174]

ii) Die Abbruch- und Maurerarbeiten des Unternehmers werden wertlos, weil das Bauwerk durch Schweißarbeiten der Installationsfirma, die der Besteller in Auftrag gegeben hat, in Brand gesetzt wurde.[175]

iii) Der Unternehmer kann die dem Generalunternehmer geschuldete Bauleistung nicht erbringen, weil es dem Generalunternehmer aus Gründen, die allein in der Person des Bauherrn liegen, unmöglich ist, das Baugrundstück zur Verfügung zu stellen.[176]

Der BGH[177] hat darüber hinaus in einem BGB-Werkvertrag den Rechtsgedanken des § 645 BGB sogar dann angewendet, wenn sich die Unausführbarkeit aus politischen Ereignissen in einem ausländischen Staat ergab, dem der Auftraggeber geschäftlich näher stand als der Auftragnehmer.

ee) § 649 BGB

Kündigt der Besteller bis zur Vollendung des Werkes den Vertrag – wozu er jederzeit berechtigt ist – hat der Unternehmer das Recht die volle vertraglich vereinbarte Vergütung zu verlangen. Er muss sich jedoch dasjenige anrechnen lassen, was er infolge der Aufhebung des Vertrags an Aufwendungen erspart oder durch anderweitige Verwendung seiner Arbeitskraft erwirbt oder zu erwerben böswillig unterlässt.[178] Während der Auftragnehmer also in § 645 nur eine Gewinnquote erhält, kann er nach §§ 326 Abs. 2 und 649 BGB grundsätzlich den vollen Gewinn verlangen.

---

[171] BGH NJW 1963, 1824; BGH BauR 1981, 71; OLG Hamm BauR 1980, 576; OLG München ZfBR 92, 33.
[172] Vgl. Döring in Ingenstau/Korbion, Teil B § 7 Rdn. 9; Riedl in Heiermann/Riedl/Rusam, Teil B § 7 Rdn. 9; Palandt/Sprau, a. a. O., § 645 Rdn. 9 f.
[173] Riedl in Heiermann/Riedl/Rusam, Teil B § 7 Rdn. 9.
[174] BGH NJW 1963, 1824
[175] OLG Köln OLGZ 1975, 323.
[176] OLG München ZfBR 1992, 33.
[177] ZfBR 1982, 114 =BauR 1982, 273 = NJW 1982, 1458
[178] Vgl. § 326 Abs. 2 Satz 2 BGB

b) Die Mitwirkungspflicht des Bestellers gem. § 642 BGB

§ 642 BGB liegt der Gedanke zu Grunde, dass eine Mitwirkung des Bestellers nach Art und Beschaffenheit des herzustellenden Werkes erforderlich sein kann. Im speziellen Fall des Bauvertrages drückt sich die Mitwirkungspflicht des Bestellers darin aus, dass er dem Unternehmer eine eindeutige und erschöpfende Beschreibung der geforderten Werkleistung zur Verfügung zu stellen sowie die Entscheidungen zu treffen hat, die für die reibungslose Ausführung des Baus unentbehrlich sind.[179] Hierzu zählen im weitesten Sinne sämtliche planerische Unterlagen, die der Unternehmer benötigt, um die vertraglich geschuldete Leistung gemäß dem Bestellerwillen ordentlich erbringen zu können.

Die Mitwirkung ist i. d. R. keine Schuldnerpflicht des Bestellers, sondern eine Obliegenheit.[180] Ein Unterlassen der Mitwirkung durch den Besteller schließt Verzug des Unternehmers aus[181] und führt, wenn der Unternehmer ausdrücklich seine Leistungsbereitschaft erklärt und den Besteller zu einer Mitwirkungshandlung aufgefordert hat, zu Annahmeverzug nach §§ 293 ff. BGB. Da die Mitwirkung des Bestellers aber im weiteren Sinne auch vertragliche Nebenpflicht ist, kann deren schuldhafte Verletzung zu Schadensersatzansprüchen des Unternehmers aus positiver Vertragsverletzung führen. Der Entschädigungsanspruch des Unternehmers berechnet sich nach § 642 Abs. 2 BGB. Der Auftragnehmer soll dafür entschädigt werden, dass er Arbeitskräfte und Geräte bereithält und seine zeitliche Disposition durchkreuzt wird; er umfasst daher auch zusätzlichen Verwaltungsaufwand, nicht aber Wagnis und Gewinn.[182]

c) Abgrenzung des Vertrags- zum Grundlagenrisiko

Im Werkvertrag trägt der Unternehmer prinzipiell das Preisrisiko, bis das Bauwerk vollständig fertig gestellt ist. Dem Unternehmer wird nur dann ausnahmsweise ein Teillohn zuerkannt, wenn ein nachteiliger Umstand aus der Sphäre des Bestellers stammt. Liegen nachteilige Umstände außerhalb des Vertragsrisikos, so kann unter Umständen die Geschäftsgrundlage des Vertrages angetastet werden, und der Vertrag ist nach Treu und Glauben mit Rücksicht auf die Verkehrssitte gem. § 313 BGB anzupassen. In Fällen, in denen die Anpassung zum Nachteil des Bestellers vorzunehmen ist, muss der fragliche Umstand zum Grundlagenrisiko des Auftraggebers gehören. Dieses drückt sich dann regelmäßig in einer Nachzahlungspflicht des Bestellers oder in einer Leistungsminderung zu Lasten des Bestellers aus.

Fällt das Grundlagenrisiko in den Bereich des Unternehmers wirkt sich dies umgekehrt vorteilhaft für den Besteller aus. Er kann in solchen Fällen eine Werklohnkürzung oder eine Minderleistungspflicht zu Lasten des Unternehmers verlangen. Dies war z. B. in einer Entscheidung des BGH der Fall,[183] in welcher sich nach Zahlung des vereinbarten Werklohnes herausstellte,

---

[179] Döring in Ingenstau/Korbion, Teil B § 3 Rdn. 1a; OLG Düsseldorf MDR 1984, 756; BGH BauR 1984, 395; BGH BauR 1985, 561.
[180] Unterlässt der Besteller seine Mitwirkung als bloße Obliegenheit, schadet er sich nach dem Konzept des BGB-Werkvertragsrecht nur selbst. Das Bauwerk kann dann zwar nicht gebaut werden, der Auftragnehmer kann aber Bezahlung minus ersparter Aufwendungen verlangen. Der Besteller kommt, wenn er die vom Auftragnehmer verlangte Mitwirkungshandlung nicht erbringt, nur in Annahmeverzug und schuldet dann eine „angemessene Entschädigung" gem. § 642 BGB. Allerdings steht es bei einer bloßen Obliegenheit ganz im Belieben des Bestellers, die Mitwirkungshandlung vorzunehmen oder zu unterlassen (Kapellmann/Schiffers, Band 1, a. a. O., Rdn. 1279).
[181] BGH NJW 1996, 1745.
[182] BGH NJW 2000, 1336; Palandt/Sprau, a. a. O., § 642 Rdn. 2.
[183] Fikentscher, a. a. O., S.62; VersR 1965, 803; vgl. Riedl in Heiermann/Riedl/Rusam, Teil B § 2 Rdn. 34, cc), kk).

dass die Massenberechnung der Ausschreibung in einigen Positionen fehlerhaft war. In einer Position war durch einen Kommafehler der Vordersatz mit dem zehnfachen der tatsächlichen Ausführungsmenge angegeben. Bei dem Vertrag handelte es sich um einen Pauschalvertrag mit der Vertragsklausel, dass Neuberechnungen des Unternehmers auszuschließen seien.

Der BGH vertrat die Ansicht, dass im Wege der Vertragsauslegung diese Klausel auch für den umgekehrten Fall Gültigkeit habe. Dennoch sei hier, so der BGH, der Risikorahmen überschritten, der dem Vertrag anhaftet. Der Vertrag könne nach Treu und Glauben nur so ausgelegt werden, dass beide Parteien bei Vertragsschluss nur die Neuberechnung von solchen Mengen ausschließen wollten, die aufgrund der bei solchen Bauvorhaben üblichen und unvermeidbaren Abweichung von der tatsächlich ausgeführten Menge und dem Vordersatz auftreten. Hiermit seien die Grenzen für die Breite des beiderseitigen Risikos gezogen. Im vorliegenden Fall seien diese Grenzen eindeutig überschritten, da der Unternehmer etwa 10 % der Gesamtsumme zu viel erhalten habe. Dies berechtige zu einer entsprechenden Anpassung des Vertrages, wobei die Fehlangaben im Leistungsverzeichnis berücksichtigt werden müssten.

Der BGH weist hierbei zu Recht die unrichtigen Mengenangaben im Leistungsverzeichnis dem Bereich der Geschäftsgrundlage zu und verteilt das Grundlagenrisiko unter den Parteien. Obwohl die Fehlerquelle aus der Sphäre des Bestellers herrührt, muss sich der Unternehmer eine Kürzung der vereinbarten Vergütung gefallen lassen, da er eine erhebliche Minderleistung vorlag.

Umgekehrt sind nach den gleichen Grundsätzen dem Grundlagenrisiko des Bestellers solche Umstände zuzurechnen, die in dem von ihm zu tragenden Gefahrenkreis begründet sind. Hierzu sind alle Umstände zu zählen, die in einer Weise den Bau verteuern, die vom Preisrisiko des Unternehmers nicht mehr gedeckt ist. Als Rechtsfolge kommt hierbei nur die Nachzahlungspflicht des Bestellers in Betracht. Hierbei ist nochmals deutlich darauf hinzuweisen, dass ausschließlich erhebliche und verkehrsunübliche Abweichungen eine Störung der Geschäftsgrundlage nach § 313 BGB begründen können.

Da in der Praxis Pauschalverträge zu einem Festpreis regelmäßig aufgrund einer Vorkalkulation mit vorläufigem Leistungsverzeichnis und entsprechenden Einzelpositionen für die einzelnen Vertragsleistungen zustande kommen, können einzelne Positionen der Vertragsleistung einer isolierten Prüfung unterzogen werden, wenn geprüft wird, ob wegen Überschreitung des vertraglichen Risikos die Geschäftsgrundlage entfallen ist (diesen Ansatz wählte auch der BGH bei seiner Urteilsfindung in dem oben dargestellten Beispiel). Die Beurteilung, ob der vertragliche Risikorahmen überschritten und Anpassung erforderlich ist, ist also nicht bloß auf eine Globalbetrachtung, sondern auch auf vertragliche Einzelpositionen und ihr Risikogefüge abzustellen.

d) Nachzahlungsfälle wegen Störung der Geschäftsgrundlage

Im Folgenden sind aus der Rechtsprechung Entscheidungen zu Störungen der Geschäftsgrundlage zusammengestellt,[184] wo der Vertrag durch Anpassung in der Weise ergänzt wurde, dass der Besteller seiner Nachzahlungspflicht nachzukommen hatte. Es handelt sich also um Grundlagenstörungen im Risikobereich des Bestellers.

---

[184] Fikentscher, a. a. O., S.65; Riedl in Heiermann/Riedl/Rusam, Teil B § 2 Rdn. 34.

aa) Bodenbeschaffenheit

Der Besteller eines Bauwerks trägt das Risiko für Bauarbeiten auf seinem Grundstück, wenn derartige Mengen Grundwasser anfallen, dass der Bau dadurch wesentlich erschwert und verteuert wird.[185]

bb) Bauunterlagen

i) Unzureichende Unterlagen über die Bodenbeschaffenheit und Unstimmigkeiten in den Ausführungsunterlagen gehen zu Lasten des Bestellers. Es ist daher eine Anpassung bzw. bei Verweigerung des Bestellers eine Lösung vom Vertrag durch den Besteller möglich.[186]

ii) Unrichtige Leistungsverzeichnisse gehen zu Lasten dessen, der sie aufgestellt hat. Wird ein Pauschalpreis vereinbart, so vergrößert sich noch der vertragliche Risikorahmen, so dass eine Anpassung erst erfolgt, wenn dieser überschritten ist.[187]

iii) Werden bei der Vergabe von Mauerarbeiten in den Unterlagen die herzustellenden Massen zu niedrig geschätzt, so kann der Auftragnehmer eine höhere Vergütung als vereinbart verlangen.[188]

iv) Dem Auftragnehmer kann nach Treu und Glauben ein Ausgleichsanspruch zustehen, wenn eine im LV vorgesehene und auch erbrachte Bauleistung infolge eines Rechenfehlers in der Massenberechnung nicht berücksichtigt wurde.[189] Dieses Urteil steht der Regel entgegen, dass der Kalkulationsirrtum grundsätzlich zu Lasten des Irrenden geht.

cc) Verlängerte Zufahrtswege

Sind Leitungen unter Straßen zu verlegen, so hat das Versorgungsunternehmen, das die Baulast trägt, auch die Verlegungskosten zu tragen, die sich aus einer Veränderung der Straßenführung ergeben, die ihrerseits auf eine Zunahme des Straßenverkehrs zurückzuführen ist.[190]

dd) Trassenführung im Straßenbau

Stellt ein Bauunternehmer bei Tiefbauarbeiten fest, dass eine Straße mit veränderter Trasse geführt werden muss, so dass hierdurch Mehrkosten entstehen, so kann hierin eine Störung der Geschäftsgrundlage erblickt werden. Es muss deshalb zunächst eine Anpassung des Vertrages an die neuen Gegebenheiten gesucht werden. Dies bedeutet eine Nachzahlungspflicht des Auftraggebers. Verweigert der Auftraggeber die Nachzahlung, so kann der Auftragnehmer den Vertrag kündigen.[191]

ee) Änderungswünsche, Nichtwiderspruch bei Auftragsüberschreitung

Äußert der Auftraggeber Änderungswünsche oder bemerkt er die Überschreitung des Auftrages und widerspricht ihr nicht, so fällt dies in seine Grundlagensphäre.[192] Die Zurechnung erfolgt hier mit Rücksicht auf das subjektive Verhalten des Bestellers.

---

[185] BGH L-M Nr. 57 zu § 242 BGB = BGH NJW 1969, 233.
[186] BGH L-M Nr. 57 zu § 242 BGB = BGH NJW 1969, 233.
[187] BGH VersR 1965, 803.
[188] OLG Stuttgart JW 1931, 551.
[189] OLG Köln MDR 1959, 660.
[190] BGH Verkehrsblatt 1963, 564.
[191] BGH L-M Nr. 57 zu § 242 BGB = BGH NJW 1969, 233.
[192] BGH NJW 1960, 1567.

3.1.2.3 Das vertragliche Risikorahmen des Bauunternehmers

a) Die grundsätzliche Erfolgshaftung des Unternehmers

Ausgangspunkt dieser Betrachtung ist wieder der den §§ 631 Abs. 1 und 644 Abs. 1 Satz 1 BGB zugrunde liegende Grundgedanke, dass der Unternehmer durch den Werkvertrag zur Herstellung des versprochenen Werkes verpflichtet ist und er die Preisgefahr bis zur Abnahme des Bauwerkes durch den Besteller trägt. Alle Risiken, die mit der Herstellung des Werkes, mit der Dauer dieser Herstellung, mit den verwendeten Materialien, mit Unglücksfällen, wie Krankheit, Feuer, lokales Erdbeben sowie mit der Organisation der Arbeit verbunden sind, fallen also in der Risikosphäre des Bauunternehmers. Die vertraglich geschuldete Leistung ist das vollständig hergestellte Werk. Die vertraglich geschuldete Gegenleistung des Bestellers richtet sich also ausschließlich nach dem Erfolg des Unternehmers und nicht etwa nach seiner bloßen Arbeitsleistung. Weist das Leistungsergebnis des Unternehmers nicht den gewünschten Erfolg auf, so ist er gem. der §§ 633 und 634 BGB auch ohne Verschulden zur Gewährleistung verpflichtet. Er hat den Mangel nachzubessern oder muss eine Minderung seines Werklohns bzw. die Kündigung des Vertrages durch den Besteller hinnehmen. Die Haftung des Unternehmers verwirklicht sich dabei ungeachtet dessen, ob der eingetretene Mangel für ihn vorhersehbar war oder von ihm bei sorgfältiger Arbeitsweise hätte vermieden werden können.[193] Demnach erstreckt sich der Risikobereich des Auftragnehmers praktisch über alle Risiken, die bis zum Zeitpunkt der Fertigstellung und der Abnahme des Bauwerkes auftreten können.[194] Die Mängelhaftung des Unternehmers ist demnach in ihrem Kernbereich eine Risikohaftung, die aus der vertraglichen Herstellungsverpflichtung des Unternehmers folgt. Die Grundlage der Risikohaftung des Unternehmers ist sein Recht, dass er im Rahmen der vertraglich festgelegten Pflichten die Leistungserbringung und den Bauablauf grundlegend selbst bestimmen kann. Nur dies ermöglicht ihm, dass er den erfolgreichen Ablauf der Baumaßnahme hinreichend kalkulieren und etwaigen Störungen zweckmäßig und rechtzeitig entgegensteuern kann. Diese Risikoübernahme basiert auf der freien Risikobeherrschung des Unternehmers bis zur Abnahme des Werkes nach § 644 Abs. 1 Satz 1 BGB. Hierdurch wird der Risikobereich des Auftragnehmers in Gestalt der Preisgefahr im Wesentlichen ausgeschöpft, da jegliche Mängel oder Gefahren, die der Unternehmer zu vertreten hat, zwangsläufig die Unauskömmlichkeit seines Angebotes zur Folge haben. Jedes „Mehr" an unvorhersehbaren Risiken geht im Zweifel zu Lasten des Bestellers. Dies ist insbesondere der Fall, wenn die Risikogrundlage des Unternehmers fehlt, weil die freie Risikowahl des Unternehmers unverhältnismäßig eingeschränkt ist. Dies ist insbesondere der Fall, wenn der Besteller die Verfügungsfreiheit des Auftragnehmers über den Herstellungsprozess und die hierbei zu verwendenden Materialien beschränkt.

---

[193] Merl in Kleine-Möller/Merl/Oelmaier, a. a. O., § 12 Rdn. 25; BGH NJW 1995, 787; OLG Frankfurt NJW 1983, 456.
[194] Vgl. Riedl in Heiermann/Riedl/Rusam, Teil B § 2 Rdn. 28

b) Das Preisrisiko des Auftragnehmers

aa) Die Bindung an den alten Preis und Möglichkeiten einer Irrtumsanfechtung

Eine der wichtigsten Anwendungsfälle des § 644 Abs. 1 Satz 1 BGB ist, dass das Risiko einer fehlerhaften Preisermittlung grundsätzlich der Auftraggeber zu tragen hat. Preisvereinbarungen können lediglich wegen arglistiger Täuschung gem. § 123 BGB oder wegen Irrtums gem. § 119 Abs. 1 oder Abs. 2 BGB angefochten werden und so in Fortfall kommen.[195] Im Bauvertrag kommt die Anfechtung der Preisvereinbarung in aller Regel wegen Irrtums in Betracht. Hiernach kann der Unternehmer sein Angebot anfechten wegen Inhaltsirrtums (Auseinanderfallen von äußerer Erklärung und inneren Willen), wegen Erklärungsirrtums (Unternehmer nennt irrtümlich als Preis für 1 m³ Beton infolge eines Eingabefehlers 7,50,- EURO statt 75,- EURO) oder wegen Irrtums über eine verkehrswesentliche Eigenschaft einer Person oder Sache.[196]

Das Gesetz spannt jedoch in §§ 631 Abs. 1 und 644 Abs. 1 Satz 1 BGB den Rahmen der vom Unternehmer zu tragenden Risiken sehr weit. Irrt der Unternehmer sich „lediglich im Stadium der Willensbildung", verkalkuliert er sich nur (beispielsweise schätzt er den Aufwand für die benötigte Schalung falsch ein, weil er mit dem Einsatz von Großflächenschalung rechnet, tatsächlich aber mit kleinteiliger Schalung arbeiten muss), so wird dieser Kalkulationsirrtum (Motivirrtum) von § 119 BGB nicht erfasst. Dieser als interner oder verdeckter Kalkulationsirrtum bezeichnete Irrtum ist nach h.M. rechtlich irrelevant.[197] Eine Lösung von dem vereinbarten Preis kann ausschließlich nur bei einem sog. externen Kalkulationsirrtum in Betracht kommen. Der BGH[198] hat jetzt in einer Grundsatzentscheidung darüber entschieden, welche Anforderungen an die Anfechtung eines solchen Berechnungsirrtums nach § 119 BGB zu stellen sind.

„Der Auftragnehmer (Bieter) muss den Auftraggeber von einem Kalkulationsirrtum und dessen unzumutbaren wirtschaftlichen Auswirkungen auf seinen Betrieb umfassend und für diesen nachprüfbar in Kenntnis setzen."

Der Unternehmer muss also nicht nur nachweisen, dass und wann und wie er sich geirrt hat, er muss auch nachweisen, dass der Kalkulationsirrtum *„von einigem Gewicht"* ist, so dass die Erfüllung für ihn unzumutbar ist, weil er dadurch in *„erhebliche wirtschaftliche Schwierigkeiten"* gerät. Dabei ist unbedingte Voraussetzung, dass die Preisermittlung bei den Vertragsverhandlungen für den Besteller erkennbar und unzweideutig hervorgetreten und zum Bestandteil der rechtsgeschäftlichen Erklärung des Unternehmers geworden ist.[199]

Hat der Auftraggeber den Kalkulationsirrtum des Bieters positiv erkannt, trifft ihn die Verpflichtung den Bieter darauf hinzuweisen.[200] Verschließt sich der Auftraggeber treuwidrig einer solchen Kenntnis, kann er den Unternehmer nach § 313 BGB nicht an dem Angebot festhalten und ist dem Unternehmer u. U. zum Schadensersatz (Differenz zwischen dem richtigen Preis

---

[195] Riedl in Heiermann/Riedl/Rusam, Teil B § 2 Rdn. 21; OLG Köln BauR 1995, 98.
[196] Kapellmann/Schiffers, Band 1, a. a. O., Rdn. 602.
[197] Vgl. Riedl in Heiermann/Riedl/Rusam, Teil B § 2 Rdn. 21; Kapellmann/Schiffers, Band 1, a. a. O., Rdn. 602; Keldungs in Ingenstau/Korbion, Teil B § 2 Rdn. 118; BGH BauR 1987, 683.
[198] BGH BauR 1998, 1089.
[199] RGZ 1964, 266, 162, 198.
[200] Hat der Unternehmer seine Kalkulation zum Gegenstand seiner Angebotserklärung selbst gemacht, indem er die Kalkulation dem Angebot beigefügt hat, muss dem Besteller eine positive Kenntnis unterstellt werden, wenn sich der Tatbestand eines Kalkulationsirrtums und seiner unzumutbaren Folgen für den Bieter aus dessen Angebot oder den dem Auftraggeber bekannten sonstigen Umständen geradezu aufdrängt.

und dem fehlerhaften Preis) unter dem Gesichtspunkt des Verschuldens bei Vertragsverhandlungen verpflichtet. Gleichzustellen ist, wenn der Auftraggeber nach Erhalt der Anfechtungserklärung nahe liegende Rückfragen unterlässt.

Klauseln, wonach der Einwand eines Preis- oder Kalkulationsirrtums seitens des Auftragnehmers ausgeschlossen ist, sind wegen Verstoßes gegen § 307 BGB unwirksam. Das Recht der Anfechtung gem. § 119 BGB, vor allem bei Erklärungs- und Inhaltsirrtum, kann dem Vertragspartner des Verwenders nicht genommen werden; ansonsten wäre dies eine gem. § 313 BGB unzulässige Rechtsausübung.[201] Klauseln, die dem Vertragspartner des Verwenders grundlegende Rechte nach den allgemeinen Bestimmungen des bürgerlichen Rechts verweigern sollen sind grundsätzlich unwirksam.

bb) Ungewollte Rechen- und Schreibfehler

Bei ungewollten Rechen- oder Schreibfehlern im Angebot, insbesondere im Leistungsverzeichnis, ist eine Anfechtung wegen Irrtums grundsätzlich zulässig.[202] Der Rechen- oder Schreibfehler muss sich im Angebot, z. B. durch falsches addieren oder durch Vertippen zeigen und wesentliche Auswirkungen auf den Preis haben. Dabei hat der Anfechtende zu beweisen, dass er bei richtiger Berechnung im Angebot andere Zahlen eingesetzt hätte.[203]

Beim Einheitspreisvertrag ist eine falsche Berechnung der Endsumme oder der Lohn- und Materialanteile des Einheitspreises unbeachtlich, da ausschließlich die Einheitspreise maßgebend sind.

Beim Pauschalpreisvertrag gehört die Endsumme zum Vertragsrisiko des Unternehmers und bestimmt somit den Vertragsinhalt. Bei einer fehlerhaften Berechnung der Endsumme ist somit nach den Voraussetzungen des § 119 BGB eine Anfechtung möglich. Hierbei bleibt jedoch zu beachten, dass der Unternehmer beim Pauschalpreisvertrag bewusst seinen Risikobereich ausdehnt;[204] soweit dieses Risiko reicht, ist eine Anfechtung wegen Irrtums nicht möglich.

cc) Beiderseitiger Irrtum

§ 119 BGB (Irrtumsanfechtung) biete keine Handhabe für Fälle beiderseitigen Irrtums, bei denen beide Vertragspartner von einem falschen Sachverhalt ausgegangen sind. Enthalten beispielsweise die Massenvordersätze einen Berechnungsfehler, der von keiner der Parteien bemerkt wurde, ist eine Irrtumsanfechtung gem. § 119 BGB nicht möglich. Vielmehr bliebe in einem solchen Fall zu prüfen, ob eine Störung der Geschäftsgrundlage gem. § 313 BGB vorliegt. Das OLG Celle hat hierzu beispielsweise folgendermaßen entschieden:[205]

„Wird ein zu gewährender Rabatt irrtümlich doppelt abgezogen, ohne dass dies von beiden Seiten erkannt wird, kann der Preis nach § 242 BGB (a. F.) auf den einfachen Rabatt angeglichen werden, wenn feststeht, dass der Auftraggeber auch zu diesem Preis abgeschlossen hätte."

---

[201] Korbion/Locher, a. a. O., Rdn. 75; Korbion/Hochstein/Keldungs, a. a. O., Rdn. 73; BGH SFH § 9 AGB-Gesetz Nr.8 = BauR 1983, 368 = NJW 1983, 1671 = ZfBR 1983, 188.
[202] OLG Frankfurt BauR, 1980, 578.
[203] Vgl. Riedl in Heiermann/Riedl/Rusam, Teil B § 2 Rdn. 22; Kapellmann/Schiffers, Band 2, a. a. O., Rdn. 303; Keldungs in Ingenstau/Korbion, Teil B § 2 Rdn. 121.
[204] BGH BauR 1972, 118.
[205] OLG Celle 1998-22 U 95/97, BGB §§ 631, 242.

dd) Anfechtungsfrist

Grundsätzlich ist ein Bieter an sein Angebot nach § 145 BGB gebunden, sobald er dem Auftraggeber die Schließung eines Vertrages anträgt. Eine einseitige Lösung kommt dann nicht mehr in Betracht. Ausnahmsweise kann der Bieter aber seine Anfechtung nach § 143 Abs. 1 BGB erklären, sobald ein Anfechtungsgrund nach § 119 BGB gegeben ist. Diese muss dann gem. § 121 Abs. 1 Satz 1 BGB ohne schuldhaftes Zögern (unverzüglich) erfolgen, nachdem der Anfechtungsberechtigte von dem Anfechtungsgrund Kenntnis erlangt hat. Hierbei ist es erforderlich, dass die Anfechtungserklärung zum Zweck und mit der Bestimmung der unverzüglichen Übermittlung an den Anfechtungsgegner abgegeben wird, wie z. B. durch Einwerfen eines an den diesen adressierten Briefes.[206] Die Anfechtung in einer zunächst beim Gericht eingereichten Klageschrift genügt dagegen nicht.

ee) Wirkung der Anfechtung

Nach § 142 BGB hat die Anfechtung im Zweifel die Nichtigkeit des ganzen Bauvertrages von Anfang an zur Folge. Allerdings ist eine Teilanfechtung möglich, wenn das Rechtsgeschäft nach § 139 BGB teilbar ist und es dem mutmaßlichen Parteiwillen entspricht.[207] Das wird dann der Fall sein, wenn der Unternehmer zu Recht die Preisvereinbarung angefochten hat, der Besteller aber trotzdem auf der Erbringung der Bauleistung besteht. Das gilt auch dann, wenn nur ein Teil der Preisvereinbarung angefochten wird, der Besteller aber auf der Erfüllung des nicht angefochtenen Teiles des Bauvertrages besteht.[208] Als Vertragspreis tritt dann an die Stelle der angefochtenen Einzelpreise der Betrag, der nach den vereinbarten Preisgrundlagen als angemessen anzuerkennen ist.[209]

Hat der Auftragnehmer bereits Teile der Leistung erbracht, so ist nach erfolgter Anfechtung des ganzen Vertrages gem. § 122 BGB in Verbindung mit §§ 812 ff. BGB abzurechnen. Nach § 812 Abs. 1 BGB ist derjenige, der durch die Leistung eines anderen oder in sonstiger Weise auf dessen Kosten etwas ohne rechtlichen Grund erlagt, dem anderen zur Herausgabe verpflichtet. Diese Verpflichtung besteht auch dann, wenn der rechtliche Grund später wegfällt oder der mit einer Leistung nach dem Inhalte des Rechtsgeschäfts bezweckte Erfolg nicht eintritt. In Verbindung mit § 122 BGB steht dem Auftragnehmer somit die vereinbarte Vergütung für die bereits geleistete Arbeit zu.

c) Rechtsprechung zum Grundlagenrisiko des Unternehmers

Im Folgenden sind aus der Rechtsprechung Entscheidungen zu Störungen der Geschäftsgrundlage aus dem Risikobereich des Auftragnehmers zusammengestellt.[210] In diesen Entscheidungen wurde keine Anpassung des Vertrages vorgenommen, da die „Opfergrenze" des Unternehmers nicht überschritten wurde.

aa) Lohnerhöhungen

Treten während der Ausführung einer zu Festpreisen vereinbarten Bauleistung Lohnerhöhungen von 14-15% ein, die voraussehbar waren, kann sich der Auftragnehmer nicht auf eine Störung der Geschäftsgrundlage berufen. Lohnerhöhungen fallen in das Vertragsrisiko des

---

[206] Keldungs in Ingenstau/Korbion, Teil B § 2 Rdn. 125; BGH NJW 1975, 39 = MDR 1975, 126.
[207] BGH NJW 1969, 1759, 1760.
[208] Riedl in Heiermann/Riedl/Rusam, Teil B § 2 Rdn. 26; Keldungs in Ingenstau/Korbion, Teil B § 2 Rdn. 127.
[209] OLG Frankfurt BauR 1980, 579.
[210] Riedl in Heiermann/Riedl/Rusam, Teil B § 2 Rdn. 34.

Auftragnehmers. Ist bei den Vertragsverhandlungen ein Festhaltewille an dem vereinbarten Festpreis zu erkennen und waren die Lohnerhöhungen voraussehbar, so hat der Auftragnehmer die Lohnerhöhungen allein zu tragen.[211]

bb) Störung des Äquivalenzverhältnisses von Leistung und Gegenleistung

Übernimmt der Auftragnehmer Kanalbauarbeiten zu Einheitsfestpreisen und stößt er bei der Ausführung auf Schwierigkeiten, die Mehrkosten von 17 % gegenüber der Auftragssumme zur Folge hatten, so ist dieser Mehraufwand nicht ausreichend, um eine unzumutbare Störung des Äquivalenzverhältnisses von Leistung und Gegenleistung anzunehmen und eine Störung der Geschäftsgrundlage zu bejahen.[212] Eine Erhöhung der aufgewandten Kosten um etwa 20 % bei einem Pauschalpreisvertrag braucht noch nicht die Störung der Geschäftsgrundlage zur Folge haben.[213]

cc) Witterungseinflüsse

Witterungseinflüsse sind nur beachtlich, wenn sie nach Art und Folgen ganz außergewöhnlich und keineswegs in Betracht zu ziehen waren. Beim Aushub von Rohrleitungsarbeiten in offenem Gelände können wolkenbruchartige Regenfälle als typische Gefahr i. d. R. keine Beachtung finden.[214]

dd) Arbeitskräftemangel

Arbeitskräftemangel ist unbeachtlich.

d) Kündigungsrisiko durch den Besteller wegen Überschreitung des Kostenvoranschlags

Nach § 650 Abs. 1 BGB kann der Besteller, falls der Unternehmer keine Gewähr für die Richtigkeit eines dem Vertrag zugrunde gelegten Kostenvoranschlag hinsichtlich des Preises übernommen hat, den Vertrag kündigen, wenn sich ergibt, dass die Leistung nicht ohne eine wesentliche Überschreitung dieses Kostenvoranschlags ausführbar ist.[215] Dabei ist es unbedingt erforderlich, dass die Unverbindlichkeit zweifelsfrei verdeutlicht wird. Dem kann z. B. ausreichend durch Formulierungen wie „... bei genannten Kostenbetrag handelt es sich um einen ungefähren Richtwert" oder „... der genannte Kostenbetrag ist eine bloße Kostenschätzung" genüge getan werden.

Das Kündigungsrecht des Bestellers begründet sich darin, dass die Überschreitung des Kostenanschlags für die Leistung aus dem Risikobereich des Auftragnehmers kommt. Hat der Unternehmer den Endpreis auch nicht garantiert, so trägt der unverbindliche Kostenanschlag doch zweifelsfrei zu einer wesentlichen Bildung der Geschäftsgrundlage des Vertrages bei.

Nach erfolgter Kündigung berechnet sich die dem Unternehmer zustehende Vergütung nach den Grundsätzen des § 645 Abs. 1 BGB. Der Unternehmer kann einen der geleisteten Arbeit entsprechenden Teil der Vergütung und Ersatz der in der Vergütung nicht inbegriffenen Auslagen verlangen. Entscheidend für das Kündigungsrecht des Bestellers ist, dass der veranschlagte Endpreis überschritten wird. Einzelpositionen bleiben außer Betracht. Ob eine wesentliche Überschreitung des Anschlages vorliegt, ist anhand des Einzelfalles zu beurteilen. Dabei ist

---

[211] BGH BB 1964, 1397; OLG Köln Urt. v. 11. 11. 1971 zitiert bei Jagenburg NJW 1972, 1298.
[212] OLG Köln Urt. v. 19.03. 1970 zitiert bei Jagenburg NJW 1971, 1425.
[213] BGH Sch-F Z 2.311 Bl. 5.
[214] BGH Sch-F Z 2.311 Bl. 20.
[215] Riedl in Heiermann/Riedl/Rusam, Teil B, Einf. zu §§ 8 u. 9 Rdn. 5; Vygen in Ingenstau/Korbion, Teil B, Einf. zu §§ 8 u. 9 Rdn. 7.

insbesondere zu berücksichtigen, welcher Genauigkeitsgrad unter den technischen Besonderheiten der jeweiligen Baumaßnahme bei einer fachmännischen Berechnung möglich gewesen wäre. Eine Überschreitung des Endpreises um 15-20 %, in Ausnahmefällen 25 %, kann i. d. R. das Kündigungsrecht des Bestellers auslösen.[216]

Nach § 650 Abs. 2 BGB hat der Unternehmer bei einer wesentlichen Überschreitung des Kostenanschlags dem Besteller unverzüglich Anzeige zu machen. Unterlässt er dies schuldhaft, so ist er diesem gem. § 280 BGB zum Schadensersatz wegen Pflichtverletzung verpflichtet.[217] Zu ersetzen ist die Differenz der Mehrkosten, die durch Vergleich der wirtschaftlichen Lage des Bestellers bei unterstellter Kündigung auf erfolgte Anzeige durch den Unternehmer und der Zahlungsverpflichtung des Bestellers bei nicht angezeigter Kostenüberschreitung entstehen. Der Besteller muss sich allerdings den Betrag anrechnen lassen, der dem noch zulässigen Rahmen einer Kostenüberschreitung durch den Unternehmer entspricht.[218]

Ein Anspruch auf Schadensersatz entfällt, wenn der Unternehmer beweisen kann, dass der Besteller trotz rechtzeitiger Anzeige nicht gekündigt hätte oder er auch ohne Anzeige von der wesentlichen Überschreitung Kenntnis hatte.

3.1.3 Verteilung von Vertragsrisiken bei Inanspruchnahme von Dritten

3.1.3.1 Risikozuordnung bei Verschulden des Erfüllungsgehilfen

Im Zuge der Arbeitsteilung bei der Durchführung von Werkvertragsprojekten wird der Unternehmer immer häufiger auch zum Auftraggeber. Als Generalunternehmer erbringt er nicht alle Leistungen in Eigenregie, sondern bedient sich verschiedener Nachunternehmer und Zulieferer. Insbesondere bei Großbaumaßnahmen, wie beispielsweise Müllverbrennungsanlagen, Flughäfen oder Eisenbahnhochgeschwindigkeitslinien mit Tunnel- und Brückenbauwerken, ist auf Seiten des Generalunternehmers eine besonders stark ausgeprägte Arbeitsteilung erkennbar. Unterhalb des Generalunternehmers wirken eine Vielzahl von Konsortien, Nachunternehmern und Zulieferern an der Realisierung des Projektes mit. Auch der Besteller – soweit er sich an der Erfüllung der Leistung beteiligt – erbringt regelmäßig die von ihm übernommenen Teilleistungen nicht selbst, sondern bedient sich dazu der Hilfe von Planern, Nachunternehmern und Zulieferern.[219]

Treten bei der Planung oder Durchführung solcher Baumaßnahmen Störungen auf, so stellt sich die Frage, inwieweit Vertragsrisiken auf die Beteiligten zu verteilen sind. Ein wesentlicher Lösungsansatz hierfür findet sich in § 278 BGB. Danach hat der Schuldner ein Verschulden seines gesetzlichen Vertreters und der Personen, deren er sich zur Erfüllung seiner Verbindlichkeit bedient, in gleichem Umfang zu vertreten wie eigenes Verschulden. Dies beruht auf dem Gedanken, dass der Schuldner gegenüber dem Gläubiger für seinen Geschäfts- und Gefahrenbereich verantwortlich ist und dass zu diesem auch die vom Schuldner eingesetzten Hilfspersonen gehören.[220] Das Risiko, dass der Erfüllungsgehilfe schuldhaft rechtlich geschützte Interessen des Gläubigers verletzt liegt eindeutig in der Risikosphäre des Schuldners, da dieser

---

[216] Palandt/Sprau, a. a. O., § 650 Rdn. 2.
[217] OLG Frankfurt BauR 1985, 207.
[218] Vygen in Ingenstau/Korbion, Teil B, Einf. zu §§ 8 u. 9 Rdn. 8.
[219] Vgl. Nicklisch in Festschrift für Otto Sandrock, a. a. O., S. 713.
[220] Palandt/Sprau, a. a. O., § 278 Rdn. 1; BGH 1962, 119 (124); BGH NJW 1996, 464 (465).

sich der Hilfe eines Dritten bedient um den Werkerfolg zu erbringen.[221] Dies bedeutet, dass in den Risikobereich eines Vertragspartners diejenigen Erfüllungsgehilfen einbezogen sind, die die betreffende Partei zur Erfüllung ihrer Vertragspflichten heranzieht. Der Grundsatz des § 278 BGB ist dabei nicht nur auf den Unternehmer zu beziehen, sondern findet ebenso im Umfeld des Bestellers Anwendung.

Übernimmt der Besteller bestimmte Teilleistungen oder lässt er sie durch Dritte erbringen, ist er nicht nur Gläubiger, sondern auch Projektmitverantwortlicher. Die Planung des Bauwerkes oder Teilleistungen der Ausführung, die der Besteller selbst übernimmt oder durch Erfüllungsgehilfen ausführen lässt, sind dabei die häufigsten Fälle in der Praxis. Die Erfüllung dieser Leistungen liegt dann ausdrücklich in der Risikosphäre des Bestellers. Er trägt die Verantwortung dafür, dass der erwartete Erfolg eintritt, und nicht etwa der Unternehmer. Gleichermaßen verhält es sich, wenn der Besteller das Projekt nicht an einen einzigen Generalunternehmer vergibt, sondern nach Fachlosen an einzelne Unternehmen. Die Verantwortung für die erfolgreiche Erfüllung der Vertragspflichten trägt dabei zwar jeder einzelne Unternehmer im Rahmen seiner vertraglich geschuldeten Leistung; die Koordinierung der Projekt- und Zeitplanung liegt allerdings in der Verantwortung des Bestellers. Durch die Vergabe nach Fachlosen hat der Besteller in erheblichem Maße eine unternehmerische Funktion übernommen, so dass das er im Rahmen der von ihm übernommenen Teilleistung zum Mitunternehmer wird.[222]

a) Das Vertragsrisiko des Bestellers bei Arbeitsteilung

Betätigt sich der Besteller als Mitunternehmer an einer Baumaßnahme, indem er Planungs- und Koordinierungsaufgaben übernimmt und damit einen Architekten beauftragt, ist dieser nach st. Rspr. eindeutig als sein Erfüllungsgehilfe einzuordnen.[223] Der Besteller haftet dann in vollen Umfang gem. § 278 BGB für das Verschulden des Architekten, wenn dieser seine Pflicht verletzt dem Unternehmer zuverlässige Pläne zur Verfügung zu stellen oder erforderliche Anweisungen zum reibungslosen Ablauf der Baumaßnahme zu treffen.[224]

Die Frage, inwieweit ein vom Besteller beauftragter Vorunternehmer Erfüllungsgehilfe des Bestellers sei, behandelt der BGH – unverständlicherweise – weitaus zurückhaltender. In einer aktuellen Entscheidung[225] zu dieser Thematik hat er den berechtigten Sachargumenten dieser Frage zur Anerkennung verholfen; allerdings mit Hilfe eines anderen Lösungsansatzes. In diesem Fall hatte der Besteller durch einen Vorunternehmer einen außerordentlich aufwendigen Hochwasserschutz erstellen lassen. Dieser wurde auch in der Folgezeit während der Ausführung weiterer Gewerke durch nachfolgende Unternehmen auf Anordnung des Auftraggebers aufrechterhalten. Zur Zeit der Hochwassergefahr war dieser Hochwasserschutz allerdings zum Teil wieder beseitigt worden, so dass die Baustelle überflutet wurde. Dadurch wurden die teilweise erbrachten Leistungen des Elektrounternehmers beschädigt oder zerstört, ebenso eingelagerte Materialien.

Der BGH hat hierbei eine Haftung des Bestellers für den Vorunternehmer nach § 278 BGB abgelehnt, da der Auftraggeber gegenüber dem Nachunternehmer keine Pflicht übernommen habe, den Hochwasserschutz zu errichten und aufrecht zu erhalten. Die Tatsache, dass alle Nachunternehmer nach Treu und Glauben von der Tatsache ausgehen konnten, dass der Hochwasserschutz für die gesamte Bauzeit durch den Auftraggeber aufrechterhalten bleiben würde,

---

[221] BGH BauR 1995, 128 (132).
[222] Nicklisch in Festschrift für Otto Sandrock, a. a. O., S. 719.
[223] BGH NJW 1984, 1676 (1677).
[224] BGH NJW 1987, 644 (645); Vygen, Bauvertragsrecht nach VOB und BGB, a. a. O., Rdn. 352 ff.
[225] Vgl. Nicklisch in Festschrift für Otto Sandrock, a. a. O., S. 722; BGH NJW 1998, 456.

wurde vom BGH nicht berücksichtigt. Dies ist insbesondere unter dem Gesichtspunkt unverständlich, dass der Auftraggeber Leistungen durch Dritte hat erbringen lassen, die im Rahmen der Projektdurchführung unbedingt erforderlich waren und ausschließlich beim Hochwasserschutzunternehmer angefragt wurden. Der Besteller ist damit unzweifelhaft zum Mitunternehmer geworden. Die Maßnahmen des Hochwasserschutzes fallen eindeutig in seine Risikosphäre.

Die Begründung des BGH, dass der Mehrvergütungsanspruch des Elektroinstallateurs trotzdem berechtigt sei, da der Unternehmer eine durch die Errichtung des Hochwasserschutzes begründete Schutzpflicht schuldhaft verletzt habe, weil die Nachunternehmer von der Aufrechterhaltung des Hochwasserschutzes ausgehen konnten, führt im Ergebnis zwar zu dem gleiche Rechtsanspruch auf Mehrvergütung, beantwortet jedoch nicht abschließend die Frage, ob ein vom Besteller beauftragter Vorunternehmer Erfüllungsgehilfe desselben ist.

Der Umweg über eine Schutzpflicht ist sehr zweifelhaft. Durch die Vergabe nach Fachlosen hat der Besteller den Bietern eindeutig zu verstehen gegeben, dass sie bei ihrer Kalkulation keine Hochwasserschutzmaßnahmen zu berücksichtigen haben. Demnach ist der Auftraggeber auch für die ordnungsgemäße Aufrechterhaltung des Hochwasserschutzes gegenüber den Nachunternehmern verantwortlich. Der Besteller kann keinesfalls die Erfüllung einer Leistung verlangen, für die keine vertragliche Gegenleistung vereinbart ist und nach Treu und Glauben auch nicht zu vereinbaren war.

Der Hochwasserschutz fällt somit eindeutig in die Risikosphäre des Auftraggebers; dieser muss für ein Verschulden des Hochwasserunternehmers nach § 278 BGB eintreten.[226]

b) Das Vertragsrisiko des Unternehmers bei Arbeitsteilung

Vergibt ein (General-) Unternehmer einzelne Teile der von ihm geschuldeten Leistung an einen oder mehrere Nachunternehmer, so sind diese Erfüllungsgehilfen des Unternehmers gegenüber dem Besteller.[227] Das gleiche gilt für eine in die Produktion eingeschaltete Muttergesellschaft.[228] Die Nachunternehmer sind jeweils für ihr Gewerk gegenüber dem (General-) Unternehmer vertraglich verpflichtet und haftbar. Untereinander sind diese keine Erfüllungsgehilfen, da sie keine vertraglichen Beziehungen zueinander haben. Ebenso haften diese nicht gegenüber dem Besteller, weil sie – wie dargelegt – lediglich Erfüllungsgehilfen ihres Auftraggebers sind, also des (General-) Unternehmers; allein dieser haftet gegenüber dem Besteller nach § 278 BGB für etwaige Mängel, die aus einer fehlerhaften Nachunternehmerleistung resultieren.

Nach neuerer Rechtsprechung wird auch ein Zulieferer als Erfüllungsgehilfe des Unternehmers angesehen, wenn dieser in den Pflichtenkreis des Unternehmers einzubeziehen ist.

Das OLG Celle[229] hat den Zulieferer eines Fußbodenestrichs als Erfüllungsgehilfen angesehen, weil dieser an Verhandlungen und Besprechungen zwischen Besteller und Unternehmer teilgenommen und bezüglich des Materials beraten hatte.

Das OLG Karlsruhe[230] hat in einem anderen Fall gleichermaßen entschieden. Aus dem Werkvertrag zwischen Besteller und Unternehmer hatte sich ergeben, dass der Betonlieferant im Rahmen der Herstellungspflicht des Unternehmers tätig werden sollte.

---

[226] Vgl. Nicklisch in Festschrift für Otto Sandrock, a. a. O., S. 724.
[227] BGH 1966, 43.
[228] OLG Nürnberg NJW R-R 93, 1304.
[229] OLG Celle BauR 1996, 263 (264).
[230] OLG Karlsruhe BauR 1997, 847 (848, 849).

Diese Rechtsprechung trägt insbesondere der modernen technischen Entwicklung in Werkherstellungsprozessen Rechnung, da heute verstärkt bestimmte Teile industriell hergestellt und zugeliefert werden, die vor kurzem noch individuell auf Werkvertragsbasis für das einzelne Projekt geschaffen wurden.[231] Dem Besteller ist es dabei i. d. R. gleichgültig, ob der Unternehmer diese Teile selbst fertigt oder von einem anderen Unternehmer als Nachunternehmer fertigen lässt oder ob er industriell hergestellte Fertigteile bezieht. Der Besteller vertraut dem Unternehmer dahin, dass er das versprochene Werk vertragsgerecht herstellt, gleich ob er Teile durch Nachunternehmer werkvertraglich herstellen lässt oder industriell hergestellte Fertigteile benutzt. Der Unternehmer haftet in jedem Fall für das gesamte Werk einschließlich der von Dritten hergestellten oder bezogenen Leistung.[232]

3.1.3.2 Entscheidungen zur Inanspruchnahme von Dritten

a) Erklärung über den Einsatz von Nachunternehmern erst nach Abgabe des Angebotes?

Soweit ein Bieter nach der Submission von einer zugesicherten Ausführung ausschließlich im Bieterbetrieb zum Teileinsatz von Nachunternehmern überwechseln würde, läge eine Vertragsänderung vor, die Nachverhandlungen voraussetzen würde, die nach § 24 Nr. 3 VOB/A unstatthaft sind.[233]

b) Nachunternehmer: Rechtsfolge des Nichterreichens einer bestimmten Eigenleistungsquote

Ein Nichterreichen dieses Eigenleistungsanteiles von 70% führt aber nicht zwangsläufig zum Ausschluss des Angebotes. Die VOB/B sieht in § 4 Nr. 8 Abs. 1 Satz 2 ausdrücklich vor, dass mit schriftlicher Zustimmung des Auftraggebers Leistungen an Nachunternehmen übertragen werden dürfen. Auch im Formblatt ist diese Zustimmungsmöglichkeit offen gelassen, indem sich der Auftraggeber vorbehält, dass „vom Umfang der Eigenausführung die Auftragserteilung abhängig gemacht werden kann".[234]

---

[231] In diesem Zusammenhang ist beispielsweise die Entwicklung bei der Fenster- und Türenherstellung für Gebäude oder der Einsatz von Betonfertigteilen im Industriebau aufzuführen.
[232] Nicklisch in Festschrift für Otto Sandrock, a. a. O., S. 726.
[233] VK Baden-Württemberg, Beschluss vom 08.08.2001 -Az 1 VK 16/01.
[234] VK Nordbayern, Beschluss vom 14.08.2001 -Az. 320.VK-3194-25/01.

3.2 Die Verlagerung typischer Bauvertragsrisiken durch die Systemwahl Pauschalvertrag – Funktionale Leistungsbeschreibung

3.2.1 Die vorrangige Form der Risikoverteilung durch den Einheitspreisvertrag

Der Einheitspreisvertrag ist die regelmäßige Form des VOB-Vertrages. Diese Vorrangigkeit des Einheitspreisvertrages vor den anderen von der VOB/A vorgesehenen Vertragsformen ist insofern von Bedeutung, da im Bauvertrag eine andere Vertragsform ausdrücklich festzulegen ist. Erfolgt das nicht, wird vor allem in Hinblick auf § 632 Abs. 2 BGB nach Einheitspreisen abgerechnet. § 2 Nr. 2 VOB/B zeigt dabei eine klare – vertraglich vereinbarte – Rangfolge auf:

„Die Vergütung wird nach den vertraglichen Einheitspreisen und den tatsächlich ausgeführten Leistungen berechnet, wenn keine andere Berechnungsart (z. B. durch Pauschalsumme, nach Stundenlohnsätzen, nach Selbstkosten) vereinbart ist."

Diese Grundsätze legen gleichermaßen die Risikoverteilung zwischen den Parteien fest. Der Einheitspreisvertrag als die vorrangige Vertragsform des VOB-Vertrages bestimmt auch die vorrangige Form der Risikoverteilung im VOB-Vertrag. Vereinbaren die Parteien ausdrücklich eine andere von der VOB/A vorgesehene Vertragsformen, so führt dies i. d. R. zu einer Risikoverlagerung.

Nach § 5 Nr. 1a VOB/A sollen Bauleistungen so vergeben werden, dass die Vergütung nach Leistung bemessen wird (Leistungsvertrag), und zwar in der Regel zu Einheitspreisen für technisch und wirtschaftlich einheitliche Teilleistungen, deren Menge nach Maß, Gewicht oder Stückzahl vom Auftraggeber in den Verdingungsunterlagen anzugeben ist (Einheitspreisvertrag). Solche Teilleistungen sind beispielsweise cbm Mauerwerk, cbm Erdaushub, qm Schalung, m horizontale Mauerwerksabdichtung oder Stk. Fenster einer bestimmten Ausführung, Größe und Qualität. Der Auftragnehmer, der durch Übergabe dieser Verdingungsunterlagen zur Angebotsabgabe aufgefordert wird, setzt seinerseits für jede Mengenangabe nach entsprechender Kalkulation seinen Einheitspreis ein. Die endgültige Vergütung ergibt sich gem. § 2 Nr. 2 VOB/B durch Multiplikation der tatsächlich ausgeführten Mengeneinheiten mit den Einheitspreis.[235] Dies ist das wesentliche Merkmal des Einheitspreisvertrages. Nur der Einheitspreis der jeweiligen Teilleistungen ist im Vertrag verbindlich fixiert, nicht aber der Positionspreis oder etwa der Gesamtpreis.

Aus dem Wortlaut des § 5 Nr. 1a VOB/A lässt sich bereits entnehmen, dass die Beschreibung der Leistung nach Art und Umfang sowie die hierzu erforderlichen Planungsleistungen grundsätzlich vom Auftraggeber zu erbringen sind, und somit in seine Risikosphäre fallen. Solche Leistungen gehören beim Einheitspreisvertrag ausdrücklich nicht zu den vom Auftragnehmer geschuldeten Bauleistungen gem. § 1 VOB/A.[236] § 3 Nr. 1 VOB/B verdeutlicht diesen Grund-

---

[235] Die Tatsache, dass die Vergütung nach den tatsächlich ausgeführten Mengen erfolgt, bedeutet nicht, dass die Mengenvordersätze nicht Vertragsinhalt werden würden. Vielmehr wird in der ermittelten Größenordnung der Ausschreibung eine bestimmte Positionsmenge Vertragsinhalt, wobei die Größenordnung aber von Begin an variabel bleibt.
[236] Die VOB ist deshalb für diese Leistungen nicht einschlägig, d. h. für die Vergabe von öffentlichen Aufträgen ist das Verfahren der VOB/A nicht anzuwenden und den Verträgen ist die VOB/B nicht zugrunde zu legen.

satz umso mehr, da hiernach der Auftraggeber die für die Ausführung nötigen Unterlagen dem Auftragnehmer unentgeltlich und rechtzeitig übergeben muss.

Demgegenüber hat der Auftragnehmer – ebenso wie im BGB-Werkvertrag – das Risiko einer auskömmlichen Preisermittlung grundsätzlich selbst zu tragen. Fehler in der Preisermittlung gehen daher zu seinen Lasten. Treten allerdings während der Ausführung Abweichungen von der vertraglich vereinbarten Leistung auf – etwa wegen fehlerhafter Planung – führen diese i. d. R. zu einer Anpassung der Vergütung unter Berücksichtigung der Mehr- oder Minderkosten. Der Auftraggeber trägt also das Risiko, bei einer unvollständigen, fehlerhaften oder unklaren Leistungsbeschreibung höhere Einheitspreise bezahlen zu müssen, als vertraglich vereinbart.

3.2.2 Die grundsätzliche Risikoverteilung im Bauvertrag

Bei Abschluss eines Einheitspreisvertrages ist der Auftraggeber – wie bereits angesprochen – zu einer detaillierten Leistungsbeschreibung mit Leistungsverzeichnis gem. § 9 Nr. 6 bis Nr. 9 VOB/A verpflichtet. Diese Verpflichtung enthält auch damit verbundene Risiken, wie sie jeder Verfasser einer Erklärung trägt und wonach Unklarheiten zu seinen Lasten gehen.[237] Der Auftraggeber ist daher grundsätzlich für die Vollständigkeit, Richtigkeit und Eindeutigkeit der Leistungsbeschreibung verantwortlich. Insbesondere die Bestimmungen in § 9 Nr. 1, Nr. 2 und Nr.3 VOB/A erfordern beim Einheitspreisvertrag umfangreiche Vorleistungen des Auftraggebers, um den Anforderungen an eine ordnungsgemäße Leistungsbeschreibung mit Leistungsverzeichnis gerecht zu werden. Diese umfassen vor allem das Einholen der Baugenehmigung auf Grundlage der Genehmigungsplanung, das Erstellen der Ausführungsplanung, eine genaue Mengenermittlung auf Grundlage der Ausführungsplanung sowie die Beschaffung detaillierter Informationen über die Baugrund- und Wasserverhältnisse. Das Beschreibungsrisiko des Auftraggebers beim Einheitspreisvertrag basiert demnach auf dem Genehmigungsrisiko, dem Planungsrisiko, dem Mengenermittlungsrisiko und dem Baugrundrisiko.

In der Baupraxis wird als Vorteil der Funktionalen Leistungsbeschreibung häufig die Möglichkeit der Verlagerung vertraglicher Risiken genannt. Insbesondere Auftraggeber versprechen sich von dieser Art der Leistungsbeschreibung eine Überwälzung von Risiken aus der eigenen Sphäre in die des Auftragnehmers. Ob und in welchem Umfang diese Erwartung gerechtfertigt ist, sei nun im Folgenden dargestellt.

Rechtlich bedeutet der Begriff des Risikos die Zurechnung eines Auseinanderfallens von Vorstellung und Wirklichkeit zu einer Vertragspartei.[238] Die Risikoverteilung bestimmt, welche Partei die sich aus dieser Abweichung ergebenden Einbußen in Form von Geld oder erhöhten Leistungsaufwands zu tragen hat.

Wie die Risikosphären der Parteien gegeneinander abzugrenzen sind, ergibt sich aus dem Vertrag, dem Vertragszweck und dem geltenden dispositiven Recht.[239]

Danach kann ein bestimmtes Risiko zunächst durch Vertrag von einer Partei übernommen werden. Dies setzt voraus, dass die Parteien ein Ereignis vorausgesehen und die Folgen seines Eintritts übereinstimmend geregelt haben.

---

[237] Vgl. § 305c Abs. 2 BGB.
[238] Roth, in Münchener Kommentar zum BGB, Schuldrecht Allgemeiner Teil, 3. Aufl., § 242 Rdn. 537.
[239] Palandt-Heinrichs, Kommentar zum BGB, 56. Aufl., §242 Rdn. 125 m. w. N.

Auch das Verschulden einer Vertragspartei kann eine Risikozuweisung begründen, So findet eine Risikoverlagerung auf die Gegenseite nicht statt, wenn das fragliche Ereignis durch eine Partei verschuldet oder während ihres Verzugs eingetreten ist.

Weiter gründet sich ein Risiko auf die Vermeidbarkeit oder Vorhersehbarkeit des nicht oder fehlerhaft vorausgesehenen Ereignisses.[240] Damit ist ein Gesichtspunkt angesprochen, dem für die Funktionale Leistungsbeschreibung entscheidende Bedeutung zukommt, wie noch zu zeigen sein wird. Denn der Gedanke der Beherrschbarkeit der für die Durchführung des Vertrags wesentlichen Umstände steht in engem Zusammenhang mit der vertraglichen Aufgabenverteilung. Wo eine Partei weitere als ihr herkömmlich obliegende Aufgaben übernimmt, sie damit in ihre Sphäre überführt und ihre Ausführung allein zu steuern in der Lage ist, beherrscht sie das Geschehen mit der Folge, dass die typischerweise mit der Erfüllung dieser Aufgabe einhergehenden Risiken von ihr zu tragen sind.

In Hinblick auf den Pauschalvertrag gem. § 5 Nr. 1b VOB/A ist an dieser Stelle deutlich darauf hinzuweisen, dass der Auftraggeber seinen Beschreibungspflichten dem Grunde nach genüge tut, wenn er dem Unternehmer unzweideutig und vollständig – im Rahmen der allgemeinen Anforderungen an die Beschreibung der Leistung gem. § 9 Nr. 1 bis Nr. 5 VOB/A und sonstiger übergeordneter (gesetzlicher) Regelungen – seinen mutmaßlichen Bestellerwillen mitteilt (im Extremfall „1 Stück funktionierende Kläranlage für eine Stadt mit 30.000 Einwohnern"). Erst der Abschluss eines Einheitspreisvertrages gem. § 5 Nr. 1a VOB/A führt dazu, dass der Auftraggeber zur ordnungsgemäßen Erfüllung seiner Beschreibungspflichten auch zwingend die anderen oben genannten Pflichten und die damit einhergehenden Risiken zu übernehmen hat.[241] Die grundsätzliche Übernahme des Beschreibungsrisikos durch den Auftraggeber erfordert daher keinesfalls auch die grundsätzliche Übernahme des Planungsrisikos oder eine detaillierte Leistungsbeschreibung mit Leistungsverzeichnis gem. § 9 Nr. 6 bis Nr. 9 VOB/A. Vielmehr bestimmt sich die Risikoverteilung nach dem beiderseitigem Parteiwillen bei Vertragschluss und der daraus folgenden Systemwahl der Vertragsform.

Bei der Realisierung eines Bauvorhabens stehen die Vertragspartner vor folgenden Risiken:

---

[240] Roth, a. a. O., Rdn. 543 ff.
[241] Der Einheitspreisvertrag ist zweifelsohne der von der VOB/A favorisierte Vertragstyp und bestimmt somit auch die regelmäßige Risikoverteilung im VOB-Vertrag, dennoch sind hiervon Ausnahmen möglich, die infolgedessen zu einer Risikoverlagerung führen.

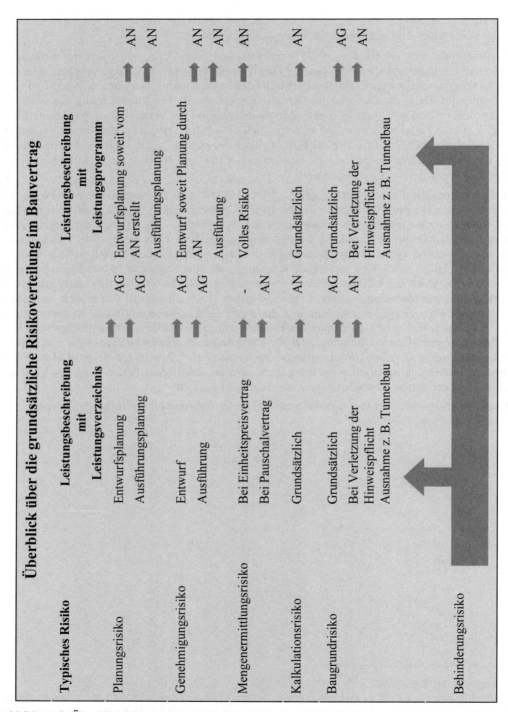

Abbildung 2: Überblick über die grundsätzliche Risikoverteilung im Bauvertrag

3.2.3 Das Genehmigungsrisiko

Bauvorhaben bedürfen öffentlich-rechtlicher Genehmigungen. Ein typisches Beispiel ist die allgemeine bauordnungsrechtliche Genehmigung (Baugenehmigung) nach dem Baugesetzbuch und vor allem nach den Landesbauordnungen.[242] Die Erteilung einer Baugenehmigung erfordert die Einreichung eines Bauantrages sowie die Vorlage einer Genehmigungsplanung bei der genehmigenden Behörde, die über die Zulässigkeit des Bauvorhabens nach Maßgabe der einschlägigen Rechtsnorm entscheidet. Überdies, muss nicht nur eine Genehmigung für die Errichtung des Bauwerkes als solches, sondern auch für die vorgesehene Nutzung vorliegen. So erfordert beispielsweise die Errichtung eines Schweinemastbetriebes nicht nur eine Baugenehmigung, sondern sämtliche umweltrechtlichen Genehmigungen.[243] Da öffentlich-rechtliche Genehmigungen eine grundlegende Voraussetzung für die Verwirklichung der Bauabsicht sind und deshalb grundsätzlich allein im Interessenkreis des Bestellers liegen, ist auch seine Sache, die erforderlichen Genehmigungen einzuholen.[244] Dabei ist es nicht nur Pflicht des Auftraggebers, die im Einzelfall erforderlichen Genehmigungen überhaupt zu erwirken, sondern er muss das auch so rechtzeitig tun, dass der Unternehmer in der Lage ist, seine Verpflichtung vertragsgetreu zu erfüllen.[245] Alle erforderlichen Planungsleistungen, die hierzu notwendig werden, obliegen dem Auftraggeber bzw. dem Architekten als seinem Erfüllungsgehilfen. Das Genehmigungsrisiko steht demnach in engen Zusammenhang mit dem Planungsrisiko. § 4 Nr. 1 Abs. 1 Satz 2 VOB/B konkretisiert diesen Grundsatz für den VOB-Vertrag. Der Auftraggeber hat hiernach die erforderlichen öffentlich-rechtlichen Genehmigungen und Erlaubnisse herbeizuführen.

Beispiel:[246]
Ein produzierender Betrieb beabsichtigt eine Betriebsverlagerung an einen bestimmten Standort. Das vorgesehene Grundstück hat er bereits erworben. Die Erteilung der Baugenehmigung und damit die Frage der Bebaubarkeit und Bebauungsart hängt jetzt davon ab, ob dem Bauvorhaben irgendwelche öffentlichen Baubeschränkungen entgegenstehen. Deshalb bedarf es vor allem der Klärung,

i) ob das Grundstück nach dem Flächennutzungsplan als Baugebiet vorgesehen ist und nicht etwa als Gemeindebedarfsfläche, als Fläche für Versorgungs- oder Entsorgungsanlagen, als Grünfläche, Fläche für Land- und Forstwirtschaft usw.,

ii) ob die geplante Bebauung des Grundstücks dem Bebauungsplan, der Art und Maß der baulichen Nutzung, die Bauweise, die Mindestgröße der Baugrundstücke, die Höhenlage der Gebäude, die Flächen für Stellplätze und Garagen u. a. m. festlegt, entspricht,

iii) ob die Erschließung, verkehrsmäßige Anbindung usw. gesichert ist,

iv) ob sich eventuelle Beschränkungen aus dem Städteförderungsgesetz ergeben, z. B. aus Gründen städtebaulicher Sanierungs- und Entwicklungsmaßnahmen,

v) ob sich Beschränkungen aus der Baunutzungsverordnung ergeben,

---

[242] Weitere Genehmigungen finden sich in der Gewerbeordnung, dem Wasserrecht, dem Straßenverkehrsrecht, in feuerpolizeilichen Vorschriften, im Bundesimmissionsschutzgesetz usw.
[243] Z. B. nach dem BNatSchG und dem BImSchG.
[244] Der Auftraggeber ist hierzu auch weit eher in der Lage, weil er die erforderliche Aktivlegitimation als Grundeigentümer, als Bauherr, als Nutzungsberechtigter, usw. besitzt.
[245] Oppler in Ingenstau/Korbion, Teil B, § 4 Rdn. 21.
[246] Vygen, Bauvertragsrecht nach VOB und BGB, a. a. O., Rdn. 6.

vi) ob nach der Landesbauordnung des jeweiligen Landes eine Baugenehmigung erforderlich ist oder nur eine Anzeigepflicht besteht,

vii) welche Bestimmungen für das konkrete Bauvorhaben über die bauliche Ausnutzung des Grundstücks, die einzuhaltenden Fluchtlinien und Bauwerks- bzw. Grenzabstände und die Gestaltung der baulichen Anlage zu beachten sind.

Entspricht das Vorhaben diesen einschlägigen Vorschriften nicht, so knüpft das öffentliche Recht hieran Sanktionen, wie beispielsweise im Extremfall die Baueinstellung nach § 69 BauO Bln. Des Weiteren kommen unvorhergesehene und verteuernde Auflagen in Betracht. Im hieraus entstehenden Aufwand verwirklicht sich das Genehmigungsrisiko des Bestellers. Grundsätzlich drückt die Regelung in § 4 Nr. 1 Abs. 1 Satz 2 VOB/B keine vom Auftraggeber gegenüber dem Auftragnehmer zu erfüllende Vertragspflicht aus, sondern verdeutlicht lediglich, dass der Auftraggeber für die Erholung der Genehmigung zuständig ist.[247] Er hat hiernach nur die notwendigen Anträge rechtzeitig und ordnungsgemäß zu stellen und ggf. unter Ausschöpfung von Rechtsmitteln bzw. Rechtsbehelfen weiter zu verfolgen.[248] Gegenüber dem Auftragnehmer trägt der Besteller demnach keineswegs das generelle Risiko für den Erfolg seiner Anträge. Gleichwohl trägt er das Risiko etwaiger Mehraufwendungen für die Realisierung des Bauvorhabens infolge fehlender Genehmigungsfähigkeit. Für die Vergütung des Auftragnehmers gilt dann § 2 Nr. 5 oder gegebenenfalls § 2 Nr. 8 VOB/B. Ein Verschulden des Auftragnehmers wegen Verzugs ist bei fehlender Genehmigung in jedem Fall auszuschließen, da der Anspruch des Bestellers auf Herstellung des Werkes noch nicht fällig ist. Dem Auftragnehmer steht grundsätzlich der Anspruch auf eine Verlängerung der Ausführungsfristen nach § 6 Nr. 2 Abs. 1a VOB/B zu. Eine Ausnahme hiervon kann allerdings dann bestehen, wenn der Auftraggeber dieses Risiko ausdrücklich dem Auftragnehmer gegenüber übernommen hat in Folge von zwingenden öffentlich-rechtlichen Vorschriften mit einer Genehmigung nicht zu rechnen ist.[249]

Der Architekt ist als Erfüllungsgehilfe des Auftraggebers grundsätzlich zur Erbringung einer mangelfreien Architekten-Leistung verpflichtet. Im Rahmen dieser Verpflichtungen, hat er den Auftraggeber auf Vorschriften des öffentlichen Baurechts hinzuweisen, die für den betreffenden Bau zu beachten sind.[250] Das gleiche gilt für den Auftragnehmer, wenn dieser fachkundig ist. Ein Missachten dieser Hinweispflicht kann zu Schadensersatzansprüchen führen.[251]

Der enge Zusammenhang zwischen Planung und Genehmigung – der Entwurf ist Gegenstand der Genehmigung – führt zu einer Verlagerung des Genehmigungsrisikos in dem Umfang, in dem dem Auftragnehmer die Planung übertragen wurde. Da dies – wie bereits mehrfach betont – wesentliches Merkmal der Funktionalen Leistungsbeschreibung ist, erfolgt durch sie eine Abwälzung der Genehmigungsrisiken auf den Auftragnehmer.

---

[247] BGH NJW 1974, 1080, 1081 = BauR 1974, 274; BGH BauR 1976, 128.
[248] Riedl in Heiermann/Riedl/Rusam, Teil B, § 4 Rdn. 8.
[249] Oppler in Ingenstau/Korbion, Teil B, § 4 Rdn. 17.
[250] BGHZ 1960, 1 = NJW 1973, 237 = BauR 1973, 120.
[251] Riedl in Heiermann/Riedl/Rusam, Teil B, § 4 Rdn. 8; OLG Stuttgart BauR 1980, 67.

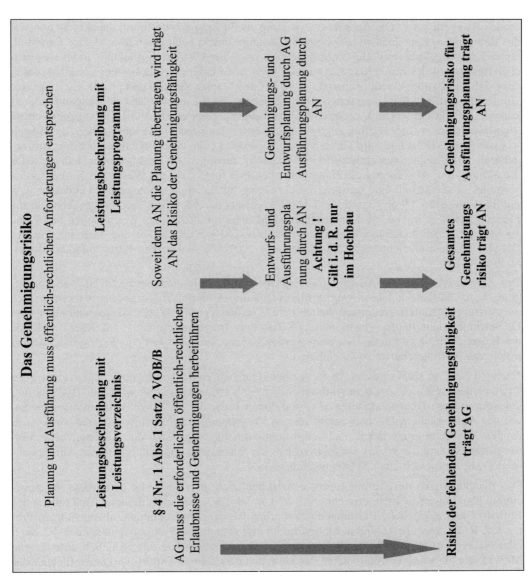

Abbildung 3: Das Genehmigungsrisiko

3.2.4 Das Planungsrisiko

In der Planung verwirklichen sich die Vorstellungen, die der Auftraggeber von dem zu errichtenden Bauwerk hat.[252] Die Ausführungsplanung als ihr Ergebnis bestimmt dabei nicht nur, wie das Bauwerk im Einzelnen zu realisieren ist, sondern drückt auch den mutmaßlichen Parteiwillen des Auftraggebers aus. Bei Vertragsschluss wird die Ausführungsplanung somit wesentlicher Bestandteil des Bauvertrages. Der anzustrebende Planungserfolg besteht vor allem darin, dass sich das Bauwerk bereits abstrakt, d. h. auf dem Papier, optisch und physikalisch in seine Umgebung einfügt, dem vertraglich vorausgesetzten Zweck genügt und den allgemein anerkannten Regeln der Technik entspricht. Die Planung ist bei einem VOB-Einheitspreisvertrag grundsätzlich dem Auftraggeber zugewiesen. Dies folgt aus der Mitwirkungspflicht des Bestellers nach § 642 BGB und wird durch § 3 Nr. 1 VOB/B konkretisiert. Hiernach hat der Auftraggeber dem Auftragnehmer einwandfreie Pläne und Unterlagen zur Verfügung zu stellen, die für die reibungslose Ausführung des Baues unentbehrlich sind.[253] Da das Wesen des Einheitspreisvertrages grundsätzlich eine Leistungsbeschreibung mit Leistungsverzeichnis erfordert, tragen die Regelungen in § 9 Nr. 6 und Nr. 7 VOB/A ebenso dazu bei, dass der Auftraggeber für die Planung Sorge zu tragen hat. Die Ausführungsplanung umfasst i. d. S. Zeichnungen und Pläne im Maßstab 1:50, Anleitungen zum sachgerechten Einsatz von Arbeit und Material, Einzel-, Detail- und Gesamtzeichnungen mit Maßen usw., statische und andere Berechnungen, Modelle, Proben, usw.[254]

Der Auftraggeber hat die Ausführungsunterlagen dem Auftragnehmer rechtzeitig und unentgeltlich zu übergeben. Um etwaigen Mehrvergütungsforderungen entgegenzuwirken, sollten die Ausführungsunterlagen grundsätzlich bereits in den Verdingungsunterlagen enthalten sein. Da bestimmte Unterlagen – insbesondere Schal- oder Bewehrungspläne – i. d. R. erst während der Bauausführung endgültig vorgelegt werden können, ist es ratsam eine vertragliche Abrufpflicht des Auftragnehmers zu vereinbaren.

Nach § 3 Nr. 2 VOB/B sind das Abstecken der Hauptachsen der baulichen Anlagen, ebenso der Grenzen des Geländes, das dem Auftragnehmer zur Verfügung gestellt wird, und das Schaffen der notwendigen Höhenfestpunkte in unmittelbarer Nähe der baulichen Anlagen alleinige Sache des Auftraggebers. Die hier beschriebenen Vermessungen gehören im weiteren Sinne noch zu den Ausführungsunterlagen und somit auch zum Planungsrisiko des Auftraggebers. Vermessungsarbeiten, die in den Ausführungsbereich fallen, sind dagegen Sache des Auftragnehmers (z. B. Einmessen eines Schalungsgerüstes).

Das Planungsrisiko des Auftraggebers verwirklicht sich in erster Linie darin, dass der angestrebte Planungserfolg nicht erreicht wird, so dass infolgedessen nachträgliche Änderungen des Entwurfs oder zusätzliche Leistungen erforderlich werden. Diese Planungsabweichungen führen i. d. R. zu einem berechtigten Mehrvergütungsanspruch des Auftragnehmers nach § 2 Nr. 5 oder Nr. 6 VOB/B. Des Weiteren kann aber auch eine verspätete oder gänzlich unterlassene Mitwirkung zu etwaigen Ansprüchen des Unternehmers führen. Die Mitwirkungspflichten des Bestellers sind dabei nicht nur als bloße Obliegenheiten, sondern darüber hinaus als echte vertragliche Nebenleistungspflichten anzusehen, die den Auftraggeber somit zum Mitunternehmer machen.

Übergibt der Auftraggeber dem Unternehmer die Ausführungsunterlagen nicht rechtzeitig, so hat der Unternehmer Anspruch auf Verlängerung der Ausführungsfristen nach § 6 Nr. 2

---

[252] Riedl in Heiermann/Riedl/Rusam, Teil B, § 3 Rdn. 1.
[253] BGH NJW 1972, 447.
[254] Riedl in Heiermann/Riedl/Rusam, Teil B, § 3 Rdn. 2; BGH NJW 1975, 737.

Abs. 1a VOB/B. Führt diese Verzögerung zu einer Behinderung oder Unterbrechung, kann er zudem die Rechte aus § 6 Nr. 6 VOB/B geltend machen. Unter den weiteren Voraussetzungen des § 286 BGB kann der Auftraggeber unabhängig von den Fällen der Behinderung oder Unterbrechung in Schuldnerverzug kommen und gem. § 280 BGB schadensersatzpflichtig werden. In Fällen, in denen der Besteller ernsthaft und endgültig seine Mitwirkungspflichten verweigert und dadurch den Unternehmer außerstande setzt, die Leistung zu erbringen, kann dieser ohne Fristsetzung, den Vertrag nach § 9 Nr. 1 und Nr. 2 VOB/B kündigen.[255]

§ 3 Nr. 3 Satz 1 VOB/B verpflichtet den Unternehmer, die vertraglich geschuldete Leistung nach dem ihm übergebenen Ausführungsunterlagen auszuführen.[256] Der Auftragnehmer hat demnach keine eigenen Entscheidungsspielräume. Weicht der Unternehmer bei der Ausführung eigenmächtig von dem ihn übergebenen Unterlagen ab, so führt dies regelmäßig zu einer fehlerhaften Werkleistung, welche er nach § 4 Nr. 7 VOB/B auf eigene Kosten durch eine mangelfreie zu ersetzen hat. Zeigen sich etwaige Mängel erst nach der Abnahme, stehen dem Besteller die Rechte aus § 13 Nr. 5 – Nr. 6 VOB/B zu. Hierbei ist deutlich darauf hinzuweisen, dass der rechtzeitige Erhalt dieser Unterlagen nicht entscheidend für deren Verbindlichkeit ist. Bei einer verspäteten Abgabe der Ausführungsunterlagen stehen dem Unternehmer dann aber ggf. die oben genannten Ansprüche aus § 6 VOB/B zu. Aus diesen geringen Einflussmöglichkeiten, die der Auftragnehmer auf die Gestaltung der Ausführungsunterlagen hat, ergibt sich auch die eindeutige Zuweisung des Planungsrisikos auf den Besteller des Werkes. Weil er die Planung beherrscht, ist auch nur er in der Lage, Unzulänglichkeiten und Planungsfehler zu vermeiden. Der Unternehmer hat jedoch nach § 3 Nr. 3 Satz 2 VOB/B die Ausführungsunterlagen, soweit es zur ordnungsgemäßen Vertragserfüllung gehört, auf etwaige Unstimmigkeiten zu überprüfen und den Besteller auf entdeckte oder vermutete Mängel hinzuweisen. Kann der Unternehmer aufgrund der von ihm zu erwartenden Fachkunde feststellen, dass die Ausführungsunterlagen fehlerhaft oder unvollständig sind, so muss er den Auftraggeber unverzüglich nach der Entdeckung der Unstimmigkeit unterrichten. Die Prüfungs- und Hinweispflicht ist eine echte vertragliche Nebenpflicht. Genügt der Unternehmer dieser nicht, so führt des zu Schadensersatz wegen positiver Vertragsverletzung. Da allerdings der Auftraggeber bzw. der Architekt als sein Erfüllungsgehilfe in erster Linie für die Richtigkeit der Ausführungsunterlagen einzustehen haben, kann der Unternehmer, der seine Prüfungs- und Hinweispflicht unterlassen hat, dem Besteller ein Mitverschulden nach §§ 254 und 278 BGB entgegenhalten. Dies führt i. d. R. zu einer Minderung der Schadensersatzpflicht.[257]

Kennzeichen der Funktionalen Leistungsbeschreibung ist, dass der Auftragnehmer selbst in mehr oder weniger großem Umfang eigene Planungsleistungen übernimmt.[258] In der Praxis finden sich hier zwei Typen: Entweder wird dem Auftragnehmer die gesamte Planung übertragen. Oder der Auftraggeber stellt bereits die Genehmigungsplanung zur Verfügung, sodass der Auftragnehmer nur noch die Ausführungsplanung zu erbringen hat. Letzteres ist bei großen Bauvorhaben der Verkehrsinfrastruktur zur Verwirklichung der Vorstellungen der Vorhabenträger geboten. Dies gilt insbesondere für den Eisenbahnbau, der den komplexen technischen Regelwerken der DB AG entsprechen muss.

---

[255] Riedl in Heiermann/Riedl/Rusam, Teil B, § 3 Rdn. 8; OLG München BauR 1980, 274.
[256] BGH NJW 1982, 1702 = BauR 1982, 374.
[257] Riedl in Heiermann/Riedl/Rusam, Teil B, § 3 Rdn. 15.
[258] Heiermann/Riedl/Rusam, a. a. O., Teil A § 9 Rdn. 35; Ingenstau/Korbion, a. a. O., Teil A § 9 Rdn. 128; VHB, Ziff. 7.1.

Mit dieser Aufgabenverteilung geht auch eine Verschiebung der Verantwortlichkeiten einher.[259] Der Auftragnehmer hat auch für den Erfolg seiner Planung im Hinblick auf die oben genannten Ziele einzustehen. Er muss gewährleisten, dass seine Planung keine Mängel aufweist. Diese Haftung erstreckt sich nicht nur auf die von ihm selbst im Rahmen seines Unternehmens erstellte Planung, sondern gilt auch für selbstständige Planungsbüros, derer er sich für die Ausführung der Planung bedient. Diese sind seine Erfüllungsgehilfen im Sinne des § 278 BGB.[260]

Nur so weit der Auftraggeber eigene Entwürfe beisteuert, bleibt es bei der herkömmlichen Verteilung der Verantwortlichkeiten.

Damit gehen notwendige Korrekturen oder Ergänzungen der Planung und Bauleistung zulasten des Auftragnehmers, soweit er die Planung durchgeführt hat.

Eine speziellere Variante des Planungsrisikos stellt das Entwicklungsrisiko dar: Speziell im Anlagenbau – auch Verkehrsanlagenbau – trägt der Unternehmer das Risiko des technischen Funktionierens der Anlage. Dies gilt insbesondere für technische Verfahren, die gänzlich neu und unerprobt sind oder die der Auftragnehmer selbst entwickelt und dem Auftraggeber vorgeschlagen hat.[261] Die Verlagerung dieses Risikos auf den Auftragnehmer ist im Rahmen der funktionalen Leistungsbeschreibung in der Verschiebung des Planungsrisikos enthalten.

---

[259] Ingenstau/Korbion, a. a. O., Teil A § 9 Rdn. 134.
[260] Ingenstau/Korbion, a. a. O., Teil A Rdn. 134.
[261] Kapellmann/Schiffers, Vergütung, Nachträge und Behinderungsfolgen beim Bauvertrag, Bd. 2, 2. Aufl., Rdn. 530.

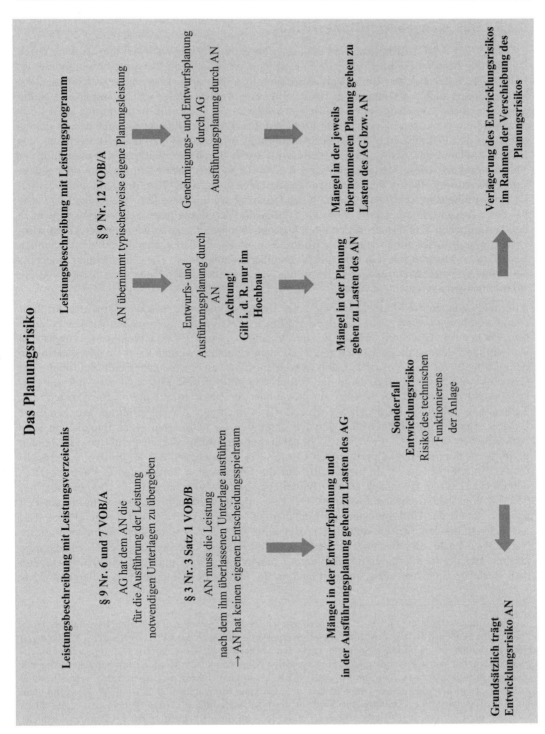

Abbildung 4: Das Planungsrisiko

3.2.5 Das Mengenermittlungsrisiko

§ 1 Nr. 1 Satz 1 VOB/B besagt, dass die auszuführende Leistung nach Art und Umfang durch den Vertrag bestimmt wird. Grundlage eines jeden Vertrages ist die Leistungsbeschreibung, im Fall des hier behandelten Einheitspreisvertrages in Form eines Leistungsverzeichnisses, wo neben der Art auch der Umfang der Bauleistung beschreiben wird. Der Umfang ist i. d. S. die ausgeschriebene LV-Menge oder der Mengenvordersatz, d. h. der Leistungsumfang einer Leistungsposition gemessen in technischen Einheiten. Die Ermittlung dieser Mengen basiert unmittelbar auf den Planungsergebnissen der Ausführungsplanung. Die qualitative Bestimmung des Bausolls anhand der Ausführungsplanung wird somit durch die quantitative Festlegung der Mengen ergänzt. Diese Mengen sind gem. § 5 Nr. 1a VOB/A nach Maß, Gewicht oder Stückzahl vom Auftraggeber in den Verdingungsunterlagen anzugeben. Das Mengenermittlungsrisiko beim Einheitspreisvertrag ist deshalb der Risikosphäre des Bestellers zuzuordnen. Da aber bei einer Ausschreibung nach § 5 Nr. 1a VOB/A die Vergütung gem. § 2 Nr. 2 VOB/B nach den vertraglichen Einheitspreisen und den tatsächlich ausgeführten Leistungen berechnet wird, besteht grundsätzlich für keine der beiden Parteien ein Risiko dahingehend, dass die tatsächlich ausgeführten Mengen von den vertraglich vereinbarten abweichen. Der Unternehmer einerseits bekommt geleistete Mehrmengen voll vergütet, der Besteller andererseits muss nicht geleistete Mindermengen auch nicht bezahlen.

Allerdings können die Mengenangaben, unter Berücksichtigung der in der Bauwirtschaft üblichen Kalkulationsweise[262], u. U. auch beim Einheitspreisvertrag mit gewissen Risiken behaftet sein. Da in einer Ausschreibung i. d. R. keine eigene Position für die Gemeinkosten vorgesehen ist – auf die Deckung dieser Kosten aber auch nicht verzichtet werden kann – müssen diese von dem Kostenträger „LV-Position" getragen werden. Eine verursachungsgerechte Zuordnung der Gemeinkosten zu den Einzelkosten der Teilleistung einer Position ist nicht bzw. nur mit Einschränkung möglich, daher werden sie prozentual als Zuschlag auf diese „Basiskosten" der Teilleistung umgelegt. Demnach werden mit der Abrechnung der ausgeführten Mengen einer LV-Pos. sowohl die direkten als auch die anteiligen Gemeinkosten einer Bauleistung vom Auftraggeber vergütet.[263] Erweisen sich dabei beispielsweise die ausgeführten Ist-Mengen geringer als die ursprünglich ermittelten Vordersätze, so entstehen i. d. R. für den Auftragnehmer erhebliche Nachteile, da die anteilig auf die Einzelkosten umgelegten Beträge plötzlich unterdeckt sind (ein Hochbaukran oder Bauleiter kosten das gleiche, egal, ob 1000 m3 oder nur 850 m3 Wandbeton eingebaut werden). Der geschuldete Werklohn würde sich in diesem Fall um den Anteil der Umlagekosten am Einheitspreis multipliziert mit dem weggefallenen Teil der herzustellenden Menge reduzieren. Bei einer Mengenüberschreitung kann sich dieser Nachteil zu Lasten des Bestellers umkehren, da es zu einer Überdeckung der Umlagebeträge kommt. Hierbei ist allerdings deutlich darauf hinzuweisen, dass der Nachteil nicht zwingend dem Besteller entstehen muss, sondern auch in die Sphäre des Unternehmers fallen kann. Als

---

[262] Die Umlagekalkulation ist das in der Praxis am häufigsten angewendete Kalkulationsverfahren. Hierbei werden zunächst für alle Positionen des Leistungsverzeichnisses die Einzelkosten der Teilleistungen (EKT) ermittelt uns aufaddiert, getrennt nach den vorgegebenen Kostenarten. Die Baustelleneinrichtungskosten, die Baustellengemeinkosten und sonstige Allgemeinkosten werden dann bei jedem Angebot objektspezifisch errechnet. Die Summe aus den EKT, den Gemeinkosten (GK) und den vorbestimmten Zuschlägen für die Allgemeinen Geschäftskosten (AGK) und für Wagnis und Gewinn (W+G) ergibt dann die Angebotsendsumme. Abschließend wird für die GK, AGK und W+G ein gemeinsamer „Zuschlagsatz" auf die EKT ermittelt. Hierbei werden i. d. R. den einzelnen Kostenarten der EKT unterschiedliche Anteile zugewiesen, woraus sich entsprechend unterschiedliche Zuschlagssätze ergeben.
[263] Friedrich, BauR 1999, 817.

typisches Beispiel hierfür sei genannt, dass ein Erdbauunternehmer Aushubmassen zu entsorgen hat, jedoch die Kippe Mehrmassen nicht mehr annimmt. Muss der Unternehmer in diesem Fall eine andere Kippe anfahren, so entstehen ihm durch die weitere Entfernung oder durch höhere Kippgebühren Mehrkosten.

Um einen gerechten Interessenausgleich zwischen den Parteien zu wahren, sieht § 2 Nr.3 VOB/B einen Ausgleich dieser Gemeinkosten bei Mengenverschiebungen sowohl über als auch unter den ausgeschriebenen Mengen vor. Weicht die ausgeführte Menge der unter einem Einheitspreis erfassten Position allerdings um nicht mehr als 10 v. H. von dem vertraglich vorgesehen Umfang ab, so gilt nach § 2 Nr. 3 Abs. 1 VOB/B der ursprüngliche Einheitspreis[264]. Diese Erkenntnis machen sich Auftraggeber häufig zu Nutze, indem – sie innerhalb dieses 10-prozentigen Spielraumes – größere Mengen anfragen als tatsächlich erforderlich wären, um dadurch günstigere Einheitspreise zu bekommen. Bei einer solchen bewussten Manipulation der Mengenvordersätze ist ein Gleichgewicht zwischen Leistung und Gegenleistung nicht mehr gewährleistet. In diesem Fall erweitert sich das Preisrisiko des Unternehmers in gewisser Weise um das Mengenermittlungsrisiko.

Das Mengenermittlungsrisiko beim Einheitspreisvertrag kann sich allerdings auch für den Besteller verwirklichen. Dies ist insbesondere dann der Fall, wenn dem Auftraggeber bzw. seinem Erfüllungsgehilfen grobe Fehler bei der Ausführungsplanung und/oder der Mengenermittlung unterlaufen, diese aber vom Unternehmer schon während der Angebotsbearbeitung bemerkt werden. Ein solcher Fall liegt im Folgenden vor:

Der Auftraggeber hatte im Rahmen einer Hochbaumaßnahme unter dem Titel „Erdbauarbeiten" in einer Position das Roden von Baumstümpfen ausgeschrieben. Der im Leistungsverzeichnis angegebene Mengenvordersatz erwies sich dabei mit 25 Stück als viel zu niedrig, weil der Planer des Auftraggebers eine eingehende Besichtigung des Baugrundstückes unterlassen hatte. Tatsächlich waren über 2000 Baumstümpfe zu roden. Bei der Angebotsprüfung bemerkte auch niemand, dass der spätere Auftragnehmer das Roden der Baumstümpfe zu einem Preis angeboten hatte, der ca. 700% über dem durchschnittlichen Einheitspreis dieser Position lag. Da bei Preisen „über Wert" dem Auftragnehmer grundsätzlich die vertraglich vereinbarte Vergütung zusteht, musste sich der ausführende Unternehmer in diesem Fall lediglich nach § 2 Nr. 3 Abs. 2 VOB/B für die über 10 v. H. hinausgehende Überschreitung des Mengenansatzes die Minderkosten anrechnen lassen, die durch die Gemeinkostenüberdeckung entstanden sind. Die Anteile aus den direkten Kosten, den allgemeinen Geschäftskosten und Wagnis u. Gewinn standen ihm aber in vollem Umfang zu.

Beim Pauschalvertrag wird die Vergütung von den Vordersätzen gelöst. Der Preis ermittelt sich unabhängig von der Menge.

---

[264] Der Regelung für Mehr- oder Mindermengen unter 10 v. H. liegt eine Grundsatzentscheidung des Bundesgerichtshofes zugrunde, dass diese das Gleichgewicht zwischen Leistung und Gegenleistung noch nicht ernstlich stören. BGH BauR 1987, 213: *„Im Durchschnittsfall werden verhältnismäßig geringfügige Mindermengen in dem einen Bereich durch ebenfalls geringfügige Mehrmengen in einem anderen ganz oder teilweise ausgeglichen werden. Die Regelung mutet daher den Beteiligten im Interesse zuverlässiger Festlegung des Vertragsinhalts, und damit vor allem einer vereinfachten Abrechnung, ein gewisses Risiko zu. Es wird allerdings gewöhnlich weit unter der Schwankungsbreite von 20 v. H. liegen, die sich rechnerisch in Grenzfällen ergeben könnte. Deshalb ist es aber auch sachgerecht, die Mehr- und Mindermengen im Bereich von je 10 v. H. in diesem Verhältnis zueinander zu sehen. Die hierin liegende Pauschalierung muss dann – mit gleichen Chancen und Risiken für Auftragnehmer und Auftraggeber – dazu führen, dass Vorteile und Nachteile dem einen oder dem anderen endgültig verbleiben."*

Der Auftragnehmer muss hier vor Vertragsschluss anhand der vom Auftraggeber vorgegebenen Mengenermittlungskriterien die richtigen Mengen ermitteln. Setzt er diese – und damit den Preis – zu niedrig an, kommt eine Anpassung der Vergütung grundsätzlich nicht in Betracht. Hierin verwirklicht sich für den Auftragnehmer das Mengenermittlungsrisiko.[265]

Das Mengenermittlungsrisiko knüpft also grundsätzlich an die Preisbildung – nach Einheitspreisen oder pauschal – nicht aber an die Art der Leistungsbeschreibung an. Sowohl die Leistungsbeschreibung mit Leistungsverzeichnis als auch diejenige mit Leistungsprogramm kann zur Vereinbarung eines Pauschalpreises führen.[266]

Die Verlagerung des Mengenermittlungsrisikos ist also keine Folge der Systemwahl Leistungsverzeichnis oder Leistungsprogramm, sondern ergibt sich aus der Systemwahl Einheitspreis- oder Pauschalvertrag. Beides kann und wird tatsächlich oft zusammenfallen, zwingend ist dies aber nicht.[267]

§ 9 Nr. 12 Satz 2 VOB/A führt zu keinem anderen Ergebnis. Danach hat der Auftraggeber bei der Leistungsbeschreibung mit Leistungsprogramm darauf hinzuwirken, dass der Bieter die Vollständigkeit seiner Angaben, insbesondere die von ihm selbst ermittelten Mengen, entweder ohne Einschränkung oder im Rahmen einer in den Verdingungsunterlagen anzugebenden Mengentoleranz vertritt. Diese Formulierung mag den Schluss nahe legen, der Auftragnehmer habe im Fall fehlerhafter Mengenermittlungen das Mengenrisiko zu tragen. Dies ist indessen nicht gemeint. Der Auftraggeber soll vielmehr durch die Preisangaben der Bieter eine hinreichend sichere Grundlage erhalten. Sonst in der VOB nicht vorgesehene Änderungen der Preise sollen vermieden werden.[268] Der Auftragnehmer übernimmt damit aber keine Garantie für diese Angaben. Die Möglichkeit der Preisanpassung, etwa nach § 2 Nr. 3 VOB/B, bleibt bestehen, sofern nicht ein Pauschalpreis vereinbart wurde.[269]

---

[265] Kapellmann/Schiffers, a. a. O., Rdn. 287; Heiermann/Riedl/Rusam, a. a. O., Teil A § 5 Rdn. 20.
[266] Ingenstau/Korbion, a. a. O., Teil A § 5 Rdn. 13.
[267] Anders der BGH, BauR 1997, S.126 (128), der eine eigenständige Risikoverlagerung durch die Vergabe nach Leistungsprogramm neben der durch Pauschalierung des Preises annimmt.
[268] Ingenstau/Korbion, a. a. O., Rdn. 175.
[269] Heiermann/Riedl/Rusam, a. a. O., § 9 Rdnr. 40; Ingenstau/Korbion, a. a. O., Rdn. 175.

Übersicht:

Risikoverlagerung bei der Funktionalen Leistungsbeschreibung
Risiko der Preisänderung wegen Mengenfehlern in der Planung
OLG Celle, Urteil vom 26.05.1993, Az.: 14 U 81/94
- Nachtragsforderungen berechtigen den Unternehmer nicht zur Kündigung.
- Der Unternehmer muss die Leistungsbeschreibung genauestens prüfen, um eine tragfähige Grundlage für sein Angebot zu erhalten.
- Unklarheiten und Widersprüche muss der Unternehmer vor der Vereinbarung seines Angebots klären oder aber vorsorglich Alternativpositionen anbieten.

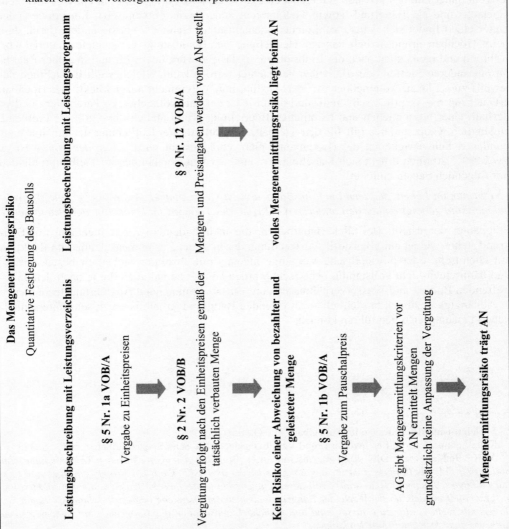

Abbildung 5: Das Mengenermittlungsrisiko

3.2.6 Das Baugrundrisiko

3.2.6.1 Einleitung

a) Grundzüge des Baugrund- und Tiefbaurechts

Die Verteilung des Baugrundrisikos zwischen den Vertragspartnern ist eins der am häufigsten diskutierten Themen im Zusammenhang mit dem Bauvertragsrecht. Insbesondere bei Gewerken, die die Bearbeitung des Baugrundes als Leistungselement enthalten, ist bis heute nicht abschließend geklärt, welcher Partner das Baugrundrisiko zu tragen hat. Hierzu hat sich mittlerweile innerhalb des privaten Baurechts eine differenzierte Aufspaltung in ein Hochbaurecht einerseits und ein Baugrund- sowie Tiefbaurecht andererseits durchgesetzt. Ein gravierender Unterschied findet sich – trotz zahlreicher „gemeinsamer Nenner" – insbesondere darin, dass beim Hochbau grundsätzlich das zur Herstellung der Bauleistung verwendete Material vor, während und meist auch nach der Einbringung in das Bauwerk überprüft und in seiner Reaktion mit anderen Stoffen oder Bauteilen beobachtet werden kann. Gleiches gilt hinsichtlich der jeweils zum Einsatz kommenden Art der Ausführung. Vereinfacht ausgedrückt: Der Hochbau arbeitet mit mess-, prüf-, seh-, fühl- und damit jederzeit nachvollziehbaren Parametern und ist deshalb einer tatsächlichen und rechtlichen Beurteilung grundsätzlich ohne größere Probleme zugänglich. Ganz anderes gilt für den Tiefbau, dem oft zur Verdeutlichung der mit ihm verbundenen Schwierigkeiten der (Bergmanns-)Satz vorangestellt wird: *„Vor der Harke ist es dunkel!"*[270] Ähnlich drückt sich Kapellmann[271] aus, der Untersuchungen zu Tiefbauproblemen mit folgenden Sätzen einleitet:

„Nicht nur im Leben, sondern auch im Baugrund ist vieles dunkel. Auftraggeber wie Auftragnehmer sind geneigt immer den anderen das Risiko des Tappens im Dunkeln tragen zu lassen."

Prägnanter dargestellt: Bei allen Bauarbeiten, die in irgendeinem Zusammenhang mit Baugrund stehen, findet ein „Baustoff" Verwendung, der in seiner Zusammensetzung und Reaktion auf chemische oder physikalische Vorgänge niemals mit absoluter Sicherheit beschrieben[272] und damit auch nicht vollständig beherrscht werden kann – zumal auch die je nach den anzutreffenden Boden- und Wasserverhältnissen zum Einsatz kommenden Ausführungstechniken[273] in Abhängigkeit zu den tatsächlich anzutreffenden Baugrundverhältnissen zu sehr unterschiedlichen Leistungserfolgen führen können.

---

[270] S. Heiermann, Rechtsfragen im Tunnelbau, a. a. O., S. 160.
[271] Kapellmann, Bausoll, Erschwernisse und Vergütungsnachträge beim Spezialtiefbau, a. a. O., S. 385.
[272] VGL. Beiblatt 1 zur DIN 4020 zu Abschnitt 4.1: *„Aufgabe der geotechnischen Untersuchung von Boden und Fels als Baugrund ist es, das Baugrundrisiko im Hinblick auf ein Projekt einzugrenzen (...). Ein restliches Baugrundrisiko kann auch durch eingehende geotechnische Untersuchungen nicht völlig ausgeschaltet werden, da die Werte der Baugrundparameter streuen, eng begrenzte Inhomogenitäten des Baugrunds nicht restlos zu erfassen sind und manche Eigenschaften des Baugrunds mit angemessenem Aufwand nicht festgestellt werden können."*
[273] Etwa Schneckenbohrverfahren bei standfesten, verrohrtes Bohrverfahren bei nichtstandfesten Böden; Handunterfangung oder HDI-Injektion; Bodenvereisung: Bodenverdichtung; Einpressen oder Einrammen von Spunddielen; Schmalwände oder Schlitzwände; Weichgelsohle oder Unterwasserbetonsohle.

b) Rechtliche Ausgangssituation

Bei Bauverträgen handelt es sich um Werkverträge gemäß § 631 bis § 651 BGB. Ein wesentliches Merkmal des Bauvertrages besteht i. d. R. darin, dass der Baugrund vom Auftraggeber zur Verfügung gestellt wird und dieser – soweit keine andere vertragliche Regelung getroffen wurde – somit auch das Baugrundrisiko trägt.[274] Hierbei ist zu untersuchen, inwieweit sich die Rechtslage bei einem reinen BGB-Werkvertrag von der bei einem VOB-Vertrag unterscheidet.

Die Diskussion bzgl. des Baugrundrisikos setzt immer dann ein, wenn die Bauzeit und/oder die Vergütung von veränderten Baugrund- und Wasserverhältnissen berührt werden und keine eindeutige vertragliche Vereinbarung besteht, wie die veränderte Situation rechtlich zu werten ist. Eine Auseinandersetzung mit dem Thema Baugrundrisiko verlangt deshalb ferner eine Klärung, unter welchen Vorraussetzungen das Baugrundrisiko ggf. als Folge der Vertragsgestaltung auf den Auftragnehmer verlagert werden kann. In diesem Zusammenhang ist insbesondere die Wirksamkeit von Individualvereinbarungen zum Baugrundrisiko und von Allgemeinen Geschäftsbedingungen zur Übertragung des Bodenrisikos von erheblicher Bedeutung.

3.2.6.2 Die Bedeutung des Begriffs „Baugrundrisiko"

a) Wortinhalt

Das „Baugrundrisiko" stellt den zentralen Begriff des gesamten Tiefbaurechts dar. Dieser wird hierbei allerdings oftmals falsch verstanden oder unzutreffend angewendet. Gleichbedeutend verwenden Rechtssprechung, Schrifttum und Baupraxis auch immer wieder Begriffe[275] wie „Risiko für die Boden und Wasserverhältnisse", „Boden- und (Grund-)Wasserrisiko", „Wagnis der Bodenbeschaffenheit" bzw. „Baugrundrisikobereich".

Erstaunlicherweise findet sich ein gleichlautender oder ähnlicher Begriff jedoch weder im BGB noch in der VOB, Teile A, B oder C.

Dem entgegen hat der Hauptverband der Deutschen Bauindustrie e.V. – Bundesfachabteilung Spezialtiefbau – mit der Ziffer 7 der „Allgemeinen Geschäftsbedingungen für Spezialtiefbauarbeiten", eine klare Aussage getroffen:

„7. Das Baugrundrisiko liegt beim Auftraggeber. Dies gilt auch für das unerwartete Auftreten von aggressiven Wässern und Böden."

Die Wortbestandteile „Baugrund" und „Risiko" werden im Folgenden näher betrachtet. Ersteres ist im Zivilrecht weder normiert noch definiert; dennoch findet diese Bezeichnung regelmäßig Eingang in Urteile der verschiedensten Gerichte[276] und ist mittelbar in § 9 Nr. 3 Abs. 3 VOB/A und § 9 Nr. 3 Abs. 4 VOB/A i. V. m. Abschnitt 0, Ziffer 0.1.7 der DIN 18 299 genannt.

aa) Der Baugrund

Der Begriff „Baugrund" enthält seinem Wortsinn nach die Teile der Erdoberfläche, die mit den darunterliegenden Erd- und Grundwasserschichten Grundlage für die Errichtung eines oder mehrerer Bauwerke – auch unter Inanspruchnahme mehrerer Grundstücke im grundbuchrecht-

---

[274] Vgl. Ziffer 7 der „Allgemeinen Bedingungen für Spezialtiefbauarbeiten" des Hauptverbandes der Deutschen Bauindustrie e.V. – Bundesfachabteilung Spezialtiefbau –.
[275] Englert/Grauvogel/Maurer, a. a. O., Rdn. 452; Englert BauR 1991, 537.
[276] Z. B. BGH – V ZR 219/85 –, BauR 1988, 111 (116).

lichern Sinne und ohne Rücksicht auf die Eigentumsverhältnisse sind.[277] Hierbei liegt eine deutliche Abgrenzung zu den Begriffen „Baugelände",[278] das den gesamten Bereich einer „Baustelle"[279] unbeschadet der Eigentumsverhältnisse umfasst, und zum „Grund und Boden" des § 94 Abs. 1 BGB vor. Der Begriff „Baugrundstück" hingegen beschreibt ein Grundstück, das zur Errichtung eines Bauwerkes rechtlich und tatsächlich Verwendung finden kann.[280]

Eine genauere Definition des Begriffs „Baugrund" findet sich in der DIN 4020 „Geotechnische Untersuchungen für Bautechnische Zwecke" unter 3.4:

„Baugrund ist Boden oder Fels, in dem Bauwerke gegründet oder eingebettet werden sollen oder der durch Baumaßnahmen beeinflusst wird.

Anmerkung: Im Hohlraumbau wird synonym für die Benennung Baugrund die Benennung Gebirge verwendet."[281]

Der Begriff „Baustoffe" wird interessanterweise in derselben Norm definiert. Gemäß 3.5 der DIN 4020 wird „Baustoff" folgenderweise definiert:

„Baustoff im Sinne dieser Norm sind Boden oder Fels, welche zur Errichtung von Bauwerken oder Bauteilen verwendet werden."

Im Sinne der DIN 4020 steht also eindeutig fest, dass der „Baugrund" gleich „Baustoff" ist. Hierbei kann der Baugrund entweder „Einbettungsmedium" oder „Beeinflussungsmedium" sein.

Exkurs: In § 2 Nr. 1 VOB/B wird als Vertragsinhalt geregelt, wie Begriffe rechtlich zu verstehen sind, die in der Fachsprache eine besondere Bedeutung erlangt haben; nämlich unter *„Beachtung der gewerblichen Verkehrssitte"*. Das bedeutet, dass im Rechtssinn Begriffe, die z. B. durch eine DIN eindeutig geprägt sind, so zu verstehen sind, wie sie in dieser Fachnorm vorgeprägt sind. Die Bedeutung und Auslegung dieses Begriffs ist unter den beteiligten Verkehrskreisen „Gemeingut".[282]

bb) Das Risiko

Unter „Risiko" versteht man – wie schon im Ersten Abschnitt ausführlich erläutert – allgemein ein Wagnis oder die Gefahr eines Verlustes. Im Zusammenhang mit dem Baugrund ist die Möglichkeit einer Abweichung der tatsächlichen geotechnischen Verhältnisse im Vergleich zu den erwarteten geotechnischen Verhältnissen gemeint, so dass es zu hohen Kosten, Schäden und Gefahren kommen kann. Dieses Risiko begründet sich grade in der Tatsache, dass der Baugrund nicht einsehbar und seine Eigenreaktion nicht stets für alle Fälle vorhersehbar ist. Des Weiteren kann weder seine Wechselwirkung mit anderen Baustoffen vorhergesagt, noch

---

[277] Englert BauR 1991, 537 (542).
[278] S. dazu Abschnitt 0, Ziffer 0.1.13 DIN 18 299.
[279] S. dazu Abschnitt 0, Ziffer 0.1.11 und 0.1.15 DIN 18 299.
[280] Vgl. BVerwG, NJW 1955, 1809 und 1865.
[281] Die gesamte Problematik gilt auch für das Thema „Grundwasser". „Grundwasser" ist definiert in 3.7 der DIN 4020.
Auf europäischer Ebene gilt der Eurocode 7; das nationale Anwendungsdokument DIN V 1997-1 regelt den Zusammenhang zwischen ENV 1997-1 und nationalen Bezugsnormen.
In Eurocode 7 (ENV 1997-1, Abschnitt 1.5.2) ist Baugrund wie folgt definiert: *„Baugrund: Erde, Steine und Füllung, die vor Beginn der Baumaßnahme vor Ort vorhanden sind"* (Kapellmann/Schiffers, Band 1, a. a. O., Rdn. 708).
[282] BGH – VII ZR 163/93 –, BauR 1994, 625 und 626.

seine Lastaufnahmefähigkeit trotz aller Sicherheitszuschläge mit *absoluter* Richtigkeit angegeben werden.

Beispiel:
Durch plötzlich auftretendes Hochwasser verändert sich auch der Grundwasserstand im Einzugbereich eines Flusses nach oben und flutet dadurch eine nah gelegene Baugrube. Die Fortführung der Tiefbauarbeiten wird hierdurch erheblich erschwert und ist nur unter intensivem Kosteneinsatz fortzusetzen oder ist gar unmöglich gemacht.[283] Selbst bei noch so aufwendiger Untersuchung der vorliegenden Baugrundverhältnisse – weit über die Grenzen des Baugrundstücks und über die Tiefe der Bauwerkssohle hinaus – kann, bedingt durch die Eigengesetzlichkeit der Natur und die erdgeschichtlichen Vorgänge, niemals eine absolute Antwort auf die Frage der Zusammensetzung des Baugrundes gegeben werden.[284]

b) Abgrenzung

Der Begriff „Baugrundrisiko" könnte vordergründig in dem Sinne gelesen und verstanden werden, dass mit seiner Hilfe das Problem der grundsätzlichen Benutzbarkeit eines Grundstückes zum Zwecke der Bebauung beschrieben wird.[285] Eine solche Situation wäre eventuell beim Erwerb eines (Bau-)Grundstückes denkbar, das entweder aus tatsächlichen (z. B. unergründlicher Moorboden)[286] oder rechtlichen Gründen (z. B. nicht erteilbare öffentlich-rechtliche Baugenehmigung) entgegen den Vorstellungen des Käufers nicht die gewünschte Verwendung finden kann. Eine Auslegung des Begriffs „Baugrundrisiko" ist in diesem Sinne allerdings eindeutig zu verneinen, da dieses „Nutzbarkeitswagnis" durch die Bestimmungen der §§ 433 ff.; 123; 119, 823 ff. BGB, 263 StGB ebenso erschöpfend geregelt wird, wie es durch vertragliche Vereinbarungen einvernehmlich einer Regelung zugeführt werden kann. Insoweit besteht kein „Baugrundrisiko", sondern ein „Grundstücksirrtum" oder – treffender – ein „Bauerwartungsrisiko".[287]

c) Eingrenzung

Der Rechtsbegriff „Baugrundrisiko" umfasst zunächst vielmehr alle Abweichungen der angetroffenen Boden- und Wasserverhältnisse von der erwarteten, oft z. B. in Bodengutachten beschriebenen Zusammensetzung der Erd- und Grundwasserschichten nach dem Beginn der Bauarbeiten. Dabei kann es sich etwa um Änderungen der Bodenklasse(n), der Mächtigkeit oder Tragfähigkeit von Erdschichten oder der Lage bzw. Aggressivität des Grundwassers handeln. Aber auch alles andere unerwartet im Baugrund Vorgefundene wird generell umfasst: Kellergewölbe, Auffüllungen, Findlinge, Geheimgänge, Stollen, Bunker, Reste früherer Kulturen wie Holzpfahlroste oder Gräber, Quellen, Grundwasserströme, Schichtenwasser, Hafenbefestigungen, Heizöltanks, Kanäle, Versorgungsleitungen, mit Altlasten verunreinigte oder sonstige kontaminierte Bereiche unterhalb der Erdoberfläche sowie Einlagerungen aller Art, um die wesentlichsten Beispiele aus der Rechtsprechung aufzuzählen.[288]

---

[283] S. auch den „Sandlinsenfall" in: LG Köln S/F/H § 6 Nr. 6 VOB/B (1973) Nr.2; Rundschreiben R2 - 12/85 des Bayer. Bauindustrieverbandes e.V. vom 21. Februar 1985.
[284] Englert/Grauvogel/Maurer, a. a. O., Rdn. 459.
[285] S. z. B. BGH BauR 1988, 111 (113).
[286] Vgl. BGH - V ZR 168/78 -, S/F/H, § 249 BGB Nr.6.
[287] BGH - V ZR 91/86 -, NJW 1987, 2674.
[288] S. näher die Rechtsprechungsübersicht zu „Baugrundproblemen" in: Englert/Bauer, a. a. O., Rdn. 256ff.

Hierbei liegt die Betonung insbesondere auf dem Wort „unerwartet". In den folgenden Beispielen wird daher ausführlich auf die Abgrenzung des allgemeinen „Baurisikos" zum „Baugrundrisiko" eingegangen:

Beispiel:[289]
Bei Erdarbeiten, bei denen mit bestehenden Versorgungsleitungen zu rechnen ist, stößt der Erdbauunternehmer auf ein Telefonkabel und beschädigt dieses, wegen einer unvollständigen Spartenaufklärung. Auch in diesem Fall hat der Unternehmer etwas riskiert, und die Ursache lag in dem nicht einsehbaren Baugrund. Dennoch liegt hierbei keine Verwirklichung des Baugrundrisikos vor, sondern nur des allgemeinen Risikos, dass bei einer nicht sorgfältigen Feststellung der Lage von Kabeln immer mit darauf rückzuführenden Schäden zu rechnen ist. Gerade die Tatsache, dass mit bestehenden Versorgungsleitungen zu rechnen war widerspricht ja der Grundvoraussetzung für die Verwirklichung des Baugrundrisikos; nämlich, dass etwas unerwartet im Baugrund vorgefunden wird.

Beispiel:[290]
Diese Beispiel verdeutlicht den Grundgedanken des Baugrundrisikos noch eindrucksvoller: Betritt man ohne nähere oder nur oberflächliche Überprüfung eine Brücke, dann verwirklicht sich bei einem eventuellen Absturz von der Brücke aufgrund z. B. eines morschen Pfeilers primär das allgemeine „Lebensrisiko", das im Zusammenhang mit Unvorsichtigkeit immer besteht. Hat man jedoch vor Betreten der Brücke diese nach allen Regeln der Brückenbaukunst überprüft, dann verwirklicht sich das spezifische „Brückenrisiko", wenn diese z. B. einstürzt, weil unvorhersehbar der Untergrund unter einem Pfeiler nachgibt.[291]

Stellt sich im ersten Fall die Frage des Verschuldens, so tritt diese Problematik im zweiten Fall nicht mehr auf. Vielmehr geht es dabei nur um die Zuweisung des „Brückenrisikos" entweder an den Brückennutzer oder an den Brückenverantwortlichen, wobei beide an dem Einsturz keinerlei Verschulden trifft. Dieselbe Situation liegt bei der Abgrenzung des „Allgemeinen Baurisikos"[292] zum „Baugrundrisiko" vor. Während das erstere immer besteht, wenn die Baugrundverhältnisse nicht nach den anerkannten Regeln der Technik so umfassend und ausführlich wie möglich aufgeklärt werden, verwirklicht sich das „Baugrundrisiko" auch bei noch so genauer Untersuchung der Boden- und Wasserverhältnisse.

d) Differenzierung

Der Rechtsbegriff „Baugrundrisiko" kann daher nur relevant werden, wenn weder der Bauherr (und die ihm zuzurechnenden Sonderfachleute wie Architekten, Geologen und Baugrund- oder Bodengutachter) bei der exakten Leistungsbeschreibung gemäß § 9 VOB/A (als allgemein gültiger Ausschreibungsrichtlinie)[293], noch der Bauunternehmer (und die für ihn tätigen Bauleiter, Bohrmeister, Poliere etc.) bei Ausführung der Arbeiten unter Beachtung der allgemein anerkannten Regeln der Technik und seiner eigenen Prüfungs- und Hinweispflicht schuldhaft gehandelt haben, es dennoch aber zu einer Verwirklichung der bei jedem in die Tiefe gehenden Eingriff bestehenden Gefahr unvermuteter Erschwernisse oder von Änderungen im Bauablauf kommt.

---

[289] Englert/Grauvogel/Maurer, a. a. O., Rdn. 462.
[290] Englert/Grauvogel/Maurer, a. a. O., Rdn. 462.
[291] So etwa 1990 bei der Innbrücke in Kufstein.
[292] Ingenstau/Korbion, Teil B § 6 Rdn. 28 ff.; BGH BauR 1990, 210 (211).
[293] Ingenstau/Korbion, Teil A § 9 Rdn. 29, „Generalklausel des Bauvertragsrechts"; Englert/Bauer, a. a. O., Rdn. 118.

Die Verlagerung typischer Bauvertragsrisiken durch die Systemwahl Pauschalvertrag 149

Wiegand[294] bezeichnet die trotz bestmöglicher Aufklärung verbleibende Ungewissheit als „Bodenrestrisiko". Hierbei wird die Notwendigkeit einer Differenzierung zwischen dem „speziellen Baugrundrisiko" und dem „Allgemeinen Baurisiko" ebenso deutlich wie bei *von Craushaar*,[295] der von der Realisierung des „echten Baugrundrisikos" spricht. Nur dieses ist in diesem Zusammenhang von Interesse, da alle übrigen Konstellationen durch Gesetz oder VOB direkt geregelt sind. Die folgende Gegenüberstellung verdeutlicht anhand von greifbaren Umständen die Abgrenzung zwischen dem „echten Baugrundrisikos" und dem „Allgemeinen Baurisiko".

Von der Verwirklichung des „echten Baugrundrisikos" kann daher nur gesprochen werden, wenn[296]

i) trotz bestmöglicher, den Regeln der Technik entsprechender Erkundung der Baugrundverhältnisse (vgl. DIN 4020 und Beiblätter) und

ii) trotz Erfüllung aller Prüfungs- und Hinweispflichten der Baubeteiligten (vgl. insb. für die Auftraggeber § 9 VOB/A und DIN 18 299 ff., Abschnitte 0; für Auftragnehmer §§ 3 Nr. 3 und 4 Nr. 3 VOB/B sowie eine Fülle von Spezial-DIN-Normen der VOB/C) sich

iii) die in jedem Baugrund versteckte Gefahr einer Abweichung des während der Ausführung von (Tief-)Bauarbeiten vorgefundenen Zustands der Boden- und Wasserverhältnisse von den vorgestellten erkundeten Verhältnissen (z. B. auf Grund von Bodengutachten oder unmittelbaren örtlichen Erfahrungen) verwirklicht.

In Abgrenzung dazu spricht man von „unechtem Baugrundrisiko", wenn sich das „Allgemeine Baurisiko", d. h. die Gefahr, dass bei der Ausführung von Bauarbeiten „etwas schief geht", deshalb verwirklicht, weil z. B.:

i) die Ausschreibung unzureichend war (vgl. § 9 VOB/A),

ii) die Boden- und Wasserverhältnisse nicht ausreichend erkundet wurden,

iii) die Mängel in der Leistungsbeschreibung „ins Gesicht springen", dennoch aber vom Auftragnehmer nicht gerügt werden,

iv) notwendige Bedenken und Hinweise seitens des Auftragnehmers fehlen oder

v) nicht nach den Regeln der Technik gearbeitet wird.

In einem Urteil vom 15. Oktober 1996 hat das OLG München die oben vertretene Meinung im gleichen Sinne vertreten:[297]

„Das Baugrundrisiko wird erst dann relevant, wenn trotz bestmöglicher Erkundung des Baugrundes ohne Verschulden von Auftraggeber oder Auftragnehmer während der Arbeiten Erschwernisse im Boden- und Grundwasserbereich auftreten und es dadurch zu geänderten Leistungen und Verzögerungen kommt."

Problem/Sachverhalt:
Ein Bauherr will im Bereich eines sehr steilen Hanges unterhalb des mit einem Wohngebäude samt großer, zum Teil aufgeschütteter Terrasse bebauten Nachbargrundstückes ein Mehrfamilienhaus errichten und dazu auch einen Keller in den Hang hineinbauen lassen. Trotz erkennbarer Hinweise auf die Gefährlichkeit dieses Vorhabens, insbesondere für die Standfestigkeit des

---
[294] Wiegand ZfBR 1990, 2.
[295] von Craushaar, Die Rechtsprechung zu Problemen des Baugrundes, S. 19.
[296] Englert BauR 1996, S. 763 (765).
[297] OLG München - 13 U 5857/95.

Oberliegergrundstückes, sehen sich weder der Erdaushub- noch der Fertighausunternehmer veranlasst, Sicherheitsvorkehrungen – etwa in Form einer Bohrpfahlwand – zu treffen. Auch der mit der Erstellung der Kellerstatik beauftragte Tragwerksplaner erkennt das „Hang-Problem" nicht und so kommt es bei Beginn der Aushubarbeiten bereits zu erheblichen Schäden am Nachbargrundstück. Der Bauherr wird deshalb vom Nachbarn in Anspruch genommen und will nunmehr von den Unternehmern und dem Sonderfachmann die Erklärung erhalten, dass sie für alle Schäden und Kosten aufkommen werden. Diese weigern sich jedoch und führen u. a. zu ihrer Verteidigung an, sie hätten sich nicht um den Baugrund kümmern müssen; dies falle allein in den Verantwortungsbereich des Bauherrn, der das Baugrundrisiko trage.

Entscheidung:
In beiden Instanzen werden die drei Baubeteiligten dem Grunde nach als Gesamtschuldner, allerdings zu unterschiedlichen Quoten, insgesamt jedoch zu 100 % verurteilt. In seiner Entscheidung führt das OLG unter Verwendung der im Leitsatz dargestellten Formulierung des Begriffsinhaltes „Baugrundrisiko" aus, dass bei fehlender Erkundung und nicht sorgfältiger Untersuchung aller zum Baugrund, insbesondere bei einem Hanggrundstück, relevanten Parameter niemals von einer Verwirklichung des Baugrundrisikos mit der Folge der Belastung des Bauherrn gesprochen werden könne.

3.2.6.3 Die gesetzliche und vertragliche Zuweisung des Baugrundrisikos

Angesichts der juristischen und insbesondere der finanziellen Folgen stellt sich die entscheidende Frage, welche Seite der Vertragsparteien das „echte Baugrundrisiko" zu tragen hat, wenn es sich denn verwirklicht. Wie bereits mehrfach angedeutet haben Rechtsprechung und Lehre den Grundsatz herausgearbeitet, dass der Bauherr das „echte Baugrundrisiko" – wenn es denn in dieser Form in der Baupraxis vorkommt und dessen Wirkung auf den Bauablauf bzw. die Baukosten verursachungsgemäß nachgewiesen werden kann – trägt.[298] Wesentliche Argumente hierfür lassen sich im Werkvertragsrecht des BGB und in den Regelungen der VOB, Teile A, B und C finden.

a) Die Verteilung des Baugrundrisikos im Werkvertragsrecht gem. § 644 und 645 BGB

Nach § 644 Abs. 1 Satz 3 BGB ist zweifelsfrei erkennbar, dass die Zuweisung der Verantwortlichkeit bei einer Verwirklichung des „echten Baugrundrisikos" eindeutig auf dem Besteller des Werkes liegt.[299] Seinem Wortlaut nach spricht das Werkvertragsrecht des BGB nicht unmittelbar von Baugrund; allerdings besteht kein Zweifel, dass der Baugrund als Baustoff zu behandeln ist.

§ 644 Abs. 1 Satz 3 BGB lautet:

„(...) Für den zufälligen Untergang und eine zufällige Verschlechterung des von dem Besteller gelieferten Stoffes ist der Unternehmer nicht verantwortlich."

Die Formulierungen „der zufällige Untergang" des Baugrundes (unvorhersehbarer Hangrutsch) sowie „die zufällige Verschlechterung" des Baugrundes (unvorhersehbarer Wassereinbruch in der Baugrube) sprechen genau die Vorraussetzungen an, welche für die Verteilung des „echten

---

[298] RG Recht 1910, Nr. 3167; BGH Sch/F Z2.414.0 Bl. 8; OLG Düsseldorf S/F/H § 5 VOB/B (1973) Nr. 6; OLG Köln S/F/H § 7 VOB/B (1973) Nr. 2; LG Köln S/F/H § 6 Nr. 6 VOB/B (1973) Nr. 2; Ingenstau/Korbion, Teil B § 6 Rdn. 30, Teil A § 9 Rdn. 55; von Craushaar, a. a. O., S. 19; Vygen/Schubert/Land, a. a. O., Rdn. 143; Englert/Bauer, a. a. O., 116; Englert BauR 1991 537 (539); Englert/Grauvogel/Maurer, a. a. O., Rdn. 476.
[299] Vgl. Ingenstau/Korbion, Teil B § 7 Rdn. 5.

Baugrundrisikos" vom BGB vorgesehen sind: Unvorhersehbarkeit für den Unternehmer, was i. d. S. unverschuldet bedeutet! Hierbei stellt sich allerdings ausschließlich die Frage, ob beim Unternehmer ein Verschulden vorliegt. Ein Verschulden des Bestellers hat für die Zuweisung des „echten Baugrundrisikos" keine Bedeutung![300]

Die Vorschrift aus § 645 Abs. 1 BGB in Zusammenhang mit § 644 BGB behandelt ausdrücklich die Frage des Verschuldens:

„Ist das Werk vor der Abnahme infolge eines Mangels des von dem Besteller gelieferten Stoffes ... untergegangen, verschlechtert oder unausführbar geworden, ohne dass ein Umstand mitgewirkt hat, den der Unternehmer zu vertreten hat, so kann der Unternehmer einen der geleisteten Arbeit entsprechenden Teil der Vergütung und Ersatz der in der Vergütung nicht inbegriffenen Auslagen verlangen."

Diese Haftungsregelung weist erneut das Risiko aus einem „Untergang" des Bauwerkes, einer „Verschlechterung" oder einer „Unausführbarkeit" der Arbeiten dem Auftraggeber zu, soweit dieser diese Umstände nicht zu verschulden hat.

Beide Vorschriften treffen dabei die klare Aussage, dass der Unternehmer nicht für Risiken haftbar gemacht werden darf, die von ihm nicht vorhersehbar oder beeinflussbar sind.

b) Die Verteilung des Baugrundrisikos im VOB-Vertrag

aa) Anforderungen an die Gestaltung von Leistungsbeschreibungen gem. § 9 VOB/A

Neben den gesetzlichen Regelungen im BGB sind aus den Bestimmungen der VOB ebenso gewichtige Argumente für eine eindeutige Risikozuweisung auf den Auftraggeber zu erhalten, allen voran die Vorschriften über eine ordnungsgemäße Leistungsbeschreibung gem. § 9 VOB/A. Die Grundregel für das Vergabeverfahren, die im Rahmen von Treu und Glauben gem. § 313 BGB auch bei Verträgen privater Auftraggeber gültig ist lautet gem. § 9 Nr. 2 VOB/A:

„Dem Auftragnehmer darf kein ungewöhnliches Wagnis aufgebürdet werden für Umstände und Ereignisse, auf die er keinen Einfluss hat und deren Einwirkung auf die Preise und Fristen er nicht im Voraus schätzen kann."

Diese Regelung wird durch § 9 Nr. 3 und Nr. 4 VOB/A dahingehend konkretisiert, dass ausdrücklich dem Auftraggeber die Beschreibung der Boden- und Wasserverhältnisse obliegt. Nach § 9 Nr. 3 Abs. 3 VOB/A hat der Ausschreibende die für die Ausführung der Leistung wesentlichen Boden- und Wasserverhältnisse so zu beschreiben, dass der Bewerber ihre Auswirkungen auf die bauliche Anlage und die Bauausführung hinreichend beurteilen kann. Demnach hat der Auftraggeber die Verpflichtung zu einer umfassenden Beschreibung der Baugrundverhältnisse, so dass ihn auch allein das Risiko für alle Folgen, die sich aus einer riskanten Leistungsbeschreibung ergeben trifft. Grundsätzlich kommt es hierbei nicht auf ein Verschulden an.[301]

Ferner verdeutlicht § 9 Nr. 3 Abs. 4 VOB/A, dass die „Hinweise für das Aufstellen der Leistungsbeschreibung" in der ATV DIN 18 299 ff. zu beachten sind. Dabei zählt insbesondere

---

[300] Vgl. BauR 1991 537 (539).
[301] Der BGH führt wörtlich zu dieser Verpflichtung aus: *„grundsätzlich ist es Sache des Auftraggebers, die Boden- und Wasserverhältnisse so zu beschreiben, dass der Auftragnehmer die Grundwasserverhältnisse hinreichend beurteilen kann"* (BGH Sch/F Z2.414.0 Bl.8.).

Abschnitt 0 der DIN 18 299 „Allgemeine Regeln für Bauarbeiten jeder Art" eine Reihe von den Baugrund betreffenden Punkten auf, die in der von § 9 Nr. 3 Abs. 3 VOB/A geforderten Leistungsbeschreibung im Einzelfall anzugeben sind.

i) 0.1.7. Bodenverhältnisse, Baugrund und seine Tragfähigkeit. Ergebnisse von Bodenuntersuchungen.

ii) 0.1.8. Hydrologische Werte von Grundwasser und Gewässern. Art, Lage, Abfluss, Abflussvermögen und Hochwasserverhältnisse von Vorflutern. Ergebnisse von Wasseranalysen.

iii) 0.1.13. Im Baugelände vorhandene Anlagen, insbesondere Abwasser- und Versorgungsleitungen.

iv) 0.1.14. Bekannte und vermutete Hindernisse im Bereich der Baustelle, z. B. Leitungen, Kabel, Dräne, Kanäle, Bauwerksreste und, soweit bekannt, deren Eigentümer.

v) 0.1.15. Vermutete Kampfmittel im Bereich der Baustelle, Ergebnisse von Erkundungs- oder Beräumungsmaßnahmen.

Diese eindeutigen Pflichtvorgaben für den Auftraggeber stellen klar, dass der Unternehmer – abgesehen von der allgemeinen Pflicht, gem. der §§ 3 Nr. 3 und 4 Nr. 3 VOB/B auf Bedenken hinzuweisen – keine Aufklärungsarbeit hinsichtlich des Baugrundes zu leisten hat, und somit bei Nichtaufklärung grundsätzlich keinerlei Verantwortung zu tragen hat.[302]

bb) Gewährleistungsregelung des § 13 Nr. 3 VOB/B

Nach § 13 Nr. 3 Satz 1 VOB/B ist der Unternehmer von der Gewährleistung für solche Mängel frei, die auf die Leistungsbeschreibung oder auf Anordnung des Auftraggebers, auf die von diesem gelieferten oder vorgeschriebenen Stoffe (= Baugrund) oder Bauteile zurückzuführen sind. Ist somit bei unvorhergesehenen Baugrundverhältnissen das Gewährleistungsrisiko dem Besteller zugewiesen, so muss auch das Baugrundrisiko diesem auferlegt werden. Dies gilt gleichermaßen für den BGB-Werkvertrag.

cc) Unabwendbare Umstände gem. der §§ 7 und 6 Nr. 2 Abs. 1c VOB/B

Die Regelungen der §§ 7 und 6 Nr. 2 Abs. 1c VOB/B sprechen dem Unternehmer Rechte auf Vergütung bzw. auf Fristverlängerung dann zu, wenn „unabwendbare Umstände" vorliegen. Solche Umstände sind gegeben, wenn sich das Baugrundrisiko verwirklicht, ohne dass es der Auftragnehmer zu verschulden hat.[303]

dd) Mehrvergütungsansprüche und Bauzeitverlängerung als Folge bei Verwirklichung des Baugrundrisikos

Kommt es infolge unvorhersehbarer geänderter Boden- und Wasserverhältnisse zu angeordneten oder zwingend erforderlichen Leistungen, so kann der Unternehmer einen berechtigten Mehrvergütungsanspruch gem. § 2 Nr. 5 oder Nr. 6 VOB/B geltend machen. Insbesondere bei Baugrundabweichungen können überproportional steigende Kosten durch z. B. stärkere Bohrgeräte oder durch längeren Personaleinsatz entstehen, die eine Anpassung des vertraglich vereinbarten Preises nach „oben" zwingend erforderlich machen. Ferner führt die Beseitigung von Folgeschäden, die aus einer Verwirklichung des Baugrundrisikos herrühren, zu einem Mehrvergütungsanspruch des Unternehmers.

---

[302] Englert BauR 1991, 537 (540).
[303] Englert/Grauvogel/Maurer, a. a. O., Rdn. 484.

Beispiel:
Stellt der Auftraggeber beim Freilegen einer Schlitzwand fest, dass der Beton durch aggressives Wasser angegriffen wurde und war diese Aggressivität nicht vorhersehbar, dann muss der Auftragnehmer auf Anordnung zwar die Sanierung vornehmen, er hat dafür jedoch einen (Mehr-)Vergütungsanspruch nach § 2 Nr. 5 oder Nr. 6 VOB/B.

Gleichermaßen steht dem Unternehmer bei nicht vorhersehbaren Baugrunderschwernissen unter Beachtung des § 6 Nr. 1 VOB/B ein Anspruch auf Bauzeitverlängerung gem. § 6 Nr. 2 Abs. 1a, c VOB/B zu. Ein Schadensersatzanspruch gem. § 6 Nr. 6 VOB/B ist jedoch ausgeschlossen, da dies ein Verschulden des Auftraggebers zur Voraussetzung hätte, was ja gerade beim „echten" Baugrundrisiko nicht vorliegt. Gleiches gilt daher auch für die auftragnehmerseitige Kündigung gem. § 9 Nr. 1a VOB/B.[304]

3.2.6.4 Verlagerung des Baugrundrisikos auf den Unternehmer

Aufgrund der oben erläuterten Risikoverteilung finden sich in der Praxis häufig unterschiedlich gestaltete Vertragsbestimmungen, mit denen der Auftraggeber das Baugrundrisiko auf den Unternehmer abwälzen will. Hierbei ist zu untersuchen, ob das Baugrundrisiko – insbesondere durch Allgemeine Geschäftsbedingungen – wirksam auf den Auftragnehmer abgewälzt werden kann, oder ob jeglicher Risikoverlagerung auf den Unternehmer die Wirksamkeit versagt ist.

a) Wirksamkeit von Individualvereinbarungen

Im Rahmen der bestehenden Vertragsfreiheit und in den Grenzen von Treu und Glauben erlauben Individualvereinbarungen praktisch jede Regelung zur Übernahme des Baugrundrisikos durch den Auftragnehmer. Geht der Unternehmer das Wagnis ein das Baugrundrisiko zu übernehmen, so sollte der Auftraggeber in jedem Fall eine schriftliche Zusatzvereinbarung schließen, um etwaige nachträgliche Streitigkeiten auszuschließen. Diese kann etwa folgenden Wortlaut haben:[305]

---

[304] Englert BauR 1991, 537 (541).
[305] Englert/Grauvogel/Maurer, a. a. O., Rdn. 490.

Zusatzvereinbarung

Zwischen .... (Auftraggeber/Bauherr)
und ....(Auftragnehmer)
wird zu dem Bauvertrag vom .... folgende Zusatzvereinbarung getroffen:
1. In Abweichung von dem Grundsatz, dass der Auftraggeber das Baugrundrisiko zu tragen, insbesondere die damit zusammenhängenden und für das Bauvorhaben maßgeblichen Angaben gem. § 9 Nr. 3 Abs. 3 VOB/A vorzugeben hat, übernimmt für das Bauvorhaben in .... im Rahmen der .... (z. B. Gründungs-, Ausschachtungs-, Bohr-, Wasserhaltungs- oder Abdichtungsarbeiten) der Auftragnehmer das gesamte Risiko.
2. Der Bauherr gewährt vor Baubeginn jederzeit ungehinderten Zugang zur gesamten Baustelle und stimmt schon jetzt allen nach den anerkannten Regeln der Baukunst und nach dem öffentlichen Baurecht zulässig vorgenommenen Boden- und Wassererkundungs- sowie sonstigen Aufschlussmaßnahmen zu. Die Kosten dieser Maßnahmen trägt ....
3. Das Baugrundrisiko umfasst sämtliche mit den Boden- und Wasserverhältnissen an der Baustelle zusammenhängenden Erschwernisse, Mehr- und Zusatzleistungen, auch soweit Spezialunternehmer, schweres Gerät oder mehr Personal eingesetzt werden müssen.
   Umfasst werden die Vertragsfristen, deren Überschreitung nicht durch Hinweis auf die vorgefundenen Boden- und Wasserverhältnisse gerechtfertigt werden kann.
4. Ausdrücklich abbedungen werden insbesondere die Vorschriften der §§ 644, 645 BGB bzw. der §§ 7, 6 Nr. 2 Abs. 1 a und c sowie des § 13 Nr. 3 VOB/B, soweit sich im Baugrund als Baustoff das Risiko seiner nicht vollständigen Aufklärbarkeit verwirklicht.
5. Als Gegenleistung für diese Risikoübernahme erhält der Auftragnehmer .... (z. B. Erhöhung des Einheitspreises in den Positionen .... des LV).
6. Ort, Datum, Unterschriften

Grundsätzlich ist aber vor solchen Vereinbarungen zu warnen, da das Abweichen vom Normalfall, wonach der Auftraggeber das Baugrundrisiko trägt, in besonders schwerwiegenden Fällen eine Gratwanderung hinsichtlich der rechtlichen Einordnung des Vertrages als sittenwidrig gem. § 138 BGB oder als Störung der Geschäftsgrundlage gem. § 313 BGB darstellt. Ferner besteht auch die Gefahr, dass im Streitfall die Geltung der VOB in Frage gestellt werden könnte, wenn eine Individualvereinbarung im Rechtsstreit als AGB qualifiziert werden könnte, weil der Besteller diese Vereinbarung öfter verwendet.

Die bloße Systemwahl „Pauschalvertrag" gem. § 5 Nr. 1b VOB/A i. V. m. einer Leistungsbeschreibung mit Leistungsprogramm gem. § 9 Nr. 10 bis Nr. 12b VOB/A führt dabei nicht zu einer Verlagerung des Baugrundrisikos auf den Unternehmer, da sich an der grundsätzlichen Verpflichtung des Auftraggebers, das Angebot des Bieters durch Angaben zu den Baugrund- und Wasserverhältnissen vorzubereiten, nichts ändert.

b) Nebenangebote und Änderungsvorschläge

Nebenangebote und Änderungsvorschläge können mit dem Übergang des Baugrundrisikos auf den Unternehmer verbunden sein, wenn die Bauleistung den vom Auftraggeber vollständig und richtig erkundeten und beschriebenen Baugrund verlässt und ein anderer Teil des Baugeländes in das Bauwerk einbezogen werden soll. Ein typisches Beispiel hierzu ist eine Brückenausschreibung, in der vom Bauherrn nur der Baugrund unter den beiden vorgesehenen Widerlagern genau beschrieben ist. Sieht das Nebenangebot oder der Änderungsvorschlag statt der zwei seitlichen Pfeiler nur einen Mittelpfeiler vor, der im nicht untersuchten und beschriebenen Baugrund gegründet werden soll, dann trägt der Auftragnehmer im Rahmen der Gründung dieses Pfeilers das alleinige Risiko; denn er hat sozusagen den beschriebenen Baugrund mit seinem Sondervorschlag verlassen.[306]

In einer Stellungnahme vertritt die VOB-Stelle Sachsen-Anhalt[307] diesbezüglich eine andere Meinung, welche aber mehr als zweifelhaft ist:

„Hat der Auftraggeber nur für die von ihm vorgesehene Anordnung der Baukörper den Baugrund untersucht und hat das angenommene Nebenangebot die Baukörper so angeordnet, dass dafür die Baugrunduntersuchung des Auftraggebers nicht ausreicht, trägt dieser bezüglich des nicht untersuchten Baugrunds das Risiko."

Problem/Sachverhalt:
Ziel der Ausschreibung einer Gruppenkläranlage nach VOB war u. a., im Rahmen von Nebenangeboten Alternativen zu einem vorgegebenen Verfahren zu erhalten. Grundlage war u. a. ein Lageplan mit der Anordnung der Becken und Bodenuntersuchungen, die für den Bereich der Becken verlässliche Aussagen über die Baugrundverhältnisse ermöglichten. Der Zuschlag ergeht auf ein Nebenangebot, bei dem sich durch Zusammenfassung zweier Becken deren in der Ausschreibung vorgesehene Lage so verschiebt, dass zum Teil Bohrungen dafür fehlen. Später stellt sich dort wegen einer „Bodenlinse" eine atypische Abweichung vom Baugrundgutachten heraus, die zusätzliche Kosten bewirkt. Der Auftragnehmer stellt einen Nachtrag mit der Begründung, das Baugrundrisiko liege beim Auftraggeber, das unvollständige Baugrundgutachten sei ihm anzulasten. Der Auftraggeber lehnt den Nachtrag ab, da die Mehrkosten auf die vom Auftragnehmer gewählte Beckenanordnung zurückzuführen seien.

Entscheidung:
Der VOB-Ausschuss gesteht den Nachtrag zu. Aus dem Umstand, dass der Auftragnehmer im Rahmen seines Nebenangebots auch Planungsleistungen und Planungsrisiken übernehmen musste, könne nicht gefolgert werden, dass er damit auch das grundsätzlich beim Auftraggeber liegende Baugrundrisiko übernahm. Zur Vermeidung dieses Risikos während der Angebotsfrist nötige Baugrunduntersuchungen durch den Auftragnehmer seien diesem aus zeitlichen und wirtschaftlichen Gründen nicht zuzumuten. Der Baugrund sei ein vom Auftraggeber zu liefernder Baustoff, zu dem ein Baugrundgutachten Vertragsbestandteil geworden sei. Da die Abweichung des Baugrundes vom Gutachten atypisch sei, könne die Änderung der Beckenanordnung durch den Auftragnehmer nicht dazu führen, dass er das Baugrundrisiko übernehme. Eingeräumt wird, dass der Fall anders zu beurteilen sein mag, wenn ein Nebenangebot den beplanten Bereich völlig verlässt.

Diese Entscheidung ist mehr als zweifelhaft. Vereinbart war u. a. § 2 VOB/B. Danach kommen neue Preise nur in Betracht, wenn sich eine Änderung der Ausführung gegenüber dem Vertrag ergibt. Das Baugrundgutachten war zwar Vertragsbestandteil, umfasste aber nicht den Bereich außerhalb der in der Ausschreibung vorgesehenen Lage der Baukörper. Insofern konnte sich keine Änderung der Ausführung gegenüber dem Baugrundgutachten ergeben. Bei der Ausschreibung war für den Auftragnehmer erkennbar, dass das Baugrundgutachten den vom Auftragnehmer gewählten Baukörperbereich nicht (vollständig) umfasste. Insoweit übernahm der Auftragnehmer das Baugrundrisiko; der BGH spricht in solchen Fällen von „frivoler Kalkula-

---

[306] Schelle, Das Baugrundrisiko im VOB-Vertrag, in: Hoch- und Tiefbau 1/85, 32; 2/85, 40.
[307] VOB-Stelle Sachsen-Anhalt, Stellungnahme vom 21.07.1998 - Fall 229; VOB/B § 2.

tion". Hätte der Auftragnehmer dieses Risiko vermeiden wollen, hätte er entweder trotz des Aufwandes selbst ergänzende Bodenaufschlüsse machen oder ausdrücklich Annahmen zur Bodenbeschaffenheit im Angebot erklären oder auf ein solches Nebenangebot verzichten müssen. Andererseits soll der Auftraggeber, wenn der Auftragnehmer das Baugrundrisiko übernimmt, dadurch nicht besser gestellt werden. Daher müsste er Mehrkosten aufgrund eines Nebenangebots insoweit vergüten, als sie auch bei der vom Auftraggeber vorgesehenen Baukörperanordnung entstünden. Im Übrigen wäre es unbillig, wenn der Auftragnehmer durch ein Nebenangebot eine größere Wirtschaftlichkeit vortäuscht, dadurch den Auftrag erhält und sich diese für den Auftraggeber nachträglich ins Gegenteil verkehrt.

Daher bleibt es dabei: Das Baugrundrisiko wechselt bei einem Nebenangebot vom Auftraggeber zum Auftragnehmer, wenn der beschriebene Baugrund verlassen wird. Ferner kann sich das Baugrundrisiko aber auch auf den Unternehmer verlagern, wenn – bei Anwendung neuartiger Verfahren im Bereich des beschriebenen Baugrundes – der vom Auftraggeber vorgegebene Baugrund anders als bei herkömmlicher bzw. Anwendung der ausgeschriebenen Verfahrensweise reagiert und sich dadurch das Baugrundrisiko realisiert. Verwirklicht sich jedoch das Baugrundrisiko bei einem Nebenangebot oder der Änderungsvorschlag im Bereich des beschriebenen Baugrundes und wäre auch bei Untersuchungen, die der Auftragnehmer im Rahmen eines Nebenangebotes veranlassen hätte müssen, gerade die später aufgetretene „Überraschung" mit hoher Wahrscheinlichkeit ebenfalls nicht erkannt worden, verbleibt es beim Grundsatz des Baugrundrisikos, das der Auftraggeber zu tragen hat.[308]

c) Risikoverlagerung durch Allgemeine Geschäftsbedingungen (AGB)

AGB sind – wie bereits oben ausführlich behandelt – im Baurecht grundsätzlich anerkannt, jedoch nur wenn und solange der Inhalt der einzelnen Klauseln den strengen Anforderungen der §§ 305 ff. BGB standhält. Dies ist – insbesondere bei Bedingungen, die dem Unternehmer das Baugrundrisiko überbürden sollen – oftmals nicht der Fall.

Als Negativbeispiele finden sich:

i) *„Der Auftragnehmer lässt Boden- und Wasseruntersuchungen, hydrologische Untersuchungen, soweit diese nicht im Bodengutachten erfasst sind, die zur ordnungsgemäßen Ausführung jedoch erforderlich sind, erstellen."*

unwirksam

Sofern die Klausel in einem Einheitspreisvertrag Verwendung findet, bei der diesbezügliche Aufgaben typischerweise zu den Planungsaufgaben des Auftraggebers gehören. Hier weicht die Klausel vom Üblichen (§ 2 Nr. 9 VOB/B) ab und belastet den Auftragnehmer mit unwägbaren – unkalkulierbaren – Risiken. Verstoß gegen § 307 BGB.[309]

ii) *„Bei auftretendem Grund- und Hangwasser geht die Wasserhaltung zu Lasten des Auftragnehmers. Bei Umfang ist eine Preisvereinbarung mit der Bauoberleitung zu treffen bzw. ist die Leistung nach gesondert ausgeschriebener Position abzurechnen."*

unwirksam

Die Klausel überbürdet auf den Auftragnehmer unkalkulierbare Risiken und verletzt das Äquivalenzprinzip. Verstoß gegen § 307 BGB.[310]

---

[308] Englert/Grauvogel/Maurer, a. a. O., Rdn. 494.
[309] LG München I vom 25.07.1989, Az: 7 O 26309/88, nicht veröffentlicht.
[310] LG Nürnberg-Fürth v. 19.11.1991, Az: 3 O 6940/91, ZDB-Verbandsklageregister Nr. 481.

iii) *„Der Bieter hat sich über die Boden- und Wasserverhältnisse zu informieren und daraus entstehende Risiken zu übernehmen. Er kann sich später nicht damit entlasten, dass er die Eigenart und Menge der Bodenverhältnisse nicht gekannt hat."*

unwirksam

Der Baugrund und die Grundwasserverhältnisse sind ein vom Auftraggeber bereitzustellender Stoff, der in den Risikobereich des Auftraggebers fällt. Die Klausel verstößt gegen § 307 BGB.

Die Unwirksamkeit dieser Klauseln ist mit der grundsätzlichen Bereitstellungspflicht und der umfassenden Aufklärungs- und Beschreibungspflicht des Auftraggebers hinsichtlich der Boden- und Wasserverhältnisse nach § 9 VOB/A ebenso zu begründen wie mit den Kernaussagen der §§ 644, 645 BGB bzw. § 13 Nr.3 VOB/B, wonach der Auftraggeber die Gefahr für den Baustoff „Baugrund" zu tragen hat. Der von Rechtsprechung und Lehre anerkannte Grundsatz, dass der Auftraggeber das Baugrundrisiko zu tragen hat, verbietet demnach jede Überbürdung auf den Unternehmer durch AGB.[311]

---

[311] Englert/Grauvogel/Maurer, a. a. O., Rdn. 497.

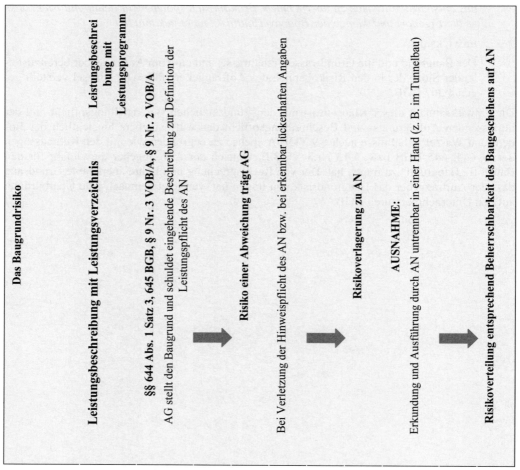

Abbildung 6: Das Baugrundrisiko

3.2.7 Das Kalkulationsrisiko des Unternehmers

3.2.7.1 Der Umfang des Kalkulationsrisikos

Grundsätzlich trägt der Unternehmer das Risiko der richtigen Kalkulation der Einheitspreise und somit auch das Risiko ihrer Auskömmlichkeit. Durch die vereinbarten Preise werden gem. § 2 Nr. 1 VOB/B alle Leistungen abgegolten, die nach der Leistungsbeschreibung, den Besonderen Vertragsbedingungen, den Zusätzlichen Vertragsbedingungen, den Zusätzlichen Technischen Vertragsbedingungen, den Allgemeinen Technischen Vertragsbedingungen für Bauleistungen (VOB/C) und der gewerblichen Verkehrssitte zur vertraglichen Leistung gehören. Abgegolten werden mit dem vereinbarten Preis somit alle Tätigkeiten und Aufwendungen, die für die Erbringung der vertraglich geschuldeten Leistung nach Maßgabe der vor allem in

§ 1 VOB/B genannten Vertragsgrundlagen erforderlich sind. Stellt sich nachträglich heraus, dass diese Tätigkeiten und Aufwendungen mit dem vereinbarten Preis unauskömmlich abgegolten sind, trägt hierfür allein der Unternehmer die Verantwortung.

Werden vom Auftraggeber allerdings veränderte Leistungen gem. § 1 Nr. 3 VOB/B oder zusätzliche Leistungen gem. § 1 Nr. 4 Satz 1 VOB/B gefordert, die nicht bereits Vertragsgegenstand sind und demnach auch nicht nach § 2 Nr. 1 VOB/B durch den vereinbarten Preis abgegolten werden, kann der Unternehmer eine Anpassung der Vergütung gem. § 2 Nr. 5 VOB/B oder eine zusätzliche Vergütung gem. § 2 Nr. 6 VOB/B verlangen. Gleiches gilt unter den Voraussetzungen des § 2 Nr. 4 VOB/B, wenn nachträglich ursprünglich vereinbarte Leistungen oder Teilleistungen wegfallen.[312] Dabei ist deutlich darauf hinzuweisen, dass bei der Festsetzung der entstehenden Mehrkosten von den Grundlagen der Preisermittlung (Auftragskalkulation[313]) für die vertraglich vorgesehene Leistung auszugehen ist. Kalkuliert der Unternehmer bewusst falsch, was auch bei erkennbar riskanter Leistungsbeschreibung der Fall sein kann, nur um den Auftrag zu bekommen, bedarf er keines Schutzes, er ist demnach an die ursprüngliche Kalkulation gebunden und kann diese dann nicht etwa bei der Anpassung des ursprünglichen Preises zu seinen Gunsten korrigieren; andererseits werden gleichermaßen auch „überhöhte" Preise fortgeschrieben.

Zusätzliche Leistungen, die nur deswegen erforderlich werden, um das Werk vertragsgemäß gem. § 4 Nr. 7 VOB/B oder mangelfrei gem. § 13 Nr. 5 Abs. 1 herzustellen, sind i. d. R. nicht besonders zu vergüten;[314] etwas anderes kann gelten, wenn der Unternehmer berechtigte Bedenken nach § 4 Nr. 3 bzw. § 13 Nr. 3 VOB/B geltend gemacht hat und der Auftraggeber trotzdem auf der Durchführung der Arbeiten bestanden hat und es dann zu den von diesem befürchteten Mängeln kam.[315]

Zu einer Anfechtung nach § 119 BGB berechtigt nur – wie bereits ausführlich behandelt – der „externe Kalkulationsirrtum", welcher allerdings nur vorliegt, wenn die Preisermittlung des Unternehmers für den Besteller erkennbar geworden ist. Die praktische Bedeutung einer Anfechtung wegen Kalkulationsirrtums ist aber relativ gering, da der Unternehmer nur in den seltensten Fällen dem Auftraggeber seine Kalkulation offen legt. Fehler in der Preisermittlung bleiben daher regelmäßig im Bereich des Auftragnehmers und gehen somit zu seinen Lasten. Die Ursachen für einen solchen „internen Kalkulationsirrtum" sind dabei äußerst vielschichtig. Immer komplexer werdende Bauprojekte und die einheitliche Vergabe aller Gewerke an einen einzigen Generalunternehmer führen häufig zu Fehleinschätzungen bei der Preisermittlung, da der Unternehmer wesentliche Umstände, die den Preis beeinflussen, nicht erkennt bzw. berücksichtigt.

Bei der Ausschreibung mit Leistungsprogramm hat der Auftragnehmer demgegenüber eigene Planungsleistungen zu erbringen. Was im Einzelnen auszuführen ist, bestimmt sich ausschließlich nach dessen Planung. Der Bieter erhält keine Leistungsbeschreibung, bei der er nur noch die von ihm kalkulierten Preise in die Unterlagen einzusetzen hat,[316] sondern erstellt selbst sein

---

[312] Riedl in Heiermann/Riedl/Rusam, Teil B, § 2 Rdn. 56.
[313] Die Auftragskalkulation (Vertragskalkulation) ist in Form einer Überarbeitung der Angebotskalkulation erforderlich, wenn Abweichungen vom Bauvertrag oder von der Leistungsbeschreibung nach Umfang oder Qualität verhandelt wurden. Das Ergebnis wird im Bauauftrag als Vertragssumme vereinbart. Bei öffentlicher Vergabe muss die Auftragskalkulation nach § 24 Nr. 3 VOB/A der Angebotskalkulation entsprechen.
[314] BGH Urt. v. 23.10.1969 - VII ZR 149/67.
[315] Riedl in Heiermann/Riedl/Rusam, Teil B, § 2 Rdn. 56.
[316] Vgl. § 6 Nr. 1 VOB/A.

Leistungsverzeichnis und legt hierbei die Realisierung im Einzelnen fest. Die verzeichneten Leistungen des Auftragnehmers haben seiner vertraglich übernommenen Planung zu entsprechen.[317] Fehler hierbei, die zu einer Veränderung der Einzelkosten der Teilleistung, etwa der dortigen Mengenansätze, führen, gehen deshalb zu seinen Lasten. Dies folgt aus der mit der Funktionalen Leistungsbeschreibung einhergehenden Funktionenteilung.[318]

Übersicht:

Risikoverlagerung bei der Funktionalen Leistungsbeschreibung
Risiko der fehlerhaften Kalkulation
BGH, Urteil vom 27.06.1996, Az.: VII ZR 59/95
– Unternehmer muss sich über Risiken des Vertragsschlusses vergewissern.
– Mangelnde Kalkulierbarkeit der Leistungen des Unternehmers führt nicht zu Nachträgen.
– Risikoverlagerung durch Funktionale Leistungsbeschreibung ist in Fachkreisen allgemein bekannt und deshalb für Unternehmer erkennbar.

---

[317] BGH, BauR 1997, S.126 (127).
[318] Insoweit ist dem BGH BauR 1997, S.126 zuzustimmen, der Zahlungsansprüche des Auftragnehmers verneint.

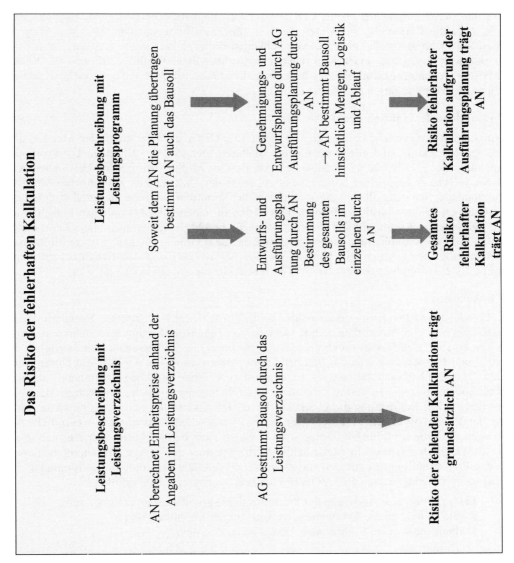

Abbildung 7: Das Risiko der fehlerhaften Kalkulation

3.2.7.2 Das Kalkulationsrisiko des Unternehmers in der Baupraxis

a) Wahl der Kalkulationsansätze

Ein grundsätzliches Risiko liegt in der Wahl der Kalkulationsansätze. Diese basieren i. d. R. auf Erfahrungswerten des Auftragnehmers. Da aber jede Baumaßnahme eine Einzelfertigung mit individuellen örtlichen, witterungsmäßigen, terminlichen und konstruktiven Verhältnissen darstellt, ist es sehr schwer einen exakten Leistungsansatz zu bestimmen. Großbaumaßnahmen oder Bauprojekte, die ein ungewöhnliches Fertigungsverfahren erfordern, sind besonders mit diesem Risiko behaftet, da der Unternehmer sich kaum auf vorhandene Erfahrungswerte stützen kann. Der Auftragnehmer sollte sich deshalb unbedingt Aufschluss über die Lage der Baustelle, über die Entfernung zur Unternehmung, über Stoffbezugsquellen, über den Weg der Arbeitskräfte zur Baustelle, über die Möglichkeiten örtlicher Personalbeschaffung, über örtliche Baustoffpreise usw. verschaffen. Unkenntnisse über diese Einflüsse erhöhen das Risiko, ein falsches technisches Konzept zu wählen bzw. Leistungsansätze durch unzureichend erfasste örtliche Verhältnisse falsch anzusetzen.

b) Ermittlung der „inneren Mengen"

Beim Einheitspreisvertrag obliegt gem. § 5 Nr. 1a VOB/A die Ermittlung der Mengen dem Auftraggeber. Damit sind allerdings nur die „äußeren Mengen" der einzelnen LV-Positionen gemeint, wie z. B. 100,000 m³ Stahlbetondecke. Beschreibt der Auftraggeber Leistungen gem. § 9 Nr. 9 VOB/A unter einer Sammelposition, muss der Unternehmer die „inneren Mengen" (Stahltonnage, Schalungsfläche) eigenverantwortlich ermitteln, da diese unmittelbar durch das Herstellungsverfahren bestimmt werden. Das Risiko für einen unauskömmlichen Preis, der auf einer fehlerhaften Ermittlung der „inneren Mengen" beruht, liegt demnach allein beim Unternehmer. Dessen Risikohaftung basiert ja gerade auf dem Grundgedanken, dass er im Rahmen der vertraglich festgelegten Pflichten die Leistungserbringung und den Bauablauf selbst bestimmt. Eine Anwendung des § 2 Nr. 3 VOB/B scheidet hier zweifelsohne auch aus.

c) Lohnkosten

Die Lohnkosten stellen bei der Bauausführung die am stärksten beanspruchte Kostenart dar, da die Herstellung von Bauwerken i. d. R. sehr personalintensive Fertigungsverfahren verlangt. Risiken ergeben sich hierbei durch die richtige Bestimmung der Personalkosten bezüglich der Anzahl und Einsatzdauer aller am Bau beteiligten Arbeitskräfte, die Abschätzung voraussichtlicher Überstunden oder besonderer Erschwerniszuschläge, falsch angenommene tarifliche Lohnerhöhungen sowie zu gering kalkulierte, gesetzliche oder tarifliche Änderungen der Sozialleistungen. Zur Begrenzung dieses Risikos kann nach § 15 VOB/A eine angemessene Änderung der Vergütung in den Verdingungsunterlagen vorgesehen werden, wenn wesentliche Änderungen der Preisermittlungsgrundlagen zu erwarten sind, deren Eintritt oder Ausmaß ungewiss ist. Dadurch sollen im Interesse beider Vertragspartner gewichtige Unsicherheitsfaktoren aus den Preisermittlungsgrundlagen ausgeschaltet werden. Die Änderung der Vergütung in den Verdingungsunterlagen nach § 15 VOB/B muss drei Voraussetzungen erfüllen.[319]

i) Erstens muss eine Änderung der Preisermittlungsgrundlagen zu erwarten sein.
ii) Zweitens müssen die zu erwartenden Änderungen wesentlich sein.
iii) Drittens muss deren Eintritt oder Ausmaß ungewiss sein.

Dabei ist deutlich darauf hinzuweisen, dass es sich bei der Regelung des § 15 VOB/A um eine Kann-Vorschrift handelt. Der Auftraggeber kann deshalb eine Preisvorbehaltsregelung in den Verdingungsunterlagen ablehnen, obwohl unter den gegebenen Vorraussetzungen eine solche Regelung sogar geboten wäre. Das Risiko für unauskömmliche Preise trägt in einem solchen Fall allein der Bieter. Keinesfalls kann er nach Vertragsabschluss unter Berufung auf § 15 VOB/A vom Besteller eine Preisanpassung verlangen.[320]

Etwaige Schadensersatzansprüche aus Verschulden bei Vertragsverhandlungen (culpa in contrahendo) stehen dem Unternehmer grundsätzlich nicht zu.

---

[319] Rusam in Heiermann/Riedl/Rusam, Teil A, § 15 Rdn. 7.
[320] BGH Sch-F Z 2.301 Bl. 22.

d) Material- und Stoffkosten

Material- und Stoffpreise sind mit ähnlichen Risiken behaftet wie Lohnkosten. Besonders bei Großprojekten, deren Durchführung mehrere Jahre dauert, ist zum Zeitpunkt der Kalkulation nur schwer vorherzusagen, welche Entwicklung die Stoffpreise oder die damit verbundenen Transport- und Lieferkosten nehmen werden. Daher kann auch hier gem. § 15 VOB/A eine Änderung der Vergütung vorgesehen werden. Die Vereinbarung von sog. Stoffpreisgleitklauseln setzt allerdings voraus, dass diejenigen Stoffe, die der Preisgleitung unterworfen werden sollen, vom Besteller einzelnen in den Verdingungsunterlagen bezeichnet werden. Der Unternehmer hat die Preise der Stoffe einzutragen. Dabei hat der Auftraggeber zu bestimmen, ob der Einkaufspreis (Preis ab Werk) oder der Preis frei Baustelle maßgebend sein soll. Im letzteren Fall unterliegen auch die Transportkosten der Preisgleitung. Stoffpreisgleitklauseln finden insbesondere dann Anwendung, wenn die Material- und Stoffpreise stark von den Energiepreisen abhängig sind (z. B. Zement, Stahl, bituminöses Mischgut und Kunststoffrohre).[321]

e) Vergabe von Nachunternehmerleistungen

Ein weiteres Risiko liegt in der Vergabe von Nachunternehmerleistungen durch den Auftragnehmer, soweit dieser seine Angebotspreise für die jeweiligen Gewerke nicht ausreichend durch das Einholen verbindlicher Angebote absichert. Oftmals schreibt der Unternehmer die Nachunternehmerleistungen sogar erst während der Ausführungsphase aus, so dass er die Angebotspreise hierfür aus Erfahrungswerten ableiten muss. Durch das Herauslösen von Teilleistungen aus einzelnen Positionen,[322] die als Fremdleistung bzw. Fremdarbeit weitervergeben werden, entsteht außerdem die Gefahr einer ungenügenden Bestimmung des Leistungsumfanges des Nachunternehmers. Liegen dem Nachunternehmerangebot gegenüber dem Generalunternehmerangebot andere Bedingungen zugrunde, ist der genaue Leistungsumfang noch schwerer zu erfassen.

Während der Angebotsbindefrist trägt der Bieter das Risiko die geforderte Leistung zu dem angebotenen Preis zu erfüllen. Viele Unternehmen bieten – wegen der geringen Angebotserfolgsquote – ihre zur Verfügung stehenden Kapazitäten bei verschiedenen Angebotsabgaben gleichzeitig an, um eine kontinuierliche Beschäftigung erzielen zu können. Erhält ein Unternehmer den Zuschlag auf mehrere Angebote, so ist er verpflichtet, diese auch auszuführen. Die Kosten für das Zukaufen von eventuell fehlenden Kapazitäten trägt dabei allein der Auftragnehmer.

---

[321] Rusam in Heiermann/Riedl/Rusam, Teil A, § 15 Rdn. 27.
[322] Bei Stahlbetonarbeiten werden oftmals nur die Schal- und Betonierarbeiten von eigenem Personal ausgeführt. Die Bewehrungsarbeiten werden an einen Nachunternehmer vergeben.

3.2.8 Rechtzeitige Fertigstellung der Leistung (Behinderungsrisiko)

Erhebliche Bedeutung bei der Realisierung einer Bauleistung kommt dem Zeitfaktor zu. Dies gilt insbesondere bei großen und komplexen Bauvorhaben, an denen u. U. eine Vielzahl von Unternehmern – parallel oder einander nachfolgend – beteiligt ist.

Hat der Auftraggeber Verzögerungen zu vertreten, bestehen beim VOB/B Vertrag nach § 6 Nr. 2 Abs. 1a VOB/B Ansprüche des Auftragnehmers auf Verlängerung der Vertragsfristen.

Sind dem Auftragnehmer hingegen Ansprüche auf Verlängerung der Vertragsfristen zu versagen, muss er u. U. trotz Behinderungen bis zum vereinbarten Endtermin seine Leistungen ausführen, d. h. seine Maßnahmen beschleunigen. Entscheidend für die Gewährung einer Bauzeitverlängerung an den Auftragnehmer ist, dass die hindernden Umstände aus dem Bereich des Auftraggebers stammen. In Betracht kommt hier etwa die Verletzung von Mitwirkungspflichten. Grundsätzlich sind nach § 6 Nr. 2 Abs. 1a VOB/B als vom Auftraggeber zu vertretende Umstände alle Ereignisse erfasst, die seinem vertraglichen Risikobereich zuzuordnen sind.[323]

Die Gewährung von Ansprüchen auf Fristverlängerung korrespondiert also mit der vertraglichen Risikoverteilung. Diese wird, wie oben im Einzelnen ausgeführt, durch die Funktionale Leistungsbeschreibung modifiziert. Zusätzlich hat der Bieter im Rahmen der Ausschreibung mit Leistungsprogramm nach § 9 Nr. 12 VOB/A Angaben über den Gang der Bauausführung zu machen. Er schuldet also eine klare Ablaufplanung, die eine Koordination der Leistungen voraussetzt. Damit ist auch die grundsätzlich dem Auftraggeber obliegende Koordination[324] Sache des Auftragnehmers.

In diesem Umfang trägt also auch der Auftragnehmer das Risiko rechtzeitiger Fertigstellung der Leistung.

§ 6 Nr. 6 VOB/B begründet ferner für beide Vertragsparteien bei Verschulden der jeweiligen Gegenpartei Schadensersatzansprüche.

Verschulden fordert mehr als das „Vertretenmüssen" im Sinne des § 6 Nr. 2 Abs. 1a, setzt dieses aber voraus. D. h. auch hier trägt der Auftragnehmer das Risiko, Schadensersatz leisten zu müssen, nach Maßgabe der durch die Funktionale Leistungsbeschreibung veränderten Risikoverteilung. Er haftet also für Behinderungen durch verzögerte Planung und Genehmigung.

---

[323] Heiermann/Riedl/Rusam, a. a. O., Teil B § 6 Rdn. 12; Ingenstau/Korbion, a. a. O., Teil B § 6 Rdn. 37.
[324] Vgl. § 4 Nr. 1 VOB/B.

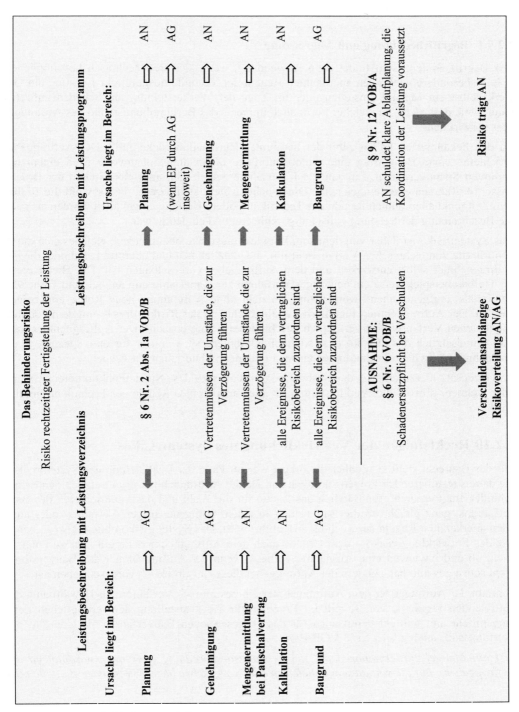

Abbildung 8: Das Behinderungsrisiko

3.2.9 Das Systemrisiko

3.2.9.1 Begriffsbedeutung und Abgrenzung

Der Begriff Systemrisiko findet dann Anwendung, wenn sich trotz technisch bestmöglicher, d. h. insbesondere nach allen anerkannten Regeln der Technik, ausgeführter Leistung am Gewerk selbst ein Mangel einstellen oder im Zuge der Werkerstellung ein Schaden auftreten kann, ohne dass sich – in welcher Form auch immer – das Beschreibungsrisiko des Auftraggebers verwirklicht.

Zu den bekanntesten Fällen zählt der berühmte „Blasbachtalbrückenfall": Der Auftraggeber errichtete gemäß Bauvertrag eine Autobahnbrücke in Spannbetonbauweise nach einem bestimmten Spannverfahren. Ein Jahr nach Abnahme zeigen sich an vielen Stellen der Brücke Risse. Im Rahmen einer eingeleiteten Untersuchung stellt sich heraus, dass sowohl die zu diesem Zeitpunkt anerkannten Regeln der Technik in vollem Umfang eingehalten wurden als auch die Beschreibung der Leistung vollständig, fehlerfrei und eindeutig war.

Das Systemrisiko ist daher von dem sog. Entwicklungsrisiko abzugrenzen, welches sich durch den Einsatz von technischen Verfahren ergibt, die gänzlich neu und unerprobt sind oder die der Auftragnehmer selbst entwickelt und dem Auftraggeber vorgeschlagen hat. Der Bieter bietet im Tiefbau beispielsweise ein neuartiges Verfahren zur Kanalsanierung an, bei dem vorhandene Kanäle „aufgenommen" werden und bei dem ohne Aufgrabung neue Rohre eingezogen werden. Der Auftragnehmer trägt hierbei uneingeschränkt das Risiko, dass er mit dem von ihm angebotenen Verfahren den vertraglich geschuldeten Erfolg erreicht. Der Auftragnehmer trägt also grundsätzlich das „Risiko des (Nicht-)Funktionierens", wenn er für eine spezielle Baumaßnahme völlig neue Technologien einsetzt oder neue Materialien verwendet.

Im Gegensatz hierzu umfasst das Systemrisiko das „Risiko des (Nicht-)Funktionierens", wenn oder vielmehr obwohl die Werkleistung nach allen anerkannten Regeln der Technik ausgeführt wird.

3.2.10 Rechtsfolgen der Verwirklichung des Systemrisikos

Für das Baurecht stellt sich daher die Frage, wer im Falle der Realisierung des Systemrisikos die daraus resultierenden Folgen zu tragen hat. Da der Auftragnehmer grundsätzlich den Erfolg schuldet, trägt er auch grundsätzlich das Risiko für die Wahl und das Funktionieren des Bauverfahrens, ganz gleich, ob die Bauleistung in einem völlig neuartigen Verfahren oder nach allen anerkannten Regeln der Technik ausgeführt wird. Das Systemrisiko obliegt also – ebenso wie das Entwicklungsrisiko – dem Grunde nach dem Auftragnehmer. Es gilt aber zu untersuchen, ob und inwieweit eine Ausnahme vorliegt, wenn der Auftragnehmer das Bauverfahren nicht selbst gewählt hat, sondern der Auftraggeber dieses ausdrücklich vorgeschrieben hat.

Schreibt der Auftraggeber dem Auftragnehmer ein bestimmtes Verfahren zur Bewältigung der auftretenden Probleme vor, so gilt im Ergebnis für die Feststellung der vertraglichen Leistungspflicht und indirekt damit auch für das vorgeschrieben Bauverfahren als Unterfall des Leistungssolls analog § 13 Nr. 3 VOB/B:[325]

„Ist ein Mangel zurückzuführen auf die Leistungsbeschreibung oder auf Anordnungen des Auftraggebers, auf die von diesem gelieferten oder vorgeschriebenen Stoffe oder Bauteile oder

---

[325] Kapellmann/Schiffers, Band 1, a. a. O., Rdn. 763.

die Beschaffenheit der Vorleistung eines anderen Unternehmers, so ist der Auftragnehmer von der Gewährleistung für diese Mängel frei, außer wenn er die ihm nach § 4 Nr. 3 obliegende Mitteilung über die zu befürchtenden Mängel unterlassen hat."

Zwingende Vorraussetzung für die Anwendbarkeit des § 13 Nr. 3 VOB/B ist hierbei aber, dass der Auftraggeber eine bestimmtes Verfahren ausdrücklich vorschreibt; lediglich unverbindliche Vorschläge des Auftraggebers führen nicht zu einer Risikoverlagerung.[326]

Die Haftungsbefreiung des Auftragnehmers und damit im Ergebnis die Verlagerung des Systemrisikos auf den Auftraggeber ist allerdings durch die Rechtsprechung des BGH stark eingeschränkt. Der BGH hatte den Fall zu beurteilen, dass ein vom Auftraggeber vorgeschriebenes Material zu Schäden geführt hatte. Der BGH hat entschieden, dass der Auftraggeber dafür einstehen muss, dass das von ihm vorgeschrieben *Material „generell für den vorgesehenen Zweck"* geeignet ist. Ist es generell ungeeignet, so wird über § 13 Nr. 3 VOB/B der Auftragnehmer von der Haftung freigestellt. Ist allerdings – so der BGH – *„das Material generell geeignet, treten aber dennoch im konkreten Fall zufällig Mängel auf, so tritt die Haftungsbefreiung nicht ein, da dies genau das Risiko ist, das von der typischen Erfolgshaftung des Werkunternehmers erfasst wird".*[327]

Da man per Definition von „Systemrisiko" nur sprechen kann, wenn weder Beschreibungs- noch Ausführungsfehler noch Baugrundfehler i. S. der Verwirklichung des „echten" Baugrundrisikos vorliegen, schließt der BGH eine Haftungsbefreiung des Auftragnehmers über § 13 Nr. 3 VOB/B und eine Verlagerung des Systemrisikos auf den Auftraggeber demnach also aus.

Gleichermaßen hat das OLG Frankfurt[328] im oben genannten „Blasbachtalbrückenfall" entschieden: *„Selbst wenn die Regeln der Technik im Zeitpunkt der Ausführung und der Abnahme eingehalten sind, kann ein Werk mangelhaft sein, wenn es nicht zu dem nach dem Vertrag vorausgesetzten oder dem gewöhnlichen Gebrauch geeignet ist. Eine Autobahnbrücke mit Rissen ist mangelhaft, auch wenn die Regeln der Technik eingehalten sind. Dann waren eben die Regeln der Technik falsch. Dieses Risiko trägt der Auftragnehmer, da die Gewährleistungspflicht unabhängig vom Verschulden ist."*

Ferner lehnte das OLG Frankfurt den Haftungsausschluss gem. § 13 Nr. 3 VOB/B ab, obwohl der Auftragnehmer exakt so gebaut hatte, wie dies in der Leistungsbeschreibung detailliert festgelegt war.

Der Auftragnehmer trägt also grundsätzlich, gleich ob er das Bauverfahren selbst aussucht oder ob es ihm „fremdbestimmt" vorgeschrieben wird, das aus diesem Verfahren resultierende Zufallsrisiko, nämlich das Risiko, dass bei vollständiger, fehlerfreier und eindeutiger Leistungsbeschreibung und bei unveränderter Beschaffenheit des Baugrundes und optimalen Verfahren das gewünschte Ziel nicht erreicht wird. Nach der Rechtsprechung des BGH trägt der Auftragnehmer immer das allgemeine Risiko, dass ein an sich geeignetes Verfahren ohne Verwirklichung des Beschreibungs- und/oder Baugrundrisikos aus welchen Gründen auch immer nicht zum Erfolg führt.[329] Wird dem Auftragnehmer das Verfahren vom Auftraggeber vorgeschrieben, so ändert sich an all dem nichts.

Ist das vorgeschriebene Verfahren generell ungeeignet, so trägt dieses Risiko über eine analoge Anwendung des § 13 Nr. 3 VOB/B zwar der Auftraggeber, weil er dem Auftragnehmer die

---

[326] BGH BauR 1975, 421 (422).
[327] BGH BauR 1996, 702.
[328] OLG Frankfurt NJW 1983, 456 (Revision vom BGH nicht angenommen).
[329] BGH BauR 1996, 702 (703); deshalb unzutreffend Englert BauR 1996, 763 (770).

Wahl des Verfahrens aus der Hand genommen hat, doch verlagert sich hier nicht das Systemrisiko auf den Auftraggeber, sondern vielmehr verwirklicht sich das Beschreibungsrisiko des Auftraggebers.

Einen Grenzfall stellt das folgende Beispiel dar:[330] Ein Tiefbauunternehmen wird beauftragt, direkt neben einem bestehenden 10-stöckigen Hochhaus ein doppelt so hohes Gebäude zu errichten, wobei mit erheblicher Bodenpressung zu rechnen ist. Hierdurch würde – bei einer herkömmlichen Gründung – auch der Boden des daneben liegenden Bürokomplexes eine Setzung mitmachen, welche eine Schiefstellung von Türen, Fenstern und Aufzugsschächten sowie massive Risse zur Folge hätte. Der Auftragnehmer wählt daher als Bausystem eine sog. Pfahlgründung, die die Kräfte in eine tiefere, tragfähige Mergelschicht ableiten soll. Zusätzlich wird das vorhandene Hochhaus mit Injektionen und Stützlanzen stabilisiert. Doch schon während der Ausführung der Pfahlarbeiten kommt es zu einer ungleichmäßigen Setzung des Gebäudes, obwohl der angetroffene dem im Bodengutachten beschriebenen Baugrund entsprach und das gewählte Bausystem ebenso optimal war wie die bestmöglich entsprechend den anerkannten Regeln der Technik durchgeführte Herstellung der Bohrpfähle. Die Hebung des Gebäudes und umfangreiche Sanierungsarbeiten verursachen Kosten in Millionenhöhe; dazu kommen Bauzeitverzögerungen, Vertragsstrafendrohungen und Mehrkosten.

Hier stellt sich nun die Frage: „Wer soll das bezahlen ...?" Dabei ist zu berücksichtigen, dass weder der Auftraggeber falsche Vorgaben bezüglich des Baugrundes gemacht hat noch der Unternehmer gegen die allgemein anerkannten Regeln der Technik verstoßen hat.

Dem von *Englert*[331] gewählten Lösungsansatz, dass eine Verwirklichung des Baugrundrisikos ausscheiden würde, weil der Boden sich so darstelle wie er beschrieben sei, so dass für den Auftragnehmer ein Haftungsausschluss nur über eine Zuweisung des Systemrisikos an den Auftraggeber verbleiben könne, ist im Ergebnis nicht zuzustimmen. Der Auftragnehmer trägt ja insbesondere dann, wenn er selbst das Bauverfahren aussucht, sämtliche diesem Verfahren anhaftenden Risiken, so dass ein Haftungssausschluss über die Verlagerung des Systemrisikos auf den Auftraggeber ausgeschlossen ist. Vielmehr ist zu untersuchen, inwieweit die aufgetretenen Mängel auf eine Verwirklichung des Baugrundrisikos zurückzuführen sind und somit in der Risikosphäre des Auftraggebers liegen.

Wenn das angewendete Verfahren den Regeln der Technik entspricht und generell geeignet ist für die ebenfalls nach den Regeln der Technik richtig angegebenen Zustände und die richtig angenommenen Eigenschaften des Baugrundes, der Baugrund aber tatsächlich anders „reagiert" als nach Beschreibung vorauszusehen, so hat der Baugrund im Ergebnis doch abweichende Eigenschaften – hätte er die beschriebenen Eigenschaften in voller, voraussehensmöglicher Gänze, so würde er ja gerade nicht so reagieren (immer den Fall unsachgemäßer „Bearbeitung" des Bodens ausgeschlossen).[332] Dieser Baugrund ist i. S. eines „Beschaffenheitssoll-Beschaffenheitsist-Vergleich" mangelhaft – und das ist in Analogie zu § 645 BGB und in Anwendung von § 13 Nr. 3 VOB/B Sache des Auftraggebers. Die Folgen der ungleichmäßigen Setzung des Gebäudes in dem oben genannten Beispiel, sind daher der Risikosphäre des Auftraggebers zuzuordnen. Allerdings liegt auch hier keine Verlagerung des Systemrisikos auf den Auftraggeber vor, sondern – im weiteren Sinne – eine Verwirklichung des Baugrundrisikos.

---

[330] Englert BauR 1996, 763.
[331] Englert BauR 1996, 763 (764).
[332] Kapellmann/Schiffers, Band 1, a. a. O., Rdn. 764.

Es bleibt daher dabei: Das Systemrisiko gehört zu den typischen Risiken des Auftragnehmers und kann – ähnlich dem Baugrundrisiko, das dem Auftraggeber obliegt – grundsätzlich nicht auf den Vertragspartner abgewälzt werden.

3.3 Verlagerung von Risiken im Pauschalvertrag

3.3.1 Struktur des Pauschalvertrages

3.3.1.1 Die vertraglich geschuldete Gegenleistung (Vergütungssoll)

Der Pauschalvertrag gem. § 5 Nr. 1b VOB/A ist dadurch gekennzeichnet, dass – im Gegensatz zum Einheitspreisvertrag – nicht nachträglich die tatsächlich erbrachten Leistungen, sondern bereits im Voraus die künftig zu erbringenden Leistungen Grundlage für die Berechnung der Vergütung sind. Als Vertragspreis maßgebend ist hier weder der Einheitspreis noch der Positionspreis, sondern allein und ausschließlich der Angebotsendpreis als vertraglich vereinbarter Pauschalpreis. Der Pauschalvertrag und der sich daraus ergebende Werklohn sind also grundsätzlich unabhängig von den Mengen und den Einheitspreisen.[333] Dieser Grundsatz, der ja gerade das Wesen eines Pauschalvertrages ausmacht, findet sich mittelbar im 2. Halbsatz des § 2 Nr. 2 VOB/B wieder. Sinngemäß wird hiernach die Vergütung beim Pauschalvertrag nicht nach den tatsächlich ausgeführten Leistungen (Mengen) und den Einheitspreisen berechnet, sondern bestimmt sich allein durch den vertraglich vereinbarten Pauschalpreis. Die „Berechnungsart" Pauschalsumme muss dabei allerdings ausdrücklich vereinbart sein, da ansonsten nach Einheitspreisen und der tatsächlich ausgeführten Menge abzurechnen ist. Eine Weiterführung dieses Grundgedankens findet sich in § 2 Nr. 7 Abs. 1 Satz 1 VOB/B:

„*Ist als Vergütung der Leistung eine Pauschalsumme vereinbart, so bleibt die Vergütung unverändert.*"

Endlich bestimmt § 23 Nr. 3 Abs. 2 VOB/A bei Vergabe durch die öffentliche Hand. Hiernach gilt bei Vergabe für eine Pauschalsumme diese ohne Rücksicht auf etwa angegebene Einheitspreise.

Da die Vergütung beim Pauschalvertrag bei Vertragsabschluss schon feststeht, ist es nicht erforderlich, einzelnen „Vergütungsermittlungsfaktoren", nämlich Menge und/oder Einheitspreis als solchen noch eine rechtlich selbständige Bedeutung zu geben. Die einmal vereinbarte Vergütung, die Vergütungspauschale, bleibt fixiert, gleichgültig, ob der Auftragnehmer die Pauschalsumme aufgrund sorgfältiger Mengenermittlung und Kalkulation errechnet hat, ob er sie geschätzt hat oder ob er sie nur geraten hat. Bei unverändertem Leistungssoll gibt es also beim Pauschalvertrag in keiner Weise methodisch einen „Einheitspreis" als Anknüpfungspunkt zur Vergütungsermittlung.[334]

Eine Pauschalierung der Vergütung kann dabei nicht nur für eine Gesamtleistung, sondern gem. § 2 Nr. 7 Abs. 2 VOB/B auch für Teile der Leistung vereinbart werden. (Nicht gemeint ist hier der Fall, dass für einzelne Positionen eines Einheitspreisvertrages Pauschalsummen vorgesehen werden, wie z. B. für die Baustelleneinrichtung.) Von dieser Möglichkeit wird man

---

[333] Vygen, Bauvertragsrecht nach VOB und BGB, a. a. O., Rdn. 278.
[334] Kapellmann/Schiffers, Band 2, a. a. O., Rdn. 32.

Gebrauch machen, wenn die Voraussetzungen für eine Pauschalvereinbarung nur teilweise gegeben sind. Bei einem Brückenbau z. B. können der Überbau und die Pfeiler in allen Details festliegen, die Erd- und Gründungsarbeiten dagegen in ihrem Ausmaß nicht genau vorhersehbar sein.[335]

3.3.1.2 Die vertraglich geschuldete Leistung (Leistungssoll)

a) Das qualitative Leistungssoll (Leistungsart)

Grundsätzlich hat die Systemwahl Einheitspreisvertrag gem. § 5 Nr. 1a VOB/A (die Vergütung wird nach Menge und Einheitspreis berechnet) oder Pauschalvertrag gem. § 5 Nr. 1b VOB/A (die Vergütung berechnet sich pauschal) nichts damit zu tun, welche Art von Leistung erstellt werden soll. Ist der Leistungsinhalt z. B. durch ein normales Leistungsverzeichnis gem. § 9 Nr. 6 bis Nr. 9 VOB/A und durch Ausführungspläne definiert, hat der Auftragnehmer nur das dort Geregelte zu leisten und nichts mehr. Die Pauschalierung der Vergütung hat somit keineswegs zwingend irgendeine Pauschalierung der beschriebenen Leistung zur Folge. Beides kann und wird in der Praxis tatsächlich oft zusammenfallen, zwingend ist dies aber nicht.[336]

Nichts anderes regelt § 5 Nr. 1b VOB/A: Eine Vergabe zu einer Pauschalsumme soll nur *„in geeigneten Fällen"*, nämlich dann stattfinden, *„wenn eine Leistung nach Ausführungsart und Umfang genau bestimmt ist und mit einer Änderung bei der Ausführung nicht zu rechnen ist"*. Würde die Vereinbarung einer Pauschalvergütung zwingend auch zu einer Pauschalierung der Leistung führen, würde die VOB/A ja einen Pauschalvertrag postulieren, den es so – nämlich mit genau beschriebener Ausführungsart – gar nicht gäbe. Folglich schließt die genaue Leistungsbeschreibung mit Leistungsverzeichnis und Plänen die Annahme eines Pauschalvertrages auch nicht aus.

Dem gegenüber können im Rahmen der verkehrsüblichen Auslegung des § 5 Nr. 1b VOB/A „geeignete Fälle" allerdings auch solche sein, in denen die vertraglich geschuldete Leistung nicht genau bestimmt ist und in denen das Leistungsziel (im Extremfall „1 Stück funktionierende Kläranlage für eine Stadt mit 30.000 Einwohnern") zur näheren Bestimmung des Leistungssolls herangezogen werden muss. Die konkrete vertraglich geschuldete Leistung ist hier nicht in detaillierten Einzelangaben, sondern als Ganzes beschrieben und zum Vertragsinhalt gemacht. Eine solche „globale Leistungsbeschreibung" z. B. auf Basis einer Leistungsbeschreibung mit Leistungsprogramm gem. § 9 Nr. 10 bis Nr. 12b VOB/A ist im Sinne des § 5 Nr. 1b VOB/A ebenfalls weder unzulässig noch unklar.[337]

Demnach gibt es (auch bei der öffentlichen Hand!) unterschiedliche Arten von Pauschalverträgen; den Detail-Pauschalvertrag mit detaillierter Leistungsbeschreibung (ggf. einschl. Leistungsmenge) sowie den Global-Pauschalvertrag mit ungenauer Leistungsbeschreibung. Gemeinsam ist jedoch beiden Varianten des Pauschalvertrages, dass der Leistungsbeschrieb ganz genauso wie beim Einheitspreisvertrag eine durch den Vertrag einmal festgelegte, vor der Ausführung feststehende fixierte Größe darstellt. Modifikationen des Leistungssolls führen daher auch beim Pauschalvertrag zu Mehrvergütungsansprüchen aus § 2 Nr. 7 Abs. 1 Sätze 2, 3 und 4 VOB/B.

---

[335] Rusam in Heiermann/Riedl/Rusam, Teil A, § 5 Rdn. 15.
[336] unzutreffend der BGH: BauR 1997, 126 (128).
[337] „Kammerschleuse" BGH BauR 1997, 126; „Mauerwerksöffnung Karrengefängnis" BauR 1997, 464.

b) Das quantitative Leistungssoll (Leistungsumfang) – Übernahme des Mengenermittlungsrisikos durch den Unternehmer als Charakteristikum des Pauschalvertrages

Da die Parteien beim Pauschalvertrag schon im voraus die Vergütung fixieren wollen und diese Vergütung unabhängig von ausgeführten Mengen sein soll, müssen sie nicht nur fixieren, was gebaut werden soll (qualitatives Leistungssoll = Leistungsart), sondern auch, wie viel gebaut werden soll (quantitatives Leistungssoll = Leistungsumfang).[338] D. h. der Auftraggeber muss dem Unternehmer Kriterien dafür vorgeben, wann nach gemeinschaftlichem Verständnis die Leistung fertig gestellt ist. Diese Fertigstellungskriterien (Mengenermittlungskriterien) bestimmen den Umfang der Leistung und sind beim Pauschalvertrag ebenso endgültig fixiert, wie die Leistungsbeschreibung fixiert ist. Ändert der Auftraggeber seine Kriterien, so ist das die Grundlage für einen berechtigten Mehrvergütungsanspruch des Unternehmers nach § 2 Nr. 7 Abs. 1 Sätze 2, 3 und 4 VOB/B i. V. m. § 2 Nr. 6 VOB/B (angeordnete Mehrmengen) bzw. § 2 Nr. 4 oder § 8 Nr. 1 VOB/B (angeordnete Mindermengen). Eine Anpassung der Vergütung i. S. des § 2 Nr. 3 VOB/B ist ausgeschlossen, da es beim Pauschalvertrag keinen Einheitspreis und keine für die Vergütung maßgebliche unmittelbare Menge gibt; diese Regelung passt deshalb auf den Pauschalvertrag überhaupt nicht zu.[339]

Wie der Auftraggeber dabei im Einzelnen die Mengenermittlungskriterien angibt, kann ganz unterschiedlich sein. Grundsätzlich führt jedoch eine nichtdetaillierte Leistungsbeschreibung auch zu einer nichtdetaillierten Bestimmung von Mengenermittlungskriterien. Eine Mengenermittlung allein ohne Angabe von Mengenermittlungskriterien reicht dabei ausdrücklich nicht für die Annahme eines Pauschalvertrages aus; notwendig ist immer die Angabe von Kriterien zur Bestimmung des Umfangs der Leistung.

Diese Notwendigkeit folgt dem Grundgedanken, dass die Parteien beim Pauschalvertrag die Vergütung ja gerade vom auszuführenden Leistungsumfang trennen wollen. Demnach sind die exakten Mengenangaben nach Maß, Gewicht oder Stückzahl nicht mehr Vergütungsgrundlage wie beim Einheitspreisvertrag, sondern allein Kalkulationsgrundlage und fallen somit automatisch in die Risikosphäre des Unternehmers. Das Mengenermittlungsrisiko des Unternehmers beim Pauschalvertrag ist insofern vergleichbar mit seinem Kalkulationsrisiko beim Einheitspreisvertrag bezüglich der sog. „inneren Mengen". Für den Besteller sind die Mengen also „gleichgültig", da sie nicht Grundlage der vertraglich geschuldeten Gegenleistung sind.[340] Für den Unternehmer können sie dagegen keineswegs gleichgültig sein, da er ja wissen muss, wie viel er zu bauen hat, um darauf aufbauend Kosten ermitteln zu können und zu bestimmen, welchen Pauschalpreis er anbietet.[341] Er wird also aus den vom Auftraggeber vorgegebenen Mengenermittlungskriterien seinerseits (intern) auszuführende Mengen eigenverantwortlich ermitteln. Folglich übernimmt der Auftragnehmer beim Pauschalvertrag zwingend das Mengenermittlungsrisiko, ganz gleich, ob es sich um einen Detail-Pauschalvertrag oder um einen Global-Pauschalvertrag handelt.

---

[338] Das hat a priori noch nichts mit der Unterscheidung zwischen Detail-Pauschalvertrag und Global-Pauschalvertrag zu tun. Auch beim noch so globalen Vertrag legen die Parteien (1 Stück Kläranlage) Leistungsart und Leistungsumfang fest (Kapellmann/Schiffers, Band 2, a. a. O., Rdn. 42).
[339] Vgl. Keldungs in Ingenstau/Korbion, Teil B, § 2 Rdn. 284.
[340] Wenn man davon absieht, dass (auftragnehmerintern dokumentierte) Mengen und Einheitspreise wichtig werden, um die Grundlagen der Preisermittlung bei Berechnung der Vergütung geänderter oder zusätzlicher Leistungen zu dokumentieren (Kapellmann/Schiffers, Band 2, a. a. O.).
[341] Kapellmann/Schiffers, Band 2, a. a. O., Rdn. 47.

Stellt der Besteller dem Unternehmer also ausschließlich die bloße Mengenermittlung (ohne Angabe von Mengenermittlungskriterien) zur Verfügung, bürdet er diesem ein ungewöhnliches Wagnis gem. § 9 Nr. 2 VOB/A auf, da der Unternehmer keine Möglichkeit hat diese Mengen zu überprüfen. Der Unternehmer müsste „ins Blaue" hinein kalkulieren und darauf vertrauen, dass die Mengenermittlung des Auftraggebers fehlerfrei und vollständig ist. Der Auftragnehmer trägt daher nur gemäß den vorgegebenen Mengenermittlungskriterien – die sich aus dem im Plan dokumentierten Umfang der Arbeiten ergeben – das Mengenermittlungsrisiko. Verändert der Auftraggeber die Mengenermittlungskriterien, so greift er per Anordnung in den Vertrag ein; dies führt regelmäßig zu einem berechtigtem Mehrvergütungsanspruch des Unternehmers gem. § 2 Nr. 7 Abs. 1 Sätze 2, 3 und 4 VOB/B.[342]

In Bezug auf den Umfang der Leistung ist also folgendes festzustellen: Der Auftraggeber gibt Mengenermittlungskriterien vor. Der Auftragnehmer trägt das Mengenermittlungsrisiko. Genau das ist folglich auch das (Mindest-)Unterscheidungsmerkmal zwischen Einheitspreisvertrag und Pauschalvertrag. Der Auftraggeber hat dabei eine Systemwahl getroffen: Er wünscht und akzeptiert, dass im Voraus ein Preis nach vom Auftragnehmer verantwortlich ermittelten (oder geprüften) Mengen gebildet wird und nimmt als notwendige Folge auch für sich ein systemimmanentes Risiko in Kauf. Ist nämlich die tatsächlich auszuführende Menge geringer als die vorab vom Auftragnehmer ermittelte, so muss doch der Auftraggeber den vollen Pauschalpreis zahlen.[343] Die Verlagerung des Mengenermittlungsrisikos ist also keine Folge der Systemwahl Leistungsbeschreibung mit Leistungsverzeichnis oder Leistungsbeschreibung mit Leistungsprogramm, sondern ergibt sich aus der Systemwahl Einheitspreisvertrag oder Pauschalvertrag.

3.3.2 Risikozuweisung im Detail-Pauschalvertrag

3.3.2.1 Verlagerung des Beschreibungsrisikos durch die Systemwahl Detail-Pauschalvertrag?

Beim Detail-Pauschalvertrag enthält der Vertrag die „genaue" Leistungsbeschreibung gem. § 5 Nr. 1b VOB/A. Diese Leistungsbeschreibung bestimmt, welche Leistungen gem. § 2 Nr. 1 VOB/B durch die vertraglich vereinbarte Pauschalsumme abgegolten sind – und analog dazu, welche Leistungen durch die vertraglich vereinbarte Pauschalsumme nicht abgegolten werden, da sie nämlich in der Leistungsbeschreibung nicht enthalten sind.[344] Genau das besagt auch § 2 Nr. 7 Abs. 1 VOB/B:

„*Ist als Vergütung der Leistung (nämlich der durch die genaue Leistungsbeschreibung beschriebenen Leistung) eine Pauschalsumme vereinbart, so bleibt die Vergütung unverändert (Satz 1). Weicht jedoch die ausgeführte Leistung von der vertraglich vorgesehenen Leistung so erheblich ab, dass ein Festhalten an der Pauschalsumme nicht zumutbar ist, so ist auf Verlan-*

---

[342] Kapellmann/Schiffers, Band 2, a. a. O., Rdn. 49.
[343] Kapellmann/Schiffers, Band 2, a. a. O., Rdn. 52.
[344] Darüber hinaus wird die Vertragsleistung selbstverständlich auch durch zum Vertragsinhalt gemachte Pläne, durch die Besonderen Vertragsbedingungen, die Zusätzlichen Vertragsbedingungen, die Zusätzlichen Technischen Vertragsbedingungen, weiter durch die Allgemeinen Technischen Vertragsbedingungen für Bauleistungen (VOB/C), durch die gewerbliche Verkehrssitte und endlich natürlich – entsprechende Vereinbarung vorausgesetzt – durch die VOB/B selbst definiert. In erster Linie wird das Leistungssoll aber durch den Vertrag bestimmt, insbesondere durch dessen Leistungsbeschreibung.

gen ein Ausgleich unter Berücksichtigung der Mehr- oder Minderkosten zu gewähren (Satz 2). Die Nummern 4, 5 und 6 (§ 2 Nr. 4, Nr. 5 und Nr. 6 VOB/B) bleiben unberührt (Satz 4)."

§ 2 Nr. 7 Abs. 1 VOB/B macht daher keinerlei Aussage dazu, dass durch die bloße Bezeichnung als Pauschalsumme, mehr oder weniger vergütet werde als in der spezifischen, in § 5 Nr. 1b VOB/A vorgesehenen Leistungsbeschreibung enthalten.[345] Abgegolten durch die Pauschalsumme beim Detail-Pauschalvertrag ist also ausdrücklich nur das, was als „genaue" Beschreibung in dieser Leistungsbeschreibung (einschl. der Mengenermittlungskriterien) erfasst ist.

Die Leistungsbeschreibung ist beim Detail-Pauschalvertrag „genau", wenn sie die Vertragsleistung komplett und ausreichend differenziert beschreibt, d. h. wenn insbesondere die Form der Leistungsbeschreibung mit Leistungsverzeichnis gem. § 9 Nr. 6 bis Nr. 9 VOB/A (einschl. der zugehörigen Pläne) gewählt wird. Die Aufteilung in Teilleistungen bzw. Positionen ist allerdings – anders als beim Einheitspreisvertrag – nur Hilfsmittel, die vertraglich geschuldete Leistung „näher zu bestimmen", oder besser ausgedrückt, eindeutig zu bestimmen. Enthält diese Leistungsbeschreibung unvollständige, fehlerhafte oder unklare Elemente, so steht dem Unternehmer i. d. R. ein Mehrvergütungs- bzw. Schadensersatzanspruch zu. Gleichermaßen hat der BGH in einem Urteil vom 15.12.1994 entschieden:[346]

Die Parteien haben einen Pauschalvertrag auf der Basis eines Einheitspreisangebots mit Leistungsverzeichnis zum Preis von 2.648.552,65 DM abgeschlossen. Der BGH führt in seiner Entscheidung an: *„Haben die Parteien die geschuldete Leistung im Leistungsverzeichnis näher bestimmt, so werden später geforderte Zusatzleistungen vom Pauschalpreis nicht erfasst."* Mit diesem Argument hält der BGH sodann u. a. folgende Abweichungen vom vertraglich vereinbarten Leistungssoll für vergütungspflichtig, und zwar jeweils einzeln als zusätzliche Leistung gemäß § 2 Nr. 7 Abs. 1 Satz 4 i. V. m. § 2 Nr. 6 VOB/B:

i) Angeordnete Mengenmehrung wegen zusätzlichem Vollwärmeschutz (421,2 m²);

ii) Herstellung der Tiefgaragenrampe auf einer Schalung statt – wie im LV vorgesehen – auf aufzufüllendem Beton (3.075,18 DM);

iii) Nachmauern und Isolieren von Brüstungen (6 Facharbeiterstunden) oder Herstellen einer Sicherheitsabdeckung von 3 Lohnstunden (!) (da nach Abschluss der Pauschalverträge ein Stundenlohnauftrag erteilt worden sei – was laut BGH selbst dann zur Mehrvergütung führe, wenn die Leistung eigentlich schon in einer „Position" des Pauschalvertrages-Leistungsverzeichnisses enthalten gewesen sei: Die Parteien könnten eine solche ggf. zusätzliche Vergütung jederzeit nachträglich auch dann vereinbaren, wenn darauf eigentlich kein Rechtsanspruch bestanden hätte).

Der BGH bewertet also systemgerecht auch die kleinste Abweichung vom „näher Bestimmten" als Abweichung vom vertraglich geschuldeten Leistungssoll und billigt mit völligem Recht Mehrvergütung zu.

Diese Rechtsprechung des BGH wird in den veröffentlichten oberlandesgerichtlichen Entscheidungen zu diesem Thema unterstützt.

---

[345] Kapellmann/Schiffers, Band 2, a. a. O., Rdn. 203; BGH BauR 1984, 395.
[346] Kapellmann/Schiffers, Band 2, a. a. O., Rdn. 234; BGH BauR 1995, 237.

In einem Pauschalvertrag sind – so ein Fall des OLG Düsseldorf[347] – den Positionen 1.1 bis 1.6 des als Vertragsinhalt vereinbarten Leistungsverzeichnisses Rohrgräben nach DIN 18 300 „ohne Verbau" mit einer einheitlichen Tiefe bis 1,20 m und unterschiedlichen Grabensohlenbreiten von 0,80 m bis 2,20 m in einer Länge von 5230,00 m aufgeführt, in den Positionen 1.7 bis 1.12 Rohrgräben mit einer Tiefe bis zu 1,40 m, in den Positionen 1.13 und 1.14 Suchgräben und in den Positionen 1.15 bis 1.22 Rohrgräben „einschließlich Verbau" nach DIN 18 303 in unterschiedlichen Tiefen und Breiten. Rohrgräben bis zu 2 m Aushubtiefe ohne Verbau sind im LV nicht vorgesehen, genau solche Gräben werden aber (zusätzlich) bei der Bauausführung notwendig, der Auftragnehmer hebt sie auch auf Anordnung des Auftraggebers auf.

Im Vertrag heißt es u. a.: *„Alle Arbeiten sind in Übereinstimmung mit den Beschreibungen des Leistungsverzeichnisses auszuführen. Der Pauschalpreis deckt alle Arbeiten ab, um die vorgesehene erdverlegte Fernleitungstrasse auszuführen."*

Vorweg stellt das OLG Düsseldorf mit Recht fest, dass letztgenannte Klausel schon deshalb nichts zum geschuldeten Leistungsinhalt sagt, weil sie in sich widersprüchlich ist, sie drückt eigentlich nur einen frommen Wunsch des Auftraggebers aus.

Dem Auftragnehmer steht Anspruch auf zusätzliche Vergütung gemäß § 2 Nr. 7 Abs. 1 Satz 4 i. V. m. § 2 Nr. 6 VOB/B zu, denn: *„Haben die Parteien die pauschalierte Leistung durch Angaben im Leistungsverzeichnis näher bestimmt, so werden später geforderte Zusatzarbeiten von dem Pauschalpreis nicht erfasst. Diese sind ... gesondert zu vergüten. Die Klägerin hatte hier keine komplette Leistung ohne Rücksicht auf ihren tatsächlichen Arbeitsumfang angeboten, sondern ihr Angebot aufgrund eines detaillierten Leistungsverzeichnisses gemacht ... Rohrgräben bis zu 2 m Aushubtiefe ohne Verbau sind im Leistungsverzeichnis nicht vorgesehen. Es handelt sich deshalb insoweit um vertraglich nicht vorgesehene Leistungen."*

Mit der Systemwahl der Ausschreibungsmethode „Leistungsbeschreibung mit Leistungsverzeichnis", welche ja gerade den wesentlichen Unterschied des Detail-Pauschalvertrages zum Global-Pauschalvertrag ausmacht, hat der Auftraggeber somit selbst die Verantwortung dafür übernommen, dass er in dieser Methode richtig, nämlich vollständig, fehlerfrei und eindeutig ausschreibt; er hat (auch) die Ausführungsplanung – wenn er korrekt gem. HOAI ausschreibt – schon erstellt und seinem Angebotsblankett jedenfalls so weit zugrunde gelegt, dass ein solches Angebot überhaupt detailliert erstellbar war. Für diese Form der Planung und Erstellung der Vergabeunterlagen muss der Auftraggeber daher auch die finanzielle Verantwortung tragen, sofern bei der Ausführung Abweichungen vom vertraglich vereinbarten Leistungssoll erforderlich werden. Er trägt also allein das Risiko für die Richtigkeit und Vollständigkeit des Leistungsverzeichnisses.

Das Leistungssoll wird also ausschließlich danach bestimmt, was im Einzelnen geregelt ist. Das im Detail Geregelte wird nicht „vervollständigt" durch eine zusätzliche Bestimmung des Leistungssolls infolge einer Auslegung des allgemeinen Leistungsziels. Das heißt: Was nicht ausgeschrieben ist, braucht auch nicht – zumindest zu der vereinbarten Pauschalsumme – gebaut zu werden. Verwendet der Auftraggeber im Detail-Pauschalvertrag eine sog. Komplettheitsklausel, wonach das Leistungssoll alles beinhaltet, was zu einer schlüsselfertigen

---

[347] Kapellmann/Schiffers, Band 2, a. a. O., Rdn. 235; OLG Düsseldorf BauR 1989, 483 (484). Das OLG geht zutreffend davon aus, dass dann, wenn die Ausschachtungstiefe Inhalt des Leistungsbeschriebs der „Position" ist, damit gerade auch die Ausschachtungstiefe zum Leistungssoll gehört. Ändert sich also die Tiefe, so ist das nicht bloße Mengenmehrung (die evtl. unter das Mengenermittlungsrisiko des Auftragnehmers beim Pauschalvertrag fiele), sondern zusätzliche Leistung gemäß § 2 Nr. 7 Abs. 1 Satz 4 i. V. m. § 2 Nr. 6 VOB/B.

Leistung gehört, so ist diese unwirksam. Das Leistungssoll ist beim Detail-Pauschalvertrag vom Auftraggeber vorzugeben, und nicht vom Auftragnehmer durch eine Auslegung des Leistungsziels zu ermitteln.

Auf der Leistungsseite gibt es zwischen Detail-Pauschalvertrag und Einheitspreisvertrag daher keine Unterschiede – bezogen auf das qualitative Leistungssoll, also bezogen auf die Art der Ausführung gem. § 5 Nr. 1b VOB/A; der Unterschied liegt einzig auf der Vergütungsseite und zwar im generellen Mengenermittlungsrisiko des Auftragnehmers beim Pauschalvertrag. Demnach obliegt dem Auftraggeber beim Detail-Pauschalvertrag das Beschreibungsrisiko – mit Ausnahme des Mengenermittlungsrisikos – im gleichen Maße wie beim Einheitspreisvertrag.

3.3.2.2 Das Mengenermittlungsrisiko beim (Detail-)Pauschalvertrag

a) Der Inhalt des vom Auftragnehmer übernommenen Mengenermittlungsrisikos

Während das qualitative Leistungssoll (= Art der Leistung) beim Detail-Pauschalvertrag begriffsnotwendig detailliert bestimmt sein muss, gilt das für das quantitative Leistungssoll (= Umfang der Leistung) nicht unmittelbar. Da die Pauschalvergütung unabhängig davon ist, wie viel Menge explizit benannt wird, sind Mengen selbst gar kein Vertragskriterium. Auch wenn eine Menge genannt ist, ja selbst dann, wenn das Leistungsverzeichnis „positionsweise" aufgebaut und jeder Position ein Mengenvordersatz zugeordnet ist, sind solche Mengen keine begriffsbestimmenden Merkmale des (Detail-)Pauschalvertrages.

Die Bestimmung dessen, was er an Mengen gebaut wissen will, gibt der Auftraggeber in anderer Weise vor. Er nennt nämlich im Normalfall Fertigstellungskriterien, d. h., er gibt dem Auftragnehmer Mengenermittlungskriterien vor, anhand derer der Auftragnehmer beim Pauschalvertrag allgemein auf eigenes Risiko die Mengen ermittelt, die er seiner Kosten- und Preisermittlung zugrunde legt.

Damit verlagert sich durch die getroffene Systemwahl „(Detail-)Pauschalvertrag" das Mengenermittlungsrisiko auf den Auftragnehmer.[348]

Einen (Detail-)Pauschalvertrag ohne dieses Risiko gibt es im strengen Sinne nicht.

Der Auftragnehmer trägt somit das Risiko, eigenverantwortlich die für seine Angebotsbearbeitung notwendigen Mengen auf der Basis der vom Auftraggeber vorgegebenen Mengenermittlungskriterien zu ermitteln. Für den Vertragsinhalt, d. h. die Beziehungen zum Auftraggeber, ist es dabei gleichgültig, ob der Auftragnehmer innerhalb der vorgegebenen Mengenermitt-

---

[348] In der Literatur (vgl. Kapellmann/Schiffers, Band 2, a. a. O., Rdn. 287) wird hierzu häufig angeführt, dass das Mengenermittlungsrisiko i. S. eines Fehlerrisikos gleichzeitig auch den Auftraggeber trifft: Ist nämlich die tatsächlich ausgeführte Menge bei richtigen auftraggeberseitigen Mengenermittlungskriterien und ohne nachträglichen Eingriff des Auftraggebers kleiner als vom Auftragnehmer im Angebotsstadium ermittelt worden ist, muss der Auftraggeber über den Pauschalpreis dennoch diese „Vorab-Menge" zahlen. Diese Auffassung ist zweifelsohne zutreffend, doch ist sie für die Praxis mehr oder weniger bedeutungslos, da es unwahrscheinlich ist, dass alle am Vergabeverfahren beteiligten Bieter zu hohe Massen angesetzt haben. Vielmehr ist davon auszugehen, dass diese vorsätzlich mit zu niedrigen Massenansätzen kalkulieren, um überhaupt eine Chance auf den Zuschlag zu haben. Dennoch steht es außer Frage, dass die Verlagerung des Mengenermittlungsrisikos auf den Auftragnehmer akzeptabel ist, da ihm hierdurch kein ungewöhnliches Wagnis aufgebürdet wird.

lungsgrundlagen die Mengen richtig, nachlässig oder auch überhaupt nicht ermittelt. Der Auftragnehmer trägt ungeachtet dessen das Risiko eigener Fehlermittlungen.[349]

Dabei ist es sogar nicht einmal erforderlich, dass die vom Auftraggeber vorgegebenen Mengenermittlungskriterien überhaupt eine genaue oder auch nur eine ungefähre Mengenermittlung zulassen. Schreibt der Auftraggeber beim Bau eines Dränage-Bodens aus: *„Ausschachtung bis auf kiesführende Schicht"*, ohne irgendeine Aussage darüber zu treffen oder irgendeine Ermittlung darüber beizufügen, in welcher Tiefe diese kiesführende Schicht anzutreffen ist, so ist es Sache des Auftragnehmers, selbst zu entscheiden, ob er ein solches besonderes, unbeschränktes Mengenermittlungsrisiko eingeht oder nicht. Tut er das, so muss er zum unveränderten Pauschalpreis ausschachten, gleichgültig, ob er 5 m oder 10 m oder 15 m tief gräbt.

Eine Grenze ist insoweit erst dann erreicht, wenn sich das übernommene Risiko als unzumutbar erweist, wenn also eine Störung der Geschäftsgrundlage gem. § 313 BGB i. V. m. § 2 Nr. 7 Abs. 1 Satz 2 VOB/B vorliegt. Dies ist allerdings nur gegeben, wenn ein „ungewöhnliches Risiko" für den Auftragnehmer nicht ersichtlich ist. Hiervon kann in dem oben genannten Beispiel nicht die Rede sein, da der Auftragnehmer bei sorgfältiger Prüfung der Verdingungsunterlagen hätte feststellen „müssen", dass bei Angebotsabgabe die Aushubtiefe nicht feststand. Nimmt der Auftragnehmer dieses „ungewöhnliche Risiko" stillschweigend auf sich („frivole Kalkulation"), ohne dass er vom Auftraggeber genauere Mengenermittlungskriterien – z. B. Bodengutachten – „herausverlangt", wird dieses ungewöhnliche Risiko somit auch Vertragsbestandteil („Besondere Risikoübernahme"). Der Bauunternehmer kann sich daher im Nachhinein nicht auf eine Störung der Geschäftsgrundlage berufen oder etwaige Mehrvergütungsansprüche geltend machen.

Erst recht ist es das eigene Risiko des Auftragnehmers, wenn er sich darauf einlässt, die Leistungsmenge nur auf der Grundlage unfertiger Pläne und/oder Berechnungen anzubieten, die der Auftraggeber also noch gar nicht fertig gestellt hat; das ist die Parallele zum eben genannten „Wahlschuldverhältnis". Als Fall ist denkbar *„Aushub gemäß näherer Weisung eines vom Auftraggeber einzuholenden Gutachtens"* – vorkommen z. B. bei Kontaminationsfällen.[350]

In solchen Fällen ist allerdings immer zu beachten, dass der Auftragnehmer zwar nicht daran gehindert ist, solche „Besonderen Risiken" individuell zu übernehmen, der Auftraggeber diese aber beim Detail-Pauschalvertrag, bei dem der Auftragnehmer keine eigenen Planungsaufgaben übernimmt, nicht durch Allgemeine Geschäftsbedingungen auf den Auftragnehmer überwälzen darf.

b) Unrichtig vorgegebene Mengenermittlungskriterien

Wenn der Auftragnehmer seiner internen Mengenermittlung zur Bildung des Pauschalpreises Mengenermittlungskriterien zugrunde legt, die der Auftraggeber gestellt hat, kann er nur dann einen „richtigen" Preis errechnen, wenn die Mengenermittlungskriterien ihrerseits richtig sind, d. h., wenn sie mit dem erklärten Vertragswunsch des Auftraggebers und/oder mit der Realität des Bauobjektes übereinstimmen: Auf falscher Basis kann niemand richtig ermitteln. An auf dieser falschen Basis ermittelte Mengen ist der Auftragnehmer grundsätzlich nicht gebunden.[351]

Beispiele:
i) Der Bieter führt auf der Basis eines vorgelegten Vertragsplans eine Mengenermittlung durch und bei der Ausführung stellt sich heraus, dass der Planinhalt in sich falsch ist.

---

[349] BGH VersR 1965, 803 (804); BGH BauR 1972, 118 (119).
[350] Kapellmann/Schiffers, Band 2, a. a. O., Rdn. 293.
[351] Kapellmann/Schiffers, Band 2, a. a. O., Rdn. 311.

ii) Der Auftraggeber legt ein Bodengutachten vor, daraus geht hervor dass in 12 m Tiefe eine Kiesschicht zu erwarten ist. Auf dieser Basis ermittelt der Auftragnehmer die Aushubmengen und die Zahl der einzubringenden Betonringe für drei Sickerbrunnen. Tatsächlich liegt die Kiesschicht in 18 m Tiefe.

iii) Der Auftraggeber schreibt die Innenverkleidung eines U-Bahn-Schachts aus und gibt bei der Windlastenberechnung den einwirkenden Druck durch den Fahrwind durch falsche Kennzahlen an. Nach Kenntnis der richtigen Druckverhältnisse muss die Zahl der Verankerungen erhöht werden.

iv) Die Statik stimmt nicht.

v) Die Angaben zu den Wasserverhältnissen sind falsch.

Das Problem ist demnach immer dasselbe: Die auftraggeberseitigen Planangaben sind falsch. Der Auftraggeber muss nicht nur allgemein Basisdaten für den Bau benennen, er muss konkret richtige Daten nennen. Teilweise folgt das schon aus § 3 Nr. 1 VOB/B: *„Die für die Ausführung nötigen Unterlagen sind dem Auftragnehmer unentgeltlich und rechtzeitig zu übergeben."* Folglich „haftet" der Auftraggeber für von ihm beigebrachte falsche Unterlagen. der Auftraggeber kann daher den Auftragnehmer gem. § 313 BGB nicht an dem Pauschalpreis festhalten, wenn der Auftraggeber den Irrtum veranlasst hat.[352]

Tatsächlich ist die Begründung einfacher: Für die „vertraglich vorgesehene Leistung" gilt der Pauschalpreis. Die „vertraglich vorgesehene Leistung", also hier das quantitative Leistungssoll, ergibt sich hier aus den vom Auftraggeber gestellten Mengenermittlungskriterien. Wenn der Auftraggeber Pläne für drei Geschosse (ohne Angaben zu einem Untergeschoss) vorlegt, werden die aus diesen Plänen zu ermittelnden Mengen Vertragsinhalt. Hat der Auftraggeber das Untergeschoss vergessen oder hat sein Architekt das Untergeschoss vergessen oder ist das Untergeschoss nachträglich notwendig geworden oder ist die Planung „gegen den Willen" des Auftraggebers einfach falsch – immer gilt dasselbe: Die Mengen für das Untergeschoss sind „im Vertrag nicht vorgesehene Leistung", d. h. gem. § 2 Nr. 6 VOB/B zusätzlich zu vergüten, ohne dass überhaupt eine Anfechtung oder ein Rückgriff auf § 313 BGB erforderlich ist. Es handelt sich schlicht um eine zusätzliche Leistung.[353]

Oder mit den Worten des BGH ausgedrückt: *„Besonders zu vergütende Mehrleistungen sind ... alle Arbeiten, die weder im Angebot enthalten noch zur Zeit des Vertragsschlusses aus den Bauunterlagen ersichtlich waren ... Nicht vorher festgelegte Leistungen ... werden im Zweifelsfall mit dem Pauschalpreis nicht abgegolten sein."*[354]

Exkurs: Diese Erkenntnisse zum Detail-Pauschalvertrag hinsichtlich des Mengenermittlungsrisikos sind grundsätzlich auch auf den Global-Pauschalvertrag (Einfacher Global-Pauschalvertrag gleichermaßen wie Komplexer Global-Pauschalvertrag) anwendbar. Endlich gibt es nur auf der Seite des qualitativen Leistungssolls die entscheidende Differenzierung zwischen Detail-Pauschalvertrag und Global-Pauschalvertrag, nämlich – stichwortartig ausgedrückt – differenzierte Leistungsbeschreibung einerseits, undifferenzierte Leistungsbeschreibung andererseits.[355] Hinsichtlich des quantitativen Leistungssolls besteht dieser grundlegende systematische Unterschied nicht. Für alle Pauschalvertragstypen ist es ja gerade charakteristisch und wesensnotwendig, dass die Vergütung unabhängig ist von der tatsächlich ausgeführ-

---

[352] Keldungs in Ingenstau/Korbion, Teil B § 2 Rdn. 119.
[353] Kapellmann/Schiffers, Band 2, a. a. O., Rdn. 316.
[354] BGH BauR 1971, 124.
[355] Kapellmann/Schiffers, Band 2, a. a. O., Rdn. 669.

ten Menge. Anders ausgedrückt: Der Auftragnehmer trägt zwingend ein Mengenermittlungsrisiko! Dieses Risiko ist im Prinzip sowohl für Detail-Pauschalverträge als auch für Global-Pauschalverträge gleich, wobei natürlich die Auswirkungen des Mengenermittlungsrisikos beim insgesamt „detaillierten" Vertragstyp im Normfall geringer sind als beim „globalen" Vertragstyp. Da beim (Komplexen) Global-Pauschalvertrag die Planungsverantwortung für die Ausführungsplanung oder sogar die Genehmigungsplanung beim Auftragnehmer liegt, da dieser Vertragstyp ja gerade durch globale Leistungsregelungen ausgezeichnet ist, ist es folglich auch nicht unzulässig, die daraus resultierende Folge der Klärung der noch unbestimmten Mengen dem Auftragnehmer aufzubürden. Eine Ausnahme gilt allerdings für eine bei durchschnittlicher Sorgfalt nicht erkennbare „versteckte Risikozuweisung", z. B. an völlig unerwarteter, sachlich nicht passender Stelle eines Pakets Allgemeiner Geschäftsbedingungen.

3.3.3 Risikozuweisung im Global-Pauschalvertrag

3.3.3.1 Das „globale" Leistungssoll als typisches Kennzeichen des Global-Pauschalvertrages

Das Kennzeichen des Detail-Pauschalvertrages ist es – wie bereits ausführlich behandelt –, dass das qualitative Leistungssoll detailliert vorgegeben ist, die auszuführende Leistung also der Art nach „näher" bestimmt ist. Es gibt also dort kein über das detailliert Geregelte hinausgehendes Allgemeines Leistungsziel als Vertragsinhalt. Beim Global-Pauschalvertrag sieht es – zumindest für die kennzeichnenden Teilbereiche – anders aus. Gerade das Allgemeine Leistungsziel, das globale Element der Leistungsbeschreibung, ist kennzeichnender Vertragsinhalt.[356]

Selbstverständlich beinhaltet der Begriff Global-Pauschalvertrag nicht, dass etwaige in ihm aufgeführte Details unbeachtlich wären, ganz im Gegenteil; aber es gibt beim Global-Pauschalvertrag nicht wie beim Detail-Pauschalvertrag nur detaillierte Angaben, es gibt auch (oder nur) erklärte und vereinbarte allgemeine (globale) Leistungsziele (im Extremfall „1 Stück funktionierende Kläranlage für eine Stadt mit 30.000 Einwohnern").

Durch das globale Element der Leistungsbeschreibung bleibt daher zum Zeitpunkt des Vertragsschlusses ein noch nicht konkretisierter Bereich, der aber im Bauverlauf zwangsläufig vervollständigt werden muss. Andererseits ist die (Gesamt-)Leistung aber auch durch das globale Element schon jetzt definiert; Leistungssoll ist insoweit alles, was als Leistungssoll aus dem Vertrag zu erkennen ist. In dem oben genannten Beispiel ist eindeutig zu erkennen, dass insgesamt eine komplette, funktionstüchtige Kläranlage für eine Stadt mit 30.000 Einwohnern geschuldet ist. Insoweit ist also die Globalisierung nichts anderes als eine Detaillierung auf höherer Ebene.

Die Leistung ist daher keinesfalls unvollständig, fehlerhaft oder unklar beschrieben, sie ist nur anders als beim Detail-Pauschalvertrag und beim Einheitspreisvertrag beschrieben. Demnach erfüllt also der Auftragnehmer – wenn der Auftraggeber z. B. funktional mit einer Leistungsbeschreibung mit Leistungsprogramm gem. § 9 Nr. 10 bis 12b VOB/A ausschreibt – die vertraglich geschuldete Leistung dann erfolgreich, wenn er die Funktionen erfüllt.

---

[356] Kapellmann/Schiffers, Band 2, a. a. O., Rdn. 400.

Auch wenn also das globale Leistungselement noch vervollständigungs- bzw. detaillierungsbedürftig ist, ändert sich doch nichts daran, dass das Ergebnis der Vervollständigung bzw. der Detaillierung schon Leistung ist (nämlich die mangelfreie Funktion), die gem. § 2 Nr. 1 VOB/B *„nach der Leistungsbeschreibung, ... zur vertraglichen Leistung gehört"* und die damit *„vertraglich vorgesehene Leistung"* im Sinne von § 2 Nr. 7 Abs. 1 Satz 2 VOB/B ist. Wenn also eine nicht beschriebene Teilleistung auszuführen ist, die unter das „Allgemeine Leistungsziel" zu subsumieren ist, so hat der Auftragnehmer die zur Vervollständigung notwendige Einzelleistung zu erbringen, weil er sie „global" schuldet – soweit der Auftragnehmer nach Treu und Glauben hätte wissen müssen, dass diese Teilleistung notwendig ist, um die vertraglich geschuldete Leistung erfolgreich zu erfüllen.

Da der detaillierte Inhalt des globalen Elements der Leistungsbeschreibung nicht von Anfang an formuliert ist, ist es notwendig, den gegenüber dem Detail-Pauschalvertrag funktional erweiterten Leistungsumfang des Auftragnehmers beim Global-Pauschalvertrag zu erfassen, also zu klären, welche Leistungsverpflichtungen der Auftragnehmer zusätzlich zur Bauerstellung im planerischen Bereich hat. Folglich wird auch aus diesen planerischen Leistungen darauf zu schließen sein, inwieweit sich beim Global-Pauschalvertrag das Beschreibungsrisiko des Auftraggebers auf den Unternehmer verlagert. Hierbei ist allerdings zu differenzieren, ob der Auftraggeber selbst eine detaillierte Planung und Leistungsbeschreibung vorgibt und diese nur mit einfachen globalen Elementen versieht (Einfacher Global-Pauschalvertrag), oder ob der Auftraggeber (sämtliche)[357] Planungs- und Beschreibungspflichten auf den Auftragnehmer verlagert (Komplexer Global-Pauschalvertrag).

3.3.3.2 Der Einfache Global-Pauschalvertrag

Oftmals wird ein Detail-Pauschalvertrag mit einem detaillierten Leistungsverzeichnis und zugehörigen Plänen noch ergänzt um eine „Komplettheitsklausel", die lautet, dass – ungeachtet der auftraggeberseitigen detaillierten Leistungsbeschreibung – z. B. eine „komplette Heizungsanlage" zu liefern sei. Hier ist also – im Gegensatz zum Detail-Pauschalvertrag – ein Allgemeines Leistungsziel, die Komplettheit der Leistung, ausdrücklich vereinbart.

In dieser Komplettheitsklausel steckt ein globales Element der Beschreibung des Leistungssolls, allerdings ein Einfaches: Der Auftragnehmer soll nach Vorstellung des Auftraggebers „nur" ungeachtet der auftraggeberseitigen, der Detailausschreibung zumindest richtigerweise vorausgehenden Ausführungsplanung seinerseits deren Vollständigkeit kontrollieren (planen) und herstellen.

Ein solcher Einfacher Global-Pauschalvertrag regelt typischerweise nur ein Gewerk (bzw. Leistungsbereich gemäß VOB/C), die vom Auftragnehmer – im Falle der Gültigkeit dieser Komplettheitsklausel – ggf. zu leistende Planungsarbeit besteht „nur" aus Kontrolle und jedenfalls nicht aus eigener Planung oder Koordination mehrerer Leistungsbereiche. Diese Zuweisung einer Vollständigkeitsverpflichtung auf den Auftragnehmer, obwohl die detailliert ausgeschriebene, als vollständig zu vermutende Planung vom Auftraggeber stammt, ist allerdings nur aufgrund individueller Vertragsvereinbarungen wirksam, in Allgemeinen Geschäftsbedingungen ist eine solche Komplettheitsklausel dagegen unwirksam. Anders ausgedrückt: Der Einfache Global-Pauschalverträge ist ein Detail-Pauschalvertrag, der aufgrund eines individu-

---

[357] Selbstverständlich kann der Auftraggeber seine Beschreibungspflichten nicht vollständig auf den Auftragnehmer verlagern. Er muss diesem zumindest seinen mutmaßlichen Bestellerwillen mitteilen, ohne ihm dabei ein ungewöhnliches Wagnis aufzubürden oder in sonstiger Art und Weise unzulässig zu benachteiligen.

ell vereinbarten globalen Elements als Global-Pauschalvertrag zu definieren ist. Das ist zwar eine „hybride" Regelung, aber es gibt keinen Rechtsgrundsatz, der es einer Partei verbietet, individuell noch so riskante Verträge abzuschließen.[358]

Eine individuelle Komplettheitsklausel im Einfachen Global-Pauschalvertrag ist eine zulässige „Besondere Risikoübernahme", die dazu führt, dass dem Auftragnehmer eine Vollständigkeitsverpflichtung ungeachtet der auftraggeberseitigen Detailvorgaben auferlegt wird. Das bedeutet aber nicht, dass nicht auch bei dieser Fallgestaltung zu prüfen ist, ob die Klausel uneingeschränkt wie eine Garantie wirkt oder ob es Grenzen oder Einschränkungen gibt.[359]

Die Grenzen der Vertragsleistung des Auftragnehmers sind grundsätzlich immer danach zu bestimmen, was für ihn aus den im Angebotsstadium vorhandenen Planungsunterlagen erkennbar ist. Es geht nicht an, dass hinter einer detaillierten Leistungsvorgabe (z. B. Leistungsverzeichnis) nur eine „Leistungsvermutung", nicht aber eine „Leistungsfestlegung" steht, so dass die Grundsätze über eine Störung der Geschäftsgrundlage gem. § 313 BGB selbstverständlich auch hier zu beachten sind.

Ferner, ist ausdrücklich zwischen auftraggeberseitiger unvollständiger Detailplanung und falscher Detailplanung zu unterscheiden. Die unvollständig beschriebene Leistung muss der Auftragnehmer aufgrund der individuellen Komplettheitsklausel vervollständigen, die falsche Auftraggeberplanung muss nach wie vor der Auftraggeber verantworten, denn bei jeder Art von Pauschalvertrag versteht sich von selbst, dass Mehraufwendungen, die auf falschen Angaben des Auftraggebers in der Leistungsbeschreibung beruhen, sind durch den vereinbarten Preis gem. § 2 Nr. 1 VOB/B nicht abgegolten sind; diese führen regelmäßig zu einem berechtigten Mehrvergütungsanspruch des Auftraggebers gem. § 2 Nr. 7 Abs. 1 Sätze 2, 3 und 4 VOB/B i. V. m. § 2 Nr. 5, Nr. 6 oder Nr. 8 VOB/B.

Eine Verlagerung des Planungs- und Beschreibungsrisikos auf den Auftragnehmer erfolgt daher beim Einfachen Global-Pauschalvertrag dem Grunde nach nicht, da die „Besondere Risikoübernahme" infolge einer individuellen „Komplettheitsklausel" (nur) aus einer Kontrollpflicht und nicht aus einer eigenständigen Planungs- oder Koordinierungspflicht besteht. Das Mengenermittlungsrisiko obliegt dem Auftragnehmer hier – wie bereits behandelt – in gleichem Maße wie beim Detail-Pauschalvertrag. Die Übernahme dieses Risikos zeichnet ja gerade erst einen Pauschalvertrag als Pauschalvertrag aus.

3.3.3.3 Verlagerung des Planungsrisikos auf den Auftragnehmer als Kennzeichen des Komplexen Global-Pauschalvertrages

Beim Komplexen Global-Pauschalvertrag sind einzelne, möglicherweise auch viele oder sogar alle Einzelheiten der Leistungsbeschreibung im Zeitpunkt des Vertragsabschlusses offen. Die Funktionen „Planung" sowie ggf. „Beschreibung" sind somit teilweise, überwiegend oder ganz auf den Auftragnehmer verlagert, so dass dem Auftragnehmer entsprechend auch das Planungs- bzw. Beschreibungsrisiko teilweise, überwiegend oder ganz obliegt. Insbesondere durch die funktionale Art der Leistungsbeschreibung werden auf den Unternehmer weitgehende Aufgaben auf der „Planungsebene" übertragen, wie z. B. die Entwurfsplanung, die Ausführungsplanung oder sogar die Genehmigungsplanung. Ferner kann der Auftraggeber in Form Beson-

---

[358] Zutreffend BGH „Kammerschleuse" BauR 1997, 126; BGH „Maueröffnung Karrengefängnis" BauR 1997, 464.
[359] Kapellmann/Schiffers, Band 2, a. a. O., Rdn. 520.

derer Risikoübernahme sogar typische „Bauherrenrisiken" auf den Unternehmer verlagern; so ist es z. B. möglich, dem Auftragnehmer individuell das Baugrundrisiko anzulasten.

Gegenstand des „funktionalen" Leistungsbeschriebs beim Komplexen Global-Pauschalvertrag ist i. d. R. eine Leistungsbeschreibung mit Leistungsprogramm gem. § 9 Nr. 10 bis Nr. 12b VOB/A.[360] Wesentliches Merkmal dieser funktionalen Leistungsbeschreibung ist es, dass von den Bietern Planungsleistungen, d. h. Entwurf oder Ausführungsunterlagen und die Ausarbeitung wesentlicher Teile der Angebotsunterlagen verlangt werden. Nach § 9 Nr. 12 Satz 1 VOB/A ist von dem Bieter ein Angebot zu verlangen, dass außer der Ausführung der Leistung den Entwurf nebst eingehender Erläuterung und eine Darstellung der Bauausführung sowie eine eingehende und zweckmäßig gegliederte Beschreibung der Leistung – gegebenenfalls mit Mengen- und Preisangaben für Teile der Leistung – umfasst. Insoweit ist hierdurch praktisch die Aufstellung der Leistungsbeschreibung mit Leistungsverzeichnis vom Auftraggeber auf den Bieter verlagert. Es treffen deshalb den Bieter bei der Beschreibung der Planung und Ausführung der Leistung die gleichen Anforderungen, die an den Auftraggeber zu stellen sind, wenn er eine Leistungsbeschreibung mit Leistungsverzeichnis im Zuge der Ausschreibung aufstellt.

Maßgebendes Kennzeichen eines Komplexen Global-Pauschalvertrages ist also die Verlagerung von (teilweise erheblichen) Planungs- oder sogar Beschreibungspflichten vom Auftraggeber auf den Auftragnehmer, d. h., das ursprüngliche (teilweise) Fehlen der Detaillierung des vertraglich geschuldeten Leistungssolls und die daraus geborene Notwendigkeit auch planerischer ergänzender Leistungen.[361]

Ist somit dem Auftragnehmer die Ausführungsplanung übertragen und ist diese mangelhaft – oder hat der Auftragnehmer sogar die Entwurfsplanung zu liefern und ist sie mangelhaft – und führt demzufolge zu einem fehlerhaften Werk, so ist das selbstverständlich ganz alleine Sache des Auftragnehmers. Er trägt in dem Rahmen, in dem er Planungs- oder Beschreibungspflichten übernimmt auch das Risiko hierfür. Dennoch gilt auch bei der Systemwahl Leistungsbeschreibung mit Leistungsprogramm, also der Systemwahl Komplexer Global-Pauschalvertrag der Grundsatz, den der BGH in der Entscheidung „Kammerschleuse", wie folgt formuliert hat:[362] *„Mehraufwendungen, die auf falschen Angaben des Auftraggebers in der Leistungsbeschreibung beruhen, sind gem. § 2 Nr. 1 VOB/B durch den vereinbarten Preis nicht abgegolten".* Wegen solcher Mehrkosten kommen Ansprüche des Auftraggebers auf Nachtragsvergütung gem. § 2 Nr. 7 Abs. 1 Sätze 2, 3 und 4 VOB/B i. V. m. § 2 Nr. 5, Nr. 6 oder Nr. 8 in Betracht.

Eine ausdrückliche Regelung in Allgemeinen Geschäftsbedingungen eines Auftraggebers, wonach der Auftragnehmer ungeachtet mangelhafter (oder verspäteter) auftraggeberseitig beizubringender oder beigebrachter Planungsunterlagen alleine haftet, er also die Verantwortung für die Richtigkeit fremder Planung übernimmt, ist unwirksam.[363] Dem Auftragnehmer obliegt also auch beim Komplexen Global-Pauschalvertrag das Planungs- und Beschreibungsrisiko nur insoweit, wie er Planungsleistungen eigenständig zu übernehmen hat.

---

[360] Generell ist nur der öffentliche Auftraggeber ab das Vergabesystem der VOB/A gebunden und somit auch an § 9 VOB/A, der private dagegen nicht. Dennoch können insbesondere die Regelungen des § 9 VOB/A auch bei Verträgen mit privaten Auftraggebern als Auslegungshilfe herangezogen werden.
[361] Kapellmann/Schiffers, Band 2, a. a. O., Rdn. 409.
[362] BGH BauR 1997, 126.
[363] BGH BauR 1997, 1036 (1037).

3.4 Auftragnehmeransprüche bei riskanter Ausschreibung

Durch die Verpflichtung zur Leistungsbeschreibung trägt der Besteller auch das damit verbundene Risiko. Unklarheiten gehen zu seinen Lasten. Der Auftraggeber ist somit grundsätzlich für die Vollständigkeit, Richtigkeit und Eindeutigkeit der Leistungsbeschreibung verantwortlich. Der Bieter, der er an dem Auftrag interessiert ist, muss dann in eigener Verantwortung die Preise ermitteln. Aus dieser grundsätzlichen Risikoverteilung zwischen den Parteien ergibt sich häufig eine Konfliktsituation. Erkennt der Auftragnehmer, dass sein Preis unauskömmlich ist, wird er verschärft prüfen, ob nicht eine unklare oder irreführende Beschreibung zu seinem „falschen" Preis geführt hat. Das Risiko hierfür würde sich somit auf den pflichtwidrig handelnden Auftraggeber verlagern, weil dieser durch eine fehlerhafte Leistungsbeschreibung den Unternehmer zu einer unrichtigen Kalkulation verleitet hat.

3.4.1 Die riskante Leistungsbeschreibung

Der Oberbegriff „riskante Leistungsbeschreibung" umfasst drei Kategorien, nämlich[364]

i) die unvollständige Leistungsbeschreibung, bei der zumindest ein wesentliches Teil nicht genannt ist,

ii) die fehlerhafte Leistungsbeschreibung, deren vertragsgemäße Ausführung zu einem Mangel i. S. des Gewährleistungsrechts führen würde, und

iii) die unklare Leistungsbeschreibung, die zwar den Werkserfolg formell vollständig, aber nicht kalkulierbar wiedergibt.

Diese drei Kategorien unterscheiden sich deutlich in ihrer systematischen Einordnung sowie auch in ihren Rechtsfolgen, weshalb für den Unternehmer ungleiche Verhaltensweisen und Gegenmaßnahmen erforderlich sind. Hierbei zählt insbesondere die Frage, ob bereits vor Vertragsabschluß entsprechende Vorbehalte angebracht und Gegenrechte ausgeübt werden müssen oder ob dies in den Zeitraum der Ausführung verschoben werden kann.

3.4.1.1 Die unvollständige Leistungsbeschreibung

Bei der unvollständigen Leistungsbeschreibung sind einzelne Leistungsteile, die nach der Verkehrssitte oder nach der Vertragsausgestaltung ausdrücklich hätten erwähnt werden müssen, nicht genannt. Zu denken ist hier insbesondere an die 0-Abschnitte der VOB/C, DIN 18 299ff. oder an die unter Abschnitt 4.2 aufgeführten Besonderen Leistungen. Diese Vorschriften binden i. d. R. nur die VOB-Anwender. Hat der private Auftraggeber sich allerdings in seiner Vertragsgestaltung an der VOB orientiert – z. B. in Form des hier behandelten Einheitspreisvertrages – oder diese sogar ausdrücklich zum Vertragsbestandteil gemacht, so muss dieser es auch hinnehmen, wenn der Bieter und spätere Auftragnehmer darauf vertraut, dass die allgemeinen Programmsätze des § 9 Nr. 1 und Nr. 2 VOB/A sowie die besonderen Anweisungen in den Nrn. 3 ff. beachtet worden sind.[365]

Fehlt eine solche leistungsbeschreibende Angabe, die vom Auftraggeber erwartet werden darf, dann ist sie auch nicht Vertragsbestandteil. Fordert der Auftraggeber nachträglich diese Teilleistungen gem. § 1 Nr. 3 oder Nr. 4 VOB/B, so führt dies zu einem berechtigten Mehrvergütungsanspruch des Unternehmers nach § 2 VOB/B.

---

[364] Dähne, Auftragnehmeransprüche bei lückenhafter Leistungsbeschreibung, BauR 1999, 289 (293).
[365] OLG Düsseldorf, BauR 1993, 597.

Stellt allerdings der Unternehmer während der Ausführung fest, dass ein solcher Planungsmangel vorliegt, schuldet er dem Auftraggeber gem. §4 Nr. 3 VOB/B einen Hinweis auf *„Bedenken über die vorgesehene Art der Ausführung"*. Keinesfalls darf dem falschen Glauben unterliegen, dass die Gesamtleistung ohne den fehlenden Leistungsteil erbringen darf. Unterlässt der Auftragnehmer diesen Hinweis, muss er nach § 13 Nr. 3 VOB/B in vollem Umfang die Gewährleistung für den auf die unvollständige Leistungsbeschreibung zurückzuführenden Mangel übernehmen. Er muss dann den Mangel nach § 13 Nr. 5 VOB/B nachbessern oder eine Vergütungsminderung nach § 13 Nr. 6 VOB/B in Kauf nehmen und ggf. zusätzlich Schadensersatz nach § 13 Nr. 7 VOB/B leisten.

Beispiel:
Im LV war eine Systemdecke in allen Einzelheiten ausgeschrieben. Sogar die Gesamtstärke und die einzelnen Schichten waren genannt, ferner war angegeben, dass darauf ein 2,5 cm starker Estrich aufzutragen sei. Der Auftragnehmer sollte später auf Anweisung des Bauherrn auch noch eine Druckbetonschicht aufbringen, weil dies *„vom System her erforderlich"* sei. Der Auftragnehmer ist der Meinung, hierfür stehe ihm eine zusätzliche Vergütung zu, der Auftraggeber meint, das hätte er als Fachmann von Anfang an erkennen und berechnen müssen.[366]

3.4.1.2 Die fehlerhafte Leistungsbeschreibung

Die fehlerhafte Leistungsbeschreibung beschreibt die Leistung zwar in vollem Umfang, doch würde deren Ausführung zu einem Mangel i. S. von § 13 Nr. 1 VOB/B führen. Als typisches Beispiel hierfür sei die Ausschreibung von Natur- oder Betonwerksteinfassaden genannt, wo der Auftraggeber die erforderlichen Befestigungen zu schwach für die zu erwartende Belastung angegeben hat.

Beispiel:
Der Bauherr hatte im Betriebs- und Verwaltungsgebäude einer Rundfunkanstalt umfangreiche Anstrich- und Beschichtungsarbeiten ausgeschrieben, wobei die Geltung der VOB/B vereinbart war. Dabei hat er auch die einzelnen Arbeitsgänge, einschließlich Untergrundbehandlung, vorgegeben, aber den Herstellervorschriften zuwiderlaufende Angaben gemacht. Der Auftragnehmer hat die Arbeiten in Kenntnis dieser Abweichung ohne jeden Hinweis auf Bedenken ausgeführt. Wegen der später hervortretenden Mängel kam es zum Rechtsstreit weil der Auftraggeber Gewährleistungsansprüche geltend machte, die der Auftragnehmer unter Berufung auf die ihm vorgegebene Leistungsbeschreibung ablehnte.[367]

Der BGH hat eindeutig zum Nachteil des Auftragnehmers entschieden und ihm die volle Gewährleistungsverpflichtung auferlegt, weil der Unternehmer zur Mitteilung seiner Bedenken gem. § 4 Nr. 3 VOB/B verpflichtet war. Dabei hatte der Unternehmer keine Möglichkeit, gegenüber dem Auftraggeber ein Mitverschulden des Planers geltend zu machen und dadurch eine nur anteilsmäßige Haftung zu erreichen.

Hätte der Auftragnehmer pflichtgemäß nach § 4 Nr. 3 VOB/B Bedenken schriftlich erhoben und wäre der Auftraggeber diesen gefolgt, indem er eine herstellerkonforme Ausführung angeordnet hätte, dann hätte der Unternehmer berechtigte Mehrvergütungsansprüche gem. § 2 Nr. 6 VOB/B i. V. m. § 1 Nr. 4 Satz 1 VOB/B geltend machen können.

---

[366] Dähne, a. a. O., BauR 1999, 289 (294); BGH, Schäfer/Finnern, Z 2.410, Blatt 34.
[367] Dähne, a. a. O., BauR 1999, 289 (294); BGH, BauR 1991,79.

3.4.1.3 Die unklare Leistungsbeschreibung

Der in der Praxis am häufigsten auftretende Tatbestand einer riskanten Leistungsbeschreibung verwirklicht sich, wenn der Auftraggeber Leistungen zwar vollständig ausschreibt, dabei aber für die Kalkulation unabdingbar wichtige Einzelangaben weglässt.

Beispiel:
Im Leistungstext steht die Beschichtung eines Betonbodens einschl. aller dafür erforderlichen Vorarbeiten. Da aber der Boden noch gar nicht hergestellt ist, finden sich auch keinerlei Angaben über seinen Zustand. Eine reelle Preisermittlung ist also ausgeschlossen.[368]

Da die Leistung gem. § 9 Nr. 1 VOB/A weder eindeutig noch erschöpfend beschrieben ist, hat der Auftraggeber eklatant gegen Ausschreibungsrichtlinien verstoßen. Nach § 9 Nr. 2 VOB/A hat er hiermit dem Unternehmer ein ungewöhnliches Wagnis für Preisbestandteile aufgebürdet, die außerhalb seiner Einflusssphäre liegen. Allerdings begibt sich der Bieter trotz dieser offensichtlichen Beschreibungsdefizite in eine sehr bedenkliche Situation, wenn er ohne Vorbehalt einen Preis benennt. Dieses Verhalten steht in einem eindeutigen Widerspruch zu der Aussage, dass der Preis unkalkulierbar sei. Durch die Einreichung des Angebotes bestätigt er ja gerade, dass er die verlangten Leistungen zu dem von ihm genannten Preis erbringen kann. Die Rechtsgrundlage ist somit die Gleiche wie bei dem nicht anfechtbaren „internen Kalkulationsirrtum".

Ein sehr prominentes Beispiel für diese Problematik stellt eine BGH Entscheidung vom 25.06.1987 dar.[369] Das Bauunternehmen hatte die Rohbauarbeiten für den Neubau einer Universitätsbibliothek ausgeführt. Der Bauunternehmer machte hier Mehrvergütungsforderungen wegen nachträglichen Mehraufwandes geltend, die darauf beruhen, dass entgegen den ursprünglichen Annahmen überwiegend keine Großflächenschalung möglich war, sondern mit aufwendiger kleinteiliger Schalung gearbeitet werden musste. Der Unternehmer folgerte dies jedoch erst aus den nach Vertragsschluss bereit gestellten Bewehrungsplänen. Bei der Sachverständigenbegutachtung der Ausschreibungsunterlagen ist offen geblieben, ob der Kalkulator nach den ihm vorliegenden Ausschreibungsunterlagen bei Vertragsschluss die weitgehende Nichtverwendbarkeit der Großflächenschalung entnehmen konnte. Der BGH geht davon aus, dass der Unternehmer in einem Fall der Unsicherheit, welche Art der Schalung erforderlich ist, nicht einfach das für seine Preisbildung günstigere annehmen und seinem Angebot zugrunde legen kann, um sich dann später durch ein entsprechendes Nachtragsangebot in Höhe der Mehrkosten gütlich zu tun.

Der BGH bezeichnet dies als sog. *„frivole Kalkulation"*, auf die sich der Bauunternehmer im Nachhinein nicht berufen kann. Er hätte sich vielmehr schon bei Angebotsabgabe wegen dieser Unklarheiten erkundigen müssen, wie zu kalkulieren sei. Dass er dies unterlassen hat, geht zu seinen Lasten.

3.4.2 Rechtsfolgen aus riskanter Leistungsbeschreibung

Die Rechtsfolgen hängen entscheidend davon ab, welche Kategorie der riskanten Leistungsbeschreibung gegeben ist. Bei der unvollständigen und fehlerhaften Leistungsbeschreibung muss der Auftragnehmer i. d. R. erst nach Zuschlagserteilung aktiv werden. Liegt allerdings der Fall einer unklaren Leistungsbeschreibung vor, muss er die fraglichen Umstände schon während der Angebotsbearbeitung berücksichtigen, um etwaige spätere Mehrvergütungsforderungen erfolg-

---

[368] Dähne BauR 1999, 289 (295).
[369] BGH BauR 1987, 683.

reich durchsetzen zu können. Bei seiner Vorgehensweise sollte der Unternehmer unbedingt die im Folgenden Überlegungen berücksichtigen.

3.4.2.1 Leistungsbeschreibung des Auftraggebers

Grundsätzlich muss die Leistungsbeschreibung vom Auftraggeber vorgegeben worden sein. Übernimmt der Bieter bzw. Auftragnehmer selbst planerische Aufgaben, so trägt allein er dafür die Verantwortung.[370] Es besteht keinerlei Veranlassung, geschweige denn ein rechtliches Interesse, ihn vor seiner eigenen Unzulänglichkeit zu schützen.[371]

3.4.2.2 Einordnung des Beschreibungsmangels

Der Anbieter muss prüfen, ob die ihm zur Verfügung gestellten Unterlagen und Angaben mit leistungsbeschreibendem Inhalt mangelhaft sind. Liegen etwaige Mängel vor, muss der Auftragnehmer ermitteln, welche Kategorie der riskanten Leistungsbeschreibung vorliegt. Dabei können – wie schon angesprochen – die unvollständige und die fehlerhafte Leistungsbeschreibung von den Rechtsfolgen her zusammengefasst werden.

3.4.2.3 Mehrvergütungsanspruch wegen unvollständiger oder fehlerhafter Leistungsbeschreibung

Ein Schadensersatzanspruch wegen Verletzung von Leistungsbeschreibungspflichten aus culpa in contrahendo kommt nur in Frage, wenn der Auftragnehmer die streitgegenständliche Leistung ohne zusätzliches Entgelt erbringen muss.[372] Steht dem Unternehmer ein vertraglicher Vergütungsanspruch gem. § 2 Nr. 5 oder Nr. 6 VOB/B zu, ist ein Schadensersatzanspruch auszuschließen.

Bei einer unvollständigen oder fehlerhaften Leistungsbeschreibung, schuldet der Auftragnehmer auch nur eine solche unzulängliche Leistung. Diese wird gem. § 1 Nr. 1 Satz 1 VOB/B nach Art und Umfang durch den Vertrag bestimmt. Im Rahmen seiner Prüfungs- und Hinweispflicht gem. § 4 Nr. 3 VOB/B muss er den Auftraggeber allerdings über den Mangel in den Ausführungsunterlagen unterrichten und seine Entschließung abwarten. Wenn ohne die Anordnung des Auftraggebers eine zügige Fortführung der Bauarbeiten nicht möglich ist, muss der Unternehmer über seine Prüfungs- und Hinweispflicht hinaus diese Behinderung gem. § 6 Nr. 1 VOB/B unverzüglich schriftlich anzeigen. Ordnet der Auftraggeber nachträglich Maßnahmen zur Vervollständigung der Bauleistung bzw. zu ihrer mangelfreien Erbringung gem. § 1 Nr. 3 oder Nr. 4 Satz 1 VOB/B an, so berechnet sich der Mehrvergütungsanspruch des Unternehmers nach § 2 Nr. 5 oder Nr. 6 VOB/B.

Unterlässt der Unternehmer die ihm nach § 4 Nr. 3 VOB/B obliegende Mitteilung über die zu befürchtenden Mängel, so haftet er nach § 13 Nr. 3 VOB/B für etwaige Schäden.

Hierzu das OLG Hamm in einem Urteil vom 17.02.1993:[373]

„Der Unternehmer darf auf Angabe von Bodenklassen vertrauen!

i) Wird in einer Ausschreibung der Baugrund eindeutig nach DIN 18300 in Bodenklassen

---

[370] Dies ist insbesondere bei Nebenangeboten nach § 21 Nr. 3, 24 Nr. 1 und § 25 Nr. 5 VOB/A der Fall.
[371] BGH BauR 1980, 63 = NJW 1980, 180; BGH BauR 1986, 334 = ZfBR 1986, 128.
[372] BGH Wasserhaltung III BauR 1994, 237.
[373] OLG Hamm NJW-RR 94, 406.

vorgegeben, so braucht der Bauunternehmer Erschwernisse durch andere Bodenverhältnisse nicht einzukalkulieren.

ii) *Bei Vorgabe bestimmter Bodenklassen ist der Bauunternehmer weder verpflichtet, selbst Baugrunduntersuchungen anzustellen, noch muss er sich ein Baugrundgutachten vorlegen lassen.*

iii) *Der Auftraggeber trägt die durch das Antreffen schwierigerer als im Leistungsverzeichnis beschriebener Bodenklassen entstehenden Mehrkosten nach Behinderungsregeln und Schadenersatzgrundsätzen.*

Problem/Sachverhalt:
Eine VOB-Ausschreibung für Kanalisationsarbeiten enthielt die eindeutige Angabe, dass u. a. Rohrgräben in Böden der Bodenklassen 3 bis 5 herzustellen seien. Tatsächlich traf der Bauunternehmer jedoch auch Boden der Klasse 2 an, so dass nicht mit den vorgesehenen Verbaukästen, sondern u. a. mit kostenaufwendigerem Baugrubenverbau gearbeitet werden musste. Diesen Mehraufwand will das Tiefbauunternehmen vergütet haben.

Entscheidung:
Dem Grunde nach bekommt das Unternehmen Recht: Das Gericht sieht hier die Anspruchsgrundlage im Schadensersatzrecht angesiedelt. Denn der Auftraggeber müsse sich die unrichtige Vorgabe der Bodenklassen durch sein Planungsbüro zurechnen lassen, der Unternehmer sei dadurch auch behindert und damit die Mehrkosten verursacht worden. Insbesondere dürfe auf eindeutige Vorgaben von Bodenklassen vertraut werden, da es die Pflicht des Auftraggebers sei, eine eindeutige Leistungsbeschreibung vorzugeben, und zwar selbst dann, wenn die VOB/A – und damit die „Ausschreibungs-Generalnorm" des § 9 VOB/A – nicht ausdrücklich vereinbart sei.

3.4.2.4 Vergütungsanspruch wegen unklarer Leistungsbeschreibung

Bei der unklaren Leistungsbeschreibung ist eine Vergütungsanpassung nach § 2 VOB/B grundsätzlich ausgeschlossen, weil die Leistungsbeschreibung – zumindest formell – als vollständig anzusehen ist. Die Möglichkeit einer anderweitigen Vergütungsanpassung, ist unter folgenden Gesichtspunkten zu beurteilen:[374]

i) Ist die Beschreibung unklar, kalkulationsuntauglich oder riskant?

ii) Hat der Auftraggeber dabei gegen vorvertragliche oder sonstige ihm vorgegebene Pflichten verstoßen?

iii) Kann dies rechtlich als Verschulden bei Vertragsverhandlungen (culpa in contrahendo) qualifiziert werden?

iv) Ist dem Auftragnehmer dadurch ein Schaden entstanden?

v) Trifft den Auftragnehmer dabei ein mitwirkendes Verschulden i. S. von § 254 BGB?

Die Frage, inwieweit eine unklare Leistungsbeschreibung vorliegt, ist in erster Linie ein Auslegungsproblem. Dabei muss sich der (öffentliche) Auftraggeber unzweifelhaft daran festhalten lassen, dass er im Rahmen der Auslegung der Leistungsbeschreibung nach Treu und Glauben dem Auftragnehmer kein ungewöhnliches Wagnis gem. § 9 Nr. 2 VOB/A auferlegen will. Ein Schadensersatzanspruch aus culpa in contrahendo kann allerdings nur dann bejaht werden, wenn der Bieter/Auftragnehmer in seinem schutzwürdigen Vertrauen auf die Einhaltung der

---

[374] Dähne BauR 1999, 289 (300).

VOB/A oder sonstiger vereinbarter Beschreibungspflichten auch persönlich enttäuscht worden ist. Dies ist nur der Fall, wenn der Unternehmer den maßgeblichen Verstoß auch bei sorgfältiger Prüfung nicht hätte erkennen können. Da der Auftragnehmer ein i. d. S. enttäuschtes Vertrauen aber nur in den seltensten Fällen beweisen kann, ist die praktische Bedeutung eines Schadensersatzanspruches aus culpa in contrahendo sehr gering.

3.4.2.5 Gegenmaßnahmen des Bieters bei unklarer Leistungsbeschreibung

Für den Unternehmer stellt sich hinsichtlich der unklaren Leistungsbeschreibung und der sehr „auftragnehmerfeindlichen" BGH-Rechtsprechung die Frage, wie er sich in einem Fall von riskanter Leistungsbeschreibung verhalten sollte, um den Anspruch auf erhöhte Vergütung oder auf Schadensersatz zu wahren.

In dem oben genannten Schalungsurteil vom 25.06.1987 findet sich eine eindeutige Handlungsanweisung, die der Unternehmer in jedem Fall zu befolgen hat, um seine Ansprüche zu wahren. Der Auftragnehmer darf eine erkennbar riskante Leistungsbeschreibung nicht einfach hinnehmen, sondern muss sich daraus ergebende Zweifelsfragen vor Abgabe seines Angebots klären. Ähnliches gilt, wenn sich für ihn aus dem Leistungsverzeichnis und aus weiteren verfügbaren Unterlagen die Bauausführung in bestimmter Weise nicht mit hinreichender Klarheit ergibt er darauf aber bei der Kalkulation maßgebend abstellen will.[375] Demnach darf der Unternehmer bei einer erkanntermaßen oder zumindest für den Fachmann ersichtlich risikoreichen Leistungsbeschreibung diese Lückenhaftigkeit nicht durch eigene, für ihn günstige Kalkulationsannahmen ausfüllen Bei Missachtung dieses Grundsatzes handelt der Unternehmer auf eigenes Risiko und kann später keine Mehrkosten beanspruchen.

Im sog. Karrengefängnis-Urteil vom 23.01.1997[376] hat der Unternehmer bei Vertragsabschluß selbst tatkräftig mitgewirkt, dass sein Anspruch auf Mehrvergütung aus unklarer Leistungsbeschreibung nicht mehr realisierbar war. Der Auftragnehmer hat den Umbau eines alten Karrengefängnisses zu einem Hotel übernommen. Zu seinem Leistungsumfang zählte u. a. die Herstellung und Montage von Fenster- und Türelementen. Das Angebot, welchem als Kalkulationsgrundlage ein Übersichtsplan für einen Neubauteil zugrunde lag, war auf Einheitspreisen aufgebaut, so dass etwaige Massenmehrungen vergütungsmäßig durch § 2 Nr. 2 bzw. Nr. 3 Abs. 2 VOB/B erfasst waren. Ferner wusste der Auftragnehmer, dass die Fenster in den vorhandenen und denkmalgeschützten alten Gebäudeteilen erneuert werden sollten. Nach Vertragsverhandlungen schlossen die Parteien einen Pauschalfestpreisvertrag, in welchem abweichend von dem Angebot des Auftragnehmers vereinbart wurde, dass der Auftragnehmer „*alle Öffnungen in dem Bauwerk außer drei Außentüren incl. Endbehandlung und Verglasung mit ISO Normal ...*" zu erbringen habe. Die Ausführungszeichnungen hierzu wurden nach Vertragsschluss erstellt. Der Auftragnehmer hat Nachtragsforderungen wegen dieser – von ihm als Planänderung eingestuften – Mehrkosten angemeldet.

Der BGH hat die Mehrforderung des Auftragnehmers abgelehnt. Dabei argumentiert er aus der Entstehungsgeschichte des Vertrages heraus und betont, dass das ursprüngliche Angebot des Auftragnehmers nicht angenommen wurde, sondern lediglich Grundlage der späteren Vertragsverhandlungen war.

„*Die Beteiligten haben nämlich gerade nicht einen Vertrag aufgrund eines Leistungsverzeichnisses, wie es im „Angebot" enthalten war, geschlossen, sie haben vielmehr die Technik der*

---

[375] BGH BauR 1987, 683, Entscheidungsgründe Nr. 3a.
[376] BauR 1997, 464.

Leistungsbeschreibung geändert und sind von einer Leistungsbeschreibung mit Leistungsverzeichnis zu einer funktionalen Beschreibung übergegangen, wonach der Kläger alle Öffnungen incl. Endbehandlung und Verglasung übernommen habe. Dies hat nicht bloß beschreibungstechnische Bedeutung, vielmehr bedeutet es eine Verlagerung des Risikos der Vollständigkeit der Beschreibung auf den Auftragnehmer. (...) Diese Risikoverlagerung kann dem Kläger auch nicht verborgen geblieben sein. Jedenfalls kann er als Fachmann sich nicht darauf berufen, dass er die Risiken, die mit funktionaler Beschreibung der Leistung verbunden sind, nicht erkannt habe."

Diese für den Auftragnehmer außerordentlich ungünstige Rechtsprechung zwingt den Bieter, sich in einem überdurchschnittlichen Maße beim Auftraggeber hinsichtlich der kalkulationsrelevanten Einzelheiten (Boden- und Wasserverhältnisse, Schalungs- und Bewehrungspläne usw.) zu erkundigen. § 17 Nr. 7 VOB/A verpflichtet den öffentlichen Auftraggeber diese Informationen auch den anderen Bietern zu erteilen.

In einem Urteil vom 26.10.1999 hat der BGH[377] wegen Missachtung dieser Regelung einen Verstoß gegen § 9 Nr. 1 VOB/A gesehen. Die Klägerin, ein Bauunternehmen, nahm die Beklagte, eine Stiftung, auf Ersatz des entgangenen Gewinns in Anspruch, weil die Beklagte den Zuschlag für ein von ihr ausgeschriebenes Bauvorhaben unter Verletzung der Regelungen der VOB/A nicht ihr, sondern einem anderen Unternehmen erteilt hatte. Einen Verstoß sah die Klägerin darin, dass die Beklagte im Gegensatz zu anderen Bietern die Klägerin von wesentlichen Änderungen der Ausschreibungsunterlagen nicht in Kenntnis gesetzt habe. Nach ihren Angaben war die Klägerin nicht darüber unterrichtet worden, dass aus dem ausgeschriebenen Vorhaben einzelne Gewerke herausgenommen und anderweitig vergeben werden sollten. Die Klägerin war der Meinung, der Zuschlag habe ihr als dem Anbieter mit dem niedrigsten Preis erteilt werden müssen, da ihr Angebot ohne die Streichungen, die unzulässig gewesen seien, das annehmbarste gewesen sei. Der Senat hat hierin einen Verstoß gegen § 9 Nr. 1 VOB/A gesehen. Die Weitergabe, dieser Informationen an nur einen Teil der Bieter enthalte einen Verstoß gegen die Pflicht zur gegenseitigen Rücksichtnahme und zur Gleichbehandlung der Bieter bei der Beschreibung der Leistung. Die herausgenommenen Gewerke seien für die Bemessung des Angebotspreises von nicht unerheblichem Gewicht gewesen. Ihre Herausnahme aus der Ausschreibung bilde damit eine wesentliche Änderung der Angebotsunterlagen, bei der alle am Verfahren teilnehmenden Bieter eine vollständige Information erwarten könnten.

Da allerdings diese Informationen i. d. R. nicht vorliegen, weil der Auftraggeber auch keine derartigen Kenntnisse oder Pläne hat, muss der Bieter letztendlich bei Erstellung seines Angebotes selbst für Klarheit zu sorgen, indem er seine kalkulatorischen Annahmen ausdrücklich in einem Begleitschreiben zum Angebotsinhalt macht.[378]

---

[377] BGH NJW 2000, 661
[378] Dähne BauR 1999, 289 (303).

3.5 Verlagerung des Risikos durch Allgemeine Geschäftsbedingungen

3.5.1 Einleitung

Zu den wesentlichen Grundgedanken der gesetzlichen Regelungen des Werkvertrages zählt die für den Grundtyp des Bauvertrages von dem Gesetzgeber vorgenommene Risikoverteilung. Risiken, für die die Vertragsparteien hiernach einzustehen haben, können sie nicht über Allgemeine Geschäftsbedingungen (AGB) auf den Vertragspartner überwälzen. Das betrifft auf der Auftraggeberseite vor allem das Beschreibungsrisiko sowie das Baugrundrisiko. Typische Risiken des Auftragnehmers sind demgegenüber seine Verpflichtung zur mangelfreien und rechtzeitigen Herstellung des Werkes.

Dennoch benutzen insbesondere Auftraggeber vorformulierte Vertragsbedingungen i. S. des § 305 BGB häufig nicht dazu, die gesetzlichen Bestimmungen sinnvoll zu ergänzen, sondern bringen sie vielmehr einzig und allein in den Vertrag ein, um eventuelle Vertragsrisiken auf den Auftragnehmer abzuwälzen. Gerade bei Bauverträgen zeigt sich, dass die Verwender der vorformulierten Vertragsbedingungen in extremer Weise die Tendenz verfolgen, eigene (ungerechtfertigte) Vorteile aus ihren Vertragsbedingungen zu ziehen. Interessant ist hierbei die Beobachtung, dass Baufirmen, die im Regelfall unter den Vertragsbedingungen ihrer Auftraggeber zu leiden haben, sich keineswegs anders als diese verhalten, wenn sie – bei der Vergabe von Nachunternehmerleistungen – selbst Auftraggeber sind.[379]

Aufgrund dieser Situation lässt sich feststellen, dass den Bestimmungen der §§ 305 ff. BGB über die Gestaltung rechtsgeschäftlicher Schuldverhältnisse durch Allgemeine Geschäftsbedingungen bei der Abwicklung von Bauverträgen eine beträchtliche Bedeutung zukommt. Hierbei ist zu beachten, dass sich der Verwender selbst nicht auf die Unwirksamkeit seiner Bedingungen berufen kann. Dieses Recht besteht ausschließlich zu Gunsten seines Vertragspartners.[380] Verlagern sich demnach durch die Verwendung von vorformulierten Vertragsbedingungen Risiken zu ungunsten des Klausel-Verwenders, so kann dieser sich nicht darauf berufen, dass die betroffene Klausel i. S. der §§ 305 ff. BGB unzulässig ist.

Allgemeine Geschäftsbedingungen, die durch den Auftragnehmer in den Vertrag eingebracht werden, unterliegen selbstverständlich der gleichen Kontrolle wie die AGB der Auftraggeberseite.

3.5.2 Anwendungsvoraussetzungen der §§ 305 ff. BGB

3.5.2.1 Der AGB-Begriff

Nach § 305 Abs. 1 Satz 1 sind Allgemeine Geschäftsbedingungen (AGB) alle für eine Vielzahl von Verträgen vorformulierten Vertragsbedingungen, die eine Vertragspartei (Verwender) der anderen Vertragspartei bei Abschluss eines Vertrags stellt. Von einer Vielzahl kann man bereits dann sprechen, wenn Vertragsbedingungen mehr als zweimal verwendet werden bzw. verwendet werden sollen. Dazu genügt in der Regel der Nachweis, dass ein gedrucktes oder

---

[379] Glatzel/Hofmann/Frikell, Unwirksame Bauvertragsklauseln nach dem AGB-Gesetz, S. 2.
[380] BGH vom 04.12.1997, Az: VII ZR 187/96.

sonst vervielfältigtes Klauselwerk oder Muster des anderen Teils verwandt worden ist.[381] Ohne Bedeutung ist gem. § 305 Abs. 1 Satz 2 die Bezeichnung der AGB. Es spielt keine Rolle, ob sie beispielsweise als Zusätzliche oder Besondere Vertragsbedingungen bezeichnet worden sind und ob die AGB im Vertrag selbst enthalten sind oder diesem als Anlage hinzugefügt sind.[382]

Handelt es sich i. S. des § 305 BGB um Allgemeine Geschäftsbedingungen, so unterliegen diese einer Inhaltskontrolle auf ihre Wirksamkeit, um insbesondere den Letztverbraucher vor der Unterwerfung unter unangemessene und einseitig vorformulierte Vertragsbedingungen zu schützen und so zu verhindern, dass die im BGB gewährte Vertragsfreiheit von den Verwendern von AGB zum Nachteil ihrer Vertragspartner einseitig in Anspruch genommen wird. Allgemeine Geschäftsbedingungen sind daher nach der Generalklausel des § 307 BGB i. V. m. den §§ 308 und 309 BGB unwirksam, wenn sie den Vertragspartner des Verwenders entgegen den Geboten von Treu und Glauben unangemessen benachteiligen. Der Generalklausel des § 307 BGB kommt insbesondere bei Bauverträgen eine erhebliche Bedeutung zu, weil das Gesetz so verhindert, dass die Auftraggeber ihre ohnehin durch ihre Nachfragemacht sehr starke Stellung dazu ausnutzen, den Bauverträgen Vertragsbedingungen zugrunde zu legen, die überwiegend ihre Interessen berücksichtigen und damit eine unangemessene Risikoverschiebung zu Lasten der Auftragnehmers vornehmen zu können.

Die Regelungen der §§ 305 ff. BGB finden sowohl bei Bauverträgen privater als auch öffentlicher Auftraggeber Anwendung.

Keine Allgemeinen Geschäftsbedingungen hingegen liegen vor, wenn die Vertragsbedingungen zwischen den Vertragsparteien im Einzelnen ausgehandelt worden sind und zu einer Individualvereinbarung geführt haben. Ein Aushandeln liegt allerdings nur dann vor, wenn der Verwender der Vertragsklauseln (i. d. R. der Auftraggeber) der anderen Vertragspartei (i. d. R. der Auftragnehmer) die Möglichkeit eingeräumt hat, auf die Formulierung der Vertragsbedingungen Einfluss zu nehmen.

3.5.2.2 Die VOB als Allgemeine Geschäftsbedingungen

a) VOB Teil A (VOB/A)

Die VOB/A ist grundsätzlich keine AGB i. S. des § 305 BGB, da sie die Geschehnisse bis zum Abschluss des Bauvertrages behandelt, also allgemeine Bestimmungen für die Vergabe von Bauleistungen enthält. Die VOB/A stellt demzufolge keinen Vertragsbestandteil des eigentlichen Bauvertrages dar und kann demzufolge auch keine Allgemeine Geschäftsbedingung i. S. des § 305 BGB sein (Ausnahmen: §§ 1 und 19 VOB/A). Die VOB/A kann aber zum Inhalt eines Vorvertrages über die Bauauftragsvergabe gemacht werden. In diesem Falle unterliegt sie auch den Regelungen der §§ 305 ff. BGB.

Sind in der VOB/A allerdings allgemeine Grundsätze des Bauwesens niedergelegt wie die Anforderungen an eine ordnungsgemäße Leistungsbeschreibung, so können in Allgemeinen Geschäftsbedingungen die Nachteile, die sich aus einer riskanten Leistungsbeschreibung nach § 9 VOB/A ergeben, nicht auf den Unternehmer abgewälzt werden, da dies i. d. R. eine unangemessene Benachteiligung des Unternehmers gem. § 307 BGB darstellt.

---

[381] Heiermann in Heiermann/Riedl/Rusam, Teil A § 10 Rdn. 41.
[382] BGH ZfBR 1985, 40 f.

Problematisch ist, inwieweit die Leistungsbeschreibung selbst als „Allgemeine Geschäftsbedingung" zu beurteilen ist, da gem. § 307 Abs. 3 BGB nur solche Bestimmungen in Allgemeinen Geschäftsbedingungen einer Inhaltskontrolle gem. § 307 Abs. 1 und Abs. 2 i. V. m. den §§ 308 und 309 BGB zu unterziehen sind, durch die von Rechtsvorschriften abweichende oder diese ergänzende Regelungen vereinbart werden. Der „deskriptive" Teil einer Leistungsbeschreibung unterliegt daher nicht den Regelungen der §§ 305 ff. BGB, wohl aber der Textteil, der das „Hauptleistungsversprechen einschränkt, verändert, ausgestaltet oder modifiziert",[383] also eben der Text, der über die bloße „Identifizierung" des zu Leistenden hinausgeht. Daher muss immer sorgfältig darauf geachtet werden, dass von Rechtsvorschriften abweichende Texte nicht im Positionstext versteckt werden und so zu Unrecht den Eindruck kontrollfreier Leistungsbeschreibung erwecken. Die in den Vertragstext eingesetzten Preise unterliegen keiner Inhaltskontrolle, wohl aber sog. Preisnebenbestimmungen, die der Ermittlung des Preises dienen.[384]

Der Einwand von Auftraggebern, die Ausschreibungsunterlagen unterfielen keiner Inhaltskontrolle gem. § 307 Abs. 1 und Abs. 2 BGB, weil individuell die später Vertragsinhalt gewordene Regelung ausgehandelt worden sei, ist zwar formal möglich, wird aber so gut wie nie zum Erfolg führen, da die Anforderungen der Rechtssprechung an das „Aushandeln" praktisch unerfüllbar sind.[385]

b) VOB Teil B (VOB/B)

Die Bestimmungen der VOB/B sind i. S. des § 305 BGB als AGB anzusehen, da sie für eine Vielzahl von Bauverträgen vorformuliert und nicht individuell von den Vertragsparteien ausgehandelt worden sind. Sie werden gem. § 305 Abs. 2 BGB allerdings nicht automatisch Vertragsbestandteil, sondern nur, wenn der Verwender bei Vertragsschluss die andere Vertragspartei ausdrücklich oder, wenn ein ausdrücklicher Hinweis wegen der Art des Vertragsschlusses nur unter unverhältnismäßigen Schwierigkeiten möglich ist, durch deutlich sichtbaren Aushang am Orte des Vertragsschlusses auf sie hinweist (Nr. 1) und der anderen Vertragspartei die Möglichkeit verschafft, in zumutbarer Weise, die auch eine für den Verwender erkennbare körperliche Behinderung der anderen Vertragspartei angemessen berücksichtigt, von ihrem Inhalt Kenntnis zu nehmen, und wenn die andere Vertragspartei mit ihrer Geltung einverstanden ist (Nr. 2).

Im Rahmen der Anforderungen, die an Allgemeine Geschäftbedingungen zu stellen sind, nimmt die VOB/B eine Sonderstellung ein. Sie ist privilegiert. Die Bestimmungen in den §§ 305 ff. BGB würden sonst zu einer Unwirksamkeit wichtiger VOB-Einzelregelungen führen, so dass der ausgewogene Charakter der VOB/B insgesamt entscheidend beeinträchtigt wäre. Diese Privilegierung hat zur (positiven) Folge, dass die VOB/B – sofern sie „als Ganzes" vereinbart ist – keiner Inhaltskontrolle gem. § 307 BGB unterzogen werden muss. Die VOB/B ist dabei allerdings nicht nur „als Ganzes" vereinbart, wenn sie ohne jede Einschränkung zur Anwendung kommt, sondern auch, wenn sie zumindest als wesentlich Ganzes dem Vertrag zugrunde gelegt worden ist, d. h. nicht in ihrem Kernbereich beeinträchtigt worden ist. Dies ist insbesondere der Fall, wenn die VOB/B Ergänzungen ausdrücklich zulässt wie in den folgenden Regelungen:

- § 2 Nr. 2 VOB/B

---

[383] BGH BauR 1997, 123; BGH NJW 1993, 2369.
[384] Kapellmann/Schiffers, Band 1, a. a. O., Rdn. 230; BGHZ 106, 42; BGH NJW 1984, 2160; BGH NJW 1983, 3013 (3014).
[385] BGH BauR 1992, 794.

- § 5 Nr. 1 VOB/B
- § 11 VOB/B
- § 17 VOB/B
- § 13 Nr. 4 VOB/B

Ferner liegt kein Eingriff in der Kernbereich der VOB/B vor, wenn entsprechende Formulierungen zu erkennen geben, dass abweichende Regelungen möglich sind (durch die Formulierung „*wenn nicht anderes vereinbart ist*", wie z. B. in § 2 Nr. 4 oder § 4 Nr. 4 VOB/B).

Liegt allerdings ein Eingriff in den Kernbereich vor, verlieren alle VOB-Bestimmungen das Privileg, nicht einer Inhaltskontrolle unterworfen zu sein. Daraus folgt, dass alle Regelungen einschl. der unverändert übernommenen VOB-Bestimmungen auf ihre Vereinbarkeit mit dem § 307 BGB überprüft werden müssen. Dabei ist deutlich darauf hinzuweisen, dass die Verwendung einer Klausel, die einen Eingriff in den Kernbereich der VOB/B darstellt, nicht automatisch selbst einen Verstoß gegen § 307 BGB bedeuten muss.[386]

Übersicht (Eingriffe in den Kernbereich):
- Abänderung von § 2 Nr. 3 VOB/B[387] → kein Verstoß gegen § 307 BGB.
- Abänderung von § 2 Nr. 5 VOB/B[388]
- Abänderung von § Nr. 7 Abs. 1 VOB/B[389]
- Abänderung von §4 Nr. 3 VOB/B, z. B. durch die Formulierung, dass dem Auftragnehmer auch für den Fall mitgeteilter Bedenken die volle Verantwortung für später auftretende Mängel auferlegt wird[390] → Verstoß gegen § 307 BGB und gleichzeitig Eingriff in den Kernbereich der VOB/B
- Abänderung von § 4 Nr. 7 VOB/B, durch eine Formulierung, dass dem Auftraggeber das Recht zusteht, bei Vorliegen von Mängeln die Mängelbeseitigungskosten von der Schlussrechnung abzusetzen[391]
- Abänderung von § 8 Nr. 1 VOB/B[392]
- Abänderung von § 9 Nr. 3 VOB/B[393]
- Abänderung von § 12 VOB/B, z. B. Ausschluss von Teilabnahmen und Vereinbarung von § 640 BGB anstatt § 12 Nr. 1 VOB/B,[394] insbesondere auch ein formularmäßiger Ausschluss der Abnahme durch Ingebrauchnahme im Zusammenhang mit anderen VOB-Abweichungen[395]
- Abänderungen von § 13 VOB/B. Streitig ist, ob durch die Ersetzung der Regelung des §13 VOB/B durch die Gewährleistungsregelung des BGB ein Kernstück der VOB/B herausgenommen wird.[396] Das OLG München hat einen Verstoß gegen den Kernbereich der VOB/B angenommen, währenddessen das OLG Düsseldorf einen Verstoß verneint hat.[397] Der letzteren Auffassung ist nach dem Wortlaut zuzustimmen, da § 13 Nr. 4 VOB/B ausdrücklich

---

[386] BGH NJW 1995, 526.
[387] BGH BauR 1993, 723.
[388] BGH BauR 1991, 211.
[389] OLG Frankfurt BauR 986, 22.
[390] Vgl. OLG Frankfurt, a. a. O.
[391] Vgl. OLG Frankfurt, a. a. O.
[392] BGH NIW 1995, 526.
[393] BGH, Urteil vom 28.09.1989 -VII ZR 167/88.
[394] Vgl. BGH BauR 1996, 378.
[395] BGH Baurecht 1990, 727.
[396] Der BGH hat diese Frage bisher offen gelassen; BGH BauR 1989, 322.
[397] OLG München, Urteil vom 25.01.1994 – 13 U 5798/93 –; OLG Düsseldorf NJW-RR 1992, 529.

regelt, dass etwas anderes vereinbart werden kann („soweit nichts anderes vereinbart ist"). Klar ist, dass eine Gewährleistungsgestaltung nach BGB selbst rechtswirksam ist.
– Einschränkung des Rechts auf Abschlagszahlungen gemäß § 16 Nr. 1 Abs. 1 VOB/B. Sofern der Auftragnehmer Abschlagszahlungen nur in Höhe von 90% und nicht in Höhe der jeweils nachgewiesenen Leistungen (also zu 100%) erhält, stellt dies einen Eingriff in die VOB/B als Ganzes dar.[398]

c) VOB Teil C (VOB/C)

Die technischen Bestimmungen der VOB/C – insbesondere in den 0-Abschnitten der einzelnen DIN-Normen – sind i. S. des § 305 BGB keine Allgemeine Geschäftsbedingung, da insbesondere die §§ 307 bis 309 BGB auf die Überprüfung vertragsrechtlicher Bedingungen zugeschnitten sind. Da die VOB/C in ihrem Inhalt aber nicht ausschließlich technische Spezifikationen regelt, sondern beispielsweise auch Aussagen über Abrechnungsmodalitäten (Ziffer 5) sowie über Nebenleistungen und Besondere Leistungen (Ziffer 4) trifft, ist sie zumindest in diesen Bereichen als AGB i. S. des § 305 BGB einzuordnen.[399]

Allerdings hat eine mögliche AGB-Kontrolle der Abschnitte 4 und 5 der VOB/C keine praktischen Auswirkungen. Eine Nichtigkeit würde nämlich gem. § 307 BGB voraussetzen, dass die entsprechende Regelung der Nebenleistungen in Abschnitt 4 oder der Abrechnungsmodalitäten in Abschnitt 5 den Vertragspartner des Verwenders entgegen den Geboten von Treu und Glauben unangemessen benachteiligt. Es ist aber nicht vorstellbar, dass diese Bestimmungen die wesentlichen Rechte und Pflichten, die sich aus der Natur des Vertrages ergeben, so einschränken könnten, dass die Erreichung des Vertragszwecks gefährdet ist. Ein Verstoß gegen § 305 Abs. 2 BGB, dass nämlich die Auslegung der Klausel wegen Unklarheit zu Lasten des Verwenders führt, ist hierbei ebenfalls kaum vorstellbar.

Soweit es um die jeweiligen Abschnitte 2 und 3 VOB/C geht, kann es – zumindest in dem hier behandelten Zusammenhang – dahinstehen, ob diese Bestimmungen als AGB i. S. des § 305 BGB anzusehen sind und somit einer Inhaltskontrolle unterliegen, da eine Kollision mit den §§ 305 ff. BGB – wenn diese denn anwendbar wären – nicht in Betracht kommt. Diese Abschnitte sind nichts als die nähere Beschreibung dessen, was beim Bauvertrag von einer bereits nach dem Gesetz gem. § 633 Abs. 1 BGB zu verlangenden fehlerfreien Leistung zu fordern ist.[400]

3.5.2.3 Ergänzende Vertragsbedingungen als Allgemeine Geschäftsbedingungen

Nach § 10 Nr. 2 und Nr. 3 VOB/A dürfen die Allgemeinen Vertragsbedingungen (VOB/B) sowie die Allgemeinen Technischen Vertragbedingungen (VOB/C) von Auftraggebern, die ständig Bauleistungen vergeben, für die bei ihnen allgemein gegeben Verhältnisse durch Zusätzliche Vertragsbedingungen bzw. durch Zusätzliche Technische Vertragsbedingungen ergänzt werden. Für die Erfordernisse des Einzelfalls sind gem. § 10 Nr. 2 Abs. 2 Satz 1 VOB/A die Allgemeinen Vertragsbedingungen und etwaige Zusätzliche Vertragsbedingungen durch Besondere Vertragsbedingungen zu ergänzen.

Diese ergänzenden Vertragsbedingungen sind ebenso wie die Leistungsbeschreibung wesentliche Inhalte der vertraglich geschuldeten Leistung gem. § 1 Nr. 1 und Nr. 2 VOB/B. Im Folgenden zu der Frage, ob diese als AGB gem. § 305 BGB einzuordnen sind:

---
[398] BGH, NIW 1988, 55; BGH, NJW 1990, 2384; BGH, NJW-RR 1991, 727; OLG Köln, BB 1995, 1926.
[399] Unrichtig Heiermann in Heiermann/Riedl/Rusam, Teil A § 10 Rdn. 43.
[400] Kapellmann/Schiffers, Band 1, a. a. O., Rdn. 130.

- Zusätzliche Vertragsbedingungen
    ja
    (*Soweit nicht einzeln zwischen den Vertragspartnern ausgehandelt, sondern für eine Vielzahl von Verträgen vorformuliert*)
- Zusätzliche Technische Vertragsbedingungen
    ja
    (*unter Berücksichtigung der Ausführungen zu VOB Teil C*)
- Besondere Vertragsbedingungen
    ja
- Leistungsbeschreibung/ -verzeichnis
    nein
- Verhandlungsprotokoll
    nein
    (*Soweit tatsächlich ein echtes Verhandlungsprotokoll auf der Grundlage einer Besprechung gefertigt wurde*)
- Preisvereinbarung
    nein
    (*Ausnahme: Preisnebenbestimmungen*)

a) Beispielhafte Formulierung von Zusätzlichen Vertragsbedingungen für die Ausführung von Bauleistungen

Hinweis
Die Paragraphen beziehen sich auf die Allgemeinen Vertragsbedingungen für die Ausführung von Bauleistungen (VOB/B).

1 Leistungsverzeichnis (§ 1)
1.1 Wenn der Auftragnehmer für sein Angebot eine selbstgefertigte Abschrift oder Kurzfassung benutzt hat, ist allein das vom Auftraggeber verfasste Leistungsverzeichnis verbindlich.
1.2 Ist im Leistungsverzeichnis bei einer Teilleistung eine Bezeichnung für ein bestimmtes Fabrikat mit dem Zusatz „oder gleichwertiger Art" verwendet worden, und fehlt die für das Angebot geforderte Bieterangabe, gilt das im Leistungsverzeichnis genannte Fabrikat als vereinbart.

2 Wahlpositionen, Bedarfspositionen (§ 1)
Sind im Leistungsverzeichnis für die wahlweise Ausführung einer Leistung Wahlpositionen (Alternativposition) oder für die Ausführung einer nur im Bedarfsfall erforderlichen Leistung Bedarfspositionen (Eventualpositionen) vorgesehen, ist der Auftragnehmer verpflichtet, die in diesen Positionen beschriebenen Leistungen nach Aufforderung durch den Auftraggeber auszuführen. Die Entscheidung über die Ausführung von Wahlpositionen trifft der Auftraggeber in der Regel bei Auftragserteilung über die Ausführung von Bedarfspositionen nach Auftragserteilung.

3 Technische Regelwerke (§ 1 Nr. 2)
3.1 In den Verdingungsunterlagen genannte technischen Regelwerke sind Zusätzliche Technische Vertragsbedingungen im Sinne von § 1 Nr. 2 d.
3.2 Die in den Allgemeinen Technischen Vertragsbedingungen und den übrigen Verdin-

gungsunterlagen genannten DIN-Normen sind in der drei Monate vor dem Eröffnungs-/ Einreichungstermin gültigen Fassung maßgebend.

4 Preisermittlungen (§ 2)

4.1 der Auftragnehmer hat auf Verlangen die Preisermittlung für die vertragliche Leistung dem Auftraggeber verschlossen zur Aufbewahrung zu übergeben.

Der Auftraggeber darf auf Verlangen die Preisermittlung bei Vereinbarung neuer Preise oder zur Prüfung von sonstigen vertraglichen Ansprüchen öffnen und einsehen, nachdem der Auftragnehmer davon rechtzeitig verständigt und ihm freigestellt wurde, bei der Einsichtnahme anwesend zu sein. Die Preisermittlung wird danach wieder verschlossen.

Die Preisermittlung wird nach vorbehaltloser Annahme der Schlusszahlung zurückgegeben.

4.2 Sind nach § 2 Nrn. 3, 5, 6, 7 8 Abs. 2 Preise zu vereinbaren, hat der Auftragnehmer auf Verlangen seine Preisermittlungen für diese Preise und für die vertragliche Leistung vorzulegen sowie die erforderlichen Auskünfte zu erteilen.

5 Vergütung bei Änderungsvorschlägen oder Nebenangeboten (§ 2)

Ist der Auftrag auf einen Änderungsvorschlag oder ein Nebenangebot erteilt worden, dann sind mit der vereinbarten Vergütung alle von dem Änderungsvorschlag oder dem Nebenangebot beeinflussten Leistungen abgegolten, die zur Ausführung der vertraglichen Leistung erforderlich werden.

6 Einheitspreise (§ 2 Nr. 1)

Der Einheitspreis ist der vertragliche Preis, auch wenn im Angebot der Gesamtbetrag einer Ordnungszahl (Position) nicht dem Ergebnis der Multiplikation von Mengenansatz und Einheitspreis entspricht.

7 Änderung des Mengenansatzes bei Stundenlohnarbeiten (§ 2 Nr. 3)

Bei Stundenlohnarbeiten gelten die vereinbarten Verrechnungssätze unabhängig von der Anzahl der geleisteten Stunden.

8 Ankündigung von Mehrkosten (§ 2 Nr. 3)

Ist für den Auftragnehmer erkennbar, dass durch eine über 10 v. H. hinausgehende Überschreitung des Mengenansatzes Mehrkosten entstehen, die ausnahmsweise zu einem höheren Einheitspreis führen können, hat er dies dem Auftraggeber unverzüglich schriftlich mitzuteilen.

9 Ausführungsunterlagen (§ 3)

Der Ausführung dürfen nur Unterlagen zugrunde gelegt werden, die vom Auftraggeber als zur Ausführung bestimmt gekennzeichnet sind.

10 Veröffentlichungen (§ 3)

Der Auftragnehmer darf Veröffentlichungen über die Leistung nur mit vorheriger schriftlicher Zustimmung des Auftraggebers vornehmen.

11 Baustelle, Baubereich (§ 4)

Die Bezeichnungen "Baustelle" und "Baubereich" werden in folgendem Sinne verwendet:

11.1 Baustelle: Flächen, die der Auftraggeber zur Ausführung der Leistung, für die Baustelleneinrichtung und zur vorübergehenden Lagerung von Stoffen und Bauteilen zur Ver-

fügung stellt, zuzüglich der Flächen, die der Auftragnehmer darüber hinaus in Anspruch nimmt.
11.2 Baubereich: Baustelle und die Umgebung, die durch die Ausführung der Bauarbeiten beeinträchtigt werden kann.

12 Bautagesberichte (§ 4)
Der Auftragnehmer hat auf Verlangen Bautagesberichte zu führen und dem Auftraggeber täglich zu übergeben. Sie müssen alle Angaben enthalten, die für die Ausführung und Abrechnung des Auftrages von Bedeutung sein können.

13 Baustellenräumung (§ 4)
Vom Auftraggeber zur Verfügung gestellte Lagerplätze, Arbeitsplätze und Zufahrtswege sind dem früheren Zustand entsprechend instand zu setzen.

14 Werbung (§ 4 Nr. 1)
Werbung auf der Baustelle ist nur nach vorheriger Zustimmung des Auftraggebers zulässig.

15 Umweltschutz (§ 4 Nrn. 2 und 3)
Zum Schutz der Umwelt, der Landschaft und der Gewässer hat der Auftragnehmer die durch die Arbeiten hervorgerufenen Beeinträchtigungen auf das unvermeidbare Maß einzuschränken. Behördliche Anordnungen oder Ansprüche Dritter wegen der Auswirkungen der Arbeiten hat der Auftragnehmer dem Auftraggeber unverzüglich schriftlich mitzuteilen.

16 Nachunternehmer (§ 4 Nr. 8)
16.1 Der Auftragnehmer darf Leistungen nur an Nachunternehmer übertragen, die fachkundig, leistungsfähig und zuverlässig sind; dazu gehört auch, dass sie ihren gesetzlichen Verpflichtungen zur Zahlung von Steuern und Sozialabgaben nachgekommen sind und die gewerberechtlichen Voraussetzungen erfüllen.
Er hat die Nachunternehmer bei Anforderung eines Angebotes davon in Kenntnis zu setzen dass es sich um einen ordentlichen Auftrag handelt.
Er darf den Nachunternehmern keine ungünstigeren Bedingungen – insbesondere hinsichtlich der Zahlungsweise und der Sicherheitsleistungen – auferlegen, als zwischen ihm und dem Auftraggeber vereinbart sind; auf Verlangen des Auftraggebers hat er dies nachzuweisen. Die Vereinbarung der Preise bleibt hiervon unberührt.
16.2 Der Auftragnehmer hat vor der beabsichtigten Übertragung Art und Umfang der Leistungen sowie Name, Anschrift und Berufsgenossenschaft (einschließlich Mitgliedsnummer) des hierfür vorgesehenen Nachunternehmers schriftlich bekannt zu geben.
Beabsichtigt der Auftragnehmer Leistungen zu übertragen, auf die sein Betrieb eingerichtet ist, hat er vorher die schriftliche Zustimmung gemäß § 4 Nr. 8 (1) Satz 2 einzuholen.
16.3 Der Auftragnehmer muss sicherstellen, dass der Nachunternehmer die ihm übertragenen Leistungen nicht weitervergibt, es sei denn, der Auftraggeber hat zuvor schriftlich zugestimmt; die Nummern 16.1 und 16.2 gelten entsprechend.

17 Kündigung aus wichtigem Grund (§ 8 Nrn. 3ff)
Der Auftraggeber ist berechtigt, den Vertrag aus wichtigem Grund zu kündigen. Ein wichtiger Grund liegt insbesondere vor, wenn der Auftragnehmer
– gegen seine Verpflichtungen aus § 4 Nr. 8 verstößt

– Personen, die auf Seiten des Auftraggebers mit der Vorbereitung, dem Abschluss oder der Durchführung des Vertrages befasst sind oder ihnen nahe stehenden Personen Vorteile anbietet, verspricht oder gewährt. Solchen Handlungen des Auftragnehmers selbst stehen Handlungen von Personen gleich, die von ihm beauftragt oder für ihn tätig sind. Dabei ist es gleichgültig, ob die Vorteile den vorgenannten Personen oder in ihrem Interesse einem Dritten angeboten, versprochen oder gewährt werden.
In diesen Fällen gilt § 8 Nrn. 3, 5, 6 und 7 entsprechend.

18 Wettbewerbsbeschränkungen (§ 8 Nr. 4)
Wenn der Auftragnehmer aus Anlass der Vergabe nachweislich eine Abrede getroffen hat, die eine unzulässige Wettbewerbsbeschränkung darstellt, hat er 5 v. H. der Abrechnungssumme an den Auftraggeber zu zahlen, es sei denn, dass ein Schaden in anderer Höhe nachgewiesen wird.
Dies gilt auch, wenn der Vertrag gekündigt wird oder bereits erfüllt ist.
Sonstige vertragliche oder gesetzliche Ansprüche des Auftraggebers, insbesondere solche aus § 8 Nr.4, bleiben unberührt.

19 Mitteilung von Bauunfällen (§ 10)
Der Auftragnehmer hat Bauunfälle, bei denen Personen- oder Sachschaden entstanden ist, dem Auftraggeber unverzüglich mitzuteilen.

20 Abnahme (§ 12)
20.1 Die Leistung wird förmlich abgenommen.
20.2 Der Auftragnehmer hat bei der Abnahme mitzuwirken und die erforderlichen Arbeitskräfte und Messgeräte zu stellen.

21 Gewährleistung (§ 13)
21.1 Nach einer Mängelrüge hat der Auftragnehmer die Mängelbeseitigung und deren Zeitpunkt rechtzeitig mit dem Auftraggeber abzustimmen.
21.2 Die Verjährungsfrist der Gewährleistungsansprüche für Mängelbeseitigungsleistungen endet nicht vor Ablauf der für die Vertragsleistung vereinbarten Verjährungsfrist.

22 Abrechnung (§ 14)
22.1 Sind für die Abrechnung Feststellungen auf der Baustelle notwendig, sind sie gemeinsam vorzunehmen; der Auftragnehmer hat sie rechtzeitig zu beantragen.
22.2 Aus Abrechnungszeichnungen oder anderen Aufmassunterlagen müssen alle Maße, die zur Prüfung einer Rechnung nötig sind, unmittelbar zu ersehen sein.
22.3 In den für die gemeinsamen Feststellungen zu verwendenden Aufmassblättern müssen mindestens folgende Angaben gemacht werden:
– Auftragnehmer,
– Auftraggeber,
– Nummer des Aufmaßblattes,
– Bezeichnung der Bauleistung,
– Ordnungszahl (OZ).
Unmittelbar über den Unterschriften und dem Datum muss das Aufmaßblatt den Text enthalten „Aufgestellt:"
22.4 Die Originale der Aufmassblätter, Wiegescheine und ähnlicher Abrechnungsbelege erhält der Auftraggeber, die Durchschriften der Auftragnehmer.
22.5 Bei Aufmaß und Abrechnung sind Längen und Flächen auf zwei Stellen nach dem Komma, Rauminhalte und Gewichte auf drei Stellen nach dem Komma zu runden.

Geldbeträge sind auf zwei Stellen nach dem Komma zu runden.

22.6 Für fertiggestellte Teile der Leistung oder der Teilleistungen hat der Auftragnehmer – unabhängig von den Aufstellungen nach § 16 Nr. 1 Abs. 1 Satz 2 – endgültige Mengenberechnungen aufgrund von Zeichnungen oder gemeinsamen Feststellungen vorzulegen.

23 Preisnachlässe (§ 14 und 16)

Soweit nicht ausdrücklich etwas anderes vereinbart ist, wird ein als v. H.-Satz angebotener Preisnachlass bei der Abrechnung und den Zahlungen von den Einheits- und Pauschalpreisen abgezogen. auch bei Nachträgen, deren Preise auf der Grundlage der Preisermittlung für die vertragliche Leistung zu bilden sind. Dies gilt auch, wenn der Preisnachlass auf die Angebots- oder Auftragssumme bezogen ist.

Änderungssätze bei vereinbarter Lohngleitklausel sowie Erstattungsbeträge bei vereinbarter Stoffpreisgleitklausel werden durch den Preisnachlass nicht verringert.

24 Rechnungen (§ 14 und 16)

24.1 Rechnungen sind ihrem Zweck nach als Abschlags-, Teilschluss- oder Schlussrechnung zu bezeichnen: die Abschlags- und Teilschlussrechnungen sind durchlaufend zu nummerieren.

24.2 In jeder Rechnung sind die Teilleistungen in der Reihenfolge, mit der Ordnungszahl (Position) und der Bezeichnung – gegebenenfalls abgekürzt – wie im Leistungsverzeichnis aufzuführen.

24.3 Die Rechnungen sind mit den Vertragspreisen ohne Umsatzsteuer (Nettopreise) aufzustellen: der Umsatzsteuerbetrag ist am Schluss der Rechnung mit dem Steuersatz einzusetzen, der zum Zeitpunkt des Entstehens der Steuer, bei Schlussrechnungen zum Zeitpunkt des Bewirkens der Leistung gilt.

Beim Überschreiten von Vertragsfristen, die der Auftragnehmer zu vertreten hat, gilt der bei Fristablauf maßgebende Steuersatz.

24.4 In jeder Rechnung sind Umfang und Wert aller bisherigen Leistungen und die bereits erhaltenen Zahlungen mit gesondertem Ausweis der darin enthaltenen Umsatzsteuerbeträge anzugeben.

25 Stundenlohnarbeiten(§ 15)

25.1 Der Auftragnehmer hat über Stundenlohnarbeiten arbeitstäglich Stundenlohnzettel in zweifacher Ausfertigung einzureichen. Diese müssen außer den Angaben nach § 15 Nr. 3
– das Datum,
– die Bezeichnung der Baustelle,
– die genaue Bezeichnung des Ausführungsortes innerhalb der Baustelle,
– die Art der Leistung,
– die Namen der Arbeitskräfte und deren Berufs-, Lohn- oder Gehaltsgruppe,
– die geleisteten Arbeitsstunden je Arbeitskraft, ggf. aufgegliedert nach Mehr-, Nacht-, Sonntags- und Feiertagsarbeit, sowie nach im Verrechnungssatz nicht enthaltenen Erschwernissen und
– die Gerätekenngrößen enthalten.

Stundenlohnrechnungen müssen entsprechend den Stundenlohnzetteln aufgegliedert werden.

Die Originale der Stundenlohnzettel behält der Auftraggeber, die bescheinigten Durchschriften hält der Auftragnehmer.

25.2 Sind Stundenlohnarbeiten mit anderen Leistungen verbunden, so sind keine getrennten Rechnungen aufzustellen.

26 Zahlungen (§ 16)
26.1 Alle Zahlungen werden bargeldlos geleistet.
26.2 Als Tag der Zahlung gilt bei Überweisung von einem Konto der Tag der Hingabe oder Absendung des Auftrags an die Post oder Geldinstitut.
26.3 Bei Abschlagszahlungen nach § 16 Nr.1 Abs. 1 Satz 3 ist Sicherheit durch Bürgschaft nach Nr. zu leisten.
26 4 Bei Arbeitsgemeinschaften werden Zahlungen mit befreiender Wirkung für den Auftraggeber an dafür die Durchführung des Vertrags bevollmächtigten Vertreter der Arbeitsgemeinschaft oder nach dessen schriftlicher Weisung geleistet. Dies gilt auch nach Auflösung der Arbeitsgemeinschaft.

27 Überzahlungen (§ 16)
27.1 Bei Rückforderungen des Auftraggebers aus Oberzahlungen (§§ 812ff. BGB) kann sich der Auftragnehmer nicht auf Wegfall der Bereicherung (§ 818 Abs. 3 BGB) berufen.
27.2 Im Falle einer Überzahlung hat der Auftragnehmer den zu erstattenden Betrag – ohne Umsatzsteuer – vom Empfang der Zahlung an mit 4 v. H. für das Jahr zu verzinsen, es sei denn, es werden höhere oder geringere gezogene Nutzungen nachgewiesen. § 197 BGB findet Anwendung.

28 Abtretung (§ 16)
28.1 Forderungen des Auftragnehmers gegen den Auftraggeber können ohne Zustimmung des Auftraggebers nur abgetreten werden, wenn die Abtretung sich auf alle Forderungen in voller Höhe aus dem genau bezeichneten Auftrag einschließlich aller etwaigen Nachträge erstreckt. Teilabtretungen sind nur mit schriftlicher Zustimmung des Auftraggebers gegen ihn wirksam.
28.2 Eine Abtretung wirkt gegenüber dem Auftraggeber erst,
– wenn sie ihm vom alten Gläubiger (Auftragnehmer) und vom neuen Gläubiger unter genauer Bezeichnung der auftraggebenden Stelle und des Auftrags unter Verwendung des vorgegebenen Formblattes des Auftraggebers schriftlich angezeigt worden ist und
– wenn der neue Gläubiger dabei folgende Erklärung abgegeben hat "Ich erkenne an,
  a) dass die Erfüllung der Forderung nur nach Maßgabe der vertraglichen Bestimmungen beansprucht werden kann,
  b) dass mir gemäß § 404 BGB die Einwendungen entgegengesetzt werden können, die zur Zeit der Abtretung gegen den bisherigen Gläubiger begründet waren,
  c) dass die Aufrechnung mit Gegenforderungen in den Grenzen des § 406 BGB zulässig ist.
  d) dass eine durch mich vorgenommene weitere Abtretung gegenüber dem Auftraggeber nicht wirksam ist
Zahlungen, die der Auftraggeber nach der Abtretung an den Auftragnehmer leistet, lasse ich gegen mich gelten, wenn vom Zugang der Abtretungsanzeige beim Auftraggeber bis zum Tag der Zahlung (Tag der Hingabe oder Absendung des Überweisungsauftrags an die Post oder Geldanstalt) noch nicht 6 Werktage verstrichen sind. Dies gilt nicht, wenn der die Zahlung bearbeitende Kassenbeamte schon vor Ablauf dieser Frist von der Abtretungsanzeige Kenntnis hatte."
28.3 Abtretungen aus mehreren Aufträgen sind für jeden Auftrag gesondert anzuzeigen.

29 Sicherheitsleistung (§ 17)
29.1 Die Sicherheit für Vertragserfüllung erstreckt sich auf die Erfüllung sämtlicher Verpflichtungen aus dem Vertrag, insbesondere für die vertragsgemäße Ausführung der Leistung einschließlich Abrechnung, Gewährleistung und Schadensersatz, sowie auf die

Erstattung von Überzahlungen einschließlich der Zinsen.
29.2 Die Sicherheit für Gewährleistung erstreckt sich auf die Erfüllung der Ansprüche auf Gewährleistung einschließlich Schadensersatz sowie auf die Erstattung von Überzahlungen einschließlich der Zinsen.

30 Bürgschaften (§ 16 und 17)

30.1 Ist Sicherheit durch Bürgschaft zu leisten, sind die Formblätter des Auftraggebers zu verwenden.

30.2 Die Bürgschaft ist von einem
- in den Europäischen Gemeinschaften oder
- in einem Staat der Vertragsparteien des Abkommens über den Europäischen Wirtschaftsraum oder
- in einem Staat der Vertragsparteien des WTO-Abkommens über das öffentliche Beschaffungswesen zugelassenen Kreditinstitut bzw. Kredit- oder Kautionsversicherer zu stellen.

30.3 Die Bürgschaftsurkunden enthalten folgende Erklärung des Bürgen:
- Der Bürge übernimmt für den Auftragnehmer die selbstschuldnerische Bürgschaft nach deutschem Recht.
- Auf alle Einreden der Anfechtung und der Aufrechnung sowie der Vorausklage gemäß §§ 77 771 BGB wird verzichtet.
- Die Bürgschaft ist unbefristet; sie erlischt mit der Rückgabe dieser Bürgschaftsurkunde.
- Gerichtsstand ist der Sitz der zur Prozessvertretung des Auftraggebers zuständigen Stelle."

30.4 Der Bürge hat auf erstes Anfordern zu zahlen, außer wenn die Bürgschaft für Gewährleistung in Anspruch genommen wird.

30.5 Die Bürgschaft ist über den Gesamtbetrag der Sicherheit in nur e i n e r Urkunde zu stellen.

30.6 Die Urkunde über die Vertragserfüllungsbürgschaft wird zurückgegeben, wenn der Auftragnehmer
- die Leistung vertragsgemäß erfüllt,
- etwaige erhobene Ansprüche befriedigt und
- eine vereinbarte Sicherheit für Gewährleistung geleistet hat.

30.7 Die Urkunde über die Gewährleistungsbürgschaft wird auf Verlangen zurückgegeben, wenn die Verjährungsfristen für Gewährleistung abgelaufen und die bis dahin erhobenen Ansprüche erfüllt sind.

30.8 Die Urkunde über die Abschlagszahlungsbürgschaft wird auf Verlangen zurückgegeben, wenn die Stoffe und Bauteile, für die Sicherheit geleistet worden ist, eingebaut sind.

30.9 Die Urkunde über die Vorauszahlungsbürgschaft wird auf Verlangen zurückgegeben, wenn die Vorauszahlung auf fällige Zahlungen angerechnet worden ist.

31 Verträge mit ausländischen Auftragnehmern (§ 18)

Bei Auslegung des Vertrags ist ausschließlich der in deutscher Sprache abgefasste Vertragswortlaut verbindlich. Erklärungen und Verhandlungen erfolgen in deutscher Sprache. Für die Regelung der vertraglichen und außervertraglichen Beziehungen zwischen den Vertragspartnern gilt ausschließlich das Recht der Bundesrepublik Deutschland.

b) Beispielhafte Formulierung von Besonderen Vertragsbedingungen für die Ausführung von Bauleistungen

Hinweis

Die Paragraphen beziehen sich auf die Allgemeinen Vertragsbedingungen für die Ausführung von Bauleistungen (VOB/B).

1. **Objekt-Bauüberwachung (§ 4 Nr. 1)**
Die Objekt-/Bauüberwachung obliegt als Bauherrenvertreter, dem AWB. Anordnungen dürfen nur vom AWB bzw. von seinem Erfüllungsgehilfen getroffen werden.

2. **Umfang der Vertragsleistungen und Vergütung**
2.1 Der Angebotspreis der Vertragsleistung ist ein Pauschalfestpreis und umfasst alle direkten und indirekten Aufwendungen incl. kalkulativer Endzuschläge, die dem Auftragnehmer bis zur Abnahme seiner mängelfreien und termingerecht erstellten Vertragsleistungen entstehen, und die nach der vereinbarten Leistungsbeschreibung, nach den in § 2 Nr. 1 VOB/B erwähnten Vertragsbedingungen und nach der Verkehrssitte zur vertraglichen Leistung gehören.
2.2 Der Auftragnehmer stellt den Auftraggeber frei von sämtlichen Forderungen oder Ansprüchen Dritter, die direkt oder indirekt durch die Tätigkeit des Auftragnehmers entstehen, soweit sie auf ein Verschulden des Auftragnehmers beruhen. Er verpflichtet sich ferner, seine Leistungen auf seine Kosten nach allen behördlichen, berufsgenossenschaftlichen und rechtlichen Auflagen und nach den allgemein anerkannten Regeln der Technik durchzuführen.
2.3 Die im Vertrag vereinbarten Preise sind Festpreise bis zur Fertigstellung der vertraglich vereinbarten Leistungen. Materialpreiserhöhungen und Lohnerhöhungen während dieser Zeit werden nicht vergütet.
2.4 Die vereinbarten Preise beinhalten die Kosten für die Prüfzeugnisse von Dritten z. B. TÜV. VDS etc.
2.5 Die Beseitigung von Verunreinigungen, Abfällen und Bauschutt etc. des Auftragnehmers gehören zu den vertraglichen Nebenleistungen und sind mit den Preisen abgegolten. Der Auftragnehmer hat selbst unverzüglich für die Beseitigung aller durch ihn verursachten Verunreinigungen und Bauschutt zu sorgen. Kommt er dieser Verpflichtung nicht nach, so kann der Auftraggeber nach erfolgloser Beseitigungsanordnung und Fristsetzung die Beseitigung auf Kosten des Auftragnehmers durchführen lassen. Abfälle sind durch den Auftragnehmer ordnungsgemäß zu entsorgen, d. h. vorrangig einer Verwertung zuzuführen.
2.6 Dem Auftragnehmer werden unentgeltlich zur Benutzung überlassen (§ 4 Nr. 4):
2.6.1 vorhandenes Baugrundstück gemäß beiliegendem Plan.
2.6.2 Nutzungsrecht der Erschließungsstraße von der Kanzleistraße zum Baugrundstück.
2.6.3 Wasseranschluss, Stark- und Stromanschlüsse, Kanalanschlüsse, Fernwärmeanschlüsse werden für das Baugrundstück bis zum Baubeginn vorhanden sein. Vorgesehene Übergabepunkte sind dem beigefügten Plan zu entnehmen.
Die Kosten des Verbrauchs gehen zu Lasten des AN.

3. **Änderungen der Leistungen**
3.1 Beabsichtigt der Auftragnehmer zu irgendeinem Zeitpunkt, eine erhöhte oder zusätzliche Vergütung mittels eines Nachtragsangebotes zu fordern, so muss er dies dem Auftraggeber unverzüglich nach Erkennen oder Auftreten der betreffenden Umstände ankündigen. Dem Auftragnehmer muss das Einverständnis des Auftraggebers für die zusätzliche Vergütung vor Inangriffnahme der betreffenden Leistung vorliegen. Andern-

falls kann eine erhöhte oder zusätzliche Vergütung nicht verlangt werden Dies gilt nicht bei Gefahr im Verzuge. Im Übrigen gelten für die Nachträge die vereinbarten Konditionen des Hauptauftrages.

3.2 Sofern bei Änderungen (Mehr- oder Minderleistungen oder Zusatzleistungen), die von einem Nachunternehmer des Auftragnehmers ausgeführt werden, mit dem Auftragnehmer keine Einigung über Mehr- oder Minderkosten erzielt wird, ist dem Auftraggeber das verhandelte Angebot des Nachunternehmers vorzulegen. Sollte der Auftraggeber ein günstigeres Angebot vorliegen haben, gilt der Preis des günstigeren Angebotes als vereinbart. Der Auftragnehmer erhält hierauf den im Vertrag vereinbarten Zuschlag.

3.3 Jede Änderung oder Ergänzung der Auftragserteilung bedarf der Schriftform.

3.4 Es muss aus dem Nachtragsangebot ersichtlich sein, welche Leistungen aus dem bisherigen Leistungsumfang hierdurch entfallen und welche Auftragsmehrung oder –minderung sich durch ein solches Nachtragsangebot ergibt.

4. Bauleitung des Auftragnehmers

4.1 Der Auftragnehmer ist verpflichtet, dem Auftraggeber unmittelbar nach Auftragserteilung den verantwortlichen Bauleiter gemäß Landesbauordnung zu benennen.

4.2 Die Bauleitung des Auftragnehmers hat ein Bautagebuch zu führen in welchem der Bauablauf und alle wesentlichen Vorgänge und Maßnahmen festgehalten werden. Form und Inhalt des Bautagebuches hat mindestens der Vergabe des Einheitlichen Formblattes EFB – Bautgb. Ausgabe 1999 – Bautagebuch zu entsprechen. Die dort eingeschlossenen Richtlinien sind anzuwenden.

4.3 Monatlich ist dem Auftraggeber ein Bautenstandsbericht zu übergeben. Dieser Bericht hat alle aktuellen Daten und Ereignisse wie:
– Art und Umfang der ausgeführten Leistungen
– Termine Soll / Ist
– Kosten Soll / Ist
– Besondere Vorkommnisse
detailliert zu enthalten.

4.4 Für die terminliche und vertragliche Abwicklung aller beauftragten Leistungen hat der AN einen bevollmächtigten Koordinator einzusetzen mit Weisungsbefugnis gegenüber den Subunternehmern bzw. übrigen Partnern des Auftragnehmers. Dieser Vertreter des AN ist nach Vergabe sofort schriftlich zu benennen. Ein Wechsel der Personen ist nur aus wichtigem Grund zulässig und schriftlich anzuzeigen. Der AG kann bei begründetem Anlass eine Auswechselung der Vertreter verlangen. Weiterhin sind vom AN entsprechend dem Baufortschritt die erforderlichen Fachbauleiter zur Sicherung der vertrags- und fachgerechten Ausführung der Leistungen und zur Einhaltung der geltenden Vorschriften insbesondere der Unfallverhütungsvorschriften zu stellen. Diese müssen den jeweiligen Erfordernissen entsprechend auf der Baustelle anwesend bzw. kurzfristig erreichbar sein.

5. Ausführung der Leistungen

5.1 Der Auftragnehmer ist verantwortlich für die richtige und genaue Absteckung der Bauten und ihrer Teile sowie für die Richtigkeit von Lage, Abmessungen und Fluchtlinien aller Teile der Bauten. Die Prüfung durch den Auftraggeber entbindet den Auftragnehmer keinesfalls von seiner Haftung für die Genauigkeit der Lage seiner Bauten.

5.2 Vor Beginn der Ausführung hat der Auftragnehmer den vorgesehenen Baustelleneinrichtungsplan mit dem Auftraggeber abzustimmen. Die Prüfung durch den Auftraggeber bezieht sich lediglich auf die Belange des Auftraggebers und entbindet den Auftragnehmer keinesfalls von seiner Verantwortung für die richtige Wahl und Durchführbarkeit der Einrichtung.

5.3 Der Auftragnehmer hat allen anderen vom Auftraggeber verpflichteten Unternehmern angemessene Erleichterung für die Ausführung ihrer Arbeiten zu gewähren. Sofern sich die Arbeiten mehrerer Auftragnehmer berühren, haben diese die Mitbenutzung ihrer Zufahrtswege, Gerüste und Einrichtungen in angemessener Weise gegenseitig zu gestatten. Kurzfristige Behinderungen und Unterbrechungen, die sich aus der parallelen Tätigkeit verschiedener Unternehmer ergeben und nicht auf mangelnde Koordination des Auftraggebers beruhen, berechtigen den Auftragnehmer nicht zu Nachforderungen gegenüber dem Auftraggeber.

5.4 Alle Handlungen müssen vom Auftragnehmer so durchgeführt werden, dass dem Auftraggeber keine Ansprüche von Seiten Dritter entstehen können. Der Auftragnehmer hat den Auftraggeber hinsichtlich aller solcher Ansprüche, soweit sie auf einem Verschulden des Auftragnehmers beruhen, schadlos zu halten bzw. zu entschädigen. Im Falle der Inanspruchnahme durch Dritte übernimmt der Auftragnehmer für den Auftraggeber die Abwehr aller derartigen Ansprüche auf eigene Kosten und veranlasst alle hierfür erforderlichen Maßnahmen. Der Auftragnehmer ist insbesondere, ohne dass die nachfolgende Aufzählung vollständig ist, für die nachstehenden Punkte voll verantwortlich:

a) Über die Lage von Leitungen aller Art, insbesondere unterirdische Leitungen hat sich der Auftragnehmer zu informieren. Vor Beginn der Arbeiten hat sich der Arbeitnehmer davon zu überzeugen, ob deren Lage mit den Informationen übereinstimmen. Kommt er diesen Pflichten nicht nach, so haftet der Auftragnehmer für hierdurch entstehende Beschädigungen jeder Art sowie für jeden weiteren daraus entstandenen Schaden.

b) Der Auftragnehmer hat die für seine Verkehrssicherung und Verkehrsregelung im Bereich der Baustelle und ihrer Nebenanlagen erforderlichen Maßnahmen und Auflagen unter seiner Verantwortung durchzuführen. Eventuelle Anweisungen des Auftraggebers hat er dabei zu beachten.

5.5 Nach Fertigstellung der Leistungen muss der Auftragnehmer die Baustelle spätestens innerhalb von 10 Arbeitstagen räumen.
Die zur Verfügung gestellten Lagerplätze, Arbeitsplätze und Zufahrtswege sind nach der Räumung im früheren Zustand zurückzugeben. Insbesondere sind die Bauten und das Baugelände von vom Auftragnehmer stammenden, überschüssigen Stoffen und Abfällen zu säubern.

5.6 Der Auftragnehmer hat auf Verlangen kostenlos nachzuweisen, dass die Qualität der von ihm gelieferten und verwendeten Stoffe und der von ihm gefertigten Leistungen den vertraglichen Forderungen entsprechen. Qualitätsprüfungen sind nach den DIN-Vorschriften durchzuführen.

6. Abtretung und Untervergabe

6.1 Der Auftragnehmer ist berechtigt, Leistungen aus diesem Vertrag ganz oder teilweise mit Zustimmung des Auftraggebers auf Nachunternehmer zu übertragen. Leine vertragliche Haftung und seine Verpflichtungen aus diesem Vertrag werden hiervon nicht berührt. Er haftet dem Auftraggeber für Handlungen, Fehler oder Unterlassungen der Nachunternehmer sowie deren Vertreter oder Gehilfen.

6.2 Der Auftragnehmer hat bei Weitervergabe von Bauleistungen den Verträgen mit Nachunternehmern alle in seinem Vertrag mit dem Auftraggeber enthaltenen Verpflichtungen zu Grunde zu legen.

Der Auftragnehmer muss in seinem Angebot Art und Umfang der durch Nachunternehmer auszuführenden Leistungen angeben und sollte die Nachunternehmer bereits benennen. Spätestens vor der Auftragsvergabe an diese müssen die Nachunternehmer dem Auftraggeber benannt werden. Bei berechtigten Bedenken kann der Auftraggeber den vorgeschlagenen Nachunternehmer ablehnen.

Der Auftragnehmer muss dem Auftraggeber vor Beginn der jeweiligen Leistung den vorgesehenen Nachunternehmer schriftlich bestätigen.

7. Ausführungsfristen und Verzug

7.1 Die Einhaltung der im Vertrag vereinbarten Termine ist von entscheidender Bedeutung für die ordnungsgemäße Erfüllung der vertraglichen Leistungen. Alle nach Tagen bemessenen Fristen zählen nach Arbeitstagen (AT = Montag bis Freitag). Hat der Auftragnehmer seine terminlichen Dispositionen auf über die normale tägliche Arbeitszeit hinausgehende Mehrarbeit (wie verlängerte Schichten, Nacht-, Samstag-, Sonn- oder Feiertagsarbeit) abgestimmt, so trägt er allein das Risiko und die Haftung für die Durchführbarkeit und die Erlangung der behördlichen, nachbarlichen und aller sonstigen erforderlichen Genehmigungen. Im Falle der Nacht-, Sonn- und Feiertagsarbeit bedarf es ferner der vorherigen Abstimmung mit dem Auftraggeber. Erhält der Auftragnehmer aus irgendeinem Grunde diese Genehmigungen nicht, so kann er keine Forderung auf Verlängerung der vertraglichen Termine gegenüber dem Auftraggeber geltend machen.

7.2 Der Auftragnehmer hat innerhalb von 10 AT nach Auftragserteilung einen ausführlichen Terminplan aufzustellen und einzureichen, in welchem im Detail der gesamte Bauablauf aufgegliedert nach Gewerken gemäß DIN 276 zeichnerisch dargestellt ist. Auf dem Terminplan ist als letzte Zeile der Zahlungsplan darzustellen. Die im Terminplan vertraglich vereinbarte Leistung muss durch Angabe der Prozentsätze der einzelnen Gewerke monatlich nachvollziehbar sein.

Bei Terminverzug ist der Termin- und Zahlungsplan vor Einreichung der monatlichen Teilrechnung in Abstimmung mit dem Auftraggeber zu überarbeiten.

7.3 Der voraussichtliche Beginn der Arbeiten wird im Auftragsschreiben festgelegt. Der exakte Arbeitsbeginn sowie die erforderlichen Anlieferungstermine für bauseits zu stellende Materialien sind vom Auftragnehmer rechtzeitig mit dem Auftraggeber abzustimmen und schriftlich festzulegen.

7.4 Die Einhaltung der vertraglichen Ausführungsfristen ist vom Auftragnehmer zu gewährleisten. Zur Einhaltung dieser Frist gehört auch die rechtzeitige Beibringung von Unterlagen, soweit diese im Zuge der Auftragsbearbeitung gefordert sind bzw. werden. Als Unterlagen in diesem Sinne gelten z. B. Werkstatt- und Montagepläne, Berechnungen Wartungsanleitungen, behördliche Genehmigungen, soweit diese vom Auftragnehmer einzuholen sind.

7.5 Bei schuldhafter Überschreitung der Endtermine wird eine Vertragsstrafe in Höhe von 0,20 % je Arbeitstag, höchstens jedoch 5 % der Bruttoabrechnungssumme vereinbart. § 341 Abs. 3 BGB gilt mit der Maßgabe, dass die verwirkte Vertragsstrafe bis zur Schlusszahlung geltend gemacht werden kann, auch ohne Vorbehalt bei der Abnahme.

7.6 Wird nach Auffassung des Auftragnehmers durch unvorhergesehene Erschwernisse oder Behinderungen eine Verlängerung der vertraglichen Ausführungsfristen erforderlich, so hat er unverzüglich eine Verlängerung der Fristen und einen evtl. daraus entstehenden zusätzlichen Vergütungsanspruch schriftlich bei dem Auftraggeber geltend zu machen. Werden entsprechende Ansprüche nicht geltend gemacht, so verliert der Auftragnehmer seine Ansprüche, es sei denn, dem Auftraggeber sind die Umstände und deren hindernde Wirkung offenkundig.

8. Abrechnung und Zahlungen

8.1 Die Abrechnung der Leistungen und Zahlungen von Teilrechnungen und Schlussrechnung erfolgt gemäß dem abgestimmten Termin- und Zahlungsplan (vgl. Pkt. 7.2.) mit Bautenstandsnachweis nach Prüfung und Genehmigung des Auftraggebers entsprechend dem tatsächlichen Baufortschritt.

8.2 Alle Rechnungen sind beim 3-fach einzureichen.

8.3 Der Zahlungsentwurf ist vom Bieter, abgestimmt auf seinen Terminplanvorschlag auf Grundlage des beigefügten Rahmenterminplanes, mit dem Angebot einzureichen und wird nach Prüfung durch den Bauherrn Vertragsbestandteil.

9. Sicherheitsleistungen

9.1 Zur Absicherung der vertragsgemäßen Erbringung der vom AN mit diesem Vertrag übernommenen Leistungen übergibt der AN dem AG spätestens vor Auszahlung der ersten Zahlung eine unbefristete Vertragserfüllungsbürgschaft in Höhe von 5 % der Brutto-Auftragssumme.

9.2 Zur Sicherung der Gewährleistungs- und Schadensersatzansprüche des Auftraggebers gegen den Auftragnehmer wird über die Dauer der Gewährleistungszeit der Betrag von 5 % der Brutto-Abrechnungssumme einbehalten, und zwar aufgerundet auf volle 100 DM.
Dieser Barsicherheitseinbehalt kann gegen Vorlage einer selbstschuldnerischen, unbefristeten und unbedingten Bürgschaft eines in den Europäischen Gemeinschaften zugelassenen Kreditinstituts abgelöst werden.
Der Auftragnehmer erhält die Bankbürgschaft nach Ablauf der Gewährleistungszeit auf Anforderung zurück.

9.3 Die Bürgschaftsurkunden haben den Einheitlichen Formblättern EFB-Sich 1 und / oder EFB-Sich 2 zu entsprechen.

10. Termine, zeitlicher Ablauf

– Abgabe des kompletten Angebotes (Submission)
– Angebotsbindefrist bis
– vorgesehene Auftragsvergabe (Beginn der Planung und Bauvorbereitung)
– Beginn der Bauarbeiten, voraussichtlich
– vertraglicher und pönalisierter Endtermin

11. Gewährleistung

Die Verjährungsfrist der Gewährleistungsansprüche beträgt fünf Jahre. Abweichend von der Gewährleistungsfrist von fünf Jahren gelten für folgende Teilleistungen die nachstehenden Gewährleistungsfristen:
– für das Dachabdichtungsmaterial und die Dachabdichtungsarbeiten 10 Jahre
– für Verschleißteile, bewegliche Teile; Motoren und von Feuer berührte Teile 2 Jahre
– für Leuchtmittel 6 Monate
– für vegetationstechnische Arbeiten (Neuanpflanzung) die üblichen Anwachsgarantien.

12. Sonstiges

12.1 Der Auftragnehmer ist verpflichtet, ausschließlich Arbeitskräfte mit gültigen Arbeitspapieren (Aufenthalts- und Arbeitserlaubnis, Sozialversicherungsnachweis, Personalausweis oder ein anderes Ausweisdokument) zu beschäftigen und die von ihm beauftragten Nachunternehmer entsprechend weiter zu verpflichten. Dem Auftragnehmer ist bekannt, dass der Einsatz von Arbeitnehmer -Entleihfirmen gemäß den gesetzlichen Bestimmungen verboten ist.

12.2 Der Auftragnehmer ist verpflichtet, das deutsche Arbeitnehmer-Entsendegesetz und insbesondere den jeweils gültigen Mindestlohntarifvertrag zu beachten und einzuhalten und die von ihm beauftragten Nachunternehmer entsprechend weiterzuleiten.

3.5.3 Risikoverlagerung auf den Auftragnehmer durch Allgemeine Geschäftsbedingungen des Auftraggebers

3.5.3.1 Ausschluss der Ansprüche des Auftragnehmers aus mangelhaft definierter Leistungsbeschreibung

Auftraggeber versuchen oft, die Folgen eigener Nachlässigkeit bei der Ausschreibung durch Allgemeine Geschäftsbedingungen auf den Auftragnehmer abzuwälzen. Dieser Versuch muss regelmäßig scheitern, weil die Pflicht zur klaren Beschreibung eine Kardinalpflicht des Auftraggebers ist und deshalb entsprechende Klauseln spätestens an § 307 BGB scheitern. Eine Klausel, mit der der Auftraggeber ausdrücklich erklärt, er *„hafte nicht für die Richtigkeit der Ausschreibung"*, ist demgemäß unwirksam. In dieser Schlichtheit finden sich solche Klauseln allerdings auch nicht.[401]

Typischer ist, dass *„der Bieter mit Abgabe des Angebots anerkennt, dass er sich an der Baustelle über alle die Preisermittlung beeinflussenden Umstände informiert hat"*. Nach der Rechtsprechung des OLG Frankfurt ist diese Klausel unwirksam, da sie beweislaständernd ist.[402] Erleidet nämlich der Bieter im Falle unzureichender Beschreibung der Örtlichkeiten im Leistungsverzeichnis einen Schaden, weil er bestimmte Umstände, die bei Kenntnis der örtlichen Umstände hätten berücksichtigt werden können, in seine Kalkulation nicht einfließen lässt, führt die Klausel dazu, dass er nun selbst beweisen muss, ihn treffe kein Mitverschulden, weil ihm entgegen seiner Erklärung die örtlichen Verhältnisse unbekannt gewesen seien. Die Erstellung der Ausschreibungsbedingungen ist Sache des Auftraggebers.[403] *Korbion/Locher*[404] weisen darauf hin, dass diese Klausel *„ersichtlich das Bereitstellungsrisiko des Auftraggebers abwälzen soll"*. (...) *„Dies verstößt dann gegen § 307 BGB, wenn sich die betreffenden, vor allem für den Leistungsinhalt und Leistungsumfang maßgebenden Feststellungen an Ort und Stelle überhaupt nicht oder nicht ohne besonderen Aufwand treffen lassen"*.

Das ändert nichts daran, dass solche Klauseln zulässig sind, die eine präzise Verpflichtung des Auftragnehmers nur umgrenzen oder sogar wiederholen. Die Klausel, dass der Bieter verpflichtet ist, sich vor Abgabe seines Angebotes ein Bild von der Baustelle zu machen, ist wirksam. Wenn nicht schon ohnehin zur normalen vertraglichen Leistungspflicht des Unternehmers zählend, handelt es sich dann in diesem klar umgrenzten Rahmen um eine keineswegs in ihrem Umfang und in ihrer Tragweite unklare und darüber hinaus unzumutbare Regelung. Unbedingte Voraussetzung ist allerdings, dass die Baustelle auch besichtigungsreif ist.[405]

---

[401] Kapellmann/Schiffers, Band 1, a. a. O., Rdn. 279.
[402] OLG Frankfurt vom 07.06.1985, Az: 6 U 148/84, Bunte VI, 201.
[403] Glatzel/Hofmann/Frikell, Unwirksame Bauvertragsklauseln nach dem AGB-Gesetz, S. 89.
[404] Korbion/ Locher, AGB-Gesetz und Bauerrichtungsverträge, Rdn. 67.
[405] Korbion/ Locher, AGB-Gesetz und Bauerrichtungsverträge, Rdn. 67.

Klauseln, nach denen der Unternehmer die Ausführungsunterlagen vor Ausführungsbeginn nachzuprüfen hat, sind im Prinzip zulässig, weil der Auftragnehmer ohnehin die Pflicht hat, die Ausführungsunterlagen zu prüfen. Dabei darf die Klausel nicht vorsehen, dass auch solche Dinge zu prüfen sind, die der Auftragnehmer gar nicht erkennen kann, oder Prüfpflichten statuiert werden, die sogar über den Rahmen des § 4 Nr. 3 VOB/B hinausgehen. Bei Einheitspreisverträge gem. § 5 Nr. 1a VOB/A sind solche Klauseln ohnehin unwirksam, die dem Auftragnehmer Planungsrisiken zuweisen.

Ferner sind Klauseln unzulässig, wonach der Auftragnehmer mit Beginn der Ausführungsarbeiten der von ihm geschuldeten Leistung anerkenne, dass die ihm überlassenen Unterlagen vollständig und ausreichend seien und/oder, dass die Vorarbeiten ordnungsgemäß ausgeführt seien.[406]

3.5.3.2 Ausschluss der Preisanpassungsmöglichkeit des Auftragnehmers

a) Ausschluss jeglicher Preisanpassungsmöglichkeiten bei Mengenänderungen

In AGB des Auftraggebers ist gelegentlich die Klausel enthalten: *„Massenabweichungen und Massenänderungen bedingen keine Änderung der Einheitspreise."* Beim Einheitspreisvertrag verstößt diese Klausel gegen § 307 und § 309 Nr. 7 BGB.[407] Aufgrund ihrer pauschalen Fassung schließt sie nicht nur den § 2 Nr. 3 VOB/B, sondern auch gesetzliche Preisanpassungsmöglichkeiten bei Mengenänderungen, nämlich die Preisanpassung aufgrund schuldhaft mangelhaft ermittelter Mengenansätze oder aufgrund einer „Störung der Geschäftsgrundlage" aus.[408]

b) Ausschluss einer Preisanpassung i. S. des § 2 Nr. 3 VOB/B

Wesentlich häufiger ist in AGB des Auftraggebers eine Klausel anzutreffen, die die Preisanpassungsmöglichkeit des § 2 Nr. 3 VOB/B einschränkt oder ausschließt. Der BGH hatte folgende Klausel zu beurteilen: *„Die Einheitspreise sind Festpreise für die Dauer der Bauzeit und behalten auch dann ihre Gültigkeit, wenn Massenänderungen i. S. des § 2 Nr. 3 VOB/B eintreten."* Nach Ansicht des BGH[409] ist diese Klausel zulässig, da die Preisanpassungsmöglichkeit des § 2 Nr. 3 VOB/B nicht zu der von § 307 Abs. 2 Nr. 1 BGB geschützten „gesetzlichen Regelung" gehört. Insbesondere schließe die Klausel nach der hier gewählten Formulierung andere Preisanpassungsmöglichkeiten (wegen Verschuldens bei Vertragsschluss oder Störung der Geschäftsgrundlage) nicht aus.[410] Diese Klausel ist allerdings nur insoweit zulässig, wie sie eine Preisanpassungsmöglichkeit i. S. des § 2 Nr. 3 VOB/B für beide Parteien ausschließt. Der einseitige Ausschluss ist unzulässig. Die Verwendung der Klausel führt jedoch dazu, dass die VOB nicht mehr „als Ganzes" gilt und somit einer Inhaltskontrolle nach § 307 BGB unterliegt.

Eine Klausel, wonach der Auftragnehmer bei einer über 10 v. H. hinausgehenden Überschreitung des Mengenansatzes einen höheren Preis dem Auftraggeber unverzüglich schriftlich ankündigen hat, ist unwirksam. Nach der maßgeblichen vertragspartner-feindlichsten Auslegung ist die Klausel geeignet, dem Auftragnehmer materiell gerechtfertigte Ansprüche nur deshalb nicht zu bezahlen, weil er formalen Anforderungen nicht nachkommt. Dies verstößt gegen

---

[406] Korbion/ Locher, AGB-Gesetz und Bauerrichtungsverträge, Rdn. 71.
[407] OLG Bamberg vom 21. 9. 1994, Az: 3 U 258/93; Baurechts-Report 11/94.
[408] Glatzel/Hofmann/Frikell, Unwirksame Bauvertragsklauseln nach dem AGB-Gesetz, S. 123.
[409] BGH BauR 1991, 210.
[410] Glatzel/Hofmann/Frikell, Unwirksame Bauvertragsklauseln nach dem AGB-Gesetz, S. 123.

§ 307 BGB.[411] Die Klausel ist allerdings gültig, wenn sie verdeutlicht, dass die fehlende Ankündigung lediglich Schadensersatzansprüche auslöst. Nach der Rechtsprechung des BGH beinhaltet eine solche Klausel jedoch *„einen so schwerwiegenden Eingriff in die VOB"*, dass diese in ihrem Kernbereich betroffen ist.[412]

c) Ausschluss der Ansprüche des Auftragnehmers aus § 2 Nr. 5 oder § 2 Nr. 6 VOB/B

In AGB des Auftraggebers ist gelegentlich die Klausel enthalten: *„Beansprucht der Auftragnehmer wegen Änderung des Bauentwurfs oder anderer Anordnungen des Auftraggebers gem. § 2 Nr. 5 VOB/B eine erhöhte Vergütung, so muss er dies dem Auftraggeber vor der Ausführung ankündigen; unterlässt er die Ankündigung, steht ihm kein Vergütungsanspruch zu, es sei denn, dass der Auftraggeber an der Vergütungspflicht für die geänderte Leistung objektiv keine ernsthaften Zweifel haben kann oder der Auftragnehmer die Ankündigung ohne Verschulden unterlässt."* Dem Grunde nach wird der Auftragnehmer mit dem Verlangen nach Ankündigung des Mehrvergütungsanspruches bei einer geänderten Leistung nicht unbillig belastet, so dass die Einführung einer Ankündigungserfordernis zulässig ist. Voraussetzung ist jedoch, dass die einschneidende Folge des Vergütungsverlustes in der Klausel selbst unmissverständlich ausgesprochen ist, und dass aber darüber hinaus die Klausel auf wirklich notwendige Fälle beschränkt sein muss und Raum für eine „einschränkende Auslegung" lässt.[413]

Unwirksam ist dagegen eine Klausel, die eine solche Ankündigungserfordernis ausdrücklich in schriftlicher Form verlangt. Nach Ansicht des BGH[414] beinhaltet sie eine Anspruchsvoraussetzung und ändert hiermit ganz erheblich die VOB ab. Der § 2 Nr. 5 VOB/B kennt eine solche Rechtsfolge nicht. Damit enthält die Klausel *„einen so schwerwiegenden Eingriff in die nach § 2 VOB/B begründeten Rechte des Auftragnehmers, dass die VOB/B in ihrem Kernbereich betroffen"* ist. Es ist nicht einzusehen, dass – bei vertragspartnerfeindlichster Auslegung – ein materiell berechtigter Anspruch nur durch Nichteinhaltung der Schriftform verloren gehen soll.[415]

Nach § 2 Nr. 6 Abs. 1 VOB/B *„hat der Auftragnehmer Anspruch auf besondere Vergütung, wenn eine im Vertrag nicht vorgesehene Leistung gefordert wird. Er muss jedoch den Anspruch dem Auftraggeber ankündigen, bevor er mit der Ausführung der Leistung beginnt"*. Diese Klausel ist auch bei einer isolierten Betrachtung wirksam. Allerdings darf die Ankündigungspflicht in Satz 2 nicht als generell notwendige Anspruchsvoraussetzung für einen zusätzlichen Vergütungsanspruch verstanden werden.[416]

Klauseln, die einen Vergütungsanspruch wegen geänderter Leistungen gem. § 2 Nr. 5 VOB/B oder wegen zusätzlicher Leistungen gem. § 2 Nr. 6 VOB/B ganz ausschließen sind ausnahmslos unwirksam, da der Auftragnehmer hier unangemessen benachteiligt wird; insbesondere dann, wenn Änderungen im Leistungsbereich in keiner Weise auf den Auftragnehmer zurückzuführen sind.[417]

---

[411] OLG München vom 16. 11. 1993, Az: 9 U 3155/93, Baurechts-Report 7/95.
[412] BGH vom 20. 12. 1990, Az: VII ZR 248/ 89; BB 91, 502.
[413] Kapellmann/Schiffers, Band 1, a. a. O., Rdn. 934.
[414] BGH vom 20. 12. 1990, Az: VII ZR 248/89; BB 91, 502.
[415] Glatzel/Hofmann/Frikell, Unwirksame Bauvertragsklauseln nach dem AGB-Gesetz, S. 129.
[416] BGH BauR 1996, 542.
[417] BGH vom 05.06.1997, Az: VII ZR 54/96, Baurechts-Report 9/97.

3.5.3.3 Ausschluss der Ansprüche des Auftragnehmers auf Schadensersatz gem. § 6 Nr. 6 VOB/B

Häufig verwenden Auftraggeber Klauseln in ihren Allgemeinen Geschäftsbedingungen, die etwaige Schadensersatzansprüche des Auftragnehmers wegen schuldhaft unterlassener Anzeige einer Behinderung ausschließen. Ein typisches Beispiel ist eine Klausel aus den EVM (B) ZVB/E Stand 1996 Ziff. 19: *„Ist erkennbar, dass sich durch eine Behinderung oder Unterbrechung Auswirkungen ergeben, hat der Auftragnehmer diese dem Auftraggeber unverzüglich schriftlich mitzuteilen. Unterlässt er schuldhaft diese Mitteilung, hat er den dem Auftraggeber daraus entstehenden Schaden zu ersetzen."* Diese Klausel ist wirksam, da sie Schadensersatzansprüche aus Verzug der Auftraggeberseite nicht einschränkt – was unzulässig wäre –, sondern bloß eine zumutbare Nebenpflicht schafft.

Unwirksam ist dagegen eine Klausel mit dem Inhalt: *„Eine Verlängerung der Ausführungsfrist wegen Behinderung oder Unterbrechung (auch infolge Witterungseinflüssen) begründet keinen Anspruch auf besondere Vergütung. § 6 Nr. 6 VOB/B bleibt unberührt."* Die Klausel schließt in unzulässiger Weise auch eine Vergütungsanpassung nach den Grundsätzen über den Wegfall der Geschäftsgrundlage aus. Dies führt im Einzelfall zu einer grob unangemessenen Risikoabwälzung auf den Auftragnehmer.[418]

Die Unwirksamkeit gilt überhaupt für alle Klauseln, die – in welcher Form auch immer – berechtigte Ersatzansprüche des Auftragnehmers aus § 6 Nr. 6 VOB/B einschränken. Dies gilt insbesondere für die folgende Klausel: *„Ist nach Maßgabe der Bauleitung eine Arbeitsunterbrechung vorzunehmen oder tritt eine Verzögerung der Arbeiten infolge von der Oberleitung zu vertretenden Umstände ein, so steht dem Auftragnehmer kein Anspruch auf Schadensersatz für verzögerte Arbeiten zu."* Diese Klausel verstößt gegen § 307 und § 309 Nr. 7b BGB. Sowohl nach dem Werkvertragsrecht des BGB wie nach der VOB hat der Bauherr gegenüber dem Unternehmer Mitwirkungspflichten. Er hat u. a. rechtzeitig Pläne zur Verfügung zu stellen und die Arbeiten an der Baustelle zu koordinieren. Die Verletzung dieser Pflichten löst Schadensersatzansprüche aus. Der hier vorgenommene Haftungsausschluss, auch für vorsätzliche oder grobfahrlässige Vertragsverletzungen durch den Verwender, ist im Bereich der Bauverträge durchaus kein Handelsbrauch und somit auch im kaufmännischen Geschäftsverkehr unzulässig.[419]

3.5.3.4 Abwälzung des Beschreibungsrisikos auf den Auftragnehmer durch eine Komplettheitsklausel beim Detail-Pauschalvertrag

Auftraggeber schreiben die (von ihnen selbst geplante Leistung und) gewünschte Leistung zwar gerne „bis ins Detail" aus, sind aber gleichzeitig bestrebt, das aus der Systemwahl „Detail-Pauschalvertrag" resultierende Beschreibungsrisiko, nämlich die mögliche Unvollständigkeit der Detailregelungen zur Erreichung des gewünschten Leistungsziels, auf den Auftragnehmer anzuwälzen.[420]

---

[418] LG München vom 24.07.1994, Az: 21 O 11308/93.
[419] Vgl. LG Saarbrücken, Urteil vom 11.02.1981, Az: 12 O 230/80, Bunte II, § 9 Nr. 10; LG Frankfurt/M. vom 06.02.1980, Az: 2/6 O 502/79, Klausel 1, Bunte I, § 24 Nr. 17; OLG Karlsruhe vom 22.07.1982, Az: 9 U 27/82, BB 1983, 727 ff.; OLG München vom 03.11.1983, Az: 6 U 1390/83, BB 1984 S. 1386; LG München vom 07.02. 1991, Az: 7 O 16246/90; Glatzel/Hofmann/Frikell, Unwirksame Bauvertragsklauseln nach dem AGB-Gesetz, S. 174.
[420] Kapellmann/Schiffers, Band 2, a. a. O., Rdn. 272.

Verwendet der Auftraggeber bei einem Detail-Pauschalvertrag eine allgemeine Komplettheitsklausel, wonach der Pauschalvertrag alles beinhaltet, was zu einer schlüsselfertigen Leistung gehört, so ist diese unwirksam. Hier ist die Leistung durch das Leistungsverzeichnis und die etwa gelieferten Pläne eindeutig definiert, so dass die Klausel die Leistungspflicht des Auftragnehmers unangemessen erweitert.

Der Auftraggeber kann jedoch das Ziel „Vollständigkeit der Detailregelungen" wirksam durch konkrete Formulierungen im Leistungsverzeichnis bzw. in anderen schriftlichen Leistungsvorgaben oder durch konkrete Angaben des konkreten Leistungsziels in Allgemeinen Geschäftsbedingungen erreichen. Solche konkreten Klauseln sind wirksam, da sie kein unkalkulierbares „Allgemeines Leistungsziel" vorgeben, sondern dem Bieter etwaige Risiken offen zuweisen.

Beim Komplexen Global-Pauschalvertrag, also beispielsweise beim Schlüsselfertigbau, ist eine Komplettheitsklausel in Allgemeinen Geschäftsbedingungen des Auftraggebers wirksam.[421]

3.5.3.5 Schriftformvereinbarungen

Eine Besonderheit der AGB hat sich bezüglich Bauklauseln entwickelt, die eine Schriftformvereinbarung vorsehen, was häufig der Fall ist.

Beispiel:
- „Änderungen und Ergänzungen sind nur in schriftlicher Form gültig."
- „Besondere Abreden sind nur gültig, wenn der Auftraggeber sie schriftlich bestätigt."

Fraglich ist bei solchen Klauseln bereits, ob sie einer Inhaltskontrolle nach § 307 BGB standhalten.[422]

Von dieser Frage abgesehen ist allerdings darauf hinzuweisen, dass, sollten die Vertragsparteien nach Vertragsabschluss doch weitere mündliche Vertragsabreden treffen, diese als Individualvereinbarungen anzusehen sind, die gemäß § 305b BGB Vorrang vor den Allgemeinen Geschäftsbedingungen haben.

Mit mündlicher Vertragsabrede wird die Schriftformvereinbarung daher jeweils als konkludent abbedungen betrachtet.

Es ist demzufolge grundsätzlich nicht möglich, in AGB Schriftformklauseln zu vereinbaren, die zu der Unwirksamkeit einer folgenden mündlichen Vereinbarung mit der Begründung führten, dass die vereinbarte Schriftform nicht eingehalten worden sei. Bei der mündlichen Abrede wird es sich in der Regel immer um eine vorrangige Individualvereinbarung handeln.

Dies kommt in der Praxis häufig vor. Vor allem in den einer Ausschreibung nachfolgenden Vertragsverhandlungen und Vergabegesprächen werden die bei der Ausschreibung verwendeten Bedingungen erörtert und hierbei gegebenenfalls abgeändert.

---

[421] Kapellmann/Schiffers, Band 2, a. a. O., Rdn. 272, 519 ff.
[422] Dies verneint der BGH- BGH, Urteil vom 09.07.1997, Az.: XI ZR 72/90, NJW 1991, S. 2559.

3.5.4 Zusammenstellung von Bauvertragsklauseln

3.5.4.1 Wirksame Klauseln

- „*Mündliche Nebenabreden sind nicht getroffen.*"[423]
- „*Der Bieter ist verpflichtet, vor Abgabe seines Angebots sich ein Bild von der Baustelle zu machen.*"
- „*Mit den Einheitspreisen sind sämtliche Nebenleistungen abgegolten.*"
  Die Klausel wiederholt eine Selbstverständlichkeit, da Nebenleistungen bereits nach § 2 Nr. 1 VOB/B auch ohne Erwähnung im Leistungsverzeichnis zur vertraglichen Leistung gehören. Etwas anderes gilt dann, wenn auch notwendige Nebenarbeiten mit den Einheitspreisen abgegolten werden sollen. Dies ist zu unbestimmt.[424]
- „*Der AN ist verpflichtet, sich über Lage und Verlauf unterirdisch verlegter Versorgungsleitungen zu vergewissern.*"
  Diese Tätigkeit gehört zur allgemeinen Verkehrssicherungspflicht des AN.
- „*Das Wasser- und Lichtgeld wird von der Schlussrechnung in Abzug gebracht, auch wenn das Material bauseitig zur Verfügung gestellt wird.*"[425]
- „*Folgende besondere Leistung gehört zur Vertragsleistung und wird nicht gesondert vergütet: Herstellen und Schließen aller Aussparungen und Schlitze, soweit sie aus den zum Zeitpunkt der Angebotsabgabe dem AN vorliegenden Plänen erkennbar und kalkulierbar sind.*"
  Die Leistung ist berechenbar und somit nicht unwirksam, auch wenn die Klausel die VOB/B abändert, da nach der VOB/C derartige Leistungen so genannte Besondere Leistungen sind (vgl. z. B. DIN 18 330 Ziff. 4.2.5 und 4.2.6).
  Nicht berechenbar ist allerdings eine Klausel, die pauschal auf Angaben in den Ausführungsplänen verweist, weil diese dem AN bei Angebotsabgabe nicht bekannt sein müssen.
- „*LV-Position: Mauerwerk 1 m³ (...) die notwendigen Schlitze sind in den angebotenen Einheitspreis mit einzurechnen. ... EURO.*"
  Die LV-Position selbst ist einer Inhaltskontrolle durch § 307 Abs. 3 S. 1 BGB entzogen (Ausnahme Preisnebenabreden wie z. B. Umlageklauseln). Preisnebenabreden sind solche Regelungen, die die eigentliche Preisvereinbarung meist zu Lasten des Vertragspartners umgestalten und dadurch in ihrem Inhalt verändern, die also eine mittelbare Auswirkung auf die Entgelthöhe haben.[426]
- „*Die Einheitspreise sind Festpreise für die Dauer der Bauzeit und behalten auch dann ihre Gültigkeit, wenn Massenänderungen im Sinne von § 2 Nr. 3 VOB/B eintreten.*"[427]
  Nach Auffassung des BGH gehört die Preisanpassungsmöglichkeit des § 2 Nr. 3 VOB/B nicht zu der von § 307 Abs. 2 Ziff. 1 BGB geschützten gesetzlichen Regelung. Insbesondere schließt die Klausel nach der hier gewählten Formulierung andere Preisanpassungsmöglichkeiten (wegen Verschuldens bei Vertragsschluss oder Wegfalls der Geschäftsgrundlage) nicht aus.

---

[423] BGH NJW 1985, 2330.
[424] LG München, Urteil vom 17.12.1992 – 7 O 9858/92 –.
[425] Vgl. OLG; Köln, Urteil vom 09.10.1992 – 6 U 91/92 –.
[426] OLG Stuttgart, BB 1998, 502.
[427] Vgl. BGH BB 1993, 1907.

Eine Klausel „*Massenabweichungen und Massenänderungen bedingen keine Änderung der Einheitspreise*" ist allerdings unwirksam, denn aufgrund ihrer pauschalen Fassung (können/müssen?) auch die gesetzlichen Preisanpassungsmöglichkeiten bei Mengenänderungen ausgeschlossen werden.[428]

- „*Der AN hat Nachtragspreise vor Ausführung zu vereinbaren. Versäumt er dies, so setzt der AG bzw. sein Architekt die Preise nach billigem Ermessen fest.*"[429] Dies ist allerdings fraglich, da eine Konkretisierung der Voraussetzungen und des Umfangs der Einräumung eines solchen Leistungsbestimmungsrechts in AGB gefordert wird.[430]

- „*Der Bauleiter ist nicht befugt, für den AG Änderungen des Auftrags anzuordnen. Solche vertragsändernden Anordnungen können nur von der Geschäftsleitung getroffen werden.*"
Die Klausel beinhaltet lediglich einen zutreffenden Hinweis auf die Rechtslage. Danach ist der Bauleiter nur dann vertretungsberechtigt, wenn ihn der AG dazu in der dafür im Gesetz vorgesehenen Weise bevollmächtigt hat. Das Gleiche gilt für eine Formulierung, wonach der Architekt zu Vertragsänderungen nicht berechtigt ist.

- „*Der AN ist verpflichtet, Verlegepläne herzustellen und dem AG auszuhändigen. Diesbezügliche Kosten sind in die Einheitspreise mit einzurechnen.*"[431]
Zwar ist die Beschaffung der Verlegepläne normalerweise Sache des Auftraggebers und darf nur gegen gesonderte Vergütung gemäß §§ 3 Nr. 5, 2 Nr. 9 VOB/B auf den Auftragnehmer übertragen werden. Fs ist aber den Vertragspartnern freigestellt, dies – wie hier – mit den Einheitspreisen abzugelten.

- „*Sämtliche Maße sind am Bau zu prüfen.*"
Der AN ist verpflichtet, alle Vorleistungen, auf denen seine Arbeit aufbaut – also auch die Pläne –, mit den ihm zur Verfügung stehenden Mitteln zu überprüfen (§§ 3 Nr. 3, 4 Nr. 2 VOB/B).

- „*Der AN hat auf Verlangen des AG Baustelleneinrichtungsplan, Geräteverzeichnis, Bauzeitenplan zu erstellen und dem AG innerhalb einer Frist von ... Wochen ab ... zu übergeben.*"
Hier handelt es sich um Plane, die nicht die Konstruktion des Bauwerks, sondern die Ausgestaltung des Herstellungsvorgangs betreffen. Auch bei einem klassischen Bauvertrag, bei dem die Planung dem AG obliegt, ist dies üblich und sachgerecht.[432]

- „*Der AN ist verpflichtet, Bautagebücher zu führen und sie dem AG arbeitstäglich vorzulegen.*"
Derartige Regelungen dienen dem Nachweis von Art und Umfang der Leistung. Sie sind auch dann gültig, wenn festgestellt wird, dass der AN für das Führen der Bautagebücher keine besondere Vergütung erhält.

- „*Die im Bauzeitenplan enthaltenen Einzelfristen gelten als Vertragsfristen.*"

- „*Behinderungsanzeigen bedürfen auch dann der Schriftform, wenn die Behinderung offenkundig ist.*"
Für einseitige Erklärungen kann per AGB die Schriftform vorgeschrieben werden. Dies ergibt sich aus § 309 Nr. 13 BGB.[433]

---

[428] OLG Bamberg, Urteil vom 21.09.1994 – 3 U 258/93 –.
[429] Vgl. BGH NJW 1985, 624.
[430] BGH NJW 1984, 1182.
[431] Vgl. OLG Frankfurt, Urteil vom 28.02.1996 – 21 U 33/95 –.
[432] Vgl. Kleine-Möller, Handbuch des privaten Baurechts, § 2 Rdnr. 29.

- *„Ist erkennbar, dass sich durch eine Behinderung oder Unterbrechung Auswirkungen ergeben, hat der AN diese dem AG unverzüglich schriftlich mitzuteilen. Unterlässt er schuldhaft diese Mitteilung, hat er den dem AG daraus entstehenden Schaden zu ersetzen."*
  Diese Klausel schafft eine zumutbare Nebenpflicht.
- *„Überschreitet der AN die Vertragsfristen schuldhaft, ist eine Vertragsstrafe von 0,3 % pro Werktag zu zahlen, höchstens jedoch 10% der Auftragssumme."*
  Die Klausel ist verschuldensabhängig und beinhaltet eine angemessene Obergrenze. Allerdings ist darauf zu achten, dass der einzusetzende Prozentsatz angemessen ist. Vertragsstrafen, die in der Höhe nach durch einen Teilbetrag der Auftragssumme bestimmt werden, sind bei 0,2% bis 0,3% je Werktag zulässig.[434]
  Fraglich ist jedoch, ob die Obergrenze auf die Netto- oder Bruttoauftragssumme zu begrenzen ist.
- *„Eine verwirkte Vertragsstrafe kann bis zur Schlusszahlung geltend gemacht werden."*
  Die gesetzliche Regelung des Vorbehalts der Vertragsstrafe bei Abnahme (§ 341 Abs. 3 BGB) hat eher Zweckmäßigkeits- als Gerechtigkeitsgehalt. Deshalb kann auch in AGB eine abweichende Regelung dann vereinbart werden, wenn der Zeitpunkt der Geltendmachung der Vertragsstrafe in sachlich gerechtfertigter Weise bis zu einem bestimmten Zeitpunkt hinausgeschoben wird. Beim Bauvertrag ist ein Hinausschieben bis zur Schlusszahlung deshalb gerechtfertigt, weil der AG häufig erst zu diesem Zeitpunkt erkennen kann, ob ihm tatsächlich ein Schaden entstanden ist.
  Die alte BGH-Entscheidung wurde noch zu einem Zeitpunkt erlassen, als das AGB-Gesetz noch nicht Anwendung fand.[435] Die Begründung des BGH, der Auftraggeber könne erst häufig zum Zeitpunkt der Schlusszahlung erkennen, ob ihm tatsächlich ein Schaden entstanden sei, zieht wohl nicht, da es bei der Geltendmachung der Vertragsstrafe nicht um die Durchsetzung eines Schadensersatzanspruchs und damit um die Kenntnis eines tatsächlich entstandenen Schadens geht. Die Vertragsstrafe ist bekanntlich unabhängig von einem tatsächlich eingetretenen konkreten Schaden zu zahlen.
  Hierzu ist auch auf eine Entscheidung des OLG Düsseldorf hinzuweisen.[436] Danach ist eine solche Klausel unwirksam.
- *„(...) 0,4% der Auftragssumme je Werktag, höchstens 7% der Vertragssumme."*
  Der hier angesetzte Tagessatz von 0,4% mag noch hingehen, zumal die Gesamthöhe der Vertragsstrafe auf 7% der Vertragssumme begrenzt ist.[437]
- *„§ 11 VOB/B: Bei Überschreitung der Vertragsfristen hat der AN für jeden Werktag (...)."*
  Die Überschrift stellt klar, dass der nachfolgende Text auf § 11 VOB/B aufbaut und ihn nicht ersetzt. Nach § 11 Nr. 2 VOB/B wird die Vertragsstrafe nur fällig, wenn der Auftragnehmer in Verzug gerät. Somit ist die hier verlangte Vertragsstrafe nicht verschuldensunabhängig und damit wirksam.
- *„Wenn der AN aus Anlass der Vergabe eine Abrede getroffen hat, die eine unzulässige Wettbewerbsbeschränkung darstellt, hat er 3 % der Auftragssumme an den AG als Schadensersatz zu zahlen. Ansprüche auf einen höheren Schadensersatz bleiben unberührt."*

---

[433] BGH NJW-RR 1989, 625.
[434] BGH BauR 1983, 80; BGH BauR 1987, 92.
[435] BGH BB 1979, 96.
[436] OLG Düsseldorf NJW-RR 1997, 1378.
[437] OLG Düsseldorf BauR 1992, 677.

Schadensersatzpauschalen können auch in AGB vereinbart werden.[438] Für die Wirksamkeit der Schadenspauschalierungsklausel ist es allerdings nicht erforderlich, dass sie einen Hinweis auf die Möglichkeit für den Klauselgegner enthält, einen tatsächlich geringeren Schaden nachzuweisen. Es genügt, wenn die Klausel nach ihrem Wortlaut und erkennbaren Sinn diese Möglichkeit belässt.[439] Um die Klausel auch gegenüber Nichtkaufleuten wirksam werden zu lassen, muss die Nachweismöglichkeit eines geringeren Schadens im Einzelfall ausdrücklich vorgesehen werden.

- *„Die Abnahme erfolgt förmlich. Die Abnahmefiktionen der VOB sind ausgeschlossen."*
  Der Ausschluss von § 12 Nr. 5 VOB/B ist zulässig.[440]

- *„Die förmliche Abnahme erfolgt binnen sechs Monaten nach Fertigstellung der Leistung, es sei denn, der Auftragnehmer fordert schriftlich eine frühere Abnahme."*
  Durch das Recht des AN, die förmliche Abnahme schon früher zu verlangen, wird der erste Halbsatz geheilt.[441]

- *„Für die Gewährleistung des AN gilt § 13 VOB/B, jedoch beträgt die Verjährungsfrist in Abänderung von Nr. 4 generell fünf Jahre."*
  Mit dieser Regelung kann der AG eine nahezu siebenjährige Gewährleistungsverpflichtung des AN erreichen (fünf Jahre unterbrochen durch einfache schriftliche Mängelanzeige nach § 13 Nr. 5 VOB/B und Verlängerung um die Regelfrist der VOB/B)[442].

3.5.4.2 Unwirksame Klauseln

a) Beispiele

Im Folgenden werden klassische Beispiele immer wieder vereinbarter unwirksamer Bauklauseln vorgestellt.

- *„Die im Vertrag festgelegten Klauseln wurden heute zwischen den Parteien im Einzelnen ausgehandelt und endgültig festgelegt."*
  Die Klausel soll dem Verwender den Beweis ersparen, dass die Klausel im Sinne des § 305 Abs. 1 BGB ausgehandelt wurde. Sie ist gemäß § 309 Nr. 12a BGB unwirksam, da sie eine für den Vertragspartner unzulässige Änderung der Beweislast beinhaltet.

- *„Der Bieter kann sich nicht auf Unkenntnis der Vertragsgrundlagen berufen, außer wenn er bei Angebotsabgabe in einem Begleitschreiben auf diesen Umstand hingewiesen hat."*
  Die Klausel ist unwirksam, da sie den Bieter dem Risiko aussetzt, später bei fehlenden Begleitschreiben auf ihm unbekannte Vertragsbedingungen hingewiesen zu werden.

- *„Der Auftragnehmer bestätigt hiermit, dass er das Leistungsverzeichnis sämtlich erforderlicher Werk- und Detailpläne sowie folgender Unterlagen, Gutachten ... bereits vor Abschluss der Vereinbarung erhalten hat und dass er ausreichend Zeit hatte, die Pläne und sonstigen Unterlagen zu prüfen."*
  Die Klausel verstößt gegen § 307 BGB. Sie versucht im Wege der Tatsachenfiktion die Aushändigung und Überprüfung sämtlicher erforderlicher Unterlagen auch für die Fälle festzuschreiben, in denen der Auftraggeber dieser Verpflichtung nicht oder nicht vollstän-

---

[438] BGH BB 1996, 611.
[439] BGH NJW 1982, 2316.
[440] Vgl. BGH-Urteil vom 10.10.1996, ZfBR 1997, 73.
[441] OLG Bamberg IBR 1997, 450.
[442] Vgl. BGH BauR 1989, 32; zu einer zulässigen Gewährleistungsfrist von fünf Jahren und vier Wochen, vgl. OLG Düsseldorf NJW-RR 1994, 1298.

dig nachkommt. Gleichzeitig führt die Regelung zu einer unzulässigen Beweislastumkehr und benachteiligt damit den Auftragnehmer in unangemessener Weise.

- *„Ansprüche des Vertragspartners werden, soweit gesetzlich zulässig, ausgeschlossen."*
Diese Klausel beinhaltet einen Verstoß gegen das Gebot der Klarheit. Anstelle der unwirksamen Allgemeinen Geschäftsbedingungen gilt die gesetzliche Regelung.

- *„Die in diesen Bedingungen nicht ausdrücklich geregelten Rechte und Pflichten bestimmen sich nach der VOB."*
Hierin ist ein Verstoß gegen das Verständlichkeitsgebot des § 305 Abs. 2 Nr. 2 BGB zu sehen; damit ist die Klausel nach § 307 BGB unwirksam.

- *„Der Bieter hält sich acht (oder mehr) Wochen an sein Angebot gebunden."*
Die Klausel ist unwirksam, da sie die vorgesehene Zuschlagsfrist für Bauaufträge gemäß §19 Nr. 2 VOB/A (nicht mehr als 30 Kalendertage) unangemessen verlängert.

- *„Bei widersprüchlichen Angaben in den Angebots- bzw. Vertragsunterlagen gelten jeweils die zu Gunsten des Auftraggebers weitergehenden."*
Die Klausel ist wegen des Verstoßes gegen das Transparenzgebot unwirksam.

- *„Vereinbarungen oder Änderungen sind nur in der schriftlichen Form gültig."*
Sofern die Schriftformklausel wie hier auch die nachträgliche Zusatzvereinbarung mit dem Klauselverwender selbst oder seinem vertretungsberechtigten Personal beinhaltet, führt sie damit zu einer völligen Verdrängung des in § 305b BGB verankerten Prinzips des Vorrangs der Individualabrede. Sie ist gemäß § 307 BGB unwirksam.

- *Der Auftragnehmer hat sich über Boden- und Wasserverhältnisse zu informieren und die daraus entstehenden Risiken zu übernehmen."*
Der Baugrund und die Grundwasserverhältnisse sind ein vom Auftraggeber bereitzustellender Stoff, der in den Risikobereich des Auftraggebers fällt (vgl. § 9 VOB/A). Die Klausel verstößt gegen § 307 BGB.

- *„In die Leistungsbeschreibung sind alle Nebenleistungen gemäß VOB/B sowie alle Leistungen, die zur vertragsgemäßen Ausführung gehören, eingeschlossen."*
Die Klausel ist wegen Verstoßes gegen § 307 Abs. 2 Nr. 1 BGB unwirksam. Durch sie wird ein inhaltlich unbestimmter Leistungsumfang gefordert, der für den Auftragnehmer nicht vorhersehbar und damit nicht kalkulierbar ist.

- *„Die Beschattung von Genehmigungen und deren Kosten für die Benutzung öffentlicher Wege für Bauanschlüsse sowie für eine etwa notwendig werdende Benutzung von Nachbargrundstücken sind Sache des Auftragnehmers."*
Die Klausel ist gemäß § 307 BGB unwirksam, da sie dem Auftragnehmer Leistungen, die in den Leistungsbereich des Auftraggebers gehören, aufbürdet, ohne dass er hierfür eine Vergütung erhält.

- *„Massenänderungen auch über 10% ändern die Einheitspreise nicht, es sei denn, dass der Wert dieser Änderung die ursprüngliche Auftragssumme um mehr als 20 % übersteigt oder unterschreitet."*
Die Auftragssumme ist eine untaugliche Bezugsgröße, die nicht gewährleistet, dass der Auftragnehmer einen angemessenen Ausgleich erhält. Die Klausel ist demnach unwirksam.

- *„Sollten sich während der Bauausführung zusätzlich Arbeiten ergeben, so ist der Auftragnehmer gehalten, hierüber vor Ausführung der Arbeiten eine schriftliche Preisvereinbarung herbeizuführen, andernfalls besteht kein Anspruch auf Bezahlung."*

Die Klausel ist gemäß § 307 BGB unwirksam. Dies deshalb, da der Auftraggeber bei einem VOB-Vertrag gemäß § 1 Nr. 4 VOB/B entgegen der gesetzlichen Regelung einerseits Zusatzleistungen verlangen kann, andererseits aber mithilfe dieser Klausel erreichen könnte, dem Auftragnehmer eine angemessene Vergütung zu versagen, weil dieser keine schriftliche Preisvereinbarung herbeigeführt hat, obwohl er ohne Mitwirkung des Auftraggebers die Einigung nicht erzwingen kann.

- *„Die vereinbarten Festpreise schließen Nachtragsforderungen jeglicher Art aus."*
  Die Klausel ist wegen Verstoßes gegen den Grundsatz von Leistungen und Gegenleistungen unwirksam.
- *„Terminverlängerungen wegen Witterungseinflüssen oder sonstigen Behinderungen (Material- oder Arbeitskraftmangel usw.) sind ausgeschlossen."*
  Die Klausel benachteiligt den Auftragnehmer in unzulässiger Weise, denn der Auftragnehmer hätte die Verzugsfolgen auch dann zu tragen, wenn sich der Auftraggeber in Annahmeverzug befindet oder aus sonstigen Gründen die Behinderung zu vertreten hat. Die Klausel ist demzufolge gemäß § 307 BGB unwirksam.
- *„Kündigt der Auftraggeber den Bauvertrag gemäß § 8 Nr. 1 VOB/B, so ist gemäß § 6 Nr. 5 VOB/B abzurechnen, weitere Ansprüche des Auftragnehmers bestellen nicht."*
- Die Klausel stellt eine unangemessene Benachteiligung des Auftragnehmers dar, da sie vom gesetzlichen Leitbild des § 649 BGB abweicht, nach dem bei einer Kündigung des Auftraggebers dem Auftragnehmer ein entsprechender Ausgleich zusteht (entgangener Gewinn etc.).
- *„Voraussetzung für die Abnahme ist, dass der Auftragnehmer sämtliche hierfür erforderlichen Unterlagen, wie Revisions- und Bestandspläne, behördliche Bescheinigungen usw., dem Auftraggeber übergeben hat."*
  Die Klausel ist gemäß §§ 307 Abs. 1, 308 Nr. 1 AGBG unwirksam, weil damit der Zeitpunkt für den Auftraggeber nicht eindeutig erkennbar ist (Verstoß gegen das Transparenzgebot).
- *„Die Gewährleistungsfrist beträgt zehn Jahre."*
  Die wesentliche Fristverlängerung darf gegenüber der Regelung der VOB/B bzw. der gesetzlichen Regelung nicht unüblich sein und muss sachlich gerechtfertigt sein (zulässig beispielsweise bei Flachdacharbeiten). Ansonsten sind Klauseln unwirksam, die eine maßgebliche Gewährleistungsverlängerung vorsehen, ohne eine sachliche Differenzierung vorzunehmen.
- *„Die vereinbarte Vertragsstrafe wird für jeden Tag der Überschreitung der Bauzeit fällig, ohne Rücksicht auf Schlechtwettertage oder zusätzliche Arbeiten."*
  Die Klausel verstößt gegen § 307 BGB und ist unwirksam, da dem Auftragnehmer auch das Risiko für von ihm nicht zu vertretende Umstände zugewiesen wird wie ungewöhnliche Schlechtwetter, mit dem der Auftraggeber nicht rechnen musste.
- *„Zur Sicherung der Gewährleistungsansprüche des Auftraggebers dient die gemäß Vertrag zurückbehaltene Garantiesumme. Diese kann auf Antrag durch eine Bankbürgschaft auf erstes Anfordern ersetzt werden. Im Übrigen ist § 17 VOB/B ausgeschlossen."*
  Die Klausel ist unwirksam. Der Auftragnehmer kann zwar den Bareinbehalt ablösen, die Wahlmöglichkeit des § 17 VOB/B ist jedoch ausgeschlossen, da lediglich eine Ablösung durch Stellen einer Bürgschaft auf erstes Anfordern möglich wird. Dies stellt eine unangemessene Benachteiligung des Auftragnehmers dar.

b) BGH-Entscheidung vom 05.07.1997

Der Baupraktiker kann i. d. R. nur sehr schwer beurteilen, ob eine bestimmte Klausel nach den §§ 305 ff. BGB oder der dazu ergangenen Rechtsprechung unwirksam ist. Einen Katalog von insgesamt 29 unzulässigen Klauseln in den Allgemeinen Geschäftsbedingungen eines Unternehmens, das bundesweit Einkaufszentren verwaltet und in diesem Rahmen Bauleistungen vergibt, enthält ein Beschluss des BGH vom 05.07.1997.[443]

1. „Die vereinbarten Festpreise schließen Nachforderungen jeglicher Art aus."
2. „Der Auftragnehmer hat keinen Anspruch auf Vergütung oder entgangenen Gewinn für Leistungen, die z. B. aufgrund einer Kündigung seitens des Auftraggebers nicht zur Ausführung gelangen, aus dem Auftrag genommen oder anderweitig vergeben werden. In solchen Fällen beschränkt sich der Vergütungsanspruch des Auftragnehmers unter Ausschluss weitergehender Ansprüche auf die am Erfüllungsort erbrachten mängelfreien Leistungen."
3. „Verlangt der Auftraggeber von dem Auftragnehmer über die vertragliche Leistung hinausgehende Leistungen oder führen sonstige von dem Auftragnehmer nicht zu vertretende Umstände zu Behinderungen, Unterbrechungen oder einem verspäteten Beginn der Arbeiten, führt dies – unter Ausschluss weitergehender Ansprüche – nur zu einer angemessenen Fristverlängerung, wenn der Auftragnehmer nicht in der Lage ist, vereinbarte Fristen durch verstärkten Personal- und/oder Geräteeinsatz einzuhalten und der Auftragnehmer den Anspruch auf Fristverlängerung dem Arbeitgeber schriftlich ankündigt, bevor er mit der Ausführung der zusätzlichen Leistungen beginnt. Der Auftragnehmer kann im Falle der Behinderung oder Unterbrechung der Leistungen etwaige Ansprüche nur geltend machen, wenn eine von dem Auftraggeber zu vertretende Zeit der Unterbrechungen der von dem Auftragnehmer auf der Baustelle zu erbringenden Leistung von mehr als 30% der vereinbarten Gesamtfrist eintritt."
4. „Ein entsprechender Vorbehalt des Auftraggebers (vom Auftragnehmer die Zahlung der Vertragsstrafe zu fordern) ist weder bei Abnahme noch sonst erforderlich."
5. „Der Auftragnehmer ist verpflichtet, aufgrund von Prüfungen gemachte Auflagen zu beachten und zu erfüllen. Hieraus resultierende Terminverschiebungen oder Mehrkosten gehen zu seinen Lasten."
6. „Kommt der Auftragnehmer diesen Verpflichtungen nicht nach oder handelt es sich um einen von der örtlichen Bauaufsicht für dringend gehaltenen Fall, so ist die örtliche Bauaufsicht berechtigt, ohne vorherige Ankündigung alle von der Arbeit des Auftragnehmers, seiner Leute und Geräte herrührenden Schäden und Verschmutzungen auf Kosten des Auftragnehmers beseitigen zu lassen" (anknüpfend an folgende Regelung: „Bei Durchführung der Arbeiten hat der Auftragnehmer unaufgefordert darauf zu achten, dass bereits fertig gestellte Arbeiten bzw. eingebaute Teile, insbesondere auch solche anderer Auftragnehmer, nicht beschädigt oder verschmutzt werden. Bei dennoch verursachten Beschädigungen oder Verschmutzungen hat der Auftragnehmer diese auf seine Kosten zu beseitigen").
„Erfüllt der Auftragnehmer diese Verpflichtungen nicht ist der Auftraggeber berechtigt, die o.a. Arbeiten auf Kosten des Auftragnehmers zu veranlassen (anknüpfend an folgende Regelung: „Der Ausführungsort ist laufend besenrein zu halten. Anfallendes Verpackungsmaterial, Schutt usw. sind unverzüglich zu entfernen. Zur Verfügung gestellte La-

---

[443] BGH BauR 1997, 1036.

ger- und Arbeitsplätze, Zufahrtswege, Straßen usw. sind unverzüglich nach Beendigung der Leistungen auf Kosten des Auftragnehmers zu räumen, wieder in den ursprünglichen Zustand zu versetzen und nötigenfalls zu säubern").

7. „Der Einwand der Unverhältnismäßigkeit des Aufwandes ist ausgeschlossen" (betrifft die Pflicht des Auftragnehmers zur Gewährleistung).

8. „Wird das Aufmaß vom Auftragnehmer nicht erstellt oder ist das Aufmaß unbrauchbar, so kann der Auftraggeber das Aufmaß allein erstellen und die Kosten dem Auftragnehmer anlasten."

9. „Stehen vertragliche Regelungen im Widerspruch zueinander, ist die für den Auftraggeber günstigste anzuwenden."

10. „Ergänzungen, Änderungen sowie die Aufhebung des Vertrages oder der Schriftformklausel sind nur wirksam, wenn der Auftraggeber sie schriftlich bestätigt."

11. „Nach Angebotsabgabe kann sich der Bieter auf Unklarheiten in den Angebotsunterlagen oder über Inhalt und Umfang der zu erbringenden Leistungen nicht berufen. Bei oder nach Auftragserteilung sind Nachforderungen mit Hinweis auf derartige Unklarheiten ausgeschlossen."

12. „Der Auftraggeber hat das Recht, während der Bauzeit Auflagen über die Anzahl der am Bau beschäftigten Arbeitskräfte zu machen, die innerhalb von 24 Stunden zu erfüllen sind."

13. „Befindet sich der Auftragnehmer während seiner vorgegebenen Bauzeiten so offensichtlich im Rückstand mit der Ausführung seiner Leistungen, dass nach Lage der Dinge erwartet werden muss, dass die gesetzten Termine nicht erfüllt werden, ist der Auftraggeber berechtigt, auf Kosten des Auftragnehmers durch Verstärkung durch Fremdfirmen die Erfüllung der dem Auftragnehmer obliegenden Verpflichtungen zu sichern."

14. „Der Auftragnehmer hat zunächst die vom Auftraggeber zur Verfügung gestellten Unterlagen eingehend zu prüfen und muss dann ausschließlich alle weiterführenden Ausführungsunterlagen selbst erstellen."

15. „Sofern der Auftraggeber oder dessen Sonderfachleute einzelne Ausführungs- und Detailzeichnungen nicht rechtzeitig zur Verfügung stellen können oder diese mangelhaft sind, hat der Auftragnehmer diese Zeichnungen selbst zu erstellen. Den Auftragnehmer kann aus der nicht rechtzeitigen und/oder mangelhaften Vorlage der Pläne keine Rechte irgendwelcher Art herleiten."

16. „Auf Wünsche des Auftraggebers oder der zuständigen Behörde zurückzuführende Änderungen der statischen Berechnungen sind vom Auftragnehmer ohne Anspruch auf eine zusätzliche Vergütung zu fertigen und dem Auftraggeber zur weiteren Veranlassung zu übergeben."

17. „Der Auftraggeber kann verlangen, dass Besprechungen auch außerhalb des Ortes der Baustelle, jedoch innerhalb der BRD, durchgeführt werden. Ein Anspruch auf Kostenerstattung entsteht dadurch nicht."

18. „Nachforderungen nach Einreichung der Schlussrechnung werden – gleichgültig aus welchem Grunde – nicht mehr anerkannt. (...) Mit der Einreichung der Schlussrechnung durch den Auftragnehmer sind seine sämtlichen Forderungen geltend gemacht. Versäumt der Auftragnehmer die Berechnung erbrachter Lieferungen und Leistungen, so ist der

Auftraggeber auch ohne weitere Mitteilung an den Auftragnehmer von jeglicher Verpflichtung zur Bezahlung für eventuelle spätere Forderungen des Auftragnehmers befreit."

19. „Kommt neben dem Auftragnehmer auch ein Dritter als Schadensverursacher in Betracht, haftet dennoch der Auftragnehmer gegenüber dem Auftraggeber als Gesamtschuldner. Er verpflichtet sich, den Auftraggeber von jeder Inanspruchnahme durch Dritte freizuhalten, soweit diese sich aus oder im Zusammenhang mit der Erbringung der Leistung durch den Auftragnehmer oder Verletzung öffentlich-rechtlicher Bestimmungen oder behördlicher Vorschriften durch den Auftragnehmer ergibt."

20. „Der Auftragnehmer hat die Beweislast für die vertragsgemäße Ausführung seiner Leistung und das Fehlen eines Verschuldens." (betrifft die Pflicht des Auftragnehmers zur Gewährleistung)

21. „Ist der Auftraggeber mit dem Kostenangebot für eine Änderung entsprechend § 2 Nr. 5, Nr. 6 oder Nr. 7 VOB/B nicht einverstanden, so hat der Auftragnehmer die Änderungen der Leistungen gleichwohl auszuführen. In einem solchen Fall werden dem Auftragnehmer die nachgewiesenen Selbstkosten vergütet."

22. „Ein Anspruch auf eine zusätzliche Vergütung entsteht dadurch nicht." (Der zuvor stehende Satz der Klausel lautet: „Der Auftragnehmer hat die aufgrund von Änderungen am Entwurf und/oder an der Ausführungsart verursachten Änderungen an den in seinem Auftragsumfang enthaltenen Ausführungsunterlagen durchzuführen"; anknüpfend an folgende Klausel: „Änderungen im Entwurf und in der Ausführungsart der beauftragten Leistungen bleiben vorbehalten. Die Massen und Beschriebe des Leistungsverzeichnisses sind für Materialbestellungen nicht verbindlich.")

23. „Der Auftragnehmer verzichtet in diesem Falle auf jeden Einspruch gegen die Richtigkeit oder Vollständigkeit dieser Rechnungsaufstellung und erkennt diese als für ihn verbindlich an." (anknüpfend an folgende Regelung: „Erfolgt die Abrechnung nicht innerhalb der genannten Frist oder nicht in der erforderlichen Form, so ist der Auftraggeber berechtigt die Rechnung selbst aufzustellen [§ 14 Nr. 4 VOB/B].")

24. „Der Auftragnehmer trägt außerdem die Kosten bzw. Gebühren für vorgeschriebene bzw. für vom Auftraggeber gewünschte Leistungsmessungen und/oder Abnahmen, die durch den TÜV, den VDS oder ähnliche Institutionen durchgeführt werden."

25. „Der Auftragnehmer ist verpflichtet, alle für seine Leistungen erforderlichen und nicht von dem Auftraggeber zur Verfügung gestellten Ausführungsunterlagen rechtzeitig in eigener Verantwortung unentgeltlich beizubringen und diese einschließlich der von dem Auftragnehmer eventuell gefertigten Subunternehmer-Leistungsverzeichnisse dem Auftraggeber vor Beginn der Ausführung zur Freigabe vorzulegen."

26. „Mit der Abgabe des Angebotes übernimmt der Bieter die Gewähr dafür, dass das Angebot alles enthält, was zur Erstellung des Werkes gehört."

27. „Auf Verlangen des Auftraggebers hat der Auftragnehmer notwendige bzw. vom Auftraggeber als erforderlich erachtete Prüfungen/Abnahmen bei unabhängigen Prüfungsinstituten/Gutachtern zu veranlassen (...) Der Auftragnehmer hat keinen Anspruch auf eine besondere Vergütung/Kostenerstattung."

28. „Voraussetzungen für die Abnahme sind, dass der Auftragnehmer sämtliche hierfür erforderlichen Unterlagen, wie z. B. Revisions- und Bestandspläne, behördliche Bescheinigungen usw. dem Auftraggeber übergeben hat."

29. „Noch fehlende behördliche Genehmigungen sind durch den Auftragnehmer so rechtzeitig einzuholen, dass zu keiner Zeit eine Behinderung des Terminablaufes entsteht."

3.5.5 Rechtsfolgen bei Nichteinbeziehung und Unwirksamkeit von Allgemeinen Geschäftsbedingungen

Die verwendeten Allgemeinen Geschäftsbedingungen können aus tatsächlichen oder aus rechtlichen Gründen ganz oder teilweise nicht Vertragsbestandteil werden. Ferner können sie bei vertraglicher Einbeziehung rechtlich unwirksam sein. Dabei stellt sich nun die Frage, welche Bedeutung die dadurch entstandenen Regelungslücke für den Vertrag hat und durch welche Vorschriften gegebenenfalls eine solche Lücke bei Gültigkeit des Vertrages ausgefüllt wird.

3.5.5.1 Nichteinbeziehung von Allgemeinen Geschäftsbedingungen

Allgemeine Geschäftsbedingungen werden nach allgemeinen vertragsrechtlichen Grundsätzen unter Berücksichtigung der §§ 305, 305a, 305c und 310 BGB Vertragsbestandteil.[444] Dies bedeutet zunächst einmal eine Einigung der Parteien über die Einbeziehung der Allgemeinen Geschäftsbedingungen in den konkreten Vertrag. Haben sich die Parteien nicht geeinigt und sind sie sich dieses Einigungsmangels bewusst, so bestimmen sich die Rechtsfolgen nach § 154 BGB. Dies bedeutet, dass im Zweifel der Vertrag nicht geschlossen ist, solange die Parteien sich nicht über alle Punkte des Vertrages geeinigt haben, über die nach den Erklärungen des Verwenders eine Vereinbarung getroffen werden soll.

Scheitert die Einbeziehung von Allgemeinen Geschäftsbedingungen allerdings deshalb, weil die Einbeziehungsvoraussetzungen der §§ 305 und 305a nicht erfüllt sind oder weil überraschende Klauseln i. S. des § 305c BGB verwendet werden, ist die Rechtslage anders zu beurteilen. Hier gelten dann die Vorschriften des § 306 BGB. Nach § 306 Abs. 1 BGB bleibt der Vertrag – ohne die nichteinbezogene Klausel – im Übrigen wirksam, soweit nicht die Ausnahmeregelung des § 306 Abs. 3 BGB greift.

3.5.5.2 Unwirksame Bauvertragsklauseln

Sind Allgemeine Geschäftsbedingungen ganz oder teilweise unwirksam, so bleibt der Vertrag gem. § 306 Abs. 1 BGB im Übrigen wirksam. Dies gilt auch, wenn der Vertragspartner des Verwenders die Unwirksamkeit der Einbeziehungsvereinbarung oder einer Klausel durch Anfechtung herbeiführt.[445] Die Bestimmungen des § 139 BGB sind daher auf unwirksame AGB-Klauseln nicht anzuwenden.

Verstößt eine Klausel nur teilweise gegen die Bestimmungen der §§ 307 bis 309 BGB, so ist sie im Ganzen unwirksam und nicht nur der inhaltlich verbotenen Teil.[446] Nach § 306 und § 307 bis § 309 BGB ist es ebenso unzulässig, eine gegen die §§ 307 bis 309 BGB verstoßende Klausel auf eine zulässigen Inhalt zurückzuführen.[447] Ferner kann der Verwender eine unwirk-

---

[444] Kleine-Möller in Kleine-Möller/Merl/Oelmaier, a. a. O., § 4 Rdn. 135.
[445] Kleine-Möller in Kleine-Möller/Merl/Oelmaier, a. a. O., § 10 Rdn. 138.
[446] BGHZ 84, 114; BGHZ 96, 25; BGH NJW 1982, 2309 (2310).
[447] BGH NJW 1993, 1786 (1787); BGH NJW 1993, 335 (336).

same Klausel auch nicht dadurch in ihrem Bestand erhalten, dass er vorsorglich den Zusatz anfügt: *„ soweit gesetzlich zulässig ".*[448] Hiermit verstößt er gegen § 305 Abs. 2 Nr. 2 BGB.

a) Hinweispflichten des Auftragnehmers

Grundsätzlich obliegen dem Vertragspartner (i. d. R. der Auftragnehmer) des Verwenders (i. d. R. der Auftraggeber) keinerlei Verpflichtungen, den Auftraggeber auf solche unwirksamen Klauseln hinzuweisen, wenn er diese bei der Ausschreibung erkennt. Ferner kann er sich später jeder Zeit auf die Unwirksamkeit solcher Klauseln berufen, selbst wenn er den Vertrag in Kenntnis der Unwirksamkeit unterschrieben hat.

Erkennt der Auftragnehmer, dass der Auftraggeber durch eine unwirksame Klausel Risiken auf ihn abwälzen will, kann er dies bei seiner Kalkulation unberücksichtigt lassen und sich hierdurch einen Preisvorteil gegenüber Mitbewerbern verschaffen, die unwirksame Klauseln kalkulatorisch berücksichtigen.

b) Schadensersatzansprüche des Auftragnehmers bei unwirksamen Bauvertragsklauseln

Die Verwendung unwirksamer Vertragsklauseln durch den Auftraggeber kann zu einer Schadensersatzpflicht des Auftraggebers gegenüber dem Auftragnehmer aus dem Gesichtspunkt des „Verschuldens bei Vertragsabschluss" (culpa in contrahendo) führen. Entsprechender Schaden kann sich daraus ergeben, dass beim Auftragnehmer aufgrund der unwirksamen Bedingungen Rechtsberatungs- und Prozesskosten, Aufwendungen wegen Unkenntnis der Unwirksamkeit der Klauseln oder Schäden, aufgrund dieser Unkenntnis entstehen.[449]

3.5.5.3 Inhalt des Vertrages bei Vertragslücken

Soweit die Allgemeinen Geschäftsbedingungen nicht Vertragsbestandteil geworden oder unwirksam sind, richtet sich der Inhalt des Vertrages gem. § 306 Abs. 2 BGB nach den gesetzlichen Bestimmungen. Für den Bauvertrag sind das die Vorschriften des gesetzlichen Werkvertragsrechts der §§ 631 ff. BGB und des allgemeinen gesetzlichen Vertragsrechts einschl. des hierzu entwickelten Richterrechts.[450]

In relativ seltenen Ausnahmefällen kommt es vor, dass für eine entstandene Lücke keine gesetzliche Ersatzregelung vorhanden ist, andererseits die ersatzlose Streichung der unwirksamen Klausel keine angemessene, den typischen Interessen des AGB-Verwenders und des Vertragspartners entsprechende Lösung bietet. In diesen Fällen sind die Grundsätze der ergänzenden Vertragsauslegung gem. der §§ 133 und 157 BGB anzuwenden.[451] Voraussetzung dafür ist jedoch immer, dass gesetzliche Vorschriften die aus der Unwirksamkeit der Klausel herrührende Vertragslücke tatsächlich nicht ausreichend schließen können.[452]

3.5.5.4 Gesamtnichtigkeit des Vertrages

Die Unwirksamkeit einzelner oder mehrerer Klauseln führen nach § 306 Abs. 1 BGB dem Grunde nach nicht zu einer Gesamtnichtigkeit des Vertrages. Der Vertrag ist jedoch gem. § 306 Abs. 3 BGB insgesamt unwirksam, wenn das Festhalten an ihm auch unter Berücksichtigung

---

[448] BGH NJW 1993, 1061 (1062).
[449] Glatzel/Hofmann/Frikell, Unwirksame Bauvertragsklauseln nach dem AGB-Gesetz, S. 51.
[450] Kleine-Möller in Kleine-Möller/Merl/Oelmaier, a. a. O., § 4 Rdn. 140.
[451] BGH NJW 1986, 1355 (1356); BGH NJW 1984, 1356.
[452] BGH NJW 1986, 924 (925).

der nach § 306 Abs. 2 BGB vorgesehenen Änderung eine unzumutbare Härte für eine Vertragspartei darstellen würde. Die dadurch bedingte Umgestaltung des Vertrages muss allerdings von so einschneidender Bedeutung sein, dass von einem gänzlich neuen, von der bisherigen Vertragsgestaltung völlig abweichenden Inhalt gesprochen werden müsste.[453] Eine solche Konstellation ist jedoch im Bauvertrag so gut wie ausgeschlossen, da die Regelungen der §§ 631 ff. BGB zur Auffüllung der Vertragslücken zur Verfügung stehen.

3.5.6 Abgrenzung von Allgemeinen Geschäftsbedingungen und Individualvereinbarungen

Individuelle Vertragsabreden sind solche Vertragsbedingungen, die für den Einzelfall aufgestellt wurden und nicht für eine Vielzahl von Verträgen vorformuliert sind. Ferner dürfen sie in Abgrenzung zu Allgemeinen Geschäftsbedingungen gem. § 305 Abs. 1 Satz 2 BGB dem Auftragnehmer nicht einseitig auferlegt werden, sondern müssen zwischen den Vertragspartnern im Einzelnen ausgehandelt werden. Im Gegensatz zu vorformulierten AGB-Klauseln unterliegen Individualvereinbarungen nicht der Kontrolle der §§ 305 ff. BGB. Individualvereinbarungen sind daher auch dann rechtswirksam, wenn sie den Auftragnehmer in einem gewissen Umfang einseitig benachteiligen. Dies darf jedoch nicht in derart grober Weise geschehen, dass dies als Verstoß gegen die guten Sitten gem. § 138 BGB gewertet werden müsste oder eine Störung der Geschäftsgrundlage gem. § 313 BGB vorliegt.

Liegt eine Individualvereinbarung vor, so hat diese in jedem Fall Vorrang vor AGB-Klauseln. Dies ergibt sich aus § 305b BGB. Dieser Vorrangigkeit gilt auch für den – in der Praxis recht häufigen Fall – der nachträglichen Umwandlung einer AGB-Klausel in eine Individualvereinbarung. Insbesondere in den einer Ausschreibung nachfolgenden Vertragsverhandlungen und Vergabegesprächen werden bei der Ausschreibung verwendete Klauseln gemeinsam erörtert und gegebenenfalls in diesem Zuge abgeändert.

Für den Auftraggeber, der durch die Verwendung von Bauvertragsklauseln in erster Linie die ihm obliegenden Risiken soweit wie möglich auf den Auftragnehmer abwälzen will, liegt es daher nahe, die ihm durch die Vorschriften der §§ 305 ff. BGB auferlegte Beschränkung bei der Vertragsgestaltung zu umgehen, indem er Allgemeine Geschäftsbedingungen in Individualvereinbarungen umwandelt. Hierbei ist allerdings zu prüfen, inwieweit die nachträgliche Änderung einer vorformulierten Vertragsbedingung eine Individualvereinbarung darstellt.

Die Umwandlung von unwirksamen Allgemeinen Geschäftsbedingungen in Individualvereinbarungen kann den ursprünglichen AGB-Verstoß „abstrakt" nicht beseitigen, sondern nur für den konkreten Einzelfall dazu führen, dass die unwirksame AGB-Klausel in eine (wirksame) Individualvereinbarung übergeht, wenn der Auftraggeber den Klauselinhalt gegenüber dem Auftragnehmer zur Disposition stellt, und dieser aufgrund der Einwirkung des Auftragnehmers daraufhin zu seinen Gunsten abgeändert wird.[454]

Da schon bei der zweimaligen Verwendung von vorformulierten Bedingungen im Rahmen einer Ausschreibung Allgemeine Geschäftsbedingungen vorliegen, kann die spätere Umwandlung dieser Bedingungen in Individualvereinbarungen den Verstoß gegen die §§ 307 bis 309 BGB nicht abwenden.

---

[453] BGH NJW 1985, 53 (54, 56).
[454] Glatzel/Hofmann/Frikell, Unwirksame Bauvertragsklauseln nach dem AGB-Gesetz, a. a. O., S. 11.

Zu dem vom Auftraggeber initiierten Versuch Allgemeine Geschäftsbedingungen in Individualvereinbarungen umzuwandeln, sind nachfolgend einige Beispiele genannt:[455]

„Ich fordere Sie auf, alle Klauseln abzuändern, die nicht Ihren Vorstellungen entsprechen." →
Alle Klauseln bleiben unverändert stehen. Solche „pauschalen" Klauseln führen nicht zu einer Umwandlung der im Vertrag enthaltenen Allgemeinen Geschäftsbedingungen in Individualvereinbarungen, da an diesen keine direkte Änderung vorgenommen wird. Vielmehr liegt es sogar nahe, dass der Auftraggeber darauf vertraut, dass der Auftragnehmer keine nennenswerten Änderungswünsche geltend machen wird, um seine Chancen, den Auftrag zu erhalten, nicht zu mindern.

„Die vorstehenden Bedingungen sind im Einzelnen ausgehandelt." Diese Klausel ist durch den BGH wegen Verstoßes gegen § 307 Nr. 12 BGB für unwirksam erklärt, da sie den Auftragnehmer formularmäßig ihn benachteiligende Tatsachen bestätigen lässt.

Der Auftraggeber lässt im Formulartext Lücken und füllt diese vor Vertragsabschluss handschriftlich aus, ohne allerdings dem Auftragnehmer eine reale Änderungsmöglichkeit eingeräumt zu haben. Das OLG Nürnberg hat hierzu festgestellt, dass sich der AGB-Charakter des Textes, mit dem die Lücken gefüllt wurden, durch die gewählte Form nicht geändert hat. Die handschriftliche Form setzt allerdings einen irreführenden Rechtsschein.

Grundsätzlich ist es daher für den Auftraggeber kaum möglich, eine Bauleistung ohne Verwendung vorformulierter Bedingungen zu vergeben, so dass auch kaum Möglichkeiten zur Umgehung der gesetzlichern Bestimmungen über die Verwendung von Allgemeinen Geschäftsbedingungen bestehen. Diesbezüglich hat der Gesetzgeber im Übrigen in § 306a BGB ein Umgehungsverbot dieser gesetzlichen Vorschriften formuliert.

---

[455] Glatzel/Hofmann/Frikell, Unwirksame Bauvertragsklauseln nach dem AGB-Gesetz, a. a. O., S. 11 (12).

Abschnitt III:

Mehrvergütungsansprüche des Auftragnehmers

1 Die Preisänderungsmöglichkeiten der VOB

1.1 Einleitung

Nach § 2 Nr. 1 VOB/B werden durch die vereinbarten Preise alle Leistungen abgegolten, die nach der Leistungsbeschreibung, den Besonderen Vertragsbedingungen, den Zusätzlichen Vertragsbedingungen, den Zusätzlichen Technischen Vertragsbedingungen, den Allgemeinen Technischen Vertragsbedingungen für Bauleistungen (VOB/C) und der gewerblichen Verkehrssitte zur vertraglichen Leistung gehören; alle diese Vertragsbestandteile bilden das Bausoll. Es liegt auf der Hand, dass es eigentlich das Ziel beider Vertragsparteien sein muss, „Bausoll" und „Vergütungssoll" klar zu regeln. Das maßgebliche, „richtige" Bausoll ist durch Auslegung „nach dem Empfängerhorizont der Bieter" zu bestimmen. Ergibt die Auslegung des Vertrages, dass das Bausoll nur den Leistungsinhalt umfasst, den der Bieter zugrunde gelegt hat, will aber der Auftraggeber dennoch das „Mehr" durchsetzen, so weicht er damit vom Bausoll ab und veranlasst eine zusätzliche Leistung, die gem. § 2 Nr. 6 VOB/B zu vergüten ist.

§ 2 VOB/B
Vergütung

1. Durch die vereinbarten Preise werden alle Leistungen abgegolten, die nach der Leistungsbeschreibung, den Besonderen Vertragsbedingungen, den Zusätzlichen Vertragsbedingungen, den Zusätzlichen Technischen Vertragsbedingungen, den Allgemeinen Technischen Vertragsbedingungen für Bauleistungen und der gewerblichen Verkehrssitte zur vertraglichen Leistung gehören.

2. Die Vergütung wird nach den vertraglichen Einheitspreisen und den tatsächlich ausgeführten Leistungen berechnet, wenn keine andere Berechnungsart (z. B. durch Pauschalsumme, nach Stundenlohnsätzen, nach Selbstkosten) vereinbart ist.

3. (1) Weicht die ausgeführte Menge der unter einem Einheitspreis erfassten Leistung oder Teilleistung um nicht mehr als 10 v. H. von dem im Vertrag vorgesehenen Umfang ab, so gilt der vertragliche Einheitspreis.

   (2) Für die über 10 v. H. hinausgehende Überschreitung des Mengenansatzes ist auf Verlangen ein neuer Preis unter Berücksichtigung der Mehr- oder Minderkosten zu vereinbaren.

   (3) Bei einer über 10 v. H. hinausgehenden Unterschreitung des Mengenansatzes ist auf Verlangen der Einheitspreis für die tatsächlich ausgeführte Menge der Leistung oder Teilleistung zu erhöhen, soweit der Auftragnehmer nicht durch Erhöhung der Mengen bei anderen Ordnungszahlen (Positionen) oder in anderer Weise einen Ausgleich erhält. Die Erhöhung des Einheitspreises soll im Wesentlichen dem Mehrbetrag entsprechen, der sich durch Verteilung der Baustelleneinrichtungs- und Baustellengemeinkosten und der Allgemeinen Geschäftskosten auf die verringerte Menge ergibt. Die Umsatzsteuer wird entsprechend dem neuen Preis vergütet.

   (4) Sind von der unter einem Einheitspreis erfassten Leistung oder Teilleistung andere Leistungen abhängig, für die eine Pauschalsumme vereinbart ist, so kann mit der Änderung des Einheitspreises auch eine angemessene Änderung der Pauschalsumme gefordert werden.

4. Werden im Vertrag ausbedungene Leistungen des Auftragnehmers vom Auftraggeber selbst übernommen (z. B. Lieferung von Bau-, Bauhilfs- und Betriebsstoffen), so gilt, wenn nichts anderes vereinbart wird, § 8 Nr. 1 Abs. 2 entsprechend.

5. Werden durch Änderung des Bauentwurfs oder andere Anordnungen des Auftraggebers die Grundlagen des Preises für eine im Vertrag vorgesehene Leistung geändert, so ist ein neuer Preis unter Berücksichtigung der Mehr- oder Minderkosten zu vereinbaren. Die Vereinbarung soll vor der Ausführung getroffen werden.

6. (1) Wird eine im Vertrag nicht vorgesehene Leistung gefordert, so hat der Auftragnehmer Anspruch auf besondere Vergütung. Er muss jedoch den Anspruch dem Auftraggeber ankündigen, bevor er mit der Ausführung der Leistung beginnt.

   (2) Die Vergütung bestimmt sich nach den Grundlagen der Preisermittlung für die vertragliche Leistung und den besonderen kosten der geforderten Leistung. Sie ist möglichst vor Beginn der Ausführung zu vereinbaren.

7. (1) Ist als Vergütung der Leistung eine Pauschalsumme vereinbart, so bleibt die Vergütung unverändert. Weicht jedoch die ausgeführte Leistung von der vertraglich vorgesehenen Leistung so erheblich ab, dass ein Festhalten an der Pauschalsumme nicht zumutbar ist (§ 242 BGB a. F.), so ist auf Verlangen ein Ausgleich unter Berücksichtigung der Mehr- oder Minderkosten zu gewähren. Für die Bemessung des Ausgleichs ist von den Grundlagen der Preisermittlung auszugehen. Die Nummern 4, 5 und 6 bleiben unberührt.

   (2) Wenn nichts anderes vereinbart ist, gilt Absatz 1 auch für Pauschalsummen, die für Teile der Leistung vereinbart sind; Nummer 3 Absatz 4 bleibt unberührt.

8. (1) Leistungen, die der Auftragnehmer ohne Auftrag oder unter eigenmächtiger Abweichung vom Vertrag ausführt, werden nicht vergütet. Der Auftragnehmer hat sie auf Verlangen innerhalb einer angemessenen Frist zu beseitigen; sonst kann es auf seine kosten geschehen. Er haftet außerdem für andere Schäden, die dem Auftraggeber hieraus entstehen.

   (2) Eine Vergütung steht dem Auftragnehmer jedoch zu, wenn der Auftraggeber solche Leistungen nachträglich anerkennt. Eine Vergütung steht ihm auch zu, wenn die Leistungen für die Erfüllung des Vertrages notwendig waren, dem mutmaßlichen Willen des Auftraggebers entsprachen und ihm unverzüglich angezeigt wurden. Soweit dem Auftragnehmer eine Vergütung zusteht, gelten die Berechnungsgrundlagen für geänderte oder zusätzliche Leistungen der Nummer 5 oder 6 entsprechend.

   (3) Die Vorschriften des BGB über die Geschäftsführung ohne Auftrag (§ 677 ff. BGB) bleiben unberührt.

9. (1) Verlangt der Auftraggeber Zeichnungen, Berechnungen oder andere Unterlagen, die der Auftragnehmer nach dem Vertrag, besonders den Technischen Vertragsbedingungen oder der gewerblichen Verkehrssitte, nicht zu beschaffen hat, so hat er sie zu vergüten.

   (2) Lässt er vom Auftragnehmer nicht aufgestellte technische Berechnungen durch den Auftragnehmer nachprüfen, so hat er die kosten zu tragen.

10. Stundenlohnarbeiten werden nur vergütet, wenn sie als solche vor ihrem Beginn ausdrücklich vereinbart worden sind (§ 15).

1.1.1 Mengenabweichungen nach § 2 Nr. 3 VOB/B

1.1.1.1 Einheitspreisvertrag

§ 2 Nr. 3 VOB/B regelt die Vergütung bei Mengenabweichungen beim Einheitspreisvertrag. Diese Vorschrift ist, wie der Wortlaut des § 2 Nr. 3 Abs. 1 VOB/B bereits deutlich macht, auf andere Vertragstypen wie Pauschalpreisverträge, Stundenlohnverträge oder Selbstkostenerstattungsverträge nicht anwendbar: *„Weicht die ausgeführt Menge der unter einem Einheitspreis erfassten Leistung (...) ab, so gilt der vertragliche Einheitspreis."*

Einzige Ausnahme dazu: § 2 Nr. 3 Abs. 4 VOB/B.

Der Einheitspreisvertrag leitet sich von der von den Vertragsparteien vereinbarten Berechnungsart der Werklohnvergütung ab. Damit wird deutlich gemacht, dass das preisbildende Element im Rahmen dieses Vertragstyps der Einheitspreis als grundsätzlich feste Größe ist (Vertragspreis).

In § 2 Nr. 2 VOB/B findet sich eine Regelung, wie die Vergütung beim Einheitspreisvertrag berechnet wird. Sie wird nach den vertraglichen Einheitspreisen und den tatsächlich ausgeführten Leistungen (Leistungsmengen) berechnet.

§ 2 Nr. 2 VOB/B knüpft an § 5 Nr. 1a VOB/A an, wonach Bauleistungen in der Regel zu Einheitspreisen für technisch und wirtschaftlich einheitliche Teilleistungen, deren Menge nach Maß, Gewicht oder Stückzahlen vom Auftraggeber in den Verdingungsunterlagen anzugeben ist, vergeben werden sollen. Somit geht die VOB von dem Grundsatz aus, dass der Einheitspreisvertrag im Baugeschehen der Normaltyp ist. Der Bundesgerichtshof vertritt demgegenüber die Auffassung, dass der Einheitspreisvertrag weder für den VOB noch für den BGB-Bauvertrag die Regel darstelle.[1]

Der Einheitspreisvertrag ist ein Leistungsvertrag. Die Vergütung kann nur für tatsächlich ausgeführte vertragliche Leistungen verlangt werden. So hat das Oberlandesgericht Frankfurt am Main in einem nicht veröffentlichten Urteil vom 24. November 1993 – 17 U 8/93 – festgestellt, dass ein Auftragnehmer nicht in jedem Falle seinen unter Einschluss der Kippgebühren kalkulierten Einheitspreis verlangen darf.

Die bei der Ablagerung von Erdaushub auf einer zugelassenen Deponie anfallenden öffentlich-rechtlichen Gebühren stellen praktisch Auslagen des Auftragnehmers in Ausführung seines Auftrages dar. Dem Auftragnehmer könne noch zugestanden werden, dass er in dem von ihm angebotenen Gesamtpreis die Kippgebühren im Hinblick auf deren unterschiedliche Höhe bei verschiedenen Deponien pauschaliere, er also nicht verpflichtet sei, die von ihm tatsächlich entrichteten Kippgebühren gesondert auszuweisen und abzurechnen. Dagegen habe der Auftragnehmer bei einer an Treu und Glauben ausgerichteten Auslegung der fraglichen Leistungsbeschreibung keinen Anspruch auf den in seinem Gesamtpreis enthaltenen Kippgebührenanteil, wenn und soweit er tatsächlich ausgehobene Erdmassen nicht auf eine Deponie führe, sondern sie anderweitig einbaute und ihm dadurch die erwähnten Auslagen in Form von Kippgebühren effektiv nicht erwuchsen.

---

[1] BGH NJW 1981 S. 1442.

1.1.1.2 Die Bedeutung der Mengenabgabe

§ 2 Nr. 3 VOB/B befasst sich mit den Auswirkungen der Änderung des variablen Vordersatzes auf den Einheitspreis, der nur in einer Bandbreite je nach ausgeführter Menge fest, darüber hinaus aber variabel sein soll.

Beim Einheitspreisvertrag sind dem Auftragnehmer in den einzelnen Positionen des Leistungsverzeichnisses die Mengenansätze vorgegeben, die die Grundlage seiner Kalkulation bilden. Bei der Endabrechnung werden aber die tatsächlich ausgeführten Mengen mit den Einheitspreisen multipliziert, woraus sich dann der geschuldete Werklohn für die einzelne Position ergibt.

Da es nicht selten vorkommt, dass die tatsächlich ausgeführten Leistungen in ihrem Umfang von der ursprünglichen Annahme abweichen, ist es für die Parteien von erheblicher Bedeutung, wie sich solche Mengenabweichungen auf die Preisgestaltung auswirken sollen. Es ist immer die ausgeführte, nicht die ausgeschriebene Menge der Bauleistungen zu vergüten!

Dies bedeutet nun aber nicht, dass nur der Einheitspreis, nicht aber die ausgeschriebene Menge, Vertragsinhalt werden würde. In der Größenordnung der Ausschreibung wird auch die Positionsmenge Vertragsinhalt, sie bleibt aber von Anfang an variabel. Dies ist erforderlich, um einen Anknüpfungspunkt für die Regelung des § 2 Nr. 3 VOB/B zu setzen. Würde nämlich die ausgeschriebene Menge nicht Vertragsinhalt, so stünde gar nicht fest, von welchen Mengenangaben auszugehen sei und welche Mengenänderungen für eine Neuberechnung des Einheitspreises von Bedeutung sind.

Hinzu kommt, dass dem Auftragnehmer dadurch Nachteile erwachsen können, dass er bei seiner Kalkulation von anderen Werten ausging, als sich später beim Aufmaß ergibt und sich dieses Risiko von Ungenauigkeiten bei den Mengenangaben im Laufe der späteren Bauausführung realisiert. Um eine Risikoabwägung vorzunehmen, bestimmt § 2 Nr. 3 VOB/B den Rahmen, in dem Mengenänderungen von den Vertragsparteien zu dulden sind und welche Mengenänderungen auch zu Änderungen des Preises berechtigen sollen. Der variable Vordersatz gibt dem Auftragnehmer bei der Angebotsabgabe einen entscheidenden Anhaltspunkt für die Wahl seiner Produktionstechnik und für seine Kapazitätsplanung. Ungenauigkeiten bei den Mengenangaben müssen deshalb im Rahmen einer späteren Risikoabwägung aufgefangen werden. Dazu dient § 2 Nr. 3 VOB/B. § 2 Nr. 3 VOB/B enthält eine vertragliche Festlegung der Geschäftsgrundlage!

Wenn die ausgeführte Menge der unter einem Einheitspreis erfassten Leistung oder Teilleistung um nicht mehr als 10 % von dem im Vertrag vorgesehenen Umfang abweicht, besteht der vertragliche Einheitspreis fort. Es kommt also allein darauf an zu prüfen, ob die tatsächlich ausgeführte Menge sich gegenüber dem Mengenansatz des Leistungsverzeichnisses um 10 % verändert hat oder nicht. Ist das nicht der Fall, bleibt es bei dem Einheitspreis.

Durch die VOB-Regelung in § 2 Nr. 3 VOB/B haben sich die Vertragsparteien von vornherein damit einverstanden erklärt, dass eine Mengenänderung bis zu 10 % preislich unverändert sein soll. Der BGH hat hierzu festgestellt, dass es mit der Anwendung des § 2 Nr. 3 VOB/B darüber hinaus kein Berufen auf eine Störung der Geschäftsgrundlage mehr gibt.[2]

Wichtig ist zu wissen, dass die Bestimmung von § 2 Nr. 3 VOB/B nicht entsprechend herangezogen werden kann, wenn die VOB/B nicht vereinbart ist. Insoweit fehlt es dann auch an einer vertraglich festgelegten Geschäftsgrundlage (nämlich § 2 Nr. 3 VOB/B). Daher gelten bei einem BGB-Bauvertrag bei einer Änderung der Vordersätze grundsätzlich sowohl beim Ein-

---

[2] BGH Betrieb 1969 S. 1058.

heitspreisvertrag als auch beim Pauschalvertrag die Regelungen der Störung der Geschäftsgrundlage (§ 313 BGB), wenn hier gravierende Veränderungen der Vordersätze bei der Ausführung der Leistung vorliegen, die eine Änderung des Preises nach sich ziehen.

§ 2 Nr. 3 VOB/B regelt vier Fälle von Mengenabweichungen:
– Mengenabweichungen nach oben und unten von nicht mehr als 10 %
– Mengenmehrungen um mehr als 10 %
– Mengenminderungen um mehr als 10 %
– Änderung einer Pauschalposition in Abhängigkeit der unter einem Einheitspreis erfassten Leistung

Wichtig ist auch, das von der Vorschrift des § 2 Nr. 3 VOB/B nur die Fälle erfasst werden, in denen sich Mengenmehrungen oder Mengenminderungen über 10 % hinaus von selbst, d. h. ohne jede Entwurfsänderung und ohne jeden anderen Eingriff des Auftraggebers, also allein aufgrund falscher oder ungenauer Schätzung bei der Ausschreibung ergeben.[3]

Die Mengenänderungen dürfen also nicht auf Planungsänderungen oder anderer Anordnungen des Auftraggebers beruhen. Liegt ein solcher Fall vor, greifen andere Vorschriften des § 2 VOB/B gegebenenfalls ein.

1.1.1.3 Mengenabweichungen bis 10 % (§ 2 Nr. 3 Abs. 1 VOB/B)

Dass sich die Mengenansätze bei der Ausführung der Bauleistung als zutreffend erweisen, wird in der Baupraxis kaum einmal vorkommen. Wenn sich die Vordersätze, bezogen auf die kalkulierte Gesamtmenge der Position, nur innerhalb der von § 2 Nr. 3 VOB/B geregelten magischen Schwankungsbreite von 10 % nach oben oder unten bewegen, also nur geringfügig sind, so sind diese Mehrleistungen bis zu 10 % (einschließlich) nach dem alten Einheitspreis zu vergüten.

Die in § 2 Nr. 3 Abs. 1 VOB/B enthaltene Regelung, dass es bei Mehr- bzw. Mindermengen unter 10 % bei dem vereinbarten Einheitspreis bleiben soll, geht erkennbar von dem Gedanken aus, dass diese Änderungen das Gleichgewicht von Leistung und Gegenleistung noch nicht ernsthaft stören.[4] Bei einer Mengenüberschreitung bis einschließlich 10 % ist die bis zu 110%-ige Menge nach dem ursprünglichen Einheitspreis abzurechnen.

Bei einer Mengenunterschreitung bis einschließlich 10 % werden nur die tatsächlich ausgeführten Mengen, also im Extremfall 90 %, nach dem vereinbarten Einheitspreis vergütet. Dem liegt die Erkenntnis zugrunde, dass Schwankungen bei den Mengen gewöhnlich weit unter der Breite von 20 % liegen, die sich rechnerisch in Grenzfällen ergeben könnte. Damit soll das Wertverhältnis von Leistung und Gegenleistung, das die Parteien als aus ihrer Sicht ausgewogen vertraglich festgeschrieben haben, jedenfalls bei einer Mengenabweichung von 10 % nach oben bzw. nach unten aufrechterhalten bleiben.[5]

1.1.1.4 Mengenmehrungen um mehr als 10 % (§ 2 Nr. 3 Abs. 2 VOB/B)

Für die über 10 % hinausgehende Überschreitung des Mengenansatzes ist auf Verlangen des Auftraggebers oder Auftragnehmers ein neuer Preis unter Berücksichtigung der Mehr- oder Minderkosten zu vereinbaren. Es kommt also bei Mengenmehrungen über 10 % nicht von

---

[3] OLG Düsseldorf BauR 1991 S. 219.
[4] BGH NJW 1987 S. 1820.
[5] Vgl. dazu Heiermann, Festschrift für Korbion, S. 137 ff.

selbst zur Vereinbarung eines neuen Preises; die neue Preisvereinbarung muss vielmehr verlangt werden.

Liegt somit eine Mengenabweichung über 10 % vor, verlangt aber weder der Auftraggeber noch der Auftragnehmer die Vereinbarung eines neuen Preises, bleibt es für die ausgeführte Gesamtmenge beim ursprünglich vereinbarten Einheitspreis. Für die Forderung nach einem neuen Preis gibt es keine Frist.

Das Verlangen kann jederzeit gestellt werden. In der Regel wird die Vereinbarung eines neuen Preises verlangt, wenn die Arbeiten beendet sind und das Aufmaß genommen wurde.

Im Einzelfall wird derjenige der Vertragspartner das Änderungsverlangen stellen, der sich zu seinen Gunsten von einem neuen Preis etwas verspricht. Meint der Auftraggeber, die Mengen berechtigen ihn, vom Auftragnehmer eine Preisminderung zu fordern, wird er das größere Interesse an einer neuen Preisvereinbarung haben. Demgegenüber wird der Auftragnehmer die Vereinbarung eines neuen Preises verlangen, wenn er meint, nachweisen zu können, dass die Mehrmengen ihn zur Forderung eines höheren Preises berechtigen.

Eine neue Preisvereinbarung erfolgt immer positionsbezogen, da die Mengenabweichung immer im Rahmen der Einzelposition zu bestimmen ist. Es kommt nicht darauf an, ob die in der Leistungsbeschreibung angegebenen Mengen sich insgesamt um 10% geändert haben, sondern lediglich auf die Mengenänderung bei den einzelnen Positionen, die unter einem Einheitspreis zusammengefasst sind.[6]

Der neue Preis ist nur für die Überschreitung zu vereinbaren, für die vertraglich festgelegte Menge und die ihr hinzuzurechnende Überschreitung bis zu 10 % (einschließlich) verbleibt es beim vereinbarten Einheitspreis.

Die Überschreitung des Mengenansatzes kann bei der vorzunehmenden Anpassung sowohl eine Herabsetzung als auch (seltener) eine Erhöhung des ursprünglichen Einheitspreises zur Folge haben. Eine Herabsetzung des Einheitspreises wird eher die Regel sein. Dies ergibt sich aus der Überlegung, dass sich die im Einheitspreis enthaltenen Kostenanteile der Einzelkosten, insbesondere für die Baustellengemeinkosten, bei Mengenmehrungen günstiger verteilen, so dass jedenfalls bezüglich dieser Kosten eine Kostenüberdeckung eintreten kann und sich daraus ein niedriger Preis ergibt, wenn hier Mengenmehrungen über 10 % auftreten. Eine solche Preisminderung trifft aber nur dann zu, wenn sich durch die Mengenmehrung die Bauleistungen selbst nicht erhöhen und dem Auftragnehmer im Zusammenhang mit der Ausführung der Mehrmengen ein höherer Kosten selbstverständlich nicht entsteht.

Eine Erhöhung des Einheitspreises kann dann in Frage kommen, wenn sich die Kosten für die Baustelleneinrichtung, die Gemeinkosten der Baustelle oder die allgemeinen Geschäftskosten auf eine größere Leistungsmenge verteilen und größere Mengenansätze zu größerem Aufwand des Auftragnehmers führen.

Beispiel:
Der Auftragnehmer muss mehr Geräte und Personal einsetzen, mehr Gerüste vorhalten oder mehr Aufwand betreiben, um Materialien heranzuschaffen. Dann ist er berechtigt, eine Preiserhöhung zu verlangen, auch bei einer Mengenmehrung um mehr als 10 %.

Schließlich gibt es natürlich auch solche Fälle von Mengenmehrungen, bei denen sich die Kostenstruktur, die zur Ermittlung des ursprünglichen Einheitspreises geführt hat, überhaupt nicht verändert. In diesem Fall kann natürlich eine Neupreisvereinbarung nicht verlangt werden, weil

---

[6] Vgl. BGH Schäfer- Finnern Z2.311 Blatt 31.

sich die Mehrmenge auf die Preisermittlungsgrundlagen überhaupt nicht ausgewirkt hat. Bei einer Mengenmehrung über 10 % ist der Neupreis nur für die Mehrung ab 110 % zu vereinbaren. Dies bedeutet im Ergebnis, dass eine Position, die z. B. eine Mengenmehrung von 30 % beinhaltet, bei der Abrechnung dahingehend aufzuspalten ist dass die Teilmenge 110 % zum ursprünglich vereinbarten Einheitspreis und die weitere Teilmenge von 20 % zum neuen Einheitspreis abzurechnen ist.

1.1.1.5 Mengenminderungen um mehr als 10 % (§ 2 Nr. 3 Abs. 3 VOB/B)

Wird der Leistungsumfang um mehr als 10 % unterschritten, ist auf Verlangen der Einheitspreis für die tatsächlich ausgeführte Menge der Leistung oder einer Teilleistung zu erhöhen, soweit der Auftragnehmer nicht durch Erhöhung der Mengen bei anderen Positionen oder in anderer Weise einen Ausgleich erhält. Bei einer Unterschreitung bis zu 10 % (einschließlich) verbleibt es beim bisherigen Preis. Die Unterschreitung um mehr als 10 % muss sich wie die Mehrung in § 2 Nr. 3 Abs. 2 VOB/B jeweils auf einzelne Positionen beziehen. Ebenso darf wie bei § 2 Nr. 3 Abs. 2 VOB/B auch die Unterschreitung der Mengen nicht durch den Auftraggeber veranlasst sein.

Im Gegensatz zu den Mehrmengen gemäß § 2 Nr. 3 Abs. 2 VOB/B ist für Mindermengen um jeweils 10 % insgesamt ein neuer Einheitspreis zu vereinbaren, wobei als Bezugsgröße nur der ursprüngliche Einheitspreis für 100 % angenommen werden kann.[7]

Das ist auch völlig klar, weil logischerweise nicht für sich genommen nur ein neuer Preis für die unter 90 % liegende Mindermenge vereinbart werden kann, denn mehr als diese Menge wird gar nicht ausgeführt.

Natürlich ist der Auftraggeber nicht daran gehindert, ebenfalls eine Erhöhung des Einheitspreises für den Auftragnehmer zu verlangen. Nur wird dies kaum vorkommen.

Die Erhöhung des Einheitspreises ist deshalb gerechtfertigt, weil die Kalkulationsgrundlagen nicht mehr gegeben sind. Die Erhöhung des Einheitspreises soll im Wesentlichen dem Mehrbetrag entsprechen, der sich durch Verteilung der Baustelleneinrichtungs- und Baustellengemeinkosten und der Allgemeinen Geschäftskosten auf die verringerte Menge ergibt (§ 2 Nr. 3 Abs. 3 S. 2 VOB/B). Die in Satz 2 aufgeführten Kosten sind ein Maßstab dafür, wie weit die Erhöhung des Einheitspreises gehen darf. Ihre Aufzählung ist nicht abschließend, es können auch noch die bereits aufgewendeten Kosten für die Arbeitsvorbereitung der weggefallenen Leistung, die Kostenanteile anderer Leistungen, die mit der weggefallenen Leistung in Zusammenhang stehen, aber auch der Gewinnanteil, der auf die weggefallene Leistung entfällt, Berücksichtigung finden.

Schließlich realisiert sich in der Regelung zu den Auswirkungen der Mindermengen im Gegensatz zur Mehrmengenregelung eine Ausnahme vom Grundsatz, dass Mengenänderungen nur bei den einzelnen Positionen zu berücksichtigen sind. Die Erhöhung des Einheitspreises kann nämlich dann nicht verlangt werden, wenn der Auftragnehmer durch Erhöhung der Mengen bei anderen Positionen oder in anderer Weise einen Ausgleich erhält. Hier wird von einem Kalkulationsverbund gesprochen.

Als Ausgleich für die über 10 % hinausgehende Mindermenge kommt nur die über 10 % liegende Mehrmenge in Frage, für die Ihrerseits aber noch kein neuer Preis nach § 2 Nr. 3 Abs. 2 VOB/B vereinbart worden sein darf.[8] Werden Mengenansätze um mehr als 10 % unterschritten

---

[7] Vgl. BGH NJW 1987 S. 1820; Riedl in Heiermann/Riedl/Rusam; Teil B; § 2 Rdn. 89.
[8] Vgl. BGH NJW 1987 S. 1820.

und ist deshalb der Einheitspreis zu erhöhen, so sind die Mengenüberschreitungen bei anderen Ordnungszahlen (Positionen) nur auszugleichen, soweit sie 10 % übersteigen und – selbstverständlich – dafür nicht bereits nach der Vorschrift des § 2 Nr. 3 Abs. 2 ein neuer Preis vereinbart worden ist. Außer Betracht bleiben müssen somit Mengenmehrungen unter 10 %, aber auch ebenso solche Positionen, bei denen sich die Vordersätze nur zwischen 100 % bis 90 % verringert haben.

Für die Erhöhung besteht also kein Bedürfnis, wenn der Auftragnehmer bei anderen Positionen einen Ausgleich erhält, nämlich im Bereich anderer Ordnungszahlen die Vergütung durch einen Mengenansatz um mehr als 10 % erhöht wird, wie z. B. durch einen dort gegebenen erhöhten Einsatz eines vorgesehenen Kranes oder eines sonstigen Baugerätes. Dabei kommen aber, wie sich aus der notwendigen Verbindung zu § 2 Nr. 3 Abs. 2 VOB/B ergibt, für die Erhöhung nur solche Mengen in Betracht, die über 110 % des bisherigen Mengenansatzes liegen und für die nicht bereits nach Abs. 2 andere Preise vereinbart sind.[9] Außerdem müssen für den Ausgleich, wie sich zwangsläufig aus Abs. 3 ergibt, auch solche Positionen außer Betracht bleiben, bei denen sich die Vordersätze nur zwischen 100 % bis 90 % verringert haben, wie sich jedenfalls aus der gebotenen rechtlichen Auslegung der derzeitigen Fassung der Vorschrift der VOB/B ergibt.[10]

Als Ausgleich in anderer Weise i. S.v. § 2 Nr. 3 Abs. 3 VOB/B kommen in Betracht:
– nachträgliche Anerkennung von auftragslos ausgeführten Leistungen nach § 2 Nr. 8 Abs. 2 VOB/B
– Übernahme zusätzlicher Gemeinkosten
– Vorteile aus einem anderen Vertrag mit dem Auftraggeber (streitig)

Teils wird dies bejaht, wenn ein räumlicher und sachlicher Zusammenhang der betroffenen Aufträge gegeben ist.[11] Demgegenüber vertritt *Heiermann* die Meinung, dass der Ausgleich innerhalb desselben Vertrages stattfinden müsse.[12]

Nach alledem steht fest, dass auch beim Ausgleich nur Mehrmengen zu berücksichtigen sind, die aufgrund einer günstigeren Kostenstruktur für den Auftragnehmer tatsächlich eine Ausgleichsfunktion haben. Daraus ergibt sich, dass auch beim Ausgleich die bei Mengenunterschreitungen auftretenden Deckungsverluste und die etwa sich ergebenden Mehrbeträge an Deckung bei Mengenerhöhungen bei anderen Positionen im Einzelfall konkret berechnet und gegenübergestellt werden müssen.

Daran werden oftmals diejenigen scheitern, die einen neuen Preis verlangen. Vielfach ist die Preisermittlung beim Auftragnehmer nicht so exakt nach den einzelnen Kostenelementen getrennt und damit nicht nachvollziehbar aufgestellt, so dass jedenfalls Gerichte sich schwer tun, den Nachweis für ein Änderungsverlangen als gegeben anzusehen. Dem Auftragnehmer muss daher geraten werden, bei der Kalkulation eine möglichst genaue Aufschlüsselung der Einheitspreise vorzunehmen, damit er später hier tatsächlich eine nachvollziehbare Neuberechnung der Preise vorlegen kann. Dem Auftraggeber ist anzuraten, sich vom Auftragnehmer die Aufschlüsselung der Einheitspreise (Angebotspreise) vorlegen zu lassen, damit er im Streitfalle hier auch aus seiner Sicht argumentieren und eine Überprüfung der vorliegenden Preisberechnung vornehmen kann.

---

[9] Vgl. BGH a. a. O.
[10] Vgl. dazu Ingenstau/ Korbion § 2 Rdn. 227; Kapellmann/ Schiffers, Vergütung, Nachträge und Behinderungsfolgen beim Bauvertrag 2. Aufl. 1993 Rdn. 331.
[11] Ingenstau/Korbion, VOB-Kommentar, Rdn. 228.
[12] Heiermann, VOB/B-Kommentar § 2 Rdn. 9.

Einleitung

Kommt es zum Streit zwischen den Vertragspartnern und lässt sich dieser nicht im Kompromissweg bereinigen, muss das Gericht den neuen Einheitspreis bestimmen und ist dabei auf eine einwandfreie Beweisführung durch Einholung eines Sachverständigengutachtens angewiesen. Dieses Sachverständigengutachten wird allerdings nur dann eingeholt, wenn derjenige, der einen neuen Preis verlangt, diese Angaben auch nachvollziehbar und schlüssig dargetan hat.

1.1.1.6 Neuberechnung des Preises

Hier ist die Frage von Bedeutung, ob bei der Ermittlung des neuen Einheitspreises die Kalkulationsgrundlagen für den ursprünglichen Preis maßgebend sind oder ob ein völlig neuer, davon losgelöster Preis gefordert werden kann. Hier gehen die Auffassungen weit auseinander. Der BGH hat zu diesem Problem bisher nur einmal Stellung genommen und sich dahingehend geäußert, dass die Preisermittlungsgrundlagen des bisherigen Einheitspreises auch für die Ermittlung des neuen Preises maßgebend seien. Diese Auffassung ist richtig.[13] Nach § 2 Nr. 3 Abs. 3 VOB/B ist der neue Preis unter Berücksichtigung der Mehr- oder Minderkosten zu vereinbaren. Diese Formulierung setzt eine Bezugnahme voraus. Das können nur die Kalkulationsgrundlagen sein, die für den ursprünglichen Einheitspreis maßgebend waren.

Da § 2 Nr. 3 Abs. 2 VOB/B nur von einem neuen Preis unter Berücksichtigung der Mehr- oder Minderkosten spricht, muss angenommen werden, dass es im übrigen beim Vertrag und dessen Geschäftsgrundlage und somit auf den Grundlagen verbleiben muss, die zur Bildung des ursprünglichen Preises geführt haben. § 2 Nr. 3 VOB/B gibt den Parteien lediglich das Recht, die Vereinbarung eines insoweit neuen Preises zu verlangen, als durch die Mengenmehrung auch tatsächlich Mehr- oder Minderkosten entstanden sind.

Hinzu kommt, dass auch nach § 2 Nr. 6 VOB/B für zusätzliche, d. h. im Vertrag nicht einmal vorgesehene Leistungen die Vergütung nach den Grundlagen der Preisermittlung zu bestimmen ist. Somit muss dies auch erst recht für § 2 Nr. 3 VOB/B gelten, wo lediglich die Vergütung einer bei Bauleistungen niemals auszuschließenden Mengenmehrung geregelt wird. Würde es dem Auftragnehmer freistehen, bei Mengenmehrungen eine völlig neue Kalkulation vorzunehmen, würde dies dazu führen, den bewusst falsch kalkulierenden Unternehmer seinem ordentlich kalkulierenden Mitbewerber gegenüber zu bevorzugen. Dies wäre natürlich mit den Grundsätzen der VOB/A nicht zu vereinbaren.

Für die Ermittlung des neuen Preises sind also vorkalkulatorisch die Mehr- oder Minderkosten zu erfassen, also so, als wäre zur Zeit der Angebotsabgabe und dem darauf beruhenden Vertragsabschluß die erhöhte Ausführungsmenge bekannt gewesen und die Preise wären auf dieser Grundlage gebildet worden. Hierzu dient ein Verweis auf die früheren vorläufigen VOB/B-Richtlinien des Bundesfinanzministers (Nr. 69):

Bei der Bemessung der Preise bei Massenveränderungen ist regelmäßig auf die Preisermittlung zurückzugreifen. Es ist sorgfältig zu prüfen, ob und inwieweit die Kosten durch eine Massenänderung beeinflusst werden; im allgemeinen werden sich die Massenänderungen unmittelbar nur auf die Einzelkosten (Einzellohnkosten, Einzelstoffkosten sowie gegebenenfalls Sonderkosten) der betreffenden Teilleistungen auswirken, doch muss auch darauf geachtet werden, ob sich nicht infolge der Massenänderungen Gemeinkosten (Baustellengemeinkosten, wie z. B. Baustelleneinrichtungskosten, Allgemeine Geschäftskosten) insgesamt oder in ihrer anteiligen Umlage auf die Teilleistungen ändern. Die Änderung der Gemeinkosten muss auch in den

---

[13] Vgl. dazu Heiermann VOB- Kommentar § 2 Rdn. 85.

Fällen berücksichtigt werden, in denen diese Kosten nach besonderen Ordnungsziffern des Leistungsverzeichnisses mit Pauschalpreisen abgegolten werden.

Die ursprünglichen Preisermittlungsgrundlagen werden also bei der Vereinbarung neuer Preise wegen Mengenabweichung fortgeschrieben. Hierbei drängt sich die Frage auf wie etwaige Kalkulationsfehler zu behandeln sind, d. h. ob auch diese fortgeschrieben werden. Problematisch kann das Zurückgreifen auf den bisherigen Preis bzw. auf die ursprünglichen Preisermittlungsgrundlagen sein, wenn der bisherige Preis „unter Wert" durch den Auftragnehmer bewusst – etwa um den Auftrag zu erhalten – oder unbewusst – etwa infolge einer Fehlkalkulation – oder aus sonstigen, jedoch nicht beim Auftragnehmer liegenden Gründen zustande gekommen ist.

Diese Frage ist danach zu beantworten, ob die ursprüngliche Fehlberechnung dem Auftragnehmer oder dem Auftraggeber zuzurechnen ist, und ob das Festhalten des Auftragnehmers an seiner Fehlkalkulation gegen Treu und Glauben verstößt. Kalkuliert der Auftragnehmer bewusst falsch, etwa um den Auftrag zu erhalten, braucht er keinen Schutz und muss sich erst recht an seiner Fehlkalkulation festhalten lassen. Dies gilt um so mehr, als der Auftragnehmer bei Vertragsabschluß im allgemeinen in dem Auftraggeber das Vertrauen erweckt hat, dass die von ihm kalkulierten Preise in dem Sinne realistisch sind, dass sie der bei ihm gegebenen Sachlage entsprechen.[14]

Frage ist, ob der Auftragnehmer bei einer unbewussten oder ihm jedenfalls nach Sachlage im Einzelfall nicht zurechenbaren Fehlkalkulation wegen der über 110 % hinausgehenden Mengen einen von seinen bisher angenommenen Berechnungsgrundlagen abweichenden realistischen Preis verlangen kann. Das ist weder generell zu bejahen, noch zu verneinen. Einzelfall orientierte Entscheidungen sind hier geboten, gerade zur Frage, wer die Ursache für die ursprüngliche Fehlberechnung für die Notwendigkeit der Mehrmengen zwecks Erreichung einer vertragsgemäßen Leistung gesetzt hat und wem dies zuzurechnen ist.

Hierzu gibt es drei Fälle:

– Der Auftragnehmer wäre berechtigt gewesen, seine Preisberechnung wegen Irrtums anzufechten (Kalkulationsirrtum) und ein Festhalten an der ursprünglichen Preisermittlungsgrundlage führt zu einem gegen Treu und Glauben verstoßenden untragbaren Ergebnis; dies gilt erst recht, wenn der Auftraggeber seinerseits den Irrtum erkannt und den Auftragnehmer nicht darauf hingewiesen hat;
– wenn sich die Massenänderungen auf vorwerfbaren Unterlassen des Auftraggebers oder seiner Erfüllungsgehilfen zurückführen lassen, insbesondere eine unvollständige oder sonst unsorgfältige Planung oder ein unklares, nicht ohne weiteres erkennbares und nicht hinreichend fundiertes und daher nicht der Wirklichkeit entsprechendes Leistungsverzeichnis oder eine schuldhaft fehlerhafte Baugrundermittlung vorliegt;
– wenn die Ausführung infolge der für den Auftragnehmer nicht vorhersehbar erforderlich gewordenen Mehrmengen in eine Zeit gekommen ist, in der er erhebliche und in keiner Weise vorhergesehene Preissteigerungen fühlbar aufgetreten sind, die bei Ausführung nach den bisher angenommenen Vordersätzen keine Bedeutung erlangt hätten.

Wenn also der Auftraggeber den Kalkulationsirrtum des Auftragnehmers bemerkt, diesen aber nicht darauf hinweist, dann bedarf der Auftraggeber grundsätzlich keines Schutzes. Positive

---

[14] Vgl. dazu Heiermann, Festschrift Korbion S. 137, 142 f.

Kenntnis des Auftraggebers schließt es hier aus, den unbewussten Kalkulationsirrtum dem Auftragnehmer zuzurechnen.[15]

Schließlich gibt es allerdings Fälle, in denen der Auftragnehmer nach Treu und Glauben nicht mehr an der ursprünglichen Fehlberechnung festgehalten werden kann, er aber die betreffenden Positionspreise nicht sorgfältig ermittelt hat. Dann ist nach den Grundsätzen des § 254 BGB (Mitverschulden) zu prüfen, ob und inwieweit sich der Auftragnehmer an den bisherigen Preisermittlungsgrundlagen festhalten lassen muss.

1.1.1.7 Hinweis- und Prüfungspflichten des Auftragnehmers bei Mengenänderungen

Es gibt im Rahmen des § 2 Nr. 3 VOB/B keine Hinweis- und Prüfungspflichten des Auftragnehmers. Bei Nachträgen ist im Allgemeinen zwar dem Auftragnehmer auferlegt, einen Anspruch vorher anzukündigen. Dies kann sogar Anspruchsvoraussetzung für einen zusätzlichen Vergütungsanspruch sein. Dies gilt allerdings nicht im Zusammenhang mit § 2 Nr. 3 VOB/B. Der Auftragnehmer ist nicht verpflichtet, die Plausibilität der Mengenvordersätze im Angebotsstadium zu prüfen. Planung und Ausschreibung sind Sache des Auftraggebers.

Bei Mengenabweichungen im Rahmen des § 2 Nr. 3 VOB/B sieht die VOB/B anders in § 2 Nr. 5 oder § 2 Nr. 6 VOB/B nicht vor, dass auf entstehende Mehrkosten vor der Ausführung der Arbeiten vom Auftragnehmer hingewiesen werden müsse. Somit hängt die Durchsetzung einer höheren Vergütung nicht von einer solchen Ankündigung ab. Der Auftragnehmer hat also grundsätzlich keine Pflicht, auf Mehr- oder Mindermengen vor oder bei der Ausführung hinzuweisen.

1.1.1.8 Abhängige Pauschalpreisleistungen (§ 2 Nr. 3 Abs. 4 VOB/B)

Hier geht es um die Behandlung von Pauschalpositionen, die von Teilleistungen abhängig sind, für die sich Mengenabweichungen ergeben haben und daraus resultierend ein neuer Preis vereinbart worden ist. In einem solchen Fall kann nach § 2 Nr. 3 Abs. 4 VOB/B auch eine angemessene Änderung der Pauschalsumme gefordert werden, sowohl vom Auftraggeber als auch vom Auftragnehmer. In der Praxis gibt es eigentlichen nur einen einzigen Bereich, indem trotz unveränderter Planung – Voraussetzung für die Anwendung von § 2 Nr. 3 VOB/B! – Mengenänderungen auftreten können, die auch Auswirkungen auf abhängigen Pauschalen haben können. Bei Erdarbeiten und ihnen verwandte Leistungen wird dies Anwendung finden.

Beispiel:
Verfüllarbeiten sind als Pauschalpositionen ausgeschrieben. Im Laufe der Bauarbeiten stellt sich die mangelnde Tragfähigkeit des Bodens heraus, so dass bereichsweise tiefer ausgeschachtet werden muss. In einem solchen Fall ändert sich natürlich auch der Umfang der Vefüllarbeiten. Ein Anspruch aus § 2 Nr. 3 Abs. 4 VOB/B kann gegeben sein.

Besteht also zwischen einer unter einem Einheitspreis erfassten Leistung oder Teilleistung und anderen Leistungen, für die eine Pauschalsumme vereinbart ist, ein Abhängigkeitsverhältnis, so kann mit der Änderung des Einheitspreises auch eine angemessene Änderung des Pauschalpreises gefordert werden. Die mögliche Anpassung setzt eine Mischung von teils Einheits-, teils Pauschalpreisen voraus. Die pauschal zu vergütenden Leistungsteile müssen zudem mit nach Einheitspreisen zu vergütenden Leistungsteilen in einem sachlichen Zusammenhang stehen. Die bloße Zusammenfassung in einem Vertrag genügt nicht. § 2 Nr. 3 Abs. 4 VOB/B gilt

---

[15] BGH BauR 1986 S. 344.

sowohl im Rahmen des § 2 Nr. 3 Abs. 2 als auch des Absatz 3 VOB/B. Die neue Berechnung der Pauschalsumme erfolgt wie nach Nr. 2 und Nr. 3.

1.1.1.9 Folgen des vertraglichen Ausschlusses des Anspruchs aus § 2 Nr. 3 VOB/B

Bei der Vertragsgestaltung von Bauverträgen wird immer wieder versucht, Ausschlussmöglichkeiten von § 2 Nr. 3 VOB/B auszuloten. Dass aufgrund individueller Vereinbarungen ein Ausschluss von § 2 Nr. 3 VOB/B möglich ist, bedarf keiner weiteren Erläuterung. Grenze für einen durch individuelle Vertragsvereinbarung vorgenommen Ausschluss der Preisänderungsmöglichkeit nach § 2 Nr. 3 VOB/B ist ein Verstoß gegen Treu und Glauben oder gegen die guten Sitten. Das trifft dann zu, wenn sich in der betreffenden Position die Mengenänderung nach oben oder unten später in einem solchen Ausmaß ergeben hat, dass für das Verhältnis von Leistung und Preis von einer Störung der Geschäftsgrundlage gesprochen werden müsste.[16]

Darüber hinaus bleibt der Auftraggeber möglicherweise auch bei einem individualvertraglich geregelten Ausschluss der Preisänderungsmöglichkeit nach § 2 Nr. 3 VOB/B dem Auftragnehmer schadensersatzpflichtig, aus den Grundsätzen der „culpa in contrahendo" (Verschulden bei Vertragsschluss), wenn die Mehr- oder Minderleistung darauf zurückzuführen ist, dass die Mengenangaben im Leistungsverzeichnis unrichtig sind und dies auf einem schuldhaften Tun oder Unterlassen des Auftraggebers oder seines Architekten oder anderer Erfüllungsgehilfen beruht. Der daraus resultierende Schadensersatzanspruch richtet sich nach den Maßstäben, die aus § 2 Nr. 3 VOB/B ersichtlich werden.

Häufiger tritt in der Praxis der Fall auf, dass es sich bei den Vertragsgestaltungen um sogenannte Allgemeine Geschäftsbedingungen handelt, bei denen ebenfalls die Bestimmung des § 2 Nr. 3 VOB/B vertraglich ausgeschlossen wird, wie beispielsweise in Klauseln:

– *„Massenänderungen berechtigen nicht zu einer Preisänderung."*
– *„Beansprucht der Auftragnehmer wegen einer über 10 % hinausgehenden Überschreitung des Mengenansatzes einen höheren Preis, so muss er dies dem Auftraggeber unverzüglich schriftlich ankündigen..."*
– *„Abweichend von § 2 Nr. 3 VOB/B gilt hinsichtlich der Abweichung des Mengenansatzes statt 10 % 30 %."*
– *„Massenänderungen auch über 10 % ändern die Einheitspreise nicht, es sei denn, dass der Wert dieser Änderung die ursprüngliche Auftragssumme um mehr als 20 % übersteigt oder unterschreitet."*

Ist eine Ausschlussklausel Bestandteil von Zusätzlichen Vertragsbedingungen und damit von Allgemeinen Geschäftsbedingungen, so unterliegt sie der Inhaltskontrolle nach den §§ 305 ff. BGB. Zweifel an der Übereinstimmung der in Frage stehenden Klauseln mit gesetzlichen Bestimmungen bestehen insbesondere deshalb, weil die ausgewogene Verteilung des Massenrisikos in §§ 2 Nr. 3, 5, 6 VOB/B zugunsten einer einseitigen oder zumindest sehr weitgehenden Risikoverlagerung auf den Auftragnehmer aufgegeben wird und dem Auftragnehmer u. U. sogar berechtigte Forderungen abgeschnitten werden. In Betracht kommt ein Verstoß gegen § 307 BGB, darüber hinaus aber auch ein Verstoß §§ 309 Nr. 7, 308 Nr. 4 BGB, je nachdem welche Klauselvariante der Auftraggeber in seinen Zusätzlichen Vertragsbedingungen vorsieht.

Die vorgenannten Klauseln stören allesamt erheblich das Gleichgewicht von Leistung und Gegenleistung, das mit § 2 Nr. 3 VOB/B nur für Mengenschwankungen von bis zu 10 % nach oben und unten als noch ausgewogen beurteilt wird. Die Möglichkeit einer Anpassung des

---

[16] Vgl. dazu Ingenstau/Korbion, Teil B, § 2 Rdn. 205.

Einheitspreises bei Mengenänderungen wird durch die Klausel, dass Massenänderungen nicht zu einer Preisänderung berechtigen, ausgeschlossen und der Auftragnehmer hierdurch unangemessen benachteiligt, weil sein zusätzlicher Kosten unberücksichtigt bleibt.

Auch die schriftliche Ankündigungspflicht des Auftragnehmers enthält eine zusätzliche Anspruchsvoraussetzung abweichend von § 2 Nr. 3 Abs. 2 VOB/B, die zu einem wesentlichen Eingriff in den Kern der VOB/B führt und im übrigen auch unangemessen ist.[17]

Unabhängig davon, dass bei solchen Klauseln schon aufgrund ihrer teilweisen wirren sprachlichen Formulierung § 305c Abs. 2 BGB eingreifen kann, sind solche Klauseln auch im kaufmännischen Geschäftsverkehr nach § 307 BGB unwirksam. Schließlich wird in der Literatur die herrschende Auffassung vertreten, dass durch den Ausschluss oder die beachtliche Einengung von § 2 Nr. 3 VOB/B (etwa die Erhöhung der Grenze von 10 % auf 20 % oder gar 30 %) die Ausgewogenheit der VOB/B nicht mehr gegeben sei.[18]

Danach enthalten Klauseln, nach denen eine schriftliche Ankündigung verlangt wird oder eine Massenänderung nur bei 30 % Überschreitung oder Unterschreitung zu einer Änderung des Einheitspreises führen, jedenfalls insgesamt einen so schwerwiegenden Eingriff in die nach § 2 VOB/B begründeten Rechte des Auftragnehmers, dass die VOB/B in ihrem Kernbereich betroffen und deshalb nicht mehr „als Ganzes" vereinbart sei.[19]

Allerdings hat eine Entscheidung des BGH hier für eine überraschende Wende gesorgt. Der Bundesgerichtshof hat mit Urteil vom 8. Juli 1993 – Betriebsberater 1993 S. 1907 – folgende Klausel für wirksam erachtet:

„*Die Einheitspreise sind Festpreise für die Dauer der Bauzeit und behalten auch dann ihre Gültigkeit, wenn Massenänderungen im Sinn § 2 Nr. 3 VOB/B eintreten.*"

Der Bundesgerichtshof meint:

„*Soweit die Klausel die Preisanpassungsmöglichkeiten gemäß § 2 Nr. 3 Abs. 2 und Abs. 3 VOB/B bei Mengenänderungen ausschließt, führt dies nicht zu ihrer Unwirksamkeit nach § 9 AGB-Gesetz (§ 307 BGB n. F.). Allerdings wird in der Literatur die Auffassung vertreten, dass ein formularmäßiger Ausschluss der Preisanpassungsmöglichkeiten gemäß § 2 Nr. 3 VOB/B bei Mengenänderung zur Unwirksamkeit einer derartigen vom Auftraggeber gesellten Klausel nach § 9 AGB-Gesetz (§ 307 BGB n. F.) führe. Der Senat teilt diese Auffassung nicht.*

Die Preisanpassungsmöglichkeiten gemäß § 2 Nr. 3 VOB/B bei Mengenänderungen zählen nicht zu der für die Klauselbewertung maßgeblichen gesetzlichen Regelung im Sinne von § 9 Abs. 2 Nr. 1 AGB Gesetz (§ 307 Abs. 2 Nr. 1 BGB) n. F.). Allerdings umfasst die gesetzliche Regelung im Sinn dieser Vorschrift nicht nur Gesetzesbestimmungen, sondern auch alle Rechtssätze, welche durch Auslegung, Analogie und Rechtsfortbildung aus den gesetzlichen Vorschriften hergeleitet werden. Die Bestimmung des § 2 Nr. 3 VOB/B zählt hierzu indes nicht.

Nach dem gesetzlichen Leitbild des Werkvertragsrechts hat der Unternehmer für den werkvertraglichen Erfolg einzustehen, während der Besteller den vereinbarten Werklohn zu zahlen hat. Haben die Parteien von einer Vereinbarung des § 2 Nr. 3 VOB/B oder von einer entsprechenden anderweitigen Vereinbarung abgesehen, ist eine Anpassung von Einheitspreisen bei Mengenänderungen nur nach den Grundsätzen des Wegfalls der Geschäftsgrundlage möglich. Die Voraussetzungen für eine Preisanpassung nach diesen Grundsätzen sind enger als diejenigen für eine Preisanpassung nach § 2 Nr. 3 VOB/B.

---

[17] BGH Urteil vom 20. Dezember 1990 in ZfBR 1991 S. 101; Hofmann/Glatzel/Frikell S. 131.
[18] Vgl. dazu Heiermann NJW 1986 S. 2682.
[19] BGH BauR 1991 S. 210.

Bei der erforderlichen Interessenabwägung ist zudem zu berücksichtigen, dass der Ausschluss der Preisanpassungsmöglichkeit gemäß § 2 Nr. 3 Abs. 2 VOB/B bei Mengenüberschreitungen für den Auftragnehmer in der Regel vorteilhaft ist. Im allgemeinen wird sich bei Anwendung des § 2 Nr. 3 Abs. 2 VOB/B für Mehrmengen ein geringerer Einheitspreis ergeben, weil sich die Baustelleneinrichtungskosten, die Baustellengemeinkosten und die allgemeinen Geschäftskosten dann auf eine größere Leistungsmenge verteilen. Nur in seltenen Fällen wird für die über 10 % hinausgehenden Oberschreitungen des Mengenansatzes ein höherer Einheitspreis gerechtfertigt sein mit der Folge, dass der Ausschluss der Preisanpassungsmöglichkeit gemäß § 2 Nr. 3 Abs. 2 VOB/B für den Auftragnehmer dann nachteilig ist.

Dass mit der Abänderung des § 2 Nr. 3 VOB/B durch AGB-Regelungen die VOB/B in ihrem Kernbereich betroffen und deshalb nicht mehr „als Ganzes" vereinbart ist, berührt das hier entwickelte Ergebnis der Inhaltskontrolle gemäß § 9 AGB-Gesetz nicht (§ 307 BGB n.F,). Ein Eingriff in den Kernbereich der VOB/B hat nach der ständigen Senatsrechtsprechung lediglich zur Folge, dass die dem Vertragspartner des Verwenders ungünstigen Bestimmungen der VOB/B einer isolierten Inhaltskontrolle nach dem AGB-Gesetz unterliegen.

Daraus, dass eine zusätzliche Regelung in den Kernbereich der VOB/B eingreift, kann hingegen nicht auf deren Verstoß gegen Vorschriften des AGB-Gesetzes geschlossen werden. Denn für die Frage, ob die VOB/B „als Ganzes" vereinbart ist, kommt es nicht darauf an, ob die zusätzlichen, einen Eingriff in den Kernbereich der VOB/B enthaltenden Regelungen ihrerseits mit den Vorschriften des AGB-Gesetzes vereinbart sind."

Entgegen der bisher ganz überwiegend vertretenen Meinung hat der BGH also die Wirksamkeit der Klausel bejaht. Das gesetzliche Werkvertragsrecht – Leitbild für die Angemessenheitsprüfung von Allgemeinen Geschäftsbedingungen – kenne keine mit § 2 Nr. 3 VOB/B vergleichbare Preisanpassungsregelung bei Mengenabweichungen. Somit kommt eine Unwirksamkeit der Klausel nach § 307 BGB nicht in Betracht.

Zu beachten ist allerdings, dass der BGH nur die aufgeführte Klausel für wirksam erklärt hat. Andere, insbesondere weitergehende Mengenänderungsklauseln können dagegen unwirksam sein.

Beispiel:
„Durch Massenänderungen bedingte Nachforderungen sind ausgeschlossen."

Trotz dieser Entscheidung ist dem Auftraggeber grundsätzlich nicht zu raten, die nun für wirksam erklärte Klausel in vorformulierte Vertragsbedingungen aufzunehmen. Zum einen bleiben trotz dieser Klausel gesetzliche Preisänderungsmöglichkeiten bestehen, zum anderen wird durch die genannte Klausel die VOB/B in einer Reihe von Regelungen vernichtet, die für den Auftraggeber zunächst und eigentlich günstig sind.[20]

---

[20] BGH BauR 1991 S. 210.

1.1.2 § 2 Nr. 4 VOB/B

§ 2 Nr. 4 VOB/B stellt eine Art Teilkündigung des Bauvertrages dar und gibt dem Auftraggeber das Recht, Leistungen selbst zu übernehmen. Er muss zwar dann trotzdem die vereinbarte Vergütung an den Auftragnehmer zahlen, jedoch abzüglich ersparter Kosten und Verwendungen des Auftragnehmers.

1.1.3 § 2 Nr. 5 VOB/B

1.1.3.1 Überblick

Die Vereinbarung eines neuen Preises nach § 2 Nr. 5 VOB/B setzt zunächst eine Leistungsänderung voraus.

Eine Leistungsänderung besteht bei Veränderung der Leistungsbeschreibung im Leistungsverzeichnis, besonders erwähnt ist in § 2 Nr. 5 VOB/B die Änderung des Bauentwurfs. Unter Anordnung i. S.d. Vorschrift sind alle Änderungsmaßnahmen zu verstehen, die dem Risikobereich des Auftragnehmers zuzuordnen sind. Keine Leistungsänderung liegt bei bloßen Erschwernissen der Ausführung vor, die bei der von Anfang an vorgesehenen Leistung ohne Einwirkung des Auftraggebers eintreten oder bei Fehlkalkulation des Auftragsgebers. Durch die Leistungsänderung muss die Preisermittlungsgrundlage berührt werden. Bei der Neufestlegung des Preises sind die Mehr- oder Minderkosten zu berücksichtigen, die durch die Leistungs- und damit Preisgrundlagenänderung entstehen.

1.1.3.2 Einzelheiten

Unabhängig davon, ob die Parteien einen Einheitspreisvertrag oder einen Pauschalpreisvertrag abgeschlossen haben (vgl. § 2 Nr. 7 Abs. l Satz 3 VOB/B für den Pauschalpreisvertrag) haben beide Beteiligten einen Anspruch auf Vereinbarung eines neuen Preises, wenn durch Änderung des Bauentwurfs oder anderer Anordnungen des Auftraggebers die Grundlage des Preises für eine im Vertrag vorgesehene Leistung gemäß § 2 Nr. 5 VOB/B geändert wird.

Dabei liegt eine Änderung des Bauentwurfs immer dann vor, wenn durch den Bauherrn oder seinen Vertreter, häufig den Architekten, soweit dieser entsprechende Vollmacht hat, ausdrücklich eine andere Ausführung als im Vertrag, insbesondere Leistungsverzeichnis und Planen vorgesehen, gefordert wird.

Das Recht des Auftraggebers, Änderungen anzuordnen, ergibt sich aus § 1 Nr. 3 VOB/B, ist also ausdrücklich durch die Vereinbarung der VOB/B Vertragsbestandteil. Die Grenze dieses Änderungsverlangens bildet der bauvertragliche Zweck, die versprochene Gesamtleistung. In Abgrenzung zu § 2 Nr. 6 VOB/B betrifft § 2 Nr. 5 VOB/B nicht zusätzliche Leistungen, sondern geänderte Leistungen.

Aber auch andere Arten von Anordnungen, die die Grundlagen des Preises für eine im Vertrag vorgesehene Leistung ändern, sind zur Preisanpassung berechtigende Anordnungen im Sinne der zweiten Alternative der genannten Vorschrift.

Nach Auffassung des Oberlandesgerichts Düsseldorf liegt unter anderem dann eine Leistungsänderung gemäß § 2 Nr. 5 VOB/B vor, wenn vor Ort tieferer Erdaushub für Straßenarbeiten zur Erreichung tragfähigen Bodens durch den Bauherrn angeordnet wird.[21] Gerade veränderte Bodenverhältnisse machen hier bei der Abgrenzung zu § 2 Nr. 6 VOB/B immer wieder Schwierigkeiten.

Außerdem kann auch in Anordnungen, die die Leistungszeit verändern, so z. B. die Anordnung, aufgrund von Bedenken der Bauaufsichtsbehörde gegen das Objekt vorläufig den Bau einzustellen, eine Änderungsanordnung im Sinne von § 2 Nr. 5 VOB/B liegen.

Beispiele:
- Verschiebung der Fertigstellung gegenüber dem vertraglichen Bauzeitenplan,
- Türen aus Limba statt Mahagoni.

Ein weiterer wichtiger Problembereich ist der Bereich der so genannten frivolen Kalkulation. Im Ausgangsfall des BGH hatte das Bauunternehmen die Rohbauarbeiten für den Neubau einer Universitätsbibliothek ausgeführt. Der Bauunternehmer machte hier Mehrvergütungsforderungen wegen nachträglichen Mehraufwandes geltend, die darauf beruhten, dass entgegen den ursprünglichen Annahmen überwiegend keine Großflächenschalung möglich war, sondern eine aufwendige Kleinschalung vorgenommen werden musste. Das Bauunternehmen folgerte dies jedoch erst aus den nach Vertragsschluss bereit gestellten Bewehrungsplänen. Bei der Sachverständigenbegutachtung der Ausschreibungsunterlagen ist offen geblieben, ob der Kalkulator nach den ihm vorliegenden Ausschreibungsunterlagen bei Vertragsschluss die weitgehende Nichtverwendbarkeit der Großflächenschalung entnehmen konnte. Der BGH geht davon aus, dass der Bauunternehmer in einem Fall der Unsicherheit, welche Art der Schalung erforderlich ist, nicht einfach das für seine Preisbildung günstigere abnehmen und seinem Angebot zugrunde legen kann, und sich dann später durch ein entsprechendes Nachtragsangebot in Höhe der Mehrkosten gütlich tun kann.

Der BGH bezeichnet dies als so genannte frivole Kalkulation, als eine Kalkulation ins Blaue hinein, auf die sich der Bauunternehmer nachträglich nicht berufen kann. Er hätte sich vielmehr schon bei Angebotsabgabe wegen dieser Unklarheiten erkundigen müssen, wie zu kalkulieren sei. Dass er dies unterlassen hat, geht zu seinen Lasten.[22]

Diese Auffassung ist inzwischen für einen Fall, wo die Ausschreibung für Wasserhaltungsarbeiten keine Wasserdurchlässigkeitsbeiwerte enthielt und der Bauunternehmer schließlich das Vielfache seines angebotenen, niedrigsten Preises im Wege des Nachtrages für die Wasserhaltung verlangte, bestätigt worden.

Es sei darauf hingewiesen, dass natürlich auch im Fall von Minderkosten, die durch die Änderungsanordnung entstehen, der Bauherr ein Recht auf Herabsetzung des Preises in Höhe der Kostenersparnis hat.

Ob und inwieweit in Allgemeinen Geschäftsbedingungen verbreitete, häufig der VOB/B gegenüber vorrangige Vertragsbedingungen mit weiteren Anforderungen an Preisanpassungen zugunsten des Auftragnehmers zulässig sind, ist höchstrichterlich noch nicht entschieden.

In der Literatur geht hier eine Tendenz dahin, in AGB enthaltene Verschärfungen von § 2 Nr. 5 oder § 2 Nr. 6 VOB/B, so etwa in der Vereinbarung, dass Mehrkosten infolge Änderungsanordnungen oder Zusatzleistungen nur vergütet werden, wenn vor Beginn der Ausführung schriftlich eine Preisvereinbarung zwischen Bauherr und Bauunternehmer abgeschlossen worden ist, als AGB als unwirksam anzusehen sind.

---

[21] Vgl. OLG Düsseldorf, BauR 1991, S. 219 ff.
[22] BGH, BauR 1987, S. 683 ff. BGB.

Fest steht derzeit weiterhin, dass bereits das Verlangen nach einer schriftlichen Ankündigung der Tatsache des Entstehens von Mehrkosten bei Änderungsanordnungen, wie sie in Nr. 15 Ziff. 2 der Zusätzlichen Vertragsbedingungen Straßenbau Fassung 1980 (ZVB-STB 1980) enthalten sind, dazu führen, dass die VOB/B nur mit wesentlichen Einschränkungen vereinbart ist im Sinne der eingangs genannten Rechtsprechung mit all den damit verbundenen Folgen.[23]

Ändern sich für die so modifizierte Leistung die Grundlagen des vereinbarten Preises, so hat der Auftraggeber Anspruch auf Bildung eines neuen Preises unter Berücksichtigung der Mehr- und Minderkosten. Der neue Preis ist unter Fortschreibung der Auftragskalkulation zu bilden.

1.1.4 § 2 Nr. 6 VOB/B

1.1.4.1 Abgrenzung von Vertragsleistungen, Nebenleistungen und Zusatzleistungen

Nach § 2 Nr. 6 VOB/B hat der Auftragnehmer einen Anspruch auf besondere Vergütung, wenn der Auftraggeber von ihm eine im Vertrag nicht vorgesehene Leistung fordert. Es muss sich also um eine zusätzliche Leistung handeln, die von der ursprünglich vertraglich vereinbarten Vergütung, wie sie sich aus § 2 Nr. 1 VOB/B ergibt, noch nicht gedeckt ist. Für die Vertragsleistung ist somit insbesondere das Leistungsverzeichnis maßgeblich.

Vorarbeiten wie z. B. Schutz- und Sicherheitsmaßnahmen nach den Unfallverhütungsvorschriften, Messungen, Transporte oder die Reinigung der Baustelle sind oft in der Leistungsbeschreibung nicht explizit geregelt. In diesem Zusammenhang kommt den Allgemeinen Technischen Vorschriften der VOB (ATV), die nach § 1 Nr. 1 VOB/B Vertragsbestandteil sind, besondere Bedeutung zu. In der DIN 18299, die für alle Gewerke gilt, sind unter Abschnitt 4 die nicht gesondert zu vergütenden Nebenleistungen wie auch die „Besonderen Leistungen" mitgezählt. Die in den DIN-Vorschriften erwähnten Nebenleistungen gehören auch ohne besondere Erwähnung in der Leistungsbeschreibung zur Vertragsleistung. Für deren Ausführung erhält der Auftragnehmer keine gesonderte Vergütung.

Die ebenfalls im 4. Abschnitt der DIN erwähnten Besonderen Leistungen sind solche, die nur dann durch die vertraglich vereinbarte Vergütung abgegolten sind, wenn sie in der Leistungsbeschreibung besonders erwähnt wurden. Sofern also die in den DIN-Normen als Besondere Leistungen aufgeführten Leistungen in den Vertragsunterlagen nicht besonders erwähnt sind, können sie als Zusatzleistungen im Sinne des § 2 Nr. 6 VOB/B in Betracht kommen.

Hat der Auftragnehmer anhand der Vertragsunterlagen und den ATV festgestellt, dass die von ihm verlangten Leistungen keine Nebenleistungen sind, so stellt sich die Frage, ob es sich um eine echte Zusatzleistung oder um eine „neue selbstständige Leistung" handelt.

§ 2 Nr. 6 VOB/B ist nämlich nur auf die Ausführung echter Zusatzleistungen anwendbar. Um Zusatzleistungen handelt es sich, wenn die Leistung erforderlich ist, um den vertraglich geschuldeten Werkerfolg sicher zu stellen, oder wenn die Leistung zwar nicht erforderlich ist, mit der vertraglichen Leistung aber in räumlicher und stofflicher Verbindung steht und sich in diese eingliedert.

---

[23] Vgl. BGH BauR 1991, S. 210 ff.

Um eine neue selbstständige Leistung handelt es sich hingegen, wenn der Auftraggeber die Ausführung einer Leistung verlangt, die weder erforderlich ist noch in räumlicher und stofflicher Verbindung mit der Vertragsleistung steht und sich in sie eingliedert.

1.1.4.2 Grenzen des einseitigen Anspruchs des Auftraggebers auf Ausführung von Zusatzleistungen gemäß § 1 Nr. 4, § 2 Nr. 6 VOB/B

Nach § 1 Nr. 4 Satz 1 VOB/B hat der Auftragnehmer sämtliche Zusatzleistungen auszuführen, die notwendig sind, um den vertraglichen Erfolg zu erzielen.

Der Auftragnehmer schuldet grundsätzlich ein funktionsfähiges Werk und soll dementsprechend auch verpflichtet sein, sämtliche hierfür notwendigen Arbeiten durchzuführen.

Korrespondierend hierzu wird ihm mit § 2 Nr. 6 VOB/B ein Vergütungsanspruch für zusätzliche Leistungen zugesprochen, weil er diese schließlich bei der Kalkulation seines Vertragspreises im Zeitpunkt der Angebotsabgabe noch nicht berücksichtigen konnte.

Diese Verpflichtung des Auftragnehmers besteht lediglich dann nicht, wenn er nach seinen betrieblichen Gegebenheiten auf die Erbringung von derartigen Leistungen nicht eingerichtet ist. Für das Vorliegen dieses Ausnahmefalles ist der Auftragnehmer darlegungs- und beweispflichtig.

Stehen die zusätzlichen Leistungen nur in enger räumlicher und stofflicher Verbindung mit der vertraglich geschuldeten Leistung, sind sie aber zu deren Erbringung nicht erforderlich, so können sie dem Auftragnehmer nur mit seiner Zustimmung übertragen werden, § 1 Nr. 4 letzter Satz VOB/B. Der Auftragnehmer kann demnach die Ausführungen auch ablehnen.

1.1.4.3 Die Ankündigung des zusätzlichen Vergütungsanspruchs gemäß § 2 Nr. 6 VOB/B

Der Auftragnehmer kann den Anspruch nach § 2 Nr. 6 VOB/B auf besondere Vergütung nur dann geltend machen, wenn er diesen Anspruch vor dem Beginn der Ausführung der Zusatzleistungen angekündigt hat. Aus dieser Ankündigung muss sich zweifelsfrei ergeben, dass der Auftragnehmer für die Ausführung der zusätzlichen Leistung eine besondere Vergütung beansprucht.

Die Ankündigung kann mündlich erfolgen, wovon jedoch in der Praxis dringend abzuraten ist, da der Auftragnehmer für die erfolgte Ankündigung beweispflichtig ist. Es sollte daher die Schriftform gewählt werden, wobei besonderes Augenmerk darauf zu richten ist, dass der Zugang des Schreibens bewiesen werden kann.

Angaben zur Höhe des Vergütungsanspruches muss die Ankündigung nicht enthalten. Die Ankündigung hat gegenüber dem Auftraggeber zu erfolgen, was sich auch aus der Schutzfunktion der Ankündigung ergibt. Dem Bauherrn soll deutlich gemacht werden, dass auf ihn weitere Kosten für die von ihm verlangten zusätzlichen Leistungen zukommen und er gegebenenfalls seine Finanzierung anzupassen hat.

§ 2 Nr. 5 VOB/B sieht das Erfordernis der Ankündigung nicht vor. In der Praxis wird deshalb häufig der Versuch unternommen, bei fehlender Ankündigung und Ausführung einer im Vertrag nicht vorhergesehenen Leistung den Nachtrag auf § 2 Nr. 5 VOB/B zu stützen.

§ 2 Nr. 5 VOB/B regelt jedoch nur den Fall, dass durch Änderungen des Bauentwurfes oder anderer Anordnungen des Auftraggebers die Preisermittlungsgrundlage für eine im Vertrag vorgesehene Leistung geändert wird. Bei § 2 Nr. 5 VOB/B handelt es sich somit nicht um eine neue, im Leistungsverzeichnis noch nicht vorgesehene Leistung.

Da § 2 Nr. 5 VOB/B gegenüber § 2 Nr. 6 VOB/B die speziellere Regelung darstellt, ist eine Umdeutung selten möglich.

1.1.4.4 Grundzüge der Preisberechnung von Zusatzleistungen

Nach § 2 Nr. 6 Abs. 2 VOB/B bestimmt sich die Höhe der Vergütung nach den Grundlagen der Preisermittlung für die vertragliche Leistung und den besonderen Kosten der geforderten Leistung.

Unter Preisermittlungsgrundlagen werden alle Umstände verstanden, die die Bildung des Vertragspreises beeinflussen. Dies sind z. B. die allgemeinen preisbestimmenden Verhältnisse, zu denen Zins- und Abschreibungssätze sowie Gemeinkosten zählen.

Der Rückgriff auf die vertraglichen Preisermittlungsgrundlagen ist wegen des engen sachlichen, räumlichen und zeitlichen Zusammenhanges mit der vorgesehenen Vertragsleistung gerechtfertigt. Bei der Bildung des neuen Preises ist also mit den alten Kostenfaktoren zu kalkulieren, falls die Preisbestandteile des Hauptauftrages für die Zusatzleistung übernommen werden können. Dies wird in der Regel bei den Kosten für Gerätevorhaltung, Material und Lohnkosten der Fall sein, Kostensteigerungen für z. B. Lohnerhöhungen können aber berücksichtigt werden.

1.1.4.5 Der Anspruch auf Abschlagszahlungen für Zusatzleistungen

Da Zusatzleistungen schon in dem ursprünglichen Vertrag angelegt sind, macht der Auftraggeber mit ihrer Forderung von einer vertraglichen Möglichkeit Gebrauch. Auch bei Zusatzleistungen handelt es sich also um „vertragsgemäße Leistungen" im Sinne von § 16 VOB/B, so dass auch für Zusatzleistungen Abschlagszahlungen zu leisten sind.

1.1.5 Der Vergütungsanspruch bei ausgeführten Zusatzleistungen ohne Anordnung des Auftraggebers gem. § 2 Nr. 8 VOB/B

Grundsätzlich gilt gemäß § 2 Nr. 8 Abs. 1 Satz 1 VOB/B, das ohne Anordnung ausgeführte Leistungen nicht zu vergüten sind. Von diesem Grundsatz macht § 2 Nr. 8 Abs. 2 VOB/B eine wichtige Ausnahme. Danach trifft den Auftraggeber doch eine Vergütungspflicht, wenn er entweder die Leistung nachträglich anerkennt oder notwendige Zusatzleistungen erbracht werden, deren Ausführung dem mutmaßlichen Willen des Auftraggebers entsprach und der Auftragnehmer darüber hinaus die Ausführung unverzüglich angezeigt hat.

Das Anerkenntnis nach § 2 Nr. 8 VOB/B setzt voraus, dass der Auftraggeber im Nachhinein mit der Ausführung der Leistung einverstanden ist, dies also wenigstens durch schlüssiges Handeln belegt. Einen solchen Erklärungswert haben nicht Aufmaß und Prüfungsvermerk des Architekten. Hiermit erfüllt der Architekt nur eine ihm gegenüber dem Auftraggeber obliegende Pflicht. Etwas anderes gilt nur, wenn dem Architekten eine Vollmacht zur Anerkennung von Rechnungen erteilt war. In diesem Fall bindet die Anerkennung den Auftraggeber.

Der Begriff der Notwendigkeit der Leistung im Sinne von § 2 Nr. 8 Abs. 2 Satz 2 VOB/B ist objektiv zu verstehen, weil der Schutz des Auftraggebers vor aufgedrängten Leistungen im Vordergrund steht. Es kommt allein darauf an, ob dass vertraglich geschuldete Werk objektiv nur mithilfe der Zusatzleistungen ordnungsgemäß erbracht werden konnte. Eine irrige Vorstellung des Auftragnehmers ist also unerheblich.

Die notwendige Leistung muss weiterhin dem mutmaßlichen Willen des Auftraggebers entsprechen. Maßgeblich ist der mutmaßliche Wille des Auftraggebers, der bei objektiver Betrachtung von einem verständigen Bauherrn geäußert worden wäre.

Ein erkennbar entgegenstehender Wille des Auftraggebers ist jedoch immer zu beachten. Das gilt auch dann, wenn der Auftraggeber damit objektiv betrachtet gegen seine eigenen Interessen handeln sollte.

Dem Auftragnehmer steht nur dann ein Vergütungsanspruch zu, wenn er die Ausführung der Zusatzleistung gegenüber dem Auftraggeber unverzüglich anzeigt. Hierbei handelt es sich um eine echte Anspruchsvoraussetzung. Versäumt der Auftragnehmer die Anzeige, verliert er grundsätzlich seinen Vergütungsanspruch. Auch hier muss die Anzeige dem Auftraggeber selbst zugehen. Die Anzeige muss weiterhin unverzüglich, d. h. ohne schuldhaftes Zögern erfolgen.

Beispiel:
Nach der genannten Vorschrift werden Leistungen, die der Auftragnehmer ohne Auftrag oder unter eigenmächtiger Abweichung vom Vertrag ausführt, gerade nicht vergütet. Vielmehr hat sie der Auftragnehmer auf Verlangen innerhalb angemessener Frist zu beseitigen, sonst kann das auf seine Kosten geschehen; außerdem besteht Schadensersatzhaftung nach Maßgabe der Vorschriften des BGB über die Geschäftsführung ohne Auftrag (vgl. §§ 677 ff. BGB).

§ 2 Nr. 8 Abs. 2 VOB/B, so meint jedoch häufig der Bauunternehmer, könne ihm hier helfen: Dem Auftragnehmer steht danach eine Vergütung ausnahmsweise zu, wenn entweder der Auftraggeber solche Leistungen nachträglich anerkennt, d. h. durch sein Verhalten zu erkennen gibt, dass er sie für notwendige Vertragsleistungen hält und auch die Vergütungspflichtigkeit akzeptiert, oder wenn die Leistung für die Erfüllung des Vertrages notwendig war, dem mutmaßlichen Willen des Auftraggebers entsprach und ihm unverzüglich angezeigt wurde. Häufig scheitert es hier schon an der Erfüllung der Verpflichtung zur unverzüglichen Anzeige. Selbst wenn die Leistung zur Erfüllung des Vertrages im Übrigen notwendig war, so wird der mutmaßliche Wille des Auftraggebers nur dann fingiert werden können, wenn es sich hier wirklich um dringende, unaufschiebbare Leistungen handelte. Ist allerdings die VOB/B nicht ohne wesentliche Einschränkung vereinbart, so wird § 2 Nr. 8 Abs. 2 VOB/B, isoliert vereinbart, als unwirksam angesehen.[24]

1.1.6 Planänderung und Anordnung des Auftraggebers (§ 2 Nr. 5 VOB/B) sowie der zusätzliche Vergütungsanspruch nach § 2 Nr. 6 und § 2 Nr. 8 VOB/B

1.1.6.1 Einführung

Der Bauvertrag regelt die zu erbringenden Leistungen und die dafür geschuldete Vergütung:

- **§ 2 Nr. 1 VOB/B:** *„Durch die vereinbarten Preise werden alle Leistungen abgegolten, die nach der Leistungsbeschreibung, den Besonderen Vertragsbedingungen, den Zusätzlichen Vertragsbedingungen, den Allgemeinen Technischen Vertragsbedingungen für Bauleistungen und der gewerblichen Verkehrssitte zur vertraglichen Leistung gehören."*

---

[24] Vgl. BGH, Urteil vom 31.01.1991, Az.: VII ZR 291/8, bisher unveröffentlicht.

– **§ 2 Nr. 2 VOB/B:** *„Die Vergütung wird nach den vertraglichen Einheitspreisen und den tatsächlich ausgeführten Leistungen berechnet, wenn keine andere Berechnungsart (z. B. durch Pauschalsumme, nach Stundenlohnsätzen nach Selbstkosten) vereinbart ist."*
– **§ 632 BGB:** *„Ist keine Vergütungsvereinbarung getroffen worden, so kann der Unternehmer die übliche – in der Regel ebenfalls nach Einheitspreisen zu bemessene – Vergütung verlangen, wenn die Herstellung des Werkes den Umständen nach nur gegen eine Vergütung zu erwarten ist."*

Eine von der vereinbarten Vergütung abweichende Vergütung (Nachforderung) kann der Auftragnehmer im VOB-Vertrag nur unter den in der VOB/B genannten Voraussetzungen verlangen, wenn nichts anderes vereinbart ist. Abgesehen von dem Fall der Mengenänderung kommen vor allem drei Tatbestände in Betracht:

– die vom Auftraggeber angeordnete Leistungsänderung (§ 2 Nr. 5 VOB/B).
– die vom Auftraggeber geforderte zusätzliche Leistung (§ 2 Nr. 6 VOB/B).
– die nicht beauftragte geänderte oder zusätzliche Leistung (§ 2 Nr. 8 VOB/B).

1.1.6.2 Abgrenzung zu Vertragsänderungen

Diese Aufstellung macht deutlich, dass eine Mehrvergütung von vornherein ausscheidet, wenn der Auftragnehmer lediglich die nach dem abgeschlossenen Vertrag geschuldete Leistung erbracht hat. Der grundlegende Streit besteht zwischen den Parteien häufig über die Frage, ob die zusätzlich berechnete Leistung nach der ursprünglichen Vereinbarung bereits geschuldet ist und dementsprechend nicht zusätzlich vergütet wird. Diese Frage ist häufig schwierig zu beantworten, weil die vertraglichen Regelungen unklar, unvollständig und missverständlich sind. Im Streitfall erfolgt eine Vertragsauslegung durch das Gericht, die ebenfalls schlecht prognostizierbar ist. Es ist deshalb erstes Gebot für Bauverträge, die zu erbringenden Leistungen vollständig, klar und unmissverständlich zu beschreiben. Verstöße gegen dieses, in § 9 Nr. 1 VOB/A ausdrücklich geregelte Gebot sind die häufigste Ursache für Auseinandersetzungen über die Berechtigung von Nachtragsforderungen. Im Einzelnen ist bei der Vertragsgestaltung und Vertragsauslegung folgendes zu beachten:

a) Der Leistungsinhalt ergibt sich aus dem gesamten Vertragswerk einschließlich der in Bezug genommenen Pläne. Bei Widersprüchen gilt die Rangfolge aus § 1 Nr. 2 VOB/B, sofern nichts anderes vereinbart ist. Zu beachten sind insbesondere die Allgemeinen Geschäftsbedingungen, die häufig in ganz erheblichem Umfang den Leistungsinhalt regeln. Diese Regelungen werden im Streitfall jedoch zu Lasten des Verwenders teilweise der sogenannten Inhaltskontrolle nach den §§ 305 ff. BGB unterzogen. Halten sie der Inhaltskontrolle nicht stand, sind sie unwirksam.[25]

b) Zu den Allgemeinen Geschäftsbedingungen gehören beim VOB-Vertrag gemäß § 1 Nr. 1 VOB/B stets die Allgemeinen Technischen Vertragsbedingungen für Bauleistungen (ATV). Die ATV enthalten jeweils im Abschnitt 4 (allgemeine Regelung in DIN 18299 Abschnitt 4) wichtige Regelungen zu den Nebenleistungen und Besonderen Leistungen.

Nebenleistungen gehören auch ohne besondere Erwähnung in der Leistungsbeschreibung zur Vertragsleistung gemäß § 2 Nr. 1 VOB/B. Sie werden also nicht gesondert vergütet auch wenn der Auftraggeber sie nachträglich fordert. Die Vergütungspflicht für Nebenleistungen kann allerdings vereinbart werden. Besondere Leistungen sind Leistungen, die nicht Nebenleistungen sind. Sie gehören nur dann zur vertraglichen Leistung, wenn sie in der Leistungsbeschrei-

---

[25] Vgl. OLG Celle OLG-Report 1995, 21.

bung besonders erwähnt sind. Sind sie nicht erwähnt kann ihre Erbringung grundsätzlich einen gesonderten Vergütungsanspruch auslösen.

c) Für die erforderliche Vertragsauslegung sind folgende Grundsätze zu beachten. Es kommt stets darauf an, wie die jeweiligen Vertragswerke aus der Sicht eines objektiven Erklärungsempfängers zu verstehen sind. Bei Ausschreibungen nach der VOB/A ist für die Auslegung der Leistungsbeschreibung die Sicht der möglichen Bieter als Empfängerkreis maßgebend. Dabei kommt dem Wortlaut der Ausschreibung eine besondere Bedeutung zu. Auch bei eindeutigem Wortlaut können jedoch völlig ungewöhnliche und von keiner Seite zu erwartenden Leistungen von der geschuldeten Leistung ausgenommen sein. Bei einer öffentlichen Ausschreibung muss sich der Auftraggeber nach Treu und Glauben daran festhalten lassen, dass er nach eigenem Bekunden den Auftragnehmern kein ungewöhnliches Wagnis auferlegen will.

Im Zweifelsfall brauchen Auftragnehmer ein solches Wagnis nicht ohne weiteres erwarten.[26] Erkennbare Unklarheiten des Vertrages, insbesondere der Leistungsbeschreibung oder der Baupläne, gehen trotz des häufig vorliegenden Verstoßes gegen § 9 VOB/A zu Lasten des Auftragnehmers. Eine Anordnung des Auftraggebers rechtfertigt z. B. keinen zusätzlichen Vergütungsanspruch, wenn sie lediglich eine unvollständige oder ungenaue Leistungsbeschreibung konkretisiert und der Auftragnehmer die Unvollständigkeit oder Ungenauigkeit der Leistungsbeschreibung hätte erkennen können. Dem Auftragnehmer steht kein Anspruch auf Vergütung nach § 2 Nr. 5 VOB/B oder § 2 Nr. 6 VOB/B zu, wenn er sich vor Abgabe seines Angebotes nicht nach den Einzelheiten der geplanten Ausführung erkundigt hat, die er weder dem Leistungsverzeichnis noch den ihm überlassenen Planungsunterlagen hinreichend entnehmen konnte, die er aber von seinem Standpunkt aus für eine zuverlässige Kalkulation hätte erkennen sollen und er dann Leistungen erbringen muss, die er nicht eingeplant hat.[27] Ein Schadensersatzanspruch wegen Verstoßes gegen § 9 VOB/A kommt in diesen Fällen nicht in Betracht.[28]

d) Besondere Bedeutung hat diese Rechtsprechung beim Pauschalvertrag. Im Streitfall ist zu entscheiden, welche Leistungen pauschaliert worden sind. Es sind im Wesentlichen zwei Kategorien von Verträgen zu unterscheiden. Die eine Kategorie stellt diejenigen Verträge dar, in denen der Preis aufgrund einer lediglich das Leistungsziel, bzw. Leistungsprogramm (§ 9 Nr. 10 ff. VOB/A) beschreibenden Leistungsbeschreibung pauschaliert wird. Der Pauschalpreis deckt alle zur Erreichung des Zieles notwendigen Leistungen ab, ohne dass sie im Einzelnen benannt sein müssen. Diese Leistungen sind Vertragsinhalt. Einer etwa vorhandenen Leistungsbeschreibung kommt für die Bestimmung der vertraglich geschuldeten Leistung nur untergeordnete Funktion zu.[29]

Deren Unvollständigkeit und Ergänzungsbedürftigkeit ist gleichsam Voraussetzung für diese Kategorie der Pauschalpreisverträge.

Bei dieser Kategorie von Verträgen – *Kapellmann* spricht von Globalpauschalverträgen[30] – trägt der Auftragnehmer das Risiko der Unüberschaubarkeit der Einzelleistungen.[31] Im Rahmen des Leistungszieles erforderliche, vom Auftragnehmer nicht einkalkulierte Mehrleistungen sind nicht gesondert zu vergüten. Zu dieser ersten Kategorie der Pauschalpreisverträge gehören auch die Verträge, in denen die Leistung unvollständig oder lückenhaft beschrieben ist, die

---

[26] BGH NJW 1994, 850.
[27] BGH ZfBR 1992, 211, 212 und ZfBR 1993, 219.
[28] BGH NJW 1994, 850.
[29] Vgl. Heyers BauR 1983, 297, 301.
[30] Festschrift für Soergel S. 104.
[31] Heiermann/Riedl/Rusam a. a. O. § 2 Rdn. 87 ; Bühl BauR 1992, 33; BGH ZfBR 1981, 171.

Unvollständigkeit oder Lückenhaftigkeit des Leistungsverzeichnisses erkennbar ist und der Auftragnehmer nach den von der Rechtsprechung aufgestellten Grundsätzen die sich aus der Unvollständigkeit oder Lückenhaftigkeit ergebenden Risiken übernommen hat. Das sind insbesondere die Fälle, in denen Boden- und Wasserverhältnisse oder überhaupt die für die Ausführung erforderlichen Angaben des Bauherrn unzureichend beschrieben werden.

Zu dieser Kategorie gehört auch der Pauschalpreisvertrag über die Herstellung eines schlüsselfertigen Hauses. Die Baubeschreibungen von Bauträgern, Generalübernehmern und Baubetreuern sind in aller Regel nicht vollständig. Bemühungen aus der Unvollständigkeit des Leistungsverzeichnisses Ansprüche auf zusätzliche Vergütung oder Änderung der Vergütung auch für solche Leistungen herzuleiten, die zwar nicht beschrieben, jedoch technisch notwendig sind, sind deshalb von vornherein zum Scheitern verurteilt.[32]

Zur Schlüsselfertigkeit gehören alle Leistungen, die für die Erreichung des Vertragszweckes nach den Regeln der Technik erforderlich und vorhersehbar sind.[33] Dazu gehört also auch der Aushub der Baugrube und deren spätere Verfüllung, ferner auch die regelmäßig mit der Errichtung verbundenen Nebenkosten (z. B. Prüfingenieurkosten, Vermessungskosten), die Entwässerung einschließlich Rückstauventile[34] sowie die Elektro-, Gas- und Wasserversorgung, u. U. auch für eine Ringdränage sowie die Baugenehmigung, die Rohbauabnahme und Gebrauchsabnahme.[35] Dazu gehört auch die Schaffung eines den anerkannten Regeln der Technik entsprechenden Schallschutzes.[36]

Entgegen den Ausführungen von *Brandt*[37] kommt es nicht darauf an, ob die technisch notwendigen Leistungen nach den allgemeinen Technischen Vertragsbedingungen Besondere Leistungen sind. Die Vereinbarung der Schlüsselfertigkeit pauschaliert in der Regel auch solche Leistungen, sofern sie notwendig sind, um das Haus den Regem der Technik und Baukunst entsprechend zu errichten.[38] Es kann also keinesfalls von dem Grundsatz ausgegangen werden, dass für technisch notwendige Mehrleistungen, die in der Leistungsbeschreibung des Bauträgers nicht enthalten sind, ein Mehrvergütungsanspruch nach § 2 Nr. 5 und 6 VOB/B besteht Gleiches gilt, wenn durch Vertragsklauseln wie z. B. *„fix und fertig erbracht"* der Eindruck erweckt wird, die vertraglich geschuldeten Leistungen erfassten alle technisch notwendigen Leistungen.[39]

Die zweite Kategorie der Pauschalpreisverträge sind diejenigen Verträge, in denen der Preis auf der Grundlage einer nach dem Willen der Parteien vollständigen Leistungsbeschreibung pauschaliert wird. Nur diese Leistungen werden vom Pauschalpreis abgedeckt. Sie sind Vertragsinhalt. Diese Kategorie ist in § 5 Nr. 1b VOB/A beschrieben. In diesen Fällen ist von einer reinen Mengenpauschalierung auszugehen.[40] In dieser Kategorie werden vom Leistungsverzeichnis nicht erfasste Arbeiten nicht von der Pauschalpreisvereinbarung erfasst. Sie können unter den Voraussetzungen des § 2 Nr. 5 bis 8 Vergütungsansprüche auslösen. Enthält z. B. ein genaues, von den Parteien als abschließend verstandenes Leistungsverzeichnis keine Position

---

[32] Unzutreffend daher Brandt BauR 1982 und Zielemann Festschrift für Soergel S. 307.
[33] BGH BauR 1984, 61.
[34] OLG Hamm NJW-RR 1993, 594.
[35] Vgl. Werner/ Pastor a. a. O. Rdn. 1035 m. w. N.
[36] OLG Hamm, OLG-Report Hamm 1994, 4.
[37] BauR 1982,530.
[38] BGH NJW 1984, 1676, 1677.
[39] OLG Köln SFH § 2 Nr. 1 VOB/B Nr. 1.
[40] Werner/Pastor Der Bauprozess, 7. Auflage, Rdn. 1034; Kapellmann, Festschrift für Soergel S.101 ff.

für das Herstellen von Aussparungen und Schlitzen sowie für das Schließen, sind diese Leistungen auch nicht vom Leistungsumfang erfasst.[41]

Von der Rechtsprechung werden gleichermaßen behandelt die Fälle, in denen die Leistungsbeschreibung nicht erkennbar unvollständig ist. In diesen Fällen trägt der Auftragnehmer nicht das Risiko der Unvollständigkeit.

Diese Kategorisierungen können nur eine grobe Leitlinie sein. Entscheidend sind die Umstände des Einzelfalles. In vielen Fällen wird die Vertragsauslegung und die sich möglicherweise daran anschließende Beweisaufnahme auch keine eindeutige Klärung des Vertragsinhalts, bzw. des Umfangs der Pauschalierung erbringen. Die Beweislast für das Vorliegen der zweiten Kategorie, die den zusätzlichen Vergütungsanspruch erst rechtfertigt, trägt der Auftragnehmer.[42]

1.1.6.3 Leistungsänderungen durch den Auftraggeber

Nach § 1 Nr. 3 VOB/B bleibt es dem Auftragnehmer vorbehalten, Änderungen des Bauentwurfs anzuordnen. § 2 Nr. 5 VOB/B bietet dem Auftragnehmer dafür den angemessenen Ausgleich. Danach ist ein neuer Preis unter Berücksichtigung der Mehr- und Minderkosten zu vereinbaren, wenn durch Änderung des Bauentwurfs oder andere Anordnungen des Auftraggebers die Grundlagen des Preises für eine im Vertrag vorgesehene Leistung geändert werden. In den Anwendungsbereich des § 2 Nr. 5 VOB/B fallen demgemäss alle Anordnungen des Auftraggebers, die die geschuldete Leistung in irgendeiner Weise abändern und die auf die Kalkulation des Auftragnehmers durchschlagen, z. B.:

— gegenständliche Leistungsänderungen
— abweichende Detailpläne
— Anordnungen, die die Art und Weise der Bauausführung betreffen
— Anordnungen zur Bauzeit.

Fehlt eine Anordnung des Auftraggebers, kommt eine Preisanpassung nach § 2 Nr. 5 VOB/B nicht in Betracht. Voraussetzung für eine Anordnung ist stets, dass der Auftraggeber Kenntnis von den veränderten Umständen hat. In diesem Fall kann er die Änderung auch ausdrücklich oder stillschweigend (konkludent) anordnen. Ausreichend ist die Anordnung durch eine vom Auftraggeber bevollmächtigte Person. Der bauleitende Architekt ist grundsätzlich nicht befugt ist, den Vertrag zu ändern. Er ist deshalb grundsätzlich auch nicht bevollmächtigt, solche Änderungen des Bauentwurfs oder andere Maßnahmen anzuordnen, die einen zusätzlichen Vergütungsanspruch auslösen.[43]

Bei der Abwicklung von Verträgen mit öffentlichen Körperschaften ist zu beachten, dass auch vertragsändernde Anordnungen nur dann wirksam sind, wenn die jeweiligen Vertretungsregelungen eingehalten sind.[44]

Eine Vergütungsanpassung aufgrund einer Anordnung des Auftraggebers kann dann nicht gefordert werden, wenn sie nicht durch Umstände ausgelöst wird, die zum Verantwortungsbereich des Auftraggebers gehören. Die allein durch einen Vorunternehmer zu vertretende Verzögerung fällt im Verhältnis zum Nachunternehmer nicht in den Verantwortungsbereich des Bauherrn.[45] Etwas anderes gilt, wenn feste Ausführungsfristen vereinbart sind.[46]

---

[41] BGH S/F Z 2.301 Bl.37.
[42] BGH ZfBR 1984, 173; OLG Köln BauR 1987, 575; a.A. OLG Düsseldorf BauR 1989, 483.
[43] BGH ZfBR 1995, 15.
[44] BGH ZfBR 1991, 97.
[45] BGH ZfBR 1985, 282, 284; OLG Nürnberg BauR 1994, 517.

Einleitung 251

Die Vereinbarung einer neuen Vergütung soll, muss aber nicht unbedingt vor der Ausführung der geänderten Leistung getroffen werden, § 2 Nr. 5 Satz 2 VOB/B. Inwieweit der Auftragnehmer ein Leistungsverweigerungsrecht hat, wenn der Auftraggeber eine Einigung nicht rechtzeitig herbeiführt, ist im Hinblick auf § 18 Nr. 4 VOB/B höchst problematisch. Das OLG Zweibrücken[47] hat ein derartiges Leistungsverweigerungsrecht jedenfalls für den Fall bejaht dass dem Auftragnehmer ein erheblicher Mehraufwand von 25 % des Gesamtpreises entstand.

1.1.6.4 Zusätzliche Leistungen aufgrund eines Auftrags

Die Vergütung in Auftrag gegebener zusätzlicher Leistungen ist bei einem VOB-Vertrag differenzierter als beim BGB-Vertrag geregelt Handelt es sich um völlig selbständige Leistungen, die zur Erreichung des Vertragszwecks nicht notwendig sind und auch nicht in einem räumlichen oder stofflichen Zusammenhang mit der Leistung stehen, gilt § 632 BGB.

Ansonsten gilt § 2 Nr. 6 VOB/B. Danach hat der Auftragnehmer Anspruch auf besondere Vergütung, wenn eine im Vertrag nicht vorgesehene, zur Erreichung des Leistungserfolges notwendige oder im räumlichen und stofflichen Zusammenhang damit stehende Leistung gefordert wird. Die Vergütung bestimmt sich nach den Grundlagen der Preisermittlung für die vertragliche Leistung und den besonderen Kosten der geforderten Leistung. Bei der Preisbildung für die zusätzliche Leistung sind die alten Kostenfaktoren fortzuschreiben, sofern die Preisbestandteile des Hauptauftrages auf den Preis der Zusatzleistungen fortwirken. Vereinbarte Nachlässe können auch auf Weise für Zusatzleistungen zu gewähren sein.[48] Eine Korrektur von Kalkulationsirrtümern kommt aus Anlass einer Vergütungsforderung gemäß § 2 Nr. 6 VOB/B regelmäßig nicht in Betracht. Die Vergütungsregelung des § 2 Nr. 6 VOB/B korrespondiert mit dem Recht des Auftraggebers, die Ausführung notwendiger zusätzlicher Leistungen vom Auftragnehmer verlangen zu können, § 1 Nr. 4 VOB/B.

Die Ankündigung des Vergütungsanspruchs für eine zusätzliche Leistung ist Anspruchsvoraussetzung. Fehlt die erforderliche Ankündigung, verliert der Auftragnehmer jeglichen Vergütungsanspruch. Adressat der Ankündigung ist grundsätzlich der Auftraggeber. Ausnahmsweise ist die Ankündigung entbehrlich, wenn für den Auftraggeber klar und zweifelsfrei erkennbar war, dass die Zusatzleistung nur gegen Vergütung erbracht werden wird.

Die zusätzliche Vergütung kann auch nachträglich gefordert werden. Sie soll allerdings möglichst vor Beginn der Ausführung vereinbart werden, § 2 Nr. 6 Abs. 2 Satz 2 VOB/B. Für das Leistungsverweigerungsrecht des Auftragnehmers für den Fall, dass der Auftraggeber eine Einigung verweigert, gelten die obigen Ausführungen zu § 2 Nr. 5 VOB/B.

Erhebliche praktische Probleme bereitet bisweilen die Abgrenzung zwischen zusätzlicher und geänderter Leistung, auf die es ankommen kann, wenn die Ankündigung des Vergütungsanspruches fehlt. Griffige Abgrenzungskriterien fehlen. Auch die Rechtsprechung hat noch keine einheitliche Linie gefunden.

Sofern die Anordnung zusätzlicher (oder geänderter) Leistungen sich auf die Bauzeit auswirkt, muss der Auftragnehmer zur Sicherheit eine Behinderungsanzeige abgeben, § 6 Nr. 1 und Nr. 2 VOB/B. Nur auf diese Weise kann er sicher sein, dass ihm eine Vertragsfristverlängerung zuzugestehen ist.

---

[46] OLG Celle BauR 1994, 629.
[47] BauR 1995, 252.
[48] OLG Düsseldorf BauR 1993, 479; OLG Hamm Urt. v. 13.1.1995 - 12 U 84/94.

1.1.6.5 Leistungsänderungen oder zusätzliche Leistungen ohne Veranlassung des Auftraggebers

Ändert der Auftragnehmer die Leistung eigenmächtig oder erbringt er zusätzliche Leistungen ohne Auftrag, steht ihm nach BGB kein vertraglicher Vergütungsanspruch zu, wenn der Auftraggeber diese Leistungen nicht genehmigt. Er kann jedoch Ansprüche aus Geschäftsführung ohne Auftrag[49] oder aus Bereicherung haben. Solche Ansprüche kommen namentlich dann in Betracht wenn die Leistungen notwendig waren.

Nach § 2 Nr. 8 Abs. 1 VOB/B sind Leistungen, die der Auftraggeber ohne Auftrag oder unter eigenmächtiger Abweichung vom Auftrag ausführt, nicht zu vergüten. Nach § 2 Nr. 8 Abs. 2 VOB/B steht dem Auftragnehmer jedoch eine Vergütung zu, wenn der Auftraggeber solche Leistungen nachträglich anerkennt oder wenn die Leistungen für die Erfüllung des Vertrages notwendig waren, dem mutmaßlichen Willen des Auftraggebers entsprachen und ihm unverzüglich angezeigt wurden. Unverzüglich ist eine Anzeige, wenn sie ohne schuldhaftes Verzögern erfolgte. Das bedeutet, dass der Auftragnehmer nach der etwa für Prüfung und Begründetheit der Zusatzleistungen erforderlichen Zeit so bald, als es ihm möglich ist, anzuzeigen hat. Eine Anzeige lediglich vor Beginn der Ausführung kann bereits verspätet sein.[50]

Diese Anzeige ist eine echte Anspruchsvoraussetzung. Grundsätzlich ist sie an den Auftraggeber zu richten. Ist sie nicht erfolgt, verliert der Auftragnehmer jeglichen Vergütungsanspruch. Ausnahmsweise kann die Anzeige entbehrlich sein, wenn der Auftraggeber selbst oder ein bevollmächtigter Vertreter bereits vor der Durchführung oder der unmittelbar bevorstehenden Ausführung der außervertraglichen Arbeiten Kenntnis hat.

Besonderheiten des Pauschalvertrages:
Nach § 2 Nr. 7 Satz 3 VOB/B bleiben die Nummern 4, 5, und 6 des § 2 VOB/B unberührt. Ordnet der Auftragnehmer eine Leistungsänderung an, so ist § 2 Nr. 5 VOB/B auch beim Pauschalpreisvertrag anwendbar.[51] Es ist eine neue Pauschale zu bilden, sofern nicht die Grundlage für die Pauschalierung vollständig entfallen ist. Fordert er eine zusätzliche Leistung, ist § 2 Nr. 6 VOB/B anwendbar.[52] Die zusätzliche Leistung ist nach Einheitspreisen abzurechnen. Liegen die Voraussetzungen des § 2 Nr. 5, 6 VOB/B vor, soll nach der Rechtsprechung ein Anspruch auf Vergütungsanpassung beim Pauschalvertrag nur in Betracht kommen, wenn die Anordnung bzw. Bauentwurfsänderung des Auftraggebers zu einer wesentlichen Änderung des Leistungsinhalts führt.[53] Die Grenze der Wesentlichkeit hängt von den Umständen des Einzelfalles ab.

Sie wurde ebenfalls bei 20 % des Gesamtumfangs angesiedelt,[54] aber auch schon bei einem Mehraufwand von 10 % und 16 % in einzelnen Positionen.[55] Nach OLG Düsseldorf[56] ist bei Berechnung der neuen Pauschale nicht lediglich der Betrag derjenigen Mehrleistungen zugrunde zu legen, der über den mit dem Pauschalbetrag übernommenen Risikorahmen von 20 % hinausgeht, sondern es sind die Mehrleistungen des Auftragnehmers grundsätzlich durch Bildung eines neuen Pauschalpreises umfassend auszugleichen.

---

[49] BGH NJW 1993, 3196.
[50] BGH ZfBR 1994, 222.
[51] BGH NJW 1974, 1864, 1865; OLG Düsseldorf BauR 1991, 774.
[52] BGH BauR 1972, 118; OLG Düsseldorf BauR 1989, 483.
[53] BGH BauR 1972, 118; BauR 1974, 416; BGHZ 80, 257 = NJW 1981, 142 = BauR 1981, 388.
[54] OLG München NJW-RR 1987, 598; OLG Frankfurt NJW-RR 1986, 572; OLG Düsseldorf OLGR 1995, 52.
[55] OLG Zweibrücken BauR 1989, 746.
[56] OLGR 1995, 52.

1.2 Verzögerungen im Bauablauf

Bei praktisch jedem Bauvorhaben kommt es im Rahmen der Erstellung zu Zeitverschiebungen.

Zum großen Teil können und werden kleinere Verschiebungen im Rahmen des normalen Bauablaufs wieder ausgeglichen, sodass sie im Endergebnis zu keinen Terminüberschreitungen führen.

Andere, insbesondere größere Verschiebungen haben hingegen – insbesondere mit Blick auf Anschlussgewerke – erheblichen Einfluss auf die gesamte Bauzeit und führen zu Terminüberschreitungen und ggf. zu Überschreitungen eines vereinbarten Fertigstellungstermins. Auch die Überschreitung von Zwischenfristen oder Terminen im Bauablaufsplan zeigt, dass der praktische Ablauf in anderer Art und Weise vonstatten ging, als dies bei Vertragsschluss geplant war.

Bauzeitverzögerungen ergeben sich bei nahezu jedem größeren Bauvorhaben. Die Ursache hierfür liegt nicht unbedingt in einer mangelhaften Erfüllung der Verpflichtungen beider Vertragspartner.

Bringt beispielsweise der Auftraggeber die Baugenehmigung nicht zum vertraglich vorgesehenen Termin bei, so heißt dies nicht zwingend, dass er diese Genehmigung verspätet oder unvollständig beantragt oder eingereicht hätte. Aufgrund der Konjunktur und der Finanzsituation ist vielmehr der Auftraggeber oft gezwungen, scharf und zügig zu kalkulieren. Er wird also den Auftragnehmer in knappe Fristen zwingen und gegebenenfalls dabei nicht beachten, dass diese Fristen auch für seine Mitwirkungspflichten bedeutsam sind.[57]

Gerät der Bauablauf aufseiten des Auftragnehmers ins Stocken, muss es gleichfalls nicht zwingend heißen, dass er mit zu wenig oder ungeeignetem Personal gearbeitet hätte. Auch seine wirtschaftliche Lage wird den Bauunternehmer zwingen, knapp und scharf zu kalkulieren und hierbei etwaige Probezeiten außer Acht zu lassen.

Allen am Bau Beteiligten werden jedoch aus einem verzögerten Bauablauf Ansprüche zugesprochen oder entgegengehalten. So fallen beispielsweise aufseiten des Auftragnehmers längere Vorhaltekosten an. Beim Auftraggeber kann beispielsweise ein erheblicher Mietausfall entstehen, gegebenenfalls können Mieter sogar ihre Verträge kündigen.

Während sich im BGB keine Sonderregelungen für die Fälle von Behinderungen und Unterbrechungen finden, sind die Rechtsfolgen und Ansprüche bei Behinderung und Unterbrechung der Ausführungen in der VOB/B geregelt, und zwar dort in § 6.

Diese vereinbarte Regelung geht den Bestimmungen des Gesetzes (§§ 286 ff., 293 ff. BGB) vor.

In § 6 VOB/B werden außergewöhnliche Sachverhalte geregelt, die den normalen, vorrangig nach § 5 Nr. 1 bis Nr. 3 VOB/B festgelegten Leistungs- und Bauablauf bei der Herstellung der vertraglich vereinbarten Bauleistung gegenwärtig ganz unmöglich machen oder zumindest behindern. Es handelt sich – mit Ausnahme der schuldhaften Bevorzugung durch den Auftragnehmer – um den Eintritt von Ereignissen, die beim Vertragsschluss jedenfalls für den Auftragnehmer weder bekannt noch hinreichend vorhersehbar waren, wenn auch die dafür maßgebenden Umstände bereits bei Vertragsschluss vorgelegen haben mögen bzw. können.

---

[57] Vgl. dazu OLG Düsseldorf BauR 1998, 341 und OLG Frankfurt NJW-RR 1998, 1477.

§ 6 VOB/B
Behinderung und Unterbrechung der Ausführung

1. Glaubt sich der Auftragnehmer in der ordnungsgemäßen Ausführung der Leistung behindert, so hat er es dem Auftraggeber unverzüglich schriftlich anzuzeigen. Unterlässt er die Anzeige, so hat er nur dann Anspruch auf Berücksichtigung der hindernden Umstände, wenn dem Auftraggeber offenkundig die Tatsache und deren hindernde Wirkung bekannt waren.

2. (1) Ausführungsfristen werden verlängert, soweit die Behinderung verursacht ist:
    a) durch einen Umstand aus dem Risikobereich des Auftraggebers,
    b) durch Streik oder eine von der Berufsvertretung der Arbeitgeber angeordnete Aussperrung im Betrieb des Auftragnehmers oder in einem unmittelbar für ihn arbeitenden Betrieb,
    c) durch höhere Gewalt oder andere für den Auftragnehmer unabwendbare Umstände.
    (2) Witterungseinflüsse während der Ausführungszeit, mit denen bei Abgabe des Angebots normalerweise gerechnet werden musste, gelten nicht als Behinderung.

3. Der Auftragnehmer hat alles zu tun, was ihm billigerweise zugemutet werden kann, um die Weiterführung der Arbeiten zu ermöglichen. Sobald die hindernden Umstände wegfallen, hat er ohne weiteres und unverzüglich die Arbeiten wiederaufzunehmen und den Auftraggeber davon zu benachrichtigen.

4. Die Fristverlängerung wird berechnet nach der Dauer der Behinderung mit einem Zuschlag für die Wiederaufnahme der Arbeiten und die etwaige Verschiebung in eine ungünstigere Jahreszeit.

5. Wird die Ausführung für voraussichtlich längere Dauer unterbrochen, ohne dass die Leistung dauernd unmöglich wird, so sind die ausgeführten Leistungen nach den Vertragspreisen abzurechnen und außerdem die Kosten zu vergüten, die dem Auftragnehmer bereits entstanden und in den Vertragspreisen des nicht ausgeführten Teils der Leistung enthalten sind.

6. Sind die hindernden Umstände von einem Vertragsteil zu vertreten, so hat der andere Teil Anspruch auf Ersatz des nachweislich entstandenen Schadens, des entgangenen Gewinns aber nur bei Vorsatz oder grober Fahrlässigkeit.

7. Dauert eine Unterbrechung länger als 3 Monate, so kann jeder Teil nach Ablauf dieser Zeit den Vertrag schriftlich kündigen. Die Abrechnung regelt sich nach den Nummern 5 und 6; wenn der Auftragnehmer die Unterbrechung nicht zu vertreten hat, sind auch die Kosten der Baustellenräumung zu vergüten, soweit sie nicht in der Vergütung für die bereits ausgeführten Leistungen enthalten sind.

§ 6 VOB/B regelt allerdings nicht alle Fälle von Verzögerungen. Ist die Verzögerung der Ausführung dauerhafter Art und wird die Leistung beispielsweise endgültig oder vorübergehend unmöglich, findet § 6 VOB/B keine Anwendung. Entscheidend ist hierbei, ob die Parteien des Bauvertrages davon ausgehen dürften, dass die Leistungserbringung überhaupt noch möglich ist.

Ist weiterhin eine Verzögerung auf einen Mangel der Bauleistung zurückzuführen, so beurteilt sich der hieraus erfolgende Schadensersatzanspruch nicht nach § 6 VOB/B, sondern nach den §§ 286 ff. BGB mit der Folge, dass der Auftragnehmer auch den Ersatz des entgangenen Gewinns verlangen kann.

§ 6 VOB/B ist weiter dann nicht anwendbar, wenn hindernde Umstände zur Unmöglichkeit führen und einer Vertragspartei ein Zuwarten bis zu deren Behebung oder Wegfall nicht zumutbar ist.

Das kann der Fall sein, wenn ungewiss ist, ob und wann ein vorhandenes Bauverbot aufgehoben wird. Rechtlich ist die Leistung bereits dann unmöglich, wenn eine Baugenehmigung von einer Verwaltungsbehörde endgültig versagt oder nur noch der zeitraubende Weg einer Verwaltungsklage offen steht.[58]

1.2.1 Behinderungen/Unterbrechungen

1.2.1.1 Überblick

Als Behinderungen werden alle Umstände angesehen, die sich störend auf die Leistung auswirken, diese aber nicht unmöglich machen. Die Unterbrechung wird demgegenüber definiert als zeitweiser Stillstand jeglicher Bautätigkeit, ohne dass die Leistung unmöglich ist.

1.2.1.2 Behinderung

Unter Behinderung versteht man zunächst alle hindernden Umstände, die sich störend auf die Ausführung der Leistung auswirken. Weiterhin umfasst der Begriff der Behinderung auch diejenigen Umstände, die die Leistungserbringung erschweren oder verzögern, aber die Leistung an sich nicht unmöglich werden lassen. Eine so beschaffene Behinderung kann grundsätzlich auch bereits vor Aufnahme der Bautätigkeit eintreten. Regelmäßig tritt sie jedoch während der Bauausführung auf und hemmt oder verzögert diese dann selbst. Bei einer Behinderung handelt es sich um eine nach Vertragsschluss auftretende, nicht vorgesehene und nicht zu erwartende Störung, die negative Folgen für den Auftragnehmer hat. Eine Störung ohne Folgen bleibt Störung, wird aber nicht Behinderung im Sinne von § 6 Nr. 1 VOB/B.

1.2.1.3 Unterbrechung

Demgegenüber geht der Begriff der Unterbrechung über denjenigen der Behinderungen hinaus. Eine Unterbrechung ist eine Behinderung stärkeren Ausmaßes, auch wenn beide Begriffe in der Praxis nicht unterschieden werden und nebeneinander gebraucht werden. Nicht relevant für die Rechtsfolgen sind die Gründe, die der Behinderung bzw. Unterbrechung zugrunde liegen.

1.2.1.4 Rechtsfolgen

In Bezug auf die Rechtsfolgen wird unterschieden, ob eine der Vertragsparteien eine Behinderung oder Unterbrechung zu vertreten hat. Die Gründe hierfür können rein tatsächlicher oder aber auch nur rechtlicher Natur sein. Tatsächliche Gründe können beispielsweise die schlechte Witterung, Lieferschwierigkeiten, ungünstige Bodenverhältnisse oder auch Streik sein.

---

[58] Vvgl. Heiermann/Riedl/Rusam, VOB/B, § 6 Rdn. 4.

1.2.2 Anzeigepflichten

1.2.2.1 Überblick

Nach § 6 Nr. 1 VOB/B hat der Auftragnehmer dann, wenn er sich in der ordnungsgemäßen Ausführung der Leistung behindert glaubt, dem Auftraggeber unverzüglich eine schriftliche Anzeige zu machen. Die Schriftform dient allerdings hier im Wesentlichen Beweiszwecken, so dass auch eine zuverlässige mündliche Anzeige ausreicht.[59]

Ausnahmsweise hat gemäß § 6 Nr. 1 Satz 2 VOB/B der Auftragnehmer trotz Unterlassens einer solchen Anzeige einen Anspruch auf Berücksichtigung der hindernden Umstände, wenn er beweist, dass dem Auftraggeber die Tatsache der Behinderung und die hindernde Wirkung offenkundig bekannt waren. Dies bedeutet, dass sowohl die behindernden Tatsachen aus allgemein zugänglichen Quellen oder aus seinem persönlichen Wissensbereich positiv bekannt waren, und dass weiterhin auch deren hindernder Einfluss auf die Baustelle dem Bauherrn bekannt war.

Hieraus folgt auch der Inhalt der Behinderungsanzeige, der nach der Rechtsprechung des Bundesgerichtshofes nicht über diese inhaltlichen Anforderungen hinausgehen darf.[60]

1.2.2.2 Die Anzeigepflicht des § 6 Nr. 1 VOB/B

a) Überblick

Nach § 6 Nr. 1 VOB/B hat der Auftragnehmer dem Auftraggeber unverzüglich eine schriftliche Anzeige zu machen, sofern er sich in der ordnungsgemäßen Ausführung der Leistung behindert glaubt.

Grundsätzlich hat der Auftragnehmer nur dann Anspruch auf Berücksichtigung der hindernden Umstände und der Schadensersatzrechte aus § 6 Nr. 6 VOB/B, wenn er seiner Mitteilungspflicht genügt. Der Auftragnehmer muss sich in der ordnungsgemäßen Ausführung der Leistung behindert fühlen. Eine bestimmte Kenntnis der hindernden Umstände ist nicht erforderlich. Es reicht aus, wenn der Auftragnehmer subjektiv der Meinung sein darf, hindernde Umstände lägen vor. Ausreichend ist die begründete Annahme des Auftragnehmers, die Behinderung werde mit Sicherheit eintreten. Die Anzeigepflicht gilt in allen Fällen der Behinderung. Es ist dabei unerheblich, wer die Behinderung zu vertreten hat. Der Auftragnehmer muss die Behinderung anzeigen.

b) Schriftliche und unverzügliche Anzeige

Generell ist dem Auftragnehmer anzuraten, die Anzeige schriftlich zu verfassen. Obgleich der Wortlaut des § 6 Nr. 1 VOB/B eine schriftliche Anzeige als zwingend vorauszusetzen scheint, wird demgegenüber allgemein die Ansicht vertreten, die Schriftform sei nicht zwingend und diene nur Beweiszwecken.[61]

Gerade aus Gründen des Beweises ist jedem Auftragnehmer zu raten, in jedem Falle die Behinderungsanzeige schriftlich abzugeben. Im Streitfall hat allein er den vollen Beweis dafür zu

---

[59] Vgl. beispielhaft Ingenstau/Korbion, VOB Teile A und B, § 6 VOB/B, Rdn. 13.
[60] BGH, ZfBR 1990, S. 138 ff.
[61] Vgl. Heiermann/Riedl/Rusam VOB/B, § 6 Rdn. 7; Ingenstau/Korbion, VOB/B, § 6 Rdn. 13.

erbringen, dass er dem Auftraggeber rechtzeitig und sachlich vollständig die Behinderung angezeigt hat.

Die Anzeige selbst muss unverzüglich, d. h. ohne schuldhaftes Zögern (§ 121 BGB) erfolgen. Demgemäss muss der Auftragnehmer handeln, sobald er sich behindert sieht, und zwar möglichst bereits vor Eintritt der Behinderung selbst.

Im Ergebnis soll der Auftragnehmer einerseits so früh wie möglich über die befürchtete Behinderung unterrichtet werden, damit er Abhilfe schaffen und einen eventuellen Schaden so gering wie möglich halten kann. Auf der anderen Seite soll dem Auftragnehmer nur eine knappe Beobachtungs- und Überlegungsfrist eingeräumt werden, damit er nicht unüberlegt und voreilig handelt und nichtsdestotrotz seine Behinderungsanzeige inhaltlich hinreichend ausformulieren kann.

c) Inhalt der Anzeige

Die Anzeige selbst soll alle Tatsachen enthalten, aus denen sich für den Auftraggeber mit hinreichender Klarheit und erschöpfend die Hinderungsgründe ergeben.[62]

Aus diesen Gründen empfiehlt es sich zunächst dringend, in der Anzeige einen ausdrücklichen Hinweis auf die Bauzeitverzögerung bzw. Behinderung voranzustellen oder zumindest aufzunehmen. Andererseits ist nicht erforderlich, Umfang und Höhe eines aus der Behinderung resultierenden Ersatzanspruchs dem Umfang und der Höhe nach bereits konkret darzustellen. Die vom Oberlandesgericht Koblenz[63] vertretene Meinung, der Auftraggeber müsse anhand der Anzeige die Höhe etwaiger Schadensersatzansprüche abschätzen können, ist von der Rechtsprechung im Übrigen nicht aufgegriffen worden und hat sich daher nicht durchgesetzt.

Anzumerken ist hierzu, dass in dem vom OLG Koblenz entschiedenen Fall jeglicher Hinweis auf etwaige Behinderungsmehrkosten fehlte.

Der Bundesgerichtshof hat die Entscheidung des Oberlandesgerichts Koblenz nicht nur aufgehoben, sondern in diesem Zusammenhang auch klargestellt, dass die Pflicht des Auftragnehmers zu einer Behinderungsanzeige schon dann entfalle, wenn der Auftragnehmer nur von der Behinderung und ihren Ursachen, nicht aber von den möglichen Kostenfolgen Kenntnis habe.[64]

d) Folgen der Nichtanzeige

Unterlässt der Auftragnehmer die Anzeige der Behinderung, hat dies erhebliche Nachteile für ihn. Das folgt aus § 6 Nr. 1 Satz 2 VOB/B. Danach kann er bei Behinderungen oder Unterbrechungen keine eigenen Rechte geltend machen, und zwar weder einen Anspruch auf Fristverlängerung noch auf Schadensersatz.[65]

Ausnahmsweise treten die negativen Rechtsfolgen für den Auftragnehmer nach § 6 Nr. 1 Satz 2 VOB/B dann nicht ein, wenn dem Auftragnehmer offenkundig die Tatsache der Behinderung oder deren Wirkung bekannt waren. Offenkundig bekannt sind hindernde Umstände dem Auftraggeber dann, wenn dieser nach seinem Verhalten, seinen Äußerungen oder Anordnungen zwanglos darüber unterrichtet ist, dass eine solche Behinderung vorliegt.

Offenkundig ist eine Tatsache, wenn sie einer beliebig großen Anzahl von Menschen privat bekannt oder ohne weiteres zuverlässig wahrnehmbar ist (vgl. § 291 ZPO). Informationsquel-

---

[62] BGH ZfBR 1990, 138.
[63] NJW-RR 1988, 851.
[64] BGH BauR 1990, 211.
[65] Urteil des BGH vom 14.01.1999 - VII ZR 73/99, vgl. auch: BGHZ 48, 78; BGH BauR 1971, 202.

len können jeweils Presse, Veröffentlichungen oder Funk und Fernsehen sein. Darüber hinaus wird eine Offenkundigkeit einer Tatsache auch dann anzunehmen sein, wenn sie gerade einer Vielzahl von Bauschaffenden bekannt ist. Dies können beispielsweise Lieferungsengpässe bei bestimmten Baustoffen, Transportschwierigkeiten bei Niedrigwasser, Bearbeitungsdauer von Gesuchen bei Bauaufsichtsbehörden etc. sein.

Weiterhin ist eine Tatsache und ihre hindernde Wirkung auch dann offenkundig, wenn der Auftraggeber über sie und ihre Auswirkungen auf den Baufortschritt mit der erforderlichen Klarheit unterrichtet ist.[66]

Außerdem ist eine Tatsache und ihre hindernde Wirkung schließlich auch in dem Fall offenkundig, indem sie so eindeutig in Erscheinung getreten sind, dass sie selbst einem in Bausachen unerfahrenen Laien nicht verborgen bleiben können.

Beispiel:
Ein unerwartet früher und harter Wintereinbruch wurde zwischen den Parteien auf der Baustelle wiederholt Gegenstand von Besprechungen, nachdem sich der Auftragnehmer auch von der Behinderung und den eingetretenen Folgen überzeugen konnte; die Bauzeichnung wurde auf Anordnung des Auftraggebers nachträglich geändert und dadurch die Bauzeit behindert.[67]

Im Übrigen ergibt sich die Entbehrlichkeit der Anzeige aus Gründen der Offenkundigkeit auch aus den Erwägungen, die der BGH im Urteil vom 21.12.1999 wie folgt ausgeführt hat:

Eine Anzeigepflicht bestehe dagegen nicht, wenn dem Auftraggeber offenkundig die Tatsache und die hindernde Wirkung bereits bekannt ist. Die ausnahmsweise entfallende Anzeigepflicht sei darin begründet, dass die Mitteilungen eines schon bekannten Umstandes einer reinen Förmelei gleichkäme. Zudem wäre es ohnehin treuwidrig, wenn sich der Auftraggeber auf die Unterlassung einer Anzeige berufen wolle, obwohl er bereits Kenntnis von der Tatsache und ihrer hindernden Wirkung hätte.

Weiterhin hat der BGH festgestellt, dass mehrfache Besprechungen auf der Baustelle über mögliche Behinderungen, eigene Überzeugungen des Auftraggebers von den hindernden Umständen und sich daran anschließende Zusagen über Bauzeitverlängerung zur Annahme führen könnten, dem Auftraggeber sei offenkundig die Tatsache und deren hindernde Wirkung bekannt.[68]

Diese Konstellation ist jedoch ein Ausnahmetatbestand, der nur in ganz extremen Ausnahmefällen anzunehmen sein wird. Insbesondere liegt er nicht bereits dann vor, wenn Mehrungen, Änderungen des Bauentwurfs, Nachtragsaufträge oder ungünstige Witterungsverhältnisse nicht besonders ins Gewicht fallen. Hier muss der Auftragnehmer seiner Anzeigepflicht genügen, wenn er nicht Rechtsnachteile erleiden will. Es empfiehlt sich generell, eine Behinderungsanzeige zu verfassen und sich nicht nur auf das Vorliegen des vorstehend geschilderten Ausnahmetatbestandes der Offenkundigkeit zu verlassen.

e) Adressat der Anzeige

Richtiger Adressat der Behinderungsanzeige ist immer der Auftraggeber. Umstritten ist hingegen, ob auch ein Bauaufsicht führender Architekt als empfangsberechtigt für eine Behinde-

---

[66] Vgl. OLG; Düsseldorf IHR 1997, 97 - BauR 1996, 862.
[67] Vgl. BGH BauR 1976, 279; OLG Düsseldorf S/F Z 2300 Blatt 14.
[68] Vgl. BGH BauR 1976, 279.

rungsanzeige anzusehen ist.[69] Um hier spätere Rechtsnachteile zu vermeiden, sollte der Auftragnehmer immer den Auftraggeber direkt schriftlich informieren. Zumindest sollte diesem eine Abschrift der Behinderungsanzeige zugeleitet werden. In diesem Zusammenhang ist weiterhin zu beachten, dass der Architekt jedenfalls dann nicht empfangsberechtigt für eine Behinderungsanzeige ist, wenn er selbst die hindernden Umstände zu verantworten und/oder mitverursacht hat.[70]

1.2.2.3 Reaktion des Auftraggebers auf unberechtigte Behinderungsanzeige

In der Praxis stellt sich in diesem Zusammenhang zunächst regelmäßig die Frage, wie der Auftraggeber auf eine seiner Meinung nach unberechtigte Behinderungsanzeige reagieren muss.

Oft erfolgt hier nur ein Widerspruchsschreiben des Auftraggebers, mit dem er das Behinderungsschreiben als unbegründet zurückweist. Nach der VOB/B ist ein solcher Widerspruch zwar nicht erforderlich, jedoch ist seine Einlegung für den Auftraggeber nicht schädlich. Insbesondere liegt in der widerspruchslosen Hinnahme des Behinderungsschreibens kein Anerkenntnis der Behinderung.

Im Anschluss hieran stellt sich dann die Frage, was der Auftraggeber zu tun hat, wenn ein Auftragnehmer fortlaufend unberechtigte Behinderungsanzeigen abgibt.

Allgemein anerkannt ist in diesem Zusammenhang, dass der Auftragnehmer das Vorliegen der Voraussetzungen für eine Anzeige sorgfältig zu prüfen hat. In der Verletzung dieser Verpflichtung durch fortdauernde, unberechtigte Behinderungsanzeigen kann jedoch nur in ganz besonderen Ausnahmefällen dem Auftraggeber ein Anspruch auf Unterlassung oder notfalls sogar ein Kündigungsrecht zustehen. Regelmäßig werden die Behinderungsanzeigen jedoch mit einer verzögerten Ausführung einhergehen. Insoweit kann der Auftraggeber durchaus die Rechte aus § 5 Nr. 4 VOB/B auf Schadensersatz oder auf Kündigung[71] geltend machen. Gerät der Auftragnehmer daher mit der Vollendung der Leistung in Verzug, so kann der Auftraggeber bei Aufrechterhaltung des Vertrages konkret Schadensersatz nach § 6 Nr. 6 VOB/B verlangen oder dem Auftragnehmer eine angemessene Frist zur Vertragserfüllung setzen und erklären, dass er ihm nach fruchtlosem Ablauf der Frist den Auftrag entziehe (§ 8 Nr. 3 VOB/B).

1.2.3 Folgen

1.2.3.1 Anspruch auf Verlängerung vereinbarter Ausführungsfristen

a) Überblick

Liegen diese Voraussetzungen vor, so hat der Auftragnehmer zunächst einen Anspruch auf Verlängerung vereinbarter Ausführungsfristen,
- soweit der Bauherr die Behinderung zu vertreten hat (vgl. § 6 Nr. 2 Abs. 1a VOB/B; Beispiel: fehlende rechtzeitige Vorlage von Planunterlagen),

---

[69] Bejahend: Ingenstau/Korbion, VOB/B, § 6 Rdn. 2; verneinend: Ganten/Jagenburg/Motzke, VOB/B, §6 Rdn. 1.
[70] Vgl. dazu OLG Saarbrücken BauR 1998, 1010 = IBR 1998, 384.
[71] Vgl. dazu OLG Saarbrücken BauR 1998, 1010 = IBR 1998, 384.

- die Behinderung verursacht ist durch Streik oder eine von der Berufsvertretung der Arbeitgeber angeordnete Aussperrung im Betrieb des Auftragnehmers oder in einem unmittelbar für ihn arbeitenden Betrieb (vgl. § 2 Nr. 6 Abs. 1b VOB/B) oder
- im Falle höherer Gewalt oder anderer für den Auftragnehmer unabwendbarer Umstände (vgl. § 6 Nr. 2 Abs. 1c VOB/B).

Besonders hervorzuheben ist hier § 6 Nr. 2 Abs. 2 VOB/B, wonach Witterungseinflüsse, mit denen normalerweise während der Ausführungszeit, und zwar gesehen vom Zeitpunkt der Abgabe des Angebotes aus, gerechnet werden muss, nicht zu Ausführungsfristverlängerungen führen. Hier wird in der Rechtsprechung regelmäßig auf die durchschnittlichen Witterungsverhältnisse der letzten zehn Jahre (manche meinen 20 Jahre) abgestellt.

Gemäß § 6 Nr. 4 VOB/B berechnet sich die Fristverlängerung nach der Dauer der Behinderung mit einem Zuschlag für die Wiederaufnahme der Arbeiten und die etwaige Verschiebung in eine ungünstigere Jahreszeit.

b) Verursachung der Behinderung durch Auftraggeber

Die Behinderung durch einen vom Auftraggeber zu vertretenden Umstand liegt dann vor, wenn sie durch Umstände verursacht wurde, die aus dem Bereich des Auftraggebers kommen (so genannte Sphärentheorie).

Beispiele (aus dem Bereich des Auftraggebers kommende Umstände):
- Behinderungen, die durch nicht rechtzeitige Herbeiführung der erforderlichen öffentlich-rechtlichen Genehmigungen und Erlaubnisse entstanden sind (fehlende Baugenehmigung),
- die nicht rechtzeitige Übergabe von Plänen, Ausführungszeichnungen und Statik, soweit sie vom Auftragnehmer beizubringen waren,
- ein vom Auftragnehmer beauftragter Vorunternehmer wird nicht rechtzeitig mit seinen Leistungen fertig, sodass ein Nachfolgeunternehmer nicht rechtzeitig beginnen kann.

Entgegen dem Wortlaut der VOB/B ist dabei jedoch nicht erforderlich, dass der Auftraggeber diese Behinderung tatsächlich „verschuldet" hat. Entscheidend ist vielmehr allein, dass es sich im Sinne der Verursachung um Umstände handelt, die ihren Ausgangspunkt indem dem Auftraggeber zuzurechnenden Risikobereich haben. Das ist beispielsweise bei der Verletzung von Mitwirkungspflichten des Auftraggebers (§§ 4 Nr. 1 Abs. 1 Satz 1 und 2, 3 Nr. 1 und 4 Nr. 4) der Fall. Dies u. a. auch, wenn der Auftraggeber die Ausführung veränderter oder zusätzlicher Leistungen (§§ 2 Nr. 5 und Nr. 6 VOB/B) verlangt, mögen diese auch bei Beachtung normaler Prüfungsanforderungen in Bezug auf Wasser- und Bodengrundverhältnisse für den Auftraggeber unvorhersehbar gewesen seien.

Geht die Verursachung ausschließlich auf den Auftragnehmer zurück, weil beispielsweise eine objektive Verletzung der dem Auftragnehmer obliegenden Pflichten vorliegt, scheidet eine Verlängerung der Ausführungspflichten naturgemäß aus. Liegt eine Mitverursachung beim Auftragnehmer, so ist die Beurteilung nach dem sich aus §§ 254, 313 BGB ergebenden, allgemeingültigen Grundgedanken (Quotelung bei Mitverursachung und Mitverschulden) vorzunehmen, was sich dann konsequenterweise auch bei der Berechnung der Fristverlängerung niederschlägt.

Sofern Maßnahmen aus dem Bereich des Auftraggebers oder seiner Erfüllungsgehilfen, insbesondere Architekten oder Ingenieure, nicht aber Vorunternehmer, oder von dritter, dem Auftraggeber zuzurechnender Seite (baubehördliche Maßnahmen) veranlasst worden sind, muss von einem vom Auftraggeber zu vertretenden Umstand (§ 6 Nr. 2 Abs. 1 Ziff. a VOB/B) gesprochen werden.[72]

c) Behinderung durch Streik, Aussperrung, höhere Gewalt oder andere für den Auftragnehmer unabwendbare Umstände

Eine Behinderung durch Streik oder Aussperrung führt ebenfalls zu einer Fristverlängerung (§ 6 Nr. 2 Abs. 1 Ziff. b VOB/B). Dies gilt auch für solche Streiks, die nicht den Betrieb direkt, sondern einen Zulieferer betreffen.

Eine Behinderung durch höhere Gewalt oder andere für den Auftragnehmer unabwendbare Umstände umfasst ein betriebsfremdes, von außen kommendes Handeln, das nach menschlicher Ansicht und Erfahrung nicht vorhersehbar ist (z. B. Erdbeben, Überschwemmungen und ähnliche Naturereignisse). Wichtig ist hierbei, dass kein Verschulden einer der beiden Vertragsparteien vorliegen darf, da ansonsten keine höhere Gewalt vorläge. Solche unabwendbaren Umstände sind beispielsweise bei wolkenbruchartigen Regenfällen und der Zerstörung der erbrachten Bauleistung durch unbekannte Dritte anzunehmen.

Beispiel:
Keim Aushub von Gräben für Rohrleitungen im offenen Gelände können wolkenbruchartige Regenfälle in der Regel weder als höhere Gewalt noch als unabwendbarer Umstand angesehen werden. Trifft beispielsweise ein Nachunternehmer zur Ausführung von Einschalungs- und Bewehrungsarbeiten an einer Stahlbetonhalle mit einem Hauptunternehmer Ende August eine Vereinbarung des Inhalts, dass die Arbeiten bis Anfang Dezember geleistet sind, so muss er mit Witterungseinflüssen während dieser Zeit (Herbstgewitter, -stürme mit starkem Regenfall) rechnen. Er kann sich daher weder auf höhere Gewalt noch auf unabwendbare Umstände im Sinne von § 6 Nr. 2 Abs. 1 Ziffer c VOB/B berufen.

Anders liegt der Fall hingegen, wenn die angetroffenen Witterungsverhältnisse diejenigen überschreiten, mit denen herkömmlicherweise gerechnet werden muss.

Beispiel:
Wenn gegenüber einer in den Monaten August bis November an einem Tag maximal auftretenden Niederschlagsmenge von 50-60 mm pro qm bei einem Unwetter im September, durch das die Erdarbeiten beschädigt worden sind, 64 mm pro qm Regen gefallen sind, so kann sich der Auftragnehmer jedoch auf einen unabwendbaren Umstand berufen.

In diesem Zusammenhang ist weiterhin darauf hinzuweisen, dass mit sieben zusammenhängenden Regentagen nicht nur im November und Dezember eines Jahres, sondern zu jeder Jahreszeit in Deutschland gerechnet werden muss.

Für Witterungseinflüsse enthält zunächst § 6 Nr. 2 Abs. 2 VOB scheinbar eine besondere Regelung. Danach gelten Witterungseinflüsse während der Ausführungszeit kraft vertraglicher Vereinbarung der Parteien nicht als Hinderungsgrund, wenn mit ihnen bereits bei Abgabe des Angebots normalerweise gerechnet werden musste.

In der Praxis stellt sich hierbei immer die Frage, wie festgestellt wird, ob tatsächlich vorhersehbare Witterungseinflüsse vorlagen. Bei Tiefbauarbeiten für Kanäle empfiehlt es sich insbesondere festzustellen, bei welchen Niederschlagsmengen unabwendbare Umstände vorliegen, da diese Arbeiten insoweit besonders durch Regeneinfall beeinflusst werden.

Ansonsten sind die Parteien auf die Auskünfte der Wetterdienste angewiesen. Solche Schlechtwettertage, die dem allgemein vorauszusehenden Witterungsablauf nach Angabe der

---

[72] Vgl. dazu OLG Düsseldorf IBR 1998, 7 sowie OLG Frankfurt BauR 1999, 49.

Wetterdienste entsprechen, müssen ebenfalls bei Abgabe des Angebots in die Überlegungen einbezogen werden und gelten nicht als Behinderung. Sie gehören zu den „normalen" Witterungseinflüssen.

Bei größeren Bauvorhaben ist den Vertragsparteien ohnehin anzuraten, je nach Lage der Baustelle und deren Anfälligkeit gegen bestimmte Witterungseinflüsse besondere Regelungen für Ausfalltage in besonderen oder zusätzlichen Vertragsbedingungen oder im Bauvertrag selbst zu treffen. Als erster Anhaltspunkt kann in vielen Fällen unverändert der Vorschlag der Bundesanstalt für Gewässerkunde vom 06.10.1951 dienen.

d) Die Berechnung der Verlängerung der Ausführungsfristen

Die Fristverlängerung wird zunächst nach der Dauer der Behinderung berechnet. Sie umfasst damit den Zeitraum, in dem wegen der hindernden Umstände die geschuldete ordnungsgemäße und zügige Ausführung der Leistungen nicht möglich war. Hierbei sind gegebenenfalls mehrere Behinderungen zu berücksichtigen. Sofern sowohl der Auftraggeber als auch der Auftragnehmer für die Behinderung verantwortlich sind, kann der Auftragnehmer nur für solche Behinderungen Fristverlängerung verlangen, für die er nicht verantwortlich ist (§ 254 BGB: Abwägung des wechselseitigen Verschuldens).

Zu dieser Fristverlängerung kommt noch ein Zuschlag für die Wiederaufnahme der Arbeiten. Dieser ist im Regelfall erforderlich, da die objektbezogenen Arbeiten eine gewisse Vorbereitungszeit erfordern. In welcher Höhe dieser Zuschlag entfällt, bemisst sich nach den Umständen des Einzelfalls. Weiterhin kann der Auftragnehmer einen Anspruch auf einen weiteren Zuschlag haben, wenn durch die Behinderung die Ausführungsfrist in eine wettermäßig ungünstige Jahreszeit verlegt ist. Dies gilt selbstverständlich nur dann, wenn die noch auszuführenden Arbeiten durch diese ungünstige Jahreszeit überhaupt beeinflusst werden.

Maßgebend für die Berechnung der Fristverlängerung sind drei Merkmale:
- Dauer der Behinderung
- Zuschlag für die Wiederaufnahme der Arbeiten
- Zuschlag für die etwaige Verschiebung in eine ungünstige Jahreszeit.

Die Grundsätze des § 254 BGB (Quotenbildung nach Verschulden) sind entsprechend anzuwenden. Hiernach kommt es für die Fristberechnung darauf an, ob und inwieweit die Unterbrechung von dem einen oder anderen Vertragsteil verursacht worden ist. Der auf den Auftragnehmer entfallende Anteil ist dann bei der Neuberechnung der Frist auszuklammern.

Die Berechnung der Fristverlängerung hat zunächst der Auftragnehmer vorzunehmen. Zumindest muss er dem Auftraggeber für die Berechnung wesentliche Gesichtspunkte detailliert und im Einzelnen mitteilen. Der Auftraggeber hat die Verpflichtung, hierzu Stellung zu nehmen und mit dem Auftragnehmer eine neue Vereinbarung zu treffen. Dies ist erforderlich, weil die Ausführungsfrist eine Vertragsfrist ist und daher nur durch Parteivereinbarung neu geregelt werden kann.

Wenn sich die Parteien allerdings – wie häufig, wenn nicht sogar regelmäßig – nicht einigen, wird die Bestimmung einer neuen Frist notfalls dem Gericht vorbehalten bleiben müssen.[73] Nicht zuletzt vor diesem Hintergrund empfiehlt es sich für den Auftragnehmer, den Bauablauf und alle hierfür relevanten Umstände detailliert zu dokumentieren.

Im Streitfall muss ein Gericht darüber entscheiden, wenn der Auftraggeber wegen der Nichteinhaltung der bisherigen Frist gegen den Auftragnehmer Schadensersatzansprüche nach § 6

---

[73] Vgl. Heiermann/Riedl/Rusam, VOB/B §6 Rdn. 24.

Nr. 6 VOB/B geltend macht, und wenn der Auftragnehmer demgegenüber berechtigt ist, gemäß § 6 Nr. 2 VOB/B den Einwand der Fristverlängerung zu erheben.

1.2.3.2 Die Pflichten des Auftragnehmers während und nach der Behinderung

a) Überblick

Der Auftragnehmer hat gemäß § 6 Nr. 3 VOB/B alles zu tun, was ihm billigerweise zugemutet werden kann, um die Weiterführung der Arbeiten zu ermöglichen. Sobald die hindernden Umstände wegfallen, hat der Auftragnehmer die Arbeiten ohne weiteres und unverzüglich wieder aufzunehmen und den Auftraggeber davon zu benachrichtigen.

b) Fürsorgepflichten während der Behinderung oder Unterbrechung

Gemäß dieser besonderen vertraglichen Nebenpflicht (Bereitstellungsverpflichtung/ Schadensminderungspflicht) hat der Auftragnehmer alles nur Mögliche zu tun, um die Arbeiten auch möglichst fristgerecht auszuführen. Dazu gehört, dass er im Rahmen des ihm Zumutbaren Behinderungen und Unterbrechungen soweit wie möglich einschränkt.

Diese Verpflichtung besteht auch in den Fällen, in denen die Behinderung oder Unterbrechung der Ausführung auf ein Verschulden bzw. eine Verursachung durch den Auftragnehmer oder auf einen ihm zuzurechnenden Umstand zurückzuführen ist. Dies betrifft allerdings nur die Pflicht zur Tätigkeit als solche. Welcher Umfang und welche Art der Tätigkeit dagegen vom Auftragnehmer geschuldet werden, hängt von den gegebenen Umständen ab; insbesondere auch von dem Anteil an der Verursachung und einem etwaigen (Mit-)Verschulden.

Letzteres wird deutlich durch die in § 6 Nr. 3 Satz 1 VOB/B verwendete Formulierung „billigerweise zugemutet werden kann". Ist die Behinderung infolge eines vom Auftragnehmer zu verantwortenden Umstandes eingetreten, wird von ihm jede nur mögliche Anstrengung verlangt, um die Leistung sobald als möglich fortzuführen und das Versäumte nachzuholen. In diesem Fall ist dem Auftragnehmer auch ein größerer Kosten bei Beseitigung der Hindernisse zuzumuten. Wesentlich geringer ist die Pflicht zur Tätigkeit für den Auftragnehmer, wenn der Auftraggeber die Behinderung oder Unterbrechung der Leistungsausführung ursächlich verantworten muss.

Wie weit die Tätigkeitsverpflichtung im Einzelfall geht, hängt von dem Ausmaß der Behinderung sowie dem Umfang der Verursachung des Auftraggebers ab. Es bleibt aber immer die Pflicht des Auftragnehmers, die Sicherung der Baustelle, die Beseitigung von Fehlern oder Schaden, das Vorhalten der Baustelle und der eingesetzten oder bereitliegenden Materialien sowie Geräte herbeizuführen. Hat keiner der Vertragspartner die Behinderung verursacht und/oder zu vertreten, muss der Auftragnehmer alle Anstalten treffen, die für eine unverzügliche Weiterführung der behinderten Bauleistung, sobald diese möglich ist, erforderlich sind (Aufräumarbeiten, Material- und Gerätebereithaltung, Planung des weiteren Arbeitsganges und des weiteren Einsatzes seiner Arbeitskräfte, Beseitigung von Hindernissen oder Mängeln, Sicherung der Baustelle und der Baugeräte).

Festzuhalten bleibt, dass der Auftragnehmer also die Pflicht hat, die Weiterführung der Arbeiten so zu ermöglichen, dass sich die Behinderungen nur in einem geringstmöglichen Maße auswirken.

c) Unverzügliche Arbeitsaufnahme nach Wegfall des Hindernisses

Der Auftragnehmer hat nach dem Fortfall des Hindernisses ohne weiteres unverzüglich die Leistungen weiterzuführen. Nicht eindeutig entschieden ist hierbei die Frage, ob dem Auftragnehmer ein Arbeiten „mit verminderter Kraft" zugemutet werden muss.

Hat der Auftragnehmer beispielsweise den Einsatz von 20 Arbeitskräften geplant und können aufgrund des teilweisen Fortfalls der Behinderung tatsächlich nur zwei Personen arbeiten, wird es unter Umständen wirtschaftlich nicht sinnvoll sein, die Arbeiten wieder aufzunehmen. Man wird vom Auftragnehmer jedoch verlangen können, die Arbeiten wieder aufzunehmen, wenn hierdurch ein Baufortschritt erreicht wird. Nimmt er die Arbeiten wieder auf, so hat er den Auftraggeber unverzüglich zu benachrichtigen.

d) Umfang der Beschleunigungsmaßnahmen

Der Auftragnehmer ist grundsätzlich nicht verpflichtet, auf anderen Baustellen eingesetzte Kapazitäten dort abzuziehen. Grundsätzlich hat er nur aufgrund einer entsprechenden Vereinbarung mit dem Auftraggeber eine Pflicht zur Beschleunigung von Arbeiten, wenn er hierfür auch eine gesonderte Vergütung erhält.

In diesem Zusammenhang ist wiederum der Grundsatz von Treu und Glauben dahingehend einschlägig, dass maßgeblich ist, was dem Auftragnehmer in der konkreten Situation billigerweise zugemutet werden kann. Konkret bestimmt sich dies danach, ob der Auftraggeber oder der Auftragnehmer die Behinderung verursacht oder gar verschuldet hat; bei Mitverursachung entsprechend dem jeweilig auf den Auftragnehmer und den Auftraggeber entfallenden Anteil.

Hat der Auftragnehmer die Behinderung selbst oder durch seine Erfüllungsgehilfen verschuldet oder auch nur verursacht, ist er zur Vornahme von Beschleunigungsmaßnahmen verpflichtet. Spiegelbildlich ist bei einer alleinigen Verursachung eines durch den Auftraggeber in seiner Sphäre verursachten Umstandes (Sphärentheorie) der Auftragnehmer nicht ohne weiteres zur Beschleunigung verpflichtet, sondern nur dann, wenn der Auftraggeber dies anordnet und dem Auftragnehmer dafür eine Vergütung verspricht bzw. eine Vergütung vereinbart wird.

In der Praxis kann oft nicht eindeutig geklärt werden, wer in welchem Umfang die eingetretene Behinderung zu vertreten hat. Dementsprechend stellt sich die Frage, wie sich vor allem der Auftragnehmer zu verhalten hat. Da der Auftragnehmer bei einer Verursachung durch ihn nur alles Mögliche daransetzen muss, um die Leistung fortzuführen und das Versäumte nachzuholen, ohne dass er dafür eine besondere Vergütung erhält, muss er sorgfältig prüfen, ob er von sich aus eine Pflicht zur Beschleunigung sieht. Wenn er also vom Auftraggeber geforderte Beschleunigungsmaßnahmen zunächst von einer Einigung über eine entsprechende (zusätzliche) Vergütung abhängig macht, geht er unter Umständen ein greises Risiko ein. Wird später festgestellt, dass der Auftragnehmer die hindernden Umstände zu vertreten hatte, so war seine Leistungsverweigerung rechtswidrig und führt damit zu einer Verpflichtung zur Zahlung von Schadensersatz.

Andererseits ist es für den Auftragnehmer naturgemäß auch gefährlich, wenn er Beschleunigungsmaßnahmen ausführt, ohne vorher sichergestellt zu haben, dass sie auch vom Auftraggeber angeordnet worden sind. Der Auftraggeber wird später bemängeln, dass die Beschleunigungskosten diejenigen übersteigen, die bei verlängerter Bauzeit aufgewendet worden wären und deshalb der Auftragnehmer gegen seine Schadensminderungspflicht verstoßen habe.

Festzuhalten bleibt, dass der Auftragnehmer also auch ohne Zustimmung des Auftraggebers mit erheblichem Risiko handelt, wenn er einfach auf eigenes Risiko beschleunigt, ohne zu wissen, ob die Beschleunigungsmaßnahmen dem wirklichen Willen des Auftraggebers entsprechen. Der Auftragnehmer muss deshalb den Auftraggeber dementsprechend immer über seine Absicht, Beschleunigungsmaßnahmen einleiten zu wollen, informieren.

1.2.3.3 Anspruch auf Abrechnung

Überblick

Gemäß § 6 Nr. 5 VOB/B besteht weiterhin dann, wenn die Ausführung für voraussichtlich längere Dauer unterbrochen wird, ein Anspruch des Auftragnehmers auf Abrechnung der bis dahin ausgeführten Leistungen einschließlich der Kosten, die dem Auftragnehmer bereits für nicht ausgeführte Leistungsteile entstanden sind. Höchstens muss jedoch der Auftragnehmer drei Monate warten, wie sich aus § 6 Nr. 7 VOB/B ergibt. Dauert eine Unterbrechung der Arbeiten länger als entsprechender Zeitraum, so sind beide Vertragsparteien zur Kündigung berechtigt, wobei eine Abrechnung nach der vorgenannten Nr. 5 und der nachfolgend noch zu erörternden Nr. 6 stattzufinden hat, wie bereits erwähnt.

1.2.3.4 Der Anspruch auf Ersatz von Behinderungsschäden gemäß § 6 Nr. 6 VOB/B

Überblick

Als Spezialregelung, die jeder anderen Regelung vorgeht, so die VOB/B wirksam und ohne Einschränkungen Vertragsbestandteil geworden ist, enthält § 6 Nr. 6 VOB/B die Regelung von Schadensersatzansprüchen.

1.2.3.5 Der Schadensersatzanspruch nach § 6 Nr. 6 VOB/B

a) Überblick

Die Voraussetzungen für einen Schadensersatzanspruch ergeben sich aus § 6 Nr. 6 VOB/B.

Übersicht (Voraussetzungen für den Schadensersatzanspruch aus § 6 Nr. 6 VOB/B):
- Vorliegen von hindernden Umständen
- eine hierdurch entstandene Behinderung (Störung mit negativen Folgen)
- ein durch diese Behinderung entstandener Schaden
- Rechtswidrigkeit
- ein Vertretenmüssen der hindernden Umstände von einem Vertragsteil
- Vorsatz oder grobe Fahrlässigkeit (entgangener Gewinn).

Voraussetzung für einen Behinderungsschadensersatzanspruch ist also, dass ein Vertragsteil die Behinderung zu vertreten hat.

Aus Sicht des Auftraggebers ist dies z. B. dann der Fall, wenn der Auftragnehmer seine Arbeitskräfte falsch disponiert hat, die Baustelle deshalb im entscheidenden Zeitpunkt untersetzt ist und er deshalb die Ausführungsfristen nicht einhalten kann. Gleiches gilt insbesondere auch für finanzielle Engpässe beim Auftragnehmer, die vor Ort zu Behinderungen bei der Ausführung seiner Arbeiten führen. Auch schuldhafte Fehler bei der Materialbeschaffung, die ihm obliegt, gehen zu seinen Lasten.

Der Auftraggeber hat z. B. zu vertreten, wenn die Koordination der Baustelle falsch durchgeführt wird, wenn durch lückenhafte oder ungenaue Leistungsverzeichnisse vor Ort zwischenzeitliche Stillstände erforderlich werden, während derer der Auftragnehmer nicht arbeiten kann und darf, wozu auch die Planunterversorgung gehört.

Es ergeben sich immer wieder Fälle, dass der Bauherr eine Vielzahl von Teilgewerken an Bauunternehmer zur Ausführung beauftragt. Ist in einem Teilgewerk, das Voraussetzung für die Erbringung der Leistung im nächsten Teilgewerk ist, allein durch Verschulden des Unternehmers eine Verzögerung eingetreten, soll gleichwohl nach Auffassung des Bundesgerichtshofes der Auftraggeber hierfür nicht haften, sodass der von der Verzögerung betroffene nachfolgende Unternehmer keinerlei Ansprüche auf Schadensersatz geltend machen kann.[74] Dies gilt nur dann nicht, wenn der Bauherr vertraglich eindeutig das Risiko der Rechtzeitigkeit der entsprechenden Leistung übernommen hat. Der BGH stellt entscheidend auf eine (angebliche) „Risikogemeinschaft" aller nebeneinander tätigen Teilgewerkeunternehmer ab.

Dieses Urteil wurde durch eine gleichlautende Entscheidung des OLG Nürnberg[75] sowie den entsprechenden Nichtannahmeanspruch des BGH bestätigt.

b) Vorliegen von hindernden Umständen

Eine Behinderung kann man am besten nachweisen, wenn Fristen im Vertrag vereinbart wurden (Frist für den Beginn der Bauarbeiten nach § 5 VOB/B, Fertigstellungsfrist und Zwischenfristen). Die Regelungen der VOB (§§ 11 VOB/A, 5 VOB/B) gehen von fest vereinbarten Fristen aus. Diese sind zumindest in einem Bauzeitenplan festzuhalten.

Nach § 5 Nr. 1 VOB/B gelten Einzelfristen in der Regel jedoch nicht als Vertragsfristen. Vielmehr müssen sie konkret als solche vereinbart werden. Nur diesen Vertragsfristen kommt für den Bauablauf eine maßgebende Bedeutung zu, nicht jedoch den im Bauzeitenplan festgehaltenen Fristen, die nur bei besonderer Vereinbarung Vertragsfristen sind.

Wird beispielsweise eine Anfangs- und eine Endfrist vereinbart, so wird sich eine etwaige Behinderung bzw. deren Ausmaß nur bei einem verspäteten Baubeginn (der Anfangsfrist) bzw. der verspäteten Fertigstellung (Endfrist) nachweisen können. Sind nur solche einzelnen Fristen bestimmt, so kommt diesen keine Bedeutung für die Behinderung zu, sofern Anfangs- und Endfrist eingehalten werden.

Unabhängig davon kann jedoch ein Unternehmer beispielsweise insoweit behindert sein, als er die Einzelfrist nicht einhalten kann. Durch eigene Maßnahmen kann er es sogar erreichen, dass die Endfrist eingehalten wird. In diesem Fall hätte er es sogar sehr schwer, seine Beschleunigungsmaßnahmen (infolge der Überschreitung der Einzelfristen) nachzuweisen, wenn die Endfrist eingehalten wurde. Es ist daher zu empfehlen, auch wichtige Einzelfristen ausdrücklich als Vertragsfristen nach § 5 Nr. 1 VOB/B möglichst unter Angabe des konkreten Datums zu vereinbaren.

Ein besonderes Problem stellt sich, wenn im Vertrag überhaupt keine Frist vereinbart wurde. Hier greift § 271 Abs. 1 BGB. Danach kann der Auftraggeber die Leistung sofort verlangen, der Auftragnehmer muss sie sofort bewirken. § 5 Nr. 2 VOB/B regelt den Fall, dass für den Beginn der Ausführung keine Frist vereinbart ist. Hiernach hat der Auftragnehmer innerhalb von zwölf 'Tagen nach Aufforderung durch den Auftraggeber zu beginnen. Hinsichtlich der gesamten Leistungsdauer ist – mangels anderweitiger Vereinbarung – für den Einzelfall eine angemessene Frist zur Leistungserbringung zugrunde zu legen. Anhaltspunkt hierfür kann der Bauzeitenplan sein.[76]

---

[74] BGH, ZfBR 1985, 282 ff.
[75] BauR 94, 517.
[76] Vgl. dazu OLG Frankfurt NJW-RR 1994, 1362.

Eine angemessene Frist kann sich auch aus einer substanziierten Kalkulation des Auftragnehmers ergeben. Diese ist dann zugrunde zu legen, wenn sich der Auftraggeber hierzu im Prozess nur pauschal und mithin unerheblich äußert.[77]

Schließlich können die Angemessenheit und der Beginn der Frist vom Gericht nach den Umständen des Einzelfalls geschätzt werden.[78]

Eine Behinderung kann aber auch noch dann gegeben sein, wenn zwar hindernde Umstände vorliegen, die vereinbarte Leistungszeit aber – z. B. durch Beschleunigungsmaßnahmen – eingehalten wurden.[79] In diesem Fall konnten einzelne Leistungsteile erst in einer Zeit erbracht werden, in welche eine Erhöhung der Lohnnebenkosten durch Tariferhöhungen fiel; die vereinbarte Gesamtleistungszeit wurde jedoch nicht überschritten.

Die hindernden Umstände konnten im Rahmen eines Schadensersatzanspruches nach § 6 Nr. 6 VOB/B nur dann Berücksichtigung finden, wenn entweder – so der Regelfall – eine Behinderungsanzeige nach § 6 Nr. 1 VOB/B vorliegt oder – so der absolute Ausnahmefall – die Umstände und deren hindernde Wirkung dem Auftraggeber offenkundig bekannt waren.

c) Verschulden

§ 6 Nr. 6 VOB/B spricht davon, dass die hindernden Umstände von einem Vertragsteil zu vertreten sind.

Anders als bei § 6 Nr. 2 Abs. 1 Ziffer 1 VOB/B heißt dieses „vertreten" hier jedoch, dass ein Verschulden eines Vertragsteils vorausgesetzt wird. Dies deshalb, weil es sich um einen Schadensersatzanspruch handelt, der immer ein Verschulden voraussetzt. Es reicht demnach nicht, dass die hindernden Umstände bloß aus der Risikosphäre eines Vertragsteils stammen. Diesem Vertragsteil muss vielmehr an den hindernden Umständen ein Verschulden treffen.[80]

Für den Fall der verspätet vorliegenden Baugenehmigung bedeutet dies insbesondere, dass die bloße Tatsache des verspäteten Vorliegens einer Baugenehmigung noch nicht zwingend für einen Schadensersatzanspruch nach § 6 Nr. 6 VOB/B hinreicht. Hat beispielsweise der Auftraggeber die Baugenehmigung rechtzeitig und vollständig beantragt, so ist er auch dann nicht zum Schadensersatz an den Auftragnehmer verpflichtet, wenn diese Baugenehmigung nicht zum vereinbarten Termin vorliegt.

Zwar stammt die Baugenehmigung aus seiner Risikosphäre, der Auftraggeber konnte jedoch nicht mehr tun, als die Baugenehmigung rechtzeitig und vollständig zu beantragen. Die Schuld am verspäteten Vorliegen trifft hier nicht den Auftraggeber, sondern ggf. die zögerlich arbeitende Behörde. In diesem Fall hätte der Auftraggeber die verspätet vorliegende Baugenehmigung nicht zu vertreten und dem Auftragnehmer stünde damit auch kein Anspruch auf Schadensersatz zu, sondern nur ein solcher auf Ausführungsfristverlängerung.

Ähnlich verhält es sich bei unvorhersehbaren Witterungseinflüssen. Nach § 6 Nr. 2 VOB/B hat der Auftragnehmer Witterungseinflüsse, mit denen bei Abgabe des Angebotes normalerweise gerechnet werden musste, einzukalkulieren. Dies bedeutet, dass für diese Witterungseinflüsse nicht einmal eine Verlängerung der Ausführungsfrist gewährt wird. Genauso liegt der Fall auch bei mangelhaften Vorunternehmerleistungen, die der Auftraggeber nicht zu vertreten hat. Nach der Rechtsprechung des BGH mangelt es an einem Verschulden des Auftraggebers.

---

[77] Vgl. dazu OLG Düsseldorf IBR 1997, 97.
[78] Vgl. BGH IBR 1998, 265.
[79] Vgl. BGH BauR 1986, 342.
[80] Vgl. dazu das sog. Schürmannbau-Urteil des BGH in BauR 1997, 1021 = NJW 1998, 456.

Macht jedoch der vom Auftraggeber beauftragte Architekt einen Fehler, indem er beispielsweise die ihm obliegende Koordinationspflicht verletzt, so wird dieses Verschulden dem Auftraggeber zugerechnet. Der Architekt ist Erfüllungsgehilfe des Auftraggebers, der sich somit dessen Verschulden zurechnen lassen muss. Ebenso muss sich der Auftraggeber zurechnen lassen, wenn der Architekt die Ausführungspläne nicht rechtzeitig zur Verfügung stellt.

Ein besonderer Fall liegt vor, wenn sich der Auftraggeber weigert, einen Nachtrag zu beauftragen und hierdurch eine Behinderung des Auftragnehmers eintritt. Hat der Auftraggeber in seinen Vertragsbedingungen bestimmt, dass Nachtragsaufträge erst dann ausgeführt werden dürfen, wenn ein schriftlicher Nachtragsauftrag vorliegt, kann der Auftragnehmer in diesem Fall bei Nichtbeachtung Behinderung beantragen.

Ein Verschulden des Auftragnehmers kann beispielsweise auch darin liegen, dass er zu wenig Personal auf der Baustelle einsetzt (vgl. § 5 Nr. 3, 4 VOB/B).

Haben Auftragnehmer und Auftraggeber gemeinsam die Behinderung verschuldet, so kommt eine Quotelung des Schadens wegen Mitverschuldens (§ 254 BGB) in Betracht.

Die verschuldeten, hindernden Umstände müssen jedoch für den entstandenen Schaden ursächlich sein. Das ist dann nicht der Fall, wenn die Verspätung auch bei pflicht-, d. h. termingerechtem Handeln entstanden wäre.[81]

d) Beweislast

Bezüglich der Darlegungs- und Beweislast muss der Anspruchsteller, d. h. derjenige, der Schadensersatz begehrt, nicht das Verschulden beweisen. Er muss vielmehr die objektiven Voraussetzungen der Behinderung, die Behinderungsanzeige und den Schadenseintritt sowie die Kausalität hierfür darlegen und ggf. auch beweisen.

Demgegenüber muss der Anspruchsgegner entsprechend § 285 BGB beweisen, dass ihn an der Behinderung keinerlei Verschulden trifft.[82]

e) Rechtsfolgen (§§ 6 Nr. 6, 2 Nr. 5 VOB/B)

Anders verhalt es sich jedoch, wenn der Anspruchsteller entgangenen Gewinn begehrt. Hier muss er grobe Fahrlässigkeit oder ein vorsätzliches Verhalten beweisen, wie dies von § 6 Nr. 6 VOB/B ausdrücklich gefordert wird.

Dies ist eine in der VOB enthaltene wesentliche Einschränkung gegenüber dem Gesetz. Der Gewinnentgang kann z. B. für den Auftraggeber bei gewerblich genutzten Objekten den Hauptschadensposten darstellen, wenn sich die Gesamtfertigstellung verspätet und dadurch die geplante Verwertung in Gefahr gerät.

In diesem Zusammenhang ist darauf hinzuweisen, dass – wenn auch ohne höchstrichterliche Entscheidung bisher – in Literatur und Rechtsprechung der Oberlandesgerichte vorformulierte Besondere oder Zusätzliche Vertragsbedingungen, die die vorgenannten qualifizierten Verschuldensvoraussetzungen auch für den Anspruch der Schäden außerhalb des Bereichs des entgangenen Gewinns statuieren, wegen Verstoßes gegen § 307 BGB für unwirksam erachtet werden. Hier muss aber natürlich jede einzelne Klausel geprüft werden (hier existiert bisher lediglich Instanzrechtsprechung).

---

[81] Vgl. BGH BauR 1976, 128.
[82] Vgl. dazu das Urteil des BGH vom 14.01.1999 - VII ZR 73/98.

Hat ein Vertragspartner die hindernden Umstände zu vertreten, so hat der andere Teil nur Anspruch auf Ersatz des nachweislich (konkret von ihm zu beweisenden) entstandenen Schadens. Insoweit handelt es sich bei § 6 Nr. 6 VOB/B um eine Haftungsbeschränkung.

Diese gilt aber dann nicht, wenn zugleich oder daneben die Voraussetzungen des Schadensersatzanspruches nach § 4 Nr. 7 Satz 2 VOB/B zugunsten des Auftraggebers gegeben sind. Das ist der Fall, wenn die Bauzeitverzögerung auf einen bereits während der Ausführung erkannten Mangel der Leistung des Auftragnehmers zurückzuführen ist.

Das Gleiche gilt aber auch und erst recht für nach Abnahme erkannte Mangel, wenn durch diese eine Bauzeitverzögerung (§ 13 Nr. 7 VOB/B) hervorgerufen worden ist. Der begrenzte Geltungsbereich des § 6 Nr. 6 VOB/B geht aber davon aus, dass hier nur das Risiko eines leistungsfähigen und leistungsbereiten Auftragnehmers verringert werden soll. Für andere Fälle greift die Haftungsbeschränkung nicht ein. Insofern nicht dann, wenn sich der Auftragnehmer ernsthaft und endgültig weigert, den Vertrag überhaupt zu erfüllen.

Als Schäden des Auftragnehmers kommen hauptsächlich Stillstandskosten und Mehrkosten wegen verlängerter Bauzeit, Beschleunigungskosten und Sachverständigenkosten in Betracht. Schäden des Auftraggebers sind im Regelfall Vermögensschäden oder Gutachterkosten für die Ermittlung von Schäden sowie auch Mietausfälle.

Gerade die Regelung bezüglich des entgangenen Gewinns macht deutlich, dass es im Einzelfall wichtig ist, ob eine „Behinderung" oder eine Anordnung zur Einstellung der Arbeiten angenommen werden kann. Beide Anspruchsgrundlagen (§ 6 Nr. 6 VOB/B und § 2 Nr. 5 VOB/B) können nebeneinander anwendbar sein. Während § 6 Nr. 6 VOB/B ein Verschulden voraussetzt, wird von § 2 Nr. 5 VOB/B eine Anordnung gefordert, die auch in einer stillschweigenden oder konkludenten Handlung gesehen werden kann.[83]

Der Anspruch aus § 2 Nr. 5 VOB/B infolge Anordnung des Auftraggebers auf Vereinbarung eines neuen Preises umfasst auch den entgangenen Gewinn, und zwar unabhängig davon, ob ein grobes Verschulden seitens des Auftraggebers vorliegt.

Nach § 6 Nr. 6 VOB/B ist der Vertragsteil, der die hindernden Umstände verschuldet hat, zum Ersatz des nachweislich entstandenen Schadens verpflichtet, sofern ihm nicht der Entlastungsbeweis gelingt. Insbesondere bei der Durchführung von Beschleunigungsmaßnahmen ist von Interesse, ob es sich hierbei um eine Anordnung im Sinne von § 2 Nr. 5 VOB/B oder aber um eigene, vom Auftragnehmer zur Vermeidung weiterer Verzögerung durchgeführte Maßnahmen handelt.

Liegt eine Anordnung vor, so wird ein neuer Preis (einschließlich des Gewinnzuschlages) vereinbart. Sind es eigene, vom Auftragnehmer durchgeführte Maßnahmen, so hat er Anspruch auf die ihm hierdurch entstandenen Kosten.

Wahrend bei § 2 Nr. 5 VOB/B die kalkulierten Kosten ersetzt werden, wird nach § 6 Nr. 6 VOB/B nur der effektive Kosten als Schaden ersetzt. Bei § 2 Nr. 5 VOB/B sind der alte Preis und die alte Kalkulation für die Preisbildung maßgeblich. Der neue Preis wird kalkulatorisch, also nicht auf der Basis der effektiven Kosten ermittelt. Er schließt den Gewinn ein. § 6 Nr. 6 VOB/B stellt demgegenüber nur einen Vergleich zwischen den tatsächlich höheren Kosten und den Kosten, die angefallen wären, hätte es keine Behinderung gegeben, an.

---

[83] Vgl. dazu OLG Frankfurt NJW-RR 1997, 84.

f) Schadensersatz

Die Schadenshöhe im Sinne von § 6 Nr. 6 VOB/B wird nach der so genannten Differenzmethode bestimmt. Hierbei wird die Vermögenslage mit und ohne das schädigende Ereignis verglichen. Hätte der Auftragnehmer beispielsweise Vorbehalt der Kosten für zwei Monate – ohne das schädigende Ereignis – gehabt und muss er nunmehr seine Geräte vier Monate – mit dem schädigenden Ereignis – vorhalten, so wird die Kostendifferenz für zwei und vier Monate miteinander verglichen. Danach ermittelt sich der Schaden. Unter diese zu ersetzenden Mehrkosten lallen insbesondere

- Lohn- und Materialpreiserhöhungen
- Vorhalten und Unterhalten der Baustelleneinrichtung
- Preiserhöhung von Subunternehmerleistungen
- Verlängerte Vorhaltung von Geräten und Personal
- Beschleunigungsmaßnahmen (Überstunden).

Ein ersatzfähiger Schaden liegt auch dann vor, wenn dem Auftragnehmer ein Anschlussauftrag deswegen entzogen wird, weil er an der Baustelle, die behindert war, länger als vorgesehen tätig war. Kein ersatzfähiger Schaden – auch ohne Vorsatz und grobe Fahrlässigkeit – liegt jedoch vor, wenn der Auftragnehmer keinen lukrativen Anschlussauftrag deshalb übernehmen kann, weil er an der Baustelle in Bezug auf die eingesetzten Arbeitskräfte länger gebunden ist. Dies deshalb, weil es sich insoweit um einen Fall des entgangenen Gewinns handelt.

Der Schaden muss konkret berechnet werden. Für eine Schadensschätzung durch das Gericht nach § 287 ZPO bleibt nur dann Raum, wenn der Anspruchsteller die Grundlagen für eine Schadensschätzung eindeutig vorgetragen hat.

Ein Schaden kann auch in der von einem Generalunternehmer an seinen Auftraggeber zu entrichtenden Vertragsstrafe liegen, den der Generalunternehmer an den verursachenden Subunternehmer weiterleiten kann.[84]

Auf den Schadensersatzanspruch nach § 6 Nr. 6 VOB/B fällt keine Mehrwertsteuer an.[85]

Auch dem Auftraggeber kann nach § 6 Nr. 6 VOB/B ein Schadensersatzanspruch zustehen, der folgende Kosten umfassen kann:

- Anmietung anderer Räume
- Verlängerte Zwischenfinanzierung
- Sachverständigenkosten zur Ermittlung von Behinderung und Schaden
- Nutzungsausfall.

§ 5 Nr. 4 VOB/B regelt ausdrücklich, dass dem Auftraggeber dann ein Schadensersatzanspruch zusteht, wenn der Auftragnehmer den Ausführungsbeginn verzögert oder aber mit der Vollendung der Leistung in Verzug gerät.

Die Ermittlung des Schadens der Höhe nach stellt nach den Erfahrungen von Anwälten wie dem allgemeinen Eindruck aus Literatur und Rechtsprechung das Hauptproblem für die Durchsetzung von Schadensersatzansprüchen wegen Behinderung dar. Der theoretische Ansatz ist noch relativ leicht nachvollziehbar. Der Schaden liegt nach der anwendbaren so genannten Differenzmethode in der Differenz zwischen den Istkosten der Baustelle nach eingetretener

---

[84] So: OLG Naumburg OLGR 1998, 313.
[85] KG ZfBR 1984, 129.

Behinderung und den hypothetischen Kosten ohne Behinderung.[86] Praktisch ist jedoch dieser Nachweis ausgesprochen schwer zuführen.

Der Bundesgerichtshof besteht auf einer konkreten Darlegung jeder einzelnen Behinderungsursache und der konkreten Darlegung der Folgen dieser Behinderungsursache. Zwar hilft der Bundesgerichtshof hier mit den zivilprozessual zulässigen Schätzungsmöglichkeiten gemäß § 287 ZPO. Hauptproblem für den Betroffenen bleibt jedoch gleichwohl, eine umfassende und hinreichend genau nachvollziehbare, Einzelursache und Einzelfolge im gesamten folgenden Bauablauf beinhaltende Dokumentation sowie Tatsachenanhaltspunkte, die auch bei einer Schätzung unverzichtbar sind, zu erstellen.

Dies bedingt, dass aus Auftraggeber- wie aus Auftragnehmersicht konkret die eigenen Soll-Ablauf-Erwartungen aufgrund einer konkreten Kalkulation ermittelt und beweiskräftig festgestellt werden müssen, und zwar von Anfang an. Dann kann der Sollablauf relativ einfach mithilfe von Schätzungen ermittelt werden, was bei genügend beweisbaren Tatsachenanhaltspunkten, etwa Vorlage der Kalkulation und entsprechender Glaubhaftmachung durch Zeugen o. ä., durch einen Sachverständigen übernommen werden kann.

Der Istablauf kann nur durch eine ordnungsgemäße Dokumentation des Baustellenverlaufs dargestellt werden. Er hat schon betriebsintern durch regelmäßige Kontrollen und Aufschreiben eines konzentrierten Datenstoffes zu erfolgen, es muss festgestellt werden, wo Verluste aufgetreten sind bzw. beruhen, wo Kosten eingespart werden können, und wie in Zukunft der Erlös verbessert werden kann.

Hieraus folgt ohne weiteres, dass eine Separierung der einzelnen Störungsfälle sachlich, örtlich und zeitlich erforderlich ist. Es ist eine Isterfassung des tatsächlichen Bauablaufs (Bautagebuch, Stundenerfassung, Planeingangsliste) vorzunehmen.

Weitere Dokumentationsmöglichkeiten sind beispielsweise Fotos, Protokolle, Schriftverkehr einschließlich Behinderungsanzeige, Planeingangsbestätigungen, Schlechtwettermeldungen, Statistiken über meteorologische Begebenheiten und natürlich das Verwahren alter Plane.

Betreffend den Sonderfall des Gerätestillstandes und der verlängerten Gerätevorhaltung ist auf das Urteil des Oberlandesgerichts Düsseldorf[87] hinzuweisen. Das Oberlandesgericht Düsseldorf hat hier, von der Baugeräteliste ausgehend, unter Berücksichtigung sachverständig ermittelter Abschläge je nach konkretem Geräteeinsatz (reine Vorhaltung oder Vorhaltung und Leistung) Abschläge vorgenommen und ist sodann zu zeitabhängigen Sätzen angemessener Behinderungsvergütung für verlängerte Baustellenvorhaltung gelangt. Wegen der Einzelheiten wird auf das Urteil verwiesen.

Abschließend sei darauf hingewiesen, dass die Beweislast für die Behinderung und die Höhe der Behinderungsschäden derjenige trägt, der sich darauf beruft. Demgegenüber muss das Fehlen eines (qualifizierten) Verschuldens von demjenigen widerlegt werden, von dem Behinderungsschadensersatz verlangt wird.

---

[86] BGH BauR 1986, S. 347, 348.
[87] BauR 1988, 487, 489.

1.2.3.6 Vorläufige Abrechnung während der Unterbrechung und vorzeitige Vertragskündigung

§ 6 Nr. 5 VOB/B regelt den Fall, dass eine Ausführung für längere Dauer unterbrochen wird. Wichtig ist hierbei, dass die Ausführung nicht gänzlich unmöglich wird, da ansonsten § 6 VOB/B keine Anwendung findet. Bei Anwendung von § 6 Nr. 5 VOB/B müssen die Arbeiten zum Stillstand gekommen sein. Nach den Umständen darf nicht bekannt sein, wann mit einer Wiederaufnahme zu rechnen ist. Es genügt, wenn hinreichende Umstände die Unterbrechung für längere Dauer in hohem Maße wahrscheinlich werden lassen. Eine Gewissheit ist demgegenüber nicht erforderlich.

Da dem Auftragnehmer nicht zugemutet werden soll, dass er die Arbeiten für diese längere – unbekannte – Dauer vorfinanziert, gibt ihm § 6 Nr. 5 VOB/B einen Anspruch auf Abrechnung der bereits ausgeführten Leistungen. Bei dieser Abrechnung bleibt der Bauvertrag grundsätzlich aufrechterhalten, es tritt jedoch eine Fälligkeit für die bereits erbrachten Leistungen ein. Voraussetzung dafür ist, dass der Auftragnehmer eine Schlussrechnung nach § 6 Nr. 3 VOB/B erteilt hat. Eine Abnahme muss jedoch nicht stattfinden.

Die Abrechnung der bereits erbrachten Leistungen erfolgt in Anlehnung an den zwischen den Parteien vorliegenden Vertragstypen. Beim Einheitspreisvertrag wird die Vergütung aus den Mengen und Einheitspreisen ermittelt. Beim Pauschalpreisvertrag werden die erbrachten Leistungen mit der Gesamtleistung in Vergleich gesetzt und der entsprechende Anteil ausgezahlt. Zur Ermittlung der Leistung darf nicht auf einen im Vertrag enthaltenen Zahlungsplan verwiesen werden, da nach § 6 Nr. 5 VOB/B nur aufgeführte Leistungen abgerechnet werden können.

Zusätzlich zu den ausgeführten Leistungen kann der Auftragnehmer auch die Kosten abrechnen, die ihm bereits entstanden sind und in den Vertragspreisen des nicht ausgeführten Teils der Leistung enthalten sind (Kosten für Baustelleneinrichtung, Gerätevorhaltung und Materialbeschaffung).

Während § 6 Nr. 5 VOB/B von einer Unterbrechung Ungewisser Dauer ausgeht, regelt § 6 Nr. 7 VOB/B den Fall, dass eine Unterbrechung länger als drei Monate dauert. § 6 Nr. 7 VOB/B findet danach nur Anwendung, wenn die Unterbrechung bereits länger als drei Monate andauert. Jede Vertragspartei hat die Möglichkeit, den Vertrag schriftlich zu kündigen.

Wichtig ist hierbei, dass es für die Anwendung des § 6 Nr. 7 VOB/B auf die Unterschiede zwischen den Begriffen „Behinderung" und „Unterbrechung" ankommt. Es darf somit nicht lediglich eine Behinderung vorliegen, sondern die Arbeiten müssen zu einem vollständigen Stillstand gekommen sein. Bereits vor Ablauf dieser Dreimonatsfrist kann jedoch dann gekündigt werden, wenn mit Sicherheit feststeht, dass die Unterbrechung länger als drei Monate dauern wird. Auch kann sich die Kündigung auf einen Teil der übertragenen Arbeiten beschränken. Dies wird dann anzunehmen sein, wenn es sich um einen genau abgrenzbaren Teil handelt und die Unterbrechung sich nur auf diesen Teil bezieht.

Selbst bei Überschreitung der Dreimonatsfrist kann eine Kündigung jedoch gegen das Gebot von Treu und Glauben verstoßen, wenn feststeht, dass die Arbeiten in aller Kürze wieder fortgesetzt werden können.

Nach der Kündigung ist gemäß § 6 Nr. 7 Satz 2 VOB/B entsprechend § 6 Nr. 5, 6 VOB/B abzurechnen. Hierbei handelt es sich um eine Endabrechnung, sodass auch die infolge der Unterbrechung erbrachten Leistungen zu vergüten sind. Ebenfalls werden hierbei Schadensersatzansprüche abgerechnet. Auch hier ist wieder die Erteilung einer prüfbaren Schlussabrechnung Voraussetzung für den Anspruch, nicht jedoch eine Abnahme des noch unfertigen Werks.

1.2.3.7 Vertragsgestaltung

Über die vorstehend bereits enthaltenen Vorschläge in Bezug auf Vertragsgestaltungen ist hinsichtlich der Regelungen der §§ 305 BGB ff. insbesondere noch das Nachfolgende mit Blick auf in Allgemeinen Geschäftsbedingungen enthaltene Klauseln nach der neueren Rechtsprechung nachzutragen:

Vorab ist klarzustellen, dass ein grundsätzlicher Ausschluss von Schadensersatzansprüchen wegen Behinderung und Unterbrechung in Klauseln wegen Verstoßes gegen §§ 307, 309 Nr. 7 BGB unwirksam ist.

Folgende Klauseln sind nach dem grundlegenden Nichtannahmebeschluss des BGH[88] zu den so genannten EG-Geschäftsbedingungen unwirksam:

– *„Der Auftragnehmer kann im Falle der Behinderung oder Unterbrechung der Leistungen etwaige Ansprüche nur geltend machen, wenn eine vom Auftraggeber zu vertretende Zeit der Unterbrechung der von dein Auftragnehmer auf der Baustelle zu erbringenden Leistung von mehr als 30 % der vereinbarten Gesamtfrist eintritt."*
– *„Noch fehlende behördliche Genehmigungen sind durch den Auftragnehmer so rechtzeitig einzuholen, dass zu keiner Zeit eine Behinderung des Terminablaufs entsteht."*

Weiterhin sind auch folgende Klauseln unwirksam:

– *„Der Auftragnehmer hat den vereinbarten Termin zum Arbeitsbeginn in jedem Fall wahrzunehmen. Sollte er aufgrund von Umständen, welche außerhalb seines eigenen Verantwortungsbereichs liegen, nicht termingerecht mit den Arbeiten beginnen können, hat er dies der Bauleitung unverzüglich schriftlich mitzuteilen. Nachträgliche Einwände, er hatte mit den Arbeiten nicht rechtzeitig beginnen können, werden nicht anerkannt."*[89]
– *„Der Auftragnehmer ist bei mehr als fünfwöchiger Unterbrechung zur Kündigung berechtigt; es werden nur bis dahin entstandene Aufwendungen des Auftragnehmers bezahlt."*[90]
– *„Eine Verlängerung der Ausführungsfrist wegen Behinderung oder Unterbrechung (auch infolge von Witterungseinflüssen) begründet keinen Anspruch (des Auftragnehmers) auf eine besondere Vergütung. § 6 Nr. 6 VOR/R bleibt unberührt."*[91]

---

[88] ZfBR 1998, 35.
[89] Urteil des OLG Saarland vom 15.04.1998 - 1 U 630/97 - 128.
[90] Nichtannahmebeschluss des BGH vom 07.11.1994, Az.: VII ZR 231/93.
[91] Nichtannahmebeschluss des BGH vom 13.07.1995, Az.: VII ZR 233/94.

Abschnitt IV:

Anhang

1 VOB-gerechte Formulierungsvorschläge

1.1 Vergabe von Bauleistungen

1.1.1 Aufforderung zur Abgabe eines Angebots

Name und Anschrift des Auftraggebers ...., den ....

Name und Anschrift der aufzufordernden Firma

Aufforderung zur Abgabe eines Angebots
Bauvorhaben: ....
auszuführende Leistungen: ....

Sehr geehrte Damen und Herren,

wir beabsichtigen, in .... die Bauleistungen im Rahmen einer Öffentlichen Ausschreibung/Beschränkten Ausschreibung/Freihändigen Vergabe* zu vergeben.
Die Bauleistungen sind voraussichtlich in der Zeit vom ...... bis ...... auszuführen.

Die Verdingungsunterlagen, die mit dieser Aufforderung zur Angebotsabgabe nicht übersandt werden (z. B. umfangreiche Bodengutachten). können bei .... eingesehen werden (Anschrift einsetzen). Im Übrigen erhalten Sie die Unterlagen gegen Zahlung eines Betrages von .... EURO ....zugesandt.

Den Zuschlag erteilt der/die ....
(Anschrift der zur Angebotsabgabe auffordernden Stelle einsetzen).

Die Vergabe wird im Wege einer Öffentlichen Ausschreibung/Beschränkten Ausschreibung/ Freihändigen Vergabe* durchgeführt. Die Vergabe erfolgt im Offenen Verfahren/Nichtoffenen Verfahren/Verhandlungsverfahren mit Vergabebekanntmachung*.

Eine Ortsbesichtigung ist für den ...... vorgesehen.
Sofern Sie beabsichtigen, ein Angebot abzugeben. werden Sie gebeten. das anliegende Angebotsschreiben ausgefüllt und rechtsverbindlich unterschrieben an den Auftraggeber zu senden. Der Umschlag ist außen mit Namen und Anschrift der anbietenden Firma zu versehen. Außerdem ist darauf zu vermerken, dass es sich um ein Angebot für das Bauvorhaben .... handelt. Zum Eröffnungstermin können der Bieter und/oder seine Bevollmächtigten anwesend sein.

Als Eröffnungstermin wurde der .... (mit Uhrzeit) in .... festgelegt. Die Angebotsfrist läuft ab, sobald der Verhandlungsleiter im Eröffnungstermin mit der Eröffnung der Angebote beginnt. Bis zum Ablauf der Angebotsfrist können Angebote schriftlich, fernschriftlich oder telegrafisch zurückgezogen werden.

Der Bieter hat mit dem Angebot die in § 8 Nr. 3 VOB/A aufgeführten Unterlagen vorzulegen. Er hat ferner eine Sicherheit in Form einer .... zu überreichen, die ihm mit Ablauf der Zuschlags- und Bindefrist zurückgegeben wird.

Änderungsvorschläge und/oder Nebenangebote sind nicht zugelassen. Nebenangebote ohne gleichzeitige Abgabe eines Hauptangebots werden nicht* ausgeschlossen.

Der Auftraggeber behält sich vor, die zu vergebenden Bauleistungen in Lose aufzuteilen und diese Lose an verschiedene Bieter zu vergeben.

Die Zuschlagsfrist beginnt mit dem Eröffnungstermin und beträgt .... Werktage. Bis zum Ablauf der Zuschlagsfrist ist der Bieter an sein Angebot gebunden.

Bestandteile des Angebots sind:
- die Allgemeinen Vertragsbedingungen für die Ausführung von Bauleistungen (VOB/B).
- die Allgemeinen Technischen Vertragsbedingungen für Bauleistungen (VOB/C),
- die Zusätzlichen Vertragsbedingungen,
- die Besonderen Vertragsbedingungen (mit Zahlungsbedingungen).
- die Zusätzlichen Technischen Vertragsbedingungen.
- die Leistungsbeschreibung nebst Plänen und Zeichnungen,
- die Vorbemerkungen zur Leistungsbeschreibung.
- die Vergabe wird nach den beigefügten Bewerbungsregelungen und der VOB/A durchgeführt.
- die Bewerbungsbedingungen

Der Bieter kann sich wegen etwaiger Verstöße gegen die Vergabebestimmungen an .... wenden.
Die Angebote sind in deutscher Sprache abzufassen, die Preise sind in EURO anzugeben.

Im Übrigen wird auf die Bekanntmachung nach § 17a. Nr. 3 Abschnitt 2 VOB/A verwiesen (gilt nur für die Bauleistungen nach § 1a VOB/A Abschnitt 2). Die Angebote haben den Anforderungen an § 21 Nr. 1—4 VOB/A zu entsprechen.

Mit freundlichen Grüßen

....
(Unterschrift des Auftraggebers)

Anmerkung: Bei Ausschreibungen nach der EG-Baukoordinierungsrichtlinie (Abschnitt 2 der VOB) treten an die Stelle der Vergabeverfahren nach § 8 VOB/A die in § 8a VOB/A aufgeführten Verfahren (Offenes Verfahren, Nichtoffenes Verfahren und Verhandlungsverfahren.

* Unzutreffendes bitte streichen

1.1.2 Bewerbungsbedingungen für die Vergabe von Bauleistungen

Hinweis:
Das Vergabeverfahren erfolgt nach der „Verdingungsordnung für Bauleistungen", Teil A „Allgemeine Bestimmungen für die Vergabe von Bauleistungen" (VOB/A).

1. **Mitteilung von Unklarheiten in den Vergabeunterlagen**

    Enthalten die Vergabeunterlagen nach Auffassung des Bewerbers Unklarheiten, so hat der Bewerber unverzüglich den Auftraggeber vor Angebotsabgabe schriftlich, fernschriftlich oder telegrafisch darauf hinzuweisen.

2. **Unzulässige Wettbewerbsbeschränkungen**

    Angebote von Bietern, die sich im Zusammenhang mit diesem Vergabeverfahren an einer unzulässigen Wettbewerbsbeschränkung beteiligen, werden ausgeschlossen.

3 **Angebot**

3.1 Das Angebot ist in all seinen Bestandteilen in deutscher Sprache abzufassen.

3.2 Für das Angebot sind die vom Auftraggeber übersandten Vordrucke zu verwenden; das Angebot ist an der dafür vorgesehenen Stelle zu unterschreiben.

Eine selbstgefertigte Kopie oder Kurzfassung des Leistungsverzeichnisses ist zugelassen.

3.3 Das Angebot muss vollständig sein; unvollständige Angebote können ausgeschlossen werden. Das Angebot muss die Preise und die in den Verdingungsunterlagen geforderten Erklärungen und Angaben enthalten.

Ist im Leistungsverzeichnis bei einer Teilleistung eine Bezeichnung für ein bestimmtes Fabrikat mit dem Zusatz „oder gleichwertiger Art" verwendet worden, und macht der Bieter keine Angabe, gilt das im Leistungsverzeichnis genannte Fabrikat als angeboten.

Änderungen des Bieters an seinen Eintragungen müssen zweifelsfrei sein.

Alle Eintragungen müssen dokumentenecht sein.

Änderungen an den Verdingungsunterlagen sind unzulässig.

Entspricht der Gesamtbetrag einer Ordnungszahl (Position) nicht dem Ergebnis der Multiplikation von

Mengenansatz und Einheitspreis, so ist der Einheitspreis maßgebend.

3.4 Die Preise (Einheitspreise, Pauschalpreise, Verrechnungssätze usw.) sind ohne Umsatzsteuer anzugeben. Der Umsatzsteuerbetrag ist unter Zugrundelegung des geltenden Steuersatzes am Schluss des Angebotes hinzuzufügen.

Soweit Preisnachlässe ohne Bedingungen gewährt werden, sind diese an der bezeichneten Stelle aufzuführen; sonst dürfen sie bei der Wertung der Angebote nicht berücksichtigt werden. Preisnachlässe mit Bedingungen für die Zahlungsfrist (Skonti) werden bei der Wertung der Angebote nicht berücksichtigt.

Nicht zu wertende Preisnachlässe (ohne oder mit Bedingungen) bleiben Inhalt des Angebotes und werden im Fall der Auftragserteilung Vertragsinhalt.

3.5 Wenn den Verdingungsunterlagen Formblätter zur Preisaufgliederung beigefügt sind, hat der Bieter die seiner Kalkulationsmethode entsprechenden Formblätter ausgefüllt mit seinem Angebot abzugeben. Die Nichtabgabe der ausgefüllten Formblätter kann dazu führen, dass das Angebot nicht berücksichtigt wird.

3.6 Digitale Angebote mit Signatur im Sinne des Signaturgesetzes dürfen nur abgegeben werden, wenn dies in der Bekanntmachung oder in den Vergabeunterlagen ausdrücklich zugelassen ist.

Andere auf elektronischem Wege übermittelte Angebote sind nicht zugelassen.

4 Nebenangebote oder Änderungsvorschläge

4.1 Nebenangebote oder Änderungsvorschläge müssen auf besonderer Anlage gemacht und als solche deutlich gekennzeichnet sein, deren Anzahl ist an der im Angebotsschreiben bezeichneten Stelle aufzuführen.

4.2 Der Bieter hat die in Nebenangeboten oder Änderungsvorschlägen enthaltenen Leistungen eindeutig und erschöpfend zu beschreiben; die Gliederung des Leistungsverzeichnisses ist, soweit möglich, beizubehalten.

Nebenangebote oder Änderungsvorschläge müssen alle Leistungen umfassen, die zu einer einwandfreien Ausführung der Bauleistung erforderlich sind.

Soweit der Bieter eine Leistung anbietet, deren Ausführung nicht in Allgemeinen Technischen Vertragsbedingungen oder in den Verdingungsunterlagen geregelt ist, hat er im Angebot entsprechende Angaben über Ausführung und Beschaffenheit dieser Leistung zu machen.

4.3 Nebenangebote, die in technischer Hinsicht von der Leistungsbeschreibung abweichen, sind auch ohne Abgabe eines Hauptangebotes zugelassen. Andere Nebenangebote oder Änderungsvorschläge sind nur in Verbindung mit einem Hauptangebot zugelassen.

4.4 Nebenangebote oder Änderungsvorschläge sind, soweit sie Teilleistungen (Positionen) des Leistungsverzeichnisses beeinflussen (ändern, ersetzen, entfallen lassen, zusätzlich erfordern), nach Mengenansätzen und Einzelpreisen aufzugliedern (auch bei Vergütung durch Pauschalsumme).

4.5 Nebenangebote oder Änderungsvorschläge, die den Nummern 4.1 bis 4.4 nicht entsprechen, können von der Wertung ausgeschlossen werden.

5 Bietergemeinschaften

5.1 Bietergemeinschaften haben mit ihrem Angebot eine von allen Mitgliedern unterzeichnete Erklärung zugeben,
- in der die Bildung einer Arbeitsgemeinschaft im Auftragsfall erklärt ist,
- in der alle Mitglieder aufgeführt sind und der für die Durchführung des Vertrags bevollmächtigte Vertreter bezeichnet ist,
- dass der bevollmächtigte Vertreter die Mitglieder gegenüber dem Auftraggeber rechtsverbindlich vertritt,
- dass alle Mitglieder als Gesamtschuldner haften.

5.2 Beim Nichtoffenen Verfahren und bei Beschränkter Ausschreibung werden Angebote von Bietergemeinschaften, die sich erst nach der Aufforderung zur Angebotsabgabe aus aufgeforderten Unternehmern gebildet haben, nicht zugelassen.

6 Nachunternehmer

Beabsichtigt der Bieter, Teile der Leistung von Nachunternehmern ausführen zu lassen, muss er in seinem Angebot Art und Umfang der durch Nachunternehmer auszuführenden Leistungen angeben und auf Verlangen die vorgesehenen Nachunternehmer benennen.

7 Eignungsnachweis

Auf Verlangen hat der Bieter eine Bescheinigung der Berufsgenossenschaft vorzulegen. Ein Bieter, der seinen Sitz nicht in der Bundesrepublik Deutschland hat, hat eine Bescheinigung des für ihn zuständigen Versicherungsträgers vorzulegen.

1.1.3 Angebot gemäß § 21 VOB/A

Name und Anschrift des Bieters ...., den................

Name und Anschrift des Auftraggebers

Angebot
Bauvorhaben: ....
Auszuführende Leistungen   ....

Sehr geehrte Damen und Herren,

aufgrund Ihrer Aufforderung zur Angebotsabgabe vom .... bieten wir Ihnen die Ausführung der ausgeschriebenen Leistungen zu den von uns eingesetzten Preisen an. Wir haben uns zu einer Bietergemeinschaft zusammengeschlossen. Bevollmächtigter Vertreter ist die Firma ....

Bestandteile unseres Angebotes sind:

- die Leistungsbeschreibung
- die Pläne und Zeichnungen
- die Vorbemerkungen zur Leistungsbeschreibung
- die Besonderen Vertragsbedingungen
- die Allgemeinen Vertragsbedingungen
- die gemäß Aufforderung zur Abgabe eines Angebotes erlangten Erklärungen und Nachweise
- die Allgemeinen Vertragsbedingungen für die Ausführung von Bauleistungen -DIN 1961 (VOB/B) und die Allgemeinen Technischen Vertragsbedingungen ATV (VOB/C) und die weiteren in den Verdingungsunterlagen genannten DIN-Normen in ihrer jeweils letzten Fassung, die spätestens 3 Monate vor dem Eröffnungstermin im Bundesanzeiger bekannt gemacht bzw. – bei weiteren DIN-Normen – angezeigt worden ist.

Wir beabsichtigen, die in der beigefügten Liste aufgeführten Leistungen an Nachunternehmer zu übertragen.

Wir erklären hiermit:

- dass wir uns über die örtlichen Verhältnisse der Baustelle unterrichtet haben.
- dass wir Mitglied der ....Berufsgenossenschaft seit dem .... unter Nr. .... sind.
- Unsere gesetzlichen Pflichten zur Zahlung der nicht vom Finanzamt erhobenen Steuern haben wir erfüllt.
- Aus Anlass der Ausschreibung haben wir keine wettbewerbsbeschränkende Absprache gemäß § 1 des Gesetzes gegen Wettbewerbsbeschränkungen – GWB – getroffen und/oder empfohlen.

Wir sind ein ausländisches Unternehmen aus
EG-Staat   Nationalität
anderem Staat   Nationalität

Wir beabsichtigen keine/die in der beigefügten Liste aufgeführten* Leistungen an Nachunternehmer zu übertragen.

Wird das Angebotsschreiben nicht rechtsverbindlich unterschrieben, gilt das Angebot als nicht abgegeben.

Wir sind uns bewusst, dass eine wissentlich falsche Angabe der vorgenannten Erklärungen zu unserem Ausschluss von künftigen Auftragserteilungen führen kann.

Zugleich mit dem Hauptangebot überreichen wir das gesondert gekennzeichnete Nebenangebot/den Änderungsvorschlag.
Der Nachweis ist gem. § 21 Nr. 2 VOB/A in Bezug auf die Leistungen .... (Pos. des LV angeben) liegt an.

Mit freundlichen Grüßen

(Name und Anschrift des Bieters)

Unzutreffendes bitte streichen

1.2 Zuschlagserteilung von Bauleistungen

1.2.1 Auftragsverhandlung

Bauvorhaben ....

Auftraggeber (AG): ....

Bieter/Auftragnehmer (AN) ....

Telefon: .... Telefax: ....

1. Vertragsgegenstand

Gegenstand der Verhandlung sind:
- das Angebot vom ...... mit Annahme der Geschäftsbedingungen.
- das Leistungsverzeichnis.
- die Ausschreibungsunterlagen (komplett einschließlich aller Pläne).
- die Pläne Nr. ....

1.1 Vertragsbestandteile sind:

1.1.1 diese Auftragsverhandlung.

1.1.2 die Leistungsbesehreibung.

1.1.3 die Pläne, Zeichnungen und Gutachten (vgl. Anlage*).

1.1.4 die Zusätzlichen Vertragsbedingungen*.

1.1.5 die Besonderen Vertragsbedingungen*.

1.1.6 die Technischen Vertragsbedingungen*.

1.1.7 das Angebot des Auftragnehmers vom .... nebst Anlagen (mit Ausschluss der Allgemeinen Vertragsbedingungen).

1.1.8 die Allgemeinen Vertragsbedingungen (VOB/B).

1.1.9 die Allgemeinen Technischen Vertragsbedingungen für Bauleistungen (VOB/C).

1.2 Hierzu werden folgende Ergänzungen und Änderungen vereinbart:

....

1.2.1 Die angebotenen Einheitspreise sind Festpreise bis zum ....

1.2.2 Die Abrechnung erfolgt nach gemeinsamem Aufmaß.

1.2.3 ....

1.2.4 ....

1.2.5 ....

2. Ausführungsunterlagen

2.1 Die zur Durchführung seiner Arbeiten notwendigen und noch nicht übergebenen Unterlagen hat der Auftragnehmer fristgerecht abzurufen, sodass die termingerechte Erfüllung seiner Leistung sichergestellt ist.

2.2 Der Auftragnehmer hat folgende Unterlagen beim Auftraggeber einzureichen:
– ....
– ....
– ....
– ....

2.3 Dem Auftragnehmer wurden vom Auftraggeber folgende zusätzliche Unterlagen in der Verhandlung zur Verfügung gestellt:
– ....
– ....
– ....
– ....

3. Ausführungsfristen

3.1 Mit der Ausführung ist am .... zu beginnen*, unverzüglich nach Erteilung des Auftrages zu beginnen*.

Nach besonderer schriftlicher Aufforderung durch den Auftraggeber, spätestens jedoch innerhalb von .... Werktagen nach Auftragserteilung zu beginnen*.

3.2 Die Leistungen sind wie folgt fertig zu stellen:

bis zum ....*

innerhalb von .... Werktagen nach Beginn der Ausführung*.

3.3 Die festgelegten Termine und die Zwischentermine gelten als Vertragstermine.

3.4 Folgende Einzelfristen sind Vertragsfristen:

Einzelfrist für ....: ...... Werktage.

I. Einzelfrist für ....: ...... Werktage/bis zum *

II. Einzelfrist für ....: ...... Werktage/bis zum *

4. Vertragsstrafe

Bei Überschreitung der Vertragsfristen (Fertigstellungsfrist gemäß Ziffer 3.2 und/oder Einzelfristen gemäß Ziffer 3.3) hat der Auftragnehmer für jeden Werktag der Überschreitung folgende Vertragsstrafe zu zahlen:

4.1 Bei Überschreitung der Fertigstellungsfrist   EURO ....

4.2 Bei Überschreitung der Einzelfrist I.   EURO ....

4.3 Bei Überschreitung der Einzelfrist II.   EURO ....

Die Vertragsstrafe wird auf insgesamt 10 % der nach der Schlussrechnung maßgeblichen Bruttovertragssumme beschränkt. Die Vertragsstrafe kann noch im Zusammenhang mit der Schlusszahlung vorbehalten und von der sich aus der Schlussrechnung ergebenden Werklohnforderung des AN in Abzug gebracht werden.

5. Versicherungen

5.1 Es wurde eine Bauleistungsversicherung abgeschlossen, in die der Leistungsumfang des Auftragnehmers eingeschlossen ist.

5.2 Die Selbstbeteiligung des Auftragnehmers beträgt je Schadensfall ....

5.3 Der Auftragnehmer hat sich mit EURO .... an der Gesamtprämie zu beteiligen. Ihm wurde eine Kopie der Bauleistungsversicherungspolice ausgehändigt.

5.4 Der Auftragnehmer weist dem Auftraggeber mit Abschluss des Vertrags eine nach Umfang und Höhe ausreichende Betriebshaftpflichtversicherung nach. Auf Verlangen ist die entsprechende Police vorzulegen.

6. Abnahme

Es findet eine förmliche Abnahme statt. Die Abnahme erfolgt durch die örtliche Bauleitung auf Verlangen.

7. Gewährleistung

Die Gewährleistungsverpflichtung richtet sieh nach der VOB/B. Die Gewährleistungsfrist beträgt jedoch fünf Jahre und drei Monate. Sie beginnt mit der Abnahme der Gesamtbauleistung.

8. Zahlungen

8.1 Es werden Abschlagszahlungen in Höhe von 90 % der erbrachten Leistungen vereinbart, die innerhalb von .... Werktagen nach Eingang der prüfbaren Aufstellung zahlbar sind.

Der Mindestwert der fertiggestellten Leistungen muss jedoch EURO .... betragen.

8.2 Von der Schlusszahlung werden als Sicherheit für die Erfüllung der Gewährleistungspflichten 5% des Brutto-Rechnungsbetrages einbehalten. Der Auftragnehmer kann diesen Sicherheitseinbehalt durch eine unbefristete Bankbürgschaft nach dem anliegenden Muster des Auftraggebers ablösen.

8.3 Die Abtretung von Ansprüchen des Auftragnehmers ist nur mit Zustimmung des Auftraggebers möglich.

9. Vertragserfüllungsbürgschaft

9.1 Der Auftragnehmer hat als Sicherheit für die Erfüllung sämtlicher Verpflichtungen aus diesem Vertrag. insbesondere für die vertragsgemäße Ausführung seiner Leistungen. eine Vertragserfüllungsbürgschaft in Höhe von ....% der Auftragssumme (einschließlich der Nachträge) zu stellen, und zwar gemäß anliegendem Muster des Auftraggebers.

9.2 Der Auftragnehmer hat eine/keine* Bürgschaft für Vorauszahlungen zu leisten (gegebenenfalls gemäß anliegendem Muster des Auftraggebers).

10. Sonstige Vereinbarungen

....
....
....

11. Vertragspreis

Die Vergütung beträgt gemäß Angebot vom .... EURO ....

11.1 Es wird ein Preisnachlass von ....% vereinbart, so dass der Vertragswert EURO .... beträgt.

11.2 Der Vertragspreis enthält die gesetzlich vorgeschriebene Umsatzsteuer nicht. Sie ist zusätzlich zu vergüten, und zwar in der jeweils geltenden gesetzlichen Höhe.

12. Prüfung der Unterlagen

Der Auftragnehmer erklärt, dass die ihm zur Verfügung gestellten Unterlagen und Pläne zur Abgabe seines Angebots vom .... und zum Abschluss des Vertrags (einschließlich der Preiskalkulation) ausreichend waren.

13. Vertragsbestandteile sind insbesondere

13.1 die Pläne und Zeichnungen (genaue Bezeichnung)

13.2 das Angebot des Auftragnehmers vom .... nebst Anlagen,

13.3 das Gutachten des .... vom ....

das Bodengutachten vom ....

Die Allgemeinen Vertragsbedingungen und die sonstigen vom Auftragnehmer gestellten Bedingungen werden nicht Vertragsbestandteil.

_____ _____

der Auftraggeber   der Auftragnehmer

Datum

* Unzutreffendes bitte streichen

1.2.2 Vergabevermerk gemäß § 30 VOB/A

Bauvorhaben: ....

Ausschreibung vom: ....

Vergabevermerk

1. Auftraggeber: ....

2. Leistungsinhalt: ....

3. Vertragspreis: ....

4. Art des Vergabeverfahrens: ....

5. Einteilung in folgende Lose: ....

6. Einzelheiten und Stufen des Vergabeverfahrens:....................................
   (mit Daten z. B. Eröffnungstermin vom ...., Ende der Bindefrist, Ende der Zuschlagsfrist, Termin zur Aufklärung über den Inhalt der Angebote usw.)

7. Anzahl der Bewerber/Bieter: ....

8. Gewertete Angebote ....
   (mit Namen und Anschriften der Bewerber/Bieter)

9. Vom Verfahren ausgeschlossene Bieter: ....

10. Änderungsvorschläge/Nebenangebote: ....

11. Prüfung und Zuschlagsbegründung: ....

12. Auftragnehmer: ....

13. Nachunternehmer: ....

14. Aufhebung der Ausschreibung: ....

15. Mitteilungen: ....

1.2.3 Auftragserteilung

Name und Anschrift des Auftraggebers .... den................

Name und Anschrift des Auftragnehmers

Auftragserteilung

Bauvorhaben: ....
Bezug: Ihr Angebot vom ....
fernmündlicher/mündlicher Auftrag vom ....
Anlage: ....

Sehr geehrte Damen und Herren,

hiermit bestätigen wir den bereits mündlich am .... erteilten Auftrag gemäß Ihrem Angebot vom .... einschließlich des Sondervorschlags* für die Ausführung der .... Bauleistungen, die in Ihrem Angebot näher beschrieben sind.

Nach Prüfung und Überarbeitung beträgt die vorläufige Vertragssumme EURO .... (i.W.: ....) zuzüglich der gesetzlichen Mehrwertsteuer in der jeweils geltenden Höhe. Ein zusätzlich vereinbartes Skonto ist zu berücksichtigen.

Wir behalten uns vor, weitere Sondervorschläge Ihres Angebots während der Bauzeit in Auftrag zu geben.

Die Einheitspreise des Angebots sind Festpreise und gelten während der gesamten Bauzeit.

Im Rahmen unserer Vertragsverhandlungen haben wir gemäß den Besonderen Vertragsbedingungen folgendes vereinbart:

1. Mit der Ausführung ist am .... zu beginnen.
2. Die Leistung hat am .... fertiggestellt zu sein.
3. Eine Vertragsstrafe wird nicht/wie folgt vereinbart:*
   ....
   Die Vertragsstrafe wird auf 10 % der Auftragssumme begrenzt.
4. Für Abschlagszahlungen werden folgende Zahlungstermine vereinbart .... / gilt § 16 VOB/B*
5. Sie überreichen uns eine Ausführungsbürgschaft in Höhe von ....bis zum ....

6. Sie überreichen uns eine Gewährleistungsbürgschaft in Höhe von 5% der Abrechnungssumme innerhalb von 10 Tagen nach der förmlichen Abnahme.
7. Die VOB ist Vertragsbestandteil.

    Die VOB Teil B und C sind Vertragsbestandteil, und zwar in der jeweils geltenden Fassung.
8. Weitere Vertragsbestandteile sind:

    ....

    ....
9. Die von Ihnen gestellten AGB haben keine Geltung.

Mit freundlichen Grüßen

(Name und Anschrift des Auftraggebers)

*Unzutreffendes bitte streichen

1.3 Bauvertrag

1.3.1 Bauvertrag

Bauvertrag
zwischen

....

Auftraggeber (AG)

....

Anschrift (Telefonnummer Telefaxanschluss)
und

....

Auftragnehmer (AN)

....

Anschrift (Telefonnummer Telefaxanschluss)
über
BV ....

§ 1 Vertragsgegenstand

1.1 Der AN übernimmt die ....
 (Bauvorhaben)

1.2 Vertragsbestandteile sind:

 1. Auftragsschreiben

 2. Schriftliche Erklärungen des Bieters zum Angebot, die im Auftragschreiben ausdrücklich als Vertragsbestandteile genannt sind

 3. Das Auftragsverhandlungsprotokoll

 4. Leistungsbeschreibung (bestehend aus Baubeschreibung, Leistungsverzeichnis – Langtext. Zusammenstellung der Angebotssummen. Ergänzungen des Leistungsverzeichnisses und sonstigen Anlagen)

 5. Besondere Vertragsbedingungen (BVB)

 6. Zusätzliche Vertragsbedingungen (ZVB)

 7. Zusätzliche Technische Vorschriften (ZTV)

 8. Allgemeine Technische Vertragsbedingungen (VOB/C)

 9. Allgemeine Vertragsbedingungen für die Bauausführung von Bauleistungen (VOB/B)

 10. Die Ausschreibungsunterlagen, Pläne und Zeichnungen. soweit sie ausdrücklich als verbindlich bezeichnet sind.

§ 2 Vergütung

Die Vergütung wird vorläufig* wie folgt vereinbart

2.1 Die Einheitspreise sind Festpreise zuzüglich/einschließlich der jeweils geltenden gesetzlichen Mehrwertsteuer. Sie schließen sämtliche Lohn- und Gehaltsnebenkosten ein.

2.2 Lohn- und Materialgleitklauseln sind – nicht – * vereinbart. Es sind folgende Gleitklauseln vereinbart:*

2.2.1 Lohngleitklausel (Anlage...............)

2.2.2 Materialgleitklausel für .... (Anlage ....)

2.3 Als Vergütung wird ein Pauschalpreis von .... zuzüglich/einschließlich* Mehrwertsteuer vereinbart.

Die Massenangaben des Leistungsverzeichnisses sind verbindlich, die Abrechnung erfolgt jedoch ohne Aufmaß der tatsächlich aufgeführten Massen.

2.4 Von den vereinbarten Preisen wird alles erfasst, was zur vollständigen und ordnungsgemäßen Durchführung der Leistungen des AN notwendig ist. Sie schließen insbesondere die Nebenleistungen ein, die nach den Vorschriften der VOB Teil C als Nebenleistungen ohne besondere Vergütung zu erbringen sind.

2.5 Mehr- und/oder Minderleistungen sowie Zusatzleistungen werden nur insoweit berücksichtigt, als sie auf ausdrücklichen Anordnungen des AG, Plan- und Ausführungsänderungen beruhen. Kosten sind, soweit dies möglich ist, auf der Grundlage der Vertragspreise zu ermitteln und dem AG vor Ausführung schriftlich mitzuteilen.

2.6 Der AN hat die ihm vom AG übergebenen bzw. zur Verfügung gestellten Unterlagen geprüft und bei Vertragsabschluß als vollständig anerkannt. Vorbehalte, Bedenken und sonstige Hinweise sind spätestens mit Abschluss dieses Vertrags schriftlich dem AG mitzuteilen. Dies gilt insbesondere auch für die örtlichen Verhältnisse und insbesondere den Zustand des Baugrundstücks bzw. der Bauteile, auf denen der AN seine Leistungen aufzubauen bzw. zu erbringen hat. Einwendungen sind insoweit spätestens vor Beginn der Ausführung der Vertragsleistungen schriftlich zu erheben. Eine Verletzung dieser Verpflichtung führt zum Schadensersatz.

§ 3 Ausführungsfristen und Haftung

Für die Erfüllung der vertraglichen Verpflichtungen des AN gelten folgende Vertragsfristen:

....

Die Nichteinhaltung dieser Termine und Fristen berechtigt den AG. für jeden Arbeitstag/ Werktag* der Überschreitung eine Vertragsstrafe zu fordern, ohne dass es des Nachweises eines Schadens bedarf. Im Einzelnen gilt folgendes:

Bei Überschreitung des/der .... ist eine Vertragsstrafe in Höhe von EURO .... je Arbeitstag/Werktag verwirkt.

Die Vertragsstrafe wird auf maximal 10 % der Auftragssumme begrenzt. Sie ist nur dann verwirkt, wenn der Auftraggeber sie sich bei Abnahme der Leistungen des AN schriftlich vorbehält. Der AN bleibt unabhängig davon zur Zahlung eines höheren Schadensersatzes verpflichtet.

Der AN erklärt, zur ordnungsgemäßen, mängelfreien und rechtzeitigen Erfüllung seiner vertraglichen Verpflichtungen in der Lage zu sein.

§ 4 Zahlungen

4.1 Auf Antrag des AN werden bei ordnungs- und fristgemäßer Ausführung der Arbeiten Abschlagszahlungen in Höhe von .... 90 % * der jeweils nachgewiesenen Leistungen erbracht, und zwar zuzüglich der darauf entfallenden Mehrwertsteuer.

4.2 Zahlungen werden entsprechend dem beigefügten Zahlungsplan erbracht.

4.3 Die Restzahlung erfolgt nach Abnahme der Leistungen des AN durch den AG. Insoweit gilt die Regelung in § 16 Nr. 3 VOB/B.

§ 5 Sicherheit

Es wird die Leistung folgender Sicherheiten vereinbart:

5.1 Der AN stellt vor Beginn der Ausführungen der Bauleistungen eine Ausführungsbürgschaft in Höhe von .... % der Auftragssumme zuzüglich Mehrwertsteuer nach dem Muster und der Vorschrift des AG. Es gilt § 17 VOB/B.

5.2 Der AG ist berechtigt, von der Restzahlung als Sicherheit für die Erfüllung der Gewährleistungspflichten des AN .... 5 % der Nettoabrechnungssumme netto einzubehalten. Der AN ist berechtigt. den Einbehalt durch Hergabe einer unbefristeten selbstschuldnerischen Bürgschaft entsprechend den Regelungen in § 17 VOB/B abzulösen.

§ 6 Abnahme und Gewährleistung

Unter Ausschluss von § 12 Nr. 5 VOB/B wird eine förmliche Abnahme vereinbart. Findet diese förmliche Abnahme nicht statt, gelten die Leistungen des AN zwei Monate nach Erteilung der Schlussrechnung als abgenommen, spätestens jedoch mit Abnahme der Leistungen des AG durch den Bauherrn.*

Die Gewährleistungsfrist wird mit fünf Jahren vereinbart. Sie beginnt mit der Abnahme der Leistungen des AN.

Die Gewährleistung bestimmt sich im Übrigen nach den Vorschriften der VOB/B. Der AN haftet insbesondere dafür, dass seine Leistungen zum Zeitpunkt der Abnahme die vertraglich zugesicherten Eigenschaften haben, nach dem neuesten Stand der Technik ausgeführt und nicht mit Fehlern behaftet sind, die ihren Wert oder die Tauglichkeit zu dem gewöhnlichen oder nach dem Vertrag vorausgesetzten Gebrauch aufheben oder vermindern.

Während der Gewährleistungsfrist auftretende Mängel hat der AN unverzüglich auf seine Kosten zu beseitigen. Kommt der AN dieser Verpflichtung nicht nach, ist der AG nach Mahnung und Fristsetzung berechtigt. die Mängelbeseitigung auf Kosten des AN durch Dritte ausführen zu lassen.

Die Beachtung gesetzlicher, baupolizeilicher und sonstiger behördlicher Vorschriften und Auflagen ist Sache des AN. soweit seine Leistungen davon betroffen sind.

§ 7 Abtretung

Der AN kann ihm aus diesem Vertrag zustehende Forderungen gegen den AG nur mit dessen schriftlicher Zustimmung abtreten.

Dies gilt auch für Leistungen aus diesem Vertrag.

§ 8 Kündigung

Es gelten die Bestimmungen der VOB/B und hilfsweise die des Werkvertragsrechts des BGB.

§ 9 Sonstiges

....
....
....
....

§ 10 Streitigkeiten

Alle Streitigkeiten aus diesem Vertrag werden unter Ausschluss des ordentlichen Rechtswegs durch ein Schiedsgericht nach der Schiedsgerichtsordnung der Deutschen Gesellschaft für Baurecht und des Deutschen Beton-Vereins e.V. in der jeweils neuesten Fassung entschieden. Der von den Parteien abgeschlossene Schiedsvertrag, der in einer gesonderten Urkunde niedergelegt ist, ist Gegenstand dieses Bauvertrags.

Das Schiedsgericht ist insbesondere auch befugt, über die Gültigkeit der Schiedsvereinbarung und ihren Umfang zu entscheiden.

§ 11 Allgemeine Bestimmungen

Der AN hat auf Verlangen des AG seine Mitgliedschaft in der Bauberufsgenossenschaft, die Erfüllung der Beitragsverpflichtungen und Unbedenklichkeitsbeseheinigungen des zuständigen Finanzamts und der zuständigen gesetzlichen Krankenversicherungsanstalten nachzuweisen.

Lage und Umfang von Versorgungsleitungen hat der AN vor Aufnahme der vertraglichen Arbeiten und Leistungen auf eigene Kosten zu ermitteln und nach Rücksprache mit den Versorgungsträgern Schutzmaßnahmen vorzusehen. Für Leitungsschäden haftet der AN insoweit allein. als diese im Zusammenhang mit den von ihm ausgeführten Arbeiten entstanden sind. Der AG ist von Ansprüchen Dritter freizustellen.

Der AN weist den Abschluss einer ausreichenden Betriebshaftpflichtversicherung nach.

Eine Bauwesenversicherung wurde vom AG nicht* abgeschlossen. Der AN ist in diese Bauwesenversicherung eingeschlossen und beteiligt sich mit .... % an der nachgewiesenen Versicherungsprämie.

Sollten einzelne Bestimmungen dieses Vertrags unwirksam oder nichtig sein, wird davon die Wirksamkeit der übrigen Regelungen nicht berührt. An die Stelle der unwirksamen oder nichtigen Bestimmung tritt das Gesetz.

_____   _____
(Unterschrift Auftraggeber)   (Unterschrift Auftragnehmer)

*Unzutreffendes bitte streichen

1.4 Nachtragsvereinbarungen

1.4.1 Mengenüberschreitung gemäß § 2 Nr. 3 Abs. 1 und 2 VOB/B

An den .... , den ....
Auftragnehmer

Bauvorhaben ....

gemäß Bauvertrag vom ....

hier: Mengenüberschreitung

Sehr geehrte Damen und Herren,

während der Ausführung der Bauleistung hat sich herausgestellt, dass in folgenden Positionen des Leistungsverzeichnisses der ursprünglich vorgesehene Mengenansatz um mehr als 10 % überschritten worden ist. Hierbei handelt es sich um folgende Positionen:

Position Nr.   ....um ....%
Position Nr.   ....um ....%

Es ist deshalb gemäß § 2 Nr. 3 Abs. 2 VOB/B ein neuer Preis unter Berücksichtigung der Mehr- oder Minderkosten zu vereinbaren. Durch diese Mengenüberschreitung ergibt sich deshalb eine Preisänderung für die genannten Positionen. Wir bitten Sie deshalb, uns bis zum .... ein Nachtragsangebot über die ausgeführten Positionen für eine neue Preisvereinbarung zu übersenden. Sollten Sie die Frist nicht einhalten, so werden wir die Neuberechnung vornehmen und Ihnen die hierdurch entstehenden Kosten in Rechnung stellen.

Mit freundlichen Grüßen

....
Unterschrift des Auftraggebers

1.4.2 Mengenunterschreitung gemäß § 2 Nr. 3 Abs. 3 VOB/B

An den .... , den ....
Auftragnehmer

Bauvorhaben ....
gemäß Bauvertrag vom ....
hier: Mengenunterschreitung

Sehr geehrte Damen und Herren.
mit Schreiben vom .... haben Sie uns mitgeteilt, dass während der Ausführung der Bauleistung in den von Ihnen näher bezeichneten Positionen des Leistungsverzeichnisses der ursprünglich vorgesehene Mengenansatz um mehr als 10 % unterschritten worden ist und dass Sie demgemäss die Vereinbarung eines höheren Preises für die genannten Positionen verlangen. Hierbei ist jedoch zu berücksichtigen, dass Sie durch die Erhöhung der Mengen in anderen Positionen/zusätzliche Leistungen* einen Ausgleich erhalten, der dem von Ihnen geforderten Erhöhungsbetrag infolge der über 10 % hinausgehenden Überschreitung des Mengenansatzes zu den genannten Positionen entspricht. Bei dieser Sachlage sehen wir uns deshalb außerstande, Ihrem Verlangen nach der Vereinbarung eines höheren Preises für die genannten Positionen zu entsprechen.

Mit freundlichen Grüßen

....
(Unterschrift des Auftraggebers)

*Unzutreffendes bitte streichen

1.4.3 Änderung des Pauschalpreises gemäß § 2 Nr. 3 Abs. 4 VOB/B

An den .... , den ....
Auftragnehmer

Bauvorhaben ....
gemäß Bauvertrag vom ....
hier: Änderung des Pauschalpreises

Sehr geehrte Damen und Herren,
es hat sich während der Ausführung der Bauleistung herausgestellt, dass in .... Positionen des Leistungsverzeichnisses eine Mengenüber- bzw. Mengenuntersehreitung* aufgetreten ist. Deshalb wurde eine neue Vereinbarung über die betreffenden Einheitspreise erforderlich. Von diesen unter dem geänderten Einheitspreis erfassten Leistungen sind auch andere Leistungen abhängig, für die eine Pauschalpreissumme vereinbart ist. Gemäß § 2 Nr.3 Abs. 4 VOB/B sind wir deshalb berechtigt, mit Änderung der Einheitspreise auch eine angemessene Änderung der Pauschalsumme zu verlangen. Wir fordern Sie deshalb auf, für folgende Positionen .... uns ein Nachtragsangebot für eine neue Pauschalsumme zu übersenden. Sofern wir Ihre entsprechenden Angebote nicht bis zum .... erhalten haben, werden wir selbst eine Neuberechnung vornehmen und Ihnen die hierdurch entstehenden Kosten in Rechnung stellen.

Mit freundlichen Grüßen

....
Unterschrift des Auftraggebers

* Unzutreffendes bitte streichen

1.4.4 Geänderte Ausführung gemäß § 2 Nr. 5 VOB/B

An den .... , den ....
Auftragnehmer

Bauvorhaben ....
gemäß Bauvertrag vom ....
hier: Geänderte Ausführung

Sehe geehrte Damen und Herren,

wir bestätigen Ihr Schreiben vom .... mit dem sie wegen geänderter Ausführung der Ihnen übertragenen Bauarbeiten gemäß § 2 Nr. 5 VOB/B eine Vergütung gefordert haben. Wir müssen Ihnen leider mitteilen, dass wir der Auffassung, Ihnen stände ein Vergütungsanspruch aus § 2 Nr. 5 VOB/B zu, nicht folgen können. Die Voraussetzungen für die Regelung aus § 2 Nr. 5 VOB/B liegen nicht vor, denn wir haben weder den Bauentwurf geändert, noch eine andere Anordnung getroffen, mit der in die Grundlagen für die im Vertrag vorgesehenen Leistungen eingegriffen wird. Es sind im vorliegenden Fall vielmehr lediglich Leistungserschwernisse aufgetreten, die Sie als Fachunternehmer bei der Kalkulation hätten berücksichtigen können.

Auch war die Möglichkeit des Auftretens derartiger Erscheinungen den Ihnen zur Verfügung gestellten Vertragsunterlagen (vgl. insbesondere Bodengutachten zu entnehmen. Im Übrigen haben wir auch keine Anordnung im Sinne von § 2 Nr. 5 gegeben. Wir haben Sie vielmehr mit unserem Schreiben vom .... darauf hingewiesen, den bestehenden Leistungspflichten nachzukommen.

Mit freundlichen Grüßen

....
Unterschrift des Auftraggebers

1.4.5 Zusätzliche Leistungen gemäß § 2 Nr. 6 VOB/B

An den .... , den ....
Auftragnehmer

Bauvorhaben ....
gemäß Bauvertrag vom ....
hier: Zusätzliche Leistungen

Sehr geehrte Damen und Herren,

es ist Ihnen bekannt, dass zusätzliche Leistungen ausgeführt werden müssen. Wie Sie uns mitgeteilt haben, fordern Sie deshalb eine zusätzliche Vergütung. Wir bitten Sie deshalb, uns bis zum .... ein entsprechendes Nachtragsangebot zu übersenden. Sollten wir innerhalb dieser Frist Ihr Nachtragsangebot nicht erhalten haben, so werden wir die zusätzliche Vergütung selbst berechnen.

Mit freundlichen Grüßen

....
(Unterschrift des Auftraggebers)

Zusätzliche Leistungen gemäß § 2 Nr. 6 VOB/B

An den .... , den ....
Auftragnehmer

Bauvorhaben ....
gemäß Bauvertrag vom ....
hier: Zusätzliche Leistungen

Sehr geehrte Damen und Herren.

wir nehmen Bezug auf Ihr Schreiben vom .... mit dem Sie gemäß § 2 Nr. 6 VOB/B die Vergütung für eine von Ihnen erbrachte zusätzliche Leistung fordern. Diesen Anspruch weisen wir zurück. Voraussetzung für die zusätzliche Vergütung aus § 2 Nr. 6 VOB/B ist, dass Sie den Vergütungsanspruch vor Beginn der Ausführung angezeigt haben. Eine derartige Anzeige ist nicht erfolgt.

Wir bedauern daher, Ihren Vergütungsanspruch nicht erfüllen zu können.

Mit freundlichen Grüßen

....
Unterschrift des Auftraggebers

1.4.6 Wegfall der Geschäftsgrundlage gemäß § 2 Nr. 7 VOB/B

An den .... , den ....
Auftragnehmer

Bauvorhaben ....
gemäß Bauvertrag vom ....
hier: Wegfall der Geschäftsgrundlage

Sehr geehrte Damen und Herren,

aufgrund des oben näher bezeichneten Bauvertrages haben wir mit Ihnen für die auszuführenden Leistungen eine Pauschalsumme vereinbart. Diese Leistungen können jedoch ans den Ihnen bekannten Gründen nicht mehr ausgeführt werden.* Deshalb weicht die ausgeführte Leistung so erheblich von der vertraglich vorgesehenen Leistung ab, dass ein Festhalten an der Pauschalsumme für uns nicht mehr zumutbar ist. Gemäß § 2 Nr. 7 VOB/B steht uns deshalb wegen Wegfalls der Geschäftsgrundlage ein Ausgleich unter Berücksichtigung der Mehr- oder Minderkosten zu.

Wir bitten Sie deshalb, uns bis zum .... ein Nachtragsangebot auf der Grundlage der Urkalkulation über die ausgeführten Leistungen zu übersenden. Sollten wir innerhalb dieser Frist von Ihnen ein entsprechendes Angebot nicht erhalten, so werden wir die neue Vergütung selbst berechnen.

Mit freundlichen Grüßen

....
Unterschrift des Auftraggebers

* Falls die Gründe nicht bekannt sind, sollten sie ggf. angegeben werden.

1.4.7 Beseitigung vertragswidriger Leistungen gemäß § 2 Nr. 8 Abs. 1 VOB/B

An den .... , den ....
Auftragnehmer

Bauvorhaben ....
gemäß Bauvertrag vom ....
hier: Beseitigung vertragswidriger Leistungen

Sehr geehrte Damen und Herren,

wir haben festgestellt, dass Sie entgegen den vertraglichen Vereinbarungen eigenmächtig und ohne Auftrag Leistungen ausgeführt haben. Hierbei handelt es sich um die als Anlage im Einzelnen aufgeführten Leistungen bzw. Leistungsteile.

Wir fordern Sie hiermit bis zum .... auf, diese eigenmächtig und ohne Auftrag ausgeführten Leistungen zu beseitigen.

Sollten Sie wider Erwarten Ihrer Beseitigungspflicht nicht binnen der genannten Frist nachkommen, so werden wir die Beseitigung dieser nicht vertragsgemäßen Leistungen auf Ihre Kosten vornehmen lassen. Wir behalten uns vor, in diesem Falle einen Kostenvorschuss für die Beseitigung dieser Leistungen Ihnen gegenüber geltend zu machen. Sollten uns darüber hinaus durch die Beseitigung dieser nicht vertragsgemäßen Leistungen andere Schäden entstehen, so werden wir auch diese Kosten Ihnen gegenüber geltend machen.

Mit freundlichen Grüßen

....
(Unterschrift des Auftraggebers)

1.4.8 Anerkennung vertragswidriger Leistungen gemäß § 2 Nr. 8 Abs. 2 VOB/B

An den .... , den ....
Auftragnehmer

Bauvorhaben ....

gemäß Bauvertrag vom ....

hier: Anerkennung vertragswidriger Leistungen

Sehr geehrte Damen und Herren.

wie Sie uns mitteilten, mussten einige Leistungen abweichend vom Vertrag ausgeführt werden. Gemäß § 2 Nr. 8 Abs. 2 VOB/B erkennen wir hiermit nachträglich folgende dieser Leistungen an:

....
....

Wir bitten Sie, uns bis zum .... ein entsprechendes Nachtragsangebot auf der Grundlage der Urkalkulation zu übersenden. Sollten wir dieses Nachtragsangebot nicht innerhalb der genannten Frist erhalten, so werden wir die Vergütung für die von Ihnen abweichend vom Vertrag ausgeführten Leistungen selbst berechnen.

Mit freundlichen Grüßen

....
(Unterschrift des Auftraggebers)

1.4.9 Vergütung für Unterlagen gemäß § 2 Nr. 9 VOB/B

An den .... , den ....
Auftragnehmer

Bauvorhaben ....
gemäß Bauvertrag vom ....
hier: Vergütung für Unterlagen

Sehr geehrte Damen und Herren.

unter Bezugnahme auf § 2 Nr. 9 VOB/B verlangen Sie von uns die Vergütung für Zeichnungen, Berechnungen und andere Unterlagen* mit der Begründung, dass Sie diese nicht nach dem Vertrag, besonders den Technischen Vertragsbedingungen oder der gewerblichen Verkehrssitte, zu beschaffen hätten.

Dieser Auffassung können wir uns nicht anschließen. Dies ergibt sich daraus, dass die von Ihnen in Rechnung gestellten Zeichnungen, Berechnungen und anderen Unterlagen* gemäß unseren vertraglichen Vereinbarungen von Ihnen zu erstellen bzw. zu beschaffen waren.

Mit freundlichen Grüßen

....
Unterschrift des Auftraggebers

*Unzutreffendes bitte streichen

1.5 Behinderung des Bauablaufes

1.5.1 Behinderungsanzeige gemäß § 6 Nr. 2 Abs. 2 VOB/B

An den .... , den ....
Auftragnehmer

Bauvorhaben ....
gemäß Bauvertrag vom ....
hier: Ihre Behinderungsanzeige

Sehr geehrte Damen und Herren,
Ihre Mitteilung bezüglich der Sie in der Ausführung behindernden Witterungseinflüsse haben wir erhalten. Wie weisen jedoch darauf hin, dass gemäß den vertraglichen Vereinbarungen (§ 6 Nr. 2 Abs. 2 VOB/B) Witterungseinflüsse während der Ausführungszeit, mit denen bei der Abgabe des Angebotes normalerweise gerechnet werden musste, nicht als Behinderung gelten. Sofern Sie der Auffassung sind, dass es sieh bei den Witterungseinflüssen um unabwendbare und von Ihnen nicht zu vertretende Ereignisse handelt, bitten wir Sie, den entsprechenden Nachweis zu erbringen. Beachten Sie bitte, dass nach allgemein herrschender Auffassung Witterungseinflüsse nur dann als unabwendbare Umstände gelten, wenn sie so außergewöhnlich waren, dass mit ihnen keinesfalls gerechnet werden musste.

Mit freundlichen Grüßen

....
(Unterschrift des Auftraggebers)

Behinderungsanzeige gemäß § 6 Nr. 2 Abs. 2 VOB/B

An den .... , den ....
Auftragnehmer

Bauvorhaben ....
gemäß Bauvertrag vom ....
hier: Ihre Behinderungsanzeige vom ....

Sehr geehrte Damen und Herren.

wir bestätigen den Eingang Ihrer Behinderungsanzeige vom .... Sie berufen sich zur Begründung der Unterbrechung darauf, dass diese auf einen vom Auftraggeber zu vertretenden Umstand zurückzuführen ist. Das trifft nicht zu. Wir müssen auf die Regelung aus .... des Bauvertrags verweisen, nach der mit derartigen Verzögerungen zu rechnen ist und dadurch entstehende Kosten und Ausführungszeitverlängerungen bei der Preisbestimmung und der Festlegung der Ausführungszeiten berücksichtigt werden müssen.

Ihr Anspruch auf Ausführungszeitverlängerung und Erstattung der Stillstandskosten wird daher abgelehnt.

Mit freundlichen Grüßen

....
(Unterschrift des Auftraggebers)

1.5.2 Verlängerung der Ausführungszeit gemäß § 6 Nr. 1, 3, 4 VOB/B

An den .... , den ....
Auftragnehmer

Bauvorhaben ....
gemäß Bauvertrag vom ....
hier: Verlängerung der Ausführungszeit

Sehr geehrte Damen und Herren,

aufgrund Ihrer schriftlichen Behinderungsanzeige vom .... verlängern wir hiermit die vertraglichen Ausführungsfristen bis zum .... In dieser Frist sind sowohl gemäß § 6 Nr. 4 VOB/B ein Zuschlag für die Wiederaufnahme der Arbeiten wie auch eine etwaige Verschiebung in eine ungünstigere Jahreszeit berücksichtigt.

Mit freundlichen Grüßen

....
(Unterschrift des Auftraggebers)

1.5.3 Verlängerung der Ausführungszeit gemäß § 6 Nr. 1, 3, 4 VOB/B

An den .... , den ....
Auftragnehmer

Bauvorhaben ....
gemäß Bauvertrag vom ....
hier: Verlängerung der Ausführungszeit

Sehr geehrte Damen und Herren.

wir bestätigen den Eingang Ihrer Behinderungsanzeige vom .... mit der Sie eine Verlängerung der vertraglichen Ausführungsfristen bis zum .... /um .... verlangt haben. Eine derartige Verlängerung kommt nicht in Betracht. Ausweislich der Regelungen aus dem Bauvertrag vom .... hat der Auftragnehmer sich auf die in Ihrer Behinderungsanzeige vom .... aufgeführten Umstände einzustellen und dahingehend Vorsorge zu treffen, dass die vertraglichen Ausführungsfristen bzw. der Bauzeitenplan eingehalten werden. Die von Ihnen in der Behinderungsanzeige vorgetragenen Umstände sind somit gemäß der vertraglichen Regelung Ihrem Risikobereich zuzuordnen, so dass eine Bauzeitenverlängerung nicht in Betracht kommt.

Gemäß § 6 Nr.3 VOB/B fordern wir Sie auf, Ihren bauvertraglichen Verpflichtungen nachzukommen und insbesondere die vereinbarten Fristen und den Bauzeitenplan einzuhalten. Etwaige Verzögerungskosten werden wir berechnen.

Mit freundlichen Grüßen

....
(Unterschrift des Auftraggebers)

1.5.4 Schadensersatzanspruch gemäß § 6 Nr. 6 VOB/B

An den ...., den ....
Auftragnehmer

Bauvorhaben ....
gemäß Bauvertrag vom ....
hier: Schadensersatzanspruch

Sehr geehrte Damen und Herren,

mit Schreiben vom .... hatten wir Ihnen mitgeteilt, dass die vertragliche Ausführungsfrist aus Gründen, die von Ihnen zu vertreten sind, verzögert wird. Zur Beseitigung der von Ihnen zu vertretenden Ausführungsverzögerungen hatten wir Ihnen eine angemessene Nachfrist gesetzt, die Sie jedoch ungenutzt verstreichen ließen. Aus diesen Gründen sind uns erhebliche Schäden entstanden, die sich wie folgt berechnen:

Diesen Betrag werden wir von Ihrer nächsten Abschlagsrechnung in Abzug bringen/zahlen Sie bitte bis zum .... an uns.*

Mit freundlichen Grüßen

....
(Unterschrift des Auftraggebers)

* Unzutreffendes bitte streichen

1.5.5 Kündigung wegen anhaltender Unterbrechung der Ausführung gemäß § 6 Nr. 7 VOB/B

An den .... , den ....
Auftragnehmer

Bauvorhaben ....
gemäß Bauvertrag vom ....

hier: Kündigung wegen anhaltender Unterbrechung des Ausführung

Sehr geehrte Damen und Herren,

nachdem nunmehr die Ausführung der Leistung seit mehr als 3 Monaten unterbrochen ist, kündigen wir hiermit den zwischen uns abgeschlossenen Bauvertrag gemäß § 6 Nr. 7 VOB/B. Wir bitten Sie, die Abrechnung gemäß § 6 Nr. 5 und 6 VOB/B unverzüglich vorzunehmen.

Mit freundlichen Grüßen

....
(Unterschrift des Auftraggebers)

2 Arbeitshilfen zur Behandlung von Nachträgen

2.1 Änderung des Bauvertrages und der Kalkulationsgrundlagen

2.1.1 Grundsätzliche Regelungen in § 2 Nr. 1 VOB/B

§ 2
Vergütung

1. Durch die vereinbarten Preise werden alle Leistungen abgegolten, die nach der Leistungsbeschreibung, den Besonderen Vertragsbedingungen, den Zusätzlichen Vertragsbedingungen, den Zusätzlichen Technischen Vertragsbedingungen, den Allgemeinen Technischen Vertragsbedingungen für Bauleistungen und der gewerblichen Verkehrssitte zur vertraglichen Leistung gehören.

Grundvoraussetzung für einen zu recht geforderten Mehrvergütungsanspruch ist eine **Diskrepanz** zwischen **ursprünglich vereinbarter Leistung** und **tatsächlich geforderter Leistung**

$$\Rightarrow \text{Bauist} \neq \text{Bausoll}$$

2.1.1.1 Das Bausoll

Das Bausoll ist die durch den Bauvertrag (alle Vertragsbestandteile) nach „Bauinhalt" (Was?) und „Bauumständen" (Wie?) näher bestimmte Leistung durch den AG.

Das Bausoll ist durch die vertraglich vereinbarten Preise abgegolten!

⇒   **Nebenleistungen**
– nach VOB/C (DIN 18299 ff., Abschnitt 0.4)
– nach der gewerblichen Verkehrssitte (auch außerhalb der VOB/C)
– anerkannte Regeln der Technik (evtl. aktueller als DIN)
⇒   **alle Leistungen nach Sonderpositionen, soweit ausgeführt**
⇒   **alle Nachbesserungsleistungen**
– im Rahmen der Erfüllungsleistung (§ 4 Nr. 7 VOB/B)
– im Rahmen der Gewährleistung

a) Der modifizierte „Bauinhalt" (Was?)
– Objekt wird anders als ursprünglich vertraglich festgelegt gebaut
– Eine solche Modifikation verändert das „*Was*" das Baus

Änderung des Bauvertrages und der Kalkulationsgrundlagen

Beispiele:
- statt einer Betonwand wird eine Wand aus Mauerwerk gebaut
- statt 1200 m³ Erdaushub werden 2500 m³ ausgehoben
- statt Teppichboden werden Fliesen verlegt
- der AG übernimmt die ursprünglich als NU-Leistung vergebenen Bewehrungsarbeiten selbst
- die ursprüngliche Geschosshöhe wird von 2,75 m auf 3,00 m geändert
- statt Steinzeugrohren sollen Betonrohre verlegt werden
- die Betonmassen verringern sich, da die Vordersätze mit einer falschen Geschosshöhe berechnet wurden

b) Die modifizierten Bauumstände (Wie?)
- Objekt bleibt das selbe, aber die Art und Weise der Erstellung ändert sich
- Es geht um das „*Wie*" des Baus

Beispiele:
- aufgrund von Planverzögerungen kann eine Wand erst 4 Wochen später begonnen werden, statt 16 Arbeitskräften stehen jetzt aber nur noch 8 Arbeitskräfte zur Verfügung)
- durch Änderung der Taktung gehen Synergieeffekte verloren
- durch angeordnete Überstunden sinkt die Leistungsfähigkeit der Arbeiter
- auf Grund falscher Angaben der Baugrundverhältnisse muss anderes Gerät eingesetzt werden

$$\Rightarrow \textbf{Bausoll = Vergütungssoll}$$

2.1.2 Abrechnung gemäß § 2 Nr. 2 VOB/B

§ 2
Vergütung

2. Die Vergütung wird nach den vertraglichen Einheitspreisen und den tatsächlich ausgeführten Leistungen berechnet, wenn keine andere Berechnungsart (z. B. durch Pauschalsumme, nach Stundenlohnsätzen, nach Selbstkosten) vereinbart ist.

Einheitspreisvertrag
- Vergütung wird **ausschließlich** nach der Ausführungsmenge berechnet
- nicht **die Menge** xyz ist Vertragsbestandteil, sondern **eine Menge** xyz zur Erfüllung der Leistungspflicht

Pauschalvertrag
- Vergütung wird nach Vordersätzen berechnet, nicht nach Ausführungsmenge ⇒ **die Menge** xyz ist Vertragsbestandteil
- **Ausnahme:** Der AG ändert nach Vertragsschluss Mengen (Bauinhalte)
- **Ausnahme:** Der AG ändert nach Vertragsschluss konstruktive Elemente (Bauinhalte)
- **Ausnahme:** Der AG ändert nach Vertragsschluss Termine (Bauumstände)

Beispiel: (EP-Vertrag mit Leistungsverzeichnis)

OZ	Leistungsbeschreibung	Menge	Einheit
1	**Erdarbeiten**		
1.1	Erdaushub für die Baugrube, Bodenklasse 4, von OK.- Fundamente bis OK.- Gelände, bis zu einer Maximaltiefe von ca. 8,00 m. Aushub lösen und laden.	15.000,00	m³

Situation A:
- AG trifft keine Anordnung
- tatsächliche Ausführungsmenge 10.000 m³

Frage:
- Abrechnungsmenge 10.000 m³
- Veränderung des Preises nach § 2 Nr. 3 Abs. 3 VOB/B

Situation B:
- AG trifft Anordnung Baugrube zu vergrößern
- tatsächliche Ausführungsmenge 18.000 m³

Frage:
- Abrechnungsmenge 18.000 m³
- Veränderung des Preises nach § 2 Nr. 6 VOB/B

2.1.3 Anwendung des § 2 Nr. 3 VOB/B

**§ 2
Vergütung**

3. (1) *Weicht die ausgeführte Menge der unter einem Einheitspreis erfassten Leistung oder Teilleistung um nicht mehr als 10 v. H. von dem im Vertrag vorgesehenen Umfang ab, so gilt der vertragliche Einheitspreis.*

- Abweichungen von unter 10 % bleiben bei einer Anpassung des Preises unberücksichtigt
- § 2 Nr. 3 gilt **nur** für den Einheitspreisvertrag
- § 2 Nr. 3 gilt **nicht** für den Stundenlohnvertrag ⇒ auch dann nicht, wenn im LV Personal- oder Gerätestunden ausgeworfen sind

Beispiel:

OZ	Leistungsbeschreibung	Menge	Einheit
1.2	Betonkosmetik	80,00	Std

⇒ **Folgen:**
- auch wenn 250 Std. anfallen bleibt es bei 35,00 € – zumindest nach § 2 Nr. 3 VOB/B

Änderung des Bauvertrages und der Kalkulationsgrundlagen

2.1.3.1 Angeordnete Mengenmehrungen oder -minderungen

– § 2 Nr. 3 VOB/B gilt nur bei Mengenabweichungen von selbst
  $\Rightarrow$ ohne jede Entwurfsänderung
  $\Rightarrow$ ohne jeden Eingriff des AG
  also allein aufgrund einer falschen oder ungenauen Ermittlung bzw. Schätzung der Mengenvordersätze

Beispiel A:
Für die Ausschachtung einer Baugrube von 6,50 m Tiefe sind im Mengenvordersatz 1200 m³ vorgesehen. Während der Bauausführung stellt sich heraus, dass der AG die Baugrube ohne Böschung und ohne die erforderliche Berme gerechnet hat, so dass sich die tatsächliche Ausführungsmenge auf 1600 m³ erhöht, um das Leistungssoll zu erfüllen.
  $\Rightarrow$ § 2 Nr. 3 Abs. 2 VOB/B

Beispiel B:
In einer Leistungsbeschreibung sind unter dem Titel Mauerarbeiten 1200 m³ Mauerwerk ausgeschrieben. Im Verlaufe der Ausführungsarbeiten bemerkt der Unternehmer, dass der AG den Leistungsumfang der herzustellenden Menge versehentlich in m² ermittelt, als Einheit aber m³ angegeben hat. Die Ausführungsmenge beträgt tatsächliche aber nur 290 m³.
  $\Rightarrow$ § 2 Nr. 3 Abs. 3 VOB/B

Beispiel C:
Der AG ordnet an, dass von vier Stahlbetondecken nur zwei ausgeführt werden sollen.
  $\Rightarrow$ § 8 Nr. 1 VOB/B

> $\Rightarrow$**Nach Vertragsschluss kann der AG die Anwendung des § 2 Nr. 3 VOB/B nicht beeinflussen**

2.1.3.2 Grundlagen für eine Anpassung des Preises nach § 2 Nr. 3 VOB/B

– Mengenabweichungen über 10% führen bei Verlangen zu der Anpassung des Einheitspreises
– Mehrere Positionen sind auch bei engen technischen Zusammenhang nicht zusammenzufassen
– die Abweichung von der Höhe des Werklohns spielt **keine** Rolle
– die Ermittlung des neuen Preises ist unter Berücksichtigung der Mehr- oder Minderkosten zu entscheiden

Vergütungsfragen zu § 2 Nr. 3 VOB/B
  $\Rightarrow$ Anspruch auf Anpassung/Vergütung der EKT ?

⇒ Anspruch auf Anpassung/Vergütung der BGK ?
⇒ Anspruch auf Anpassung/Vergütung der AGK ?
⇒ Anspruch auf Anpassung/Vergütung von W+G ?

Beispiel:

OZ	Leistungsbeschreibung	Menge	Einheit
1.3	SBK B5, unbewehrt	500,00	m²
1.4	Fundamente, B25	50,000	m³
1.5	Sohlbeton, B25	100,00	m³

Situation:
- Pos 1.3: tatsächlich ausgeführt   480,00 m²
- Pos 1.4: tatsächlich ausgeführt   60,000 m³
- Pos 1.5: tatsächlich ausgeführt   75,000 m³

Folgen nach § 2 Nr. 3 Abs. 2 VOB/B:
- Pos 1.3: 10% = 50,00 m² > 20,00 m² ⇒ keine Anpassung
- Pos 1.4: 10% = 5,000 m³ < 10,000 m³ ⇒ Anpassung
- Pos 1.5: 10% = 10,000 m³ < 25,000 m³ ⇒ Anpassung

∇ **Fehlerhafte Anwendung nach § 2 Nr. 3 Abs. 2 VOB/B** ∇
Pos 1.4 + 1.5 = 150,000 m³: 10% = 15,000 m³ = 15,000 m³ ⇒ keine Anpassung

2.1.3.3 Die über 10% hinausgehende Mengenmehrung

§ 2
Vergütung

3. (2) *Für die über 10 v. H. hinausgehende Überschreitung des Mengenansatzes ist auf Verlangen ein neuer Preis unter Berücksichtigung der Mehr- oder Minderkosten zu vereinbaren.*

– Mengenüberschreitungen können sich **sowohl** für den AG (i. d. R.), **als auch** für den AN **negativ** auswirken

a) Nachteil für den AG
– bei unveränderten Einzel- und Gemeinkosten kommt es zu einer Überdeckung der Umlagebeträge
    ⇒ Der AG hat Anspruch auf eine Anpassung des EPs (Der AN selbstverständlich auch!)

Änderung des Bauvertrages und der Kalkulationsgrundlagen

b) Nachteil für den AN
- die Mengenüberschreitung verursacht eine Veränderung der Einzel- und/oder Gemeinkosten
  ⇒ Der AN hat Anspruch auf eine Anpassung des EPs (Der AG selbstverständlich auch!)

Beispiel zu a):

OZ	Leistungsbeschreibung	Menge	Einheit
1.4	Fundamente, B25	50,000	m³

Direkte Kosten: 75% vom EP = 105,00,- x 50,000 = 5250,00,-
Umlagebetrag: 25% vom EP = 35,00,- x 50,000 = 1750,00,-

tatsächliche Ausführungsmenge   80,000 m³
Direkte Kosten: 75% vom EP = 105,00,- x 80,000 = 8400,00,-
Umlagebetrag: 25% vom EP = 35,00,- x 80,000 = 2800,00,-

⇒ **Folgen ohne § 2 Nr. 3 Abs. 2 VOB/B:**
Direkte Kosten: **keine** (vgl. Kostendefinition)
Umlagebetrag: **Umlagekostenüberdeckung** von 1050,00,-

Beispiel zu b):
Ein Erdbauunternehmer Aushubmassen hat zu entsorgen, die die Kippe Mehrmassen nicht mehr annimmt. Muss der AN in diesem Fall eine andere Kippe anfahren, und entstehen ihm durch die weitere Entfernung oder durch höhere Kippgebühren Mehrkosten, so hat einen berechtigten Anspruch auf eine Änderung der Vergütung gemäß § 2 Nr. 3 Abs. 2 VOB/B.

c) Die Berechnung von Mehrmengen

Der „gespaltene Einheitspreis"
- für 110% der Menge bleibt es beim alten Preis
- über 110% hinausgehend besteht Anspruch auf die Bildung eines neuen Preises

Frage: Was geschieht bei Preisen „unter oder über Wert"?
- Der Verlust oder der Gewinn setzt sich (i. d. R.) in den neuen Preis fort (Ausnahmen bei Anfechtung wegen Kalkulationsirrtum)

Beispiel zu b):

OZ	Leistungsbeschreibung	Menge	Einheit
1.6	Baumstümpfe roden	25,00	Stk

tatsächliche Ausführungsmenge   2400 Stk

Direkte Kosten: 50% vom EP

Umlagebetrag: 50% vom EP, davon 75% W+G in dieser Pos.

⇒ **Der AN muss W+G für die Ausführungsmenge laut Angebot zahlen!!!!!! (Kalkulationsfreiheit)**

Berechnungsbeispiel:

OZ	Leistungsbeschreibung	Menge	Einheit
1.7	Bäume fällen	100,00	Stk

Direkte Kosten

Lohnkosten		25,09 EURO/Stk
Stoffkosten		-
Umlagen		
auf Lohn	132,80%	33,32 EURO/Stk
auf Stoffe	20%	-
EP		**58,41 EURO/Stk**

Die Umlage von 33,32 EURO/Stk enthält

Anteil für BGK	69,10%	23,03 EURO/Stk
Anteil für AGK	20,60%	6,86 EURO/Stk
Anteil für W+G	10,30%	3,43 EURO/Stk
Summe		33,32 EURO/Stk

tatsächliche Ausführungsmenge	737 Stk

Auswirkungen auf direkte Kosten

– hier keine, da die Lohnkosten von 25,09 DM/Stk proportional mit der Menge steigen

Auswirkungen auf die BGK

– Keine Änderung der Kostenstruktur - **ABER** ⇒
– alle anfallenden BGKs sind schon in dem Vordersatz von 100 Stk umgelegt, so dass es bei Beibehaltung des EP zu einer Überdeckung kommt

Für das Beispiel heißt das:

	Neuer EP
Direkte Kosten (unverändert)	25,09 EURO/Stk
Umlagen (einschl. W+G)	
BGK (abgedeckt)	-
AGK	6,86 EURO/Stk
W+G	3,43 EURO/Stk
	35,38 EURO/Stk

Preis alt	**Preis neu**
110 Stk x 58,41 EURO/Stk =	627 Stk x 35,35 EURO/Stk=
6.425,10 EURO	22.183,26 EURO

Summe alt	**Summe neu**
5.841,00 EURO	28.608,36 EURO

⇒ **Wäre nach dem alten EP vergütet worden, hätten sich 737 Stk x 58,41 DM/Stk = 43.048,17 DM ergeben!!!**

2.1.3.4 Die über 10% hinausgehende Mengenminderung

**§ 2
Vergütung**

3. (3) Bei einer über 10 v. H. hinausgehenden Unterschreitung des Mengenansatzes ist auf Verlangen der Einheitspreis für die tatsächlich ausgeführte Menge der Leistung oder Teilleistung zu erhöhen, soweit der Auftragnehmer nicht durch Erhöhung der Mengen bei anderen Ordnungszahlen (Positionen) oder in anderer Weise einen Ausgleich erhält. Die Erhöhung des Einheitspreises soll im Wesentlichen dem Mehrbetrag entsprechen, der sich durch Verteilung der Baustelleneinrichtungs- und Baustellengemeinkosten und der Allgemeinen Geschäftskosten auf die verringerte Menge ergibt. Die Umsatzsteuer wird entsprechend dem neuen Preis vergütet.

Der „einheitliche" Einheitspreis

– für Mindermengen über 10% ist **insgesamt** ein neuer EP zu ermitteln (anders als bei Mehrmengen)
  ⇒ werden weniger als 90% des Vordersatzes ausgeführt bildet sich der neue EP für die gesamte ausgeführte Leistung!!!

Beispiel:
- bei 91% wird die gesamte Leistung nach **altem** EP abgerechnet
- Bei 89% wird die gesamte Leistung nach **neuem** EP abgerechnet

Berechnungsbeispiel:

OZ	Leistungsbeschreibung	Menge	Einheit
1.7	Bäume fällen	100,00	Stk

tatsächliche Ausführungsmenge   5 Stk

Auswirkungen auf direkte Kosten
- hier keine (vgl. Mengenüberschreitung)

Auswirkungen auf die BGK
- Keine Änderung der Kostenstruktur - **ABER** ⇒
- alle anfallenden BGKs sind in dem Vordersatz von 100 Stk umgelegt, so dass es bei Beibehaltung des EP zu einer Unterdeckung der BGK kommt

Auswirkungen auf die restliche Umlage
- Anteile der AGK und von W+G werden voll vergütet
  ⇒ Anspruch auf entgangenen Gewinn und Deckung der AGK

  (die AGK und W+G sind vorbestimmte Zuschläge aus der Betriebsabgrenzungsrechnung des Unternehmens und werden nicht dem Kostenträger Baustelle, sondern dem Kostenträger Position zugerechnet)

Für das Beispiel heißt das:

Neuer EP

Direkte Kosten (unverändert)	25,09 EURO/Stk
Umlagen (einschl. W+G)	
BGK = 23,03 x 100/5	460,60 EURO/Stk
AGK = 6,86 x 100/5	137,20 EURO/Stk
W+G = 3,43 x 100/5	68,60 EURO/Stk
	691,49 EURO/Stk

Preis neu

5 Stk x 691,49 EURO/Stk=

Summe alt	Summe neu
5841,00 EURO	3457,45 EURO

⇒ **Wäre nach dem alten EP vergütet worden, hätten sich 5 Stk x 58,41 DM/Stk = 292,05 DM ergeben!!!**

2.1.3.5 Der Preisausgleich nach § 2 Nr. 3 Abs. 3 VOB/B

Ansprüche des AN § 2 Nr. 3 Abs. 3 VOB/B bestehen **nur dann**, wenn er nicht bereits durch andere Ereignisse einen Ausgleich für die Mengenänderungen erhalten hat!!!

Beispiele:
a) Mengenüberschreitungen in anderen Positionen,
b) geänderte oder zusätzliche Leistungen,
c) vermehrte Stundenlohnarbeiten

a) Mengenüberschreitungen in anderen Positionen
– Alle über 10 v. H. hinausgehenden Mengenüberschreitungen in anderen Positionen werden in der Ausgleichsrechnung dem Ausgleichsanspruch des Auftragnehmers entgegengerechnet

b) Geänderte oder zusätzliche Leistungen
– Sowohl geänderte, wie auch zusätzliche Leistungen tragen in **voller Höhe** zum Ausgleich bei

c) Vermehrte Stundenlohnarbeiten
– können in die Ausgleichsrechnung mit einbezogen werden, allerdings nur, wenn in den Preisen Umlageanteile enthalten sind.

⇒ in der Ausgleichsrechnung dürfen nur solche Positionen gegenübergestellt werden, welche zu einer **Verbesserung** der Umlagekostensituation des Unternehmers führen.
– § 2 Nr. 3 Abs. 3 gibt nur dem AN die Möglichkeit auf Herraufsetzung des EP
– § 2 Nr. 3 Abs. 3 gibt niemals dem AG die Möglichkeit auf eine Herabsetzung des EP

⇒ **Beispiel** (in seltenen Fällen möglich):
Der AN hat wegen Kapazitätsengpässen für die letzten 25% einer Leistung einen sehr teuren NU eingeschaltet. Wegen einer Mengenminderung um 25% fällt diese Leistung nun weg, aber aus „*politischen Gründen*" kann der AN sich ohne Kosten (vgl. §§ 2 Nr. 4 und 8 Nr. 1 VOB/B) von dem NU trennen.

2.1.4 Vergütungsänderungen infolge von geänderten oder zusätzlichen Leistungen

!!! Solange keine Abweichung vom Bausoll vorliegt ändert sich auch das Vergütungssoll nicht !!!

- hierbei hat die Bausoll-Bauist Abweichung aus der Sphäre des AG zu stammen ⇒ dabei spielt das Verschulden des AG **keine** Rolle

1. Schritt: ⇒ Frage:
Was ist Bausoll – gibt es eine Bausoll-Bauist Abweichung?

Wichtig
- nach **Bauabnahme** (die Leistungspflicht des AN ist gemäß § 362 BGB erloschen) kommt eine Bausoll-Bauist Abweichung <u>nicht</u> mehr in Frage
  ⇒ Der AG kann einseitige Leistungsmodifikationen nicht mehr über § 1 Nr. 3 oder Nr. 4 anordnen

Anspruchsgrundlagen aus geänderten oder zusätzlichen Leistungen

Gruppe A:
- **Angeordnete geänderte** oder **zusätzliche** Leistungen ⇒ § 2 Nr. 5, Nr. 6, Nr. 9 VOB/B
- **Einverständlich geänderte** oder **zusätzliche** Leistungen
- **Angeordnete verringerte (entfallene)** Leistungen ⇒ § 2 Nr. 4, § 8 VOB/B (Kündigung durch den AG)
- **Einverständlich verringerte (entfallene)** Leistungen

Gruppe B:
- **Nicht angeordnete geänderte** oder **zusätzliche** Leistungen ⇒ § 2 Nr. 8 VOB/B
- **Nicht angeordnete verringerte (entfallene)** Leistungen

2.1.4.1 Einseitiges Anordnungsrecht des AG – Einseitiger Vergütungsanspruch des AN

Frage:
Wann ist der AG zu einseitigen Leistungsmodifikationen berechtigt?

§ 1
Art und Umfang der Leistung

3. *Änderungen des Bauentwurfs anzuordnen, bleibt dem Auftraggeber vorbehalten.*

4. *Nicht vereinbarte Leistungen, die zur Ausführung der vertraglichen Leistung erforderlich werden, hat der Auftragnehmer auf Verlangen des Auftraggebers mit auszuführen, außer wenn sein Betrieb auf derartige Leistungen nicht eingerichtet ist. Andere Leistungen können dem Auftragnehmer nur mit seiner Zustimmung übertragen werden.*

> **Einseitiges Anordnungsrecht des AG**
> $\Rightarrow$ **§ 1 Nr. 3 und 4 VOB/B (auch Ausnahmen)**
> **Einseitiges Vergütungsrecht des AN**
> $\Rightarrow$ **§ 2 Nr. 5 und (Nr. 6 strittig!) VOB/B**

- ein besonderer Änderungsvertrag ist **nicht** nötig (kann aber)
- Die neue Vergütung wird in Fortschreibung der **Urkalkulation** errechnet

2.1.4.2 § 2 Nr. 5 VOB/B – Geänderte Leistungen auf Anordnung des AG

§ 2
Vergütung

5. Werden durch Änderung des Bauentwurfs oder andere Anordnungen des Auftraggebers die Grundlagen des Preises für eine im Vertrag vorgesehene Leistung geändert, so ist ein neuer Preis unter Berücksichtigung der Mehr- oder Minderkosten zu vereinbaren. Die Vereinbarung soll vor der Ausführung getroffen werden.

a) Leistungsänderung – Keine Leistungsänderung
- **alle Änderungen**, die dem Risikobereich des AN zuzuordnen sind
- **alle Änderungen** des Zeitplans nach denen sich der AN richten muss (z. B. Bedenken der Bauaufsichtsbehörde)
- **Keine Leistungsänderung** bei Erschwernissen, die von Anfang an vorlagen und nicht auf Anordnung des AG resultieren
- **Keine Leistungsänderung** bei einer Fehlkalkulation des AN

$\Rightarrow$ **Voraussetzung**: die Anordnung des AG (z. B. geänderte Pläne, konkludent, Einigung der Parteien)

b) Vergütungsanspruch des AN
- Vergütungsanspruch des AN ist einseitig
- Vergütungsanspruch entsteht, ohne dass sich die Parteien auf eine Mehrvergütung dem Grunde nach oder der Höhe einigen müssen
- der Vergütungsanspruch ist auf Basis der Urkalkulation zu ermitteln
  $\Rightarrow$ Der AG kann den AN auch um ein neues Angebot *bitten* und dieses annehmen – dann ist eine Bindung an die Fortschreibung der Kalkulation erloschen.
- AN und AG haben Anspruch vor Ausführung Einverständnis über die Höhe der Forderung zu erzielen – die Durchsetzbarkeit hängt davon nicht ab

c) „Vergütungsanspruch" des AG
- im Fall von Minderkosten, die durch Anordnung des AG entstehen hat auch der AG einen Anspruch auf Anpassung der Vergütung $\Rightarrow$ Herabsetzung des Preises in Höhe der Kostenersparnis

Beispiele A (Bauinhalte):
- Der Boden soll nicht aus Spanplatten, sondern mit Trockenestrichelementen erstellt werden
- Die Türen sollen nicht aus Limba, sondern aus Fichte gefertigt werden
- Die Mauer soll nicht aus KS-, sondern aus HLZ-Steinen gemauert werden

ABER VORSICHT – KEINE GEÄNDERTE LEISTUNG !!!
- Die Mauer soll nicht 2,00 m, sondern 3,00 m hoch werden (vgl. Abgrenzung § 2 Nr. 5 und Nr. 6 VOB/B)

Beispiel B (Bauumstände):
- Der AG verschiebt gegenüber dem vertraglichen Terminplan die Fertigstellung um 2 Monate

Beispiele C (frivole Kalkulation) kein Fall von § 2 Nr. 5 VOB/B:
- Der AN kalkuliert die Betonarbeiten mit Großflächenschalung. Es stellt sich heraus, dass die Leistung aber nur mit kleinteiliger Schalung zu erfüllen ist. ⇒ **Bei Unklarheiten hat sich der AN zu informieren** – daher zu Lasten des AN (BGH, BauR 1987, S 683)

Berechnungsbeispiel:

OZ	Leistungsbeschreibung	Menge	Einheit
1.10	MW, d= 24 cm, KS-2 DF	12,00	m³

Direkte Kosten

Lohnkosten		250,00 EURO/m³
Stoffkosten		350,00 EURO/m³
Umlagen		
auf Lohn	132,80%	332,00 EURO/m³
auf Stoffe	20%	70,00 EURO/m³
EP		**1002,00 EURO/m³**

Die Umlage von 402,00 EURO/m³ enthält

Anteil für BGK	69,10%	277,78 EURO/m³
Anteil für AGK	20,60%	82,81 EURO/m³
Anteil für W+G	10,30%	41,41 EURO/m³
Summe		**402,00 EURO/m³**

Bauist: Anordnung des AG die Wand mit großformatigen 16 DF Steinen ohne Stoßfugenvermörtelung zu mauern.

⇒ Anspruch des AG auf Bildung eines neuen Preises gemäß § 2 Nr. 5 VOB/B

Änderung des Bauvertrages und der Kalkulationsgrundlagen

Für das Beispiel heißt das:

	Neuer EP
Direkte Kosten	25,09 EURO/Stk
Lohnkosten (Stundensatz von 5 Std/m³ auf 3 Std/m³)	
Stoffkosten (Materialpreis von 350,00 EURO/m³ auf 400,00 EURO/m³)	
Umlagen (einschl. W+G)	
BGK (unverändert vgl. § 2 Nr. 3 VOB/B)	-
AGK (unverändert vgl. § 2 Nr. 3 VOB/B)	-
W+G (unverändert vgl. § 2 Nr. 3 VOB/B)	-
	50,00 EURO/m³
Summe alt	**Summe neu**
	(12.024,00 EURO – 12,000m³ x –50,00 EURO/m³)
12.024,00 EURO	3457,45 EURO

Auswirkungen auf die BGK

- Keine Änderung der Kostenstruktur

Auswirkungen auf die restliche Umlage

- Anteile der AGK und von W+G werden voll vergütet
  ⇒ Anspruch auf entgangenen Gewinn und Deckung der AGK (die AGK und W+G sind vorbestimmte Zuschläge aus der Betriebsabgrenzungsrechnung des Unternehmens und werden nicht dem Kostenträger Baustelle, sondern dem Kostenträger Position zugerechnet)

2.1.4.3 § 2 Nr. 6 VOB/B – Zusätzliche Leistungen auf Anordnung des AG

§ 2
Vergütung

6. (1) Wird eine im Vertrag nicht vorgesehene Leistung gefordert, so hat der Auftragnehmer Anspruch auf besondere Vergütung. Er muss jedoch den Anspruch dem Auftraggeber ankündigen, bevor er mit der Ausführung der Leistung beginnt.

(2) Die Vergütung bestimmt sich nach den Grundlagen der Preisermittlung für die vertragliche Leistung und den besonderen kosten der geforderten Leistung. Sie ist möglichst vor Beginn der Ausführung zu vereinbaren.

a) Zusätzliche Leistungen

- **Zusätzliche Leistungen** sind im vertraglichen Bausoll bisher nicht erwähnt (§ 1 Nr. 1 VOB/B)

- **Zusätzliche Leistungen** sind somit alle Leistungen, die in den Vergütungsvorschriften des § 2 Nr. 1 VOB/B nicht enthalten sind
- **Zusätzliche Leistungen** sind nur solche Leistungen, die zur Erfüllung der vertraglich geschuldeten Leistung notwendig werden (vgl. § 1 Nr. 4 Satz 1 u. 2 VOB/B)
- ⇒ **Voraussetzung:** die Anordnung des AG

b) Vergütungsanspruch des AN

- die Mehrvergütung ist möglichst auf <u>Grundlage der Urkalkulation</u> zu erstellen ⇒ **Problem:** hier handelt es sich um eine neue Leistung, auf die die Urkalkulation nur bedingt zu übertragen ist
- **daher:** die Struktur der Urkalkulation muss eingehalten werden und ggf. sind „Marktpreise" gemäß § 632 Abs. 2 BGB einzusetzen
- „Andere" Leistungen gemäß § 1 Nr. 4 Satz 2 VOB/B fallen **nicht** unter die Vergütungsregelungen von Nr. 6

Achtung
Ankündigung des Anspruchs dem Grunde und der Höhe nach!

Der „sichere" Weg (gemäß Wortlaut § 2 Nr. 6 VOB/B):
- Der AN hat den Anspruch und die Grundlage auf zusätzliche Vergütung dem AG zweifelsfrei vor Begin der Arbeiten mitzuteilen (auch mündlich, aber kaum Beweissicherheit)
- Der AN sollte die Höhe des neuen Preises dem AG vor Begin der Arbeiten mitzuteilen

Beispiele A (Bauinhalte):
- Der AG ordnet nachträglich eine Mauerwerksdämmung an, die er vergessen hat
- Der AG ordnet an eine Wand nicht 2,00 m, sondern 3,00 m hoch zu mauern (vgl. Abgrenzung Nr. 5 und Nr. 6)
- Die Mauer soll nicht aus KS-Steinen gemauert, sondern aus Stahlbeton betoniert werden

ABER VORSICHT – KEINE GEÄNDERTE LEISTUNG !
- Der AG ordnet an auf der freien Parkplatzfläche noch 5 neue Garagen zu bauen. (vgl. § 1 Nr. 4 Satz 2 VOB/B ⇒ Ist diese Leistung zur Erfüllung des geschuldeten Erfolgs nötig?)
- Der AG ordnet an eine Wand nicht 3,00 m, sondern 2,00 m hoch zu mauern (Teilkündigung nach § 8 VOB/B)

Beispiel B (Bauumstände):
- Bei der Ausführung stellt sich eine schwerere Bodenklasse heraus ⇒ völlig andere Arbeitsmethode

Berechnungsbeispiel (vereinfacht ohne Modifikation der Bauumstände)

OZ	Leistungsbeschreibung	Menge	Einheit
1.11	MW, d= 24 cm, KS-2 DF, H= 2,75 m	12,00	m³

Bauist: Anordnung des AG die Wand 3,75 m hoch zu mauern.

⇒ Anspruch des AG auf Bildung eines neuen Preises gemäß § 2 Nr. 6 VOB/B

Berechnungsmethodik
vgl. Mengenmehrungen nach § 2 Nr. 3 Abs. 2

2.1.4.4 Abgrenzung zwischen § 2 Nr. 5 und Nr. 6 VOB/B

Änderungen im Sinne von § 1 Nr. 3, § 2 Nr. 5 VOB/B verlangen:
– aus einer (vorhandenen) Teil-Leistung fällt ein Leistungselement weg
– ein Leistungselement kommt hinzu
– für ein wegfallendes Element tritt ein anderes ein

a) Regelungen zur Abgrenzung zu § 2 Nr. 5

aa) Regel A
– wenn sich gegenüber dem Bausoll **qualitativ** keine Änderungen ergeben, dann keine zusätzliche Vergütung
– wenn sich quantitative Erhöhungen ergeben, dann § 2 Nr. 6 ⇒ vgl.: nicht **die Menge** xyz ist Vertragsbestandteil, sondern **eine Menge** xyz !!!

Beispiel:
Fliesen nicht 1,40 m hoch, sondern 1,80 m.

bb) Regel B
– wenn die Leistung sich nicht aus einer im LV beschrieben Position entwickeln lässt ⇒ sie ist nicht modifiziert, sondern neu ⇒ klassisch § 2 Nr. 6 VOB/B

Beispiel:
Das Dach soll nicht als Flachdach in Stahlbeton ausgeführt werden, sondern als Satteldach aus Holz ⇒ zusätzliche Leistung Holzdach, Teilkündigung Stahlbetondecke einschl. Folgegewerke

cc) Regel C
– die angeordnete modifizierte Leistung lässt sich zwar noch aus einer Position ableiten, kann technisch-kalkulatorisch aber angesichts eines völlig abweichenden Produktionsverfahrens nicht mehr zugeordnet werden

Beispiel:
statt BK 3-4, BK 6

2.1.4.5 Wegfall von Leistungen und Nullleistungen nach § 2 Nr. 4 VOB/B

§ 2
Vergütung

4. *Werden im Vertrag ausbedungene Leistungen des Auftragnehmers vom Auftraggeber selbst übernommen (z. B. Lieferung von Bau-, Bauhilfs- und Betriebsstoffen), so gilt, wenn nichts anderes vereinbart wird, § 8 Nr. 1 Abs. 2 entsprechend.*

Zusammen mit den Vorschriften **§ 8 Nr.1 Abs. 2 VOB/B** und **§ 649 BGB** ergibt sich die folgende Regelung:

- Der AN hat einen vollen Anspruch auf die vereinbarte Vergütung, abzüglich der entfallenen Kosten, die ihm erspart blieben
- prinzipiell gleiche Behandlung wie Mengenminderung nach **§ 2 Nr.3 Abs.3 VOB/B**
- praktische Anwendung kann auf die Nullmenge nicht übertragen werden kann, da es keinen Preis mehr im Sinne dieser Vorschrift gibt.
- Rechtsprechung basiert in diesen Fällen auf dem **§ 649 BGB** (Kündigungsrecht des Bestellers)

Hierbei sind die Kosten zu berücksichtigen, die trotz der Nichtausführung der Leistung entstanden sind.

Berechnungsbeispiel:

OZ	Leistungsbeschreibung	Menge	Einheit
1.7	Bäume fällen	100,00	Stk

Direkte Kosten

Lohnkosten		25,09 EURO/Stk
Stoffkosten		-
Umlagen		
auf Lohn	132,80%	33,32 EURO/Stk
auf Stoffe	20%	-
EP		**58,41 EURO/Stk**

Die Umlage von 33,32 EURO/Stk enthält

Anteil für BGK	69,10%	23,03 EURO/Stk
Anteil für AGK	20,60%	6,86 EURO/Stk
Anteil für W+G	10,30%	3,43 EURO/Stk
Summe		33,32 EURO/Stk

tatsächliche Ausführungsmenge   durch den AG übernommen

Änderung des Bauvertrages und der Kalkulationsgrundlagen

Für das Beispiel heißt das:

	Neuer EP
Direkte Kosten (entfallen)	-
Umlagen (einschl. W+G)	
BGK = 23,03 x 100	2.303,00 EURO
AGK = 6,86 x 100	686,00 EURO
W+G = 3,43 x 100	343,00 EURO
	3332,00 EURO/m³

Preis neu
3332,00 EURO

Sachwortverzeichnis

Abgrenzung 94, 251
Abnahme 12
Abnahmefiktion 12, 13
Abnahmereife 13
Abrechnungsmodalitäten 193
Abrufpflicht 136
Abschlagszahlungen 18, 245
Abschreibungssätze
    Zins- und 245
Absprache 46
Abweichungen
    in den Massen 32
Additionsfehler und Multiplikationsfehler 36
AGB
    des Rechts der 17
AGB-Begriff 189
AGB-widrig 20
Allgemeines Leistungsziel 178
Allgemeine Versicherungsbedingungen
    genehmigte 12
Allgemeine Geschäftsbedingungen 61, 153, 156, 176, 189, 190, 191, 206, 238
Allgemeine Geschäftskosten 140
Allgemeine Technische Vertragbedingungen 95, 158, 193
Allgemeine Technische Vertragsbedingungen für Bauleistungen 31
Allgemeine und Zusätzliche Technischen Vertragsbedingungen 54
Allgemeine Vertragsbedingungen 193
Alternativangebote
    Neben- und 39
Alternativpositionen
    (Wahlpositionen) 51
Altlasten 55
Änderungsvorschläge 92, 94, 97, 98, 102, 106, 154
Anfechtungserklärung 123
Anfechtungsfrist 123

Anforderungen 191
Angebote
    Eingang der 7
    Wertung der 5
Angebotsabgabe 7, 277
Angebotsfrist 7
Angebotswertung 70
Ankündigung 244
Annahmeverzug 114, 116
Anordnung 245
Anordnungsrecht 321
Anzeigepflicht 256, 258
Arbeitsteilung 127
Architekten 126
Art
    oder gleichwertige 41
Art der geforderten Leistung 37
Art und Umfang 28
Aufträge
    öffentliche 37
Auftraggeber
    öffentlicher 8, 28
Auftraggeberrisiken 58
Auftragserteilung 289
Auftragskalkulation 159, 243
Auftragsverhandlung 284
Ausbruchsklasse 62
Ausführung
    Geänderte 299
Ausführungsart 66
Ausführungsfristen 30, 259, 265
Ausführungsfristverlängerung 267
Ausführungsplanung 178, 180
Ausführungsrisiko 97
Ausführungsunterlagen 137
Ausführungszeit 306, 307
Ausnahmetatbestand 38

Ausschreibung
  funktionale 58
  riskante 182
Ausschreibungstexte
  Produkt- und Herstellerbezogene 36
Aussperrung 261
Basiskosten 140
Basiszinssatz 19
Bauablaufsplan 253
Baubetreuer 249
Bauerwartungsrisiko 147
Baugelände 146
Baugenehmigung 267
Baugrund 32, 55, 62, 145
Baugrundrisiko 31, 80, 130, 144, 149, 153
  echtes 167
  unechtes 149
Baugrundstück 146
Baugrundverhältnisse 144
Bauinhalt 310
Baukonzession 8
Baukonzessionär 8
Baukoordinierungsrichtlinie 38
Baumängel 15
Baurisiko
  Allgemeines 149
Bausoll 227, 310
Bausoll-Bauist 320
Baustelle 146
  wesentliche Verhältnisse der 29
Baustelleneinrichtung 272
Baustelleneinrichtungskosten 140, 235
Baustellengemeinkosten 140, 232, 235
  Baustelleneinrichtungs- und 233
Baustoffe 16, 31, 146
Baustoffhändler 16
Bautagebuch 271
Bauträger 249
Bauumstände 311
Bauunterlagen 119
Bauunternehmer 120

Bauverfahren 167
Bauvertrag 291
Bauvertragsklauseln 211
  Unwirksame 220
Bauwerkverträge 16
Bauzeitenplan 266
Bauzeitverlängerung 62, 152, 164
Bauzeitverzögerung 253, 257, 269
Bedarfsplanung 63
Bedarfspositionen 32, 51, 56
  (Eventualpositionen) 51
Behinderung 137, 185, 253, 255, 257, 272, 305
Behinderungsanzeige 251, 257, 258, 259, 305
Behinderungsmehrkosten 257
Behinderungsrisiko 164
Behinderungsschäden 265
Behinderungsschadensersatzanspruch 265
Behinderungsursache 271
Beispiele 111
Bekanntmachungsmuster 7
Bereitstellungsverpflichtung/
  Schadensminderungspflicht 263
Beschaffenheit
  vereinbarte 17
Beschleunigungskosten 269
Beschleunigungsmaßnahmen 264, 267
Beschränkte Ausschreibung 32, 63, 64
Beschränkungen 42
Beschreibungsmangel 185
Beschreibungspflicht
  Aufklärungs- und 157
Beschreibungspflichten 131
  Planungs- oder 181
  Planungs- und 179
Beschreibungsrisiko 109, 130, 131, 166, 172, 175, 179
Besondere Leistungen 32, 55, 56, 193, 243, 247
Besondere Vertragsbedingungen 4, 158, 194, 201
Besteller 140
Bestellerwillen 117

Sachwortverzeichnis 331

Beweislast 268
Beweislastumkehr 33
Bewerber 28
Bewerbungsbedingungen 279
Bezeichnung 106
Bezeichnungen
    verkehrsübliche 29
Bieterschutz 40
Boden 31, 34
Boden- und Wasserverhältnisse 96, 151
Bodenbelastung 32
Bodenbeschaffenheit 119
Bodenrisiko 96
Budgetsicherheit 89
Bürgschaft 3, 21
Bürgschaftserklärung 21
Chancengleichheit 38
culpa in contrahendo 31, 53, 162, 185, 186, 221, 238
Deckungsverluste 234
Definition 94
    der Funktionalen Leistungsbeschreibung 68
Detail-Pauschalvertrag 66, 170, 173, 175, 178
Differenzmethode 270
DIN-Regelungen 57
Diskrepanz 16
Diskriminierung 37
Diskriminierungsverbot 46
Dokumentation 271
Dreimonatsfrist 272
EG-Sektorenrichtlinie 10
Eigenleistungsquote 128
Einheitspreis 29, 54, 229, 234
Einheitspreisvertrag 66, 129, 140, 229, 272, 311
Einzelkosten 235
Einzellohnkosten 235
Einzelstoffkosten 235
Endfrist
    Anfangs- 266
Entscheidungen 106

Entwicklungsrisiko 138, 166
Entwurfsplanung 83, 180
Erfolgshaftung 120
Erfüllungsgehilfe 125, 126
Erklärungsirrtum 121
Ermessensspielraum 38
Erschwerniszuschläge 162
Erzeugnisse 37
Fälligkeit 18, 20
Fälligkeitsvoraussetzung 18, 19
Fehlkalkulation 236, 241
Fertigstellungsmitteilung 13
Formulierungsvorschläge
    VOB-gerechte 277
Frist 7
Fristberechnung 262
Fristverlängerung 257, 260, 262
Funktionale Leistungsbeschreibung: Rechtliche Vorgaben für die 62
Funktionalen Leistungsbeschreibung 67, 70, 80, 130
    Inhalt der 73
    Vorteile einer 60
Gebrauchsfähigkeit 17
Gefahrenverteilung 31
Gemeinkosten 52, 140, 235, 245
Gemeinkostenüberdeckung 141
Genehmigungsplanung 89, 178, 180
Genehmigungsrisiko 130, 133
Generalklausel 30, 31, 190
Generalübernehmer 249
Generalunternehmer 59, 125
Gerätestillstand 271
Gerätevorhaltung 271, 272
Gesamtpreis 54, 129
Geschäftsführung
    ohne Auftrag 252
Geschäftsgrundlage 109, 110, 230
    Störung der 110, 111, 154, 176, 238
    Wegfall der 301
Geschäftsgrundlagenrisiko 112

Geschäftskosten
  Allgemeine 233, 235
Geschäftsrisiko 109
Geschäftswille 110
Gewährleistung 4, 5, 15, 152
Gewährleistungsbürgschaft 21
Gewährleistungsfrist 16
Gewährleistungspflichten 30
Gewährleistungsrecht 14
Gewährleistungsrisiko 152
Gewährleistungssicherheit 3
Gewährleistungsverpflichtung 183
Gewalt
  höhere 261
Gewinn
  entgangener 254
Gleichbehandlung
  Grundsatz der 71
Gleichbehandlungsgebot 28
Gleichbehandlungsgrundsatz 36
Gleichwertigkeit 99, 100, 107
Global-Pauschalvertrag 66, 170, 178, 179
  Einfacher 177, 179
  Komplexer 177, 180
Grundlagenrisiko 118, 123
  Vertrags- zum 117
Grundpositionen 56
Grundwasserverhältnisse 32
Haftung 4, 12, 17, 18
  für Zufall 31
Haftungsausschluss 167
Haftungsbefreiung 167
Haftungsbeschränkung 269
Haftungsfreizeichnung 33
Hemmung bei Verhandlungen 22
Hersteller 46
Herstellernamen 45
Herstellungsverpflichtung 120
Hinweis- und Prüfungspflichten 148, 185, 237
Hinweispflichten 221
Hochbaurecht 144

höhere Gewalt 31
Holzerkrankungen 15
Individualvereinbarungen 145, 222
Inhalt 106, 107
Inhaltsirrtums 121
Inhaltskontrolle 190, 191, 238, 247
innere Mengen 162
Irrtum 121
  beiderseitiger 122
Irrtümer
  in der Preisermittlung 34
Irrtumsanfechtung 121
Istablauf 271
Kalkulation 53
  frivole 156, 184, 242
Kalkulationsansätze 161
Kalkulationsfehler 236
Kalkulationsgrundlagen 233, 235, 310
Kalkulationsirrtum 121, 236, 251
  externer 159
  interner 159, 184
Kalkulationsrisiko 158
Kaufrecht 15
Kernbereich
  Eingriffe in den 192
Klauseln 33, 273
  Unwirksame 214
  Wirksame 211
Komplettheitsklausel 174, 179, 209
Koordinationspflicht 268
Kostenarten 140
Kostenträger 140
Kostenüberdeckung 232
Kostenüberschreitung 125
Kostenvoranschlag 124
Kündigung 259, 309
Kündigungsrecht 115
Kündigungsrisiko 124
Leistung
  Art der geforderten 38, 50
  Beschreibung der 27

Bestimmbarkeit der 29
geänderte oder zusätzliche 315
geforderte zusätzliche 247
Teile der 18
zusätzliche 177, 243, 300
zusätzliche und geänderte 251
vertragswidrige 302, 303
Leistungen nach Probe 14
Leistungsänderung 241, 250
angeordnete 247
Leistungsbeschreibung 15, 28, 31, 35, 37, 41, 191, 227
Auslegung der 35
eindeutige und erschöpfende 65
fehlerhafte 182, 183
funktionale 58
mit Leistungsprogramm 58, 63, 64, 65, 178
mit Leistungsverzeichnis 53, 63, 67
riskante 159, 184
unklare 182, 184, 186, 187
unvollständige 182
unvollständige und falsche 72
Leistungsbeschreibung mit Leistungsprogramm
Vor- und Nachteile der 84
Leistungselement
globales 179
Leistungsfestlegung 180
Leistungsgefahr 113
Leistungsinhalt 66
Leistungsminderung 117
Leistungspflicht 114
Leistungspositionen 54
Leistungsprogramm 59, 248
Leistungsbeschreibung mit 170
Leistungssoll 170, 173
qualitatives 170
quantitatives 171
Leistungsvermutung 180
Leistungsvertrag 229
Leistungsverweigerung 264
Leistungsverzeichnis 49

Auslegung von einem 36
Leistungsbeschreibung mit 174
lückenloses 32
Leitfabrikat 101
Leithersteller 42, 48
Leitprodukt 37, 41
Lieferkoordinierungsrichtlinie 38
Lohn- bzw. Materialpreisgleitklauseln 31
Lohn- oder Stoffpreisgleitklausel 94
Lohnerhöhungen 123, 245
Lohnfortzahlungsgesetz 111
Lohngleitklausel 105
Lohnkosten 162
Lombardsatz 19
Lösungsansätze 102
Mangel 15
Mängel 152
Mängelansprüche 4, 5, 15, 21, 114
Haftung für 5
Sicherheit für 22
Mangelbegriff 14
Mängelbeseitigungsleistung 16
Mangelbeseitigungsverlangen 16
Markennamen 41, 43, 50
Massen 32
Massenänderungen 67, 235, 239
Massenrisiko 238
Materialbeschaffung 272
Materialpreiserhöhungen
Lohn- und 270
Mehr- oder Minderkosten 130, 173
Mehraufwendungen 134
Mehrkosten 159
Mehrmengen 140, 171, 315
Mehrmengenklausel 98
Mehrvergütung 173, 187
Mehrvergütungsanspruch 32, 127, 136, 152, 171, 176, 182, 183, 185, 249
Mehrvergütungsforderungen 136, 184
Mehrwertsteuer 270
Mehrwertsteuersatz 31

Mengen- und Planungsrisiko 80
Mengen- und Preisrisiko 96
Mengenabweichungen 229, 231, 237
Mengenänderungen 237, 239
Mengenermittlung 29, 88
Mengenermittlungskriterien 141, 171, 176
Mengenermittlungsrisiko 97, 130, 140, 141, 171, 172, 175
    Planungs- oder 58
Mengenmehrungen 52, 231, 314
Mengenminderungen 52, 231, 233, 317
Mengentoleranz 68, 88
Mengenüberschreitung 140, 240, 296, 314
Mengenunterschreitung 297
Mengenvordersatz 140
Mietausfall 253
Minderkosten 242
    Mehr- oder 235, 241
    Mehr- und 243, 250
Minderleistungspflicht 117
Mindermengen 140, 171
    Mehr- bzw. 231
    Mehr- oder 237
Minderung 17
Mindestplanungstiefe 82
Mitteilung 15
Mitteilungspflicht 256
Mitverschulden 183
Mitwirkungspflicht 53, 115, 117, 137, 164, 253, 260
Musterleistungsverzeichnis 68
Nachbesserungsleistungen 310
Nachforderungen 33, 55, 84
Nachfragemonopolist 90
Nachfragepflicht 36
Nachfrist 20
Nachfristsetzungserfordernisse 3
Nachträge 237, 310
Nachtragsforderungen 72
Nachtragsrisiko 71
Nachtragsvereinbarungen 296

Nachunternehmer 125
Nachunternehmerleistungen 163
Nachverhandlungen 99
Nachzahlungsfälle 118
Nachzahlungspflicht 117
Nebenangebote 92, 94, 97, 98, 102, 106, 107, 154
Nebenleistungen 32, 34, 55, 193, 243, 247, 310
Nebenleistungspflichten 136
Nebenpflicht 263
Nichtdiskriminierung 37, 40
Normalpositionen
    Grund- oder 51
Nullleistungen 326
Offenkundigkeit 258
Ordnungszahl 54
Patente 41
Pauschalfestpreis 84
Pauschalfestpreisvertrag 81
Pauschalierung 97
Pauschalpositionen 237
Pauschalpreis 298
Pauschalpreisangebot 29
Pauschalpreisvereinbarung 97
Pauschalpreisvertrag 272
Pauschalvertrag 66, 67, 169, 177, 248, 311
Pauschalzahlung 67
Planänderung 246
Planeingangsliste 271
Planfeststellungsbeschluss 89
Planungsaufgaben
    Übertragung von 63
Planungsaufwand 58
Planungserfolg 136
Planungsfehler 72
Planungsgrundlagen 82
Planungsleistungen 32
Planungsmangel 183
Planungsrisiko 34, 83, 102, 136
Planungstiefe 71, 80
Position 54

Positionspreis 129
Preisanpassung 31
Preisanpassungsmöglichkeit
  Ausschluss der 207
Preisausgleich 319
Preisermittlung 29, 35, 235
  Grundlagen der 251
Preisermittlungsgrundlage 235, 241, 244
Preis
  Anpassung 52, 313
Preisgefahr 114, 120
Preisgleitklausel 108
Preisgrundlagenänderung 241
Preisminderung 232
Preisnachlass 94, 99
Preisrisiko 30, 121
Produktnamen 46
Produktvorgabe 50
Prüfungs- und Hinweispflicht 55, 137
Pufferzeit 62
Punktwertung 102
Raumprogramm 83
Rechenfehler 34
Rechtsfolgen 184
Rechtsprechung 123
Regeln der Technik 14, 148, 167, 168
  anerkannte 17
Regelungslücke 65
Risiko 30, 51, 169
  bei Nebenangeboten/Änderungsvorschlägen 96
  einer unvollständigen oder fehlerhaften
    Ausschreibung 34
  mangelhafter Planungsunterlagen 33
  Überbürdung eines unangemessenen 33
  unternehmerisches 37
  zumutbares 30
Risikoerhöhung 82
Risikogemeinschaft 266
Risikorahmen 114, 120
Risikosphäre 31, 113, 114, 129, 140

Risikotragung
  Verlagerung der 30
Risikoverlagerung 68, 81, 82, 90, 116, 129, 206
Risikoverschiebung 190
Risikoverteilung 109, 129, 130
Risikozuweisung 178
  versteckte 178
Sachverständigenkosten 269
Schadensersatz 15, 53, 125, 183, 257, 259, 264
Schadensersatzanspruch 90, 117, 153, 164, 185, 221, 238, 254, 262, 264, 265, 267, 308
  Mehrvergütungs- bzw. 173
Schadensersatzpflicht 137
Schadensersatzrechte 256
Schadensminderungspflicht 264
Schiedsvereinbarung 5
Schiedsverfahren 4
Schlechtwettertage 261
Schlüsselfertigkeit 249
Schlussrechnung 14, 18, 20, 272
Schlusszahlung 19
Schreibfehler
  Rechen- und 122
Schriftformvereinbarungen 210
Schuldrecht
  Gesetz zur Modernisierung des 4, 12
Schuldrechtsreform 15
Sektorenrichtlinie 8, 65
Sicherheiten
  Rückgabe der 22
Sicherheitsleistung 5
Sonderpositionen 51, 310
Spezifikationen
  technische 36, 93
Sphärentheorie 116, 260, 264
Spitzenrefinanzierungssatz 19
Standardleistungsbuch 54
Statik 177
Stillstand 255
Stillstandskosten 269

Stoffpreise
  Material- und 163
Stoffpreisgleitklauseln 163
Störung
  der Geschäftsgrundlage 31, 118, 230
Streik 30, 261
Stundenerfassung 271
Stundenlohnvertrag 66
Subunternehmerleistungen 59
Systemoffenheit 43, 46
Systemrisiko 166
Systemwahl 142, 170, 175
Tariferhöhungen 111, 267
Teilgewerke 266
Teilkündigung 241
Teilleistung
  Beschreibung der 54
  Einzelkosten der 140
Teilleistungen 229
  Einzelkosten der 140
Teilschlusszahlungen 20
Terminüberschreitungen 253
Tiefbaurecht
  Baugrund- und 144
Tragfähigkeit 32
Treu und Glauben 13, 35, 44, 117, 127, 153, 236, 248, 264
Tunnelbau 61
Tunnelbauwerke 61
Überlegungsfrist 257
Überstunden 162
Umfang 66
Umlagekosten 140
Unterbrechung 137, 253, 255, 272
Unterschiede 272
Unzumutbarkeitsgrenze 112
Urkalkulation 32
Verdingungsunterlagen 31, 129
Verfahren 37
  nichtoffenes 7, 32
  offenes 7

  schiedsrichterliches 22
Verfälschungen 42
Vergabehandbuch 67
Vergabeprüfstelle 29
Vergabestelle 29
Vergabeunterlagen 4, 28
Vergabeverfahren 7, 8, 28
  Bekanntmachung 10
  diskriminierendes 40
Vergabevermerk 288
Vergleichbarkeit 28, 92
Vergütung 52
  Anpassung der 53
Vergütungsanpassung 186, 250
Vergütungsanspruch 71, 115, 321
  Ankündigung 251
  zusätzlicher 244, 250
Vergütungsermittlungsfaktoren 169
Vergütungsgefahr 30, 113, 115
Vergütungsgrundlage 171
Vergütungsminderung 183
Vergütungspflicht 32, 245
Vergütungsrecht 321
Vergütungssoll 169, 319
Verhältnisse
  der Baustelle 31
Verhandlungsprotokoll 194
Verhandlungsverfahren 7
  Bekanntmachung 6
Verjährung 4, 5
  Neubeginn der 16
Verjährungseinreden 31
Verjährungsfrist 3, 5, 15
Verjährungsunterbrechung 3, 16
Verjährungsverlängerung 16
Verkehrssitte 5, 35, 44, 117, 158
Verlagerung 153, 181
Verlängerung 259
Verschulden 267
Verschulden bei Vertragsschluss 34, 238
Verteilung 150

… Sachwortverzeichnis …

Vertragsauslegung 82, 118, 247
Vertragsbedingungen
  allgemeine 5
  allgemeine technische 227
  besondere 227
  vorformulierte 189
  zusätzliche 227, 238
  zusätzliche technische 227
Vertragserfüllungssicherheit 22
Vertragsfreiheit 190
Vertragsfristverlängerung 251
Vertragsgestaltung 72, 247
Vertragsinhalt 112
Vertragskündigung 272
Vertragsleistungen 243
Vertragspreis 169
Vertragsrisiko 30, 109
  Bedeutung 112
Vertragsschluss
  Risiken 32
Vertragsstrafen 30
Vertragstypen 66
Verzögerungen 164, 253
Verzug 3, 18, 115
Verzugsschaden 20
Verzugszinssatz 3
VOB 2002 1
VOB/A 3, 27, 190
VOB/A-SKR 10
VOB/B 12, 56, 191
  Änderungen der 12
VOB/C 55, 56
Vollständigkeit der Beschreibung
  Risiko der 81
Vorauszahlungen 19
Vorbemerkung 54
Vordersatz 230
Vorhaltekosten 253
Vorinformation 7
Vorkalkulation 30
Vorunternehmer 126

Wagnis 30, 31
  gewöhnliches 30
  überbürdetes 31
  ungewöhnliches 30, 31, 66, 151, 184, 248
Wagnis und Gewinn 117, 140
Wahlpositionen 32, 56
Warenzeichen 41
Wasserverhältnisse 31, 34, 55, 177
  Boden- und 144
Wegfall
  des Hindernisses 264
Wegfall der Geschäftsgrundlage 110
Wegfall von Leistungen 326
Werklohn 230
Werklohnkürzung 117
Werkvertrag 109
Werkvertragsrecht 15
Wertung 98, 106
Wertungsspielraum 39, 41, 49
Wettbewerb 29, 37, 42
Wettbewerbsgrundsatz 46
wettbewerbsneutral 51
Wille
  mutmaßlicher 245
Willenserklärung 110
Witterungseinflüsse 124, 260, 261
Witterungsverhältnisse 110, 258
Zahlungsplan 272
Zahlungsverzug 19, 21
Zinssatz 19
  Unterschreitung des gesetzlichen 20
Zinszuschlag 20
Zugesicherte Eigenschaften 14
Zulieferer 127
Zumutbarkeitsgrenze 30, 112
Zusatzleistungen 243, 244, 245
Zusätzliche Leistungen 323
Zusätzliche oder Besondere
  Vertragsbedingungen 190
Zusätzliche Technische Vertragsbedingungen
  158, 194

Zusätzliche Vertragsbedingungen 158, 194
Zuschlagserteilung 284
Zuschlagspositionen
   (Zulagepositionen) 51

Zuschlagssätze 140
Zuweisung 150
Zweckmäßigkeit 67
Zwischenfristen 253